全国高职高专规划教材

# 环境工程原理

## （第三版）

周长丽　王乃帅　主编

中国环境出版集团·北京

图书在版编目（CIP）数据

环境工程原理/周长丽，王乃帅主编. —北京：中国环境出版集团，2021.8（2024.9 重印）
全国高职高专规划教材

ISBN 978-7-5111-4841-4

Ⅰ. ①环… Ⅱ. ①周…②王… Ⅲ. ①环境工程—高等职业教育—教材 Ⅳ. ①X5

中国版本图书馆 CIP 数据核字（2021）第 172021 号

**责任编辑** 侯华华
**封面设计** 宋 瑞

**出版发行** 中国环境出版集团
（100062 北京市东城区广渠门内大街 16 号）
网 址：http://www.cesp.com.cn
电子邮箱：bjgl@cesp.com.cn
联系电话：010-67112765（编辑管理部）
010-67112735（第一分社）
发行热线：010-67125803，010-67113405（传真）
**印 刷** 北京中科印刷有限公司
**经 销** 各地新华书店
**版 次** 2007 年 3 月第 1 版 2021 年 8 月第 3 版
**印 次** 2024 年 9 月第 3 次印刷
**开 本** 787×1092 1/16
**印 张** 26.5
**字 数** 630 千字
**定 价** 63.00 元

# 编审人员


主　编　周长丽　　河北工业职业技术学院

王乃帅　　成都光明光电股份有限公司

副主编　郭立达　马东祝　张现锋　　河北工业职业技术学院

主　审　张雪荣　　河北化工医药职业技术学院

参　编　战　琪　　长沙环境保护职业技术学院

刘　莹　　广东环境保护工程职业学院

倪　娟　　山东城市建设职业学院

任　珂　　河北工业职业技术学院

吕向阳　　河北工业职业技术学院

郭甜甜　　河北工业职业技术学院

焦振霞　　河北工业职业技术学院

张利民　　河北华丰能源科技发展有限公司

郭　帆　　华电水务石家庄有限公司

# 前　言

《环境工程原理》是高职环保类及其相近专业必修的一门专业技术基础课。本教材根据课程的教学要求，全面、系统、完整地阐述了“三废”污染控制技术中所涉及的单元操作的基本原理、典型设备的结构性能及设计有关计算。本教材第一版自2007年问世至今，被众多高职院校和化工企业采用，并受到广大读者的好评。2015年修订的第二版被评为“十二五”职业教育国家规划教材。

为深入贯彻党的十九大精神，依据《国家职业教育改革方案》的有关要求，突出职业教育的类型特点，围绕深化职业教育教师、教材、教法“三教”改革和“互联网+职业教育”发展需求，组建了一支由高校教授、副教授、讲师和企业高级工程师、工程师参与的产教融合、校企合作的教材开发团队，在第二版“十二五”职业教育国家规划教材的基础上，精心组织本教材第三版的编写和修订。

本书仍按章、节结构编排，包括流体流动、流体输送机械、非均相物系的分离、传热、蒸馏、吸收、干燥、蒸发、液-液萃取、吸附、膜分离技术共十一章，每章内容前设有学习目标、生产案例，章后设有复习思考题。本次修订突出了以下特色：

特色一：教材内容的修订。根据就业岗位知识和技能的要求，对原教材内容做了增减和整合，突出了行业发展的新技术、新工艺、新规范，同时又考虑了读者的不同侧重，使其更具有针对性、职业性和实用性。

特色二：学习目标的修订。提炼、简化了知识目标和能力目标，增加了思政目标。在传授知识和技能的同时巧妙地融入思政元素，加强立德树人，将职业道德和人文素养的培养贯穿教学全过程，进一步推动了习近平新时代中国特色社会主义思想进教材、进课堂、进头脑。

特色三：在学习资源信息表达上，注重实用、简单、清晰、易学、易懂、易掌握。

更换了生产案例，力求专业性、实用性和启发性；部分知识点增加了“特别提示”帮助读者学习掌握；尤其是针对重要的知识点、节点、典型设备原理和结构设有二维码，以动画、短视频和微课形式呈现，方便读者理解学习，读者可根据需求选取辅助或拓展学习资源；书中部分设备结构和实物插图重新制作，力求精美、清晰、易懂；提炼简化了章后复习思考题，降低了难度系数。以上教材的修订特色适应了当今职业教育改革的潮流，形成了立体化的“互联网+”时代下新形态一体化教材。

本书可作为环境类及其相近专业，如石油、生物工程、制药、环境工程等专业教材或参考书，也可供科研工作者及企业生产一线职工和技术人员阅读参考。

本书由河北工业职业技术学院周长丽教授、成都光明光电股份有限公司高级工程师王乃帅博士担任主编；河北工业职业技术学院郭立达、马东祝、张现锋担任副主编；长沙环境保护职业技术学院战琪，广东环境保护工程职业学院刘莹，山东城市建设职业学院倪娟，河北工业职业技术学院任珂、吕向阳、郭甜甜、焦振霞，河北华丰能源科技发展有限公司工程师张利民，华电水务石家庄有限公司（滹沱河污水处理厂）工程师郭帆均参与本书的编写和修订。

全书由周长丽统稿，河北化工医药职业技术学院张雪荣教授主审。

本书的动画、视频资源由北京东方仿真软件技术有限公司、秦皇岛博赫科技有限公司提供技术支持。

由于编者学识有限，虽尽职尽责，但教材中难免有疏漏和不完善之处，敬请专家和读者批评指正。

编　者

2020 年 1 月

# 目　录

# 课程信息化资源

## 一、微课资源

### 第一章　流体流动



### 第二章　流体输送机械



### 第三章　非均相物系的分离



### 第四章　传 热



### 第五章　蒸 馏



### 第六章　吸 收



### 第七章　干 燥



## 二、动画和视频资源

### 第一章　流体流动



### 第二章　流体输送机械



### 第三章　非均相物系的分离



### 第四章　传 热

**三、教学课件（请扫码申请）**

# 绪　论

## 一、环境工程学

环境工程学是环境科学的一个分支，主要研究运用工程技术和有关学科的原理和方法，保护和合理利用自然资源，防治环境污染，以改善环境质量。

从环境工程学发展的现状来看，环境工程学的基本内容主要有大气污染防治工程、水污染防治工程、固体废物的处理和利用、环境污染综合防治、环境系统工程等。所以，环境工程学是一个庞大而复杂的技术体系。它不仅研究防治环境污染和公害的措施，而且研究自然资源的保护和合理利用，探讨废物资源化技术、改革生产工艺、发展少害或无害的闭路生产系统，按区域环境进行运筹学管理，以获得较大的环境效益和经济效益，这些都成为环境工程学的重要发展方向。

## 二、环境工程原理的研究对象和任务

环境工程原理是环境类及其相近专业的一门主干课程，它是综合运用数学、物理、化学、计算技术等基础知识，分析和解决环境工程领域内环境治理过程中各种物理操作问题的技术基础课，是以环境工程学中涉及的一些基本概念和一些常见的单元操作作为研究对象，系统地研究这些单元操作的基本原理、典型设备的结构、典型工艺以及在环境工程实践中的应用，可为后续专业课程的学习打下坚实的基础。

本课程强调工程观点、定量运算、实验技能及设计能力的培养，强调理论联系实践。通过对本课程的学习来培养学生以下几个方面的能力：① 单元操作和设备选择的能力。根据生产工艺要求和物系特性，合理地选择单元操作及设备。② 操作和调节生产过程的能力。学习如何操作和调节生产过程，在操作发生异常或故障时，能够查找原因，提出解决的措施。③ 选择适宜操作条件，探索强化过程的途径和提高设备效能的初步能力。④ 查阅各种资料，正确使用常用工程计算图表的能力。

环境工程原理是一门理论与实践联系非常密切的学科，在环境类专业创新人才培养中承担着工程科学与工程技术的双重教育任务。

## 三、单元操作及其分类

### （一）单元操作

在环境治理过程或某种产品的生产过程中，往往需要几个或几十个加工过程，其中除了化学反应过程外，还有大量的物理加工过程。环境治理体系庞大，化学工业产品种类繁多，在生产过程中采用了各种各样的物理加工过程。它们的操作原理可以归纳为应用较广的多个基本操作过程，如流体输送、沉降、过滤、热交换、蒸发、结晶、吸收、蒸馏、萃取、吸附及干燥等。例如，废水治理过程中常采用沉降、过滤、吸附、膜分离等过程；合成氨、硝酸及硫酸等生产过程中常采用吸收操作过程分离气体混合物；尿素、聚氯乙烯及染料等生产过程中常采用干燥操作过程除去固体中的水分等，这些基本的操作过程称为单元操作。

（二）单元操作的分类

根据各单元操作所遵循的基本规律，将其划分为如下几个基本过程。

**1．动量传递过程**

流体流动时，其内部发生动量传递，故流体流动的过程也称为动量传递过程。遵循动量传递的基本规律以及主要受这些基本规律支配的一些单元操作包括流体输送、沉降、过滤、物料混合（搅拌）及流态化等。

**2．热量传递过程**

热量传递过程，简称传热过程。遵循热量传递的基本规律及主要受这些基本规律支配的一些单元操作，包括传热、蒸发、结晶等。

**3．质量传递过程**

质量传递过程，简称传质过程。遵循质量传递基本规律的单元操作包括蒸馏、吸收、萃取、吸附、离子交换、膜分离等。从工程目的来看，这些操作都可将混合物进行分离，故又称为分离操作。

**4．热、质传递过程**

同时遵循热、质传递基本规律的操作包括干燥、结晶、增湿、减湿等，因为这些单元操作中不仅有质量传递而且有热量传递。

因此，流体力学、传热及传质的基本原理是各单元操作的理论基础。每个单元操作的研究内容包括“过程”和“设备”两个方面。一方面，同一单元操作在不同的生产中虽然遵循相同的过程规律，但在操作条件及设备类型（或结构）方面会有很大差别；另一方面，对于同样的工程目的，可采用不同的单元操作来实现。例如，一种液态均相混合物，既可用蒸馏方法分离，也可用萃取方法分离，还可用结晶或膜分离方法分离，究竟哪种单元操作最适宜，需要根据工艺特点、物系特性，经过综合技术经济分析后作出选择。

## 四、单元操作中常用的基本概念

在研究单元操作时，经常用到一些基本概念，如物料衡算、能量衡算、经济核算、传递速率等。这些基本概念贯穿于本书，在这里仅作简要说明，详细内容将在以后的章节中介绍。

（一）物料衡算

物料衡算是依据质量守恒定律，进入与离开某一操作过程的物料质量之差等于该过程中累积的物料质量，即：

$$输入量-输出量=累积量 \tag{0-1}$$

对于连续操作的过程，若各物理量不随时间改变，即处于稳定操作状态时，过程中不应有物料的积累。则物料衡算关系为

$$输入量=输出量 \tag{0-2}$$

用物料衡算式可由过程的已知量求出未知量。物料衡算一般按下列步骤进行：① 根据题意画出各物料的流程示意图，并标上已知数据与待求量；② 在写衡算式之前，要选定计算基准，一般选用单位进料量或排料量、时间及设备的单位体积等作为计算的基准；③ 在较复杂的流程示意图上应注明衡算的范围，列出衡算式，求解未知量。

### （二）能量衡算

本书涉及的能量主要有机械能和热能。能量衡算的依据是能量守恒定律。机械能衡算将在第一章流体流动中讲解，热量衡算在传热、蒸馏、干燥等章中结合具体单元操作详细说明。热量衡算的步骤与物料衡算基本相同。

### （三）经济核算

为生产定量的某种产品所需要的设备，根据设备的形式和材料的不同可以有若干设计方案。对同一台设备，所选用的操作参数不同，会影响到设备费与操作费。因此，要通过经济核算确定最经济的设计方案。

### （四）传递速率

传递速率是单位时间内传递过程的变化率，表明过程进行的快慢。在生产中，如果一个过程可以进行，但速率十分缓慢，则该过程无生产应用价值。

在某些过程中，传递速率与过程推动力成正比，与过程阻力成反比，这三者的相互关系类似于电学中的欧姆定律，即

$$传递速率=\frac{推动力}{阻力} \tag{0-3}$$

过程的传递速率是决定设备结构、尺寸的重要因素。传递速率大时，设备尺寸可以小一些。由于过程不同，推动力与阻力的内容各不相同。通常，过程离平衡状态越远，则推动力越大，达到平衡时，推动力为零。例如，引起热物体与冷物体间热量传递的推动力是两物体间的温度差，温度差越大传热速率越大，温度差等于零时，两物体处于热平衡状态，彼此间不会有热传递。过程阻力较为复杂，将在有关章节中分别介绍。

由上述可知，改变过程推动力或过程阻力即可改变过程的传递速率。在学习各单元操作时，要注意分析影响推动力和阻力的各种因素，探索提高生产效率的措施。

## 五、单位制及单位换算

### （一）基本单位和导出单位

凡参与生产过程的物料都具有各种各样的物理性质，如黏度、密度、热导率等，而且还常用不同的参变量，如温度、压强、流速等来表示过程的特征。根据使用方便的原则，规定出它们的单位，这些选择的物理量称为基本物理量，其单位称为基本单位。其他的物理量，如速度、加速度、密度等的单位则根据其本身的物理意义，由有关基本单位组合而成，这种组合单位称为导出单位。

### （二）单位制

由于计算各个物理量时，采用了不同的基本量，因而产生了不同的单位制。目前最常用的单位制有以下几种。

**1. 绝对单位制和工程单位制**

根据对基本物理量及其单位选择的不同，分为绝对单位制（CGS 制）与工程单位制。绝对单位制以长度、质量、时间为基本物理量，工程单位制以长度、时间和力为基本物理量。显然，在绝对单位制中，力是导出物理量，其单位为导出单位；而在工程单位制中，质量是导出物理量，其单位为导出单位。

上述两种单位制又有米制单位与英制单位之分，见表 0-1。

**表 0-1 两种单位制中的米制与英制基本单位**

| 基本物理量 | | | 长度 | 时间 | 质量 | 力或重力 |
|---|---|---|---|---|---|---|
| 单位制 | 绝对单位制 | CGS 制 | cm | s | g | — |
| | | 米制 | m | s | kg | — |
| | | 英制 | ft | s | lb | — |
| | 工程单位制 | 米制 | m | s | — | kgf |
| | | 英制 | ft | s | — | lbf |

注：相关单位的换算见附录一，下同。

**2. 国际单位制（SI 制）**

国际单位制是 1960 年 10 月第十一届国际计量大会通过的一种新的单位制，其代号为 SI。SI 制是一种完整的单位制，它包括了所有领域中的计量单位。

中国目前使用的就是以 SI 制为基础的法定计量单位，它是根据中国国情，在 SI 制单位的基础上，适当增加了一些其他单位构成的。例如，体积的单位升（L），质量的单位吨（t），时间的单位分（min）、时（h）、日（d）、年（a）仍可使用。

本书采用法定计量单位，但在实际应用中，仍可能遇到非法定计量单位，需要进行单位换算。不同单位制之间的主要区别在于其基本单位不完全相同。表 0-2 给出了常用单位制中的部分基本单位和导出单位。

表 0-2 常用单位制中的部分基本单位和导出单位

| 国际单位制（SI 制） | | | | 绝对单位制（CGS 制） | | | | 工程单位制 | | | |
|---|---|---|---|---|---|---|---|---|---|---|---|
| 基本单位 | | | 导出单位 | 基本单位 | | | 导出单位 | 基本单位 | | | 导出单位 |
| 长度 | 质量 | 时间 | 力 | 长度 | 质量 | 时间 | 力 | 长度 | 力 | 时间 | 质量 |
| m | kg | s | N | cm | g | s | dyn | m | kgf | s | kgf • s²/m |

在国际单位制和绝对单位制中质量是基本单位，力是导出单位。而在工程单位制中力是基本单位，质量是导出单位。因此，必须掌握 3 种单位制中力与质量之间的关系，这样才能正确地进行单位换算。

（三）单位制换算

同一物理量若用不同的单位度量时，其数值需相应地改变，这种换算过程称为单位换算。1984 年 2 月 27 日国务院发布命令，明确规定在我国实行以 SI 单位制为基础的法定计量单位，要求在 1990 年年底之前各行各业要全面完成向法定计量单位的过渡。鉴于几十年来在工农业生产和工程技术中，一直广泛使用工程单位制，由过去的 CGS 制和工程单位制过渡到全部使用法定单位，还需要一段时间。因此，必须掌握这些单位间的换算关系。

在工程单位制中，将作用于 1 kg 质量上的重力，即 1 kgf 作为力的基本单位。由牛顿第二定律得

$$1\,\mathrm{N} = 1\,\mathrm{kg} \times 1\,\mathrm{m/s^2} = 1\,\mathrm{kg \cdot m/s^2}$$

$$1\,\mathrm{kgf} = 1\,\mathrm{kg} \times 9.81\,\mathrm{m/s^2} = 9.81\,\mathrm{N} = 9.81 \times 10^5\,\mathrm{dyn}$$

$$1\,\mathrm{kgf \cdot s^2/m} = 9.81\,\mathrm{N \cdot s^2/m} = 9.81\,\mathrm{kg} = 9.81 \times 10^3\,\mathrm{g}$$

根据三种单位制之间力与质量的关系，即可将物理量在不同单位制之间进行换算。将物理量由一种单位换算至另一种单位时，物理量本身并没有发生改变，仅是数值发生了变化。例如，将 1 m 的长度换算成 100 cm 的长度时，长度本身并没有改变，仅仅是数值和单位的组合发生了改变。因此，在进行单位换算时，只需要用新单位代替原单位，用新数值代替原数值即可，其中：新数值 = 原数值 × 换算因数，式中：换算因数 = 新单位/原单位。换算因数表示一个原单位相当于多少个新单位。

**【例 0-1】** 试将绝对单位制中的密度单位 $\mathrm{g/cm^3}$ 分别换算成 SI 制中的密度单位 $\mathrm{kg/m^3}$ 和工程单位制中的密度单位 $\mathrm{kgf \cdot s^2/m^4}$。

解：首先确定换算因数

$$\frac{\mathrm{g}}{\mathrm{kg}} = 10^{-3}, \quad \frac{\mathrm{cm}}{\mathrm{m}} = 10^{-2}, \quad \frac{\mathrm{kg}}{\mathrm{kgf \cdot s^2/m}} = \frac{1}{9.81}$$

则 $$1\frac{\mathrm{g}}{\mathrm{cm^3}} = \frac{1 \times 10^{-3}\,\mathrm{kg}}{(10^{-2}\,\mathrm{m})^3} = 1 \times 10^3\,\mathrm{kg/m^3} = 1 \times 10^3 \times \frac{\frac{1}{9.81}\,\mathrm{kgf \cdot s^2/m}}{\mathrm{m^3}} = 102\,\mathrm{kgf \cdot s^2/m^4}$$

**【例 0-2】**在 SI 制中，压强的单位为 Pa（帕〔斯卡〕），即 $N/m^2$。已知 1 个标准大气压的压强相当于 1.033 $kgf/cm^2$，试以 SI 制单位表示 1 个标准大气压的压强。

解：首先确定换算因数

$$\frac{kgf}{N}=9.81,\quad \frac{cm}{m}=10^{-2}$$

则 $1\ atm=1.033\frac{kgf}{cm^2}=\frac{1.033\times 9.81\ N}{(10^{-2}m)^2}=1.013\ 37\times 10^5\ N/m^2=1.013\ 37\times 10^5\ Pa$

## 复习思考题

### 一、填空题

1. 单元操作按照其遵循的规律可分为________________________________。
2. 单元操作所遵循的规律为________________________________________。
3. 物料衡算遵循的是________________________________________的规律。
4. 热量衡算遵循的是________________________________________的规律。
5. 平衡关系表示的是________；平衡关系可以判断____________________。
6. 我国实行的法定计量单位是________，其特点是____________________。

### 二、简答题

1. 试述环境工程原理研究的对象和任务。
2. 什么叫作单元操作？
3. 物料衡算和热量衡算的依据和基本步骤是什么？
4. 绝对单位制、工程单位制和 SI 制中各以哪几个单位为基本单位？

### 三、计算题

1. 在绝对单位制中，黏度的单位为 P（泊），即 g/（cm · s），试将该单位换算成 SI 制中的黏度单位 Pa · s。

[答案：0.1 Pa · s]

2. 已知通用气体常数 $R$=0.082 06 L · atm/（mol · K），试以法定单位 J/（mol · K）表示 $R$ 的值。

[答案：8.314 J/（mol · K）]

# 第一章　流体流动

## 学习目标

【知识目标】

1. 掌握流体的主要物理量及测定方法。
2. 掌握管路布置和安装的一般原则及常见的故障。
3. 掌握流体静力学基本方程、连续性方程、伯努利方程及其应用。
4. 了解各种流量计的测量原理、结构、性能和使用。
5. 了解减少流体阻力的途径和措施。

【技能目标】

1. 会流体基本物理量的计算、单位换算及识图查表。
2. 会选择和使用仪器和仪表测量液体的密度、压差、液位、流速及流量等。
3. 会用流体静力学基本方程、连续性方程、伯努利方程进行简单计算。
4. 会判断流体流型和流体阻力的测定。

【思政目标】

1. 培养爱岗敬业、诚实守信、办事公道、服务群众、奉献社会的职业道德；
2. 培养具有牛顿、伯努利、雷诺等科学家的探索精神、坚韧不拔的毅力和爱国情怀。
3. 培养有理想、有本领、有担当的时代新人。

**有理想——立志做大事；有本领——把学习作为首要任务；有担当——大事难事看担当。**

## 生产案例

本书以某生活区的管道自来水和直饮水系统工艺流程（图 1-1）为例，讲解流体输送管路和设备。自来水一部分通过加压水泵送至各家各户，另一部分经原水泵依次送至砂滤器、炭滤器、软水器、精滤器、反渗透、纳滤主机和紫外线杀菌器进行一系列处理后成为直饮水，后经变频供水泵和微滤器由管路送至各家各户。

无论是自来水还是直饮水都是最典型的流体，整个生产过程就是一个流体流动的过程。为满足工艺要求，需要将流体由低处送往高处，由低压变为高压，由低速变为高速。在连续的工业生产中，管道中的流体物料输送，就像人体内的血液在血管内不断流动，流体在管道内的流动涉及流体的输送、流量测量及流体输送机械的选型等问题。因此，对这样一个流动系统，必须要解决以下几个问题：① 流体的主要物理量及其测定；② 流体输送管路的选择及管件、阀门的配置；③ 流体输送管路直径的确定和管路布置；④ 流体输送机械的选用、操作及维护等。

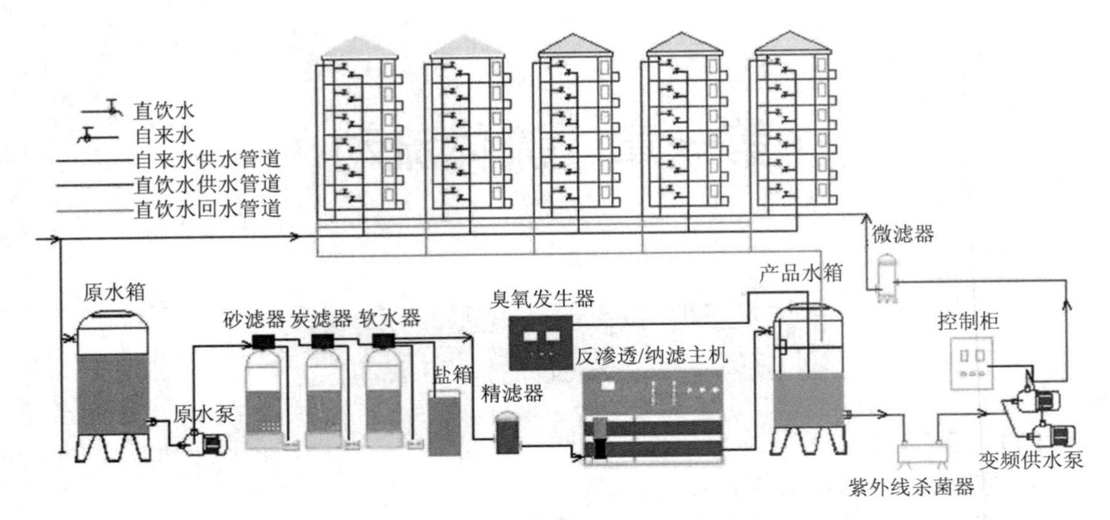


图 1-1 管道直饮水系统工艺流程

因此，流体输送是工业生产中最基本的单元操作，也是其他单元操作的基础，在工业生产中应用最为广泛。

## 第一节 概 述

在环境治理过程和化工生产中所处理的物料大多为流体，流体输送过程进行的好坏、生产的操作费用及设备投资等都与流体的流动状态密切相关。同时，多数单元操作也与流体的流动状态有关，如传热、传质过程大多在流体流动的条件下进行。因此，流体流动在工业生产和环境治理过程中占有重要地位，也是本书学习的基础。

### 一、流体及流体力学

#### （一）流体基本特征

流体最基本的特征是具有流动性，这也是区别于固体的最基本特性。因此，凡是在一般条件下不能像固体那样保持一定的形状而具有流动性的物质，统称为流体，包括液体和气体两大类。

#### （二）流体力学

流体力学包括流体静力学和流体动力学两部分，它以流体为对象来研究流体静止和运动时的力学规律，并着重研究这些规律在工程实践中的应用。

#### （三）流体力学的应用

流体力学不仅是环境工程专业的基础理论，而且在国民经济许多部门中有着广泛的应用。如水源取水构筑物、给水处理构筑物、污水处理构筑物、大气监测技术等方面都必须遵循流体运动的一般规律，否则达不到预期的效果。再如，水利、电力、冶金、化工等行业生产中都会涉及流体力学。事实上，随着流体力学理论的深入发展和科学技术及经济建设的突飞猛进，流体力学在工程实践中的应用越来越广。

## 二、流体的压缩性与热膨胀性

### （一）流体的压缩性

流体在外力的作用下，其体积或密度随压强和温度的变化而变化的性质称为流体的压缩性。一般来说，实际流体都是可压缩性流体。但由于液体的体积随压强和温度变化极小，工程上可作为不可压缩性流体考虑。而与之相反，气体的体积随压强和温度的变化会有明显的改变，故气体称为可压缩性流体。

### （二）流体的热膨胀性

流体在温度改变时，其体积或密度可以改变的性质称为流体的热膨胀性。流体的热膨胀性可用热膨胀系数$\beta$来衡量。$\beta$的物理意义是在恒压下流体体积随温度的变化率，即

$$\beta = \frac{1}{V}\left(\frac{\partial V}{\partial T}\right)_p \tag{1-1}$$

$\beta$是温度的函数。通常情况下，气体热膨胀系数比液体热膨胀系数大得多。一般情况下，若流体流动的温度变化不大，热膨胀性的影响通常可忽略不计，只有在某些特殊情况下，如水管阀门突然关闭时发生水锤现象，才需要考虑水的热膨胀性。

## 三、流体的主要物理学性质

在流体力学中，有关流体的主要物理力学性质有以下几方面。

### （一）密度与比体积

#### 1．密度（$\rho$）

密度是单位体积流体所具有的质量，以$\rho$表示：

$$\rho = \frac{m}{V} \tag{1-2}$$

式中：$\rho$—— 流体的密度，$kg/m^3$；

　$m$—— 流体的质量，kg；

　$V$—— 流体的体积，$m^3$。

流体的密度一般可在物理化学手册或有关资料中查得，本教材附录中也列出了一些常见流体的密度数值，仅供做习题时查阅。

（1）液体的密度

一般液体可视为不可压缩性流体，其密度基本不随压力的变化而变化，但随温度的变化而变化。对大多数液体而言，温度升高密度下降。因此，选用液体的密度时要注意该液体所处的温度。常见液体的密度值可从相关手册中查取。

纯液体的密度可用仪器测量，通常采用相对密度计法（比重计法）和测压管法。相对

密度计的读数为相对密度（$d_{277\text{ K}}^{T}$），是指流体的密度与 277 K 时水的密度之比，量纲一。

$$d_{277\text{ K}}^{T}=\frac{\rho}{\rho_{\text{H}_2\text{O},277\text{ K}}} \tag{1-3}$$

式中：$\rho_{\text{H}_2\text{O},277\text{ K}}$——水在 277 K 时的密度，数值为 1 000 kg/m$^3$。故上式可写为

$$\rho=1\,000\,d_{277\text{ K}}^{T} \tag{1-3a}$$

对于液体混合物，当混合前后的体积变化不大时，工程计算中其密度可由下式计算：

$$\frac{1}{\rho_{\text{m}}}=\sum_{i=1}^{n}\frac{w_i}{\rho_i} \tag{1-4}$$

式中：$\rho_{\text{m}}$——液体混合物的密度，kg/m$^3$；

$w_i$——液体混合物中 $i$ 组分的质量分数；

$\rho_i$——液体混合物中 $i$ 组分的密度，kg/m$^3$。

（2）气体的密度

气体是可压缩性流体，其密度随压强和温度的变化而变化，因此气体的密度必须标明其状态。从手册中查得的气体密度往往是某一指定条件下的数值，这就需要将查得的密度换算成操作条件下的密度，换算公式为

$$\rho=\rho_0\frac{T_0}{T}\times\frac{p}{p_0} \tag{1-5}$$

式中，下标“0”表示标准状态。一般情况下，当压强不太高、温度不太低时，纯气体也可按理想气体来处理，即可用下式计算：

$$\rho=\frac{pM}{RT} \tag{1-6}$$

式中：$p$——气体的绝对压强，kPa；

$T$——气体的热力学温度，K；

$M$——气体的摩尔质量，kg/kmol；

$R$——气体通用常数，值为 8.314 kJ/（kmol・K）。

对于混合气体，可用平均摩尔质量 $M_{\text{m}}$ 代替 $M$，即

$$\rho_{\text{m}}=\frac{pM_{\text{m}}}{RT} \tag{1-7}$$

$$M_{\text{m}}=\sum_{i=1}^{n}y_iM_i \tag{1-7a}$$

式中：$y_i$——各组分的摩尔分数（体积分数或压强分数）；

$M_i$——各组分的摩尔质量，kg/kmol。

**2. 比体积**

单位质量流体所具有的体积称为流体的比体积（也称质量体积），以$\upsilon$表示，单位为 m$^3$/kg。比体积在数值上等于密度的倒数，即

$$\upsilon=\frac{V}{m}=\frac{1}{\rho} \tag{1-8}$$

**【例 1-1】**已知硫酸与水的密度分别为 1 830 kg/m$^3$ 与 998 kg/m$^3$，试求含硫酸为 60%（质

量分数）的硫酸水溶液的密度。

解：根据式（1-4）有

$$\frac{1}{\rho_m}=\sum_{i=1}^{n}\frac{w_i}{\rho_i}=\frac{0.6}{1830}+\frac{0.4}{998}=7.29\times10^{-4}$$

$$\rho_m=1372（kg/m^3）$$

**【例 1-2】** 燃烧重油所得的燃烧气，经分析知其中含 8.5%的 $CO_2$、7.5%的 $O_2$、76%的 $N_2$、8%的 $H_2O$，试求此混合气体在温度为 500℃、压强为 101.3 kPa 时的密度。

解：混合气体平均摩尔质量

$M_m=0.085\times44+0.075\times32+0.76\times28+0.08\times18=28.86（kg/kmol）$

所以，混合气体的密度

$$\rho_m=\frac{pM_m}{RT}=\frac{101.3\times28.86}{8.314\times(273+500)}=0.455（kg/m^3）$$

### （二）压强

#### 1. 压强的定义

垂直作用于流体单位面积上的压力称为流体的压强，俗称压力，表示静压力强度，以 $p$ 表示，国际单位为 Pa，定义式为

$$p=\frac{F}{A} \tag{1-9}$$

式中：$p$ —— 流体的静压强，Pa；

$F$ —— 垂直作用于流体表面上的压力，N；

$A$ —— 作用面的面积，$m^2$。

#### 2. 压强的特性

在连续静止的流体内部，压强为位置的连续函数，任一点的压强在各个方向上相等，与作用面垂直，并指向流体内部。

#### 3. 压强的单位及其换算

在国际单位制（SI 制）中，压强的单位是 Pa 或 $N/m^2$。在工程单位制中，压强的单位是 at 或 $kgf/cm^2$，习惯上还采用其他单位。它们之间的换算关系为

$$1\ atm=1.013\times10^5\ Pa=1.033\ kgf/cm^2=760\ mmHg=10.33\ mH_2O=1.0133\ bar$$

$$1\ at=9.81\times10^4\ Pa=1\ kgf/cm^2=735.6\ mmHg=10\ mH_2O$$

在工程实践过程中，为了简便直观，常用流体柱的高度表示流体的压强，但必须指明流体的种类（如 mmHg、$mH_2O$ 等）及温度，才能确定压强 $p$ 的大小，否则即失去了表示压强的意义，其关系式为

$$p=\rho gh \tag{1-10}$$

式中：$h$ —— 液柱的高度，m；

$\rho$ —— 液体的密度，$kg/m^3$；

$g$ —— 重力加速度，$m/s^2$。

**4．压强的表达方式**

压强在实际应用中可有 3 种表达方式：① 绝对压强（简称绝压）是指流体的真实压强，更准确地说，它是以绝对真空为基准测得的流体压强，用 $p$ 表示。② 表压强（简称表压）是指工程上用测压仪表以当时、当地大气压强为基准测得的流体压强，用 $p_{表}$表示。③ 真空度：当被测流体内的绝对压强小于当地（外界）大气压强时，使用真空表进行测量，真空表上的读数称为真空度，用 $p_{真}$表示。绝对压强、表压强、真空度之间的关系为

$$p_{表} = p - p_0 \tag{1-11}$$

$$p_{真} = p_0 - p \tag{1-12}$$

式中：$p_0$ —— 当地的大气压。

由上述关系可以看出，真空度相当于负的表压值。记录压力表或真空表上的读数时，必须同时记录当地的大气压强，才能得到测点的绝对压强。

绝对压强、表压强和真空度之间的关系，也可以用图 1-2 表示。

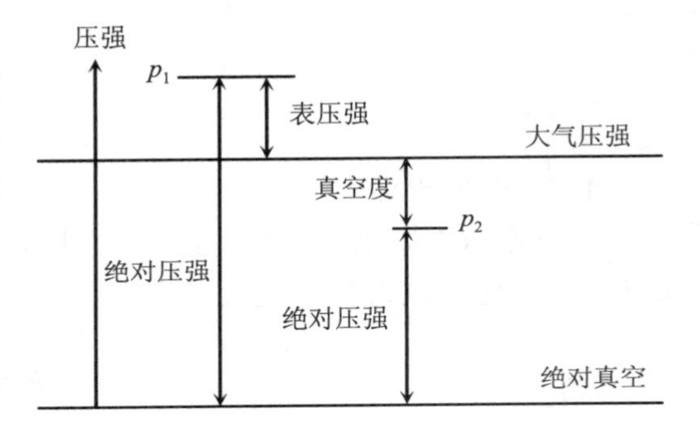


**图 1-2　压强的基准和度量**

压强随温度、湿度和当地海拔高度变化而变化。为了防止混淆，对表压强、真空度应加以标注。

**【例 1-3】**天津和兰州的大气压强分别为 101.33 kPa 和 85.3 kPa，苯乙烯真空精馏塔的塔顶要求维持 5.3 kPa 的绝对压强，试计算两地真空表的读数（即真空度）。

解：由式（1-12）有

天津：$p_{真} = p_0 - p = 101.33 - 5.3 = 96.03\,(\text{kPa})$

兰州：$p_{真} = p_0 - p = 85.3 - 5.3 = 80\,(\text{kPa})$

**【例 1-4】**在大气压强为 101.3 kPa 的地区，某真空蒸馏塔塔顶的真空表读数为 85 kPa。若在大气压力为 90 kPa 的地区，仍使该塔塔顶在相同的绝对压强下操作，则此时真空表的读数应为多少？

解：由式（1-11）有

$$p_{真} = p_0 - p = 90 - 16.3 = 73.7\,(\text{kPa})$$

$$p = p_0 - p_{真} = 101.3 - 85 = 16.3\,(\text{kPa})$$

（三）流量与流速

流量与流速是描述流体流动规律的参数。

1．流量

单位时间内流过管道任一截面的流体量，称为流量。流量有两种表示方法：① 体积流量：单位时间内流过管道任一截面的流体体积，以 $q_V$ 表示，单位为 $m^3/s$。② 质量流量：单位时间内流过管道任一截面的流体质量，以 $q_m$ 表示，单位为 kg/s。

体积流量与质量流量的关系为

$$q_m = \rho q_V \tag{1-13}$$

2．流速

流体质点单位时间内在流动方向上所流过的距离称为流速，以 $u$ 表示，其单位为 m/s。流速有两种表示方法：平均流速和质量流速。由于流体具有黏性，流体流经管道的任一截面上各流体质点速度沿管径而变化，在管中心处流速最大，在管壁面上流速为零。工程计算中为方便起见，$u$ 取整个管截面上的平均流速。

① 平均流速，是单位时间内流体流过管道单位截面积的体积，即

$$u = \frac{q_V}{A} \tag{1-14}$$

式中：$u$ —— 流体在管内流动的平均流速，m/s；

$A$ —— 与流动方向相垂直的管道截面积，$m^2$。

② 质量流速（质量通量），是单位时间内流体流过管道单位截面积的质量，以 $G$ 表示，其单位为 kg/（$m^2 \cdot s$），其表达式为

$$G = \frac{q_m}{A} \tag{1-15}$$

平均流速与质量流速的关系为

$$G = \rho u \tag{1-16}$$

由于气体的体积随温度和压强的变化而变化，在管道截面积不变的情况下，气体的流速也随之发生变化，采用质量流速便于气体的计算。

3．流量方程式

描述流体流量、流速和流通截面相互关系的公式称为流量方程式，式（1-14）、式（1-15）和式（1-16）统称为流量方程式。利用流量方程式可以计算流体在管路中的流量、流速或管路的直径。

4．管径的确定

对于圆形管道，以 $d$ 表示其内径，则有

$$d = \sqrt{\frac{4q_V}{\pi u}} \tag{1-17}$$

上式中 $q_V$ 一般由生产任务规定，当流量为定值时，必须选定流速才能确定管径。由式（1-17）可知，流速越大管径越小，这样可节省设备费，但流体流动时遇到的阻力增大，会消耗更多的动力，增加操作费用；反之，流速小，则设备费高，而操作费少。所以在管路设计中，选择适宜的流速是十分重要的。适宜流速应由输送设备的操作费和管路的设备费进行经济权衡及优化来决定。每种流体的适宜流速范围可从手册中查取。表 1-1 列出了一些流体在管路中流动时流速的常用范围，可供参考选用。

表 1-1 某些流体在管路中常用的流速范围 单位：m/s

| 流体的种类及状况 | 流速范围 | 流体的种类及状况 | 流速范围 |
|---|---|---|---|
| 水及低黏度液体（0.1～1.0 MPa） | 1.5～3.0 | 一般气体（常压） | 10～20 |
| 工业供水（0.8 MPa 以下） | 1.5～3.0 | 真空操作下气体 | ＜10 |
| 锅炉供水（0.8 MPa 以下） | ＞3.0 | 离心泵排出管（水一类液体） | 2.5～3.0 |
| 饱和蒸气 | 20～40 | 液体自流速度（冷凝水等） | 0.5 |

由于管径已经标准化，所以经计算得到管径后应取整并按照标准选定。管径的规格标准可参见附录十九。

**【例 1-5】** 某厂要求安装一根输水量为 30 m³/h 的管路，试选择合适的管径。

解：根据式（1-17）计算管径，参考表 1-1 选取水的流速 $u$ 为 1.8 m/s。

$$q_{\mathrm{V}}=\frac{30}{3\,600}=0.008\,3\,(\mathrm{m^3/s})$$

$$d=\sqrt{\frac{4q_{\mathrm{V}}}{\pi u}}=\sqrt{\frac{4\times0.008\,3}{3.14\times1.8}}=0.077\,(\mathrm{m})=77\,(\mathrm{mm})$$

查附录十九中管子规格，确定选用 $\phi\,89\times4$（外径 89 mm，壁厚 4 mm）的管子，其内径为

$$d=89-4\times2=81\,(\mathrm{mm})=0.081\,(\mathrm{m})$$

因此，水在输送管内的实际流速为

$$u=\frac{q_{\mathrm{V}}}{A}=\frac{0.008\,3}{0.785\times0.081^2}=1.62\,(\mathrm{m/s})$$

**【例 1-6】** 绝对压力为 540 kPa，温度为 30℃的空气，在 $\phi\,108\times4$ 的钢管内流动，流量为 1 500 m³/h（标准状况）。试求空气在管内的质量流速和平均流速。

解：标准状况下空气的密度

$$\rho_0=\frac{p_0M}{RT_0}=\frac{101.3\times29}{8.314\times273}=1.29\,(\mathrm{kg/m^3})$$

$$q_{\mathrm{m}}=\rho_0q_{\mathrm{V}}=1.29\times\frac{1\,500}{3\,600}=0.537\,5\,(\mathrm{kg/s})$$

$$G=\frac{q_{\mathrm{m}}}{A}=\frac{0.537\,5}{0.785\times0.1^2}=68.47\ \mathrm{kg/(m^2\cdot s)}$$

操作条件下空气密度 $\rho=\dfrac{pM}{RT}=\dfrac{540\times10^3\times29\times10^{-3}}{8.314\times(273+30)}=6.22\,(\mathrm{kg/m^3})$

操作条件下空气的平均流速

$$u=\frac{G}{\rho}=\frac{68.47}{6.22}=11\,(\mathrm{m/s})$$

（四）流体的黏度

艾萨克·牛顿（1643—1727）爵士，英国皇家学会会长，英国著名的物理学家，科学研究涉及物理学、数学、天文学、科学等领域，被称为百科全书式的“全才”，著有《自然哲学的数学原理》《光学》。他在1687年发表的论文《自然定律》，对万有引力和三大运动定律进行了描述。这些描述奠定了此后3个世纪物理世界的科学观点，并成为现代工程学的基础。

1687年，牛顿首先做了最简单的剪切流动实验，实验得出了流体部分之间由于缺乏润滑性而引起的阻力与流体部分之间的分离速度成比例的结论，这就是著名的牛顿黏性定律。凡是符合此定律的流体称为牛顿流体，否则是非牛顿流体。

**1. 牛顿黏性定律**

流体具有流动性，在外力的作用下其内部质点将产生相对运动。此外，流体在运动状态下还有一种抗拒内在向前运动的特性，称为黏性。流体的黏性越大，其流动性就越小。

若考虑一种流体，让它介于面积皆为 $A$ 的两块大的平板之间，这两块平板以很小的距离 $d_y$ 分隔开，该系统原先处于静止状态，如图1-3所示。开始给上面一块平板施加外力，使上面一块平板以恒定速度 $u$ 在 $x$ 方向运动。紧贴于运动平板下方的一薄层流体也以同一速度运动。

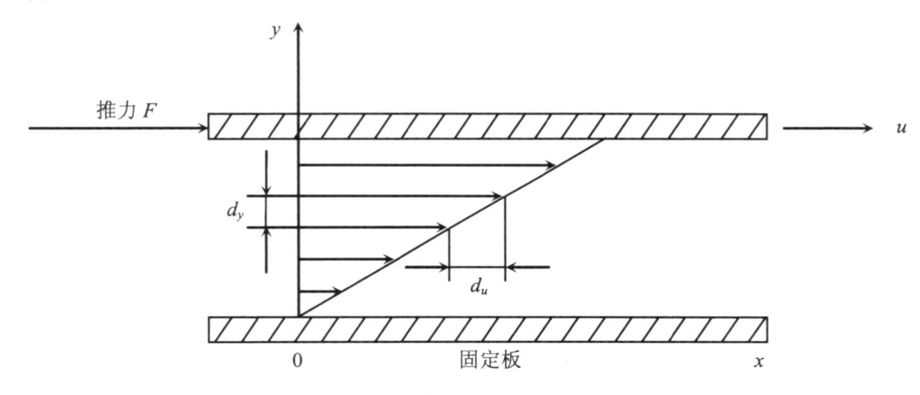


图1-3 平板间流体速度变化

当 $u$ 不太大时，板间流体将保持薄层流动。靠近运动平板的液体比远离平板的液体具有较大的速度，且离运动平板越远的薄层，速度越小，至固定平板处，速度降为零，速度变化是线性的。这种速度沿距离 $d_y$ 的变化称为速度分布。

实验表明，运动着的流体内部相邻平行流体层间存在方向相反、大小相等的相互作用力，称为流体的内摩擦力，单位流层面积上的内摩擦力称为剪应力。内摩擦力总是起着阻止流体层间发生相对运动的作用，流体流动时为克服这种内摩擦力需消耗能量。

牛顿黏性定律表明了流体在流动中流体层间的内摩擦力（或剪应力）与法向速度梯度之间的关系，其表达式为

$$\tau = \frac{F}{A} = \pm \mu \frac{\mathrm{d}_u}{\mathrm{d}_y} \tag{1-18}$$

式（1-18）说明，剪应力$\tau$与法向速度梯度$\frac{\mathrm{d}_u}{\mathrm{d}_y}$成正比，与压力无关。式中比例系数$\mu$即为流体的黏度。流体的黏性越大，$\mu$便越大。

服从牛顿黏性定律的流体称为牛顿流体，如所有气体和大多数液体。牛顿黏性定律适用于层流。不服从牛顿黏性定律的流体，称为非牛顿流体，如油漆、油墨、胶体溶液及泥浆等。本章仅对牛顿流体进行讨论。

**2. 黏度**

衡量流体黏性大小的物理量称为黏度，用$\mu$表示。

$$\mu = \tau \cdot \frac{\mathrm{d}_y}{\mathrm{d}_u} \tag{1-18a}$$

流体无论是静止还是流动，都具有黏性，黏度是流体的固有属性，是流体的重要物理性质之一，其数值一般由实验测定。黏度的大小与流体的种类、温度及压力有关。液体的黏度随温度的升高而减小，受压力的影响很小；气体的黏度随温度的升高而增大，但随压力的增加而增加得很小，一般在工程计算中不考虑压力的影响。

某些常用流体的黏度可以从有关手册和本书附录中查到。在SI制中，黏度的单位是Pa•s，在工程计算中，黏度的单位还有P或cP，其换算关系为

$$1\ \mathrm{Pa \cdot s} = 10\ \mathrm{P} = 1\,000\ \mathrm{cP}$$

在流体流动的分析计算中，常出现$\mu/\rho$的形式，用$\gamma$表示，称为运动黏度。在SI制中，运动黏度的单位是$\mathrm{m^2/s}$。

$$\gamma = \frac{\mu}{\rho} \tag{1-19}$$

### （五）液体的表面张力

液体表面各部分之间存在相互作用的拉力，使液体表面总是趋于收缩，如空气中液滴的自由表面因收缩趋势使其成球形。液体表面的这种拉力称为液体的表面张力。

表面张力不仅存在于液体的自由表面，也存在于液体与气体、固体或另一种液体且与该液体不相混合的分界面上。气体由于分子间引力很小，扩散作用很强，不具有自由表面，因此，也就不存在表面张力。所以，表面张力是液体的特有性质。同时，它仅存在于液体的表面，在液体内部则不存在。

表面张力的方向总是与液体表面相切，且垂直于长度方向。表面张力的大小常用液体表面单位长度所受的张力，即表面张力系数来度量，用$\sigma$表示，单位为N/m。$\sigma$的数值与液体的种类有关，并随温度和表面接触情况的不同有所变化。

一般地，液体的表面张力是很小的，在工程中没有什么实际意义，可忽略不计。但当液体表面呈曲面，且曲率半径很小时，就必须考虑它的影响。

## 四、实际流体和理想流体

自然界中存在的流体都具有黏性，具有黏性的流体统称为黏性流体或实际流体。完全

没有黏性即$\mu=0$的流体称为理想流体。自然界中并不存在真正的理想流体，它只是为便于处理某些流动问题所作的假设而已。

引入理想流体的概念在研究实际流体流动时具有很重要的作用。这是由于黏性的存在给流体流动的数学描述和处理带来很大困难，因此，对于黏度较小的流体（如水和空气等），在某些情况下，往往首先将其视为理想流体，待找出规律后，根据需要再考虑黏性的影响。但是，在有些场合，当黏性对流动起主导作用时，则实际流体不能按理想流体处理。

# 第二节　流体静力学

流体静力学是研究流体在重力和压力作用下的平衡规律。本节重点讨论静止流体内部压力的变化规律及其在环境工程中的应用。

## 一、流体静力学基本方程

微课　静力学基本方程式及应用

### （一）静力学基本方程式推导

在工程领域内，流体静力学基本方程式是用于描述静止流体内部的压力沿着高度变化的数学表达式。对于不可压缩流体，密度不随压力变化，其静力学基本方程可用下述方法推导。

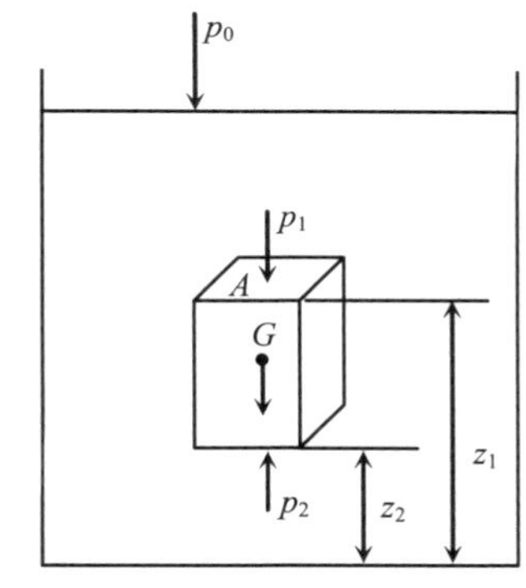


图 1-4　流体静力学基本方程式推导

如图 1-4 所示，容器内盛有密度为$\rho$的静止流体，液面上方所受外压强为$p_0$（当容器敞口时，$p_0$即为外界大气压强）。取任意一个垂直流体液柱，上下底面积均为$A$。可任意选取一个水平面作为基准水平面，现选用容器底面为基本水平面，并设液柱上、下底与基准面的垂直距离分别为$z_1$和$z_2$，则作用在上、下端面上并指向此两端面的压强分别为$p_1$和$p_2$。在重力场中，该液柱在垂直方向上受到 3 个作用力：① 作用于液柱上顶面的压力$F_1$，方向向下；② 作用于液柱下底面压力$F_2$，方向向上；③ 作用于整个液柱的重力$G$，方向向下。

当液柱处于平衡状态时，在垂直方向上各力的代数和为零，即

$$F_1+G-F_2=0$$

$$p_1A+\rho A(z_1-z_2)g-p_2A=0$$

整理得

$$p_2=p_1+\rho(z_1-z_2)g$$

若将液柱上顶面取在容器的液面上，设液面上的压强为$p_0$（标准大气压），下底面取在距上液面$h$处，此时，压强$p=p_2$，$p_0=p_1$，$z_1-z_2=h$，则可将上式改写为

$$p=p_0+\rho hg \tag{1-20}$$

式（1-20）称为流体的静力学基本方程。

### （二）静力学基本方程的讨论

静力学基本方程反映了静止流体内部能量守恒与转换的关系，在同一静止流体中，处在不同位置的位能和静压能各不相同，但二者可以相互转换，两项能量总和恒为常量。对静力学基本方程的讨论如下：① 在重力场中，当 $p_0$ 一定时，静止流体内部任一点的静压力与该点所在的垂直位置 $h$ 及流体的密度$\rho$ 有关，而与该点所在的水平位置及容器的形状无关。② 在静止的、连续的同种液体内部，处于同一水平面上各点的压力处处相等。③ 压强（或压强差）的大小也可用某种液柱的高度来表示，即式（1-20）可改写为：$(p-p_0)/\rho g=h$，用液柱高度表示压强大小时，必须注明是何种液柱。④ 静力学基本方程仅适用于重力场中静止的、不可压缩的连续流体即液体。

液体$\rho$ 随压强变化很小，可认为是常数；对于气体，其值具有较大的压缩性，$\rho$ 不为常数，因此，上式不可使用，但若两个状态压强相差不大，$\rho$ 可取平均值而近似视为常数，则上式仍可使用。

**【例 1-7】**如附图所示，敞口容器内盛有不互溶的油和水，油层和水层的厚度分别为 700 mm 和 600 mm。在容器底部开孔与玻璃管相连。已知油与水的密度分别为 800 kg/m$^3$ 和 1 000 kg/m$^3$。（1）计算玻璃管内水柱的高度 $h$；（2）判断 $A$ 点与 $B$ 点、$C$ 点与 $D$ 点的压力是否相等。

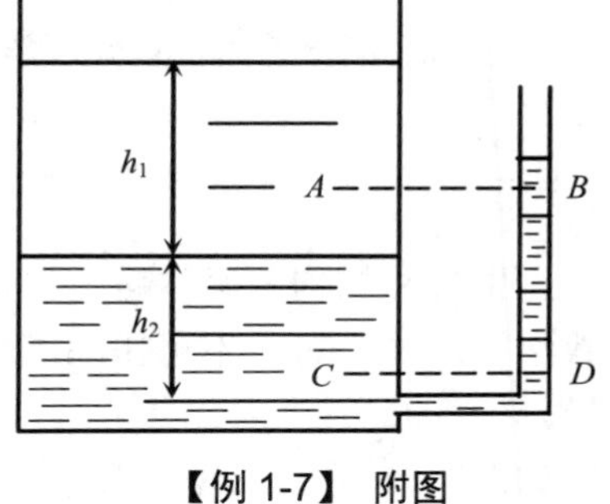

**【例 1-7】 附图**

解：（1）容器底部压力

$$p=p_0+\rho_{油}gh_1+\rho_{水}gh_2=p_0+\rho_{水}gh$$

$$h=\frac{\rho_{油}h_1+\rho_{水}h_2}{\rho_{水}}=\frac{\rho_{油}}{\rho_{水}}h_1+h_2=\frac{800}{1\,000}\times 0.7+0.6=1.16\text{（m）}$$

（2）$p_A \neq p_B$，因为 $A$ 及 $B$ 两点虽在静止流体的同一水平面上，但不是连通着的同种流体，即截面 $A$-$B$ 不是等压面；

$p_C=p_D$，因为 $C$ 及 $D$ 两点在静止的连通着的同一种流体内，并在同一水平面上。所以截面 $C$-$D$ 称为等压面。

## 二、静力学基本方程的应用

流体静力学原理的应用很广泛，它是连通器和液柱压差计工作原理的基础，还用于容器内液位的测量、液封装置及不互溶液体的重力分离（倾析器）等。

### （一）压强与压强差的测量

在化工生产和实验中，经常遇到液体静压强的测量问题。用于测量流体中某点的压力或某两点间压力差的仪表很多，按其工作原理可分为四大类：液柱式压力计、弹簧式压力计、电气式压力计及活塞式压力计。本节重点介绍液柱式压力计。

液柱式压力计是基于流体静力学原理设计的，是把被测压力转换成液柱高度进行压力测量的仪表。其结构比较简单，精度较高，既可用于测量流体的压强，也可用于测量流体的压差，基本形式有U形管压差计、斜管压差计和倒U形管压差计等。

**1. U形管压差计**

U形管压差计的结构如图1-5所示，是用一根粗细均匀的玻璃管弯制而成，也可用两根粗细相同的玻璃管做成连通器形式。内装有液体作为指示液，要求指示液要与被测流体不互溶，不起化学反应，且其密度应大于被测流体的密度。常用的指示液为汞或水。当被测压差很小，且流体为水时，还可用氯苯或四氯化碳作为指示液。

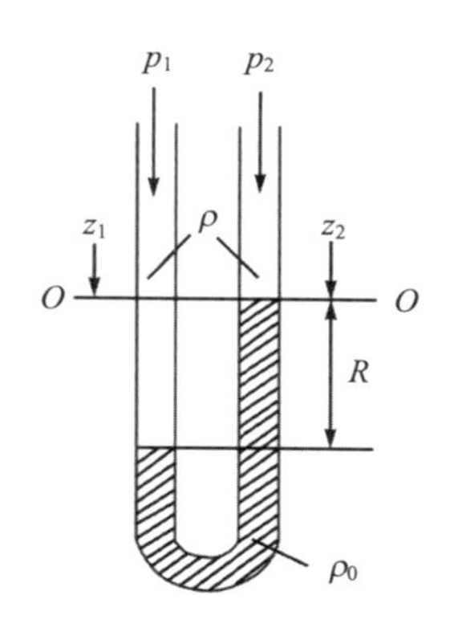


图1-5　U形管压差计

U形管压差计的测量原理是将U形管两端连接两个测压点，当U形管两边压强不相同时，两边液面便会产生高度差$R$，根据流体静力学基本方程可知

$$p_1 + z_1\rho g + R\rho g = p_2 + z_2\rho g + R\rho_0 g$$

当被测管段水平放置时$z_1=z_2$，上式简化为

$$\Delta p = p_1 - p_2 = (\rho_0 - \rho)gR \tag{1-21}$$

式中：$\rho_0$——U形管内指示液的密度，kg/m$^3$；

$\rho$——管路中流体密度，kg/m$^3$；

$R$——U形管指示液两边液面差，m；

$\Delta p$——测端压差，Pa。

若U形管一端与设备或管道连接，另一端与大气相通，这时读数所反映的是管道中某截面处流体的绝对压强与大气压强之差，即为表压强，从而可求得该截面的绝对压强，如图1-6和图1-7所示，其测量原理是因为$\rho_{H_2O} \gg \rho_{air}$，即

$$p_{表} = (\rho_{H_2O} - \rho_{air})gR = \rho_{H_2O}gR \tag{1-21a}$$

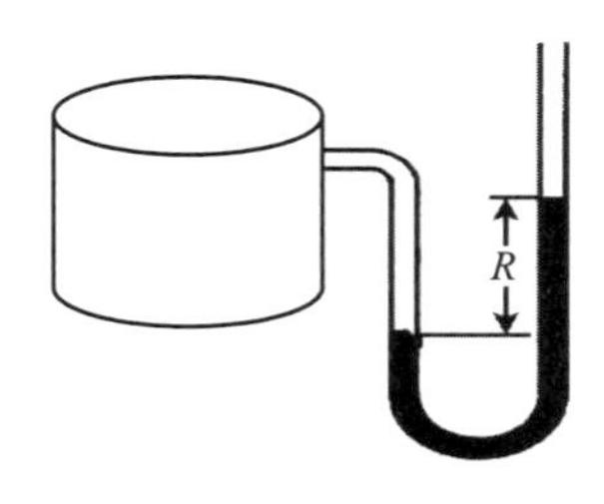


图1-6　测量表压

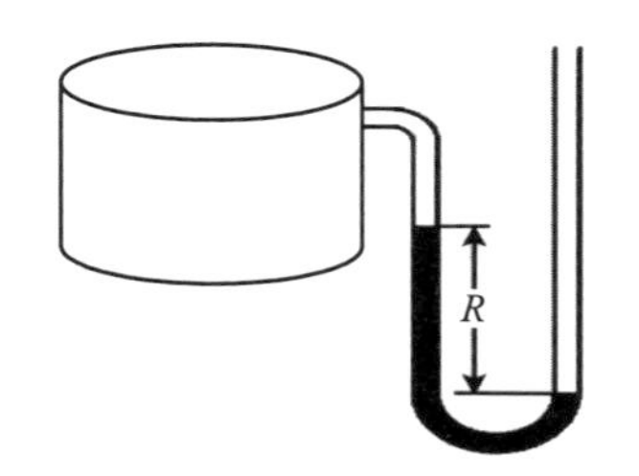


图1-7　测量真空度

U形管压差计所测压差或压力一般在101.3 kPa附近较小的范围内，其特点是结构简单、测量准确、价格便宜。但玻璃管易碎，不耐高压，测量范围小，读数不方便。

**2. 斜管压差计**

斜管压差计是将U形管压差计或单管压差计的玻璃管与水平方向作$\alpha$角度的倾斜，如

图 1-8 所示，它使读数放大了 $1/\sin\alpha$ 倍，即 $R'=R/\sin\alpha$，式中 $\alpha$ 为倾斜角，其值越小，$R'$ 越大。

Y-61 型倾斜微压计是根据此原理设计制造的，其结构如图 1-9 所示。微压计用密度为 0.81 g/cm$^3$ 的酒精作指示液，不同倾斜角的正弦值以相应的 0.2、0.3、0.4 和 0.5 数值标刻在微压计的弧形支架上，以供使用时选择。

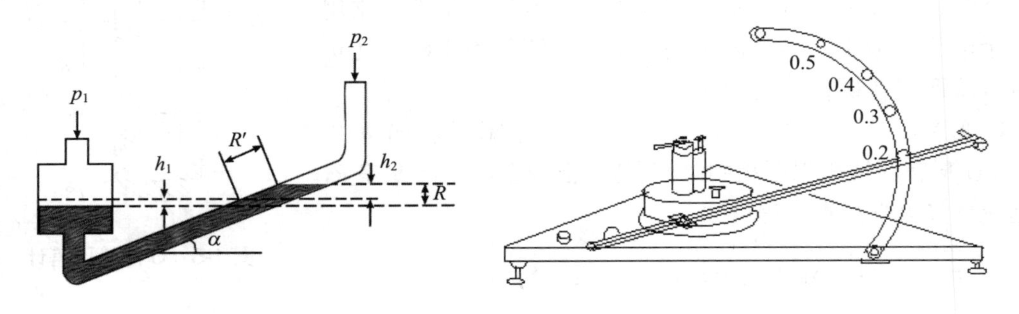


图 1-8　斜管压差计　　　　图 1-9　Y-61 型倾斜微压计

### 3. 倒 U 形管压差计

倒 U 形管压差计的结构如图 1-10 所示，这种压差计的特点是：以空气为指示液，适用于较小压差的测量。

使用时要进行排气，操作原理与 U 形管压差计相同，在排气时 3、4 两个旋塞全开。排气完毕后，调整倒 U 形管内的水位，如果水位过高，关闭 3、4 旋塞，可打开上旋塞 5，以及下部旋塞；如果水位过低，关闭 1、2 旋塞，打开顶部旋塞 5 及旋塞 3 或 4，使部分空气排出，直至水位合适为止。

当玻璃管径较小时，指示液易与玻璃管发生毛细现象，所以液柱式压差计应选用内径不小于 5 mm（最好大于 8 mm）的玻璃管，以减小毛细现象带来的误差。因为玻璃管的耐压能力低，过长易破碎，所以液柱式压差计一般仅用于 $1\times10^5$ Pa 以下的正压或负压（或压差）的场合。

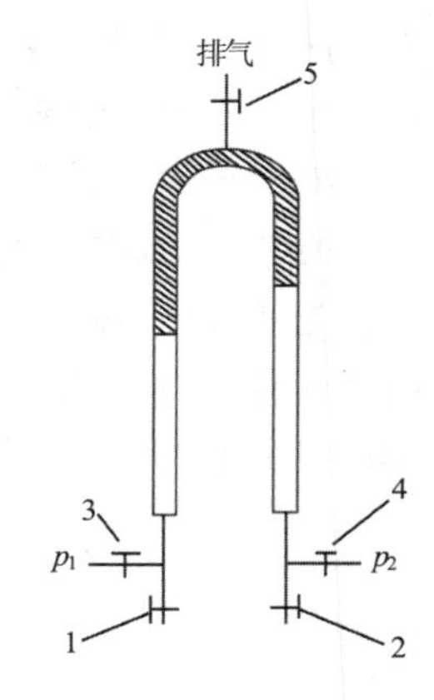


图 1-10　倒 U 形管压差计

**【例 1-8】**水平管道中两点间连接一 U 形管压差计，指示液为汞。已知压差计的读数为 30 mm，试分别计算管内流体为：（1）水；（2）压力为 101.3 kPa、温度为 20℃的空气时的压差。

解：（1）水 $\Delta p = p_1 - p_2 = gR(\rho_{示} - \rho) = 9.81\times0.03\times(13\,600-1\,000) = 3\,708.2\text{（Pa）}$

（2）空气密度 $\rho' = \dfrac{pM}{RT} = \dfrac{101.3\times29}{8.314\times(273+20)} = 1.206\text{（kg/m}^3\text{）}$

$$\Delta p' = p_1 - p_2 = gR(\rho_{示} - \rho') = 9.81\times0.03\times(13\,600-1.206) = 4\,002.1\text{（Pa）}$$

由于空气密度较小，故：$\Delta p' = p_1 - p_2 \approx gR\rho_{示}$

【例 1-9】附图所示的压差计中以油和水为指示液，其密度分别为 920 kg/m³ 及 998 kg/m³，U 形管中油、水交界面高度差 $R$ 为 300 mm。两扩大室的内径 $D$ 均为 60 mm，U 形管的内径 $d$ 为 6 mm。试计算与微压差计相连接的容器内气体的表压强。

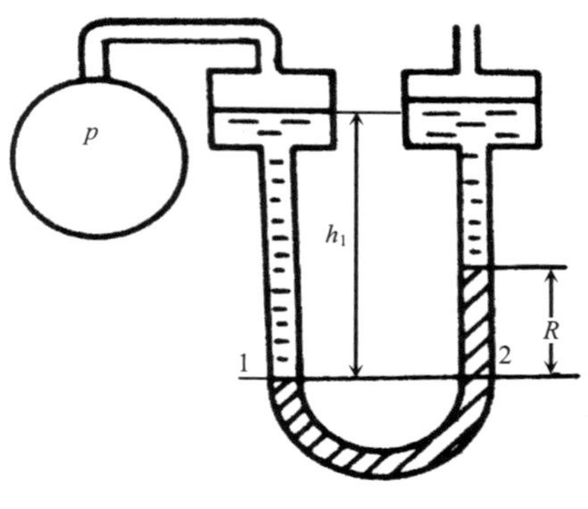

【例 1-9】 附图

解：当 U 形管中油、水交界面高度差为 300 mm 时，两扩大室出现高度差为$\Delta z$（图中没有标出），$R$ 与$\Delta z$ 的关系为

$$R\frac{\pi}{4}d^2=\Delta z\frac{\pi}{4}D^2$$

$$\Delta z=\frac{d^2}{D^2}\times R=\left(\frac{6}{60}\right)^2\times 0.3=0.003\text{（m）}$$

因 1，2 为等压面，故 $p_1=p_2$

$$p_1=p+\rho_1 g h_1$$

$$p_2=p_0+\rho_1 g\left[(h_1-R)+\Delta z\right]+\rho_2 gR$$

$$p+\rho_1 g h_1=p_0+\rho_1 g(h_1-R+\Delta z)+\rho_2 gR$$

$$p-p_0=(\rho_2-\rho_1)gR+\rho_1 g\Delta z$$

$$=0.3\times 9.81\times(998-920)+0.003\times 920\times 9.81=256.6\text{（Pa）（表压）}$$

（二）液位的测量

化工生产中经常要了解原料或产品容器里物料的储存量，或需控制设备里的液面，因此要进行液位的测量。大多数液位计的作用原理均遵循静止液体内部压强变化的规律。

最原始的液位计如图 1-11 所示，是于容器底部器壁及液面上方器壁处各开一小孔，用玻璃管将两孔相连接，玻璃管内所示的液面高度即为容器内的液面高度。这种构造易于破损，而且不便于远距离观测。下面介绍两种测量液位的方法。

**1. 液柱压差计法**

如图 1-12 所示，在容器或设备外边设一个称为平衡器的小室，用装有指示液 A 的 U 形管压差计将容器与平衡室连通起来，小室内装的液体与容器内的相同，其液面的高度维持在容器液面允许到达的最大高度处。

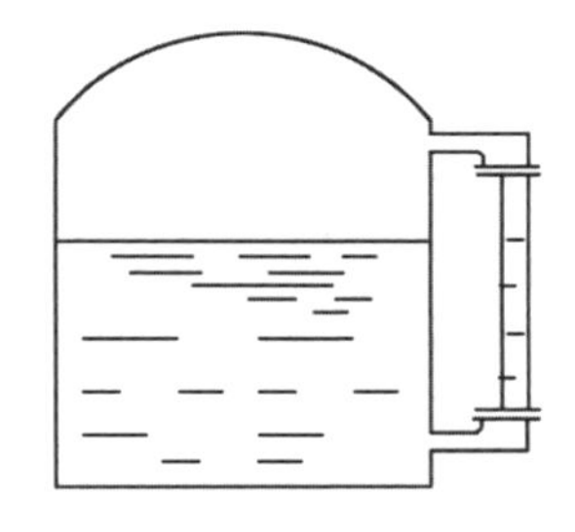
图 1-11 玻璃管液位计

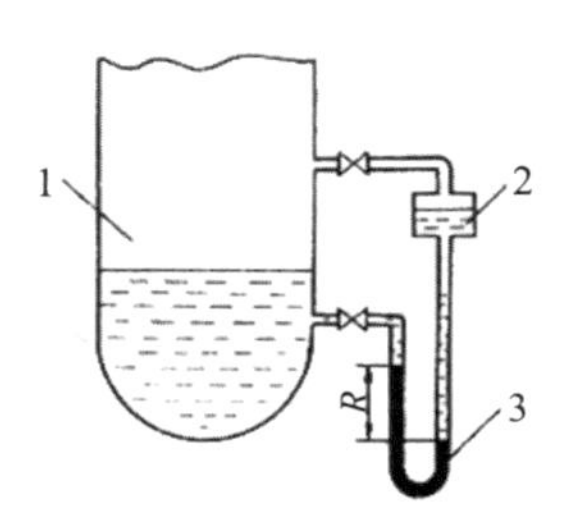

1—容器；2—平衡室；3—U 形管压差计。

图 1-12 U 形管压差计法测量液位

根据流体静力学基本方程式，容器内液面与平衡室液面的高度差可通过压差计读数求得，即

$$h=\frac{\rho_{A}-\rho}{\rho}R \tag{1-22}$$

根据式（1-22）即可求出容器里的液面高度。当容器里的液面达到最大高度时，压差计读数为零，液面愈低，压差计的读数愈大。

**2．鼓泡式液位测量装置**

若容器离操作室较远或埋在地面以下，其液位测量可采用远程测量装置来测量。现用此装置来测量贮罐内某有机液体的液位，其流程如图 1-13 所示。压缩氮气经调节阀 1 调节后进入鼓泡观察器 2，管路中氮气的流速控制得很小，只要在鼓泡观察器 2 内看出有气泡缓慢逸出即可。因此，气体通过吹气管 4 的流动阻力可以忽略不计。吹气管某截面处的压力用 U 形管压差计 3 来计量。压差计读数 $R$ 的大小即反映贮罐 5 内液面的高度。由于吹气管中氮气的流速很小，且管内不能存在液体，故可认为管出口 a 处与 U 形管压差计 b 处的压力近似相等，即 $p_a \approx p_b$。若 $p_a$、$p_b$ 均用表压来表示，根据流体静力学平衡方程得

$$p_a=\rho g h\,,\quad p_b=\rho_{Hg} g R$$

所以

$$h=\frac{\rho_{Hg}}{\rho}R \tag{1-23}$$

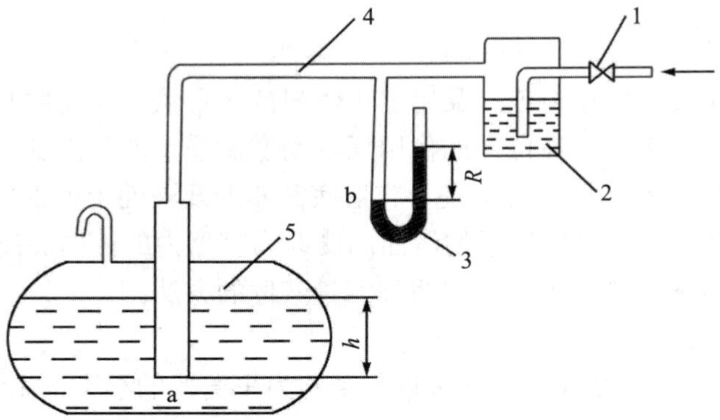

1—调节阀；2—鼓泡观察器；3—U 形管压差计；4—吹气管；5—贮罐。

**图 1-13 鼓泡式液位测量装置**

**【例 1-10】** 为测定贮罐中油品的储存量，采用远距离液位测量装置测量。已知贮罐为圆筒形，其直径为 1.6 m，吹气管底部与贮罐底的距离为 0.3 m，油品的密度为 850 kg/m$^3$。若测得 U 形管压差计读数 $R$ 为 150 mmHg，试确定贮罐中油品的储存量，分别以体积及质量表示。

解：由式（1-23）得 $h=\frac{\rho_{Hg}}{\rho}R=\frac{13\,600}{850}\times 0.15=2.4\text{(m)}$

罐中总高度 $$H = h + \Delta z = 2.4 + 0.3 = 2.7\text{（m）}$$

$$V = \frac{\pi}{4}D^2 \cdot H = 0.785 \times 1.6^2 \times 2.7 = 5.426\text{（m}^3\text{）}$$

$$m = V\rho = 5.426 \times 850 = 4\,612\text{（kg）}$$

（三）液封高度的计算

液封是生产过程中为了安全生产，防止事故发生而设置的利用液柱高度封住气体的一种装置。液封的种类有安全液封、切断液封及溢流液封三种形式。而在实际生产中，为了控制设备内气体压力不超过规定的数值，常常使用安全液封装置（或称水封装置），其目的是确保设备的安全，若气体压力超过给定值，气体则从液封装置排出，如图 1-14 所示。

液封还可达到防止气体泄漏的目的，而且它的密封效果极佳，甚至比阀门还要严密。例如，煤气柜通常用水封，以防止煤气泄漏，如图 1-15 所示。

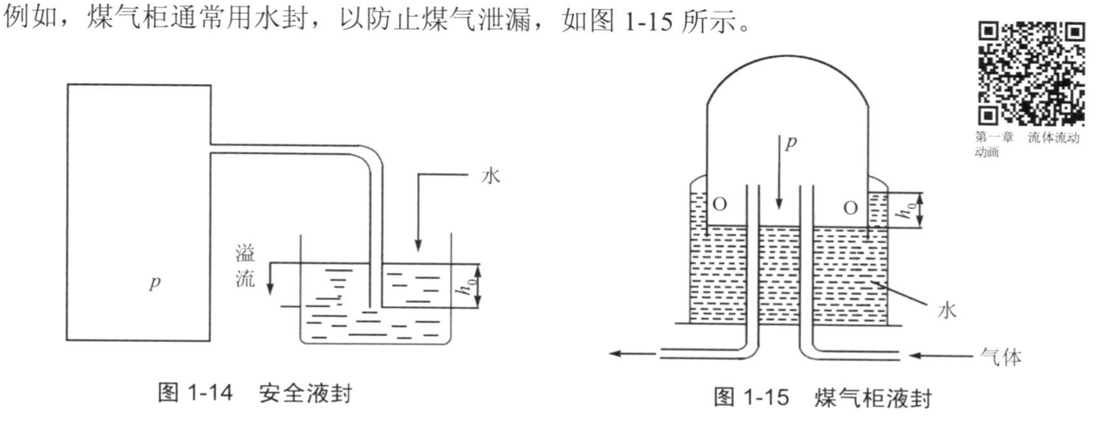


图 1-14 安全液封

图 1-15 煤气柜液封

液封高度可根据静力学基本方程式进行计算。设容器内压力为 $p$（表压），水的密度为 $\rho$，则所需的液封高度 $h_0$ 应为

$$h_0 = \frac{p}{\rho g}$$

特别提示：为了保证安全，对于一般安全液封，在实际安装时管子插入液面下的深度应比计算值略小些，使超出的压力及时排放；对于防止气体泄漏的液封，插入管子深度应比计算值略大些，严格保证气体不泄漏。

**【例 1-11】** 为了排出煤气管中的少量积水，用附图所示的水封装置，水由煤气管道中的垂直支管排出。已知煤气压力为 10 kPa（表压），试求水封管插入液面下的深度 $h$。

解：煤气表压 $p = \rho g h$

$$h = \frac{p}{\rho g} = \frac{10 \times 10^3}{1 \times 10^3 \times 9.81} = 1.02\text{（m）}$$

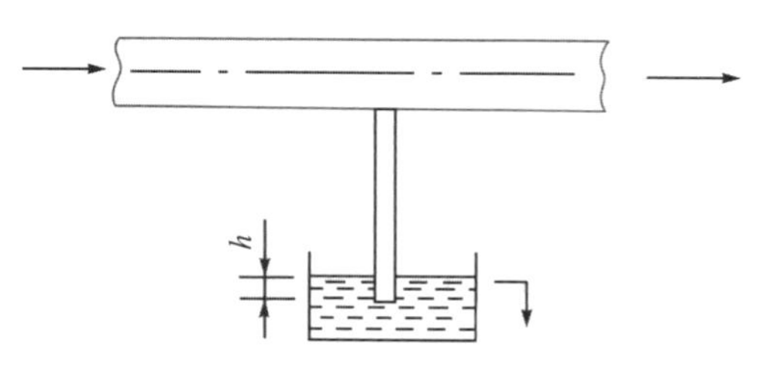


**【例 1-11】 附图**

# 第三节 流体动力学

工业生产及环境治理过程中，经常遇到流体（气体和液体）的流动。本节主要研究流体流动时的规律及不同形式的能量转化等问题。

## 一、稳定流动与非稳定流动

流体在管道中流动时，若任一截面上流体流动的速度及其他有关的物理量参数仅随位置变化而不随时间变化，流体的这种流动状态称为稳定流动。

流体在管道中流动时，若任一截面上流体流动的速度及其他有关的物理量参数既随位置变化又随时间变化，流体的这种流动状态称为非稳定流动。

如图 1-16（a）所示，随着水的不断流出，水箱中的水面不断下降，使得无论是 1-1′截面、2-2′截面还是其他各截面上的速度及其他有关的物理量都随时间的推移逐渐降低，这种流动状态称为非稳定流动。

如图 1-16（b）所示，在水箱中的水面上加设一溢流挡板，并保证自始至终有水经挡板溢出。从而维持水箱内的水位恒定不变，则 1-1′截面、2-2′截面的速度及其他有关的物理量虽不相同，但均不随时间而变，这时，速度及其他有关的物理量仅随空间位置的改变而变化，而与时间无关，这种流动状态称为稳定流动。

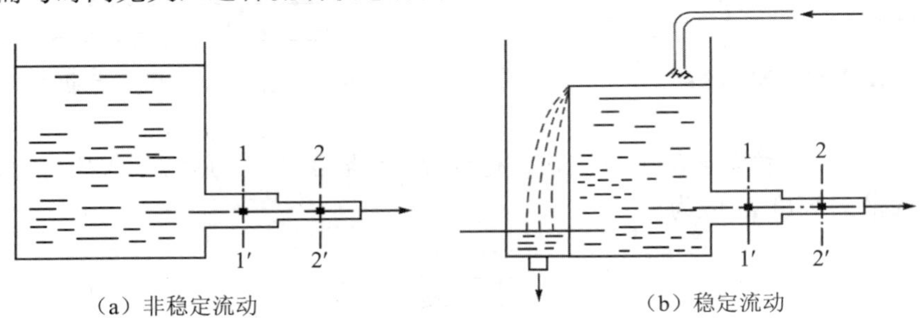


图 1-16 稳定流动与非稳定流动

工业生产上多为连续操作，除开车和停车外，一般只在很短时间内为非稳定操作，多数为稳定操作。故本书着重讨论稳定流动问题。

## 二、稳定流动系统的质量守恒——连续性方程

现取一管道为控制体，如图 1-17 所示，在截面面积不等的管道上任取截面 1-1′和截面 2-2′并与管道内壁面组成一闭合的控制体，若流体充满管道控制体并做稳定流动，连续不断地从截面 1-1′流入并从截面 2-2′流出，如果没有流体的泄漏或补充，则根据质量守恒定律得

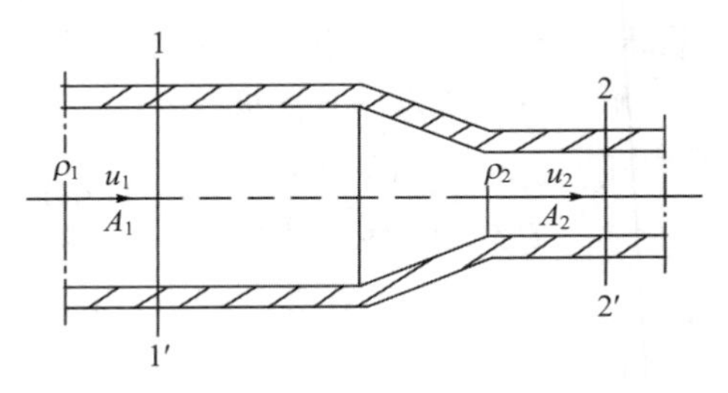


图 1-17 流体的稳定流动

$$q_{m_1} = q_{m_2} \tag{1-24}$$

对于不可压缩流体，$\rho$为常数，则

$$q_{V_1} = q_{V_2} \tag{1-24a}$$

因为$q_V = uA$，故上式可写为

$$u_1A_1 = u_2A_2$$

对于圆管，其内径为 $d$，将上式推广到管道的任何一个截面，即

$$u_1{d_1}^2 = u_2{d_2}^2 = \cdots = u_n{d_n}^2 = 常数 \tag{1-25}$$

若流体为可压缩的气体，因为气体流过同一管道不同截面的压力不同，故 $\rho$ 不为常数，式（1-25）可写为

$$u_1{d_1}^2\rho_1 = u_2{d_2}^2\rho_2 = \cdots = u_n{d_n}^2\rho_n = 常数 \tag{1-25a}$$

上述各式均称为稳定流动的连续性方程，其中式（1-25）与式（1-25a）是连续性方程中很重要的基本方程式，可以用来计算流体流过同一管路不同截面的流速或管径。

**【例 1-12】**在稳定流动系统中，水连续从粗管流入细管。粗管内径 $d_1$=10 cm，细管内径 $d_2$=5 cm，当流量为 $4\times10^{-3}$ m$^3$/s 时，求粗管内和细管内水的流速。

解：粗管内水的流速

$$u_1 = \frac{q_V}{A_1} = \frac{4\times10^{-3}}{\frac{\pi}{4}\times0.1^2} = 0.51(\text{m/s})$$

根据式（1-25）有

$$\frac{u_2}{u_1} = \left(\frac{d_1}{d_2}\right)^2 = \left(\frac{10}{5}\right)^2 = 4$$

$$u_2 = 4u_1 = 4\times0.51 = 2.04(\text{m/s})$$

微课 伯努利方程式及应用

## 三、稳定流动系统的机械能守恒——伯努利方程式

丹尼尔·伯努利（Daniel Bernoulli，1700—1782），瑞士物理学家、数学家、医学家。瑞士的伯努利家族，3 代人中有 8 位科学家，他们在数学、科学、技术、工程乃至法律、管理、文学、艺术等方面享有名望。

丹尼尔·伯努利是伯努利家族中最杰出的一位。他涉及科学领域较多，他的博学使其成为伯努利家族的代表。他和父辈一样，违背家长要他经商的愿望，曾在多所大学坚持学习医学、哲学、伦理学、数学等，先后任解剖学、动力学、数学、物理学教授。1725—1749 年，伯努利曾十次荣获法国科学院的年度奖。

1738 年他出版了经典著作《流体动力学》，这是他最重要的著作。书中用能量守恒定律解决流体的流动问题，写出了流体动力学的基本方程，后人称之为“伯努利方程”，提出了“流速增加、压强降低”的伯努利原理。

### （一）流动流体所具有的机械能

#### 1．位能

流体受重力作用在不同高度处所具有的能量称为位能。位能是一个相对值，计算位能时应先规定一个基准水平面，如 0-0′面。将质量为 $m$（kg）的流体自基准水平面 0-0′升举到高处 $z$ 处所做的功，即为位能。

质量为 $m$（kg）的流体的位能为 $mgz$，单位为 J；1 kg 的流体所具有的位能为 $gz$，单位为 J/kg。

#### 2．动能

流体以一定速度流动所具有的能量，称为动能。

质量为 $m$（kg），速度为 $u$（m/s）的流体的动能为 $\frac{1}{2}mu^2$，单位为 J；1 kg 的流体所具有的动能为 $\frac{1}{2}u^2$，单位为 J/kg。

#### 3．静压能

在静止或流动的流体内部，任一处都有相应的静压强，如果在有液体流动的管壁面上开一小孔，并在小孔处装一根垂直的细玻璃管，液体便会在玻璃管内上升，上升的液柱高度即为管内该截面处液体静压强的表现。如图 1-17 所示的流动系统，由于在 1-1′截面处流体具有一定的静压强，流体要通过该截面进入系统，就需要对流体做一定的功，以克服这个静压强。换句话说，进入截面后的流体，也就具有与此功相当的能量，流体所具有的这种能量称为静压能或流动功。

质量为 $m$（kg）的流体的静压能为 $\frac{mp}{\rho}$，单位为 J；1 kg 流体的静压能为 $\frac{p}{\rho}$，单位为 J/kg。

因此，质量为 $m$（kg）的流体在某截面上的总机械能为

$$mgz+\frac{1}{2}mu^2+\frac{mp}{\rho}\quad (\mathrm{J})$$

1 kg 流体在某截面上的总机械能为

$$gz+\frac{1}{2}u^2+\frac{p}{\rho}\quad (\mathrm{J/kg})$$

### （二）理想流体的伯努利方程

当理想流体在某一密闭管路中做稳定流动时，由能量守恒定律可知，进入管路系统的总能量应等于从管路系统带出的总能量。在无其他形式的能量输入和输出的情况下，理想流体在流动过程中任意截面上总机械能为常数，即

$$gz+\frac{1}{2}u^2+\frac{p}{\rho}=\text{常数}$$

如图 1-18 所示，将理想流体由截面 1-1′输送到截面 2-2′，根据机械能守恒原理，两截面间流体的总机械能相等，即

（1）以单位质量流体为基准的伯努利方程

$$gz_1+\frac{1}{2}u_1^2+\frac{p_1}{\rho}=gz_2+\frac{1}{2}u_2^2+\frac{p_2}{\rho}\quad (\mathrm{J/kg}) \tag{1-26}$$

（2）以单位重量流体为基准的伯努利方程

将式（1-26）等式的两边同除以 $g$，得出以单位重量流体为基准的伯努利方程：

$$z_1+\frac{1}{2g}u_1^2+\frac{p_1}{\rho g}=z_2+\frac{1}{2g}u_2^2+\frac{p_2}{\rho g}\quad (\mathrm{m}) \tag{1-26a}$$

由上式可知，理想流体在不同两截面间流动，两截面间总的机械能相等，各种机械能可以相互转化。

### （三）实际流体的伯努利方程

在环境工程及化工生产中所处理的流体多数是实际流体，实际流体在流动过程中存在流体阻力，克服这部分流体阻力要消耗一部分机械能，这部分机械能称为能量损失或阻力损失。如图 1-19 所示，对于 1 kg 的流体而言，从截面 1-1′输送到截面 2-2′时，需克服两截面间各项阻力所损失的能量为 $\sum W_{\mathrm{f}}$，单位为 J/kg。为了补充损失掉的能量需使用外加设备即流体输送机械（泵或风机）向流体做功。1 kg 流体从流体输送机械所获得的能量称为外加能量或称为外功，用 $W_{\mathrm{e}}$ 表示，其单位为 J/kg。

在图 1-19 所示的管路中还有加热器或冷却器等，流体通过时必与之换热。设换热器向 1 kg 流体提供的热量为 $Q$，单位为 J/kg；若无换热，则 $Q$=0。由于热能是非机械能，在工程上是可以忽略的。本章只讨论机械能的守恒及其转化。

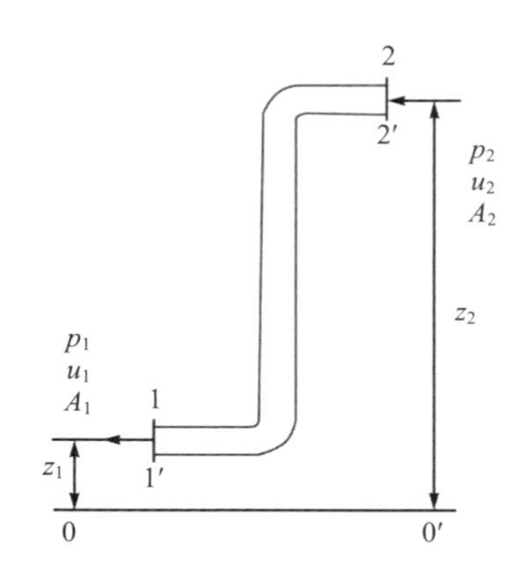


**图 1-18　理想流体管路系统**

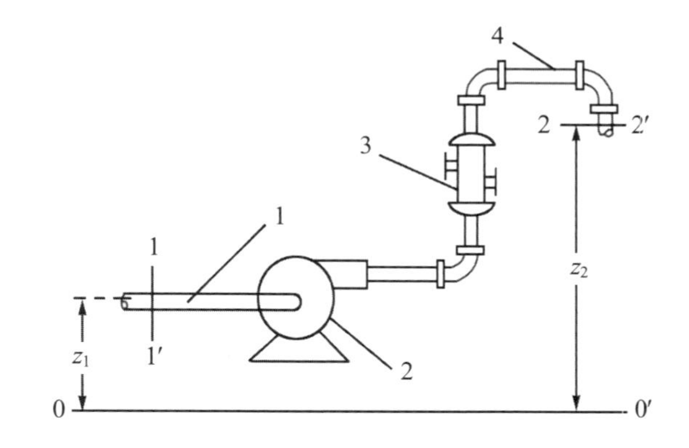


1—吸入管；2—输送机械；3—热交换器；4—排出管。

**图 1-19　实际稳定流动系统**

按照能量守恒及转化定律，输入系统的总机械能必须等于从系统中输出的总能量。即：

（1）以单位质量流体为基准的实际流体的伯努利方程

$$gz_1+\frac{1}{2}u_1^2+\frac{p_1}{\rho}+W_{\mathrm{e}}=gz_2+\frac{1}{2}u_2^2+\frac{p_2}{\rho}+\sum W_{\mathrm{f}}\quad (\mathrm{J/kg}) \tag{1-27}$$

（2）以单位重量流体为基准的实际流体的伯努利方程

式（1-27）的两边同除以 $g$，得到以单位重量流体为基准的实际流体的伯努利方程：

$$z_1+\frac{1}{2g}u_1^{\ 2}+\frac{p_1}{\rho g}+H_e=z_2+\frac{1}{2g}u_2^{\ 2}+\frac{p_2}{\rho g}+\sum h_f \quad (\text{m}) \tag{1-27a}$$

式中各项单位为 J/N 或 m，其中 $z$、$\frac{1}{2g}u^2$、$\frac{p}{\rho g}$ 分别称为位压头、动压头和静压头，$H_e$ 为输送机械的有效压头，$\sum h_f$ 则为损失压头。

（3）式（1-27）两边同乘以密度（液体）

$$\rho z_1 g+\frac{1}{2}\rho u_1^{\ 2}+p_1+\rho W_e=\rho z_2 g+\frac{1}{2}\rho u_2^{\ 2}+p_2+\rho\Sigma W_f \tag{1-27b}$$

式（1-27b）中各项的单位为 Pa。

（四）伯努利方程的讨论

① 当系统中的流体处于静止时，伯努利方程变为

$$gz_1+\frac{p_1}{\rho}=gz_2+\frac{p_2}{\rho} \tag{1-28}$$

式（1-28）即为流体静力学基本方程式的另一种形式。

② 在伯努利方程式中，$gz$、$\frac{1}{2}u^2$、$\frac{p}{\rho}$ 分别表示单位质量流体在某截面上所具有的位能、动能和静压能；而 $W_e$、$\sum W_f$ 是指单位质量流体在两截面间获得或消耗的能量。特别是 $W_e$，即输送机械对 1 kg 流体所做的有效功，是输送机械的重要参数之一。

③ 伯努利方程式的推广：伯努利方程式适用于不可压缩流体，如液体；对于可压缩流体的流动，如气体，当 $\frac{p_1-p_2}{p_1}<20\%$ 时，仍可用式（1-27）计算，但式中的 $\rho$ 要用两截面间的平均密度 $\rho_m$ 代替。

## 四、伯努利方程的应用

特别提示：应用伯努利方程时应注意以下问题：

① 作图：根据题意画出流动系统的示意图，并指明流体的流动方向。

② 截面的选取：确定上、下游截面，以明确流动系统的衡算范围。所选取的截面应与流体的流动方向相垂直，并且两截面间流体应是稳定连续流动；截面宜选在已知量多、计算方便处；截面的物理量均取该截面上的平均值。

③ 基准水平面的选取：基准水平面可以任意选取，但必须与地面平行。为计算方便，宜选取两截面中位置较低的截面为基准水平面。若截面不是水平面，而是垂直于地面，则基准面应选管子的中心线。

④ 单位必须一致：在应用伯努利方程式解题前，应把有关物理量换算成一致的单位，对于压力还应注意表示方法的一致。

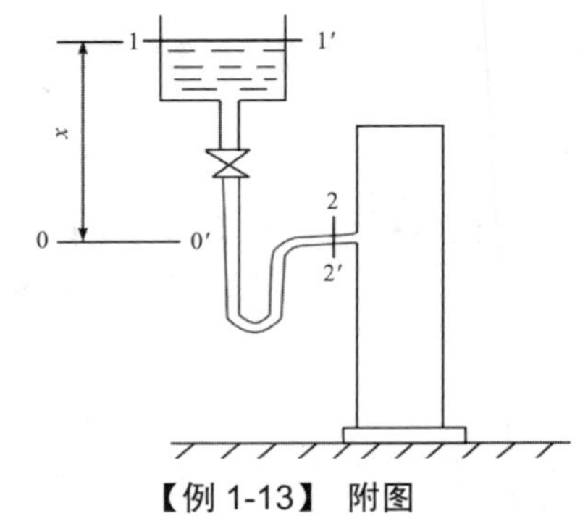

【例 1-13】 附图

【例 1-13】某车间用一高位槽向塔内供应液体，如附图所示，高位槽和塔内的压力均为大气压。液体在加料管内的速度为 2.2 m/s，管路阻力估计为 25 J/kg（从高

位槽的液面至加料管入口之间），假设液面维持恒定，求高位槽内液面至少要在加料管入口以上多少米？

解：取高位槽液面为1-1′截面，加料管入口处截面为2-2′截面，并以2-2′截面中心线为0-0′截面，即基准面。在1-1′～2-2′两截面之间列伯努利方程，因两截面间无外功加入（$W_e$=0），故：

$$gz_1+\frac{1}{2}u_1^2+\frac{p_1}{\rho}+W_e=gz_2+\frac{1}{2}u_2^2+\frac{p_2}{\rho}+\sum W_f$$

式中，$z_1$=$x$（待求值），$u_1\approx0$，$p_1$=0（表压），$p_2$=0（表压），$u_2$=2.2 m/s，$z_2$=0，$\sum W_f$=25 J/kg，将已知数据代入上式：

$$gz_1=\frac{p_2-p_1}{\rho}+\frac{u_2^2-u_1^2}{2}+\sum h_f=0+\frac{2.2^2}{2}+25=27.42\text{（J/kg）}$$

解出 $z_1$=$x$=2.80（m）。

计算结果说明高位槽的液面至少要在加料管入口以上2.80 m。由本题可知，高位槽能连续供应液体是由于流体的位能转变为动能和静压能，并用于克服管路阻力的缘故。

**【例1-14】**用泵将贮槽中密度为1 200 kg/m³的溶液送到蒸发器内，如附图所示。贮槽内液面维持恒定，其上方压强为101.33×10³ Pa，蒸发器上部蒸发室内的操作压强为26 670 Pa（真空度），蒸发器进料口高于贮槽内液面15 m，进料量为20 m³/h。溶液流经全部管路的能量损失为120 J/kg，已知管路的内直径为60 mm，泵的效率为65%，求泵的轴功率。

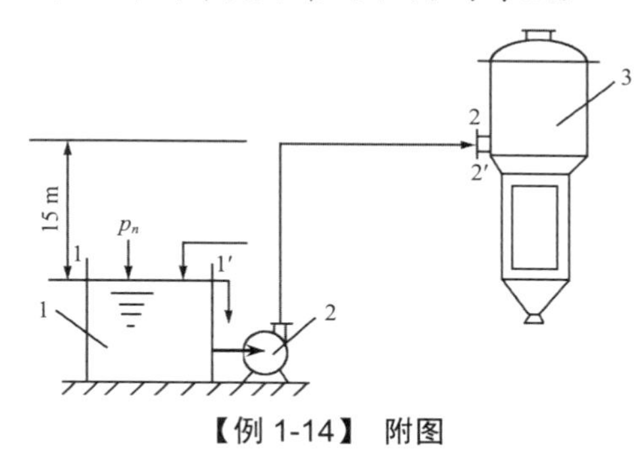


**【例1-14】 附图**

1—贮槽；2—泵；3—蒸发室

解：取贮槽液面为1-1′截面，管路出口内侧为2-2′截面，并以1-1′截面为基准水平面，在1-1′～2-2′两截面间列伯努利方程

$$gz_1+\frac{1}{2}u_1^2+\frac{p_1}{\rho}+W_e=gz_2+\frac{1}{2}u_2^2+\frac{p_2}{\rho}+\sum W_f$$

式中，$z_1$=0，$z_2$=15 m，$p_1$=0（表压），$p_2$=−26 670 Pa（表压），$u_1$=0，$\sum W_f$= 120 J/kg。

$$u_2=\frac{20}{0.785\times0.06^2\times3\,600}=1.97\text{（m/s）}$$

将上述各项数值代入，则

$$W_e=15\times9.81+\frac{1.97^2}{2}+120-\frac{26\,670}{1\,200}=246.9\text{（J/kg）}$$

泵的有效功率 $P_e$ 为

$$P_e=W_eq_m=W_e\rho q_V=246.9\times1\,200\times\frac{20}{3\,600}=1\,646\text{（W）}$$

实际上泵所消耗的功率（称轴功率）$P$ 为

$$P=\frac{P_e}{\eta}=\frac{1\,646}{0.65}=2\,532\text{（W）}$$

【例 1-15】用压缩空气将密闭容器（酸蛋）中的硫酸压送至敞口高位槽，如附图所示。输送量为 0.1 $m^3$/min，输送管路为$\phi 38 \times 3$ 的无缝钢管。酸蛋中的液面离压出管口的位差为 10 m，且设在压送过程中不变。设管路的总压头损失为 3.5 m（不包括出口），硫酸的密度为 1 830 kg/$m^3$，问酸蛋中应保持多大的压力？

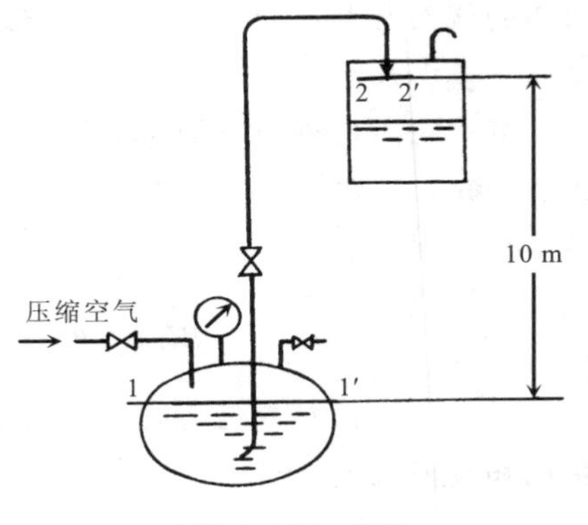

【例 1-15】 附图

解：以酸蛋中液面为 1-1′面，管出口内侧为 2-2′面，且以 1-1′面为基准水平面，在 1-1′～2-2′两截面间列伯努利方程

$$\frac{p_1}{\rho g}+\frac{1}{2g}u_1^2+z_1=\frac{p_2}{\rho g}+\frac{1}{2g}u_2^2+z_2+\sum h_f$$

上式简化为
$$\frac{p_1}{\rho g}=\frac{1}{2g}u_2^2+z_2+\sum h_f$$

其中：
$$u_2=\frac{q_V}{\frac{\pi}{4}d^2}=\frac{0.1/60}{0.785\times 0.032^2}=2.07\text{（m/s）}$$

代入
$$p_1=\rho g(\frac{1}{2g}u_2^2+z_2+\sum h_f)=1\,830\times 9.81\times\left(\frac{1}{2\times 9.81}\times 2.07^2+10+3.5\right)$$
$$=246.3\text{（kPa）（表压）}$$

【例 1-16】如附图所示，某鼓风机吸入管内径为 200 mm，在喇叭形进口处测得 U 形管压差计读数 $R$=15 mm（指示液为水），空气的密度为 1.2 kg/$m^3$，忽略能量损失。试求管道内空气的流量。

【例 1-16】 附图

解：如附图所示，在 1-1′～2-2′截面间列伯努利方程

$$gz_1+\frac{p_1}{\rho}+\frac{1}{2}u_1^2=gz_2+\frac{p_2}{\rho}+\frac{1}{2}u_2^2+\sum W_f$$

式中 $z_1=z_2$，$u_1\approx 0$，$p_1=0$（表压），$\sum W_f=0$

简化为
$$0=\frac{p_2}{\rho}+\frac{1}{2}u_2^2$$

而
$$p_2=-\rho_{H_2O}gR=-1\,000\times 9.81\times 0.015=-147.15\text{（Pa）}$$

$$\frac{1}{2}u_2^2=\frac{147.15}{1.2}$$

$$u_2=15.66\text{（m/s）}$$

$$q_V=\frac{\pi}{4}d^2u_2=0.785\times 0.2^2\times 15.66=0.492\text{（m}^3\text{/s）}=1\,771\text{（m}^3\text{/h）}$$

# 第四节 输送管路

管路在生产中的作用主要是用来输送各种流体介质（如气体、液体等），使其在生产中按工艺要求流动，以完成各个生产过程。某个生产过程是否正常与管路是否畅通有很大关系。因此，了解管路的一些基础知识和输送管路布置、安装是非常必要的。

## 一、管路基础

### （一）流体输送管路的分类

化工生产过程中的管路通常以是否分出支管来分类，见表 1-2 和图 1-20。

表 1-2 管路分类

| 类型 | | 结果 |
|---|---|---|
| 简单管路 | 单一管路 | 指直径不变，无分支的管路，如图 1-20（a） |
| | 串联管路 | 虽无分支但管径多变的管路，如图 1-20（b） |
| 复杂管路 | 分支管路 | 流体由总管流到几个分支，各分支出口不同，如图 1-20（c） |
| | 并联管路 | 并联管路中，分支管路最终又汇合到总管，如图 1-20（d） |

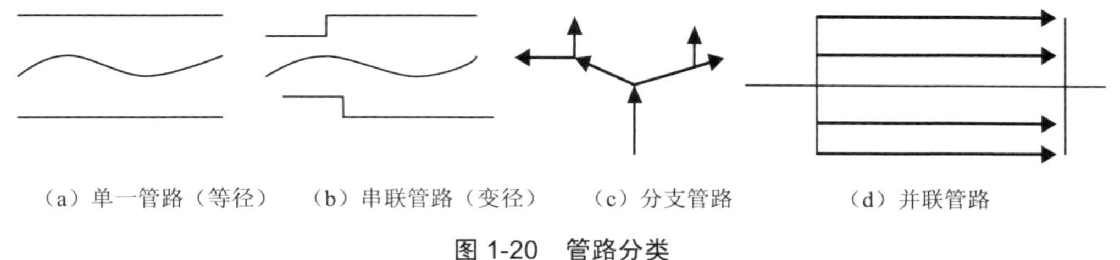


图 1-20 管路分类

对于重要管路系统，如全厂或大型车间的动力管线（包括蒸气、煤气、上水及其他循环管道等），一般均以并联管路辐射，以有利于提高能量的综合利用，减少因局部故障所造成的影响。

### （二）管子的分类与用途

管路主要由管子、管件和阀门所构成，也包括一些附属于管路的管架、管卡、管撑等附件。管子按材质分为金属管、非金属管和复合管三大类。

**1. 金属管**

金属管主要有铸铁管、钢管（含合金钢管）和有色金属管等。

① 铸铁管，主要有普通铸铁管和硅铸铁管，其特点是价格低廉，耐腐蚀性比钢管强，但性脆、强度差，管壁厚而笨重，不可在压力下输送易爆炸气体和高温蒸气。常用作埋在地下的低压给水总管、煤气管和污水管等。

② 钢管，主要包括有缝钢管和无缝钢管。有缝钢管是用低碳钢焊接而成的钢管，又

称为焊接管，分为水、煤气管和钢板电焊钢管。水、煤气管的主要特点是易于加工制造，价格低廉，但因为有焊缝而不适宜在 0.8 MPa（表压）以上压力条件下使用。目前主要用于输送水、蒸气、煤气、腐蚀性低的液体、压缩空气及真空管路等。因此，只作为无缝钢管的补充。无缝钢管按制造方法分为热轧和冷拔（冷轧）两种，没有接缝。其质量均匀、强度高、管壁薄，能在各种压力和温度下输送液体，广泛应用于输送高压、有毒、易燃、易爆和强腐蚀性流体，并用于制作换热器、蒸发器、裂解炉等化工设备。

③ 有色金属管，是用有色金属制造的管子的总称，包括紫铜管、黄铜管、铝管和铅管，适用于特殊的操作条件。

#### 2．非金属管

非金属管是用各种非金属材料制作而成的管子，主要有玻璃管、塑料管、橡胶管、陶瓷管、水泥管等，常用的有以下几类。

① 玻璃管。工业生产中的玻璃管主要由硼玻璃和石英玻璃制成。玻璃管具有透明、耐腐蚀、易清洗、管路阻力小和价格低廉的优点。缺点是性脆、不耐冲击与振动，热稳定性差，不耐高压。常用于某些特殊介质的输送。

② 塑料管。塑料管是以树脂为原料加工制成的管子，包括聚乙烯管、聚氯乙烯管、酚醛塑料管、ABS 塑料管和聚四氟乙烯管等。塑料管具有很多优良性能，其特点是耐腐蚀性能较好、质轻、加工成型方便，能任意弯曲和加工成各种形状。但性脆、易裂、强度差、耐热性也差。塑料管的用途越来越广泛，很多原来用金属管的场合逐渐被塑料管所代替，如下水管等。

③ 橡胶管。橡胶管为软管，可以任意弯曲，质轻，耐温性、抗冲击性能较好，多用来做临时性管路。

④ 陶瓷管。陶瓷管耐酸碱腐蚀，具有优越的耐腐蚀性能，成本低廉，可节省大量的钢材。但陶瓷管性脆、强度低、不耐压，不宜输送剧毒及易燃、易爆的介质，多用于排除腐蚀性污水。

⑤ 水泥管。水泥管价廉、笨重，多用做下水道的排污水管，一般用于无压流体输送。水泥管主要有无筋水泥管，内径范围在 100～900 mm；有筋水泥管的内径范围在 100～1 500 mm。水泥管的规格均以“$\phi$ 内径×壁厚”表示。

#### 3．复合管

复合管是金属与非金属两种材料复合得到的管子，目的是满足节约成本、强度和防腐的需要，通常作用在一些管子的内层衬以适当材料，如金属、橡胶、塑料、搪瓷等。

随着化学工业的发展，各种新型耐腐蚀材料不断出现，如有机聚合物材料管、非金属材料管正在替代金属管。

特别提示：管子的规格通常用“$\phi$ 外径 × 壁厚”表示。$\phi$38 × 2.5 表示此管子的外径是 38 mm，壁厚是 2.5 mm。但也有些管子用内径来表示其规格，使用时要注意。管子的长度主要有 3 m、4 m 和 6 m，有些可达 9 m、12 m，但以 6 m 最为普遍。

### （三）常用的管件与阀门

#### 1．常用的管件

① 改变管路流向的管件有弯头、三通等，如图 1-21（a）、（b）、（c）所示；

② 连接管路支路的管件有三通、四通等，如图 1-21（b）、（c）所示；

③ 改变管路直径的管件有异径管，如图 1-21（d）所示；

④ 堵塞管路的有管件管帽、丝堵、盲板等，如图 1-21（e）、（f）、（g）所示；

⑤ 用以延长管路的管件有法兰、内外螺纹接头、活接头等，如图 1-21（h）、（i）、（j）所示。

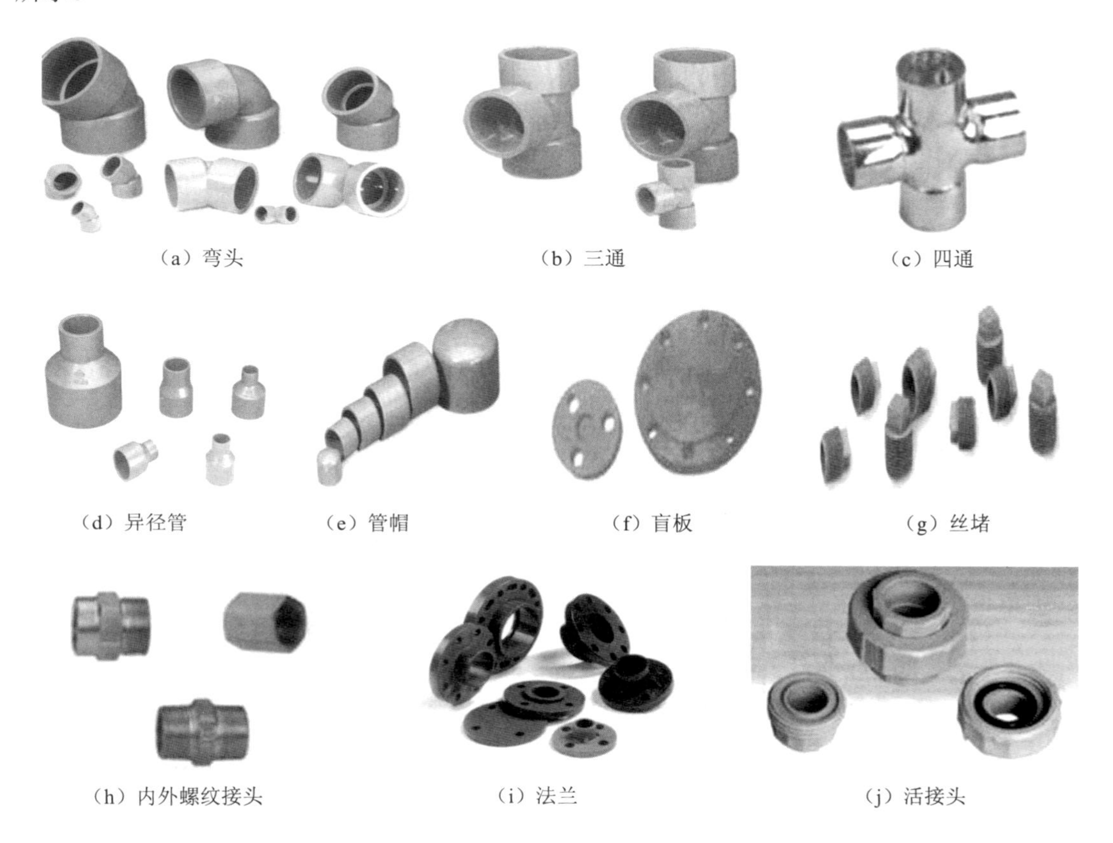

（a）弯头　（b）三通　（c）四通

（d）异径管　（e）管帽　（f）盲板　（g）丝堵

（h）内外螺纹接头　（i）法兰　（j）活接头

**图 1-21　常用的普通铸铁管件**

一种管件可以起到上述作用中的一个或多个，例如弯头既是连接管路的管件，又是改变管路方向的管件。工业生产中的管件类型很多，还有塑料管件、耐酸陶瓷管件和电焊钢管管件等，管件已经标准化，可以从有关手册中查取。

**2. 常用的阀门**

凡是用来控制流体在管路内流动的装置通称为阀门。在化工生产中阀门主要起到启闭、调节、安全保护和控制流体流向的作用。阀门的种类很多，化工生产中常用的有截止阀、闸板阀、止回阀、球阀和安全阀等。

① 截止阀。截止阀的主要部件为阀盘与阀座，如图1-22所示，它是依靠阀盘的上升或下降来改变阀盘与阀座的距离，以达到调节流量的目的。截止阀密封性好，可准确地调节流量，但结构复杂，阻力较大，适用于水、气、油品和蒸气等管路，因截止阀流体阻力较大，开启较缓慢，不适于带颗粒和黏度较大的介质。

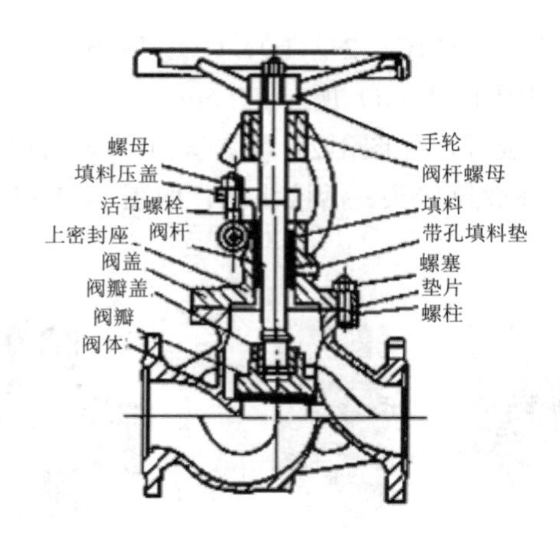

图 1-22 截止阀

② 闸板阀。闸板阀的主要部件为闸板，如图 1-23 所示，通过闸板的升降来启闭管路。闸板与阀杆和手轮相连，转动手轮可使闸板上下活动。闸板阀体形较大，造价较高，但全开时流体阻力小，常用于大直径管路的开启和切断，一般不能用来调节流量的大小，也不适用于含有固体颗粒的物料。

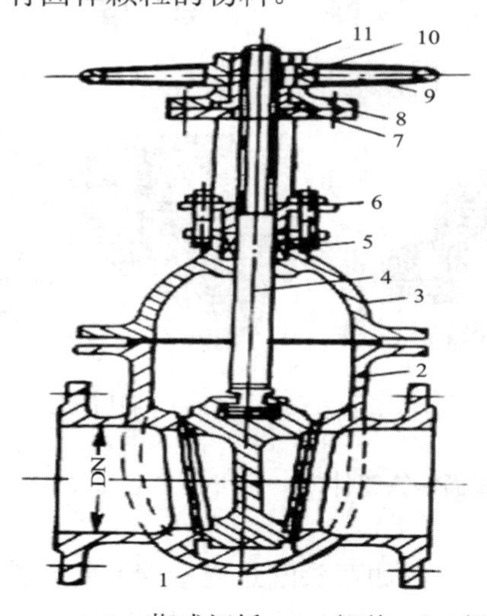

1—楔式闸板；2—阀体；3—阀盖；4—阀杆；5—填料；6—填料压盖；
7—套筒螺母；8—压紧环；9—手轮；10—键；11—压紧螺母。

图 1-23 明杆式闸板阀

③ 止回阀。止回阀也称为止逆阀或单向阀，是一种根据阀前、后的压力差自动启闭的阀门，其作用是使介质只做一定方向的流动。止回阀体内有一阀盖或摇板，当流体顺流时阀盖或摇板即升起或掀开，当流体倒流时阀盖或摇板即自动关闭。止回阀一般适用于清洁介质，安装时应注意介质的流向与安装方向。根据阀门的结构形式不同，止回阀可分为升降式、旋启式和底阀三种。中低压管路中的升降式止回阀如图 1-24 所示。阀体结构和截止阀相同，阀盘上有倒向杆，它可以在阀盖内的导向套内自由升降。当介质自左向右流动时，靠介质的压力将阀盘顶开，从而使管路沟通；若介质反向流动时，介质的压力作用在阀盘

的上部，阀盘下落，截断通路。升降式止回阀安装在管路中时，必须使阀盘的中心线与水平面垂直，否则，阀盘难以灵活升降。旋启式止回阀如图 1-25 所示。其启闭件是摇板，当介质自左向右流动时，靠介质的压力将摇板顶开，从而使管路沟通；若介质反向流动时，介质的压力作用在摇板的右面，摇板关闭，截断通路。旋启式止回阀安装在水平和垂直的管路上均可，但必须使摇板的枢轴呈水平状态。底阀如图 1-26 所示。在使用时，必须将底阀没入水中，它的作用是防止吸水管中的水倒流，以便使水泵能正常启动，过滤网是为了过滤介质中的杂质，以防其进入泵内。

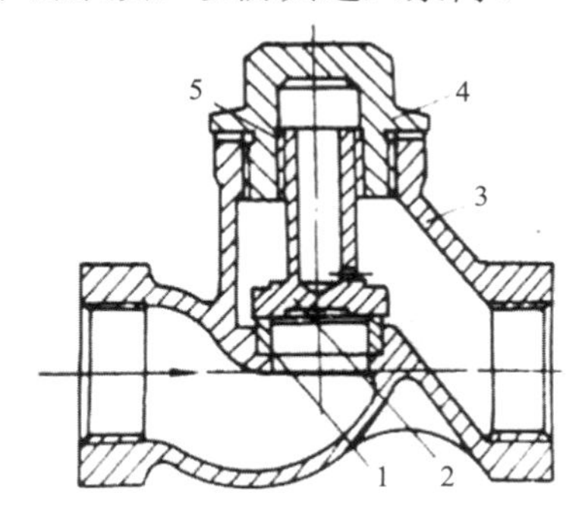

1—阀座；2—阀盘；3—阀体；4—阀盖；5—导向套。

图 1-24　中低压升降式止回阀

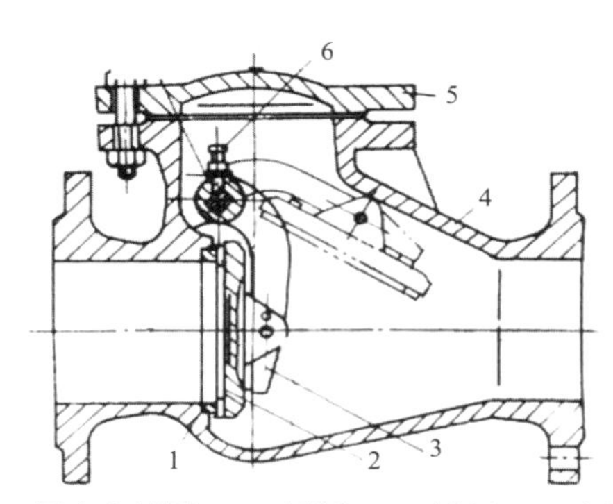

1—阀座密封圈；2—摇板；3—摇杆；4—阀体；　5—阀盖；6—定位紧固螺钉与螺母。

图 1-25　旋启式止回阀

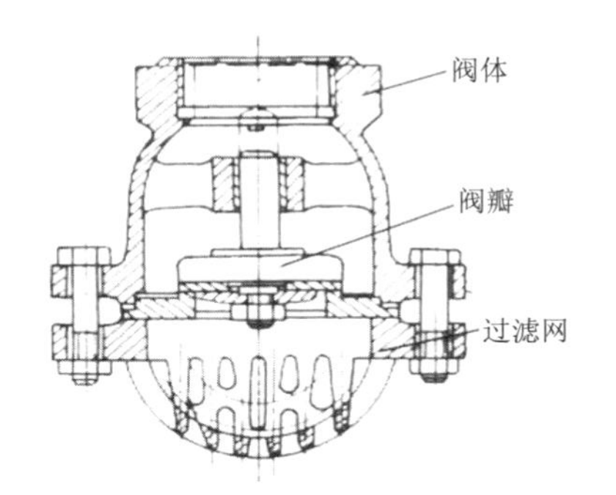

图 1-26　底阀

④ 球阀。球阀是一种以中间开孔的球体作阀芯，靠旋转球体来控制阀的开启和关闭，如图 1-27 所示。在阀体内装有两个氟塑料制成的固定密封阀座，两个阀座之间夹紧浮动球球体。球体有较高的制作精度，借助于手柄和阀杆的转动，可以带动球体转动，以达到球阀开关的目的。球阀的特点是结构比闸板阀和截止阀简单，启闭迅速，操作方便，体积小，质量轻，零部件少，流体阻力也小。但球阀的制作精度要求高，由于密封结构和材料的限制，这种阀不宜用于高温介质中，适用于低温高压及黏度较大的介质，但不宜用于调节流量。

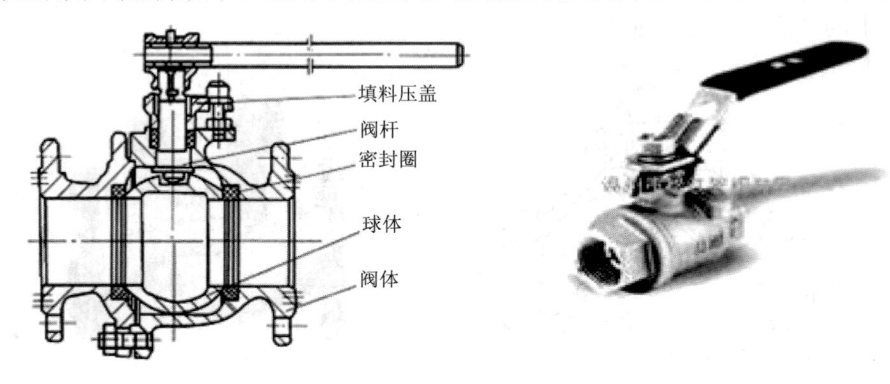


图 1-27 球阀

⑤ 蝶阀。蝶阀的关闭件为一圆盘形蝶板，蝶板能绕其轴旋转 90°，板轴垂直流体的流动方向。当驱动手柄旋转时，带动阀杆和蝶板一起转动，使阀门开启或关闭。电动蝶阀如图 1-28 所示。蝶阀结构简单，维修方便，开关迅速，适用于低温低压管路。

⑥ 节流阀。节流阀如图 1-29 所示。它的结构与截止阀基本相同，只是阀盘改制成了圆锥形或针形，从而有较好的流量和压力调节能力。节流阀的特点是外形尺寸小，质量小，制造精度要求高。由于流速较大，易冲蚀密封面，节流阀适用于温度较低、压力较高的介质，不适用于黏度大和含有固体颗粒的介质，不宜作隔断阀。

图 1-28 电动蝶阀

图 1-29 节流阀

⑦ 安全阀。安全阀是为了管道、设备的安全保险而设置的截断装置，它能根据工作压力而自动启闭，从而将管道、设备的压力控制在某一数值以下，以保证其安全，主要用在蒸汽锅炉及高压设备。常用的安全阀有杠杆式和弹簧式两种。弹簧式安全阀分为封闭式和不封闭式。封闭式用于易燃、易爆和有毒介质，弹簧式封闭安全阀如图 1-30 所示。不封闭式用于蒸气或惰性气体。

⑧ 疏水阀。疏水阀的功能是自动地、间断地排除蒸气管路和加热器等蒸气设备系统中

的冷凝水，又能阻止蒸气泄出。目前使用较多的是热动力疏水阀，如图 1-31 所示。它是利用蒸气和冷凝水的动压和静压的变化来自动开启和关闭，以达到排水阻汽的目的。

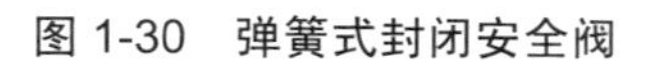

图 1-30　弹簧式封闭安全阀

图 1-31　热动力疏水阀

⑨ 笼式调节阀。笼式调节阀是一种压力平衡式调节阀，采用高耐磨性进口密封环作为平衡原件，集合单座调节阀的低泄漏率和套孔双座调节阀阀芯平衡结构的优点而开发出的新系列调节阀。阀内件采用套筒导向的先导式阀芯，密封形式采用单座密封，流量特性曲线精度高。调节阀动态稳定性好，噪声低，适宜控制各种温度的高压差流体。配用多弹簧薄膜执行机构或电动执行机构，其结构紧凑，输出力大。

⑩ 气动调节阀。气动调节阀就是以压缩气体为动力源，以气缸为执行器，并借助于阀门定位器、转换器、电磁阀、保位阀、储气罐、气体过滤器等附件去驱动阀门，实现开关量或比例式调节，接收工业自动化控制系统的控制信号来完成调节管道介质的流量、压力、温度、液位等各种工艺过程参数。气动调节阀的特点就是控制简单，反应快速，且本质安全，不需另外再采取防爆措施。

## 二、管路的布置与安装原则

第一章　流体流动动画

### （一）管路的布置原则

工业上的管路布置既要考虑到工艺要求，又要考虑到经济要求、操作方便与安全，在可能的情况下还要尽可能美观。因此，管路布置与安装时应遵守以下原则。

① 尽量减少管长、管件。在工艺条件允许的前提下，应使管路尽可能短，管件和阀门应尽可能少，以减少投资，使流体流动阻力减到最小。

② 合理安排管路，遵守管路排列规则。安排管路时，应使管路与墙壁、柱子或其他管路之间留有适当的距离，以便于安装、操作、巡查与检修。管路排列时，通常是热管在上，冷管在下；无腐蚀的管在上，有腐蚀的管在下；输送气体的管在上，输送液体的管在下；不经常检修的管在上，经常检修的管在下；高压管在上，低压管在下；保温管在上，不保温管在下；金属管在上，非金属管在下；在水平方向上，通常使常温管路、大管路、振动大的管路及不经常检修的管路靠近墙或柱子。

③ 采用标准件。化工管路的标准化是指制定化工管路主要构件［包括管子、管件、阀件（门）、法兰、垫片等的结构、尺寸、连接、压力等］的标准并实施的过程。其中，

压力标准与直径标准是制定其他标准的依据，也是选择管子、管件、阀件（门）、法兰、垫片等附件的依据，已由国家标准详细规定，使用时可以参阅有关资料。管子、管件与阀门应尽量采用标准件，以便于安装与维修。

### （二）管路的安装原则

#### 1. 管路的连接

管路的连接通常是管子与管子、管子与管件、管子与阀件、管子与设备之间的连接，其连接形式主要有四种，即螺纹连接、法兰连接、承插式连接及焊接连接，如图 1-32 所示。

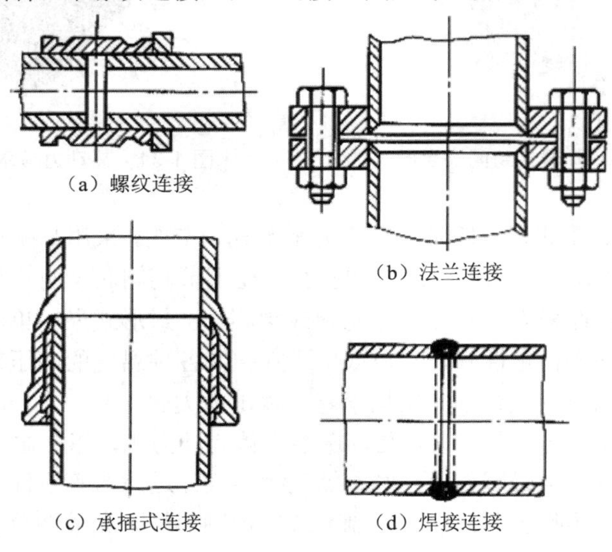


图 1-32　管子的连接方式

① 螺纹连接。螺纹连接是一种可拆卸连接，是在管道端部加工外螺纹，利用螺纹与管箍、管件和活管接头配合固定，把管子与管路附件连接在一起。螺纹连接的密封则主要依靠锥管螺纹的咬合和在螺纹之间加敷的密封材料来实现。常用的密封材料是白漆加麻丝或四氟膜，缠绕在螺纹表面，然后将螺纹配合拧紧。密封的材料还可以用其他填料或涂料代替。

② 法兰连接。法兰连接是最常用的连接方法，适用于管径、温度及压力范围大、密封性能要求高的管子连接，广泛用于各种金属管、塑料管的连接，还适用于管子与阀件、设备之间的连接。法兰连接的主要特点是实现了标准化，装拆方便，密封可靠，但费用较高。管路连接时，为了保证接头处的密封，需在两法兰盘间加垫片密封，并用螺丝将其拧紧。法兰连接密封的好坏与选用的垫片材料有关，应根据介质的性质与工作条件选用适宜的垫片材料，以保证不发生泄漏。

③ 承插式连接。承插式连接是将管子的一端插入另一管子的插套内，并在形成的空隙中装填麻丝或石棉绳，然后塞入胶合剂，以达到密封的目的。承插式连接主要用于水泥管、陶瓷管和铸铁管的连接，其特点是安装方便，对各管段中心重合度要求不高，但拆卸困难，不能耐高压，多用于地下给排水管路的连接。

④ 焊接连接。焊接连接是一种不可拆卸连接，是用焊接的方法将管道和各管件、阀门直接连成一体。这种连接密封非常可靠，结构简单，便于安装，但给清理检修工作带来

不便，广泛适用于钢管、有色金属管和聚氯乙烯管的连接。焊接主要用在长管路和高压管路中，但当管路需要经常拆卸时，或在易燃易爆的车间，不宜采用焊接法连接管路。

### 2. 管路的安装及安装高度

管路的安装应保证横平竖直，其偏差每 10 m 不大于 15 mm，但其全长不能大于 50 mm，垂直管偏差每 10 m 不能大于 10 mm。管路通过人行道时高度不得低于 2 m，通过公路时不得小于 4.5 m，与铁轨的净距离不得小于 6 m，通过工厂主要交通干线高度一般为 5 m。

一般情况下，管路采用明线安装，但上下水管及污水管采用埋地铺设，埋地安装深度应当在当地冰冻线以下。

### 3. 管路的热补偿

工业生产中的管路两端通常是固定的，当温度发生较大变化时，管路就会因管材的热胀冷缩而承受压力或拉力，严重时将造成管子弯曲、断裂或接头松脱。因此对于温度变化较大的管路需采取热补偿措施。

热补偿的主要方法有两种：一是依靠弯管的自然补偿；二是利用补偿器进行补偿。常用的热补偿器有Π形、Ω形、波形和填料涵式等，如图 1-33 所示。

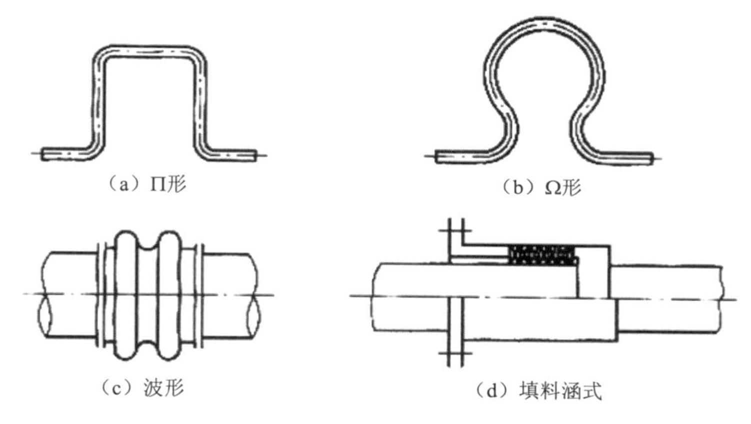


图 1-33 热补偿器

### 4. 管路的水压试验

管路在投入运行之前，必须保证其强度和严密性符合要求，因此，管路安装完毕后，应做强度与严密度试验，验证是否有漏气或漏液现象。管路的操作压力不同，输送的物料不同，试验的要求也不同。通常，要对管路系统进行水压试验，试验压力（表压）为 294 kPa，在试验压力下维持 5 min 未发现漏液现象，则水压试验为合格。

### 5. 管路的保温与涂色

为了维持生产需要的高温或低温条件，节约能源，保证劳动条件，必须减少管路与环境的热量交换，即管路的保温。保温的方法是在管道外包上一层或多层保温材料。工厂中的管路很多，为了方便操作者区别各种类型的管路，常在管外（保护层外或保温层外）涂上不同的颜色，称为管路的涂色。常见管路的颜色可参阅有关手册。

### 6. 管路的防静电措施

静电是一种常见的带电现象，流体输送过程中产生的静电如不及时消除，就容易因产生电火花而引起火灾或爆炸。管路的抗静电措施主要是静电接地和控制流体的流速。

微课 流体阻力及计算

## 第五节 流体阻力

流体在流动时会产生阻力，为克服阻力而消耗的能量称为能量损失。根据伯努利方程可以看出，只有在能量损失已知的情况下，才能进行管路计算。因此流体流动阻力的计算是十分重要的。

### 一、流体阻力的来源

当流体在圆管内流动时，管内任一截面上各点的速度并不相同，管中心处的速度最大，越靠近管壁速度越小，在管壁处流体质点附着于管壁上，其速度为零。可以想象，流体在圆管内流动时，实际上被分割成无数极薄的圆筒层，一层套着一层，各层以不同的速度向前运动，层与层之间具有内摩擦力。

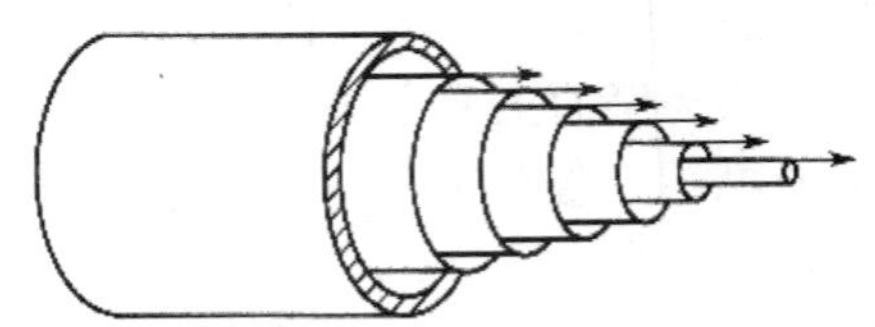
图 1-34 流体在圆管内分层流动

如图 1-34 所示，这种内摩擦力总是起着阻止流体层间发生相对运动的作用。因此，内摩擦力是流体流动时阻力产生的根本原因。

黏度作为表征流体黏性大小的物理量，其值越大，说明在同样流动条件下流体阻力就越大。于是，不同流体在同一条管路中流动时，流动阻力的大小是不同的。而同一种流体在同一条管路中流动时因流速不相等，流动阻力的大小也不同。因此，决定流动阻力大小的因素除了流体黏度和流动的边界条件外，还取决于流体的流动状况，即流体的流动类型。

### 二、雷诺准数与流体流动类型

奥斯鲍恩·雷诺（Osborne Reynolds，1842—1912），德国力学家、物理学家、工程师，早年在工厂做技术工作，1867 年毕业于剑桥大学王后学院，1868 年起任曼彻斯特欧文学院工程学教授，1877 年当选为皇家学会会员，1888 年获皇家奖章。

雷诺在流体力学方面最主要的贡献是发现流动的相似律，他引入表征流动中流体惯性力和黏性力之比的一个量纲一的数，即雷诺数。对于几何条件相似的各个流动，即使它们的尺寸、速度、流体不同，只要雷诺数相同，则流动是动力相似的。

1883 年，雷诺通过管道中平滑流线性型流动（层流）向不规则带旋涡的流动（湍流）过渡的实验，即雷诺实验，阐明了雷诺数的作用。在雷诺以后，分析有关的雷诺数成为研究流体流动特别是层流向湍流过渡的一个标准步骤。

#### （一）雷诺试验

为了研究流体流动时内部质点的运动情况及其影响因素，1883 年雷诺设计了雷诺实验装置，如图 1-35 所示。

在水箱内装有溢流装置，以维持水位恒定。箱的底部接一段直径相同的水平玻璃管，管出口处有阀门调节流量。水箱上方装有色液体的小瓶，有色液体可经过细管注入玻璃管中心处。在水流经玻璃管的过程中，有色液体也随水一起流动。

实验结果表明，在水温一定的情况下，当流速较小时，从细管引到水流中心的有色液体成一条直线平稳地流过整玻璃管，说明玻璃管内水的质点沿与管轴平行的方向做直线运动，不产生横向运动，此时称为层流，如图 1-36（a）所示。若逐渐提高水的流速，有色液体的细线出现波浪。水的流速再高些，有色细线完全消失，与水完全混为一体，此时称为湍流，如图 1-36（b）所示。

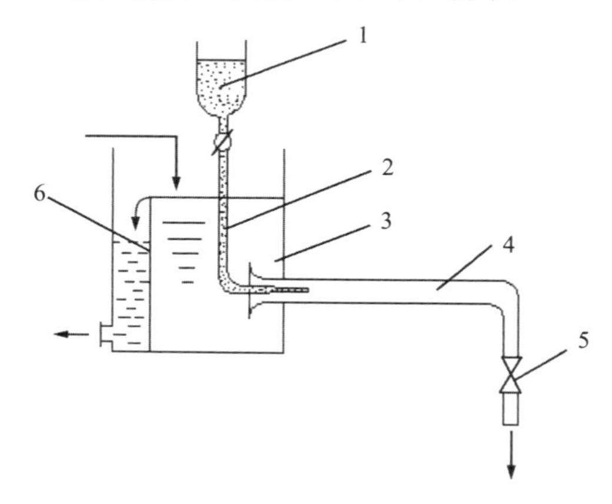


1—小瓶；2—细管；3—水箱；4—玻璃管；5—阀门；6—溢流装置。

图 1-35　雷诺实验装置

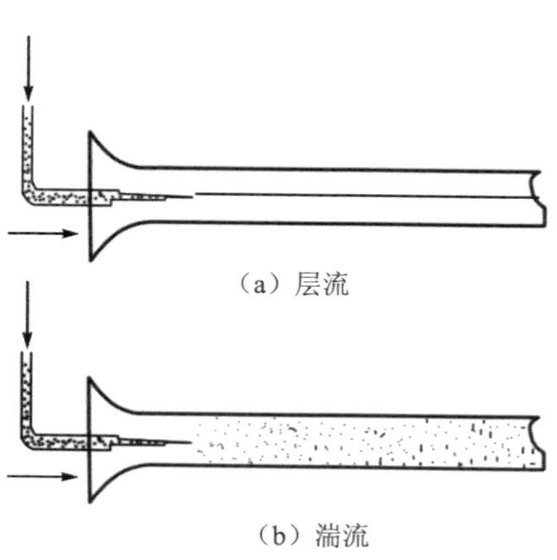

（a）层流

（b）湍流

图 1-36　雷诺实验结果比较

第一章　流体流动动画

（二）流体的流动类型

**1．流体流动类型**

从雷诺实验观察到，随流体质点运动速度的变化显示出两种基本流动类型，即层流与湍流。

① 层流（或滞流）：流体质点仅沿着与管轴平行的方向做直线运动，流体分为若干层且平行向前流动，不具有径向的速度，与周围的流体间无宏观的碰撞和混合。自然界和环境工程中会遇到许多层流流动的情况，如管内流体的低速流动、高黏度液体的流动、毛细管和多孔介质中的流体流动等。

② 湍流（或紊流）：流体质点除了沿管轴方向向前流动外，还有径向脉动。质点的脉动是湍流运动最基本的特点。在这类流动状态下，流体不再是分层流动，流体内部充满了大小不一、不断运动变化着的旋涡，各质点的速度在大小和方向上都随时发生变化，质点互相碰撞和混合，它们的传递速率比层流时要高得多，所以实验中的有色液体与水迅速混合。自然界和工程上遇到的流动大多为湍流。

**2．流体流动类型的判断——雷诺数 $Re$**

凡是几个有内在联系的物理量按无因次条件组合起来的数群，称为准数或无因次数群。雷诺数 $Re$ 反映了流体质点的湍流程度，并用作流体流动类型的判据。

$$Re = \frac{d\rho u}{\mu} \tag{1-29}$$

式中：$Re$ ——雷诺数；

$d$——管子的内径，m；

$u$——管内流体的流速，m/s；

$\rho$——流体的密度，kg/m$^3$；

$\mu$——流体的黏度，Pa·s。

雷诺数 $Re$ 是一个无因次数群，无论采用何种单位制，只要数群中各物理量的单位制一致，所算出的 $Re$ 数值必然相等。

根据经验，对于流体在直管内的流动，雷诺数 $Re$ 是流体流动类型的判据，其范围为：① 当 $Re \leqslant 2\,000$ 时，流动为层流，此区称为层流区；② 当 $Re \geqslant 4\,000$ 时，出现湍流，此区称为湍流区；③ 当 $2\,000 \leqslant Re \leqslant 4\,000$ 时，流动可能是层流，也可能是湍流，该区称为不稳定的过渡区。

根据雷诺数 $Re$ 的大小将流体流动分为三个区域：层流区、过渡区、湍流区，但流动类型只有两种：层流与湍流。

## 三、圆管内流体的速度分布

流体在管内无论是滞流或湍流，在管道任意截面上，流体质点的速度沿管径而变化，管壁处速度为零，离开管壁以后速度渐增，到管中心处速度最大。速度在管道截面上的分布规律因流型而异，如图 1-37 所示。

第一章　流体流动动画

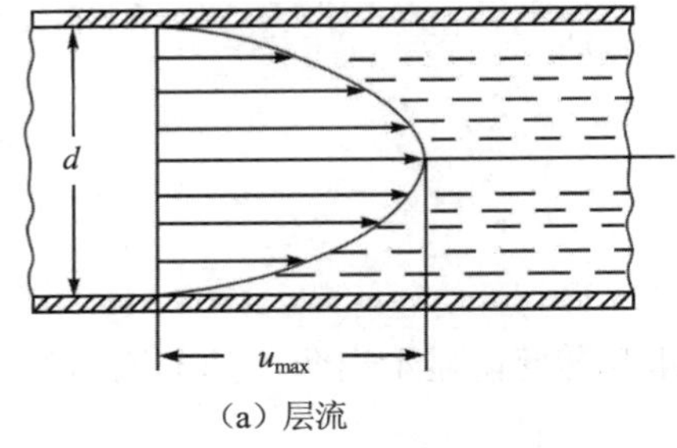

（a）层流

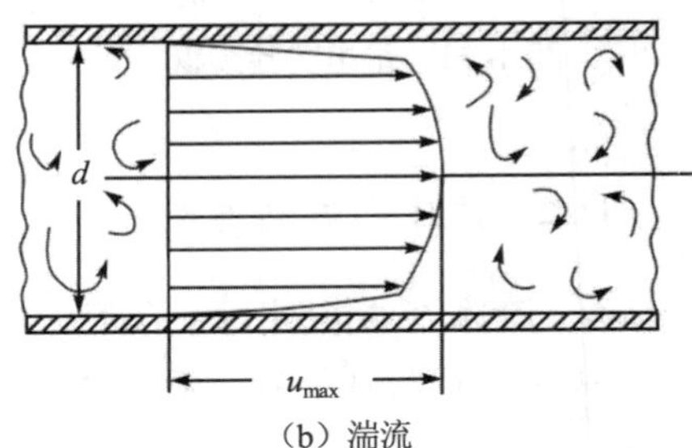

（b）湍流

**图 1-37　圆管内的速度分布**

### （一）层流时的速度分布

由实验和理论分析得出，层流时的速度分布为抛物线形状，如图 1-37（a）所示。截面上各点速度是轴对称的，管中心处速度为最大，管壁处速度为零。经推导可得管截面上的平均速度与中心最大流速之间的关系为

$$u = \frac{1}{2} u_{\max} \tag{1-30}$$

### （二）湍流时的速度分布

流体在管内做湍流流动时，由于流体质点的强烈分离与混合，使截面上靠管中心部分各点速度彼此扯平，速度分布比较均匀，所以速度分布曲线不再是严格的抛物线，如图 1-37（b）所示。

实验证明，当 Re 值愈大时，曲线顶部的区域就愈广阔平坦，但靠管壁处质点的速度骤然下降，曲线较陡。由实验测得，湍流时管截面上的平均速度与中心区最大流速之间的关系为

$$u \approx 0.8u_{max} \tag{1-31}$$

## 四、管内流体阻力的计算

流体在管路中流动时的阻力可分为直管阻力和局部阻力两部分。直管阻力是指流体流经一定管径的直管时，由于流体和管壁之间的摩擦而产生的阻力；局部阻力是指流体流经管路中的管件、阀门及截面扩大或缩小等局部位置时，由于速度的大小或方向改变而引起的阻力。伯努利方程式中的 $\sum W_f$ 是指所研究的管路系统的总能量损失（也称总阻力损失），是管路系统中的直管阻力损失和局部阻力损失之和。

### （一）直管阻力

#### 1. 圆形直管阻力计算通式

推导圆形直管阻力计算通式的基础是流体做稳定流动时受力的平衡。流体以一定速度在圆管内流动时，受到方向相反的两个力的作用：一个是推动力，其方向与流动方向一致；另一个是摩擦阻力，其方向与流动方向相反。当这两个力达平衡时，流体做稳定流动。

不可压缩流体以速度 $u$ 在一段水平直管内做稳定流动时所产生的阻力可用下式计算：

能量损失
$$W_f = \lambda \frac{l}{d}\frac{u^2}{2} \tag{1-32}$$

压头损失
$$h_f = \frac{W_f}{g} = \lambda \frac{l}{d}\frac{u^2}{2g} \tag{1-32a}$$

压力损失
$$\Delta p_f = \rho W_f = \lambda \frac{l}{d}\frac{\rho u^2}{2} \tag{1-32b}$$

式中：$W_f$—— 流体在圆形直管中流动时的损失能量，J/kg；

$\lambda$—— 摩擦系数，量纲一；

$h_f$—— 流体在圆形直管中流动时的压头损失，m；

$g$—— 重力加速度，$m/s^2$；

$l$—— 管长，m；

$d$—— 管内径，m；

$u$—— 管内流体的流速，m/s；

$\Delta p_f$—— 流体在圆形直管中流动时的压力损失，Pa；

$\rho$—— 流体的密度，$kg/m^3$。

式（1-32）、式（1-32a）与式（1-32b）是计算圆形直管阻力所引起能量损失的通式，称为范宁公式。此式对湍流和层流均适用，式中$\lambda$为摩擦系数，无因次，其值随流型而变，湍流时还受管壁粗糙度的影响，但不受管路铺设情况（水平、垂直、倾斜）影响。

#### 2. 摩擦系数$\lambda$

按材料性质和加工情况，将管道分为两类：一类是水力光滑管，如玻璃管、黄铜管、塑料管等；另一类是粗糙管，如钢管、铸铁管、水泥管等。其粗糙度可用绝对粗糙度$\varepsilon$和相对粗糙度$\varepsilon/d$表示。一些工业管道的绝对粗糙度$\varepsilon$见表 1-3。

表 1-3 某些工业管道的绝对粗糙度$\varepsilon$ 单位：mm

| 管道类别 | | $\varepsilon$ | 管道类别 | | $\varepsilon$ |
|---|---|---|---|---|---|
| 金属管 | 无缝黄铜管、铜管及铅管 | 0.01～0.05 | 非金属管 | 干净玻璃管 | 0.001 5～0.01 |
| | 新的无缝钢管、镀锌铁管 | 0.1～0.2 | | 橡皮软管 | 0.01～0.03 |
| | 新的铸铁管 | 0.3 | | 木管道 | 0.25～1.25 |
| | 有轻度腐蚀的无缝钢管 | 0.2～0.3 | | 陶土排水管 | 0.45～6.0 |
| | 有显著腐蚀的无缝钢管 | 0.5 以上 | | 很好整平的排水管 | 0.33 |
| | 旧的铸铁管 | 0.85 以上 | | 石棉水泥管 | 0.03～0.8 |

（1）层流时的摩擦系数$\lambda$

流体做层流流动时，摩擦系数$\lambda$只与雷诺数 $Re$ 有关，而与管壁的粗糙程度无关。通过理论推导，可以得出$\lambda$与 $Re$ 的关系为

$$\lambda = \frac{64}{Re} \tag{1-33}$$

流体在直管内层流流动时能量损失的计算式为

$$W_{\mathrm{f}} = \frac{32\mu l u}{\rho d^2} \tag{1-34}$$

或

$$\Delta p_{\mathrm{f}} = \frac{32\mu l u}{d^2} \tag{1-35}$$

式（1-35）称为哈根-泊谡叶（Poiseuille）方程，此式表明层流时阻力与速度的一次方成正比。

（2）湍流时的摩擦系数$\lambda$

当流体呈湍流流动时，摩擦系数$\lambda$与雷诺数 $Re$ 及管壁粗糙程度都有关，即 $\lambda = f(Re, \frac{\varepsilon}{d})$。

由于湍流时质点运动的复杂性，现在还不能从理论上推算$\lambda$值，在工程计算中为了避免试差，一般将通过实验测出的$\lambda$与 $Re$ 和 $\frac{\varepsilon}{d}$ 的关系，以 $\frac{\varepsilon}{d}$ 为参变量，以$\lambda$为纵坐标，以 $Re$ 为横坐标，标绘在双对数坐标纸上，如图 1-38 所示，此图称为莫狄摩擦系数图。

由图 1-38 可以看出，摩擦系数图可以分为以下 4 个区。

① 层流区：$Re \leqslant 2\ 000$，$\lambda$与 $\frac{\varepsilon}{d}$ 无关，与 $Re$ 呈直线关系，即 $\lambda = \frac{64}{Re}$。

② 过渡区：$Re=2\ 000 \sim 4\ 000$，在此区内，流体的流型可能是层流，也可能是湍流，视外界的条件而定，在管路计算时，工程上为安全起见，常做湍流处理。

③ 湍流区：$Re \geqslant 4\ 000$，这个区域内，管内流型为湍流，因此由图中曲线分析可知，当 $\frac{\varepsilon}{d}$ 一定时，$Re$ 增大，$\lambda$减小；当 $Re$ 一定时，$\frac{\varepsilon}{d}$ 增大，$\lambda$增大。

④ 完全湍流区：图中虚线以上的区域。此区域内$\lambda$—$Re$ 曲线近似为水平线，即$\lambda$与 $Re$ 无关，只与 $\frac{\varepsilon}{d}$ 有关，我们把它称为完全湍流区。对于一定的管道，$\frac{\varepsilon}{d}$ 为定值，$\lambda$为常数，阻力损失与 $u^2$ 成正比，所以完全湍流区又称阻力平方区。由图 1-38 可知，$\frac{\varepsilon}{d}$ 愈大，达到

阻力平方区的 $Re$ 愈小。

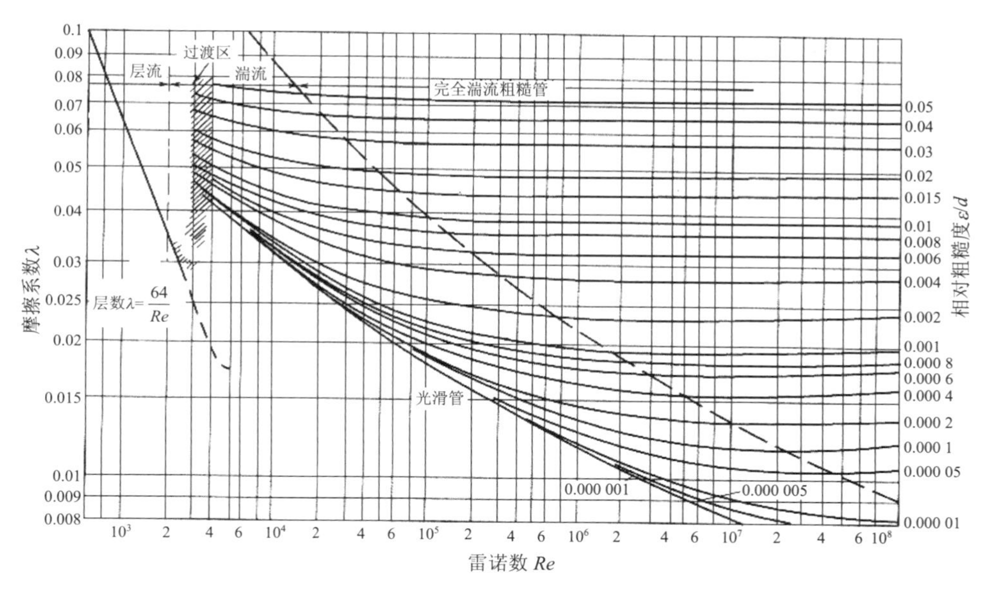


图 1-38　摩擦系数λ及相对粗糙度 $\varepsilon/d$ 与雷诺数 $Re$ 的关系

**【例 1-17】**计算 10℃水以 $2.7\times10^{-3}$ m³/s 的流量流过 $\phi$ 57×3.5、长 20 m 的水平钢管时的能量损失、压头损失及压力损失（设管壁的粗糙度为 0.5 mm）。

解：$u=\dfrac{q_V}{0.785d^2}=\dfrac{2.7\times10^{-3}}{0.785\times0.05^2}=1.376(\text{m/s})$

查附录七得 10℃水的物性：$\rho=999.7\ \text{kg}/\text{m}^3$，$\mu=130.77\times10^5\ \text{Pa}\cdot\text{s}$

$$Re=\frac{du\rho}{\mu}=\frac{0.05\times999.7\times1.376}{1.308\times10^{-3}}=5.27\times10^4>4\,000\ (\text{湍流})$$

$$\frac{\varepsilon}{d}=\frac{0.5}{50}=0.01$$

由 $\varepsilon/d=0.01$，查图 1-38 得 $\lambda=0.041$

$$W_{\text{f}}=\lambda\frac{l}{d}\frac{u^2}{2}=0.041\times\frac{20}{0.05}\times\frac{1.376^2}{2}=15.53(\text{J/kg})$$

$$h_{\text{f}}=\frac{W_{\text{f}}}{g}=\frac{15.53}{9.81}=1.583(\text{m})$$

$$\Delta p_{\text{f}}=W_{\text{f}}\cdot\rho=15.53\times999.7=15\,525(\text{Pa})$$

**【例 1-18】**如附图所示，用泵将贮槽中的某油品以 40 m³/h 的流量输送至高位槽。两槽的液位恒定，且相差 20 m，输送管内径为 100 mm，管子总长为 45 m（包括所有局部阻力的当量长度）。已知油品的密度为 890 kg/m³，黏度为 0.487 Pa•s，试求所需外加的功为多少。

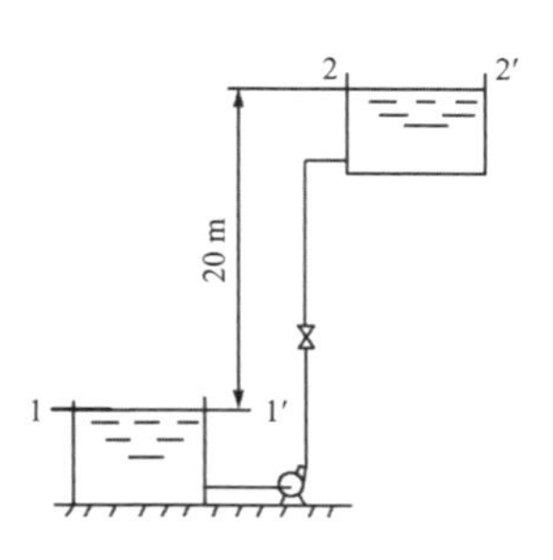


**【例 1-18】　附图**

解：$u=\dfrac{q_V}{\dfrac{\pi}{4}d^2}=\dfrac{40\div 3\,600}{0.785\times 0.1^2}=1.415\text{（m/s）}$

$$Re=\frac{du\rho}{\mu}=\frac{0.1\times 890\times 1.415}{0.487}=258.6<2\,000\text{（层流）}$$

$$\lambda=\frac{64}{Re}=\frac{64}{258.6}=0.247$$

在贮槽 1-1′截面到高位槽 2-2′截面间列伯努利方程得

$$gz_1+\frac{p_1}{\rho}+\frac{1}{2}u_1^2+W_e=gz_2+\frac{p_2}{\rho}+\frac{1}{2}u_2^2+\sum W_f$$

简化为 $$W_e=gz_2+\sum W_f$$

而 $$\sum W_f=\lambda\frac{l+\sum l_e}{d}\frac{u^2}{2}=0.247\times\frac{45}{0.1}\times\frac{1.415^2}{2}=111.2\text{（J/kg）}$$

$$W_e=9.81\times 20+111.2=307.4\text{（J/kg）}$$

**3. 非圆形管内的流动阻力**

一般来说，截面形状对速度分布及流动阻力的大小都会有影响。实验表明，对于非圆形截面的通道，可以用一个与圆形管直径 $d$ 相当的“直径”来代替，称为当量直径，用 $d_e$ 表示。当量直径定义为流体在管道里的 4 倍流通截面与润湿周边 $\Pi$ 之比，即

$$d_e=4\times\frac{\text{流通截面积}}{\text{润湿周边}}=4\times\frac{A}{\Pi} \tag{1-36}$$

流体在非圆形管内做湍流流动时，计算 $\sum h_f$ 及 $Re$ 的有关表达式中，均可用 $d_e$ 代替 $d$。但需注意：① 不能用 $d_e$ 来计算流体通道的截面积、流速和流量；② 层流时，$\lambda$ 的计算式（1-33）须用下式修正：

$$\lambda=\frac{C}{Re} \tag{1-37}$$

$C$ 随流通形状而变，如表 1-4 所示。

**表 1-4 某些非圆形管的常数 $C$**

| 非圆形管的截面形状 | 正方形 | 等边三角形 | 环形 | 长方形 长：宽=2：1 | 长方形 长：宽=4：1 |
|---|---|---|---|---|---|
| 常数 $C$ | 57 | 53 | 96 | 62 | 73 |

在化工中经常遇到的套管换热器环隙间及矩形截面的当量直径按定义可分别推导出：

（1）套管换热器环隙当量直径

$$d_e=d_1-d_2 \tag{1-38}$$

式中：$d_1$ —— 套管换热器外管内径，m；

$d_2$ —— 套管换热器内管外径，m。

（2）矩形截面的当量直径

$$d_e=\frac{2ab}{a+b} \tag{1-39}$$

式中：$a$、$b$——矩形的两个边长，m。

【例 1-19】求常压下 35℃的空气以 12 m/s 的速度流经 120 m 长的水平通风管的能量损失和压力损失。管道截面为长方形，长为 300 mm，宽为 200 mm（设 $\varepsilon/d$ =0.000 5）。

解：长方形管道的当量直径

$$d_e=\frac{2ab}{a+b}=\frac{2\times0.3\times0.2}{0.3+0.2}=0.24\text{（m）}$$

35℃空气物性 $\rho=1.146\,5\ \text{kg/m}^3$，$\mu=18.85\times10^{-6}\ \text{Pa•s}$

$$Re=\frac{d_e u\rho}{\mu}=\frac{0.24\times1.146\,5\times12}{18.85\times10^{-6}}=1.752\times10^5>4\,000\ \text{（湍流）}$$

由 $\varepsilon/d=0.000\,5$，查图 1-40 得 $\lambda=0.019$

$$\sum W_f=\lambda\frac{l}{d_e}\frac{u^2}{2}=0.019\times\frac{120}{0.24}\times\frac{12^2}{2}=684\text{（J/kg）}$$

$$\Delta p_f=\sum W_f\cdot\rho=684\times1.146\,5=784.2\text{（Pa）}$$

（二）局部阻力损失

当流体的流速大小或方向发生变化时，均产生局部阻力。局部阻力造成的能量损失有两种计算方法。

**1. 阻力系数法**

将局部阻力表示为动能的某一倍数

$$W_f'=\zeta\frac{u^2}{2} \tag{1-40}$$

或

$$h_f'=\zeta\frac{u^2}{2g} \tag{1-40a}$$

式中：$W_f'$—— 局部阻力，J/kg；

$\zeta$—— 局部阻力系数，量纲一。

局部阻力系数一般由实验测定，某些管件和阀门的局部阻力系数列于表 1-5 中。管路因直径改变而突然扩大或突然缩小时的流动情况如图 1-39 所示，计算其局部阻力时，$u$ 均取细管中的流速。

表 1-5　某些管件和阀门的阻力系数

| 名称 | | 局部阻力系数$\zeta$ | 名称 | | 局部阻力系数$\zeta$ |
|---|---|---|---|---|---|
| 标准弯头 | 45° | 0.35 | 止回阀 | 升降式 | 1.2 |
| | 90° | 0.75 | | 摇板式 | 2 |
| 180°回弯头 | | 1.5 | 闸阀 | 全开 | 0.17 |
| 三通 | | 1 | | 3/4 开 | 0.9 |
| 管接头 | | 0.4 | | 1/2 开 | 4.5 |
| 活接头 | | 0.4 | | 1/4 开 | 24 |
| 截止阀 | 全开 | 6.4 | 盘式流量计（水表） | | 7.0 |
| | 半开 | 9.5 | 角阀（90°） | | 5 |
| 底阀 | | 1.5 | 单向阀（摇摆式） | | 2 |

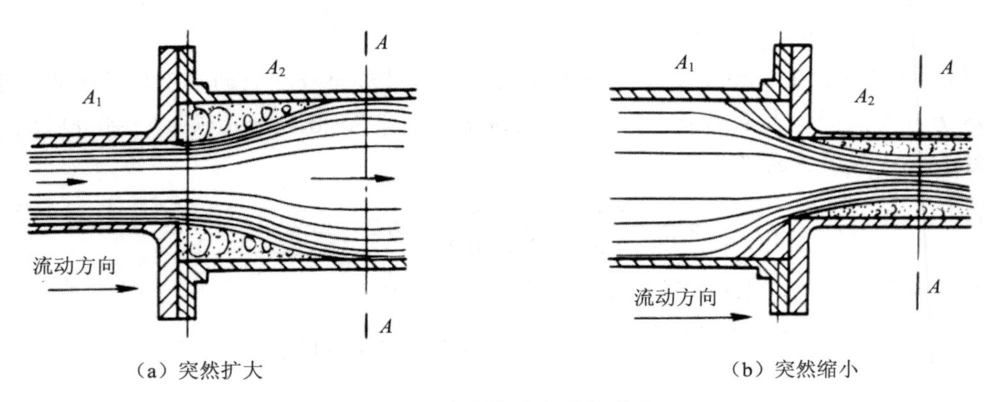


（a）突然扩大　　（b）突然缩小

**图 1-39　突然扩大和突然缩小**

突然扩大的阻力系数
$$\zeta=\left(1-\frac{A_1}{A_2}\right)^2 \tag{1-41}$$

突然缩小的阻力系数
$$\zeta=\frac{1}{2}\left(1-\frac{A_1}{A_2}\right) \tag{1-42}$$

对于流体自容器进入管内的损失称为进口损失，进口阻力系数$\zeta_{进口}=0.5$；对于流体自管内进入容器或从管子排放到管外空间的损失称为出口损失，出口阻力系数$\zeta_{出口}=1$。

**2．当量长度法**

该法是把流体流过管件、阀门所产生的局部阻力折算成相当于流体流过相应直管长度的直管阻力，折合后的管道长度称为当量长度，以$l_e$表示，用当量长度法表示的局部阻力为

$$W_f'=\lambda\frac{\sum l_e}{d}\frac{u^2}{2} \tag{1-43}$$

$$\Delta p_f'=\lambda\frac{\sum l_e}{d}\frac{\rho u^2}{2} \tag{1-44}$$

式中，$l_e$为局部阻力的当量长度。各种管件、阀门的当量长度与管径之比$l_e/d$可查表1-6 或查有关手册中管件、阀门的当量长度共线图得到。共线图的查取方法为：由左边管件或阀门对应的点与右侧管内径相应点的连线交中间标尺的点读取$l_e$值。

**表 1-6　部分管件、阀门及流量计以管径计的当量长度**

| 名称 | | $l_e/d$ | 名称 | | $l_e/d$ |
|---|---|---|---|---|---|
| 标准弯头 | 45° | 15 | 止回阀 | 升降式 | 60 |
| | 90° | 35 | | 摇板式 | 100 |
| 180°回弯头 | | 75 | 闸阀 | 全开 | 7 |
| 三通 | | 50 | | 3/4 开 | 40 |
| 管接头 | | 2 | | 1/2 开 | 200 |
| 活接头 | | 2 | | 1/4 开 | 800 |
| 截止阀 | 全开 | 300 | 盘式流量计（水表） | | 400 |
| | 半开 | 475 | 文氏流量计 | | 12 |
| 角阀（标准式）全开 | | 145 | 转子流量计 | | 200～300 |
| 带有滤水器的底阀 | | 420 | 由容器入管口 | | 20 |

特别提示：① 管路出口处动能和能量的损失只能取一项。当截面选在出口内侧时取动能，选在出口外侧时取能量损失（$\zeta$=1）；② 不管突然扩大还是缩小，$u$ 均取细管中的流速；③ $\zeta$、$l_e$ 或 $\frac{l_e}{d}$ 值均为实验值。

### （三）管路系统中的总能量损失

管路系统的总能量损失（总阻力损失）包括管路上全部直管阻力和局部阻力之和，即为伯努利方程式中的$\sum W_f$。当流体流经直径不变的管路时，管路系统的总能量损失可按下面两种方法计算。

（1）当量长度法

$$\sum W_f = \lambda \frac{l+\sum l_e}{d}\frac{u^2}{2} \tag{1-45}$$

（2）阻力系数法

$$\sum W_f = (\lambda \frac{l}{d}+\sum\zeta)\frac{u^2}{2} \tag{1-46}$$

式中：$\sum W_f$—— 管路系统总能量损失，J/kg；

$\sum l_e$—— 管路中管件、阀门的当量长度之和，m；

$\sum\zeta$—— 管路中局部阻力（如进口、出口）系数之和；

$l$—— 各段直管总长度，m。

特别提示：式（1-45）和式（1-46）中的流速 $u$ 是指管端或管路系统中的流速，而伯努利方程式中的流速 $u$ 是指相应的衡算截面处的流速。当管路由若干直径不同的管段组成时，由于各段的流速不同，此时管路系统的总能量损失应分段计算，然后再求其总和。

**【例 1-20】** 如附图所示，密度为 800 kg/m³、黏度为 $1.5\times10^{-3}$ Pa·s 的液体，由敞口高位槽经$\phi114\times4$的钢管流入一密闭容器中，其压力为 0.16 MPa（表压），两槽的液位恒定。液体在管内的流速为 1.5 m/s，管路中闸阀为半开，管壁的相对粗糙度$\varepsilon/d$=0.002，试计算两槽液面的垂直距离$\Delta z$。

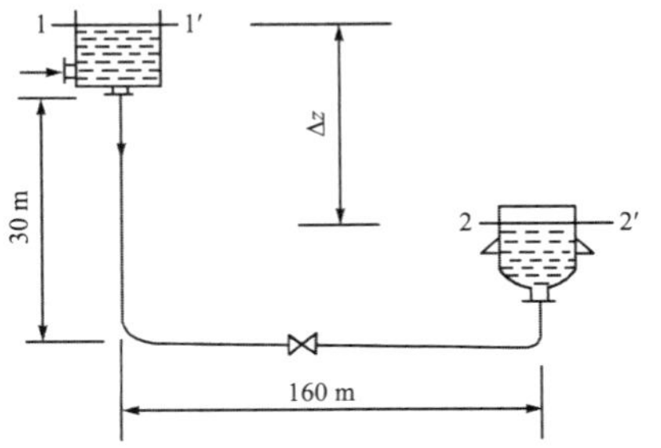

**【例 1-20】 附图**

解：取高位槽液面为 1-1′截面，容器液面为 2-2′截面，并以 2-2′截面为基准水平面，列伯努利方程为

$$gz_1+\frac{p_1}{\rho}+\frac{1}{2}u_1^2 = gz_2+\frac{p_2}{\rho}+\frac{1}{2}u_2^2+\sum W_f$$

简化为

$$\Delta gz = \frac{p_2}{\rho}+\sum W_f$$

$$Re = \frac{du\rho}{\mu} = \frac{0.106\times800\times1.5}{1.5\times10^{-3}} = 8.48\times10^4$$

由$\varepsilon/d$=0.002，查图 1-40 得$\lambda = 0.026$

管路中进口$\zeta = 0.5$；90°弯头$\zeta = 0.75$，2 个；半开闸阀$\zeta = 4.5$；出口$\zeta = 1$

$$\sum W_f=(\lambda\frac{l}{d}+\sum\zeta)\frac{u^2}{2}=(0.026\times\frac{30+160}{0.106}+0.5+2\times0.75+4.5+1)\times\frac{1.5^2}{2}$$
$$=60.87\ (\mathrm{J/kg})$$

$$\Delta z=(\frac{p_2}{\rho}+\sum W_f)/g=(\frac{0.16\times10^6}{800}+60.87)/9.81=26.6\ (\mathrm{m})$$

### （四）降低管路系统流动阻力的措施

流体流动时为克服流动阻力需消耗一部分能量，流动阻力越大，输送流体所消耗的动力也就越大。因此，流体流动阻力的大小直接关系到能耗和生产成本，为此应采取措施降低能量损失，即降低$\sum W_f$。

根据上述分析，可采取如下措施：① 合理布局，尽量减少管长，少装不必要的管件、阀门；② 适当加大管径并尽量选用光滑管；③ 在允许条件下，将气体压缩或液化后输送；④ 高黏度液体长距离输送时，可用加热方法或以强磁场处理，以降低黏度；⑤ 允许的话，在被输送液体中加入减阻剂；⑥ 管壁上进行预处理——低表面能涂层或小尺度肋条结构。

但有时为了某种工程目的，需人为造成局部阻力或加大流体湍动（如液体搅拌，传热、传质过程的强化等）。

## 第六节　简单管路的计算

根据管路的铺设和连接情况，化工生产中的管路可分为简单管路和复杂管路。简单管路一般是指直径相同的管路或由直径不同的管路连接而成的串联管路；复杂管路则是由若干条简单管路连接而成的并联管路或分支管路。复杂管路的计算比较繁杂，但它是以简单管路计算为基础的。下面仅介绍简单管路的计算方法。

管路计算实际上是连续性方程、伯努利方程与能量损失计算的具体运用，由于已知量与未知量情况不同，计算方法亦随之改变。在实际工作中常遇到的管路计算问题，归纳起来有以下 3 种情况：① 已知管径、管长、管件和阀门的设置及流体的输送量，求流体通过管路系统的能量损失，以便进一步确定输送设备所加入的外功、设备内的压强或设备间的相对位置等。这一类计算比较容易。② 已知管径、管长、管件和阀门的设置及允许的能量损失，求流体的流速或流量。③ 已知管长、管件和阀门的当量长度、流体的流量及允许的能量损失，求管径。

后两种情况都存在着共同的问题，即流速 $u$ 或管径 $d$ 为未知，因此不能计算 $Re$ 值，无法判断流体的流型，所以亦不能确定摩擦系数$\lambda$。在这种情况下，工程计算中常采用试差法或其他方法来求解。

下面通过例题介绍试差法在解决此类问题中的应用。

试差法计算流速的步骤：① 根据伯努利方程列出试差等式；② 试差（若已知流动处于阻力平方区或层流区，则无须试差，可直接由解析法求解）。

【例 1-21】常温水在一根水平钢管中流过，管长为 80 m，要求输水量为 40 $\mathrm{m^3/h}$，管路系统允许的压头损失为 4 m，取水的密度为 1 000 $\mathrm{kg/m^3}$，黏度为 $1\times10^{-3}$ Pa・s，试确定合适的管子（设钢管的绝对粗糙度为 0.2 mm）。

解：水在管中的流速

$$u=\frac{q_V}{\frac{\pi}{4}d^2}=\frac{40}{3\,600\times 0.785d^2}=\frac{0.014\,15}{d^2}$$

$$h_f=\lambda\frac{l}{d}\times\frac{u^2}{2g}$$

$$4=\lambda\frac{80}{d}\times\frac{1}{2\times 9.81}\times\left(\frac{0.014\,15}{d^2}\right)^2$$

整理得试差方程为 $d^5=2.041\times10^{-4}\lambda$

由于 $d$ 或 $u$ 的变化范围较宽，而$\lambda$的变化范围小，试差时先假设$\lambda$，由试差方程求出 $d$，然后计算 $u$、$Re$ 和$\varepsilon/d$。由图 1-38 查得$\lambda$，若与原假设的$\lambda$相符则计算正确；若不符则需重新假设$\lambda$，直至查得的$\lambda$值与假设$\lambda$值相符为止。

实践表明，湍流时$\lambda$值多在 0.02～0.03，可先假设$\lambda$=0.023，由试差方程解得

$$d=0.086\text{（m）}$$

校核$\lambda$

$$u=\frac{0.014\,15}{d^2}=\frac{0.014\,15}{0.086^2}=1.91\text{（m/s）}$$

$$Re=\frac{d\rho u}{\mu}=\frac{0.086\times 1\,000\times 1.91}{1\times10^{-3}}=1.64\times10^5$$

$$\frac{\varepsilon}{d}=\frac{0.2\times10^{-3}}{0.086}=0.002\,3$$

查图 1-40 得$\lambda$=0.025，与原假设不符，以此$\lambda$值重新试算，得 $d$=0.087 4 m，$u$=1.85 m/s，$Re=1.62\times10^5$，查得$\lambda$=0.025，与假设相符，试差结束。

由管内径 $d$=0.087 4 m，查附录十九，选用$\phi$ 108×4 的热轧无缝钢管合适，其内径为 106 mm，比所需略大，则实际流速会更小，压头损失不会超过 4 m，可满足要求。

## 第七节　流量的测量

实际生产中，经常需要测量流体的流速或流量，以便对生产过程进行控制。测量流量的仪表形式很多，下面介绍几种以流体机械能守恒原理为基础设计的用来测量流速与流量的装置。

### 一、差压式流量计

差压式流量计又称定截面流量计，其特点是节流元件提供的流体流动截面积是恒定的，而其上下游的压强差随着流量或流速而变化。利用测量压强差的方法来测定流体的流量或流速。

### （一）测速管

测速管又称皮托管，这是一种测量点速度的装置。如图 1-40 所示，它由两根弯成直角的同心套管组成，外管的管口是封闭的，在外管前端壁面四周开有若干测压小孔，为了减小误差，测速管的前端经常做成半球形以减少涡流。测量时，测速管可以放在管截面的任一位置上，并使其管口正对着管道中流体的流动方向，外管与内管的末端分别与液柱压差计的两臂相连接。

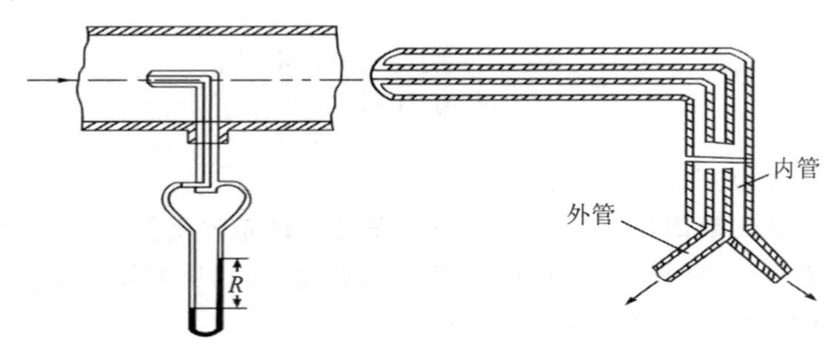


图 1-40 测速管

如果 U 形管压差计的读数为 $R$，指示液与工作流体的密度分别为$\rho_0$与$\rho$，可推得点速度与压力差的关系为

$$u = C\sqrt{\frac{2Rg(\rho_0 - \rho)}{\rho}} \tag{1-47}$$

式中：$C$ —— 皮托管校正系数，由实验标定，其值为 1.00～1.98，常可取 1；

$\rho_0$ —— U 形管压差计指示液的密度，kg/m$^3$；

$\rho$ —— 工作流体的密度，kg/m$^3$；

$R$ —— U 形管压差计读数，m。

若将测速管口放在管中心线上，则测得的流速为 $u_{max}$，压差计的读数为 $R_{max}$，由 $R_{max}$ 可借助图 1-41 确定流体在管内的平均流速 $u$。

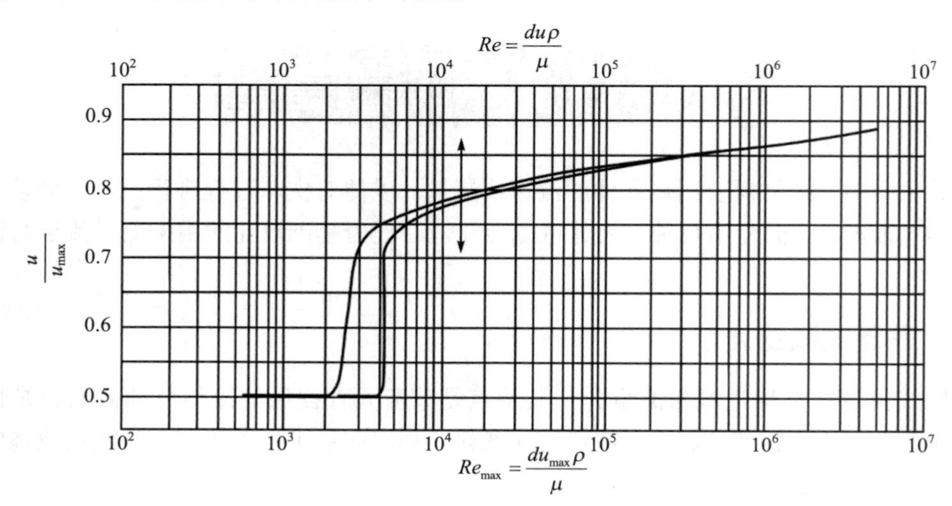


图 1-41 平均速度 $u$ 与管中心 $u_{max}$ 之比随 $R$ 的变化关系

使用测速管应使管口正对流向，测速管外径不大于管内径的1/50，测量点应在进口段以后的平稳区。

测速管的优点是流动阻力小，可测定速度分布，适宜大管道中的气速测量；缺点是不能测平均速度，需配微压差计，工作流体应不含固体颗粒，以防止皮托管上的小孔被堵塞。

（二）孔板流量计

孔板流量计是一种应用很广泛的节流式流量计，利用流体流经孔板前后产生的压力差来实现流量测量。如图1-42所示，在管道里插入一片与管轴垂直并带有圆孔的金属板，孔的中心位于管道中心线上，这样构成的装置，称为孔板流量计，孔板称为节流元件。

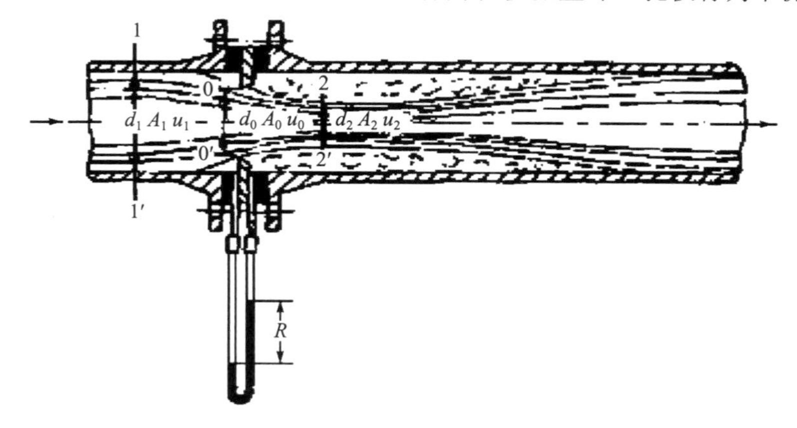


图1-42 孔板流量计

当流体流过小孔后，由于惯性作用，流动截面并不立即扩大到与管截面相等，而是继续收缩一定距离后才逐渐扩大到整个管截面。流动截面最小处（如图1-42中截面2-2′）称为缩脉。流体在缩脉处的流速最高，即动能最大，而相应的静压强就最低。因此，当流体以一定的流量流经小孔时，就产生一定的压强差，流量愈大，所产生的压强差也就愈大，根据测量的压强差大小可度量流体流量。

假设管内流动的为不可压缩流体。由于缩脉位置及截面积难以确定，随流量而变，故在上游未收缩处的1-1′截面与0-0′截面间列伯努利方程式，暂略去能量损失得

$$gz_1+\frac{u_1^2}{2}+\frac{p_1}{\rho}=gz_0+\frac{u_0^2}{2}+\frac{p_0}{\rho}$$

对于水平管，$z_1=z_0$，简化上式并整理后得

$$\sqrt{u_0^2-u_1^2}=\sqrt{\frac{2(p_1-p_0)}{\rho}}$$

流体流经孔板的能量损失不能忽略，故上式应引进一校正系数 $C_1$，用来校正因忽略能量损失所引起的误差；工程上采用角接取压法，测取孔板前后的压强差（$p_a-p_b$）代替（$p_1-p_0$），再引进一校正系数 $C_2$，用来校正测压孔的位置，则：

$$\sqrt{u_0^{\ 2}-u_1^{\ 2}}=C_1C_2\sqrt{\frac{2(p_a-p_b)}{\rho}}$$

由连续方程式和静力学方程式整理得

孔速 $$u_0=C_0\sqrt{\frac{2Rg(\rho_0-\rho)}{\rho}} \tag{1-48}$$

体积流量 $$q_V=u_0A_0=C_0A_0\sqrt{\frac{2Rg(\rho_0-\rho)}{\rho}} \tag{1-49}$$

质量流量 $$q_m=C_0A_0\sqrt{2Rg\rho(\rho_0-\rho)} \tag{1-50}$$

式中：$C_0$ —— 流量系数或孔流系数，量纲一，常用值为 0.6～0.7；

$A_0$ —— 孔板上小孔的截面积，$m^2$；

$\rho_0$ —— U 形管压差计指示液的密度，$kg/m^3$；

$\rho$ —— 工作流体的密度，$kg/m^3$；

$R$ —— U 形管压差计读数，m。

孔板流量计的特点是恒截面、变压差，称为差压式流量计。

安装孔板流量计时，通常要求上游直管长度为 50 $d$，下游直管长度为 10 $d$。孔板流量计是一种容易制造的简单装置，当流量有较大变化时，需调整测量条件，可方便地调换孔板。它的主要缺点是流体经过孔板的能量损失较大，并随 $A_0/A_1$ 的减小而加大，而且孔口边缘容易腐蚀和磨损，所以孔板流量计应定期进行校正。

### （三）文丘里流量计

> 文丘里（Giovanni Battista Venturi）是意大利物理学家，发现了文丘里效应，也称文氏效应。该效应表现在受限流动在通过缩小的过流断面时，流体出现流速增大的现象，其流速与过流断面成反比。而由伯努利定律可知，流速的增大伴随流体压力的降低，即常见的文丘里现象。通俗地讲，这种效应是指在高速流动的流体附近会产生低压，从而产生吸附作用。利用这种效应可以制作文丘里管，利用文丘里管可以制作文丘里装置，如文丘里流量计、文丘里湿式除尘器、文丘里射流器、文丘里施肥器等。

仅仅为了测定流量而引起过多的能耗显然是不合理的，应尽可能降低能耗。能耗起因于突然缩小和突然扩大，特别是后者。因此，如设法将测量管段制成如图 1-43 所示的渐缩渐扩管，避免了突然缩小和突然扩大，必然可以大大降低阻力损失。这种管称为文丘里管，测量流量时亦称为文丘里流量计（或文氏流量计）。

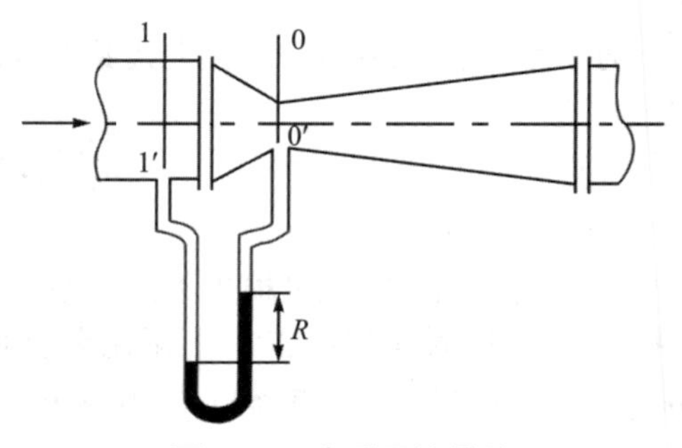

图 1-43 文丘里流量计

文丘里流量计上游的测压口（截面 1-1′处）距离管径开始收缩处的距离至少应为 1/2 管径，下游测压口设在最小流通截面 0-0′处（称为文氏喉）。由于有渐缩段和渐扩段，流体在其内的流速改变平缓，涡流较少，所以能量损失比孔板大大减少。

文丘里流量计的流量计算式与孔板流量计类似，即

$$q_V = C_0 A_0 \sqrt{\frac{2Rg(\rho_0 - \rho)}{\rho}} \tag{1-51}$$

式中：$C_0$ —— 流量系数，量纲一，其值可由实验测定，一般取 0.98～1.00；

$A_0$ —— 喉管的截面积，$m^2$；

$\rho$ —— 被测流体的密度，$kg/m^3$；

$\rho_0$ —— U 形管压差计指示液的密度，$kg/m^3$。

文丘里流量计能量损失小，但各部分尺寸要求严格，需要精细加工，所以造价比较高。

## 二、转子流量计

转子流量计的构造如图 1-44 所示，在一根截面积自下而上逐渐扩大的垂直锥形玻璃管 1 内，装有一个能够旋转自如的由金属或其他材质制成的转子 2（或称浮子）。被测流体从玻璃管底部进入，从顶部流出。

当流体自下而上流过垂直的锥形玻璃管时，转子受到两个力的作用：一个是垂直向上的推动力，它等于流体流经转子与锥形管间的环形截面所产生的压力差；另一个是垂直向下的净重力，它等于转子所受的重力减去流体对转子的浮力。当流量加大使压力差大于转子的净重力时，转子就上升。当压力差与转子的净重力相等时，转子处于平衡状态，即停留在一定位置上。在玻璃管外表面刻有读数，根据转子的停留位置，即可读出被测流体的流量。

转子流量计是变截面定压差流量计。作用在转子上下游的压力差为定值，而转子的悬浮高度与锥形管间环形截面积随流量而变化。转子的位置一般是上端平面指示流量的大小。

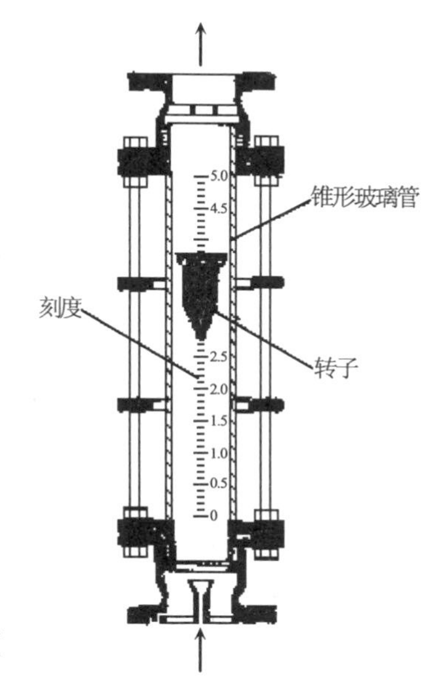

图 1-44　转子流量计

设 $V_f$ 为转子的体积，$A_f$ 为转子最大部分的截面积，$\rho_f$ 为转子的密度，$\rho$为被测流体的密度。若上游环形截面为 1-1′，下游环形截面为 2-2′，则流体流经环形截面所产生的压强差为（$p_1 - p_2$）。当转子在流体中处于平衡状态时，即转子承受的压力差等于转子所受的重力与流体对转子的浮力之差，于是

$$(p_1 - p_2)A_f = V_f \rho_f g - V_f \rho g$$

所以

$$p_1 - p_2 = \frac{V_f g(\rho_f - \rho)}{A_f}$$

从上式可以看出，当用固定的转子流量计测量某流体的流量时，式中的 $V_f$、$A_f$、$\rho_f$、$\rho$ 均为定值，所以（$p_1 - p_2$）亦为恒定，与流量无关。

转子流量计是通过转子悬浮位置处环隙面积不同来反映流量的大小。仿照孔板流量计

的流量公式可写出转子流量计的流量公式，即

环隙流速

$$u_0 = C_R \sqrt{\frac{2(\rho_f - \rho)V_f g}{\rho A_f}} \tag{1-52}$$

体积流量

$$q_V = C_R A_R \sqrt{\frac{2(\rho_f - \rho)V_f g}{\rho A_f}} \tag{1-53}$$

式中：$C_R$ —— 流量系数；

$A_R$ —— 转子上端面的环隙面积，$m^2$。

转子流量计的特点是恒压差、恒环隙流速而变流通面积，属截面式流量计。转子流量计的刻度是用 20℃的水（密度为 1 000 $kg/m^3$）或 20℃、101.3 kPa 下的空气（密度为 1.2 $kg/m^3$）进行标定的。当被测流体与上述条件不符时，应进行刻度换算。在同一刻度下，不同条件的流量转化关系为

$$\frac{q_{V_2}}{q_{V_1}} = \sqrt{\frac{\rho_1(\rho_f - \rho_2)}{\rho_2(\rho_f - \rho_1)}} \tag{1-54}$$

式中，下标 1 表示标定流体的参数，下标 2 表示实际被测流体的参数。

特别提示：转子流量计必须垂直安装，流体下进上出；为便于检修，转子流量计应安装支路。

## 复习思考题

### 一、选择题

1. 在完全湍流区，直管流动阻力与（　）成正比。
   A. 管内流动的雷诺数　B. 管内平均速度的平方　C. 管长 $L$
2. 在完全湍流中粗糙管的摩擦系数（　）与光滑管一样。
   A. 取决于 $Re$　B. 取决于 $\varepsilon/d$　C. 与 $Re$，$\varepsilon/d$ 有关
3. 牛顿黏性定律适用于牛顿型流体，且流体应呈（　）。
   A. 滞流流动　B. 湍流流动　C. 过渡流流动
4. 流体在圆形直管中流动时，判断流体流动的准数为（　）。
   A. $Re$　B. $Ne$　C. $Pr$
5. 计算管路系统突然扩大和突然缩小的局部阻力时，速度 $u$ 应取（　）。
   A. 上游截面处流速　B. 下游截面处流速　C. 小管中流速
6. 某液体在内径为 $d_1$ 的管路中稳定流动，其平均流速为 $u_1$，当它以相同的体积流量通过内在为 $d_2$（$d_2=d_1/2$）的管路时，则其平均流速为原来的（　）。
   A. 2 倍　B. 4 倍　C. 8 倍
7. 某系统的绝对压力为 0.04 MPa，若当地大气压力为 0.1 MPa，则该系统的真空度为（　）。
   A. 0.14 MPa　B. 0.04 MPa　C. 0.06 MPa

8. 层流和湍流的本质区别是（　）。

A. 湍流流速大于层流流速　　B. 流道截面大的为湍流，小的为层流

C. 层流无径向脉动，湍流有径向脉动

## 二、填空题

1. 工业上测定液体相对密度的仪器是__________，若比重计的直接读数为 $d^{T}_{277\ \mathrm{K}}$ 水，则 $T$ K 时该液体的密度为 ________ kg/m$^3$。

2. 流体静力学基本方程式为 ______________________________________________，它只能适应于__________________________________________________ 的内部。

3. 0.6 atm=____________N/m$^2$ =_____________mH$_2$O。

4. 在稳定流动系统同一管道内，不同截面的________________流量相等，此结论称为_________________________方程式。

5. 流体流动类型有_______和________ 两种类型，层流时管内流体速度分布沿管径呈______________形状分布，管中心处流速是平均流速的_______倍。

6. 若非圆形管子是正三角形，边长为 $t$，则流体在非圆形管内流动时的当量直径 $d_e$= ______________ 。

7. 测量流体流量的仪器为____________，用转子流量计测量时要_______ 安装，流体流向必须 _____进______出。

8. 牛顿黏性定律的表达式为_________________________________。

9. 水由敞口的恒液面的高位槽流至压力恒定的塔中，当管路中的阀门开度变小时，水流量将____________管路总压头损失将______________。

10. 某设备的表压强为 50 kPa，则它的绝对压强为________ kPa；一设备的真空度为 50 kPa，则它的绝对压强为 ________ kPa（当地大气压为 100 kPa）。

## 三、简答题

1. 密度、相对密度、比体积、黏度、流量、流速的定义及法定单位是什么？
2. 绝对压力、表压、真空度的定义及它们之间的关系是什么？
3. 表示压力的常用单位及其换算关系是什么？
4. 流体的流动类型及判据是什么？
5. 静力学基本方程和适用条件是什么？
6. 流体流动具有哪些机械能？应用伯努利方程时，应怎样选取计算截面和基准面？
7. 流体阻力包括哪几种？试述减少流动阻力的途径。

## 四、计算题

1. 苯和甲苯的混合液，苯的质量分数为 0.4，求混合液在 20℃时的密度。

[答案：871.8 kg/m$^3$]

2. 试计算空气在当地大气压强为 100 kPa 和 20℃下的密度。

[答案：1.19 kg/m$^3$]

3. 把下列压力换算为 kPa。（1）640 mmHg；（2）8.5 $mH_2O$；（3）2 $kgf/cm^2$。

[答案：（1）85.3 kPa；（2）83.4 kPa；（3）196.2 kPa]

4. 根据现场测定数据，求设备两点处的绝对压力差（$p_1-p_2$），以 kPa 表示。

（1）$p_1$ =10 $kgf/cm^2$（表压），$p_2$=7 $kgf/cm^2$（表压）；（2）$p_1$=600 mmHg（表压），$p_2$=300 mmHg（真空度）；（3）$p_1$=6 $kgf/cm^2$（表压），$p_2$ = 735.6 mmHg（真空度）。

[答案：（1）294.3 kPa；（2）120 kPa；（3）687 kPa]

5. 乙炔发生炉水封槽的水面高出水封管口 1.2 m，求炉内乙炔的最大压力（绝对压），以 kPa 表示。已知当地大气压力为 750 mmHg。

[答案：111.8 kPa]

6. 25℃水在$\phi$ 60 × 3 的管道中流动，流量为 20 $m^3/h$，试判断流型。

[答案：湍流]

7. 如附图所示，密闭容器中存有密度为 900 $kg/m^3$ 的液体。容器上方的压力表读数为 42 kPa，又在液面下装一压力表，表中心线在测压口以上 0.55 m，其读数为 58 kPa。试计算液面到下方测压口的距离。

[答案：2.36 m]

8. 甲烷在附图所示的管路中流动。管子的规格分别为$\phi$ 219×6 和$\phi$ 159×4.5，在操作条件下甲烷的平均密度为 1.43 $kg/m^3$，流量为 1 700 $m^3/h$。在截面 1-1′和截面 2-2′之间连接一 U 形管压差计，指示液为水，若忽略两截面间的能量损失，问 U 形管压差计的读数 $R$ 为多少？

[答案：38 mm]

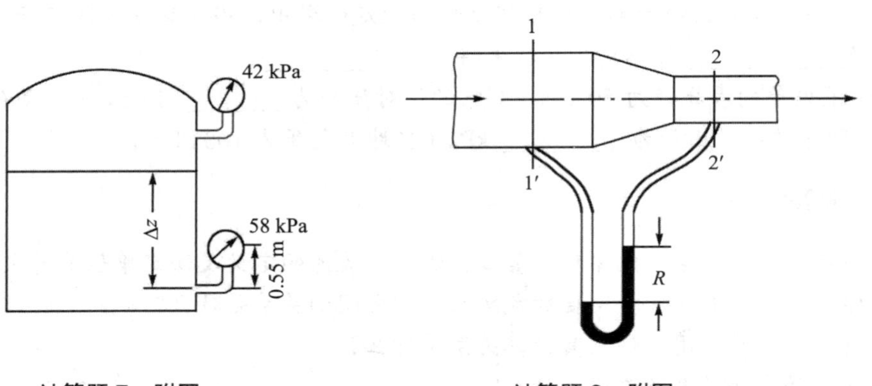


计算题 7　附图　　　　计算题 8　附图

9. 用泵将 20℃的水从水池送至高位槽，槽内水面高出池内液面 30 m。输送量为 30 $m^3/h$，此时管路的全部能量损失为 40 J/kg。设泵的效率为 70%，试求泵所需的功率。

[答案：3.98 kW]

10. 附图所示的是丙烯精馏塔的回流系统，丙烯由贮槽回流至塔顶。丙烯贮槽液面恒定，其液面上方的压力为 2.0 MPa（表压），精馏塔内操作压力为 1.3 MPa（表压）。塔内丙烯管出口处高出贮槽内液面 30 m，管内径为 140 mm，丙烯密度为 600 $kg/m^3$。现要求输送量为 $4×10^4$ kg/h，管路的全部能量损失为 150 J/kg（不包括出口能量损失），试核算该过程是否需要泵。

[答案：$W_e$=−721.6 J/kg，不需要泵]

11. 某一高位槽供水系统如附图所示，管子规格为$\phi 45\times2.5$。当阀门全关时，压力表的读数为 78 kPa。当阀门全开时，压力表的读数为 75 kPa，且此时水槽液面至压力表处的能量损失可以表示为$\sum W_f=u^2$ J/kg（$u$为水在管内的流速）。试求：（1）高位槽的液面高度；（2）阀门全开时水在管内的流量（$m^3/h$）。

[答案：（1）7.95 m；（2）6.39 $m^3/h$]

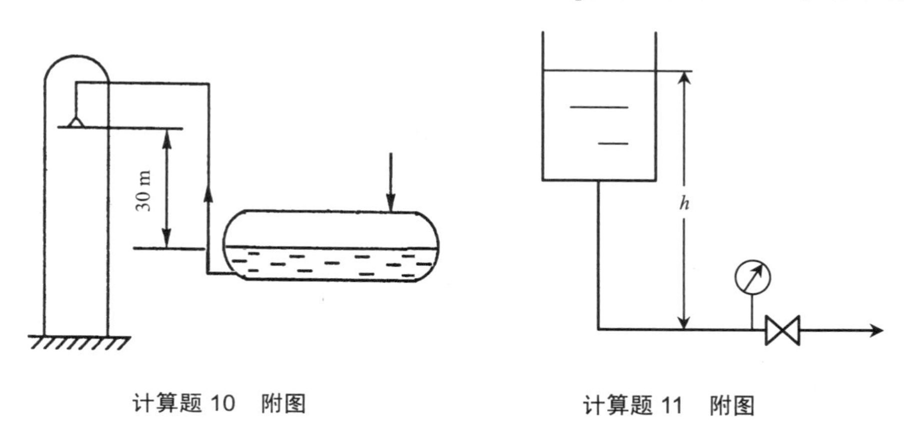


计算题 10　附图　　　　计算题 11　附图

12. 用离心泵将 20℃水从水池送至敞口高位槽中，流程如附图所示，两槽液面差为 12 m。输送管为$\phi 57\times3.5$的钢管，总长为 220 m（包括所有局部阻力的当量长度）。用孔板流量计测量水流量，孔径为 20 mm，流量系数为 0.61，U 形管压差计的读数为 400 mmHg，摩擦系数可取为 0.02。试求：（1）水流量，$m^3/h$；（2）每千克水经过泵所获得的机械能。

[答案：（1）6.88 $m^3/h$；（2）159.4 J/kg]

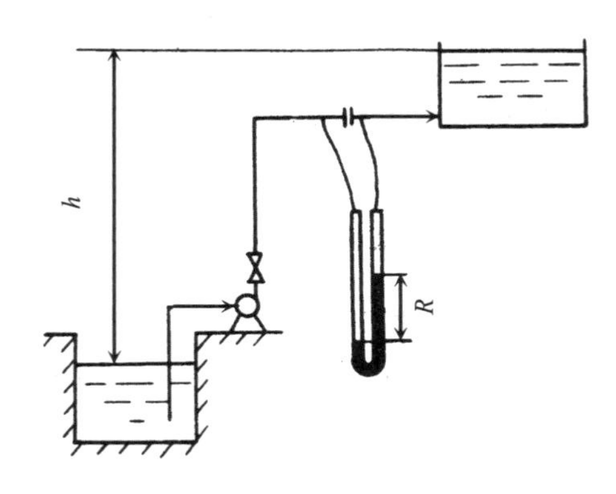


计算题 12　附图

# 第二章　流体输送机械

## 学习目标

【知识目标】

1. 掌握离心泵的结构、工作原理、性能参数、特性曲线、工作点及流量调节方法；
2. 掌握离心泵气蚀和气缚现象、产生的原因及解决的措施；
3. 掌握鼓风机、通风机和压缩机的结构、工作原理、性能及流量调节方法；
4. 了解离心泵、鼓风机、压缩机的开停车操作及维护。

【技能目标】

1. 会测定离心泵的特性曲线、确定工作点、调节流量；
2. 会离心泵、鼓风机、压缩机的开停车操作、故障处理及日常维护；
3. 会选择和安装离心泵。

【思政目标】

1. 树立“厚基础，强能力，高标准，严要求”的学习理念；
2. 培养精益求精、一丝不苟、爱岗敬业、淡泊名利的工匠精神；
3. 培养“认真、务实、乐观、进取”的人生态度。

积极进取的人生态度：人生须认真、人生当务实、人生应乐观、人生要进取。

工匠精神：追求卓越的创造精神、精益求精的品质精神、用户至上的服务精神。

## 生产案例

以城市污水处理工艺为例介绍流体输送设备在环境工程中的应用。如图 2-1 所示，污水从粗格栅到清水池依次完成了污水和污泥的分离、净化和输送过程。由于流体在输送过程中会产生阻力，必须提供流体输送机械泵和风机来克服流体阻力，所以我们必须掌握流体输送机械的结构、性能、选型及操作等问题。

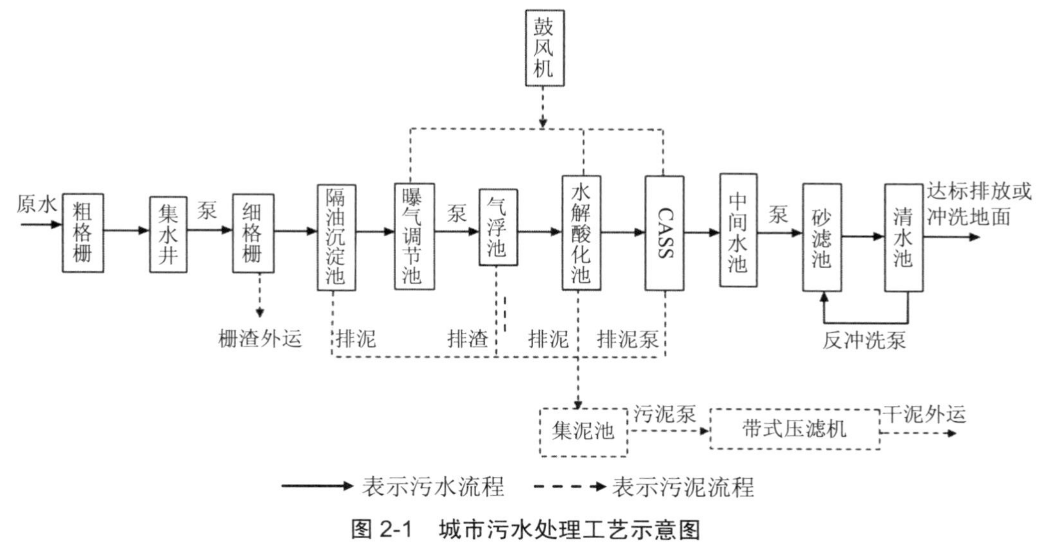


图 2-1　城市污水处理工艺示意图

# 第一节　概 述

流体输送是化工生产、环境治理及其他工业过程中最常见、最重要的单元操作之一。为了将流体从一处送到另一处，无论是提高其位置高度、增加其压强，还是克服管路的沿程阻力，都需要向流体施加外部机械能。流体输送机械就是向流体做功以提高其机械能的设备。在生产中要选用既符合生产需要，又比较经济合理的输送机械，同时在操作中做到安全可靠、高效率运行，除了熟知被输送流体的性质、工作条件外，还必须了解各类输送机械的工作原理、结构和特性，以便进行正确的选择和合理使用。

本章从环境工程应用的角度出发，介绍工业中常用流体输送机械的基本结构、工作原理及操作特性，以便根据生产工艺要求合理地选择和正确使用流体输送机械，使之在高效率下可靠地运行。

## 一、流体输送机械的用途

① 补充能量。施加外力以克服沿程的运动阻力及提供输送过程所需的能量。

② 提高压强。给流体加压，用来克服管路系统的能量损失，提高流体位能，满足流体输送对压力的要求。

③ 造成设备真空而给流体减压。

## 二、流体输送机械的基本要求

由于流体种类多种多样，如水、油、腐蚀性流体等，操作条件也是千差万别，如输送量、效率、轴功率等性能指标不同，因此应根据生产上不同的要求采用不同的输送机械：① 满足工艺上对流量和能量（压头或风压，压力或真空度）的要求，输送流体所需能量由伯努利方程计算；② 结构简单，重量轻，投资费用低；③ 运行可靠，操作效率高，日常操作费用低；④ 能适应被输送流体的特性，其中包括黏性、腐蚀性、毒性、可燃性及爆炸性、含固体杂质等。

上述诸项要求中，满足流量和能量的要求最为重要。

### 三、流体输送机械的分类

由于流体种类、特性的多样性，生产工艺条件的复杂性，流体输送机械的种类很多。通常，输送液体的机械称为泵，泵是一种通用的机械，在国民经济各部门中，广泛使用着各种类型的泵，如离心泵、往复泵、旋涡泵等。输送气体的机械根据其产生的压力高低分别称为通风机、鼓风机、压缩机与真空泵。

根据施加给液体机械能的手段和工作原理的不同，大致可分为四大类，见表 2-1。其中离心泵具有结构简单、流量大且均匀、操作方便等优点，便于实现自动调节和控制，在化工生产中应用最为普遍。

表 2-1　流体输送机械的分类

| | 离心式 | 回转式 | 往复式 | 流体作用式 |
|---|---|---|---|---|
| 液体输送机械 | 离心泵<br>旋涡泵 | 齿轮泵<br>螺杆泵<br>轴流泵 | 往复泵、柱塞泵<br>计量泵、隔膜泵 | 喷射泵、酸蛋<br>真空输送泵 |
| 气体输送机械 | 离心通风机<br>离心鼓风机<br>离心式压缩机 | 罗茨鼓风机<br>液环压缩机<br>水环真空泵 | 往复压缩机<br>往复真空泵<br>隔膜压缩机 | 蒸汽喷射泵<br>水喷射泵 |

微课　离心泵结构及工作原理

## 第二节　离心泵

### 一、离心泵的基本结构和工作原理

第二章　流体输送机械　动画

#### （一）离心泵的基本结构

离心泵的主要部件包括叶轮、泵壳、轴封装置。图 2-2 是一台安装在管路中的离心泵装置示意图。

**1．叶轮**

叶轮是离心泵的关键部件，它通常由 6～8 片后弯曲的叶片组成，其本身被固定在泵轴上并随之旋转。叶轮的作用是将机械能直接传给液体，以提高液体的静压能和动能。根据其结构和用途不同分为开式叶轮、半闭式

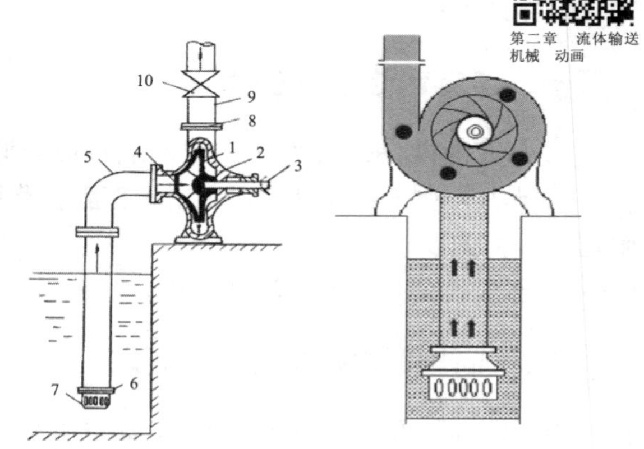


1—叶轮；2—泵壳；3—泵轴；4—吸入口；5—吸入管；6—底阀；7—滤网；8—排出口；9—排出管；10—调节阀。

图 2-2　离心泵装置

叶轮和闭式叶轮三种，如图 2-3 所示。① 开式叶轮。如图 2-3（a）所示，仅有叶片和轮毂，两侧均无盖板，制造简单，清洗方便，适于输送含大颗粒的溶液，输送效率低。② 半闭式叶轮。如图 2-3（b）所示，没有前盖板，仅有后盖板的叶轮，适于输送含小颗粒的溶液，输送效率低。③ 闭式叶轮。如图 2-3（c）所示，两侧分别有前、后盖板，流道是封闭的，液体在两叶片间的通道内流动时无倒流现象，适于输送高扬程、较清洁的流体，输送效率高。

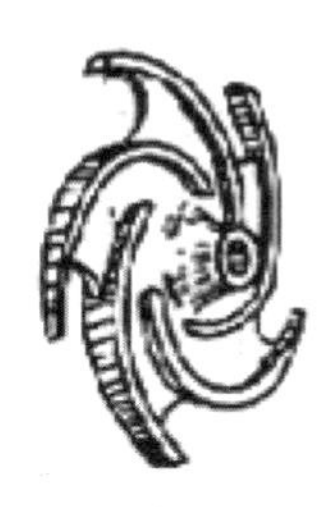

（a）开式叶轮

（b）半闭式叶轮

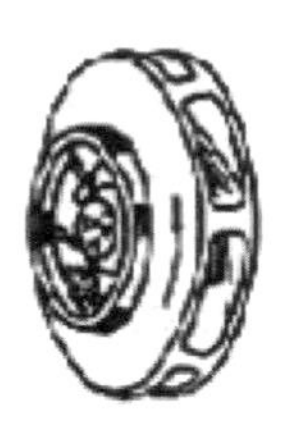

（c）闭式叶轮

**图 2-3　叶轮**

离心泵大多采用闭式叶轮。开式和半闭式叶轮由于流道不易堵塞，适用于浆液、黏度大的液体或含有固体颗粒的悬浮液的输送。但由于开式或半闭式叶轮没有或一侧有盖板，叶轮外周端部没有很好地密合，部分液体会流回叶轮中心的吸液区，因而效率较低。

开式或半闭式叶轮在运行时，部分高压液体漏入叶轮后侧，使叶轮后盖板所受压力高于吸入口侧，对叶轮产生轴向推力。轴向推力会使叶轮与泵壳接触而产生摩擦，严重时会引起泵的震动。为了减小轴向推力，可在后盖板上钻一些小孔，称为平衡孔，如图 2-4（a）所示，可使部分高压液体漏至低压区，以减小叶轮两侧的压力差。平衡孔可以有效地减小轴向推力，但同时也降低了泵的效率。

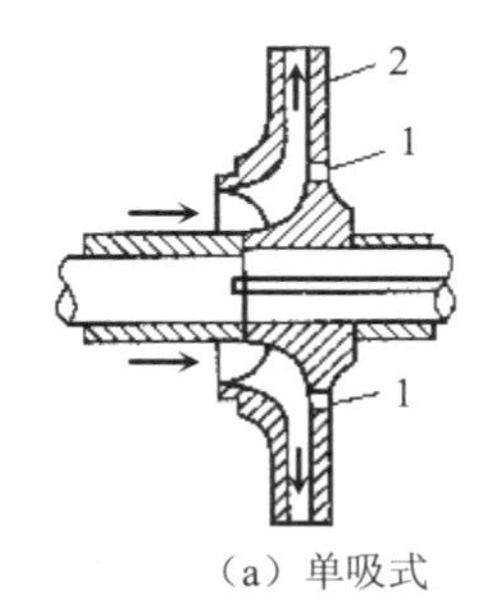


（a）单吸式　　（b）双吸式

1—平衡孔；2—后盖板。

**图 2-4　吸液方式**

叶轮按其吸液方式的不同可分为单吸式和双吸式两种，如图 2-4 所示。单吸式叶轮构造简单，液体从叶轮一侧吸入；双吸式叶轮可同时从叶轮两侧对称地吸入液体。显然，双吸式叶轮具有较大的吸液能力，并较好地消除了轴向推力，故常用于大流量的场合。

### 2．泵壳

泵壳是一个截面逐渐扩大的状似蜗牛壳形的通道，也称蜗壳，如图 2-5 所示。叶轮在壳内顺着蜗形通道逐渐扩大的方向旋转，愈接近液体出口，通道截面积愈大。当液体从叶轮外缘以高速被抛出后，沿泵壳的蜗形通道向排出口流动，流速逐渐降低，减少了能量损失，且使大部分动能有效地转变为静压能。因此泵壳不仅作为一个汇集和导出液体的通道，同时其本身又是一个转能装置。

在较大的泵中，在叶轮与泵壳之间还装有固定不动的导轮，如图 2-6 所示，其目的是减少液体直接进入蜗壳时的冲击。由于导轮具有很多逐渐转向的通道，使高速液体流过时均匀而缓和地将动能转变为静压能，从而减少了能量损失。

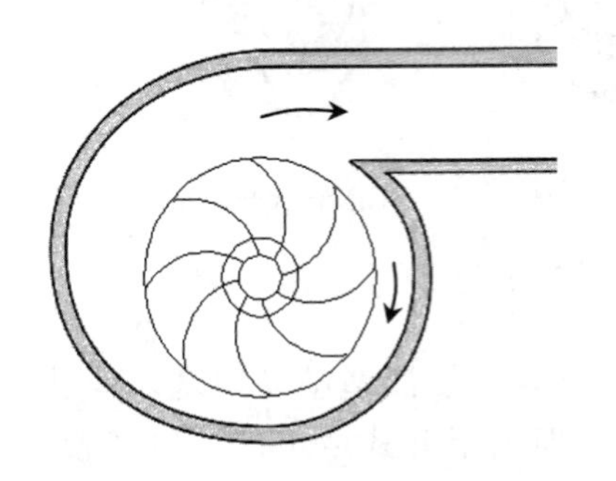

图 2-5 流体在泵内的流动情况

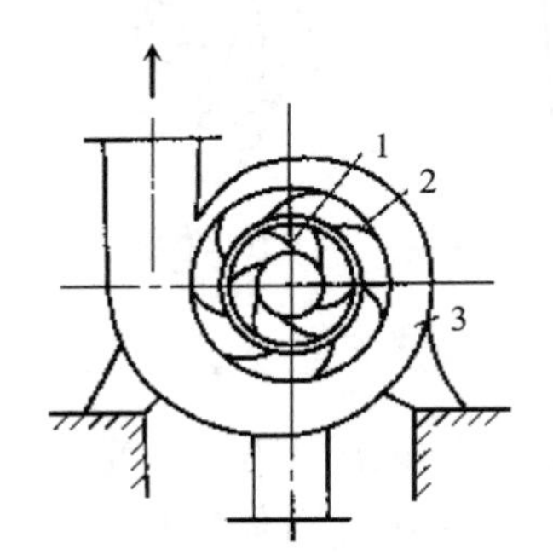


1—叶轮；2—导轮；3—泵壳。

图 2-6 泵壳与导轮

### 3．轴封装置

在泵轴伸出泵壳处，转轴和泵壳间存有间隙，旋转的泵轴与泵壳之间的密封称为轴封装置。其作用是防止高压液体沿轴泄漏，或者外界空气以相反方向漏入。常用的有填料密封和机械密封两种，如图 2-7 和图 2-8 所示。

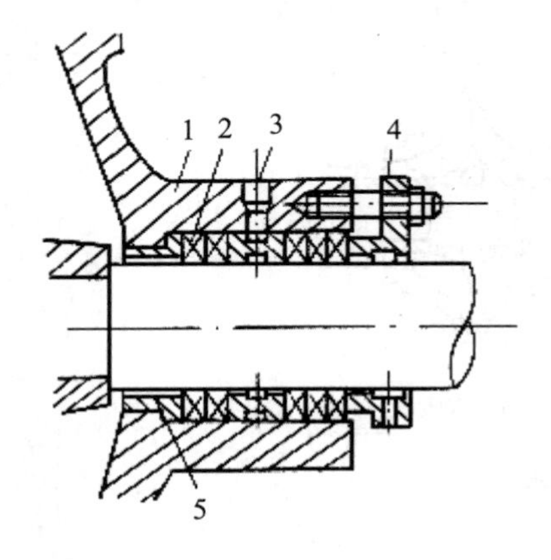


1—填料涵壳；2—软填料；3—液封圈；

4—填料压盖；5—内衬套。

图 2-7 填料密封装置

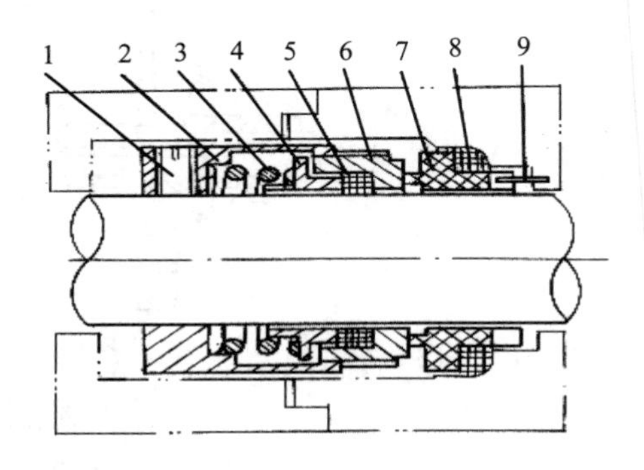


1—螺钉；2—传动座；3—弹簧；4—椎环；5—动环密封圈；

6—动环；7—静环；8—静环密封圈；9—防转销。

图 2-8 机械密封装置

填料密封装置由填料涵壳、软填料和填料压盖等构成，软填料为浸油或涂石墨的石棉绳，将其放入填料涵与泵轴之间，将压盖压紧迫使它产生变形达到密封，而泵轴仍能自由转动。

机械密封装置由装在泵轴上随之转动的动环和固定在泵壳上的静环组成，弹簧力使两环形端面紧贴在一起达到密封。动环用硬质金属材料制成，静环一般用浸渍石墨或酚醛塑料等制成。

机械密封的性能优良，使用寿命长，但部件的加工精度要求高，安装技术要求比较严格，价格较高，多用于输送酸、碱以及易燃、易爆、有毒的液体，其密封性要求比较高，既不允许漏入空气，又力求不让液体渗出。近年来，在生产中离心泵的轴封装置广泛采用机械密封。

#### （二）离心泵的工作原理

泵在启动前，首先向泵内灌满被输送的液体，这个操作称为灌泵。同时关闭排出管路上的流量调节阀，电动机启动后打开出口阀。离心泵启动后，高速旋转的叶轮带动叶片间的液体做高速旋转，在离心力的作用下，液体从叶轮中心被抛向叶轮的周边，并获得了机械能，同时也增大了流速，流速一般可达 15～25 m/s，其动能也得到了提高。当液体离开叶片进入泵壳内时，由于泵壳的流道逐渐加宽，液体的流速逐渐降低而压强逐渐增大，最终以较高的压强沿泵壳的切向从泵的排出口进入排出管，输送到所需场所，完成泵的排液过程。

当泵内液体从叶轮中心被抛向叶轮外缘时，在叶轮中心处形成低压区，这样就造成了吸入管贮槽液面与叶轮中心处的压强差，液体就在这个静压差的作用下，沿着吸入管连续不断地进入叶轮中心，以补充被排出的液体，完成离心泵的吸液过程。只要叶轮不停地运转，液体就会连续不断地被吸入和排出，这就是离心泵的工作原理。

若离心泵在启动前泵壳内不是充满液体而是空气，由于空气的密度远小于液体的密度，产生的离心力很小，因而叶轮中心区形成的低压不足以将贮槽内液体压入泵内，此时虽启动离心泵但不能够输送液体，这种现象称为“气缚”。气缚现象说明离心泵无自吸能力，因此在启动泵前一定要使泵壳内充满液体。通常若吸入口位于贮槽液面上方时，在吸入管路中安装一单向底阀和滤网，以防止停泵时液体从泵内流出和吸入杂物。

### 二、离心泵的性能参数与特性曲线

微课　离心泵的性能及特性曲线

#### （一）离心泵的性能参数

为了正确地选择和使用离心泵，必须熟悉其工作特性。反映离心泵工作特性的参数称为性能参数，主要有转速、流量、压头、轴功率和效率、气蚀余量等。这些参数标注在离心泵的铭牌上，是评价离心泵性能和正确选用离心泵的主要依据。

**1．流量（送液能力）**

离心泵在单位时间内排出的液体体积称为送液能力，用符号 $q_V$ 表示，单位为 $m^3/h$ 或 $m^3/s$，其大小主要取决于泵的结构、尺寸（叶轮直径和宽度）和转速等。

**2．扬程（泵的压头）**

离心泵的扬程又称泵的压头，指离心泵对单位质量的液体所提供的有效能量，用 $H$ 表示，单位为 m 液柱。离心泵压头取决于泵的结构（叶轮直径、叶片弯曲情况）、转速和流量，也与液体的密度有关。对于一定的泵，在指定的转速下，$H$ 与 $q_V$ 之间存在一定关系，由于液体在泵内的流动情况比较复杂，目前对泵的压头尚不能从理论上作出精确的计算，$H$ 与 $q_V$ 的关系只能用实验测定。

如图 2-9 所示，在泵进口处装一真空表，出口处装一压力表，若不计两表截面上的动能差（即$\Delta u^2/2g=0$），不计两表截面间的能量损失（即$\sum h_f=0$），则泵的扬程可用式（2-1）计算

$$H=(z_2-z_1)+\frac{p_2-p_1}{\rho g} \tag{2-1}$$

特别提示：

① 式（2-1）中 $p_2$ 为泵出口处压力表的读数；$p_1$ 为泵进口处真空表的读数。

② 注意区分离心泵的扬程（压头）和升扬高度两个不同的概念。

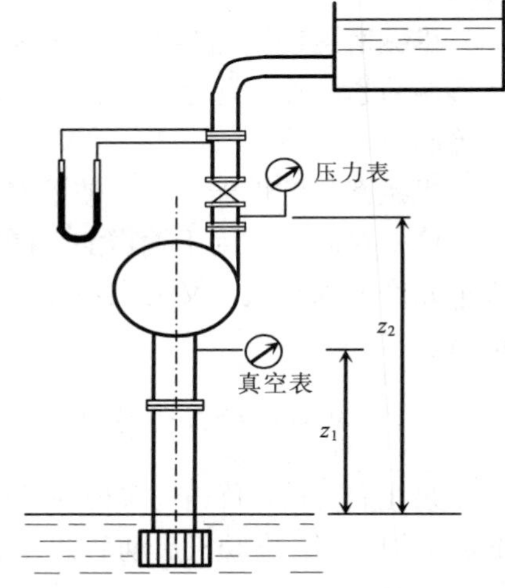


图 2-9　离心泵压头的测定

扬程是指单位重量流体流经泵后获得的能量。在一管路系统中两截面间（包括泵）列出伯努利方程式并整理可得

$$H=\Delta z+\frac{\Delta P}{\rho g}+\frac{\Delta u^2}{2g}+\sum H_f \tag{2-2}$$

式（2-2）中 $H$ 为扬程，而升扬高度仅指$\Delta z$ 一项。

### 3．轴功率

轴功率指泵轴转动时所需要的功率，亦即电机提供的功率，用 $P$ 表示，单位为 W 或 kW。

泵的有效功率是指单位时间内液体从泵中叶轮获得的有效能量，用 $P_e$ 表示，单位为 W 或 kW。由于存在能量损失，轴功率 $P$ 必大于有效功率 $P_e$。因为离心泵排出的液体质量流量为 $q_V\rho$，所以泵的有效功率

$$P_e=q_V\rho Hg \tag{2-3}$$

式中：$P_e$ —— 泵的有效功率，W；

$q_V$ —— 泵的实际流量，$m^3/s$；

$\rho$ —— 液体密度，$kg/m^3$；

$H$ —— 泵的有效压头，即单位重量的液体自泵处净获得的能量，m；

$g$ —— 重力加速度，$m/s^2$。

泵的轴功率与泵的结构、尺寸、流量、压头、转速等有关。还应注意泵铭牌上注明的轴功率是以常温下 20℃清水为试验液体（其密度$\rho$为 1 000 $kg/m^3$）计算的。如泵输送液体的密度较大，应看原配电机是否适用。若需要自配电机，为防止电机超负载，常按实际工作的最大流量 $q_V$ 计算轴功率作为选电机的依据。

### 4．效率

效率指泵轴对液体提供的有效功率与泵轴转动时所需功率之比，称为泵的总效率，用

$\eta$表示，量纲一，其值恒小于 100%。

$$P=\frac{P_{\rm e}}{\eta}=\frac{q_{\rm V}\rho Hg}{\eta} \tag{2-4}$$

若离心泵轴功率的单位用 kW 表示，则式（2-4）变为

$$P=\frac{q_{\rm V}\rho H}{102\eta} \tag{2-4a}$$

功率的大小反映泵在工作时能量损失的大小，泵的效率与泵的大小、类型、制造精密程度、工作条件等有关，由实验测定。

离心泵的能量损失主要包括：① 容积损失。由于泵泄漏、液体倒流等原因，部分获得能量的高压液体返回被重新做功，使排出量减少，浪费了能量。容积损失用容积效率$\eta_V$表示。② 机械损失。由于泵轴与轴承间、泵轴与填料间、叶轮盖板外表面与液体间的摩擦等机械原因引起的能量损失。机械损失用机械效率$\eta_{\rm m}$表示。③ 水力损失。由于流体具有黏性，在泵壳内流动的流体与叶轮、泵壳产生碰撞导致旋涡等引起的局部能量损失。水力损失用水力效率$\eta_{\rm h}$表示。

总效率：

$$\eta=\eta_{\rm V}\eta_{\rm m}\eta_{\rm h} \tag{2-5}$$

离心泵效率与泵的尺寸、类型、构造、加工精度、液体流量和所输送液体性质有关，一般小型泵效率为 50%～70%，大型泵效率可达 90%左右。

**【例 2-1】** 采用图 2-9 所示的装置测定离心泵的性能。泵的吸入和排出管内径分别为 100 mm 和 80 mm，两侧压口间垂直距离为 0.5 m，泵的转速为 2 900 r/min，用 20℃清水作为介质时测定数据为：流量 15 L/s，泵出口处表压为 $2.55\times10^5$ Pa，进口处真空度为 $2.67\times10^4$ Pa，电机功率为 6.2 kW（电机效率 93%）。计算该泵的主要性能参数。

解：在转速为 2 900 r/min 时

（1）泵的流量

$$q_{\rm V}=15\times10^{-3}\times3\,600=54\ ({\rm m^3/h})$$

（2）泵的压头

以真空表所在截面为 1-1′，以压力表所在截面为 2-2′，以单位重量流体为基准，在 1-1′与 2-2′截面间列伯努利方程：

$$H=z_2-z_1+\frac{p_2-p_1}{\rho g}+\frac{u_2^2-u_1^2}{2g}+\sum H_{\rm f}$$

已知：$z_2-z_1=0.5$（m）；

$p_2=2.55\times10^5$ Pa（表）；

$p_1=-2.67\times10^4$ Pa（表），$\sum H_{\rm f}\approx0$。

$$u_1=\frac{4q_{\rm V}}{\pi d_1^2}=\frac{4\times15\times10^{-3}}{\pi\times0.1^2}=1.91\ ({\rm m/s})$$

$$u_2=u_1\left(\frac{d_1}{d_2}\right)^2=1.91\times\left(\frac{0.1}{0.08}\right)^2=2.98\ ({\rm m/s})$$

$$H=0.5+\frac{2.55\times10^5+2.67\times10^4}{1\,000\times9.81}+\frac{2.98^2-1.91^2}{2\times9.81}=29.5\ ({\rm m})$$

（3）轴功率

$$P = 6.2 \times 0.93 = 5.77\text{（kW）}$$

（4）效率

$$\eta = \frac{Hq_V\rho}{102P} = \frac{29.5 \times 15 \times 10^{-3} \times 1000}{102 \times 5.77} = 75.2\%$$

故该泵主要性能参数为 $q_V$=54 m³/h，$H$=29.5 m，$P$=5.77 kW，$\eta$=75.2%，$n$=2 900 r/min。

## （二）离心泵的特性曲线

离心泵的有效压头 $H$、轴功率 $P$、效率$\eta$与流量 $q_V$ 之间的关系曲线称为离心泵的特性曲线，如图 2-10 所示，其中以扬程和流量的关系最为重要。由于泵的特性曲线随泵转速而改变，故其数值通常是在额定转速和标准试验条件（大气压 101.325 kPa，20℃清水）下测得的。通常在泵的产品样本中附有泵的主要性能参数和特性曲线，供选泵和操作参考。

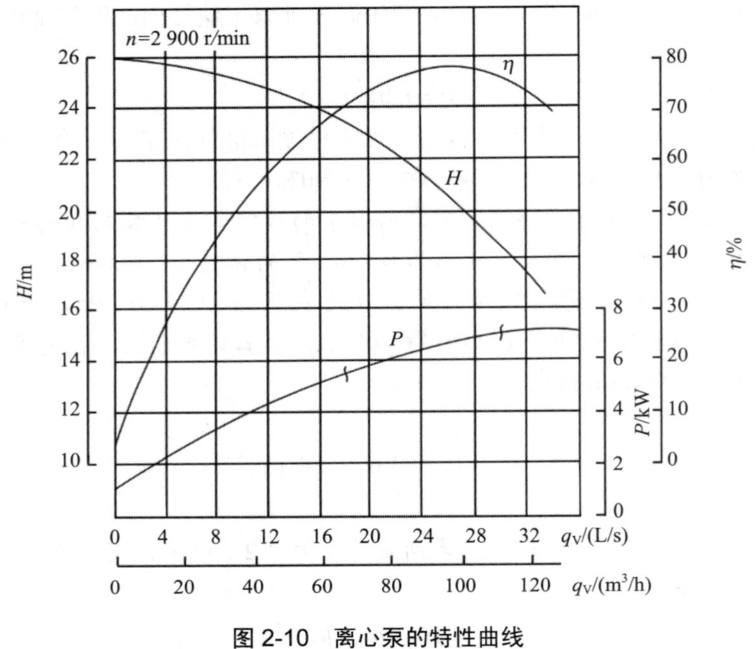


图 2-10 离心泵的特性曲线

### 1. $q_V$ —$H$ 曲线

$q_V$—$H$ 曲线表示泵的扬程和流量的关系。曲线表明离心泵的扬程随流量的增大而下降。

### 2. $q_V$ —$P$ 曲线

$q_V$—$P$ 曲线表示泵的轴功率和流量的关系。曲线表明离心泵的轴功率随流量的增大而上升，当流量为零时轴功率最小。所以离心泵启动时，为了减小启动功率应使流量为零，即将出口阀门关闭，以保护电机。待电机运转到额定转速后，再逐渐打开出口阀门。

### 3. $q_V$ —$\eta$曲线

$q_V$—$\eta$曲线表示泵的效率和流量的关系。曲线表明，离心泵的效率随流量的增大而增大，当流量增大到一定值后，效率随流量的增大而下降，曲线存在一最高效率点，此点即为设计点。对应该点的各性能参数 $q_V$、$H$ 和 $P$ 称为最佳工况参数，即离心泵铭牌上标注的性能参数。

特别提示：离心泵在与最高效率点相对应的 $q_V$ 和 $H$ 下工作最为经济，在选用离心泵时应使其在该点附近工作，一般规定一个工作范围，即最高效率的 92%左右称为高效区。

## 三、影响离心泵特性曲线的因素

生产厂家提供的离心泵特性曲线都是针对特定型号的泵，在一定的转速和常压下用常温水为工质测得的。而实际生产中所输送的液体是多种多样的，工作情况也有很大的不同，需要考虑密度、泵的转速和叶轮直径等对泵产生的影响。常需根据使用情况，对厂家提供的特性曲线进行重新换算。

### （一）液体密度的影响

离心泵的流量、压头均与液体的密度无关，效率也不随密度而改变，当被输送液体的密度发生改变时，$q_V$ —$H$ 曲线和 $q_V$ —$\eta$ 曲线基本不变，但泵的轴功率与液体的密度成正比，此时原产品说明书上的 $q_V$ —$P$ 曲线已不再适用，泵的轴功率需重新计算。

### （二）液体黏度的影响

当被输送液体的黏度大于常温下清水的黏度时，由于叶轮、泵壳内流动阻力的增大，致使泵的压头、流量都要减小，效率下降，而轴功率增大，使泵的特性曲线发生变化。一般当液体的运动黏度大于 $20\times10^{-6}\ \text{m}^2/\text{s}$ 时，离心泵的性能也应进行换算。

### （三）离心泵转速的影响

对同一台离心泵，若叶轮尺寸不变，仅转速变化，其特性曲线也将发生变化。在转速变化小于 20%时，流量、扬程及轴功率与转速的近似关系可用比例定律进行计算，即

$$\frac{q_{V_1}}{q_{V_2}}\approx\frac{n_1}{n_2}\qquad\frac{H_1}{H_2}\approx\left(\frac{n_1}{n_2}\right)^2\qquad\frac{P_1}{P_2}\approx\left(\frac{n_1}{n_2}\right)^3\tag{2-6}$$

式中：$q_{V_1}$、$H_1$、$P_1$ —— 转速为 $n_1$ 时泵的流量、扬程、轴功率；

$q_{V_2}$、$H_2$、$P_2$ —— 转速为 $n_2$ 时泵的流量、扬程、轴功率。

### （四）叶轮直径的影响

泵的制造厂或用户为了扩大离心泵的使用范围，除配有原型号的叶轮外，常备有外直径略小的叶轮，此种做法被称为离心泵叶轮的切割。当转速不变，若对同一型号的泵换用直径较小的叶轮，但不小于原直径的 90%时，离心泵的流量、扬程及轴功率与叶轮直径之间的近似关系称为切割定律（叶轮直径变化＜20%）：

$$\frac{q_{V_1}}{q_{V_2}}\approx\frac{d_1}{d_2}\qquad\frac{H_1}{H_2}\approx\left(\frac{d_1}{d_2}\right)^2\qquad\frac{P_1}{P_2}\approx\left(\frac{d_1}{d_2}\right)^3\tag{2-7}$$

式中：$q_{V_1}$、$H_1$、$P_1$ —— 叶轮直径为 $d_1$ 时泵的流量、扬程、轴功率；

$q_{V_2}$、$H_2$、$P_2$ —— 叶轮直径为 $d_2$ 时泵的流量、扬程、轴功率；

$d_1$、$d_2$ —— 原叶轮的外直径和变化后的外直径。

## 四、离心泵的工作点与流量调节

根据离心泵特性曲线可知，离心泵的工作运行范围很大，但实际工作时的运行状况受管路的制约，因为泵是安置在管路上工作的。因此，要了解其工作状况，就必须了解管路的工作特性以及与泵特性之间的关系。

### （一）管路的特性曲线

每种型号的离心泵在一定转速下，都有其自身固有的特性曲线。但当离心泵安装在特定管路系统操作时，实际的工作压头和流量不仅遵循泵特性曲线上二者的对应关系，而且还受管路特性所制约。

管路特性曲线表示流体通过某一特定管路所需要的压头与流量的关系。假定利用一台离心泵把水池中的水抽到水塔上去，如图 2-11 所示，水从吸水池流到上方水池的过程中，若两液面皆维持恒定，则流体流过管路所需要的压头为

$$H_e = \Delta z + \frac{\Delta p}{\rho g} + \frac{\Delta u^2}{2g} + \sum H_f$$

因为：

$$\sum H_f = \lambda\left(\frac{l+\sum l_e}{d}\right)\left(\frac{u^2}{2g}\right) = \left(\frac{8\lambda}{\pi^2 g}\right)\left(\frac{l+\sum l_e}{d^5}\right){q_V}^2$$

对于特定的管路，$\Delta z + \frac{\Delta p}{\rho g}$ 为固定值，与管路中的流体流量无关，管径不变，$u_1=u_2$、$\Delta u^2/2g=0$，令

$$A = \Delta z + \frac{\Delta p}{\rho g} \qquad B = \left(\frac{8\lambda}{\pi^2 g}\right)\left(\frac{l+\sum l_e}{d^5}\right)$$

所以上式可写成

$$H_e = A + Bq_V^2 \tag{2-8}$$

式（2-8）就是管路特性曲线方程，对于特定的管路，$A$ 是固定不变的，当阀门开度一定且流动为完全湍流时，$B$ 也可看作是常数。将式（2-8）绘在 $H$—$q_V$ 坐标图上，即为管路特性曲线，如图 2-12 所示，也为一抛物线形。管路特性曲线的形状由管路布局和流量等条件来确定，而与离心泵的性能无关。

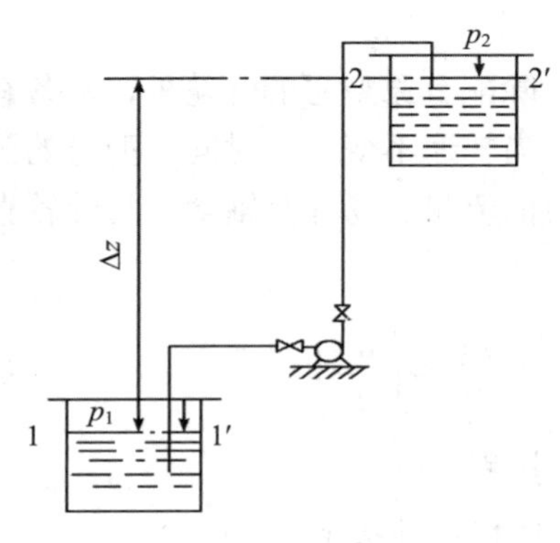

图 2-11　输送系统

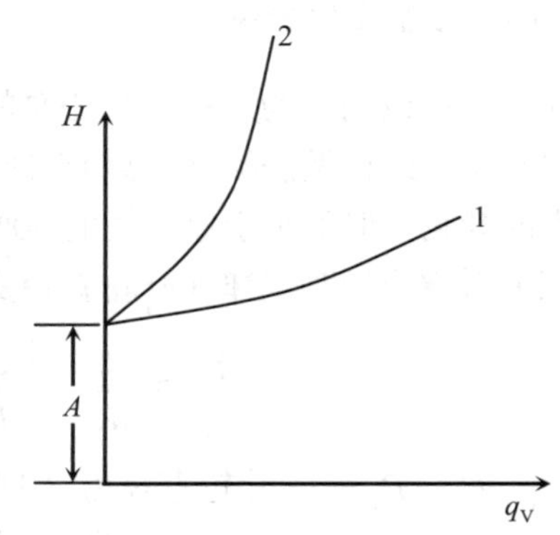

图 2-12　管路特性曲线

【例 2-2】用离心泵向密闭容器输送清水。贮槽和密闭容器内液面恒定，位差 20 m。管路系统为中管径$\phi 114\times4$，管长（包括所有局部阻力的当量长度）150 m，密闭容器内表压 $9.81\times10^4$ Pa，流动在阻力平方区，管道摩擦系数为 0.016，输水量 45 m$^3$/h。求：（1）管路特性方程；（2）泵的升扬高度与扬程；（3）泵的轴功率（效率为 70%，水的密度 1 000 kg/m$^3$）。

解：（1）管路特性方程

$$A=\Delta z+\frac{\Delta p}{\rho g}=20+\frac{9.81\times10^4}{1000\times9.81}=30\text{（m）}$$

$$B=\left(\frac{l+\sum l_e}{d^5}\right)\left(\frac{8\lambda}{\pi^2 g}\right)=\frac{150}{0.106^5}\times\frac{8\times0.016}{3.14^2\times9.81}=1.48\times10^4\text{（s}^2/\text{m}^5\text{）}$$

管路的特性曲线：$H_e=A+Bq_V{}^2=30+1.48\times10^4 q_V{}^2$

（2）泵的升扬高度与扬程

泵的升扬高度即$\Delta z$为 20 m，泵的扬程由管路特性方程计算，即：

$$H=30+1.48\times10^4 q_V{}^2=30+1.48\times10^4\times\left(\frac{45}{3\,600}\right)^2=32.3\text{（m）}$$

（3）泵的轴功率

$$P=\frac{Hq_V\rho}{102\eta}=\frac{32.3\times\left(\frac{45}{3\,600}\right)\times1\,000}{102\times0.7}=5.65\text{（kW）}$$

（二）离心泵的工作点

当离心泵安装在一管路中时，泵所提供的压头与流量和管路要求的压头与流量一致才能工作，因此同时满足管路特性和泵特性的点称为泵的工作点。如图 2-13 所示，将泵的特性曲线和管路的特性曲线绘在同一图中，两曲线交点 $P$ 为离心泵在该管路上的工作点。

$P$ 点表示离心泵在特定管路中实际能输送的流量和提供的压头。该点对应的流量和扬程既能满足管路的特性曲线方程，又能满足泵的特性曲线方程。泵在该点所对应的效率是在最高效率区，即为系统的理想工作点。

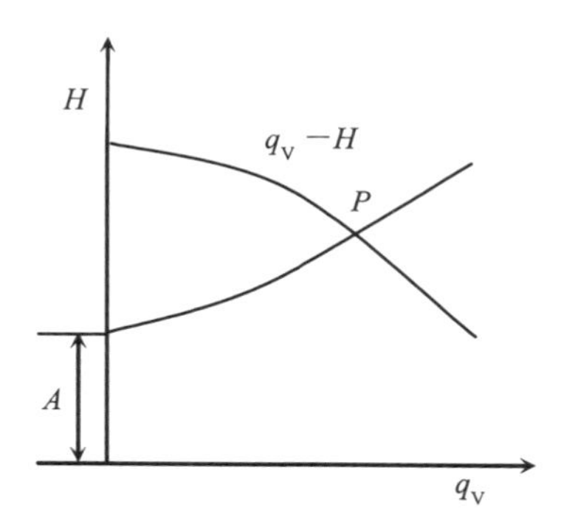

图 2-13　离心泵的工作点

（三）离心泵流量调节

在实际生产的管路系统中，如果工作点的流量大于或小于所需要的输送量，应设法改变泵工作点的位置，即进行流量调节。流量调节的方法有两种：一是改变管路的特性，二是改变泵的特性。

**1. 改变管路的特性**

常通过改变阀门开度来改变管路特性曲线，即改变泵的工作点。方法是在泵出口管路上装一调节阀，改变阀门开度，将改变管路的局部阻力，从而使管路特性曲线发生变化，导致泵的工作点随之变化。若阀门开度减小时，阻力增大，管路特性曲线变陡，如图 2-14（a）中的曲线所示，工作点由 $P$ 移到 $P_1$，相应的流量由 $q_V$ 减小到 $q_{V_1}$；当开大阀门时，则局部阻力减小，工作点由 $P$ 移至 $P_2$，而流量由 $q_V$ 增大到 $q_{V_2}$。

由此可见，通过调节阀门开度可使流量在设置的最大值和最小值之间变动。当阀门开度减小时，因流动阻力增加，需额外消耗部分能量，经济上不够合理。此外在流量调节幅度较大时离心泵往往工作在低效区，因此这种方法的经济性较差。但这种调节方法快速简便、灵活，可以连续调节，故应用很广。

**2．改变泵的特性**

对于同一个离心泵，改变泵的转速和叶轮的直径可使泵的特性曲线发生改变，从而使工作点移动，这种方法不会额外增加管路阻力，并在一定范围内仍可使泵处在高效率区工作。

① 改变泵的直径。改变泵的直径实质是改变泵特性曲线。泵直径增加，泵特性曲线上移，工作点随之上移，流量增大。该方法具有较经济、无额外能量损失等优点，缺点是流体调节范围有限、不方便，难以做到连续调节，调节不当会降低泵的效率，一般很少被采用。

② 改变泵的转速。改变泵的转速实质是改变泵特性曲线。一般来说，改变泵转速显然比改变叶轮直径简便，且当叶轮直径变小时，泵和电机的效率也会降低，况且调节幅度也有限，所以常用改变转速来调节流量。如图 2-14（b）所示，当转速减小到 $n_1$ 时，工作点由 $P$ 移到 $P_1$，流量就相应地由 $q_V$ 减小到 $q_{V_1}$；当转速 $n$ 增大到 $n_2$ 时，工作点由 $P$ 移至 $P_2$，从而流量由 $q_V$ 增大到 $q_{V_2}$。

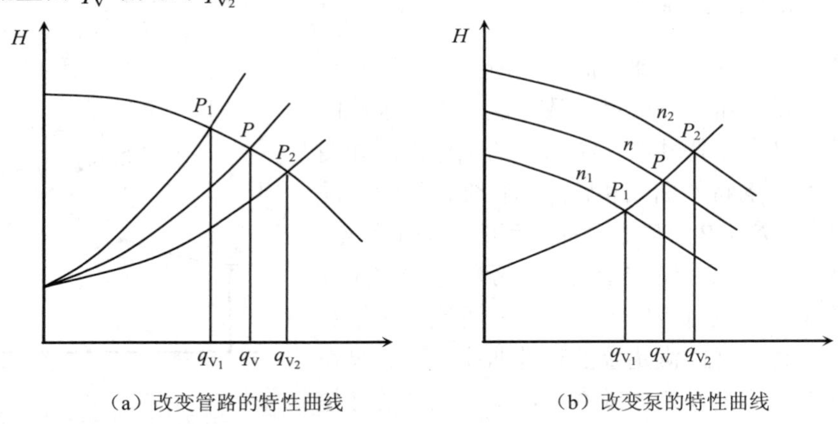


（a）改变管路的特性曲线　　（b）改变泵的特性曲线

**图 2-14　离心泵的流量调节**

特别是近年来发展的变频无级调速装置，利用改变输入电机的电流频率来改变转速，调速平稳，也保证了较高的效率，是一种节能的调节手段，在化工生产中广泛应用，但价格较贵。

**【例 2-3】**用离心泵将水库内的水送至灌溉渠，假设两液面恒定且位差为 12 m。已知管路压头损失$\sum H_f=0.5\times10^6 q_V^2$，特定转速下泵特性方程为 $H=26-0.4\times10^6 q_V^2$（$q_V$ 单位均为 $m^3/s$），求日送水量。

解：

$$\left.\begin{array}{l}\text{管路特性方程：} H_e = A + \sum H_f = \Delta z + \dfrac{\Delta p}{\rho g} + \sum H_f \\ \qquad = 12 + 0 + 0.5\times10^6 q_V^2 \\ \text{泵特性方程：} H = 26 - 0.4\times10^6 q_V^2 \end{array}\right\} \Rightarrow q_V = 3.94\times10^{-3}\ (\mathrm{m^3/s})$$

日送水量：$q_d = 24\times3\,600\times3.94\times10^{-3} = 340.4\ (\mathrm{m^3})$

**【例 2-4】**在一化工生产车间，要求用离心泵将冷却水从储水池经换热器送到一敞口高位槽中。已知高位槽中的液面比储水池的液面高出 10 m，管路总长为 400 m（包括所有局部阻力的当量长度）。管内径为 75 mm，换热器的压头损失为 $32u^2/2g$，摩擦系数可取 0.03。此离心泵在转速为 2 900 r/min 时的性能如附表所示。

**【例 2-4】 附表**

| $q_V$/（$\mathrm{m^3/s}$） | 0 | 0.001 | 0.002 | 0.003 | 0.004 | 0.005 | 0.006 | 0.007 | 0.008 |
|---|---|---|---|---|---|---|---|---|---|
| $H$/m | 26 | 25.5 | 24.5 | 23 | 21 | 18.5 | 15.5 | 12 | 8.5 |

试求：（1）管路特性曲线方程；（2）泵工作点的流量与压头。

解：（1）管路特性曲线方程

$$H_e = \frac{\Delta p}{\rho g} + \Delta z + \frac{1}{2g}\Delta u^2 + \sum H_f = \Delta z + \sum H_f$$

$$= \Delta z + \lambda\frac{l+\sum l_e}{d}\frac{u^2}{2g} + H_f = \Delta z + (\lambda\frac{l+\sum l_e}{d} + 32)\frac{u^2}{2g}$$

$$H_e = 10 + (0.03\times\frac{400}{0.075} + 32)\times\frac{1}{2\times9.81}\times(\frac{q_V}{0.785\times0.075^2})^2 = 10 + 5.019\times10^5 {q_V}^2$$

（2）在坐标纸中绘出泵的特性曲线及管路特性曲线的工作点如【例 2-4】附图所示

$$q_V = 0.004\,5\ \mathrm{m^3/s},\ H = 20.17\ \mathrm{m}$$

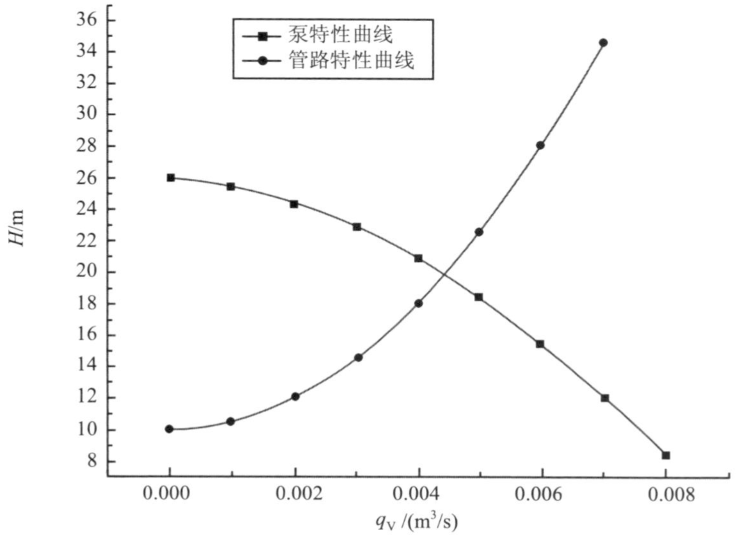

**【例 2-4】 附图**

## 五、离心泵的汽蚀现象与安装高度

离心泵在管路系统中的安装位置是否合适，将会影响泵的运行及使用，若泵的安装高度不合适，将会发生汽蚀现象。

### （一）液体的饱和蒸气压

我们将一定温度下与液体成平衡的蒸气称为该温度下液体的饱和蒸气。将一定温度下与液体成平衡的饱和蒸气的压力称为该温度下液体的饱和蒸气压，简称蒸气压。

饱和蒸气压是液体的一种属性，它是温度的函数，随着温度的升高，液体的饱和蒸气压急剧增大。在一定温度下，当蒸气的压力等于该温度下液体的饱和蒸气压时，蒸气与液体处于平衡状态。若蒸气的压力大于饱和蒸气压（此时的蒸气称为过饱和蒸气）时，将有蒸气凝结成液体，直到蒸气的压力降到饱和蒸气压达到新的平衡为止。若蒸气的压力小于饱和蒸气压（此时的蒸气称为不饱和蒸气）时，液体将蒸发成蒸气。

与液体类似，固体也存在着饱和蒸气压。固体升华成蒸气、蒸气冷凝成固体的现象与液体蒸发成蒸气、蒸气凝结成液体的现象是类似的，这里不再介绍。

### （二）离心泵的汽蚀现象与危害

**1. 离心泵的汽蚀现象**

离心泵通过旋转的叶轮对液体做功，使液体机械能增加，在随叶轮的转动过程中，液体的速度和压强是变化的。通常在叶轮入口处压强最低，压强愈低愈容易吸液。但是当该处压强小于或等于输送温度下液体的饱和蒸气压（$p \leqslant p_V$）时，液体将部分汽化，形成大量的蒸气泡。这些气泡随液体进入叶轮后，压强的升高将使气泡内蒸气急剧凝结，气泡破裂消失时将产生局部真空，使周围的液体以极高的速度涌向原气泡处，产生相当大的冲击力，致使金属表面受到冲击。由于气泡产生、凝结而使泵体、叶轮腐蚀损坏加快的现象称为汽蚀。

**2. 危害**

当离心泵的汽蚀现象发生时，将使泵体振动发出噪声，金属材料损坏加快、寿命缩短，泵的流量、压头等下降。严重时甚至出现断流，不能正常工作。为避免汽蚀现象发生，必须在操作中保证泵入口处的压强大于输送条件下液体的饱和蒸气压，这就要求泵的安装高度不能太高，我国离心泵标准中，常采用允许汽蚀余量来控制泵的汽蚀。

### （三）离心泵的最大安装高度

**1. 允许汽蚀余量$\Delta h_{允}$**

离心泵的吸液管路如图 2-15 所示，泵的吸液作用是依靠压差克服贮槽的液面 0-0′和泵入口截面 1-1′之间的势能差实现的，即泵的吸入口附近为低压区。当 $p_0$ 一定，若向上吸液高度 $H_g$ 愈高，流量愈大，吸入管

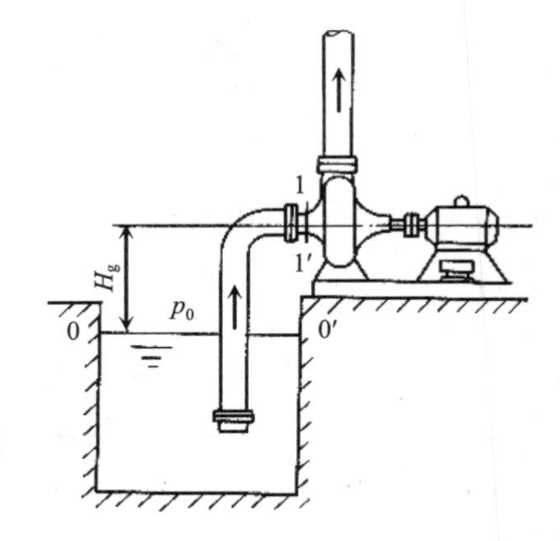


图 2-15 离心泵的安装高度

路的各种阻力愈大，则 $p_1$ 就愈小，但在离心泵操作中，$p_1$ 值下降是有限度的，确切地说，当 $p_1 < p_V$ 时就会发生汽蚀现象。

离心泵的汽蚀余量为离心泵入口处的静压头与动压头之和必须大于被输送液体在操作温度下的饱和蒸气压头之值，用 $\Delta h$ 表示为

$$\Delta h = (\frac{p_1}{\rho g} + \frac{u_1^2}{2g}) - \frac{p_V}{\rho g} \tag{2-9}$$

式中：$p_1$ —— 泵吸入口处的绝对压强，Pa；

$u_1$ —— 泵吸入口处的液体流速，m/s；

$p_V$ —— 输送液体在工作温度下的饱和蒸气压，Pa；

$\rho$ —— 液体的密度，$kg/m^3$。

能保证不发生汽蚀的最小 $\Delta h$ 值，称为允许汽蚀余量 $\Delta h_{允}$。离心泵允许汽蚀余量亦为泵的性能，其值通过实验测定，标示在泵样本、性能图或气蚀性能图中。实验条件为20℃清水，一般不用校正。

**2．最大安装高度**

离心泵最大安装高度是指泵的吸入口高于贮槽液面最大允许的垂直高度，用 $H_{gmax}$ 表示。如图 2-15 所示，在贮槽液面 0-0′和泵入口 1-1′截面间列伯努利方程

$$z_0 + \frac{p_0}{\rho g} + \frac{u_0^2}{2g} = z_1 + \frac{p_1}{\rho g} + \frac{u_1^2}{2g} + H_{f_{0-1}}$$

将 $H_g = z_1 - z_0$，$u_0 \approx 0$ 及式（2-9）代入上式，得

$$H_{g\max} = \frac{p_0}{\rho g} - \frac{p_V}{\rho g} - \Delta h_{允} - H_{f_{0-1}} \tag{2-10}$$

式中：$H_{f_{0-1}}$ —— 吸入管路的压头损失，m；

$H_{g\max}$ —— 泵的允许安装高度，m；

$p_0$ —— 贮槽液面上方的压强，Pa（贮槽敞口时，$p_0 = p_a$，$p_a$ 为当地大气压强）；

$u_1$ —— 泵入口处液体流速（按操作流量计），m/s。

式（2-10）即为泵的最大安装高度。

特别提示：为了保证泵的操作不发生汽蚀，必须注意：

① 泵的实际安装高度 $H_g$ 必须低于或等于 $H_{g\max}$，通常 $H_g = H_{g\max} - (0.5 \sim 1.0)$，否则在操作时，将有发生汽蚀的危险。

② 离心泵的 $\Delta h_{允}$ 与流量有关，流量大则 $\Delta h_{允}$ 大，因此计算时以最大流量计算。

③ 对于一定的离心泵，$\Delta h_{允}$ 一定，若吸入管路阻力愈大，液体的蒸气压愈高或外界大气压强愈低，则泵的最大安装高度愈低。为减少管路的阻力，离心泵安装时，应尽量选用大直径进口管路，缩短长度，尽量减少弯头、阀门等管件，使吸入管短而直，以减少进口阻力，提高安装高度，或在同样 $H_g$ 下避免发生汽蚀。

④ 当使用条件允许时，尽量将泵直接安装在贮液槽液面以下，液体利用位差即可自动灌入泵内。

**【例 2-5】**某台离心水泵，从样本上查得汽蚀余量$\Delta h_{允}$为 2.5 m（水柱）。现用此泵输送敞口水槽中 40℃清水，若泵吸入口距水面以上 5 m 高度处，吸入管路的压头损失为 1 m（水柱），当地环境大气压力为 0.1 MPa。

试求：（1）该泵的安装高度是否合适？（2）若水槽改为封闭，槽内水面上压力为 30 kPa，将水槽提高到距泵入口以上 5 m 高处，是否可用？

解：（1）查附录八 40℃水的饱和水蒸气压 $p_V$=7.377 kPa，查附录七密度$\rho$=992.2 kg/m$^3$

已知 $p_0$=100 kPa，$H_{f_{0-1}}$=1 m（水柱），$\Delta h_{允}$=2.5 m（水柱）

代入式（2-10）中，可得泵的最大安装高度为

$$H_{g\max}=\frac{p_0}{\rho g}-\frac{p_V}{\rho g}-\Delta h_{允}-H_{f_{0-1}}$$

$$=\frac{(100-7.377)\times 10^3}{992.2\times 9.81}-2.5-1=6.01(\mathrm{m})$$

实际安装高度 $H_g$=5 m，小于 6.01 m，故合适。

（2）$H_{g\max}=\dfrac{p_0}{\rho g}-\dfrac{p_V}{\rho g}-\Delta h_{允}-H_{f_{0-1}}=\dfrac{(30-7.377)\times 10^3}{992.2\times 9.81}-2.5-1=-1.18(\mathrm{m})$

以槽内水面为基准，泵的实际安装高度 $H_g=-5$ m，小于−1.18 m，故合适。

**【例 2-6】**用一台 IS80-50-250 型离心泵从一敞口水池向外输送 35℃的水，水池水位恒定，流量为 50 m$^3$/h，进水管路总阻力为 1 mH$_2$O。已知 35℃水的饱和蒸气压 $p_V$ 为 5.8×10$^3$ Pa，密度为 993.7 kg/m$^3$，当地大气压强为 9.82×10$^4$ Pa。求此泵可装于距液面多高处？如果水温变为 80℃时，进口管的总阻力增至 3 mH$_2$O 时，又怎样安装此泵？

**【例 2-6】附表　IS80-50-250 型离心泵的性能参数（2900 r/min）**

| 流量/（m$^3$/h） | 扬程/m | 轴功率/kW | 效率/% | $\Delta h_{允}$ /m |
|---|---|---|---|---|
| 50 | 80 | 17.3 | 63 | 2.8 |

解：（1）输送 35℃水时，$p_0$=9.82×10$^4$ Pa，$p_V$=5.8×10$^3$ Pa，$\rho$=993.7 kg/m$^3$，$H_{f_{0-1}}$= 1 mH$_2$O，根据式（2-10）得泵的最大安装高度为

$$H_{g\max}=\frac{p_0}{\rho g}-\frac{p_V}{\rho g}-\Delta h_{允}-H_{f_{0-1}}$$

$$=\frac{9.82\times 10^4}{993.7\times 9.81}-\frac{0.58\times 10^4}{993.7\times 9.81}-2.8-1=5.68(\mathrm{m})$$

（2）输送 80℃水时，$p_0$=9.82×10$^4$ Pa，$H_{f0-1}$=3 mH$_2$O，再查附录七可知，$p_V$=4.74×10$^4$ Pa，$\rho$=971.8 kg/m$^3$，再根据式（2-10）得泵的最大安装高度为

$$H_{g\max}=\frac{p_0}{\rho g}-\frac{p_V}{\rho g}-\Delta h_{允}-H_{f_{0-1}}$$

$$=\frac{9.82\times 10^4}{971.8\times 9.81}-\frac{4.74\times 10^4}{971.8\times 9.81}-2.8-3=-0.47(\mathrm{m})$$

输送 80℃水时 $H_g$ 为负值，说明此种情况下泵入口只能位于液槽的液面以下才能避免汽蚀。

## 六、离心泵的组合操作

在实际生产中，当单台泵不能满足输送任务所要求的流量和压头时，可采用数台离心泵组合使用，组合方式通常有两种，即并联和串联。下面以两台性能完全相同的离心泵讨论其组合后的特性及其运行状况。

### （一）离心泵的并联组合

当单台泵达不到流量要求时，采用并联组合。两台离心泵并联操作的流程如图 2-16（a）所示。设两台离心泵型号相同，并且各自的吸入管路也相同，则两台泵的流量和压头必相同。因此，两台相同的离心泵并联，理论上讲在同样的压头下，其提供的流量应为单泵的 2 倍。因而依据单泵特性曲线 1［图 2-16（b）］上一系列点，保持纵标（$H$）不变，使横标（$q_V$）加倍，绘出两台泵并联后的特性曲线 2，如图 2-16（b）中曲线 2。图中，单台泵的工作点为 $A$，两台泵并联后的工作点为 $B$。

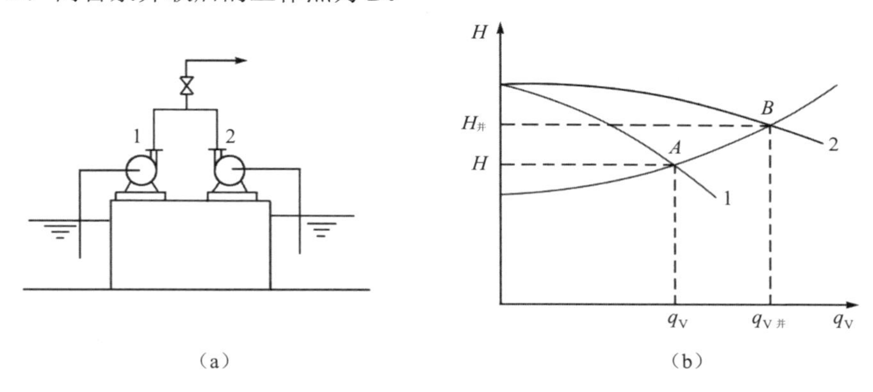


图 2-16 离心泵的并联操作

并联泵的实际流量和压头由工作点决定，由图 2-16（b）可知，并联后压头有所增加，但由于受管路特性曲线制约，管路阻力增大，两台泵并联的总输送量小于原单泵输送量的 2 倍（生产中 3 台以上泵的并联不多）。

### （二）离心泵的串联组合

当单台泵达不到压头要求时，采用串联组合，如图 2-17（a）所示。两台完全相同的离心泵串联，从理论上讲，在同样的流量下，其提供的压头应为单泵的 2 倍。因而依据单泵特性曲线 1［图 2-17（a）］上一系列坐标点，保持横标（$q_V$）不变，使纵标（$H$）加倍，绘出两泵串联后的合成特性曲线 2，如图 2-17（b）中曲线 2 所示。

由图 2-17（b）可知，串联泵的操作流量和压头由工作点决定，串联后流量亦有所增加，但两台泵串联的总压头小于原单泵压头的 2 倍。

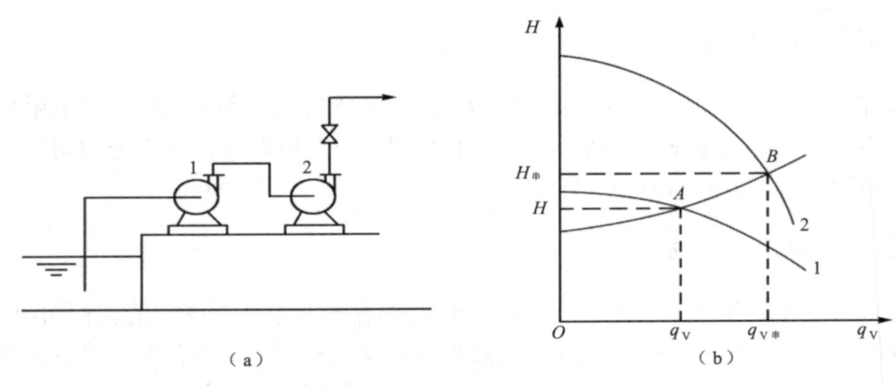


图 2-17 离心泵的串联操作

### （三）组合方式的选择

综上所述，两台相同的离心泵经过串联或并联后，流量、压头均有所增加，但生产中究竟采取何种组合方式才能获得最佳经济效果，还要考虑输送任务的具体要求及管路的特性。一般来说，当单泵压头远达不到要求时，必须采用串联；在某些情况下，并联、串联都可提高流量和压头，这时与管路特性有关。

① 如果单台泵所提供的最大压头小于管路上下游的$(\Delta z + \Delta p / \rho g)$值，则只能采用串联操作。

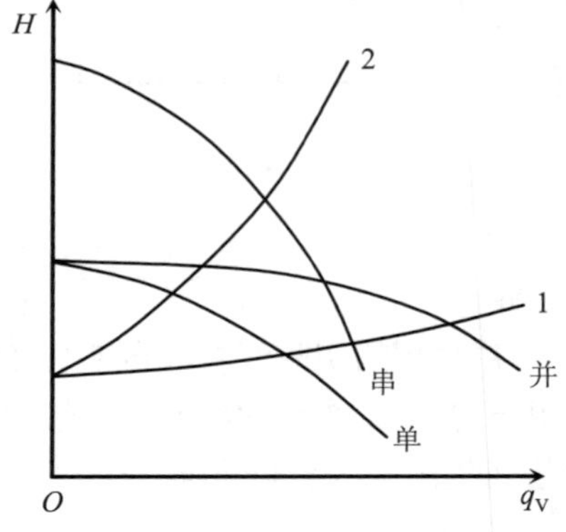


图 2-18 组合方式的选择

② 对于高阻输送管路，其管路特性较陡峭（图 2-18 中曲线 2），泵串联操作的流量及压头大于泵并联操作的流量及压头，宜采用串联组合方式，对于此种管路，还要采取措施，减少管路的阻力。

③ 对于低阻输送管路，其管路特性较平坦（图 2-18 中曲线 1），泵并联操作的流量及压头大于泵串联操作的流量及压头，宜采用并联组合方式。

④ 在连续生产中的泵均是并联安装的，但这并不是并联操作，而是一台操作，一台备用。

必须指出，上述泵的并联与串联操作，虽可以增大流量及压头以适应管路的需求，但一般来说，其操作要比单台泵复杂，所以通常很少采用。多台泵串联，相当于一台多级离心泵，而多级离心泵比多台泵串联结构要紧凑，安装维修更方便，故当需要时，应尽可能使用多级离心泵。双吸泵相当于两台泵的并联，也宜采用双吸泵代替两泵的并联操作。

**【例 2-7】** 用离心泵向设备送水。已知泵特性方程为 $H=40-0.01q_V^2$，管路特性方程为 $H_e=25+0.03q_V^2$，两式中 $q_V$ 的单位均为 $m^3/h$，$H$ 的单位为 m。试求：（1）泵的输送量；（2）若有两台相同的泵串联操作，则泵的输送量为多少？

解：（1）$\begin{cases} H = 40 - 0.01q_V^2 \\ H_e = 25 + 0.03q_V^2 \end{cases}$

联立得 $40-0.01q_V^{\ 2}=25+0.03q_V^{\ 2}$

解得 $q_V$=19.36（$m^3/h$）

（2）两泵串联后：

并联泵的特性：$H'=2H=2\times(40-0.01q_V'^{\ 2})$

与管路特性联立：$25+0.03q_V'^{\ 2}=2\times(40-0.01q_V'^{\ 2})$

解得 $q_V$=33.17（$m^3/h$）

**【例 2-8】**用两台泵向高位槽送水，单泵的特性曲线方程为 $H=25-1\times10^6q_V^{\ 2}$，管路特性曲线方程为 $H_e=10+1\times10^5q_V^{\ 2}$（两式中 $q_V$ 的单位均为 $m^3/s$，$H$ 的单位为 m）。求：两泵并、串联时的流量及压头。

解：单泵时 $\begin{cases} H=25-1\times10^6q_V^{\ 2} \\ H_e=10+1\times10^5q_V^{\ 2} \end{cases}$

联立得 $25-1\times10^6q_V^{\ 2}=10+1\times10^5q_V^{\ 2}$

解得 $q_V=3.69\times10^{-3}$（$m^3/s$），$H$=11.36（m）

（1）并联时：$H$ 不变，$q_V'=2q_V$，即每台泵流量 $q_V$ 为管中流量 $q_V'$ 的 1/2

故
$$25-1\times10^6(\frac{1}{2}q_V')^2=10+1\times10^5q_V'^{\ 2}$$

$q_V'=6.55\times10^{-3}$（$m^3/s$），$H'$=14.29（m）

（2）串联时：$H''=2H$，$q_V''=q_V$，$H=\dfrac{1}{2}H''$

即每台泵提供的压头仅为管路压头的 1/2，故泵特性曲线方程为：

$$2(25-1\times10^6)q_V''^{\ 2}=10+1\times10^5q_V''^{\ 2}$$

$q_V''=4.36\times10^{-3}$（$m^3/s$），$H''$=11.9（m）

## 七、离心泵的类型与选用

### （一）离心泵的类型

实际生产过程中，由于被输送液体的性质相差悬殊，对流量和扬程的要求千变万化，为了适应实际需要，因而设计和制造出的离心泵种类繁多。离心泵分类方式如下：

离心泵
- 按叶轮的数目分
  - 单级泵
  - 多级泵
- 按吸入方式分
  - 单吸式
  - 双吸式
- 按被输送液体性质分
  - 水泵
  - 油泵
  - 耐腐蚀泵
  - 杂质泵

各种类型的泵按其结构特性各成为一个系列，每个系列中各有不同的规格，用不同的字母和数字加以区别。以下介绍几种常见类型的离心泵。

**1. 水泵**

水泵用于输送工业用水，锅炉给水，地下水及物理、化学性质与水相近的清洁液体。

① IS 型离心水泵。当压头不太高，流量不太大时，采用单级单吸悬臂式离心泵，系列代号 IS，如图 2-19 所示。泵壳和泵盖采用铸铁制成，扬程为 8～98 m，流量为 4.5～360 m$^3$/h。

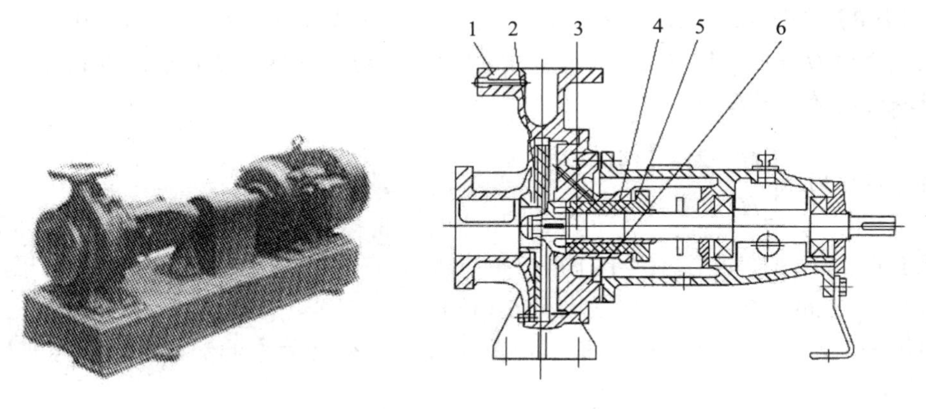


1—泵体；2—叶轮；3—泵轴；4—填料；5—填料压盖；6—托架。

**图 2-19 IS 型离心水泵结构**

② D 型水泵。当压头较高、流量不太大时采用多级泵，系列代号 D。叶轮一般 2～9 个，多的达 12 个。扬程为 14～351 m，流量为 10.8～850 m$^3$/h，如图 2-20 所示。D 型泵的型号如“100D45×4”，其中，“100”表示吸入口的直径为 100 mm，“45”表示每一级的扬程为 45 m，“4”为泵的级数。

第二章 流体输送机械 动画

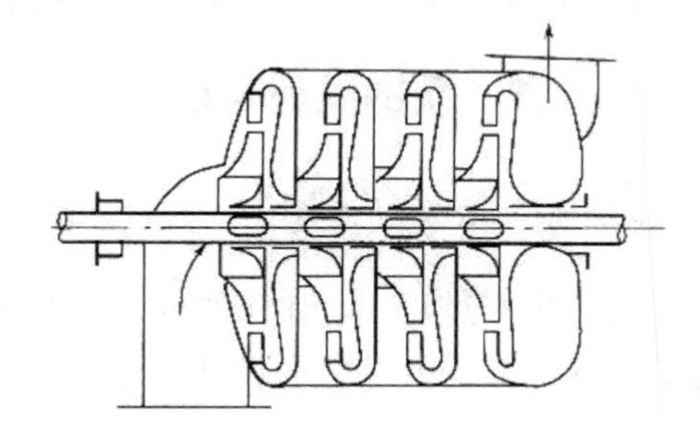

**图 2-20 D 型单吸多级离心泵**

③ S 型水泵。当要求的流量很大时，可采用双吸式离心泵。其系列代号为 S 型、SH 型，但 S 型泵是 SH 型泵的更新产品，其工作性能比 SH 型泵优越，效率和扬程均有所提高。因此，S 型泵主要用在流量相对较大但扬程相对不大的场合，其外形及结构如图 2-21 所示。S 型泵的吸入口与排出口均在水泵轴心线下方的，与轴线垂直呈水平方向的泵壳上开口，检修时无须拆卸进、出水管路及电动机（或其他原动机）。从联轴器向泵的方向看去，水泵为顺时针方向旋转。

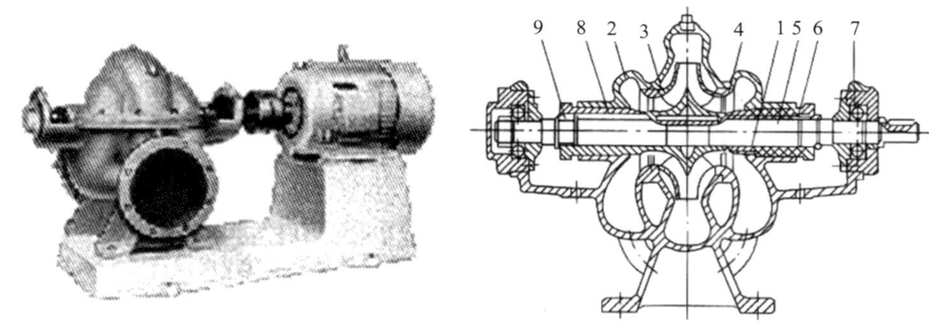


1—泵体；2—泵盖；3—叶轮；4—密封环；5—轴；6—轴套；7—轴承；8—填料；9—填料压盖。

图 2-21　S 型泵的结构

S 型泵的全系列扬程为 9～140 m，流量为 120～12 500 $m^3/h$。S 型泵的型号如“100S90A”，其中，“100”表示吸入口的直径为 100 mm，“90”表示设计点的扬程为 90 m，“A”指泵的叶轮经过一次切割。

### 2．油泵

用于输送具有易燃易爆的石油化工产品的泵称为油泵，分单吸和双吸两种，系列号分别为“Y”和“YS”。由于油品易燃易爆，因此要求油泵具有良好的密封性能。当输送 200℃以上的热油时，还需有冷却装置，一般在热油泵的轴封装置和轴承处均装有冷却水夹套，运转时通冷水冷却。其扬程为 60～603 m，流量为 6.25～500 $m^3/h$。

### 3．耐腐蚀泵

耐腐蚀泵是用于输送酸、碱、盐等腐蚀性液体的泵，系列代号为“F”。所有与液体接触的部件均用防腐材料制造，其轴封装置多采用机械密封。其特点是采用不同耐腐蚀材料制造或衬里，密封性能好。扬程为 15～105 m，流量为 2～400 $m^3/h$。

F 型泵的型号：在“F”之后加上材料代号，如“80FS24”，其中，“80”表示吸入口的直径为 80 mm，“S”为材料聚三氟氯乙烯塑料的代号，“24”表示设计点的扬程为 24 m，其他材料代号可查有关手册。注意，用玻璃、陶瓷和橡胶等材料制造的小型耐腐蚀泵，不在 F 泵的系列之中。

### 4．杂质泵

在环境保护的实际工作中，经常会输送含有固体杂质的污水，需要使用杂质泵，此类泵大多采用敞开式叶轮或半闭式叶轮，流道宽，叶片少，用耐磨材料制造，在某些使用场合采用可移动式而不固定。

为了适应各类介质输送的需要，杂质泵类型很多，根据其具体用途分为污水泵（PW）、砂泵（PS）、泥浆泵（PN）等，可根据需要选择。

### 5．磁力泵

磁力泵是一种高效节能的特种离心泵，其结构特点是通过一对永久磁性联轴器将电机力矩透过隔板和气隙传递给一个密封容器，带动叶轮旋转。其特点是没有轴封、不泄漏、转动时无摩擦，因此安全节能。特别适合输送不含固体颗粒的酸、碱、盐溶液，易燃、易爆液体，挥发性液体和有毒液体等，但被输送介质的温度不宜高于 90℃。

磁力泵的系列代号为“C”，全系列流量为 0.1～100 $m^3/h$，扬程为 1.2～100 m。

除以上介绍的泵外，还有用于汲取地下水的深井泵，用于输送液化气体的低温泵，用于输送易燃、易爆、剧毒及具有放射性液体的屏蔽泵，安装在液体中的液下泵等，在此不一一介绍，使用时可参阅有关书籍，也可以在网上查找各生产厂家的产品介绍。

### （二）离心泵的选择

离心泵的类型很多，选用时应参阅各类泵的样本及产品说明书，并根据生产任务进行合理选用，选用步骤如下：

① 根据输送液体性质以及操作条件来选定泵类型。液体性质包括密度、黏度、腐蚀性等；操作条件，如压强影响压头，温度影响泵的允许吸上高度。

② 确定输送系统的流量和压头。一般液体的输送量由生产任务决定。如果流量在一定范围内变化，应根据最大流量选泵，并根据情况计算最大流量下的管路所需的压头（根据管路条件，利用伯努利方程求 $H_e$）。

③ 根据 $H_e$、$q_V$ 查泵样本表或产品目录中性能曲线或性能表，确定泵规格。

特别提示：① 使流量和压头比实际需要多 10%～15%余量；② 考虑到生产的变动，按最大量选取；③ 当遇到几种型号的泵同时在最佳工作范围内满足流量和压头的要求时，应该选择效率最高者，并参考泵的价格作综合权衡；④ 选出泵的型号后，应列出泵的有关性能参数和转速。

④ 校核轴功率

若输送液体的密度大于水的密度，则要用式（2-4）重新核算泵的轴功率，以选择合适的电机。

**【例 2-9】** 常压贮槽内装有某石油产品，在储存条件下其密度为 760 kg/m³。现将该油品送入反应釜中，输送管路为 $\phi 57\times2$，由液面到设备入口的升扬高度为 5 m，流量为 15 m³/h。釜内压力为 148 kPa（表压），管路的压头损失为 5 m（不包括出口阻力）。试选择一台合适的油泵。

解：设石油在输送管路中的流速为 $u$

$$u=\frac{q_V}{\frac{\pi}{4}d_2}=\frac{15\div3\,600}{0.785\times0.053^2}=1.89\,(\text{m/s})$$

在贮槽液面 1-1′与输送管口内侧 2-2′面间列伯努利方程，简化为

$$H_e=\Delta z+\frac{\Delta p}{\rho g}+\frac{u_2^{\ 2}}{2g}+\sum H_f$$

$$H_e=5+\frac{148\times10^3}{760\times9.81}+\frac{1.98^2}{2\times9.81}+5=30.03\,(\text{m})$$

由 $q_V$=15 m³/h 及 $H_e$=30.03 m，查附录二十，选油泵 65Y-60B，其性能为：流量 19.8 m³/h，压头 38 m，轴功率 3.75 kW。

**【例 2-10】** 现有一送水任务，流量为 100 m³/h，需要压头为 76 m。现有一台型号为 IS125-100-250 的离心泵，其铭牌上的流量为 120 m³/h，扬程为 87 m。问：（1）此泵能否用来完成这一任务？（2）如果输送的是有杂质的城市污水，是否可以用此泵完成输送任务？

解：（1）IS 型泵是单级单吸水泵，主要用来输送水及与水性质相似的液体，本任务是输送水，因此可以作为备选泵。又因为此离心泵的流量与扬程分别大于任务需要的流量与扬程，因此可以完成输送任务。使用时，可以根据铭牌上的功率选用电机，因为介质为水，故不需校核轴功率。

（2）如果被输送介质为城市污水，则不可以用 IS125-100-250 离心泵，因为污水中杂质的存在会造成泵的堵塞或磨损，应该按选泵程序在污水泵中选取一合适型号的泵。

**【例 2-11】**用离心泵从敞口贮槽向密闭高位容器输送稀酸溶液，两液面位差为 20 m，容器液面上压力表的读数为 49.1 kPa。泵的吸入管和排出管均为内径为 50 mm 的不锈钢管，管路总长度为 86 m（包括所有局部阻力的当量长度），液体在管内的摩擦系数为 0.023。要求酸液的流量为 12 m$^3$/h，密度为 1 350 kg/m$^3$。试选择适宜型号的离心泵。

解：稀酸具腐蚀性，故选 F 型离心泵。

选型号：流量已知，压头计算如下：

$$u_2=\frac{q_V}{A}=\frac{12}{3\,600\times\dfrac{\pi\times0.05^2}{4}}=1.698\text{（m/s）}$$

$$\sum H_f=\lambda\frac{l+\sum l_e}{d}\frac{u_2^2}{2g}=0.023\times\frac{86}{0.05}\times\frac{1.698^2}{2\times9.81}=5.81\text{（m）}$$

在敞口贮槽液面与密闭容器液面之间列伯努利方程

$$H=\Delta z+\frac{\Delta u^2}{2g}+\frac{\Delta p}{\rho g}+\sum H_f=20+\frac{49.1\times10^3}{1350\times9.81}+0+5.81=29.52\text{（m）}$$

据 $q_V$=12 m$^3$/h 及 $H$=29.52 m，查附录二十，选取 50F-40A 型耐腐蚀离心泵。有关性能参数为

$q_V$=13.1 m$^3$/h，$H$=32.5 m，$P$=2.54 kW，$\eta$=46%，$n$=2 360 r/min，$\Delta h$=6 m

因酸液密度大于水密度，故需校核泵的轴功率

$$P=\frac{Hq_V\rho}{102\eta}=\frac{29.52\times12\times1350}{3\,600\times102\times0.46}=2.83\text{（kW）}>2.54\text{（kW）}$$

虽然实际输送所需轴功率较大，但所配电机功率为 4 kW，故尚可维持正常操作。

## 八、离心泵的安装、操作及运转

离心泵出厂时，说明书上对泵的安装与使用均做了详细说明，在安装使用前必须认真阅读。下面仅对离心泵的安装和使用做简要说明。

### （一）离心泵的安装

① 应尽量将泵安装在靠近水源、干燥明亮的场所，以便于检修。

② 应有坚实的基础，以避免振动。通常用混凝土地基，地脚螺栓连接。

③ 泵轴与电机转轴应严格保持水平，以确保运转正常，提高寿命。

④ 安装高度要严格控制，以免发生汽蚀现象。泵的实际安装高度应低于式（2-10）计算得到的允许最大安装高度值。

⑤ 应当尽量缩短吸入管路的长度和减少其中的管件，泵吸入管的直径通常均大于或等

于泵入口直径，以减小吸入管路的阻力。

⑥ 往高位或高压区输送液体的泵，在泵出口应设置止逆阀，以防止突然停泵时大量液体从高压区倒冲回泵造成水锤而破坏泵体。

⑦ 在吸入管径大于泵的吸入口径时，变径连接处要避免存气，以免发生气缚现象。

### （二）离心泵的操作及运转

① 灌泵。泵启动前须向泵内灌满被输送液体，以防止气缚现象的发生，并检查泵轴转动是否灵活。

② 预热。对输送高温液体的热油泵或高温水泵，在启动与备用时均需预热。因为泵是设计在操作温度下工作的，如果在低温下启动，各构件间的间隙因为热胀冷缩会发生变化，造成泵的磨损与破坏。预热时应使泵各部分均匀受热，并一边预热一边盘车。其他泵开车不需预热。

③ 盘车，是用手使泵轴绕运转方向转动的操作，每次以 180°为宜，并不得反转。其目的是检查润滑情况，密封情况，是否有卡轴、堵塞或冻结现象等。备用泵也要经常盘车。

④ 开车。启动时应关闭出口阀门，启动后先打开进口阀，待运行平稳后，缓缓开启出口阀，防止轴功率突然增大损坏电机。

⑤ 调节流量。缓慢打开出口阀，调节到指定流量。

⑥ 停车。停车时，要先关闭出口阀，再关电机，以免高压液体倒灌造成叶轮反转，引起事故。在寒冷地区，短时停车要采取保温措施，长期停车必须排净泵内及冷却系统内的液体，以免冻结胀坏系统。

⑦ 检查。要经常检查泵的运转情况，比如轴承温度、润滑情况、压力表及真空表读数等，发现问题应及时处理。在任何情况下都要避免泵内无液体的干转现象，以避免干摩擦，造成零部件损坏。

微课 往复泵及其他化工用泵

# 第三节 其他类型的泵

## 一、往复式泵

往复式泵是活塞泵、柱塞泵和隔膜泵的总称，属于应用较广泛的容积式泵，即正位移泵，它是利用活塞的往复运动将能量传递给液体以达到吸入和排出液体的目的。

### （一）往复泵

往复泵是一种典型的容积式液体输送机械。

**1. 往复泵的结构及工作原理**

往复泵主要由泵缸、活塞、活塞杆、吸入阀和排出阀（均为单向阀）组成，如图 2-22 所示。活塞杆与传动机械相连，带动活塞在泵缸内做往复运动。活塞与阀门间的空间称为工作室。往复泵工作时，活塞在外力推动下做往复运动，由此改变泵缸的容积和压强，交替地打开吸入阀和排出阀，达到输送液体的目的。活塞在泵缸内移动至左右两端的顶点叫

“死点”，两死点之间的活塞行程叫冲程。

图 2-23 是一台单动往复泵，活塞一侧装有吸入阀和排出阀，活塞自左向右移动时，排出阀关闭，吸入阀打开，液体进入泵缸，直至活塞移至最右端；活塞由右向左移动时，吸入阀关闭而排出阀开启，将液体以高压排出，活塞移至最左端则排液完毕，完成了一个工作循环，如此周而复始，实现送液。往复泵是依靠其工作容积的改变达到对液体做功的目的。在一次工作循环中，吸液和排液各交替进行一次，其液体的输送是不连续的。活塞往复非等速，故流量有起伏。

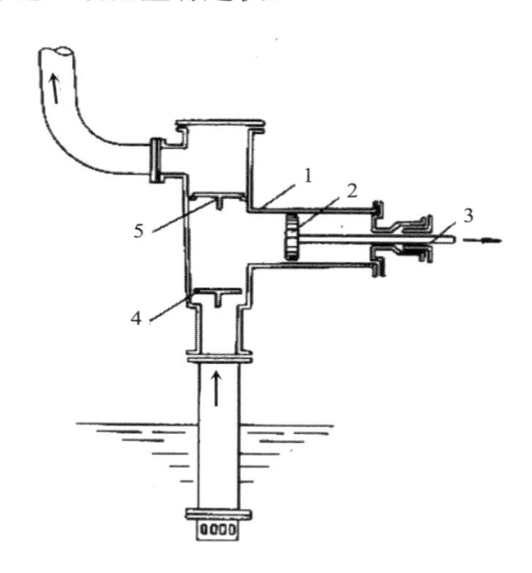


1—泵缸；2—活塞；3—活塞杆；4—吸入阀；5—排出阀。

图 2-23　单动往复泵

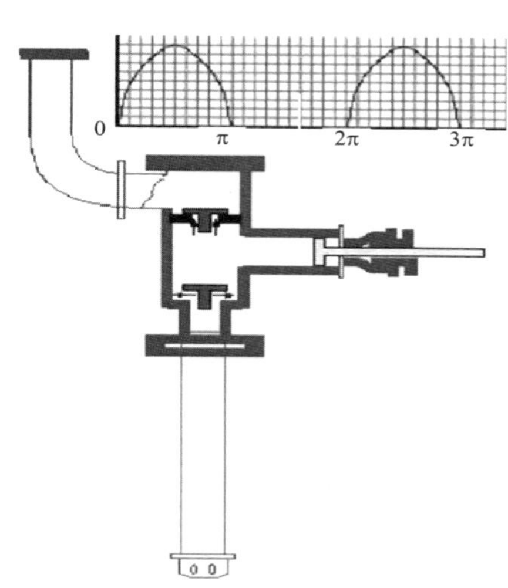


图 2-22　往复泵

## 2．往复泵的类型

往复泵按照作用方式的不同可分为以下几类：① 单动往复泵。如图 2-23 所示，活塞往复一次，吸液和排液各完成一次，其瞬时流量不均匀，形成了不连续的单动泵流量曲线。② 双动往复泵。其主要构造和原理如图 2-24 所示，与单动泵相似，但活塞两侧均没有吸入阀和排出阀，活塞往复一次，吸液和排液各两次，即活塞无论向哪一个方向移动，都能同时进行吸液和排液，流量连续，但仍有起伏。③ 三联泵。用 3 台单动泵连接在同一根曲轴的 3 个曲柄上，各台泵活塞运动的相位差为 2π/3，分别推动 3 个缸的活塞，如图 2-25 所示。曲轴每转一周，3 个泵缸分别进行一次吸液和排液，联合起来就有 3 次排液，改善了流量的均匀程度。

第二章　流体输送机械　动画

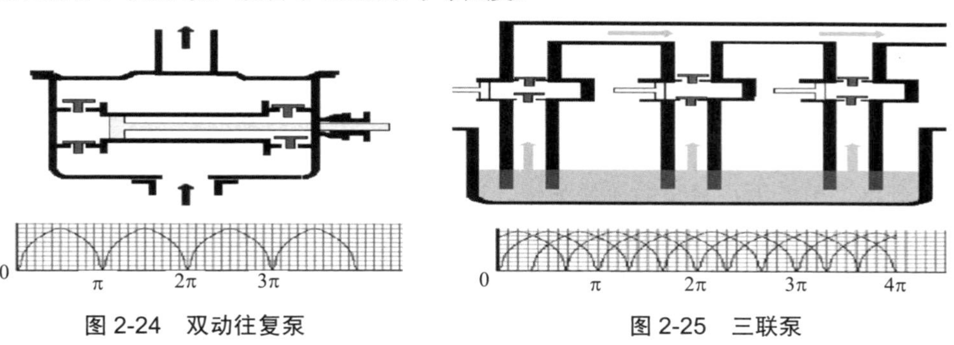


图 2-24　双动往复泵

图 2-25　三联泵

### 3. 往复泵的主要性能

往复泵的工作原理和操作调节等与离心泵不同，它具有如下特点。

（1）往复泵的流量

往复泵理论流量 $q_{VT}$ 原则上应等于单位时间内活塞在泵缸中扫过的体积，它只与泵缸的尺寸和冲程、活塞的往复次数有关，而与泵的压头、管路等无关。

单缸、单动往复泵 $$q_{VT}=A\cdot S\cdot n \tag{2-11}$$

单缸、双动往复泵 $$q_{VT}=(2A-a)\cdot S\cdot n \tag{2-12}$$

式中：$q_{VT}$ —— 往复泵理论流量，$m^3/mim$；

$A$ —— 活塞截面积，$m^2$；

$a$ —— 活塞杆截面积，$m^2$；

$S$ —— 活塞的冲程，m；

$n$ —— 活塞每分钟往复次数。

实际上，由于泄漏、吸入阀和排出阀启闭不及时等原因，实际流量小于理论流量。

实际流量 $$q_V=\eta_V q_{VT} \tag{2-13}$$

式中：$\eta_V$ ——往复泵的容积效率，其值在 0.85～0.99，一般来说，泵越大，容积效率越高。

流量不均匀是往复泵的严重缺点，因此不能用于某些对流量均匀性要求较高的场合。由于管路中的液体处于变速运动状态，不但增加了能量损失，且易产生冲击造成水锤现象，并会降低泵的吸入能力。

（2）往复泵的扬程和特性曲线

往复泵的压头与泵的几何尺寸、流量无关，而由泵缸的机械强度和原动机的功率所决定。只要泵缸强度许可，理论上压头可达无限大，其特性曲线如图 2-26 所示。$q_{VT}$ 为常数，但实际上往复泵的流量随压头升高而略微减小，这是由容积损失增大造成的。

（3）往复泵具有自吸能力。

由于往复泵的低压是靠工作室容积扩张造成的，当泵内存有空气时，启动后也能吸液，因此启动时无须灌液，即往复泵具有自吸能力。但启动前最好灌泵，以缩短启动时间。

往复泵和离心泵一样，其吸上真空度亦随外界大气压、液体输送条件而异，故其安装高度也有一定限制。应按照泵性能和实际的操作条件确定其实际安装高度。

### 4. 往复泵的流量调节

由于往复泵属于正位移泵，其流量与管路特性无关，安装调节阀不但不能改变流量，还会造成危险，一旦出口阀门完全关闭，泵缸内的压强将急剧上升，导致机件破损或电机烧毁，所以，往复泵流量调节不能用出口阀门来调节流量。往复泵的流量调节一般采取如下调节手段。

① 旁路调节。因往复泵的流量一定，通过旁路阀门调节旁路流量，使一部分压出流体返回吸入管路，便可以达到调节主管流量的目的，一般容积式泵都采用这种流量调节方法，如图 2-27 所示。显然，这种调节方法造成了功率损失，很不经济，但对于流量变化幅度较小的经常性调节，操作非常方便，生产上经常采用。

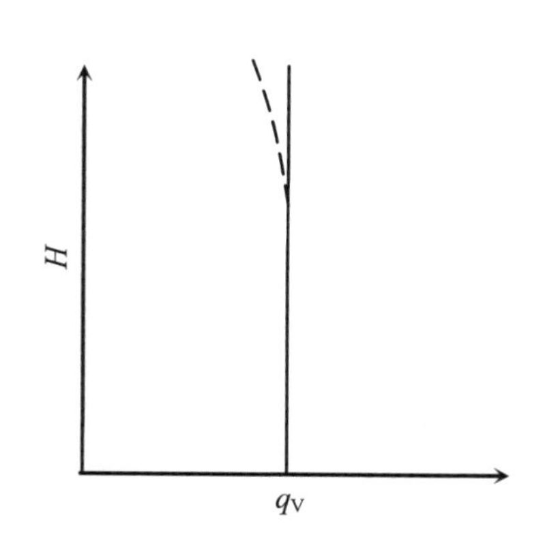


图 2-26　往复泵的特性曲线

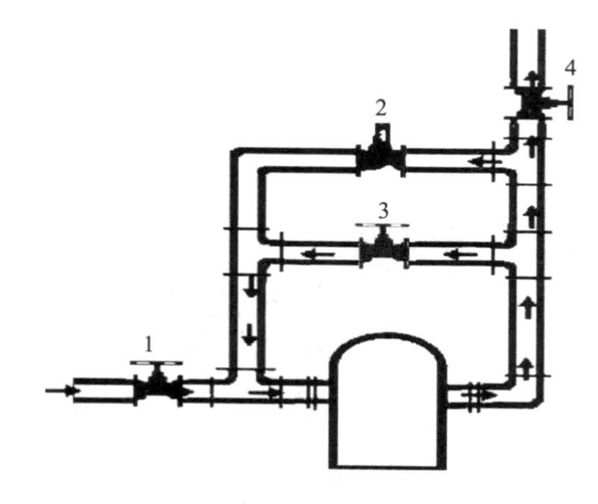


1—吸入管路阀；2—安全阀；3—旁路阀；4—排出管路阀。

图 2-27　旁路调节流量

② 改变曲柄转速和活塞行程。因电动机是通过减速装置与往复泵相连接的，所以改变减速装置的传动比可以更方便地改变曲柄转速，达到流量调节的目的，而且能量利用合理，但不适于经常性流量调节的操作。

往复泵与离心泵相比，结构较复杂、体积大、成本高、流量不连续。当输送压力较高或高黏度液体时效率较高，一般在 72%～93%，不能输送有固体颗粒的混悬液。

### （二）计量泵

计量泵是往复泵的一种形式，其结构如图 2-28 所示，它的传动装置通过偏心轮把电机的旋转运动变成柱塞的往复运动。偏心轮的偏心距是可调的，用来改变柱塞的冲程，这样就可以达到严格控制和调节流量的目的。若用一台电动机同时带动几台计量泵，可使每台泵的液体按一定比例输出，故这种泵又称为比例泵。计量泵通常用于要求流量精确而且便于调整的场合，特别适用于几种液体以一定配比输送的场合。

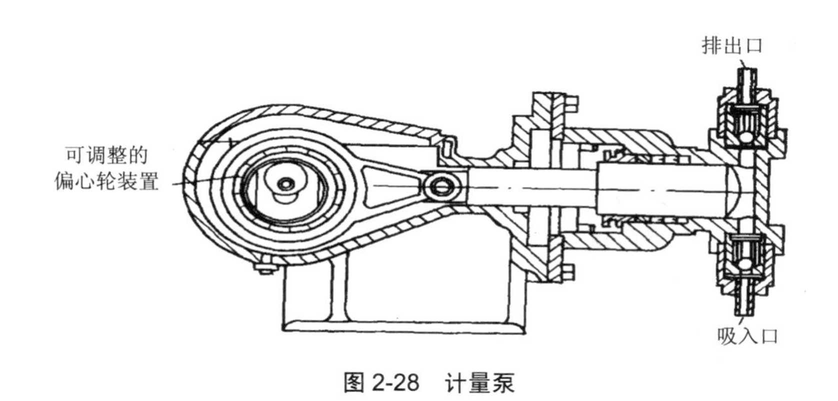


图 2-28　计量泵

### （三）隔膜泵

当输送腐蚀性液体或悬浮液时，可采用隔膜泵，隔膜泵的工作原理如图 2-29（a）所示。隔膜泵实际上是柱塞泵，其结构特点是借弹性薄膜将被输送液体与活柱隔开，从而使活柱和泵缸得以保护而不受腐蚀。

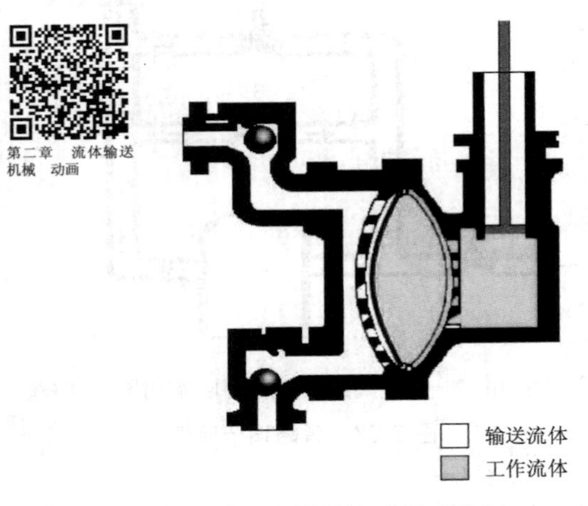


（a）隔膜泵的工作原理示意　　（b）气动双隔膜泵

图 2-29　隔膜泵

隔膜左侧为输送液体，与其接触的部件均用耐腐蚀材料制成或涂有耐腐蚀物质。隔膜右侧则充满水和油。当活柱做往复运动时，迫使隔膜交替地向两边弯曲，使液体经球形活门吸入和排出，适于定量输送剧毒、易燃、易爆、腐蚀性液体和悬浮液。

## 二、旋转泵

旋转泵又称转子泵，依靠泵壳内一个或多个转子的旋转完成吸入和排出液体。其扬程高、流量均匀且恒定。旋转泵的结构形式较多，最常用的有齿轮泵和螺杆泵。

### （一）齿轮泵

齿轮泵也是正位移泵的一种，如图 2-30 所示，主要部件有主动齿轮、从动齿轮、泵体和安全阀等。两齿轮轴装在泵体内，泵体、齿轮和泵盖构成的密封空间即为泵的工作腔。泵壳内的两个齿相互啮合，按图中所示方向转动。

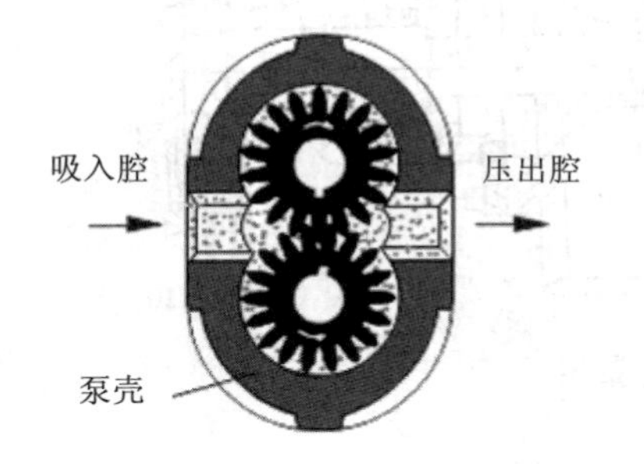

图 2-30　齿轮泵

吸入腔一侧的啮合齿分开，形成低压区，液体被吸入泵内，进入轮齿间分两路沿泵体内壁被送到排出腔；排出腔一侧的轮齿啮合时形成高压，随着齿轮不断旋转，液体不断排出。

为防止排出管路堵塞而发生事故，在泵体上装有安全阀。当排出腔压力超过允许值时，安全阀自动打开，高压液体卸流，返回低压的吸入腔。

齿轮泵制造简单、运行可靠、有自吸能力，虽流量较小但扬程较高，流量比往复泵均匀。常用于输送黏稠液体和膏状物料，但不能用于输送含固体颗粒的混悬液。

### （二）螺杆泵

螺杆泵如图 2-31 所示，主要由泵壳、一根或多根螺杆组成。单螺杆泵是通过螺杆在具有内螺旋的泵壳内偏心转动，将液体沿轴间推进，最后从排出口排出。双螺杆泵的原理与齿轮泵相似，通过两根螺杆的相互啮合来达到输送液体的目的。当需要较高压头时，可采用较长的螺杆或多螺杆泵。

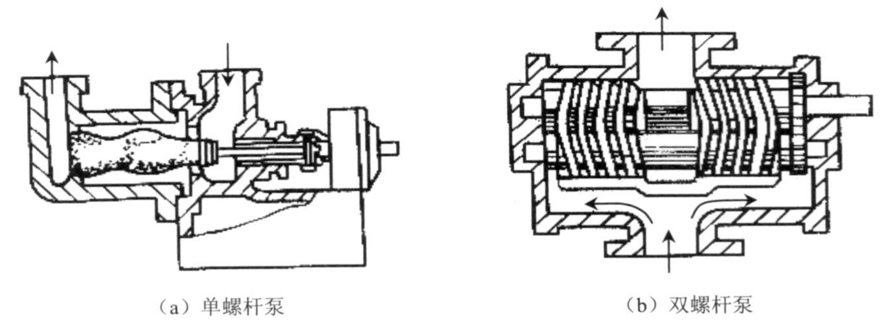

（a）单螺杆泵　　（b）双螺杆泵

图 2-31　螺杆泵

螺杆泵的优点是运行平稳、效率高、压头高、噪声小，适用于高黏度液体的输送；流量调节时用旁路（回流装置）调节；有良好的自吸能力，启动时不用灌泵。缺点是加工困难。

## 三、旋涡泵

旋涡泵是一种特殊类型的离心泵，主要由叶轮和泵体组成。它的叶轮是一个圆盘，四周铣有凹槽，呈辐射状排列，如图 2-32 所示。叶轮在泵壳内转动，其间有引水道。泵内液体在随叶轮旋转的同时，又在引水道与各叶片之间流动，因而被叶片拍击多次，获得较多能量，最后达到出口压力而排出。液体在旋涡泵内的流动与在多级离心泵中的流动相似。

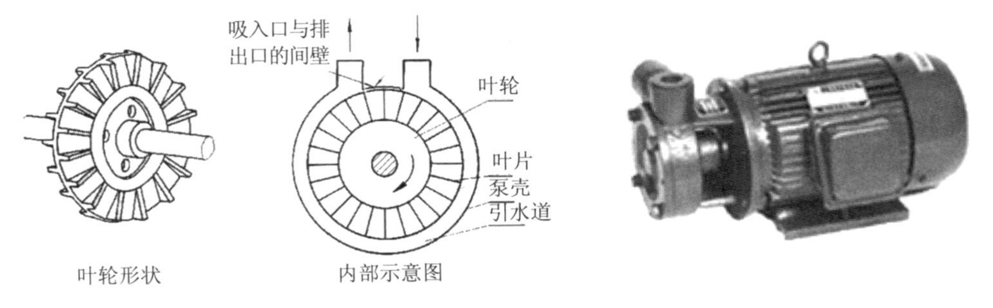


叶轮形状　　内部示意图

图 2-32　旋涡泵

液体在旋涡泵中获得的能量与液体在流动过程中进入叶轮的次数有关。当流量减小时，流道内液体的运动速度减小，液体流入叶轮的平均次数增多，泵的压头必然增大；流量增大时，则情况相反。旋涡泵的特点如下：① 压头和功率随流量增加下降较快，因此启动时应打开出口阀。改变流量时，旁路调节比安装调节阀经济。② 在叶轮直径和转速相同的条件下，旋涡泵的压头比离心泵高 2～4 倍，适用于高压头、小流量且黏度小的液体，不适于输送含固体颗粒的液体。③ 结构简单、加工容易，且可采用各种耐腐蚀材料制造。④ 由于在剧烈运动时进行能量交换，能量损失大，效率低，一般为 20%～50%。输送液体的黏度不宜过大，否则泵的压头和效率都将大幅度下降。⑤ 旋涡泵工作时液体在叶片间的运动是由于离心力作用，因此在启动前泵内也应灌满液体。

## 四、流体作用泵

流体作用泵是利用一种流体的作用，使流动系统中局部的压强增高或降低，而达到输送另一种流体的目的，如酸蛋、真空输送、喷射泵等。此类泵的特点是泵内无活动部件，而且构造简单，制造方便，可衬以耐酸或抗腐蚀材料，抽气量大，工作压力范围广。

### （一）压力输送（酸蛋）

如图 2-33 所示，酸蛋是流体作用泵中一种常见的型式，它是利用压缩空气的压力来输送酸液，外形如蛋，俗称酸蛋。酸蛋的具体结构是一个可以承受一定压强的容器，容器上配以必要的管路，如料液输入管和压出管、压缩空气管等。

操作时，首先将料液通过输入管注入容器内，然后关闭料液输入管上的阀门，再将压缩空气管上的阀门打开，通入压缩空气，以迫使料液从压出管中排出。待料液压送完毕后，关闭压缩空气管上的阀门，打开放空阀，使容器与大气相通以降低容器中的压力，然后打开料液输入管上的阀门，再次进料，重复前述操作步骤，如此间歇循环操作。

酸蛋经常用来输送如酸、碱类的强腐蚀性液体，与使用耐腐蚀泵相比费用较低，使整个生产经济合理。若输送的液体遇空气有燃烧或爆炸危险时，则使用氮气或二氧化碳等惰性气体。

若在酸液的进料管中增设一单向阀门，另对压缩空气阀门安装自动启闭的装置，则酸蛋的操作可以自动进行，这种酸蛋称为自动操作酸蛋。

### （二）真空输送

真空输送是利用真空系统的负压来实现流体从一个设备到另一个设备的输送。如图 2-34 所示，先将烧碱从碱贮罐放入烧碱中间槽，然后通过调节阀门，利用真空系统产生的真空将烧碱吸入高位槽内。

真空抽料是化工生产中常用的一种流体输送方法，结构简单，操作方便，但流量调节不方便，需用真空系统。对具有挥发性的腐蚀性液体，应避免腐蚀性蒸气直接抽进泵内，常在泵前设有防腐装置。

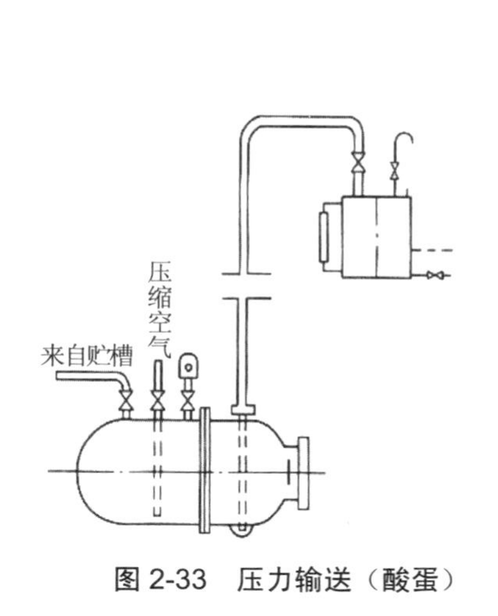


图 2-33　压力输送（酸蛋）

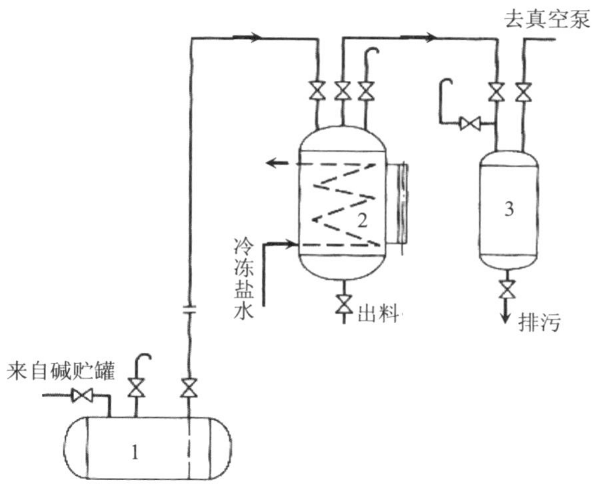


1—中间槽；2—高位槽；3—真空罐。

图 2-34　真空抽送烧碱

## 第四节　气体输送机械

在环境工程中，经常需要使用气体压缩与输送机械，气体输送机械的基本结构和工作原理与液体输送机械大同小异，它们的作用都是对流体做功以提高其机械能。气体输送机械主要用于气体输送、产生高压气体和产生真空 3 个方面。其特点是：① 对于一定质量的气体，由于气体的密度小，体积流量就大，因而气体输送机械的体积大；② 气体在管路中的流速要比液体流速大得多，输送同样质量流量的气体时，其产生的流动阻力要大，因而需要提高的压头也大；③ 由于气体具有可压缩性，压强变化时其体积和温度同时发生变化，因而对气体输送和压缩设备的结构、形状有特殊要求。

气体输送机械种类很多，若按其结构与工作原理可分为离心式、往复式、回转式及流体作用式，见表 2-1；若按终压（气体出口表压）和压缩比（气体出口与进口绝压之比）可分为通风机、鼓风机、压缩机及真空泵，其结构及用途见表 2-2。

本节着重讨论各类气体输送机械的操作原理和应用。

表 2-2　气体输送机械按终压和压缩比分类

| 名称 | 终压（表压）/kPa | 压缩比 | 结构形式 | 用途 |
|---|---|---|---|---|
| 通风机 | ≤15 | 1～1.15 | 离心式、轴流式 | 用于通风换气和送气 |
| 鼓风机 | 15～300 | <4 | 多级离心式、旋转式 | 用于输送气体 |
| 压缩机 | >300 | >4 | 往复式 | 用于产生高压气体 |
| 真空泵 | 当地的大气压 | 由真空度决定 | 旋转式 | 用于抽气而减压 |

### 一、通风机

通风机是依靠输入的机械能来提高气体压力并输送气体的机械，广泛应用于设备及环境的通风、排尘和冷却等。

工业上常用的通风机按气体流动的方向可分为轴流式和离心式两类。

### （一）轴流式通风机

轴流式通风机的结构与轴流泵类似，如图 2-35 所示。轴流式通风机排送量大，所产生的风压很小，一般只用来通风换气，不用来输送气体。化工生产中，在空冷器和冷却水塔的通风方面，轴流式通风机的应用很广。

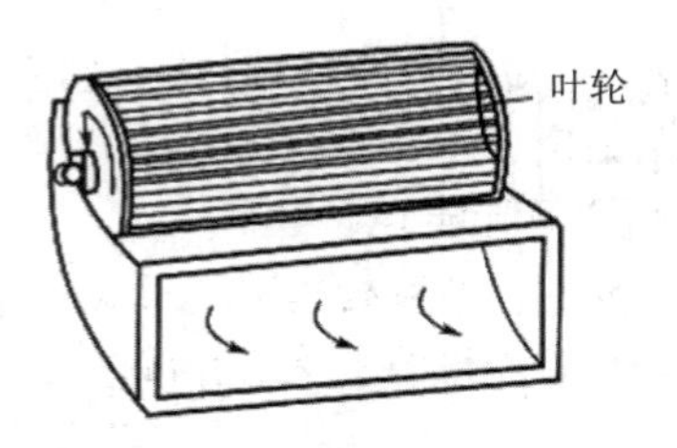

图 2-35　轴流式通风机

### （二）离心式通风机

离心式通风机是一种广泛应用的低压气体输送设备。风机对单位体积气体所做的有效功称为风压，以 $p_t$ 表示，单位为 Pa。根据风压的不同，将离心式通风机分为 3 类：① 低压离心式通风机，出口风压低于 1 kPa（表压）；② 中压离心式通风机，出口风压为 1～3 kPa（表压）；③ 高压离心式通风机，出口风压为 3～15 kPa（表压）。

#### 1. 离心式通风机的构造和工作原理

离心式通风机的构造和工作原理与离心泵大致相同，由图 2-36 可见，低压离心式通风机主要由机壳、叶轮、集流器等组成。机壳成蜗形，断面有方形和圆形两种，低、中压风机多用矩形，高压风机多为圆形流道。叶轮与离心泵的叶轮相比较，叶轮直径大，叶片数目多而且短。叶片有平直、前弯和后弯等形状，前弯叶片送风量大，但往往效率较低，因此高效通风机的叶片通常是后弯的。所以，高压离心式通风机的外形和结构与单级离心泵更相似。

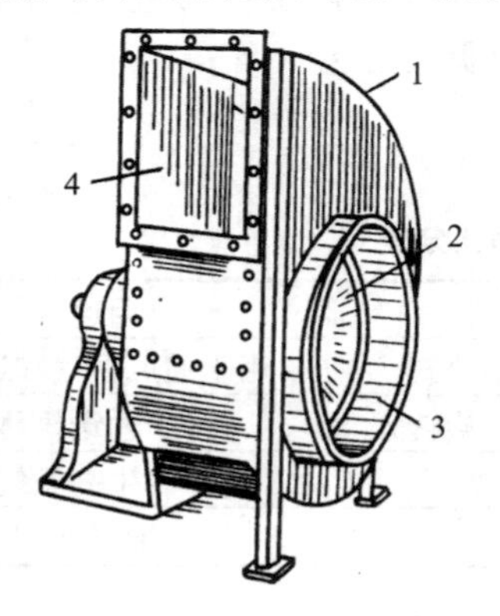


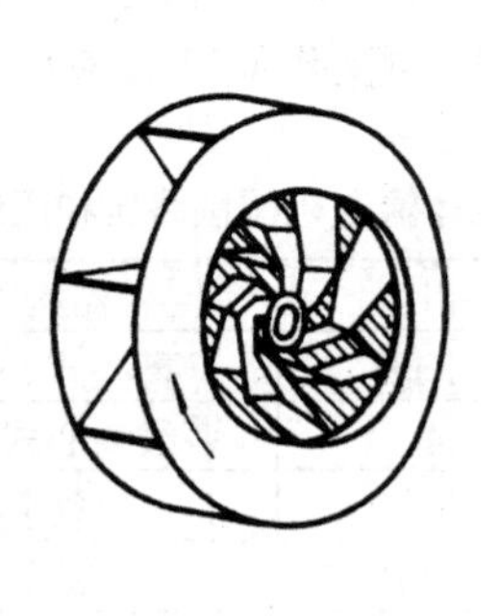

1—机壳；2—叶轮；3—吸入口；4—排出口。

图 2-36　低压离心式通风机及叶轮

2．离心式通风机的性能参数

（1）风量

风量是指单位时间内从风机出口排出的气体体积，并以风机进口处的气体状态计，用 $q_V$ 表示，单位为 $m^3/h$。通风机铭牌上的风量用压力为 101.3 kPa、温度为 20℃、密度为 1.2 $kg/m^3$ 的空气标定。

（2）全风压

全风压是指单位体积的气体通过风机时所获得的能量，用 $p_t$ 表示，单位为 Pa。风压的大小取决于风机的结构、叶轮直径和转速，并正比于气体的密度。风压一般由试验测定。

设风机进口为截面 1-1′，风机出口为截面 2-2′，根据伯努利方程，单位体积气体通过通风机所获得的能量为

$$H_T=(z_2-z_1)+\frac{p_2-p_1}{\rho g}+\frac{(u_2^2-u_1^2)}{2g}+\sum H_f$$

由于通风机出口和进口距离较短，式中（$z_2-z_1$）可以忽略；假定气体的密度 $\rho$ 为常数，当气体直接由大气进入风机时，$u_1=0$，再忽略入口到出口的能量损失，则上式变为

$$p_t=H_T\rho g=(p_2-p_1)+\frac{\rho u_2^2}{2}=p_s+p_k \tag{2-14}$$

式中：（$p_2-p_1$）—— 静风压 $p_s$；

$\rho u_2^2/2$ —— 动风压 $p_k$。

全风压是动风压和静风压之和。在离心泵中，泵进出口处的动能差很小，可以忽略。但对离心通风机而言，其气体出口速度很高，动风压不能忽略，且由于风机的压缩比很低，动风压在全压中所占比例较高。

通风机性能表上所列出的风压为全风压 $p_t$，一般是在 20℃、101.3 kPa 条件下用空气测得的，此时空气密度为 1.2 $kg/m^3$。在选用通风机时，若输送介质的条件与上述实验条件不同时，应将实际（操作条件下）风压 $p_t'$ 换算为实验条件下风压 $p_t$。换算关系为

$$\frac{p_t'}{p_t}=\frac{\rho'}{1.2} \tag{2-15}$$

式中：$p_t'$ —— 操作条件下的风压，Pa；

$p_t$ —— 实验条件下的风压，Pa；

$\rho'$ —— 操作条件下的密度，$kg/m^3$。

（3）轴功率和效率

离心通风机的轴功率和效率的关系可用下式计算：

$$P=\frac{p_t q_V}{1\,000\eta} \tag{2-16}$$

$$\eta=\frac{q_V\,p_t}{1\,000P} \tag{2-17}$$

式中：$P$ —— 离心通风机的轴功率，kW；

$q_V$ —— 离心通风机的风量，$m^3/s$；

$p_t$—— 离心通风机的全风压，Pa；

$\eta$—— 全压效率。

效率反映了风机中能量的损失程度。一般来讲，在设计风量下风机的效率最高。通风机的效率一般在70%～90%。

通风机未来的发展趋势：进一步提高其气动效率、装置效率和使用效率，以降低电能消耗；用动叶可调的轴流通风机代替大型离心通风机；降低通风机噪声；提高排烟、排尘通风机叶轮和机壳的耐磨性；实现变转速调节和自动化调节。

**3．离心式通风机的特性曲线**

与离心泵一样，离心式通风机的特性参数也可以用特性曲线表示。特性曲线一般由离心泵的生产厂家在出厂前用空气在压力为101.3 kPa、温度为20℃、密度为1.2 kg/m$^3$的实验条件下测定的。图2-37是离心式通风机的特性曲线示意图，图中显示了在一定转速下风量$q_V$、全风压$p_t$、轴功率$P$和效率$\eta$四者的关系，即$p_t$—$q_V$、$p_s$—$q_V$、$P$—$q_V$和$\eta$—$q_V$ 4条曲线。显然离心式通风机的特性曲线中比离心泵的特性曲线多了一条$p_s$—$q_V$曲线。

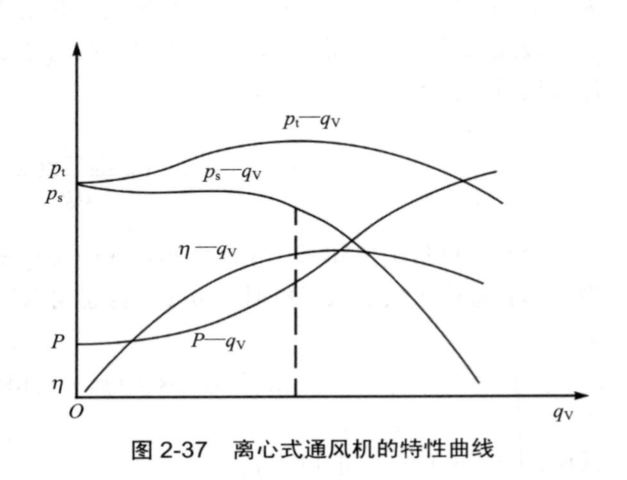


**图2-37 离心式通风机的特性曲线**

**4．通风机的类型与选择**

离心式通风机按其用途分为排尘通风（C）、防腐蚀（F）、工业炉吹风（L）、耐高温（W）、防爆炸（B）、冷却塔通风（LF）、一般通风换气（T）等。

通风机的类型很多，必须合理选型，以保证经济合理。选用原则如下：① 根据被输送气体的性质及所需的风压范围确定风机的类型。例如，被输送气体是否清洁、是否高温、是否易燃易爆等。② 计算输送系统所需风量$q_V$和风压$p_t$。风量根据生产任务规定值换算为进口状态的气体流量；所需实际风压$p_t'$按伯努利方程进行计算，然后换为实验条件下的$p_t$。③ 根据$q_V$和$p_t$从风机样本中选择合适的型号。选用时要使所选风机的风量和风压比任务需要的稍大。如果从系列特性曲线来选，要使（$q_V$，$p_t$）点落在泵的$p_t$—$q_V$曲线以下，并处在高效区。④ 核算风机的轴功率。特别当气体密度与实验条件下密度相差较大时，即气体密度远远大于1.2 kg/m$^3$时，应将实验条件下轴功率$P$用下式换算为实际轴功率$P'$。

$$P' = P\frac{\rho'}{\rho} = P\frac{\rho'}{1.2} \tag{2-18}$$

图2-38提供了8-18型及9-27型离心式通风机特性曲线，可供选风机时参考。必须注意，符合条件的风机通常会有多个，应选取效率较高的一个。

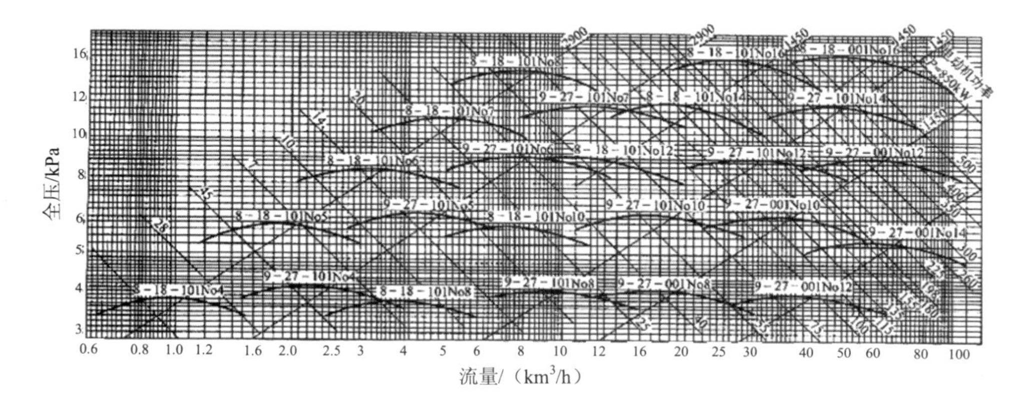


图 2-38　8-18 型及 9-27 型离心式通风机特性曲线

**【例 2-12】** 用风机将 20℃、38 000 kg/h 的空气送入加热器加热到 100℃，然后送入常压设备内，输送系统所需全风压为 1 200 Pa（以 60℃，常压计），试选择一台合适的风机。若将已选的风机置于加热器之后，核算所选风机是否仍能完成输送任务。

解：（1）因输送的气体为空气，故选用一般通风机 T4-72 型。

风机进口为常压，20℃，空气密度为 1.2 kg/m³，故

$$q_V = \frac{q_m}{\rho} = \frac{38\,000}{1.2} = 31\,667\,(\text{m}^3/\text{h})$$

60℃、常压下空气密度 $\rho' = 1.06\ \text{kg/m}^3$，故实验条件下风压为

$$p_t = p_t' \times \frac{1.2}{\rho'} = 1\,200 \times \frac{1.2}{1.06} = 1\,359\,(\text{Pa})$$

按照 $q_V = 31\,667\ \text{m}^3/\text{h}$、$p_t = 1\,359\ \text{Pa}$，查得 4-72-11No10C 型离心通风机可满足要求，其性能为

$$n = 1\,000\ \text{r/min},\quad q_V = 32\,700\ \text{m}^3/\text{h},\quad p_t = 1\,422\ \text{Pa},\quad P = 16.5\ \text{kW}$$

核算轴功率：实际需轴功率

$$P' = P\frac{\rho'}{\rho} = P\frac{\rho'}{1.2} = 16.5 \times \frac{1.06}{1.2} = 14.6\,(\text{kW})$$

故满足要求。

（2）风机置于加热器后，100℃、常压时 $\rho = 0.946\ \text{kg/m}^3$，故风量为

$$q_V = \frac{q_m}{\rho} = \frac{38\,000}{0.946} = 40\,170\,(\text{m}^3/\text{h})$$

风压为

$$p_t = p_t' \times \frac{1.2}{\rho'} = 1\,200 \times \frac{1.2}{0.946} = 1\,522\,(\text{Pa}) > 1\,422\,(\text{Pa})$$

可见原风机在同样转速下已不能满足要求。

## 二、鼓风机

在工厂中常用的鼓风机有旋转式和离心式两种类型。

### （一）罗茨鼓风机

#### 1. 罗茨鼓风机的结构与工作原理

罗茨鼓风机属于旋转式鼓风机，其工作原理与旋转泵相似，即罗茨鼓风机的工作原理与齿轮泵类似。如图 2-39 所示，机壳内有两个渐开摆线形的转子，两转子的旋转方向相反，可使气体从机壳一侧吸入，从另一侧排出。改变转子的旋转方向，吸入口和排出口互换。转子与转子、转子与机壳之间的缝隙很小，使转子能自由运动而无过多泄漏。

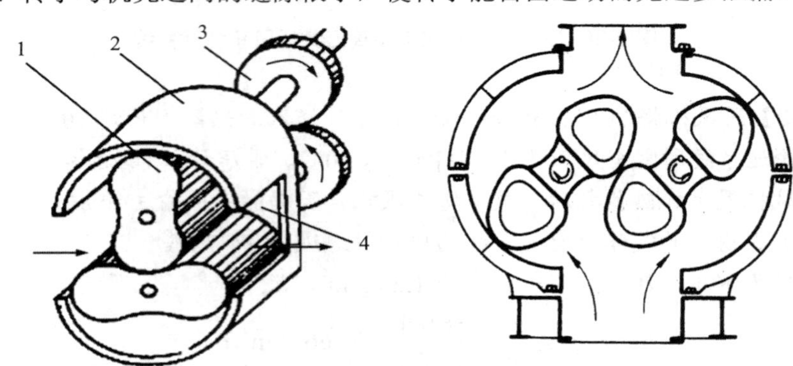


1—转子；2—机体（汽缸）；3—同步齿轮；4—端板。

图 2-39　罗茨鼓风机

#### 2. 罗茨鼓风机的特点

① 罗茨鼓风机属于正位移型，其风量与转速成正比，与出口压强无关；② 转子之间和转子与机壳之间的间隙会造成气体泄漏，从而使效率降低，效率一般为 87%～94%，在表压为 4 kPa 附近效率最高；③ 该风机的出口应安装稳压罐与安全阀，出口阀门不能关闭，一般用旁路方法调节流量；④ 结构简单，无阀门，不用冷却和润滑，可得洁净空气，适用于低压力场合的气体输送和加压，可以多级串联使用；⑤ 使用时，温度不能超过 85℃，否则会使转子受热膨胀而发生碰、卡现象。

### （二）离心式鼓风机

#### 1. 离心式鼓风机的结构与工作原理

离心式鼓风机又称透平鼓风机，其结构类似于多级离心泵。离心式鼓风机一般由 3～5 个叶轮串联而成，图 2-40 是五级离心式鼓风机结构示意图，各级叶轮的直径大致相同，每级叶轮之间都有导轮，其工作原理和离心通风机相同。气体由吸入口进入后经过第一级叶轮和导轮，转入第二级叶轮入口，再依次通过其后所有的叶轮和导轮，最后由排出口排出，使其完成连续送风。单级离心式

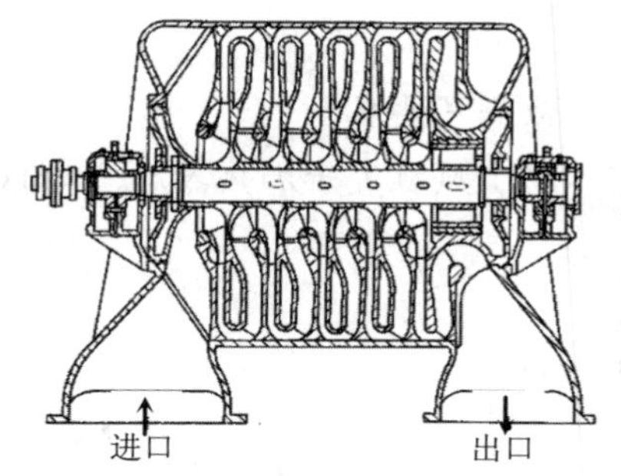


图 2-40　五级离心式鼓风机

鼓风机的出口表压多在 30 kPa 以内，多级离心式鼓风机的出口表压可达 300 kPa。

**2. 离心式鼓风机特点**

① 压缩比不高，工作过程产热不多，不需冷却装置；② 连续送风，无振动和气体脉动，不需缓冲贮槽；③ 风量大且易调节，易自动运转，可处理含尘的空气，机内不需润滑剂，故空气中不含油；④ 效率比其他气体输送设备高。

离心式鼓风机的选型方法与离心式通风机相同。

## 三、压缩机

工厂生产中所用的压缩机主要有往复式、离心式和旋转式。值得一提的是，过去主要以往复式压缩机实现高压，但随着离心式压缩机技术的成熟，离心式压缩机的应用越来越广泛，而且，由于离心式在操作上的优势，大有取代往复式的趋势。

### （一）往复式压缩机

**1. 往复式压缩机的主要构造**

往复式压缩机的构造与往复泵相似，如图 2-41 所示，其主要工作部件为汽缸、活塞、吸入阀和排出阀。但由于气体的密度小、可压缩，故往复压缩机的吸入和排出阀门必须更加灵巧、精密。

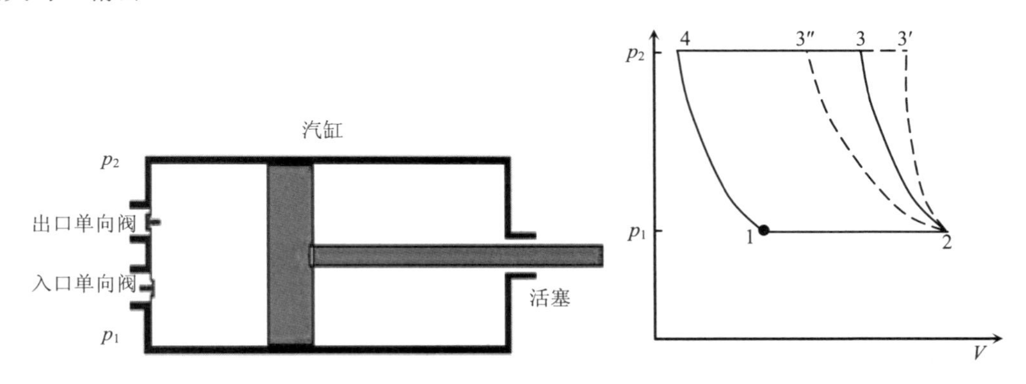


**图 2-41 往复式压缩机的理想工作过程**

**2. 往复式压缩机的工作原理**

往复式压缩机的工作原理与往复泵相似，活塞每往复一次，汽缸内就经历膨胀、吸气、压缩和排气四个阶段，组成活塞的一个理想的工作循环过程。

如图 2-41 所示，四边形 1234 所包围的面积为活塞在一个工作循环中对气体所做的功。开始时刻，当活塞位于最右端时，缸内气体体积为 $V_2$，压力为 $p_1$，用图中 2 点表示。

① 压缩阶段。当活塞由右向左运动时，汽缸内气体体积下降而压力上升，所以是压缩阶段。直到压力上升到 $p_2$，排出阀被顶开为止。此时的缸内气体状态如 3 点所示。

② 排气阶段。排出阀被顶开后，活塞继续向左运动，缸内气体被排出。这一阶段缸内气体压力不变，体积不断减小，直到气体完全排出，体积减至零。这一阶段属恒压排气阶段。此时的状态用 4 点表示。

③ 膨胀阶段。活塞从最左端退回，缸内压力立刻由 $p_2$ 降到 $p_1$，状况达到 1 点。

④ 吸气阶段。当状况达到 1 点时，排出阀受压关闭，吸入阀受压打开，汽缸又开始吸入气体，体积增大，压力不变，因此为恒压吸气阶段，直到 2 点为止。

### 3. 压缩类型及压缩功

根据气体和外界的换热情况，压缩过程可分为等温（2-3″）、绝热（2-3′）和多变（2-3）3 种压缩类型。由图 2-41 可见，等温压缩是指压缩阶段产生的热量随时从气体中完全移出，气体的温度保持不变。绝热压缩是另一种极端情况，即压缩产生的热量完全没有移出。实际上，等温和绝热条件都很难做到，压缩过程既不是等温的，也不是绝热的，而是介于两者之间，称为多变压缩。

压缩功的大小可以用图 2-41 所示的四边形 1234 所包围的面积来表示。等温压缩功最小，绝热压缩功最大，多变压缩功介于两者之间。

### 4. 有余隙的压缩循环

上述压缩循环之所以称为理想的，除了假定过程皆属可逆之外，还假定了压缩阶段终了缸内气体完全排出。实际上活塞与汽缸盖之间必须留有一定的空隙，以免活塞杆受热膨胀后使活塞与汽缸相撞，这个空隙就称为余隙。

余隙的存在使一个工作循环的吸、排气量减小，这不仅是因为活塞推进一次扫过的体积减小了，还因为活塞开始由左向右运动时不是马上有气体吸入，而是缸内剩余气体的膨胀减压。即在有余隙的工作循环中，在气体排出阶段和吸入阶段之间又多了一个余隙气体膨胀阶段，使每一循环中吸入的气体量比理想循环的少。因此，往复式压缩机的余隙容积必须严格控制，不能太大，否则吸气量减少，甚至不能吸气。

### 5. 往复式压缩机的主要性能参数

（1）排气量

往复式压缩机的排气量又称为压缩机的生产能力，是将压缩机在单位时间内排出的气体体积换算成吸入状态下的数值，所以又称为压缩机的吸气量。

若没有余隙容积，往复式压缩机的理论吸气量与往复泵的类似。

单缸、单动往复式压缩机 $$Q_{\mathrm{T}} = A \cdot S \cdot n \tag{2-19}$$

单缸、双动往复式压缩机 $$Q_{\mathrm{T}} = (2A - a) \cdot S \cdot n \tag{2-20}$$

式中：$Q_{\mathrm{T}}$ —— 往复式压缩机的理论吸气量，$\mathrm{m^3/min}$；

$A$ —— 活塞截面积，$\mathrm{m^2}$；

$a$ —— 活塞杆截面积，$\mathrm{m^2}$；

$S$ —— 活塞的冲程，m；

$n$ —— 活塞每分钟的往复次数。

往复式压缩机汽缸里有余隙容积，余隙气体膨胀后占据了部分汽缸容积；吸入阀有一定的阻力，致使汽缸内压强低于吸入管的压强；汽缸内的温度高于吸入气体的温度，使吸入汽缸内的气体立即膨胀，占去了一部分有效容积；压缩机还存在各种泄漏。由于上述因素的影响，实际吸气量比理论吸气量低，实际吸气量为

$$Q = \lambda \cdot Q_{\mathrm{T}} \tag{2-21}$$

式中：$\lambda$ —— 送气系数，由试验测得或取自经验数据，一般取为 0.7～0.9。

（2）轴功率

若以单级绝热压缩过程为例，压缩机的理论功率为

$$P_{\mathrm{T}}=p_1Q\frac{k}{k-1}\left[\left(\frac{p_2}{p_1}\right)^{\frac{k-1}{k}}-1\right]\times\frac{1}{60\times1\,000} \tag{2-22}$$

式中：$P_{\mathrm{T}}$——按绝热压缩考虑的压缩机的理论功率，kW；

$Q$——压缩机的排气量，$m^3$/min；

$k$——绝热压缩指数。

实际所需的轴功率比理论轴功率大，其原因是：① 实际吸气量比实际排气量大，凡吸入的气体都经过压缩，多消耗了能量；② 气体在汽缸内脉动及通过阀门等的流动阻力也要消耗能量；③ 压缩机运动部件的摩擦也要消耗能量。

所以，压缩机的轴功率为

$$P=\frac{P_{\mathrm{T}}}{\eta} \tag{2-23}$$

式中：$P$——压缩机的轴功率，kW；

$\eta$——绝热总效率，一般取 0.7～0.9，设计完善的压缩机$\eta\geqslant0.8$。

绝热总效率考虑了压缩机泄漏、流动阻力、运动部件的摩擦所消耗的功率。

**6．多级压缩**

前面只讨论了气体在往复式压缩机的一个汽缸内的压缩情况，即单级压缩。如果生产上需要的气体压缩比很大，要将压缩过程在一个汽缸里一次完成往往是不可能的。压缩比太高，动力消耗显著增加，气体的温度也随之升高。此时，汽缸内的润滑油黏度降低，失去润滑性能，使运动部件间摩擦加剧，零件磨损，功耗增加。此外，温度过高，润滑油易分解，且油中的低沸点组分挥发后与空气混合会使油燃烧，严重的还会造成爆炸事故。所以在实际工作过程中，过高的终温是不允许的；当余隙系数一定时，压缩越高，容积系数越小，汽缸容积利用率越低，在机械结构上亦造成不合理现象：为了承受气体很高的终压，汽缸要做得很厚，为了吸入初始压强低而体积很大的气体，汽缸又要做得很大，造成结构不合理，为解决这些问题，通常采用多级压缩流程。

多级压缩就是把两个或两个以上的汽缸串联起来，气体在一个汽缸被压缩后，又送入另一个汽缸再压缩，经过几次压缩才能达到要求的最终压力。压缩一次称为一级，连续压缩的次数就是级数。图 2-42 为三级压缩的工艺流程图。将气体的压缩过程分在若干级中进行，每一级压缩后，需经中间冷却器冷却降温和气液分离器分离出液体，然后再进行压缩。

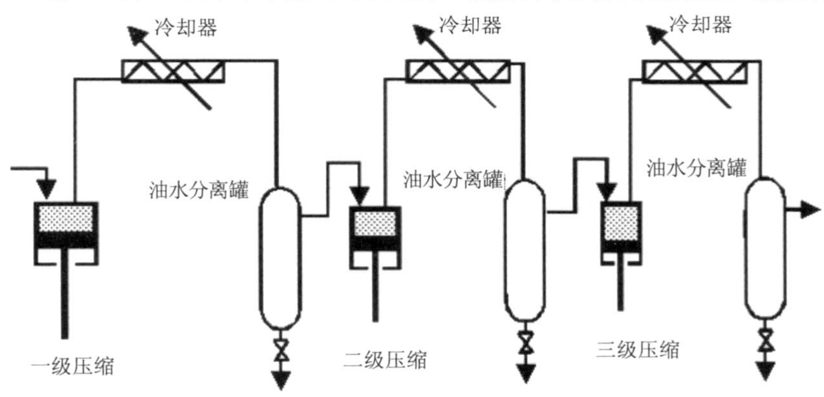


图 2-42　三级压缩的工艺流程

多级压缩机两级中间的冷却器是实现多级压缩的关键。中间冷却器可以将从一级汽缸中引出的气体温度冷却到与进入该级汽缸时的温度相近，然后才送入下一级汽缸，这样就使气体在压缩过程中的温度大为降低，从最后一级汽缸送出的气体温度也远低于单级压缩情况下所送出的气体温度。

气体分多次压缩，可减小每级的压缩比，当总压缩比为 $p_2/p_1$ 时，压缩级数为 $n$，则每一级的压缩比为（$p_2/p_1$）$^{1/n}$。理论上可以证明，在级数相同时，各级压缩比相等，则总压缩功最小。

但多级压缩工艺过程复杂，辅助设备多，消耗于管路系统的能量比例增大，所以级数不宜过多。因此，常用的级数为 2～6，每级压缩比为 3～5。

**7. 往复式压缩机的分类和选用**

往复式压缩机的分类方法很多，如按压缩机的活塞是一侧还是两侧吸、排气体区分，有单动与双动式压缩机；按终压的大小区分，有低压（$9.81\times10^5$ Pa 以下）、中压（$9.81\times10^5$～$9.81\times10^6$ Pa）与高压（$9.81\times10^6$ Pa 以上）压缩机；按生产能力大小区分，有小型（10 $m^3$/min 以下）、中型（10～30 $m^3$/min）与大型（30 $m^3$/min 以上）压缩机；按所压缩气体的种类区分，有空气压缩机、氨气压缩机、氢气压缩机、石油气压缩机、氧气压缩机等；按汽缸在空间的位置区分，有立式（汽缸垂直放置）、卧式（汽缸水平放置）与角式（汽缸互相配置成 V 型、W 型、L 型）压缩机，如图 2-43 所示。

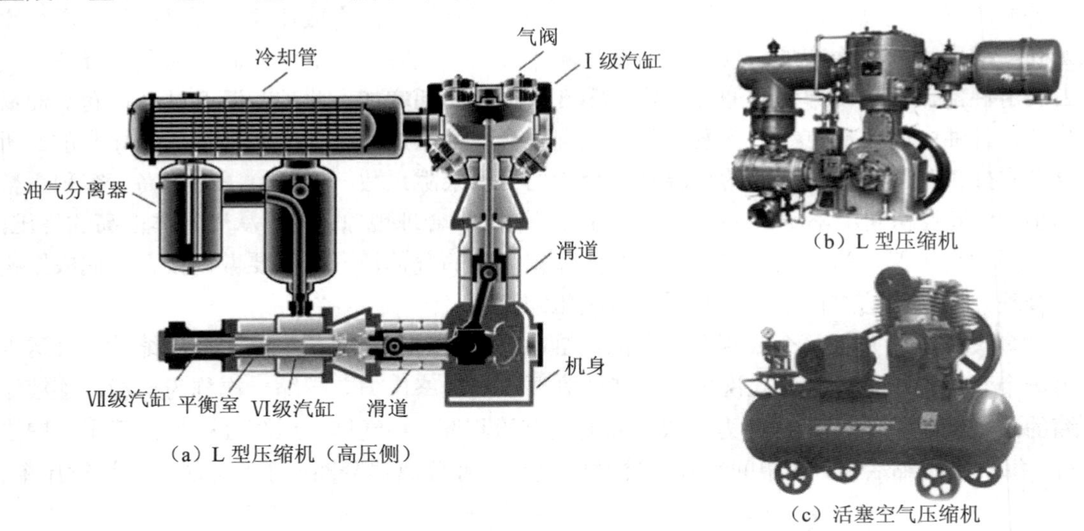

（a）L 型压缩机（高压侧）

（b）L 型压缩机

（c）活塞空气压缩机

**图 2-43 几种压缩机类型**

选择压缩机时，首先应根据待处理的气体选定压缩机的种类，然后是结构型式的选定，最后是定出压缩机的规格，其根据是生产中所要求的排气量与排气压力。

**8. 往复式压缩机的操作、运转和维护**

① 出口处连接一个贮气罐。往复式压缩机和往复泵一样，吸气与压气是间歇的，流量不均匀。但压缩机很少采用多动式，而通常是在出口处连接一个贮气罐（又称缓冲罐），这样不仅可以使排气管中气体的流速稳定，也能使气体中夹带的水沫和油沫得到沉降而与气体分离，罐底的油和水可定期排放。气罐上必须有准确可靠的压力表和安全阀，汽缸内

的压力达到规定的高限时便需降低压缩机的排量或使其停转。

② 调节排气量的可行方法是部分地关闭进气口阀门，或将排出的气体经支路部分地送回吸入管道。大型压缩机可采用改变余隙容积等方法，或通过自动控制进行。

③ 压缩机气体入口前一般要安装过滤器，以免吸入灰尘、铁屑等而造成活塞、汽缸的磨损。当过滤器不干净时，会使吸入的阻力增加，排出管路的温度升高。

④ 往复式压缩机在运行中，汽缸中的气体温度较高，汽缸和活塞又处在直接摩擦的移动状态，因此，必须保证有很好的冷却和润滑。冷却水的终温一般不超过 40℃，否则应清除汽缸水套和中间冷却器里的水垢。在冬季停车时，一定要把冷却水放尽，以防管道中的液体因结冰而堵塞或损坏。

⑤ 往复式压缩机汽缸内的余隙是必要的，但应尽可能小，否则余隙中高压气体的膨胀会使吸气量减少、动力消耗增加。

⑥ 应经常检查压缩机各部分的工作是否正常，如发现有不正常的噪声和碰击声时，应立即停车检查。

### （二）离心式压缩机

#### 1. 离心式压缩机结构及工作原理

离心式压缩机由转子及定子两大部分组成。转子包括转轴、固定在轴上的叶轮、轴套、平衡盘、推力盘及联轴节等零部件。定子则有汽缸、定位于缸体上的各种隔板以及轴承等零部件。在转子与定子之间需要密封气体之处还设有密封元件。图 2-44 所示是多级离心式压缩机，叶轮的级数可以在 10 级以上，转速可达到 3 500～8 000 r/min，故能产生较高的压力，其压力范围为 0.4～10 MPa。

第二章　流体输送机械　动画

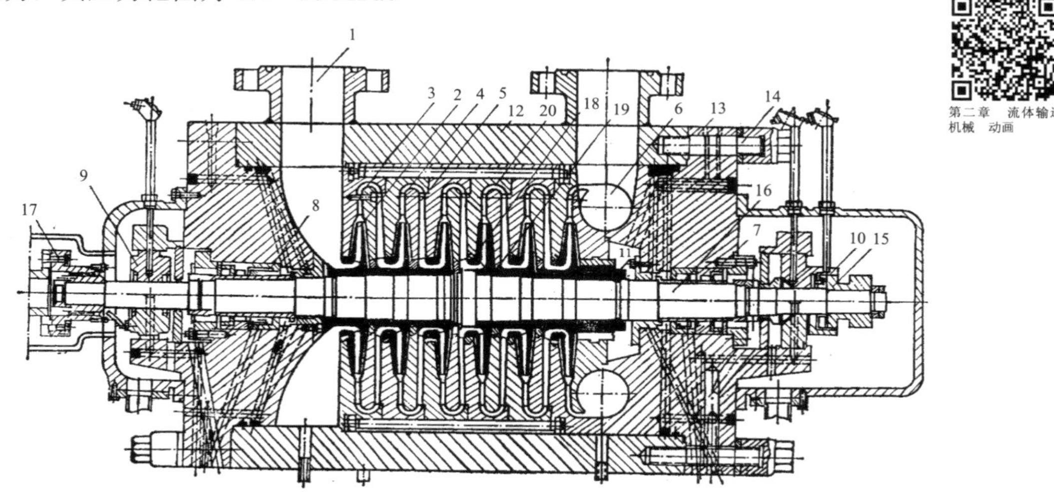


1—吸入室；2—叶轮；3—扩压器；4—弯道；5—回流器；6—蜗壳；7、8—轴端密封；9—支持轴承；10—止推轴承；11—卡环；12—机壳；13—端盖；14—螺栓；15—推力盘；16—主轴；17—联轴器；18—轮盖密封；19—隔板密封；20—隔板。

图 2-44　多级离心式压缩机纵剖面结构

汽轮机（或电动机）带动压缩机主轴叶轮转动，在离心力作用下，气体被甩到工作轮后面的扩压器中去。而在工作轮中间形成稀薄地带，前面的气体从工作轮中间的进气部分进入叶轮，由于工作轮不断旋转，气体能连续不断地被甩出去，从而保持了气压机中气体的连续流动。气体因离心作用增加了压力，还可以以很大的速度离开工作轮，气体经扩压器逐渐降低了速度，动能转变为静压能，进一步增加了压力。如果一个工作叶轮得到的压力还不够，可通过使多级叶轮串联起来工作的办法来达到对出口压力的要求。级间的串联通过弯通、回流器来实现。

离心式压缩机由于气体的压缩比较高，气体体积变化较大，温度升高较为显著，为避免气体温度升得过高，压缩机需分段安装，每段包括若干级，段与段之间设冷却器，以免气体温度过高。

**2．离心式压缩机的“喘振”现象**

离心式压缩机稳定工况区的上、下限存在最小流量点和最大流量点。当离心式压缩机在最小流量点以下的流量区工作时，其流量和压力都会剧烈地波动，出现气体在压缩机和管道内来回振荡，周而复始地进行气体的倒流与排出，造成压力的大幅波动，引起整个机械的剧烈振动，并发出噪声，从而无法正常工作，这种现象称为离心式压缩机的“喘振”现象。

离心式压缩机产生“喘振”现象的主要原因是操作负荷较小，当操作负荷小到一定数值时就会产生“喘振”现象。此外，吸入气体的温度及压力较低时均会发生“喘振”现象。

为保持吸入和排出气体压力的稳定，离心式压缩机必须在稳定工况区内工作。通常采用直接节流调节、旁路回流法、调节原动机的转速等方法进行流量的调节和控制。

**3．离心式压缩机的优点**

离心式压缩机与往复式压缩机相比具有体积和质量都很小而排气量大、转速高、结构紧凑，以及运转平稳可靠，可以连续运转，易损部件少，维护费少，排出的气体不受润滑油污染等优点。因此，近年来在化工生产中，往复式压缩机已越来越多地被离心式压缩机所代替。而且，离心式压缩机已经发展成为非常大型的设备，流量达每小时几十万立方米，出口压力达几十兆帕。例如，在规模为 1 000 t/d 以上的大型合成氨厂，离心式压缩机成功应用在 25～30 MPa。但离心式压缩机也存在着稳定工况区窄，总效率低于往复式压缩机，制造精度要求高，当流量偏离额定值时效率较低等缺点。

### （三）液环压缩机

液环压缩机属旋转式压缩机，也可用作真空泵，又称纳氏泵。如图 2-45 所示，由椭圆形外壳和叶轮组成。壳内装有适量的液体，叶轮旋转产生的离心力使液体甩到壳体形成液环，液环起液封作用，使椭圆长轴两端形成月牙形空室。随着叶轮旋转，空室从小变大，即可吸入气体；叶轮继续旋转，空室从大变小，即可排出气体。叶轮旋转一周空室从小变大和从大变小各 2 次。液环式压缩机的压缩比可达 6～7，出口表压在 150～180 kPa 的效率最高。

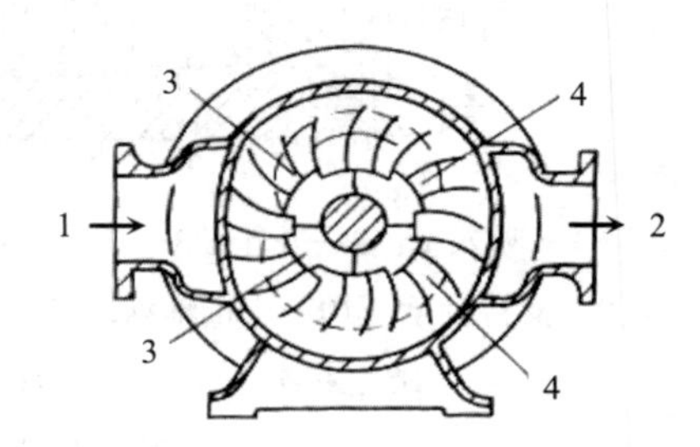


1—进口；2—出口；3—吸气口；4—排气口。

图 2-45　液环压缩机

液环压缩机中被压缩的气体与外壳之间被液环隔开，而只与叶轮接触，故用于输送腐蚀性气体时，叶轮需用耐腐蚀材料，液体应不与所输送气体发生作用。如压缩空气泵内充水，压缩氯气泵内充硫酸。

## 四、真空泵

第二章 流体输送机械 动画

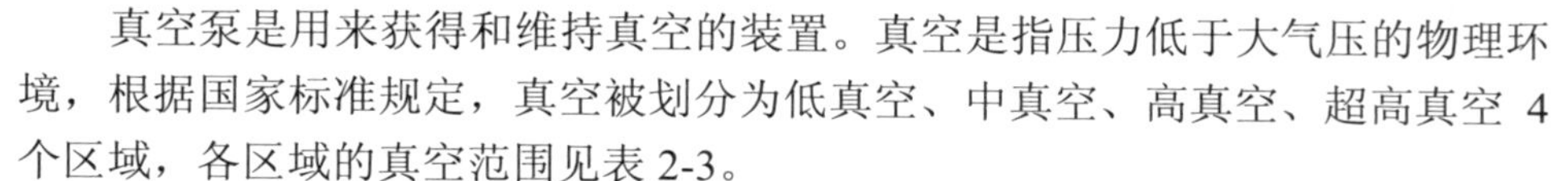
真空泵是用来获得和维持真空的装置。真空是指压力低于大气压的物理环境，根据国家标准规定，真空被划分为低真空、中真空、高真空、超高真空 4 个区域，各区域的真空范围见表 2-3。

**表 2-3 真空区域的划分**

| 名称 | 真空范围/Pa | 名称 | 真空范围/Pa |
|---|---|---|---|
| 低真空 | $10^3 \sim 10^5$ | 高真空 | $10^{-6} \sim 10^{-1}$ |
| 中真空 | $10^{-1} \sim 10^3$ | 超高真空 | $10^{-10} \sim 10^{-6}$ |

工业生产中，有许多操作过程是在真空设备中进行的，如中药提取液的真空过滤和真空蒸发、物料的真空干燥、物料的真空输送等。

真空泵的形式很多，若按用途分，真空泵可分为干式和湿式两种。干式真空泵只能从容器中抽出干燥气体，通常可以达到 96%～99.9%的真空度；湿式真空泵在抽吸气体时，允许带有较多的液体，它只能产生 85%～90%的真空度。若按结构和工作原理可分为往复式真空泵、容积式真空泵、旋转真空泵和喷射泵等，这里重点介绍容积式真空泵——水环真空泵。

水环真空泵简称水环泵，由叶轮、泵体、吸排气盘、水在泵体内壁形成的水环、吸气口、排气口、辅助排气阀等组成，是靠泵腔容积的变化来实现吸气、压缩和排气的，因此属于变容式真空泵。

在工业生产的许多工艺过程中，如真空过滤、真空引水、真空送料、真空蒸发、真空浓缩、真空回潮和真空脱气等，水环泵得到了广泛的应用。由于水环泵中气体压缩是等温的，故可抽除易燃、易爆的气体，还可抽除含尘、含水的气体，因此，水环泵真空泵的应用日益增多。

## 复习思考题

### 一、选择题

1. 离心泵的轴功率 $N$ 与流量 $Q$ 的关系为（ ）。

A. $Q$ 增大，$N$ 增大　B. $Q$ 增大，$N$ 减小　C. $Q$ 增大，$N$ 先增大后减小

2. 离心泵的扬程随流量的增大而（ ）。

A. 不变　B. 降低　C. 增大

3. 某管路要求输水量 $Q$=80 m$^3$/h，压头 $H$=18 m，现有以下三个型号的离心泵，分别可供一定的流量 $Q$ 和压头 $H$，则宜选用（ ）。

A. $Q$=88 m$^3$/h，$H$=28 m　B. $Q$=90 m$^3$/h，$H$=28 m　C. $Q$ =88 m$^3$/h，$H$=20 m

4. 离心泵特性曲线中 $Q$—$H$ 线的形状是（　）。

A. 抛物线　　B. 双曲线　　C. 直线

5. 离心泵铭牌上所标明的流量 $Q$ 是指（　）。

A. 泵的最大流量　B. 扬程最大时的流量　C. 泵效率最高时的流量

6. 离心泵的效率 $\eta$ 和流量 $Q$ 的关系为（　）。

A. $Q$ 增加，$\eta$ 增加　B. $Q$ 增加，$\eta$ 减小　C. $Q$ 增加，$\eta$ 先增加后减小

7. 管道泵是用于管道加压的（　）。

A. 离心泵　B. 真空泵　C. 活塞泵

8. 离心泵的工况点（　）。

A. 与管路系统特性曲线有关，与水泵扬程特性曲线无关

B. 与管路系统特性曲线无关，与水泵扬程特性曲线有关

C. 与管路系统特性曲线和水泵扬程特性曲线均有关

9. 离心泵停车前要（　）。

A. 先关出口阀门，后断电

B. 先断电，后关出口阀门

C. 先关出口阀门或先断电均可

10. 离心泵的扬程是指（　）。

A. 实际升扬高度

B. 液体出泵和进泵的压差液柱高

C. 单位重量液体通过泵所获得的机械能

## 二、填空题

1. 某离心泵运行一年后如发现有气缚现象，则应检查进口管路是否有__________现象。

2. 离心泵的特性曲线通常包括______、_____和______曲线，这些曲线表示在一定转速下输送某种特定的液体时泵的性能。

3. 由离心泵的流量和功率曲线上可看出，当流量为零时，离心泵的轴功率________（填“最大”或“最小”），所以启动泵和停泵都应_____出口阀（填“关闭”或“打开”）。

4. 离心泵泵壳的作用是__________和__________，若泵轴密封不严会发生__________和__________现象。

5. 离心泵铭牌上所标明的流量、压头和轴功率都是______效率下的数值。

6. 离心泵安装高度不当会发生__________现象，离心泵常用调节流量的方法是改变____________特性曲线。

7. 离心泵性能参数是指压力为_____ $mH_2O$、温度为_____℃时清水条件下的实测值。

8. 当离心泵叶轮入口处压强等于或小于被输送液体在该温度下的饱和蒸气压时，会产生________现象。

9. 离心通风机的性能参数为_______、_______、_______和_______。

10. 齿轮泵适宜于输送______________的液体。

## 三、简答题

1. 离心泵的工作原理、主要构造、各部件的作用是什么？
2. 解释离心泵的气缚、汽蚀现象以及产生的主要原因和解决的措施。
3. 试述离心泵的工作点的确定、流量调节的方法及操作运转的注意事项。
4. 什么是正位移特性？往复泵和离心泵相比各有何不同？
5. 试述离心通风机的构造、工作原理、性能参数及特性曲线。
6. 试述往复压缩机结构及工作原理。
7. 往复压缩机采用多级压缩有何好处？
8. 简述往复压缩机与离心式压缩机有何不同？并解释离心式压缩机的“喘振”现象。

## 四、计算题

1. 某离心泵用 20℃清水进行性能试验，如图 2-9 所示。测得其体积流量为 560 $m^3$/h，出口压力表读数为 0.3 MPa，吸入口真空表读数为 0.03 MPa，两表间垂直距离为 400 mm，吸入管和压出管内径分别为 340 mm 和 300 mm，试求对应此流量的泵的扬程。

[答案：$H$=34 m]

2. 实验室按图 2-8 所示，以水为介质进行离心泵特性曲线的测定，在转速为 2 900 r/min 时测得一组数据为：流量 $3.5\times10^{-3}$ $m^3$/s，泵出口处压力表读数为 100 kPa，入口处真空表读数为 6.8 kPa。电动机的输入功率为 0.85 kW，泵由电动机直接传动，电动机效率为 52%。已知泵吸入管路和排出管路内径相等，压力表和真空表的两测压孔间的垂直距离为 0.1 m，试验水温为 20℃。试求该泵在上述流量下的压头、轴功率和效率。

[答案：$H$=11.1 m；$P=0.442$ kW；$\eta=86.8\%$]

3. 用离心泵将水由水槽送至水洗塔。塔内的表压强为 $9.807\times10^4$ Pa，水槽液面恒定，其上方通大气，水槽液面与输水管出口端的垂直距离为 20 m，在某送液量下，泵对水做功为 317.7 J/kg，管内摩擦系数为 0.018，吸入和压出管路总长为 110 m（包括管件及入口的当量长度，但不包括出口的当量长度），输水管尺寸为 $\phi$ 108×4，水的密度为 1 000 kg/$m^3$，泵效率为 70%。试求：（1）输水量，$m^3$/h；（2）离心泵的轴功率，kW。

[答案：（1）$q_V=42.4$ $m^3$/h；（2）$P=5.35$ kW]

4. 用油泵将密闭容器内 30℃的丁烷抽出。容器内丁烷液面上方的绝压为 343 kPa。输送到最后，液面将降低到泵的入口以下 2.8 m，液体丁烷在 30℃的密度为 580 kg/$m^3$，饱和蒸气压 $p_{饱}$为 304 kPa，吸入管路的压头损失估计为 1.5 m。油泵的汽蚀余量为 3 m，问这个泵能否正常工作。

[答案：不能]

5. 常压贮槽内装有相对密度为 0.85 的某液体，其饱和蒸气压为 600 mmHg，现将该液体用泵以 20 $m^3$/h 的流量送入某容器，输送管路为$\phi$ 57×2.5 的钢管，出口压强为 150 kN/$m^2$（表压），出口距液体贮槽的液面为 6 m，吸入管路和压出管路的压头损失分别为 0.5 m 和 5 m，离心泵的汽蚀余量$\Delta h_{允}$=2.3 m。试求：（1）泵的有效功率；（2）泵的安装高度。

[答案：（1）$P_e=1.38$ kW；（2）$H_g=-0.25$ m]

6. 用内径为 100 mm 的钢管将河水送至一蓄水池中，要求输送量为 70 m$^3$/h。水由池底部进入，池中水面高出河面 26 m。管路的总长度为 60 m，其中吸入管路为 24 m（包括所有局部阻力的当量长度），设摩擦系数$\lambda$为 0.028。今库房有三台离心泵，性能如下表所示，试从中选用一台合适的泵，并计算安装高度。设水温为 20℃，大气压力为 101.3 kPa。

| 序号 | 型号 | $q_V$/（m$^3$/h） | $H$/m | $n$/（r/min） | $\eta$/% | $\Delta h_{允}$/m |
|---|---|---|---|---|---|---|
| 1 | IS100-80-125 | 60 | 24 | 2 900 | 67 | 4.0 |
| | | 100 | 20 | | 78 | 4.5 |
| 2 | IS100-80-160 | 60 | 36 | 2 900 | 70 | 3.5 |
| | | 100 | 32 | | 78 | 4.0 |
| 3 | IS100-80-200 | 60 | 54 | 2 900 | 65 | 3.0 |
| | | 100 | 50 | | 76 | 3.6 |

[答案：选泵 IS100-80-160，$H_g$<4 m]

7. 将密度为 1 500 kg/m$^3$ 的硝酸由地面贮槽送入反应釜，流量为 7 m$^3$/h，反应器内液面与贮槽液面间垂直距离为 8 m，釜内液面上方压强（表压）为 200 kPa，贮槽液面上方为常压，管路阻力损失为 30 kPa。试选择一台耐腐蚀泵，并估算泵的轴功率。

[答案：40F-26 型，$P=1.53$ kW]

8. 用离心泵向设备送水。已知泵特性方程为 $H=40-0.01q_V^2$，管路特性方程为 $H_e=25+0.03q_V^2$，两式中 $q_V$ 的单位均为 m$^3$/h，$H$ 的单位为 m。试求：（1）泵的输送量；（2）若有两台相同的泵串联操作，则泵的输送量又为多少？

[答案：（1）$q_V=19.36\ \mathrm{m^3/h}$；（2）$q_V=33.17\ \mathrm{m^3/h}$]

9. 在一定转速下测定某离心泵的性能，吸入管与压出管的内径分别为 70 mm 和 50 mm。当流量为 30 m$^3$/h 时，泵入口处真空表与出口处压力表的读数分别为 40 kPa 和 215 kPa，两侧压口间的垂直距离为 0.4 m，轴功率为 3.45 kW。试计算泵的压头与效率。

[答案：$H$=27.07 m，$\eta=64.1\%$]

10. 现从一气柜向某设备输送密度为 1.36 kg/m$^3$ 的气体，气柜内的压力为 650 Pa（表压），设备内的压力为 102.1 kPa（绝压）。通风机输出管路的流速为 12.5 m/s，管路中的压力损失为 500 Pa。试计算管路中所需的全风压（设大气压力为 101.3 kPa）。

[答案：$p_t=756.25$ Pa]

# 第三章　非均相物系的分离

## 学习目标

**【知识目标】**

1. 掌握沉降与过滤分离的原理、所用设备的结构、性能及选用原则。
2. 了解其他气体的净制方法、工艺及所用设备的结构和特性。

**【技能目标】**

1. 会选择和制定非均相混合物的分离处理的方案。
2. 会进行沉降、过滤等一些常用设备的操作与维护。
3. 会分析、判断和处理常用分离设备出现的故障。

**【思政目标】**

1. 培养助人为乐、爱护公物、保护环境、遵纪守法的社会公德。
2. 培养质量意识、法制意识、纪律意识、责任意识和服务意识。
3. 培养具有“勤学、修德、明辨、笃实”社会主义核心价值观的积极践行者。

**勤学——下得苦功夫，求得真学问。修德——加强道德修养，注重道德实践。**
**明辨——善于明辨是非，善于决断选择。笃实——扎扎实实干事，踏踏实实做人。**

## 生产案例

以城市污水处理工艺为例讲解非均相混合物的分离在工业生产中的具体应用。如图3-1所示，城市污水依次经过沉降和过滤操作，完成了污水和污泥的分离净化过程。在此分离净化处理过程中，多处用到了沉降、过滤和离心分离，包括气-固分离和液-固分离。所以，非均相混合物的分离是环境工程中最常用的单元操作之一。

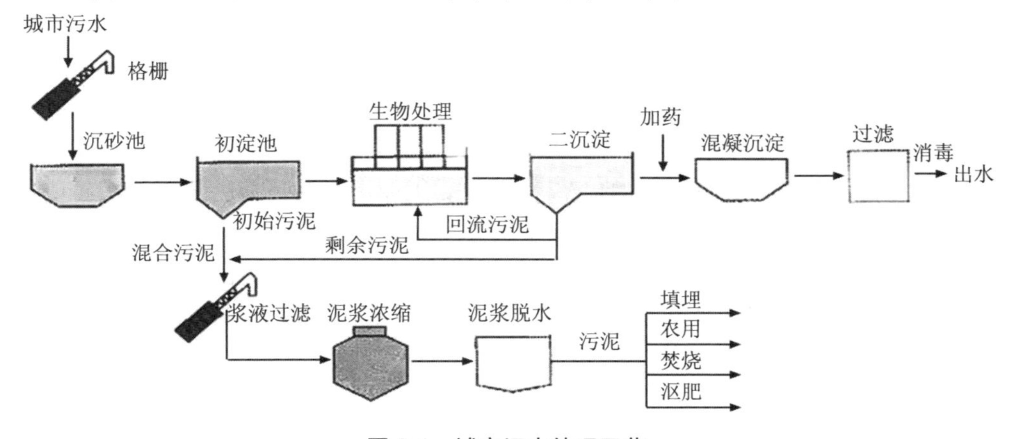


图 3-1　城市污水处理工艺

# 第一节 概述

自然界中大多数物质都是混合物，例如空气、石油和岩石。化工生产过程中也经常遇到不同类型的混合物，如生产中的原料、半成品、排放的废物等。为了便于进一步加工，得到纯度较高的产品，以及环保的需要等，常常要对混合物进行分离。

## 一、混合物系的分类

一般来说，混合物按相数可分为两类：均相混合物系和非均相混合物系。

（1）均相混合物系

均相混合物系是指物系内部不存在相界面，各处物料性质均匀一致，如不同组分气体组成的混合气体、能相互溶解的液体所组成的各种溶液、气体溶解于液体得到的溶液等。

（2）非均相混合物系

非均相混合物系是指存在两个或两个以上相的混合物，如雾（气相-液相）、烟尘（气相-固相）、悬浮液（液相-固相）、乳浊液（两种不相溶的液相）等。通常，非均相物系中，有一相处于分散状态，称为分散相，如雾中的小水滴、烟尘中的尘粒、悬浮液中的固体颗粒、乳浊液中分散成小液滴的液相；另一相处于连续状态，称为连续相（或分散介质），如雾和烟尘中的气相、悬浮液中的液相。

## 二、非均相物系的分离在生产中的应用

非均相物系分离在工业生产中的应用主要有以下几个方面。

① 收集分散物质以达到综合利用的目的。例如，在某些金属的冶炼过程中，有大量金属化合物或冷凝的金属烟尘悬浮在烟道气中，收集这些烟尘不仅能提高该金属的收率，而且是提炼其他金属的重要途径。再如，收集粉碎机、沸腾干燥器、喷雾干燥器等设备出口气流中夹带的物料；收集蒸发设备出口气流中带出的药液雾滴；回收结晶器晶浆中夹带的颗粒；回收催化反应器中气体夹带的催化剂，这些都是回收有用物质以综合利用。

② 净化分散介质以除去对下一工序有害的物质。气体在进压缩机前，必须除去其中的液滴或固体颗粒，在离开压缩机后也要除去油沫或水沫。某些催化反应的原料气中如果带有灰尘杂质，便会影响催化剂的活性，因此，必须在气体进入反应器之前清除其中的灰尘杂质，以保证催化剂的活性。再如，除去药液中无用的混悬颗粒以便得到澄清药液，除去空气中的尘粒以便得到洁净空气等。

③ 减少对作业区的污染以保护环境。近年来，工业污染对环境的危害越来越明显，因而要求各工厂、企业必须清除废气、污水中的有害物质，使其达到规定的排放标准，以保护环境；去除容易构成危险隐患的漂浮粉尘以保证安全生产等。如在碳酸氢铵的生产过程中，通过旋风分离器已将产品基本回收，但为了不对作业区造成污染，在废气最终排放前，还要由袋滤器除去其中的粉尘。

## 三、非均相物系的分离方法

由于非均相物系中的分散相和连续相具有不同的物理性质，故工业生产多采用机械方法进行两相分离，其方法是设法造成分散相和连续相之间的相对运动，其分离遵循流体力学基本规律。常见的分离方法有以下几种。

（1）沉降分离

沉降分离是利用连续相与分散相的密度差异，借助某机械力作用，使颗粒和流体发生相对运动而得以分离。根据机械力的不同，沉降可分为重力沉降、离心沉降和惯性沉降。

（2）过滤分离

过滤分离是利用两相对多孔介质穿透性的差异，在某种推动力作用下，使非均相物系得以分离。根据推动力的不同，过滤可分为重力过滤、加压（或真空）过滤和离心过滤。

（3）静电分离

静电分离是利用两相带电性的差异，借助电场的作用使其得以分离，如电除雾器、电除尘器等。

（4）湿洗分离

湿洗分离是使气固混合物穿过液体，固体颗粒黏附于液体而被分离出来。工业上常用的湿洗分离设备有泡沫除尘器、湍球塔、文氏管洗涤器等。

此外，还有音波除尘和热除尘等方法。音波除尘法是利用音波使含尘气流产生振动，细小的颗粒相互碰撞而团聚变大，再由离心分离等方法加以分离。热除尘法是使含尘气体处于一个温度场（其中存在温度差）中，颗粒在热致迁移力的作用下从高温处迁移至低温处而被分离。在实验室内，已应用此原理制成热沉降器，但尚未运用到工业生产中。

在工业生产中，沉降与过滤是分离非均相物系最常用的两种操作，尤其在水污染控制与大气污染控制中广泛应用。本章重点介绍沉降和过滤两种机械分离操作的原理、设备结构及有关计算。

# 第二节 沉降分离

微课 沉降分离

如前所述，沉降操作是借助某种外力的作用，利用分散物质与分散介质的密度差异，使之发生相对运动而分离的过程。根据外力的不同，沉降又分为重力沉降、离心沉降和惯性沉降。

## 一、重力沉降

在重力的作用下，使流体与颗粒之间发生相对运动的分离过程称为重力沉降，一般用于气、固混合物和混悬液的分离。例如，污水处理厂对污水进行沉降处理、中药生产中中药浸提液的静止澄清工艺等，都是利用重力沉降来实现分离的典型操作。

### （一）重力沉降速度

以固体颗粒在流体中的沉降为例，颗粒的沉降速度与颗粒的形状有很大关系，为了便于理论推导，先分析光滑球形颗粒的自由沉降速度。

自由沉降是指在沉降过程中，任一颗粒的沉降不因其他颗粒的存在而受到干扰，即流体中颗粒的浓度很低，颗粒之间距离足够大，并且容器壁面的影响可以忽略。例如，较稀的混悬液或含尘气体中固体颗粒的沉降可视为自由沉降。

**1．球形颗粒的自由沉降速度**

一个表面光滑的刚性球形颗粒置于静止流体中，当颗粒密度大于流体密度时，颗粒将下沉。若颗粒做自由沉降运动，在沉降过程中，颗粒受 3 个力的作用：重力 $F_g$，方向垂直向下；浮力 $F_b$，方向向上；阻力 $F_d$，方向向上，如图 3-2 所示。

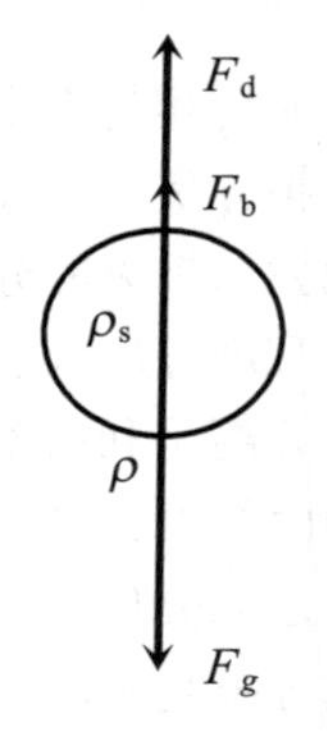


**图 3-2　静止流体中颗粒受力情况**

设球形颗粒的直径为 $d_s$，颗粒密度为$\rho_s$，流体的密度为$\rho$，则颗粒所受的重力 $F_g$、浮力 $F_b$ 和阻力 $F_d$ 分别为

$$F_g=\frac{\pi}{6}d_s^3\rho_s g \qquad F_b=\frac{\pi}{6}d_s^3\rho g \qquad F_d=\zeta A\frac{\rho u^2}{2}$$

式中：$A$——沉降颗粒沿沉降方向的最大投形面积，对于球形颗粒，$A=\frac{\pi}{4}d_s^2$，$m^2$；

$u$ ——颗粒相对于流体的降落速度，m/s；

$\zeta$ ——沉降阻力系数。

对于一定的颗粒与流体，重力与浮力的大小一定，而阻力随沉降速度而变。根据牛顿第二定律，有

$$F_g-F_b-F_d=ma \tag{3-1}$$

式中：$m$ —— 颗粒的质量，kg；

$a$ —— 加速度，$m/s^2$。

当颗粒开始沉降的瞬间，$u$ 为零，阻力也为零，加速度 $a$ 为最大值；颗粒开始沉降后，随着 $u$ 逐渐增大，阻力也逐渐增大，直到速度增大到一定值 $u_t$ 后，重力、浮力、阻力三者达到平衡，加速度为零，此时颗粒等速度下做匀速运动。此匀速运动时的速度即为颗粒的自由沉降速度，用 $u_t$ 表示，单位为 m/s，即

$$F_g-F_b-F_d=0 \tag{3-1a}$$

将重力 $F_g$、浮力 $F_b$ 和阻力 $F_d$ 分别代入式（3-1a）整理得

$$u_t=\sqrt{\frac{4d_s g(\rho_s-\rho)}{3\rho\zeta}} \tag{3-2}$$

对于微小颗粒，沉降的加速阶段时间很短，可以忽略不计，因此，整个沉降过程可视为匀速沉降过程，加速度 $a$ 为零。在这种情况下可直接将 $u_t$ 用于重力沉降速度的计算。

**2．沉降阻力系数**

用式（3-2）计算重力沉降速度 $u_t$ 时，必须确定沉降阻力系数$\zeta$，并且$\zeta$是颗粒对流体做相对运动时的雷诺数 $Re_t$ 的函数（图 3-3）：

$$\zeta = f(Re_t) = f(\frac{d_s u_t \rho}{\mu})$$

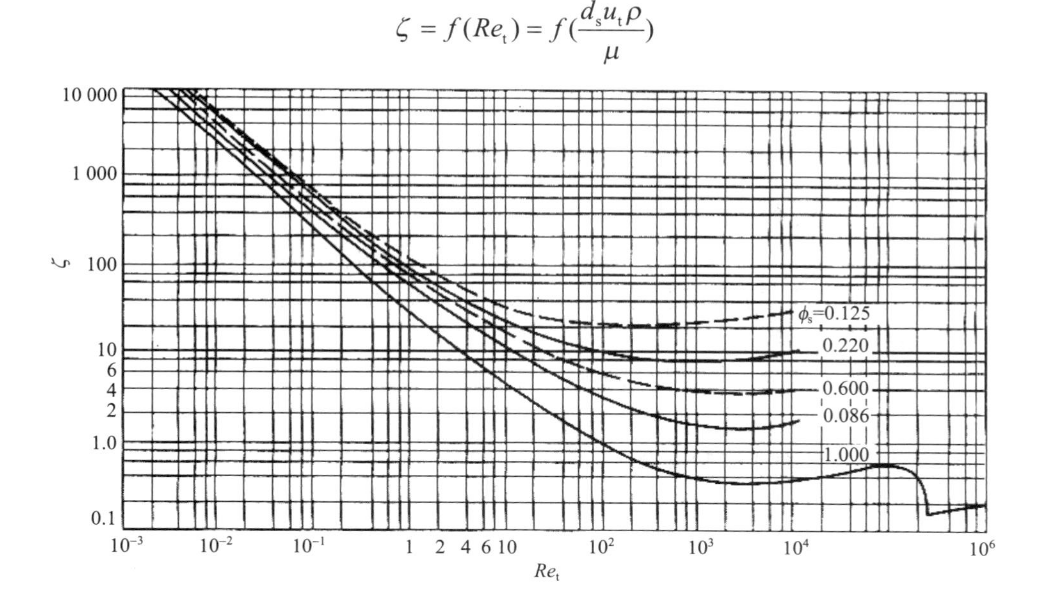


图 3-3 球形颗粒自由沉降的$\zeta$-$Re_t$关系

$\zeta$与 $Re_t$ 的关系一般由实验测定，如图 3-3 所示，球形颗粒（$\phi_s$=1）自由沉降的曲线可分为 3 个区域，各区域中$\zeta$与 $Re_t$ 的函数关系分别表示为

层流区 $$\zeta = \frac{24}{Re_t}, \quad 10^{-4} < Re_t < 1 \tag{3-3}$$

过渡区 $$\zeta = \frac{18.5}{Re_t^{0.6}}, \quad 1 < Re_t < 10^3 \tag{3-4}$$

湍流区 $$\zeta = 0.44, \quad 10^3 < Re_t < 2\times10^5 \tag{3-5}$$

将式（3-3）、式（3-4）和式（3-5）分别代入式（3-2），可得各区域的沉降速度公式为

层流区 $10^{-4} < Re_t < 1$ $$u_t = \frac{d_s^2 g(\rho_s - \rho)}{18\mu} \tag{3-6}$$

过渡区 $1 < Re_t < 10^3$ $$u_t = 0.27\sqrt{\frac{d_s(\rho_s - \rho)g}{\rho} Re_t^{0.6}} \tag{3-7}$$

湍流区 $10^3 < Re_t < 2\times10^5$ $$u_t = 1.74\sqrt{\frac{d_s(\rho_s - \rho)g}{\rho}} \tag{3-8}$$

式（3-6）、式（3-7）和式（3-8）分别称为斯托克斯公式、艾仑公式和牛顿公式。由这 3 个公式可以看出，在整个区域内，$d_s$ 及（$\rho_s-\rho$）越大则沉降速度 $u_t$ 越大。在层流区由于流体黏性引起的表面摩擦阻力占主要地位，因此层流区的沉降速度与流体黏度$\mu$成反比。从式（3-6）可以看出，影响颗粒分离的主要因素是颗粒与流体的密度差（$\rho_g-\rho$）。

当$\rho_s>\rho$时，$u_t$为正值，表示颗粒下沉，$u_t$值表示沉淀速度；

当$\rho_s<\rho$时，$u_t$为负值，表示颗粒上浮，$u_t$值的绝对值表示上浮速度；

当$\rho_s=\rho$时，$u_t$值为零，表示颗粒既不下沉，也不上浮，说明这种颗粒不能用重力沉降分离法去除。

由式（3-6）还可以看出，层流区沉速 $u_t$与颗粒直径 $d_s$的平方成正比，说明加大颗粒的粒径有助于提高沉淀效率。

流体的黏度$\mu$与颗粒的沉淀速度成反比例关系，而$\mu$值则与流体本身的性质（温度等条件）有关，水温是其主要决定因素。一般来说，水温上升，$\mu$值下降，因此，提高水温有助于提高颗粒的沉淀效率。

在计算沉降速度 $u_t$时，可使用试差法，即先假设颗粒沉降属某个区域，选择相应的公式进行计算，然后再将计算结果进行 $Re_t$校核。

**3．非球形颗粒的自由沉降速度**

颗粒最基本的特性是其形状和大小，由于颗粒形成的方法和原因不同，使它们具有不同的尺寸和形状。工业上遇到的固体颗粒大多是非球形颗粒，非球形颗粒虽然不像球形颗粒那样容易求出体积、表面积和比表面积，但可以用当量直径和球形度来表示其特性。

（1）当量直径

非球形颗粒的大小可用当量直径表示。与实际颗粒等体积的球形颗粒的直径称为非球形颗粒的当量直径 $d_e$。

假设实际颗粒的体积为 $V_p$，当 $V_p$等于球形颗粒的体积时，球形颗粒的直径即为非球形颗粒的当量直径 $d_e$，即

$$d_e=\sqrt[3]{\frac{6V_P}{\pi}} \tag{3-9}$$

式中：$d_e$—— 非球形颗粒的当量直径，m；

$V_p$—— 实际颗粒的体积，$m^3$。

（2）球形度

球形度（形状系数）用$\phi_s$表示，即非球形颗粒的几何形状与球形颗粒的差异程度，其定义为与非球形颗粒体积相等的球形颗粒的表面积与该颗粒表面积之比，即

$$\phi_s=\frac{S}{S_P} \tag{3-10}$$

式中：$\phi_s$—— 颗粒的球形度；

$S_p$—— 颗粒的表面积，$m^2$；

$S$—— 与非球形颗粒的体积相等的球形颗粒的表面积，$m^2$。

由于体积相同、形状不同的颗粒中球形颗粒的表面积最小，所以任何非球形颗粒的球形度均小于 1，而且颗粒形状与球形颗粒差别愈大，球形度愈小。当颗粒为球形时，球形度为 1。

非球形颗粒的几何形状及投影面积 $A$ 对沉降速度都有影响。颗粒向沉降方向的投影面积 $A$ 愈大，沉降阻力愈大，沉降速度愈慢。一般情况下，相同密度的颗粒，球形或接近球形颗粒的沉降速度大于同体积非球形颗粒的沉降速度。

### （二）实际沉降及其影响因素

实际沉降即为干扰沉降，如前所述，颗粒在沉降过程中将受到周围颗粒、流体、器壁等因素的影响，一般来说，实际沉降速度小于自由沉降速度。

**1. 颗粒含量的影响**

在实际沉降过程中，颗粒含量较大，周围颗粒的存在和运动将改变原来单个颗粒的沉降过程，使颗粒的沉降速度较自由沉降时小，达到一定沉降要求所需的沉降时间越长。

**2. 颗粒形状的影响**

对于同一性质的固体颗粒，非球形颗粒的沉降阻力比球形颗粒大得多，因此其沉降速度较球形颗粒要小一些。

**3. 颗粒大小的影响**

从斯托克斯定律可以看出：其他条件相同时，粒径越大，沉降速度越大，越容易分离，如果颗粒大小不一，大颗粒将对小颗粒产生撞击，其结果是大颗粒的沉降速度减小，而对沉降起控制作用的小颗粒的沉降速度加快，甚至因撞击导致颗粒聚集而进一步加快沉降。

**4. 流体性质的影响**

流体与颗粒的密度差越大，沉降速度越大；流体黏度越大，沉降速度越小。因此，高温含尘气体的沉降时，通常需先散热降温，以便获得更好的沉降效果。

**5. 流体流动的影响**

流体的流动会对颗粒的沉降产生干扰，为了减少干扰，进行沉降时要尽可能控制流体处于稳定的低速流动。因此，工业上的重力沉降设备，通常尺寸很大，其目的之一就是降低流速，消除流体流动对颗粒沉降的干扰。

**6. 器壁的影响**

器壁对沉降的干扰主要有两个方面：一是因摩擦干扰，颗粒的沉降速度下降；二是因吸附干扰，颗粒的沉降距离缩短。当容器较小时，容器的壁面和底面均能增加颗粒沉降时的曳力，使颗粒的实际沉降速度较自由沉降速度低。因此，器壁的影响是双重的。

需要指出的是，为简化计算，实际沉降可近似按自由沉降处理，由此引起的误差在工程上是可以接受的。只有当颗粒含量很大时，才需要考虑颗粒之间的相互干扰。

**【例 3-1】** 试计算直径为 30 μm 的球形石英颗粒（其密度为 2 650 $kg/m^3$），在 20℃水中和 20℃常压空气中的自由沉降速度。

解：已知 $d_s$=30 μm，$\rho_s$=2 650 $kg/m^3$

（1）20℃水：$\mu=1.01\times10^{-3}$ Pa·s，$\rho$=998 $kg/m^3$

设沉降在层流区，根据式（3-6）有

$$u_t=\frac{d_s^{\ 2}(\rho_s-\rho)g}{18\mu}=\frac{(30\times10^{-6})^2\times(2\,650-998)\times9.81}{18\times1.01\times10^{-3}}=8.02\times10^{-4}\ (\mathrm{m/s})$$

校核流型

$$Re_t=\frac{d_s u_t\rho}{\mu}=\frac{30\times10^{-6}\times8.02\times10^{-4}\times998}{1.01\times10^{-3}}=2.38\times10^{-2}\in(10^{-4}\sim1)$$

假设成立，$u_t=8.02\times10^{-2}$ m/s 为所求。

（2）20℃常压空气：$\mu$=1.81 × $10^{-5}$ Pa • s，$\rho$=1.21 kg/m$^3$

设沉降在层流区

$$u_t = \frac{d_s^{\ 2}(\rho_s - \rho)g}{18\mu} = \frac{(30 \times 10^{-6})^2 \times (2\,650 - 1.21) \times 9.81}{18 \times 1.81 \times 10^{-5}} = 7.18 \times 10^{-2}\ (\mathrm{m/s})$$

校核流型

$$Re_t = \frac{d_s u_t \rho}{\mu} = \frac{30 \times 10^{-6} \times 7.18 \times 10^{-2} \times 1.21}{1.81 \times 10^{-5}} = 0.144 \in (10^{-4} \sim 2)$$

假设成立，$u_t$=7.18 × $10^{-2}$ m/s 为所求。

**【例 3-2】** 密度为 2 150 kg/m$^3$ 的球形颗粒在 20℃空气中滞流沉降的最大颗粒直径是多少？

解：已知$\rho_s$=2 150 kg/m$^3$，查 20℃空气，$\mu$=1.81 × $10^{-5}$ Pa • s，$\rho$=1.21 kg/m$^3$

当 $Re_t = \frac{d_s u_t \rho}{\mu} = 2$ 时，是颗粒在空气中滞流沉降的最大粒径，根据式（3-6）并整理得

$$\frac{d_s u_t \rho}{\mu} = \frac{d_s^{\ 3}(\rho_s - \rho)g\rho}{18\mu^2} = 2$$

所以

$$d_s = \sqrt[3]{\frac{36\mu^2}{(\rho_s - \rho)g\rho}} = \sqrt[3]{\frac{36 \times (1.81 \times 10^{-5})^2}{(2\,150 - 1.21) \times 9.81 \times 1.21}} = 7.73 \times 10^{-5}\ (\mathrm{m}) = 77.3\ (\mu\mathrm{m})$$

（三）重力沉降设备

**1．降尘室**

凭借重力沉降除去气体中尘粒的设备称为降尘室。如图 3-4 所示，含尘气体沿水平方向缓慢通过降尘室，气流中的尘粒除了与气体一样具有水平速度 $u$ 外，因受重力作用还具有向下的沉降速度 $u_t$。设降尘室的高为 $H$、长为 $L$、宽为 $B$，三者的单位均为 m。

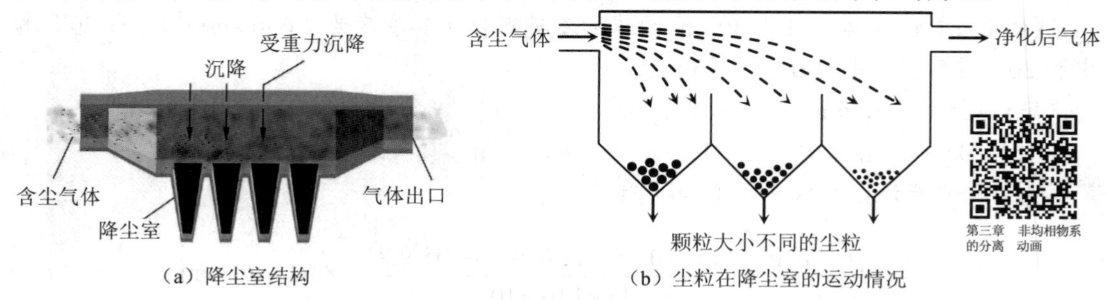


（a）降尘室结构　（b）尘粒在降尘室的运动情况

**图 3-4　降尘室结构及工作原理**

若气流在整个流动截面上分布均匀，并使气体在降尘室内有一定的停留时间，在这个时间内颗粒若沉到了室底，则颗粒就能从气体中除去。为保证尘粒从气体中分离出来，则颗粒沉降至底部所用的沉降时间必须小于等于气体通过沉降室的停留时间。

含尘气体的停留时间为$\theta=\dfrac{l}{u}$

颗粒沉降所需的沉降时间为$\theta_t=\dfrac{h}{u_t}$

沉降分离满足的基本条件为

$$\theta \geqslant \theta_t \text{或} \frac{l}{u} \geqslant \frac{h}{u_t}$$

设$q_V$为降尘室所处理的含尘气体的体积流量，单位为$m^3/s$，即降尘室的最大生产能力为

$$q_V \leqslant BLu_t \tag{3-11}$$

式（3-11）表明，降尘室生产能力只与降尘室的底面积$BL$及颗粒的沉降速度$u_t$有关，而与降尘室高度$H$无关，所以降尘室一般采用扁平的几何形状，或在室内加多层隔板，形成多层降尘室，如图3-5所示，以提高其生产能力和除尘效率。若降尘室内设置$n$层水平隔板，则$n$层降尘室的生产能力为

$$q_V=(n+1)BLu_t \tag{3-12}$$

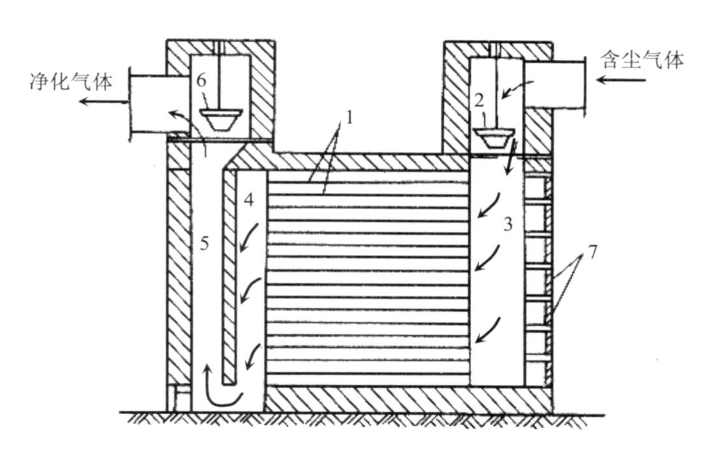


1—隔板；2、6—调节闸阀；3—气体分配道；4—气体集聚道；5—气道；7—清灰口。

**图3-5 多层隔板降尘室**

降尘室结构简单，流动阻力小，但设备庞大、效率低，通常只适用于分离粗颗粒（一般指直径大于50 μm的颗粒），一般作为预分离除尘设备使用。多层降尘室虽能分离较细的颗粒，且节省占地面积，但清灰比较麻烦。

**【例3-3】**拟采用降尘室回收常压炉气中所含的球形固体颗粒。降尘室底面积为10 $m^2$，宽和高均为2 m。操作条件下，气体的密度为0.75 $kg/m^3$，黏度为$2.6\times10^{-5}$ Pa·s；固体的密度为3 000 $kg/m^3$；降尘室的生产能力为3 $m^3/s$。试求：（1）理论上能完全捕集下来的最小颗粒直径；（2）粒径为40 μm的颗粒的回收百分率；（3）如欲完全回收直径为10 μm的尘粒，在原降尘室内需设置多少层水平隔板？

解：（1）理论上能完全捕集下来的最小颗粒直径，由式（3-11）可知，在降尘室中能够完全被分离出来的最小颗粒的沉降速度为：

$$u_t=\frac{q_V}{BL}=\frac{3}{10}=0.3\ （m/s）$$

由于粒径为待求参数，沉降雷诺数 $Re_t$ 无法计算，故需采用试差法。假设颗粒沉降在滞流区，则可用斯托克斯公式求最小颗粒直径，即

$$d_{min}=\sqrt{\frac{18\mu u_t}{(\rho_s-\rho)g}}=\sqrt{\frac{18\times2.6\times10^{-5}\times0.3}{(3\,000-0.75)\times9.81}}=6.91\times10^{-5}（m）=69.1（\mu m）$$

核算沉降流型

$$Re_t=\frac{d_{min}u_t\rho}{\mu}=\frac{6.91\times10^{-5}\times0.3\times0.75}{2.6\times10^{-5}}=0.598<1$$

原流型设正确，求得的最小粒径有效。

（2）40 μm 颗粒的回收百分率

假设颗粒在炉气中的分布是均匀的，则所有颗粒随气体在降尘室内的停留时间均相同。因此，某一尺寸在气体的停留时间内颗粒的沉降高度与降尘室高度之比即为该尺寸颗粒被分离下来的百分率。故 40 μm 颗粒的回收率可用其沉降速度 $u'_t$ 与 69.1 μm 颗粒的沉降速度 $u_t$ 之比来确定，在斯托克斯定律区则为

$$u'_t/u_t=(d'/d_{min})^2=(40/69.1)^2=0.335=33.5\%$$

即回收率为 33.5%。

（3）需设置的水平隔板层数

由上面计算可知，10 μm 颗粒的沉降必在滞流区，可用斯托克斯公式计算沉降速度，即

$$u_t=\frac{d_s^2(\rho_s-\rho)g}{18\mu}=\frac{(10\times10^{-6})^2\times(3\,000-0.75)\times9.81}{18\times2.6\times10^{-5}}=6.29\times10^{-3}\ （m/s）$$

所以，多层降尘室中需设置的水平隔板层数用式（3-12）计算

$$n=\frac{q_V}{BLu_t}-1=\frac{3}{10\times6.29\times10^{-3}}-1=46.69，取 47 层$$

隔板间距为

$$h=\frac{H}{n+1}=\frac{2}{47+1}=0.042\ （m）$$

核算气体在多层降尘室内的流型 $Re$：若忽略隔板厚度所占的空间，则气体的流速为

$$u=\frac{q_V}{BH}=\frac{3}{2\times2}=0.75\ （m/s）$$

$$d_e=\frac{4Bh}{2(B+h)}=\frac{4\times2\times0.042}{2\times(2+0.042)}=0.082（m）$$

所以
$$Re=\frac{d_e u\rho}{\mu}=\frac{0.082\times0.75\times0.75}{2.6\times10^{-5}}=1\,774<2\,000$$

即气体在降尘室的流动为滞流，设计合理。

2．沉降槽

依靠重力沉降从悬浮液中分离出固体颗粒的设备称为沉降槽或增浓器，用于低浓度悬浮液分离时亦称为澄清器，用于中等浓度悬浮液的浓缩时常称为浓缩器或增浓器。沉降槽可分为间歇式、半连续式和连续式三种。

化工生产中常用连续操作的沉降槽，如图 3-6 所示，其为带锥形底的圆池，悬浮液由位于中央的进料口加至液面以下，经一水平挡板折流后沿径向扩展，随着颗粒的沉降，液体缓慢向上流动，经溢流堰流出，从而得到清液，颗粒则下沉至底部形成沉淀层，由缓慢转动的耙将沉渣移至中心，从底部出口排出。间歇沉降槽的操作过程是将装入的料浆静置足够时间后，上部清液使用虹吸管或泵抽出，下部沉渣从底部出口排出。

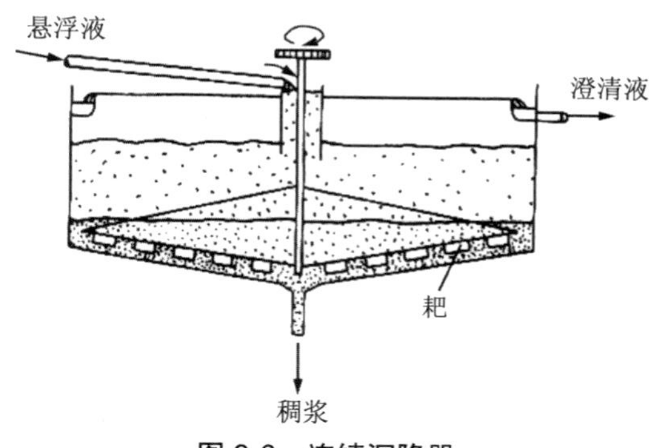

图 3-6　连续沉降器

沉降槽具有澄清液体和增稠悬浮液的双重作用，与降尘室类似，沉降槽的生产能力与深度无关，只与底面积及颗粒的沉降速度有关，故沉降槽一般均截面大、深度低。大的沉降槽直径可达 10～100 m、深 2.5～4 m。

沉降槽一般适于处理颗粒不太小、浓度不太高，但处理量较大的悬浮液。常见的污水处理器就是一例，经该设备处理后的沉渣中还含有大约 50%的液体，必要时再用过滤机等做进一步处理。

沉降槽具有结构简单、可连续操作且增稠物浓度较均匀的优点，缺点是设备庞大、占地面积大、分离效率较低。

对于含有颗粒直径小于 1 μm 的液体，一般称为溶胶，由于颗粒直径小，较难分离。为使小颗粒增大，常加电解质混凝剂或絮凝剂使小粒子变成大粒子，提高沉降速度。例如，净化河水时加明矾[$KAl(SO_4)_2 \cdot 12H_2O$]使水中细小污物沉降。常用的电解质，除了明矾还有三氧化铝、绿矾、三氯化铁等，一般用量为 40～200 mg/kg。近年来，也研究出了一些高分子絮凝剂。

3．沉淀池

生产上用来对污水进行沉淀处理的设备称为沉淀池。沉淀池可分为普通沉淀池和浅层沉淀池两大类。按照池内水流的方向不同，普通沉淀池又有平流式、辐流式和竖流式三种，如图 3-7 所示。

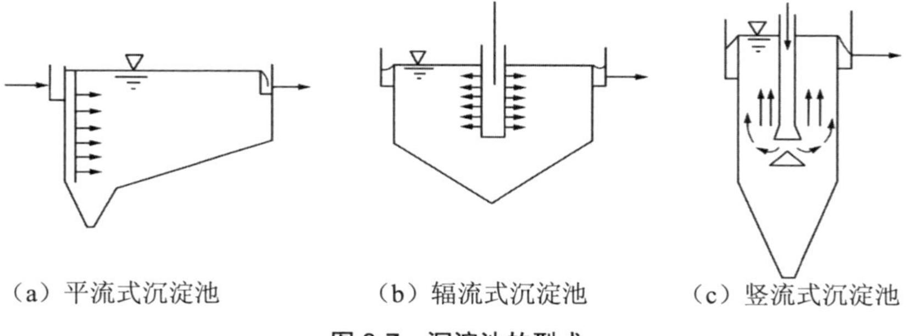
（a）平流式沉淀池　（b）辐流式沉淀池　（c）竖流式沉淀池

图 3-7　沉淀池的型式

## 二、离心沉降

离心沉降是利用惯性离心力的作用而实现的沉降过程。在重力沉降的介绍中已经得知，颗粒的重力沉降速度 $u_t$ 与颗粒的直径 $d$ 及液体与颗粒的密度差（$\rho_s-\rho$）成正比，与重力加速度 $g$ 成正比。$d$ 越大，两相密度差越大，则 $u_t$ 越大。换言之，对一定的非均相物系，其重力沉降速度是恒定的，人们无法改变其大小，因此，在分离要求较高时，用重力沉降就很难达到要求。此时，若采用离心沉降，由于离心加速度远大于重力加速度，沉降速度大大提高，提高了分离效率，缩小了沉降设备的尺寸。

### （一）离心沉降速度

当流体围绕某一中心轴做圆周运动时，便形成惯性离心力场。现对其中一个颗粒的受力与运动情况进行分析。在离心沉降设备中，当流体带着颗粒旋转时，如果颗粒的密度大于流体的密度，则惯性离心力将会使颗粒在径向上与流体发生相对运动而飞离中心，与颗粒在重力场中受到的 3 个作用力相似。惯性离心力场中颗粒在径向上也受到 3 个力的作用，即惯性离心力、向心力（相当于重力场中的浮力，其方向为沿半径指向旋转中心）和阻力（与颗粒的运动方向相反，其方向为沿半径指向中心）。如果球形颗粒的直径为 $d_s$、密度为 $\rho_s$，流体密度为$\rho$，颗粒与中心轴的距离为 $R$，切向速度为 $u_t$，则上述 3 个作用力分别为

$$\text{惯性离心力} = \frac{\pi}{6} d_s^3 \rho_s \frac{u_t^2}{R}$$

$$\text{向心力} = \frac{\pi}{6} d_s^3 \rho \frac{u_t^2}{R}$$

$$\text{阻力} = \zeta \frac{\pi}{4} d_s^2 \frac{\rho u_t^2}{R}$$

上述 3 个力达到平衡时，颗粒在径向上相对于流体的运动速度 $u_r$ 便是它在此位置上的离心沉降速度。

$$u_r = \sqrt{\frac{4d_s(\rho_s - \rho)}{3\rho\zeta}\left(\frac{u_t^2}{R}\right)} \tag{3-13}$$

由式（3-13）可见，离心沉降速度与重力沉降速度计算式形式相同，只是将重力加速度 $g$（重力场强度）换成了离心加速度 $u_t^2/R$（离心力场强度）。但重力场强度 $g$ 是恒定的，而离心力场强度却随半径和切向速度而变，即可以人为控制和改变，这就是采用离心沉降的优点——选择合适的转速与半径，就能够根据分离要求完成分离任务。

离心沉降时，若颗粒与流体的相对运动处于层流区，则阻力因数$\zeta$也符合斯托克斯定律。将$\zeta=24/Re_t$代入式（3-13）得

$$u_r = \frac{d_s^2(\rho_s - \rho)u_t^2}{18\mu R} \tag{3-14}$$

式中：$u_t$ —— 含尘气体的进口气速，m/s；

$R$ —— 颗粒的旋转半径，m。

（二）离心分离因数

离心分离因数是离心分离设备的重要性能指标。工程上，常将离心加速度 $u_t^2/R$ 与重力加速度 $g$ 之比称为离心分离因数。

$$K_c = \frac{u_t^2}{Rg} \tag{3-15}$$

$K_c$ 越高，离心分离效率越高。离心分离因数的数值一般为几百到几万，旋风分离器和旋液分离器的分离因数一般在 5～2 500，某些高速离心机的 $K_c$ 可高达数十万，因此，同一颗粒在离心场中的沉降速度远远大于其在重力场中的沉降速度。显然离心沉降设备的分离效果远比重力沉降设备好，用离心沉降可将更小的颗粒从流体中分离出来。

**【例 3-4】** 直径为 10 μm 的石英颗粒随 20℃的水做旋转运动，在旋转半径 $R$=0.05 m 处的切向速度为 12 m/s，求该处的离心沉降速度和离心分离因数。

解：已知 $d_s$=10μm，$R$ =0.05 m，$u_t$ =12 m/s

设沉降在滞流区，根据式（3-14）有

$$u_r = \frac{d_s^2(\rho_s - \rho)}{18\mu} \bullet \frac{u_t^2}{R} = \frac{10^{-10} \times (2\,650 - 998)}{18 \times 1.01 \times 10^{-3}} \times \frac{12^2}{0.05} = 0.026\,2\text{（m/s）} = 2.62\text{（cm/s）}$$

校核流型

$$Re_t = \frac{d_s u_r \rho}{\mu} = \frac{10^{-5} \times 0.026\,2 \times 998}{1.01 \times 10^{-3}} = 0.259 \in (10^{-4} \sim 1)$$

$u_r = 0.026\,2$ m/s 为所求。

所以 $K_c = \frac{u_t^2}{Rg} = \frac{12^2}{0.05 \times 9.81} = 294$

（三）离心沉降设备

通常，根据设备在操作时是否转动，将离心沉降设备分为两类：一类是设备静止不动，悬浮物系做旋转运动的离心沉降设备，如旋风分离器和旋液分离器；另一类是设备本身旋转的离心沉降设备，称为沉降离心机。

一般地，气-固非均相物质的离心沉降在旋风分离器中进行，液-固悬浮物系的离心沉降可在旋液分离器或沉降离心机中进行。

**1. 旋风分离器**

（1）旋风分离器的构造和操作原理

图 3-8（a）所示的普通旋风分离器主体的上部为圆筒形，下部为圆锥形，中央有一升气管。含尘气体从侧面的矩形进气管切向进入分离器内，然后在圆筒内做自上而下的圆周运动。颗粒在随气流旋转过程中被抛向器壁，沿器壁落下，自锥底排出。由于操作时旋风分离器底部处于密封状态，所以，被净化的气体到达底部后折向上，沿中心轴旋转着从顶

部的中央排气管排出。气体在旋风分离器内的工作情况如图 3-8（b）所示。标准型旋风分离器的结构如图 3-9 所示。

旋风分离器构造简单，分离效率较高，操作不受温度、压强的限制，分离因数为 5～2 500，一般可分离气体中直径为 5～75 μm 的粒子。

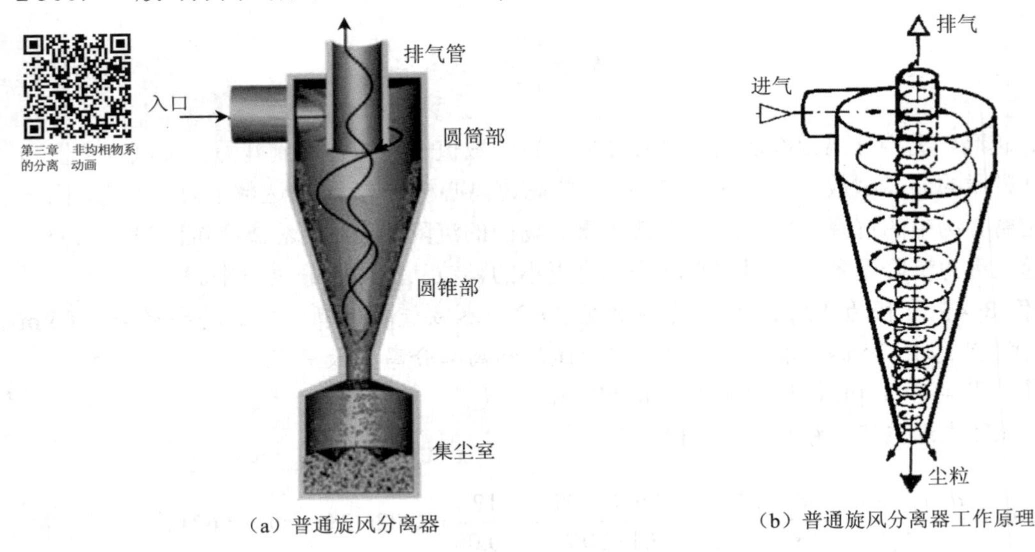


（a）普通旋风分离器　　（b）普通旋风分离器工作原理

图 3-8　普通旋风分离器结构及工作原理

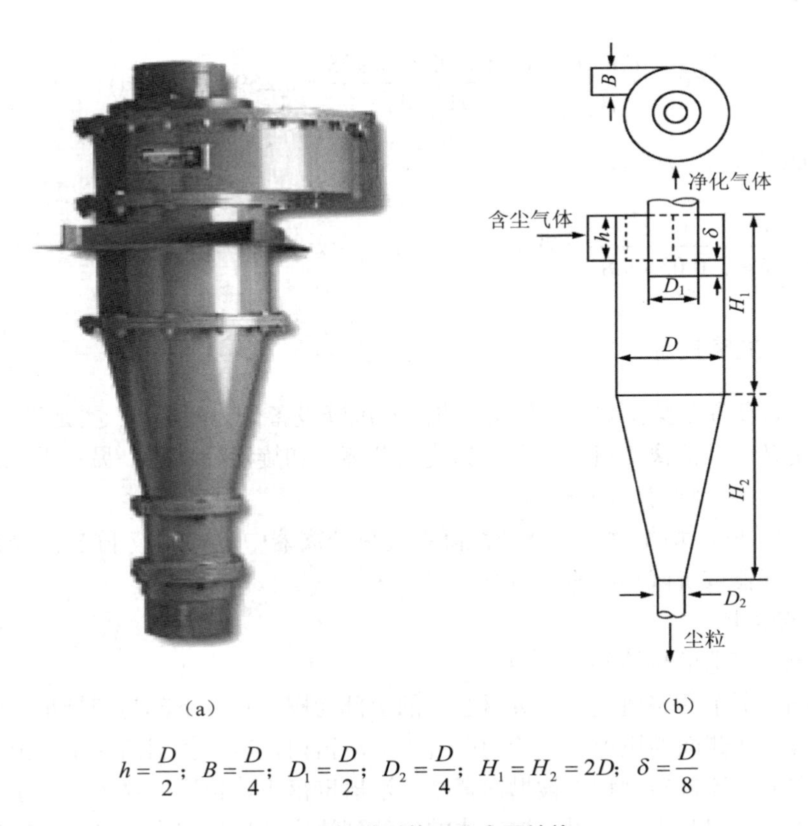


（a）　　（b）

$$h=\frac{D}{2};\ B=\frac{D}{4};\ D_1=\frac{D}{2};\ D_2=\frac{D}{4};\ H_1=H_2=2D;\ \delta=\frac{D}{8}$$

图 3-9　标准型旋风分离器结构

（2）旋风分离器的主要性能参数

临界粒径、分离效率、压力降和气体处理量是旋风分离器的主要性能参数，一般作为选型和操作控制的依据，也作为评价旋风分离器性能好坏的主要指标。

① 临界粒径，即旋风分离器能够分离出的最小颗粒直径。临界粒径的大小是判断旋风分离器分离效率高低的重要依据。

临界粒径的计算式为

$$d_c = \sqrt{\frac{9\mu B}{\pi N \rho_s u_t}} \tag{3-16}$$

式中：$u_t$ —— 含尘气体的进口气速，m/s；

$B$ —— 旋风分离器的进口宽度，m；

$N$ —— 气流的旋转圈数，对于标准旋风分离器，可取 $N$=5；

$\rho_s$ —— 颗粒的密度，kg/m$^3$；

$\mu$ —— 流体的黏度，Pa • s。

② 分离效率。旋风分离器的分离效率通常有两种表示方法：

总效率
$$\eta_0 = \frac{C_1 - C_2}{C_1} \tag{3-17}$$

粒级效率
$$\eta_i = \frac{C_{1i} - C_{2i}}{C_{1i}} \tag{3-18}$$

总效率
$$\eta_0 = \sum \eta_i x_i \tag{3-19}$$

式中：$C_1$，$C_2$ —— 旋风分离器进、出口气体含尘浓度，g/m$^3$；

$C_{1i}$，$C_{2i}$ —— 进、出口气体含某段粒径范围的颗粒的浓度，g/m$^3$；

$x_i$ —— 某段粒径范围的颗粒占全部颗粒的质量分数。

总效率是工程计算中常用的，也是最容易测定的，但它却不能准确代表该旋风分离器的分离性能。因为含尘气体中的颗粒粒径通常是大小不均的，不同粒径的颗粒通过旋风分离器分离的百分率是不同的。因此，只有对相同粒径范围的颗粒分离效果进行比较，才能得知该分离器分离性能的好坏。特别是对细小颗粒的分离，用粒级效率更有意义。如果已知粒级效率，并且已知含尘气体中粒径分布数据，则可根据式（3-19）计算其总效率。

粒级效率与颗粒的对应关系可用曲线表示，称为粒级效率曲线，这种曲线可通过实测进出气流中所含尘粒的浓度及粒度分布而获得。某旋风分离器实测的粒级效率曲线如图 3-10 所示。

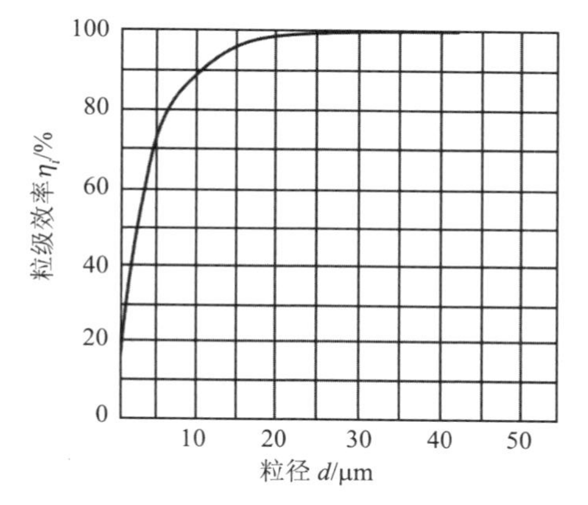


图 3-10 粒级效率曲线

③ 压力降。压力降是评价旋风分离器性能的重要指标。分离设备压力降的大小是决定分离过程能耗和合理选择风机的依据。仿照第一

章压力降的计算方法得

$$\Delta p=\zeta\frac{\rho u_{\mathrm{t}}^{2}}{2}\tag{3-20}$$

式中：$\zeta$—— 阻力系数，对一定的旋风分离器形式，$\zeta$ 为一定值。如图 3-9 所示的标准型旋风分离器，$\zeta$=8.0。

受整个工艺过程对总压降的限制及节能降耗的要求，气体通过旋风分离器的压降应尽可能低。压降的大小除了与设备的结构有关外，主要取决于气体的速度。气体速度越小，压降越低，但气速过小，又会使分离效率降低，因而要选择适宜的气速以满足对分离效率和压降的要求。一般进口气速以 10～25 m/s 为宜，最高不超过 35 m/s，同时压降应控制在 2 kPa 以下。

除了前面提到的标准型旋风分离器，还有一些其他形式的旋风分离器，如 CLT、CLT/A、CLP/A、CLP/B 以及扩散式旋风分离器，其结构及主要性能可查阅有关资料。

旋风分离器一般可分离 5～75 μm 的非纤维、非黏性干燥粉尘，对 5 μm 以下的细微颗粒分离效率较低。旋风分离器结构简单紧凑、无运动部件，操作不受温度和压强的限制，价格低廉、性能稳定，可满足中等粉尘捕集要求，故广泛应用于多种工业部门。

选用旋风分离器时，一般是先确定其类型，然后根据气体的处理量和允许压降，选定具体型号。如果气体处理量较大，可以采用多个旋风分离器并联操作。

**【例 3-5】** 已知含尘气体中尘粒的密度为 2 300 kg/m$^3$。气体流量为 1 000 m$^3$/h、黏度为 $3.6\times10^{-5}$ Pa·s、密度为 0.674 kg/m$^3$，若用如图 3-9 所示的标准型旋风分离器进行除尘，分离器圆筒直径为 400 mm，试估算其临界粒径及气体压强降。

解：已知$\rho_s$=2 300 kg/m$^3$，$V$=1 000 m$^3$/h，$\mu=3.6\times10^{-5}$ Pa·s，$\rho$=0.674 kg/m$^3$，$D$=400 mm=0.4 m

根据标准旋风分离器 $h=\dfrac{D}{2}$， $B=\dfrac{D}{4}$

故该分离器进口截面积 $A=Bh=\dfrac{D^2}{8}$

所以 $u_{\mathrm{t}}=\dfrac{V}{A}=\dfrac{1000\times8}{3\,600\times0.4^2}=13.89\text{（m/s）}$

根据式（3-16）取标准旋风分离器 $N$=5，则

$$d_{\mathrm{c}}=\sqrt{\frac{9\mu B}{\pi N\rho_{\mathrm{s}}u_{\mathrm{t}}}}=\sqrt{\frac{9\times3.6\times10^{-5}\times0.4/4}{3.14\times5\times2\,300\times13.89}}=0.8\times10^{-5}\text{（m）}=8\text{（μm）}$$

根据式（3-20）取$\zeta=8.0$

$$\Delta p=\zeta\frac{\rho u_{\mathrm{t}}^{2}}{2}=8.0\times\frac{0.674\times13.89^2}{2}=520\text{（Pa）}$$

**2．旋液分离器**

旋液分离器是利用离心沉降原理分离液-固混合物的设备，其结构和操作原理与旋风分离器类似。

如图 3-11 所示，设备主体也是由圆筒体和圆锥体两部分组成，悬浮液由入口管切向进

入，并向下做螺旋运动，固体颗粒在惯性离心力作用下，被甩向器壁后随旋流降至锥底。由底部排出的稠浆称为底流。清液和含有微细颗粒的液体则形成内旋流螺旋上升，从顶部中心管排出，称为溢流。内旋流中心为处于负压的气柱，这些气体是由料浆中释放出来或由于溢流管口暴露于大气时将空气吸入器内的，气柱有利于提高分离效果。

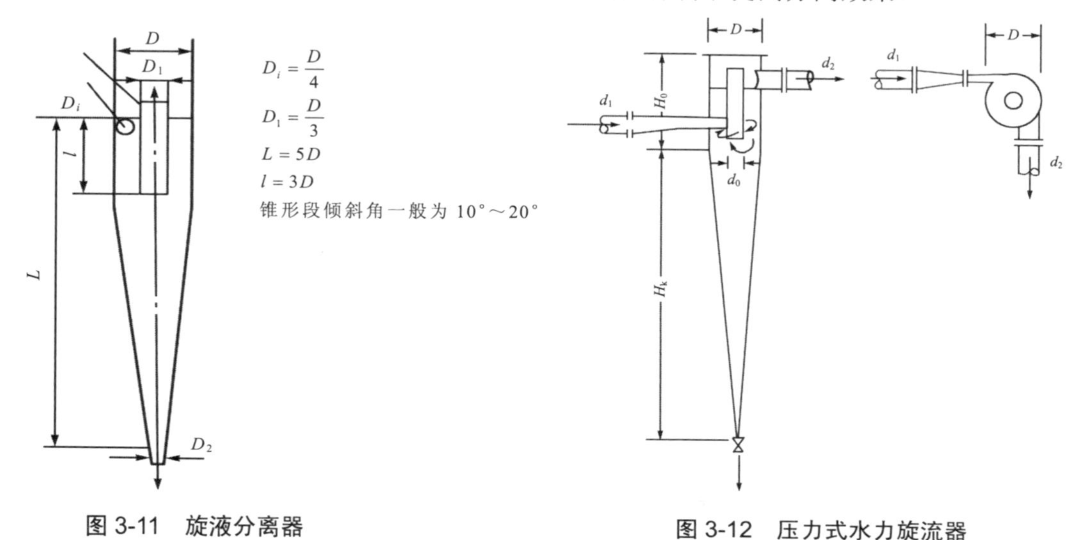


图 3-11　旋液分离器

图 3-12　压力式水力旋流器

旋液分离器的结构特点是直径小而圆锥部分长，其进料速度为 2～10 m/s，可分离的粒径为 5～200 μm。若料浆中含有不同密度或不同粒度的颗粒，可令大直径或大密度的颗粒从底流送出，通过调节底流量与溢流量的比例，可控制两股流中的颗粒大小，这种操作称为分级。用于分级的旋液分离器称为水力分离器。

旋液分离器还可用于不互溶液体的分离、气液分离以及传热、传质及雾化等操作中，因而广泛应用于多种工业领域。与旋风分离器相比，其压降较大，且随着悬浮液平均密度的增大而增大。在使用中设备磨损较严重，应考虑采用耐磨材料做内衬。

旋液分离器又分为压力式水力旋流器和重力式水力旋流器两种。

① 压力式水力旋流器如图 3-12 所示，用于分离比重较大的悬浮颗粒。整个设备由钢板焊接制成，上部是直径为 $D$ 的圆筒，下部则为锥体。进水管以逐渐收缩的形式，按切线方向与圆筒相接，通过水泵将进液以切线方向送入旋流器内，在进口处的流速可达 6～10 m/s，并在器内沿旋流器壁向下运动（一次涡流），然后再向上旋转（二次涡流），澄清液通过清液排出中心管流到旋流器的上部，然后由出水管排出旋流器外。在离心力的作用下，水中较大的悬浮固体被甩向旋流器壁，并在其本身重力的作用下，沿旋流器壁向下滑动，在底部形成的固体颗粒浓液经排出管连续排出。

② 重力式水力旋流器又称水力旋流沉淀池。废水以切线方向进入器内，借进、出水的水头差在器内呈旋转流动。与压力式水力旋流器相比，容积更大，电能消耗更低。

### 3. 沉降式离心机

沉降式离心机的主体为一无孔的转鼓，混悬液或乳浊液自转鼓中心进入后被转鼓带动高速旋转时，密度较大的物相向转鼓内壁沉降，密度较小的物相趋向旋转中心自转鼓端部溢出而使两相分离。

沉降式离心机中的离心分离原理与第二节所述的离心沉降原理相同，不同的是在旋风分离器或旋液分离器中的离心力场是靠高速流体自身旋转产生的，而离心机中的离心力场是由离心机的转鼓高速旋转带动液体旋转产生的。

① 管式离心机。如图 3-13 所示，悬浮液由空心轴下端进入，在转鼓带动下，密度小的液体最终由顶端溢流而出，固体颗粒则被甩向器壁实现分离。管式离心机有实验室型和工业型两种。实验室型的转速大，处理能力小；而工业型的转速较小，处理能力大，是工业上分离效率较高的沉降离心机。管式离心机的结构简单，长度和直径比大（一般为 4～8），转速高，通常用来处理固体浓度低于 1%的悬浮液，可以避免过于频繁的除渣和清洗。

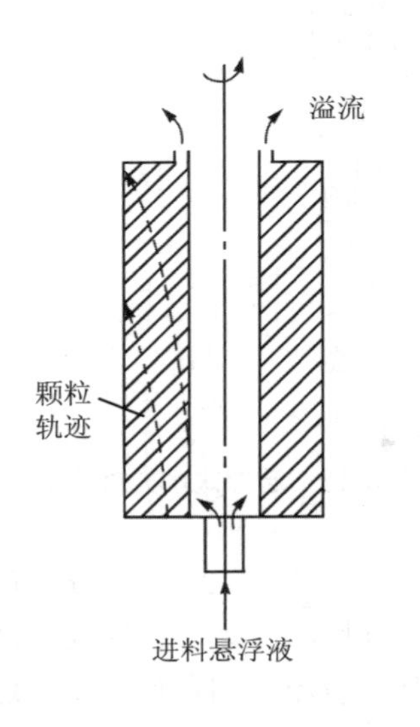


图 3-13　管式离心机

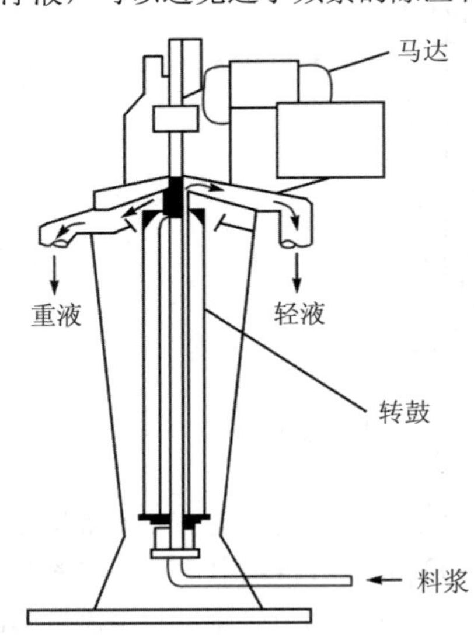


图 3-14　管式高速离心机

② 管式高速离心机。管式高速离心机也是沉降式离心机。如图 3-14 所示，主要结构为细长的管状机壳和转鼓等部件。常见的转鼓直径为 0.1～0.15 m，长度约 1.5 m，转速为 8 000～50 000 r/min，其分离因数 $k_c$ 为 15 000～65 000。这种离心机可用于分离乳浊液及含细颗粒的稀悬浮液。当用于分离乳浊液时，乳浊液从底部进口引入，在管内自下而上运行的过程中，因离心力作用，依比重不同而分成内外两个同心层。外层为重液层，内层为轻液层。到达顶部后，分别自轻液溢流口与重液溢流口送出管外。当用于分离混悬液时，则将重液出口关闭，只留轻液出口，而固体颗粒沉降在转鼓的鼓壁上，可间歇地将管取出加以清除。本机分离因数大，分离效率高，故能分离一般离心机难以分离的物料，如两相密度差较小的乳浊液或含微细混悬颗粒的混悬液。

③ 无孔转鼓沉降离心机。这种离心机的外形与管式离心机相似，但长度和直径比较小。因为转鼓澄清区长度比进料区短，因此分离效率较管式离心机低。转鼓离心机按设备主轴的方位分为立式和卧式，图 3-15 所示为一立式无孔转鼓离心机。这种离心机的转速为 450～3 500 r/min，处理能力大于管式离心机，适于处理固含量在 3%～5%的悬浮液，主要用于泥浆脱水及从废液中回收固体，常用于间歇操作。

④ 螺旋形沉降离心机。这种离心机的特点是可连续操作，如图 3-16 所示，转鼓可分为柱锥形或圆锥形，长度与直径比为 1.5～3.5。悬浮液由轴心进料管连续进入，鼓中螺旋

卸料器的转动方向与转鼓旋转方向相同，但转速相差 5～100 r/min。当固体颗粒在离心机作用下甩向转鼓内壁并沉积下来后，被螺旋卸料器推至锥端排渣口排出。螺旋形沉降离心机转速可达 1 600～6 000 r/min，可从固体浓度为 2%～50%的悬浮液中分离中等和较粗颗粒。它广泛用于工业上回收晶体和聚合物、城市污泥及工业污泥脱水等方面。

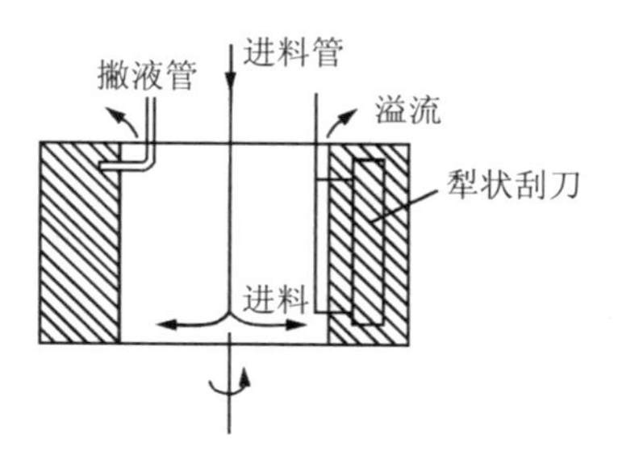


图 3-15　无孔转鼓离心机

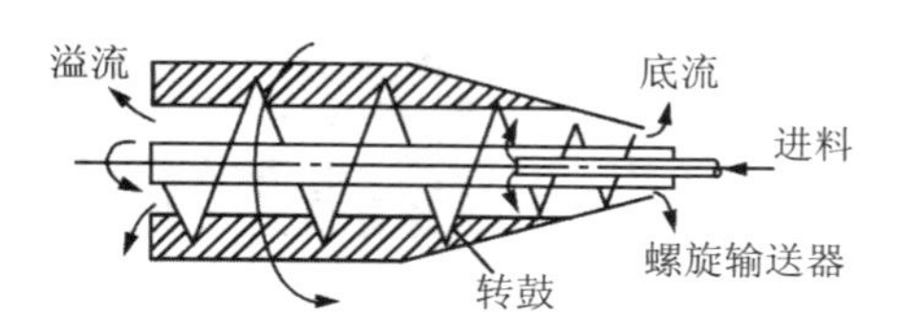


图 3-16　螺旋形沉降离心机

## 第三节　过滤分离

微课　过滤分离

过滤是分离悬浮液最常用和最有效的单元操作。与沉降分离相比，过滤可使悬浮液分离得更迅速、更彻底。过滤可用于污水的预处理，也可用于最终处理，其出水可供循环使用或重复利用。因此在污水深度处理过程中，普遍采用过滤技术。

### 一、过滤操作的基本概念

#### （一）过滤

过滤是在外力的作用下，使悬浮液中的液体通过多孔介质的孔道而固体颗粒被截留下来从而实现固、液分离的单元操作。

#### （二）过滤推动力

过滤推动力是过滤介质两侧的压力差。压力差产生的方式有滤液自身重力、离心力和外加压力，过滤设备中常以后两种方式产生的压力差作为过滤操作的推动力。

用沉降法（重力、离心力）处理悬浮液，往往需要较长时间，而且沉渣中液体含量较多，而过滤操作可使悬浮液得到迅速分离，滤渣中的液体含量也较低。当被处理的悬浮液含固体颗粒较少时，一般先在增稠器中进行沉降，然后将沉渣送至过滤机，此种情况下过滤是沉降的后续操作。

#### （三）过滤方式

工业上的过滤操作主要分为饼层过滤和深层过滤两种。

**1. 饼层过滤**

如图 3-17（a）所示，过滤时非均相混合物即滤浆置于过滤介质的一侧，固体沉积物在介质表面堆积、架桥[图 3-17（b）]而形成滤饼层。由于滤饼层截留的固体颗粒粒径小于介质孔径，因此饼层形成前得到的是混浊的初滤液，待滤饼形成后应将初滤液返回滤浆槽重新过滤，饼层形成后所收集的滤液为符合要求的滤液。也就是说，在一般的过滤操作下，滤饼层是有效过滤层，随着操作的进行其厚度逐渐增加，过滤速度逐渐减少。饼层过滤适用于处理固体含量较高的混悬液。

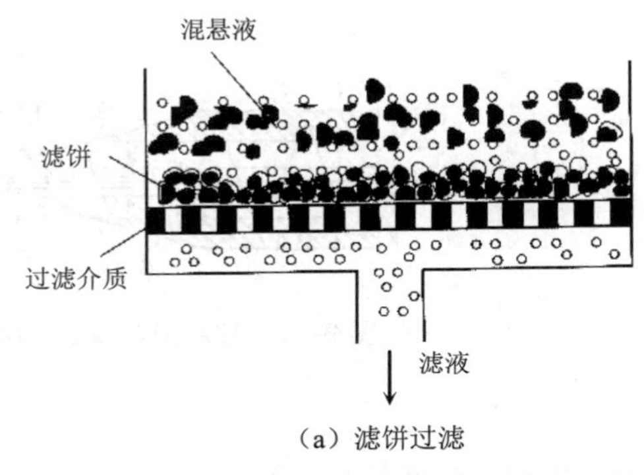


（a）滤饼过滤

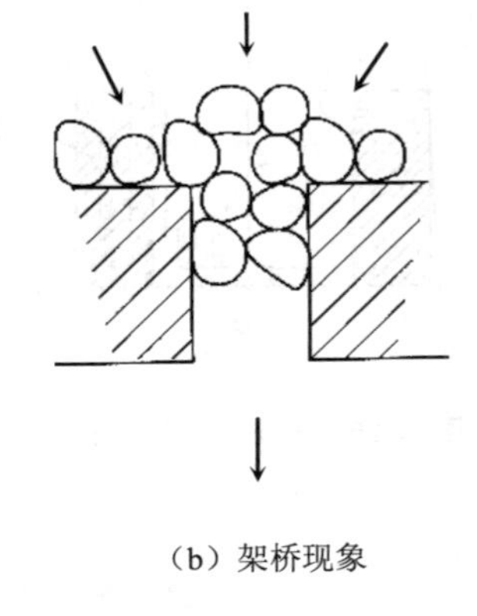

（b）架桥现象

图 3-17 饼层过滤

2. 深层过滤

如图 3-18 所示，过滤介质是较厚的粒状介质的床层，过滤时悬浮液中的颗粒沉积在床层内部的孔道壁面上，而不形成滤饼。深层过滤适用于生产量大而悬浮颗粒的粒径小、固含量低或是黏软的絮状物的混悬液的分离。如自来水厂的饮水净化、合成纤维纺丝液中除去固体物质、中药生产中药液的澄清过滤等。

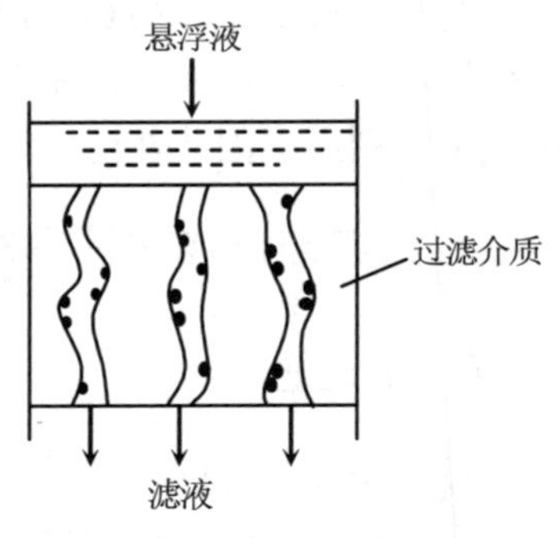


图 3-18 深层过滤

（四）过滤介质

过滤操作所用的多孔性介质称为过滤介质。性能优良的过滤介质除能够达到所需的分离要求外，还应具有足够的机械强度、尽可能小的流过阻力、较高的耐腐蚀性和一定的耐热性，最好表面光滑、滤饼剥离容易。常用的过滤介质主要有织物介质、多孔性固体介质、粒状介质和微孔滤膜等。

① 织物介质是由天然或合成纤维、金属丝等编织而成的筛网、滤布，适用于滤饼过滤，一般可截留粒径 5 μm 以上的固体微粒。

② 多孔性固体介质，具有很多微细孔道的固体材料，如多孔陶瓷、多孔塑料及多孔金属制成的管或板，适用于含黏软性絮状悬浮颗粒或腐蚀性混悬液的过滤，一般可截留粒径为 1～3 μm 的微细粒子。

③ 粒状介质，由各种固体颗粒（砂石、木炭、石棉）或非编织纤维（玻璃棉等）堆积而成，多用于深层过滤，如制剂用水的预处理。

④ 微孔滤膜，是由高分子材料制成的薄膜状多孔介质，适用于精滤，可截留粒径 0.01 μm 以上的微粒，尤其适用于滤除 0.02～10 μm 的混悬微粒。

### （五）滤饼的压缩性和助滤剂

**1．滤饼的压缩性**

若构成滤饼的颗粒是不易变形的坚硬固体颗粒，则当滤饼两侧压力差增大时，颗粒形状和颗粒间空隙不发生明显变化，这类滤饼称为不可压缩滤饼。有的悬浮颗粒比较软，形成的滤饼受压容易变形，当滤饼两侧压力差增大时，颗粒的形状和颗粒间的空隙有明显改变，这类滤饼称为可压缩滤饼。中药浸提液中的混悬颗粒大多数是由有机物构成的絮状悬浮颗粒，形成的滤饼比较黏软，属可压缩滤饼。

滤饼的压缩性对过滤效率及滤材的寿命影响很大，常作为设计过滤工艺和选择过滤介质的依据。

**2．助滤剂**

为了减小可压缩滤饼的过滤阻力，可添加助滤剂以改变滤饼结构，提高滤饼的刚性和孔隙率。助滤剂是某种质地坚硬而能形成疏松饼层的固体颗粒或纤维状物质，将其混入悬浮液或预涂于过滤介质上，可以很好地改善饼层的性能，使滤液得以畅流。

对助滤剂的基本要求如下：① 形成多孔饼层的颗粒应具有较好的刚性颗粒，以使滤饼有良好的渗透性及较低的流动阻力。② 应具有化学稳定性，不与悬浮液发生化学反应，也不溶解于液相中。③ 在过滤操作的压力差范围内，应具有不可压缩性，以保持较高的孔隙率。

通常只有在以获得清净滤液为目的时才使用助滤剂。常用的助滤剂有硅藻土、活性炭、纤维粉、珍珠岩粉等。由于助滤剂混在滤饼中不易分离，所以当滤饼为产品时一般不使用助滤剂。

### （六）滤饼的洗涤

过滤终了时在滤饼的颗粒间隙中总会残留一定量的滤液，通常要用洗涤液（一般为清水）进行滤饼的洗涤，以回收滤液或得到较纯净的固体颗粒。洗涤速率取决于洗涤压强差、洗涤液通过的面积及滤饼厚度。

### （七）过滤速率及其影响因素

过滤速率是指单位时间内得到的滤液体积，增大过滤面积可增大过滤速率，增大压力差通常可加快过滤速率，而对于可压缩滤饼，增大压力差则会使过滤速率变慢。悬浮液的性质和操作温度对过滤速率也有影响。提高温度，液体的黏度降低，从而可提高过滤机的过滤速率。但在真空过滤时，提高温度会使真空度下降，从而降低过滤速率。

## 二、过滤设备

过滤设备种类繁多，结构各异，按产生压差的方式不同，可分为重力式、压（吸）滤式和离心式，其中重力过滤设备较为简单，下面重点介绍压（吸）滤设备和离心过滤设备。

### （一）压（吸）滤设备

**1．板框压滤机**

板框压滤机是一种历史较久但仍沿用不衰的间歇式压滤机。由若干块滤板和滤框间隔排列，靠滤板和滤框两侧的支耳架在机架的横梁上，用一端的压紧装置压紧组装而成，如图 3-19 所示。滤板和滤框是板框压滤机的主要工作部件，滤板和滤框的个数在机座长度范围内可自行调节，一般为 10～60 块不等，过滤面积为 2～80 $m^2$。

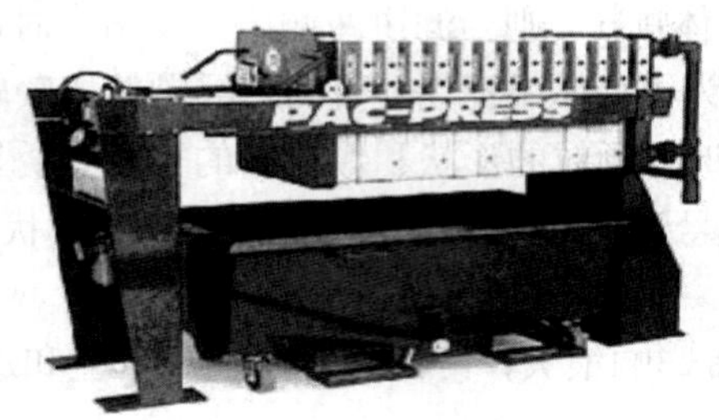


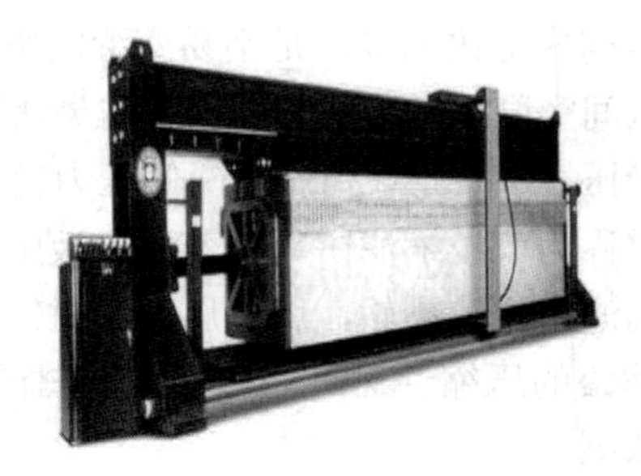

图 3-19 板框压滤机

滤板和滤框一般制成正方形，其构造如图 3-20 所示。板和框的角端均开有圆孔，装配、压紧后即构成供滤浆、滤液和洗涤液流动的通道。滤框两侧覆以滤布，空框和滤布围成了容纳滤浆及滤饼的空间。板又分为洗涤板和过滤板两种，为便于区别，在板、框外侧铸有小钮或其他标志，通常，过滤板为 1 钮，框为 2 钮，洗涤板为 3 钮。装配时即按照钮数“1-2-3-2-1-2-3-2-1……”的顺序排列板和框。压紧装置的驱动可用手动、电动或液压传动等方式。

板框压滤机为间歇操作，每个操作周期由装配、压紧、过滤、洗涤、拆开、卸料、清洗处理等工序组成。板框经装配、压紧后开始过滤，过滤时，悬浮液在一定的压力下经滤浆通道，由滤框角端的暗孔进入框内，滤液分别穿过两侧滤布，再经邻板板面流到滤液出口排走，固体则被截留于框内，待滤饼充满滤框后，即停止过滤。

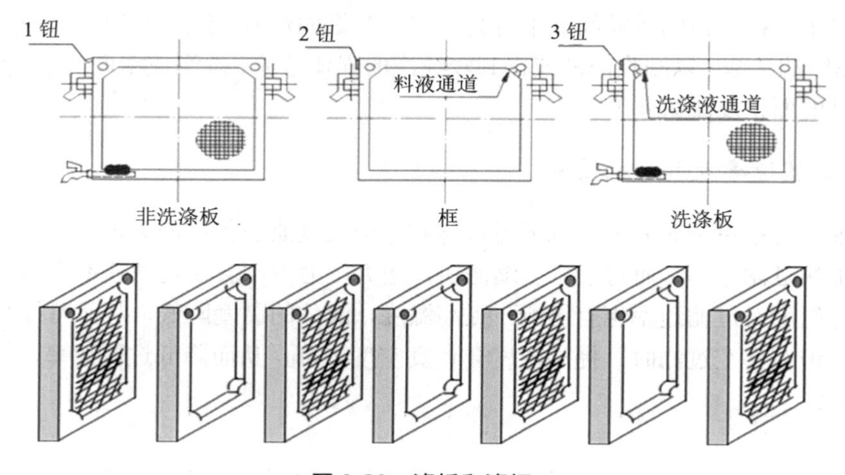


图 3-20 滤板和滤框

若滤饼需要洗涤，可将洗涤水压入洗涤水通道，经洗涤板角端的暗孔进入板面与滤布之间。此时，应关闭洗涤板下部的滤液出口，洗涤水便在压力差的推动下穿过一层滤布及整个厚度的滤饼，然后再横穿另一层滤布，最后由过滤板下部的滤液出口排出，这种操作方式称为横穿洗涤法，其作用在于提高洗涤效果。洗涤结束后，旋开压紧装置并将板框拉开，卸出滤饼，清洗滤布，重新组合，进入下一个操作循环。板框式压滤机的过滤与洗涤如图 3-21 所示。

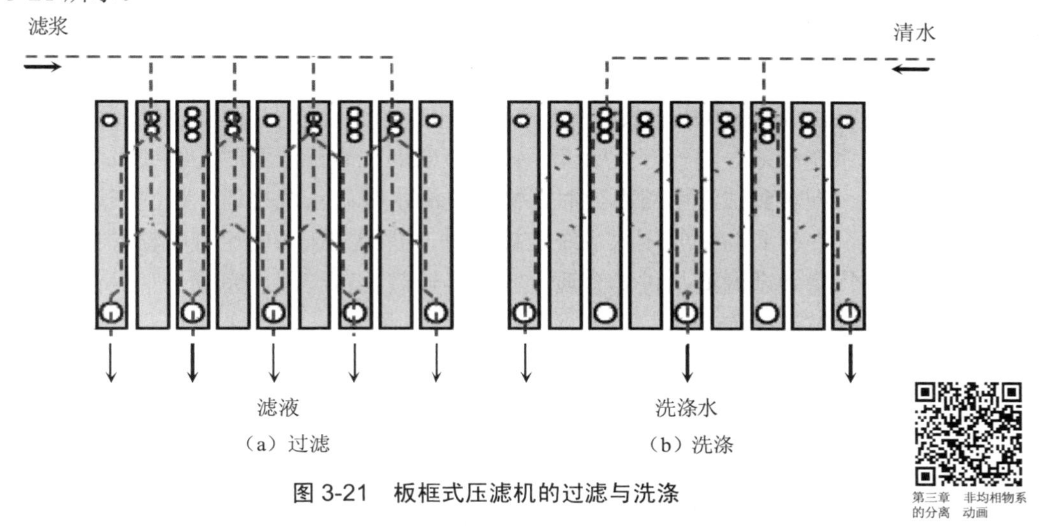


图 3-21　板框式压滤机的过滤与洗涤

板框压滤机的优点是：构造简单，制造方便、价格低；过滤面积大，且可根据需要增减滤板以调节过滤能力；推动力大，对物料的适应能力强，对颗粒细小而液体量较大的料浆也能适用。缺点是：间歇操作，生产效率低；卸渣、清洗和组装需要时间、人力，劳动强度大，但随着各种自动操作的板框压滤机的出现，这一缺点会得到一定程度的改进。

2. 转鼓真空过滤机

转鼓真空过滤机为连续式真空过滤设备，如图 3-22 所示。主机由滤浆槽、篮式转鼓、分配头、刮刀等部件构成。篮式转鼓是一个转轴呈水平放置的圆筒，圆筒一周为金属网上覆以滤布构成的过滤面，转鼓在旋转过程中，过滤面依次浸入滤浆中。

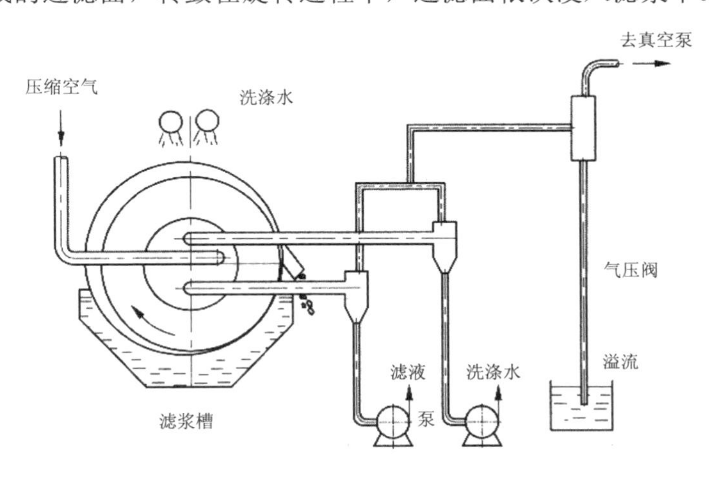


图 3-22　转鼓真空过滤机

转筒的过滤面积一般为 5～40 $m^2$，浸没部分占总面积的 30%～40%，转速为 0.1～3 r/min。转鼓内沿径向分隔成若干独立的扇形格，每格都有单独的孔道通至分配头上。转鼓转动时，借分配头的作用使这些孔道依次与真空管及压缩空气管相通，因而，转鼓每旋转一周，每个扇形格可依次完成过滤、洗涤、吸干、吹松、卸饼等操作。

转鼓真空过滤机操作及分配头的结构如图 3-23 所示，分配头由紧密贴合的转动盘和固定盘构成，转动盘装配在转鼓上一起旋转，固定盘内侧开有若干长度不等的凹槽与各种不同作用的管道相通。操作时转动盘与固定盘相对滑动旋转，由固定盘上相连的不同作用的管道实现滤液吸出、洗涤水吸出及空气压入的操作。即当转鼓上某些扇形格浸入料浆中时，恰与滤液吸出系统相通，进行真空吸滤，该部分扇形格离开液面时，继续吸滤，吸走滤饼中的残余液体；当转到洗涤水喷淋处时，恰与洗涤水吸出系统相通，在洗涤过程中将洗涤水吸走并脱水；在转到与空气压入系统连接处时，滤饼被压入的空气吹松并由刮刀刮下。在再生区，空气将残余滤渣从过滤介质上吹除。转鼓旋转一周，完成一个操作周期，连续旋转便构成连续过滤操作。

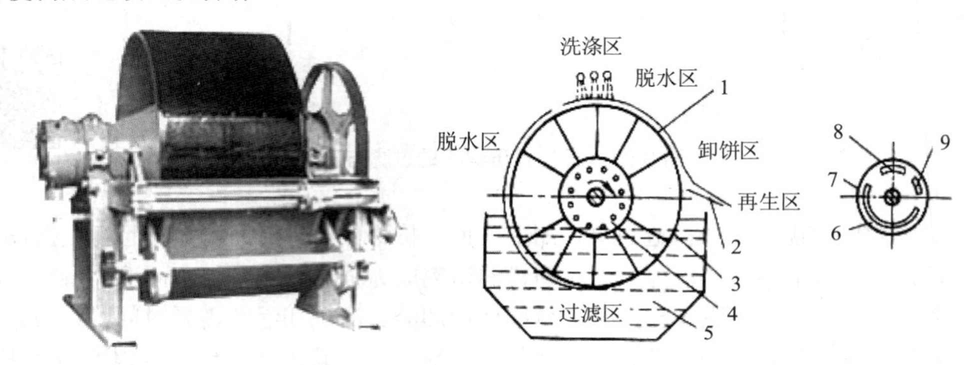


1—滤饼；2—刮刀；3—转鼓；4—转动盘；5—滤浆槽；6—固定盘；
7—滤液出口凹槽；8—洗涤水出口凹槽；9—压缩空气进口凹槽。

**图 3-23　转鼓真空过滤机操作及分配头的结构**

转鼓真空过滤机的优点是连续操作，生产能力大，适于处理量大而容易过滤的料浆，对于难过滤的细、黏物料，采用助滤剂预涂的方式也比较方便，此时可将卸料刮刀稍微离开转鼓表面一固定距离，可使助滤剂涂层不被刮下，而在较长时间内发挥助滤作用。转鼓真空过滤机在制碱、造纸、制糖、采矿等工业中均有应用。它的缺点是附属设备较多，结构复杂，投资费用高，过滤面积不大，滤饼含液量高（常达 30%），洗涤不充分，能耗高，且是真空操作，料浆温度要求严格。

### 3. 压力过滤器

压力过滤器如图 3-24 所示。压力过滤器也称压力滤池，是一个承压的密闭过滤装置，内部构造与普通过滤池相似，主要特点是可承受较大的压力，同时利用过滤后的余压可将出水送到用水地点或远距离输送。压力过滤器的过滤能力强、容积小、设备定型、使用的机动性大。但是单个过滤器的过

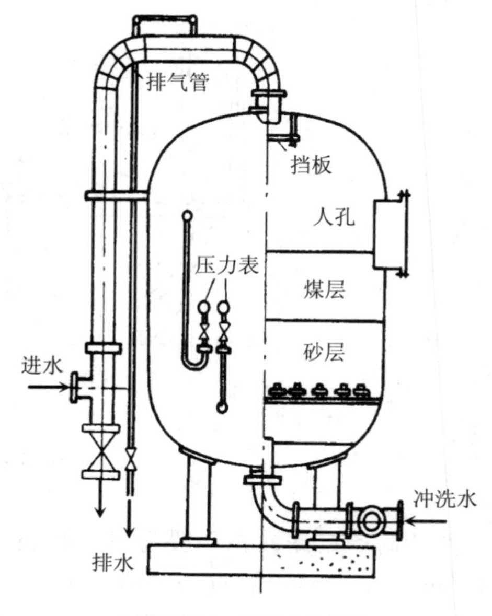


**图 3-24　压力过滤器**

滤面积较小，只适用于污水量小的车间（或企业），或对某些污水进行局部处理。

通常采用的压力过滤器是立式的，直径不大于 3 m。滤层以下为厚度 100 mm 的垫层（$d$=1.0～2.0 mm），排水系统为过滤头。在一些污水处理系统中，排水系统还安装有压缩空气管，用以辅助反冲洗。反冲洗污水通过顶部的漏斗或设有挡板的进水管收集并排除。压力过滤器外部还安装有压力表、取样管，便于及时监督过滤器的压力损失和水质变化。过滤器顶部设有排气阀，排除过滤器内和水中析出的气体。

4. 加压叶滤机

图 3-25 所示的加压叶滤机是由许多不同的长方形或圆形滤叶装配而成。滤叶由金属多孔板或金属网制造，内部具有空间，外罩滤布。过滤时滤叶安装在能承受内压的密闭机壳内，料浆用泵压送到机壳内，滤液穿过滤布进入滤叶内，汇集至总管后排出机外，颗粒则被截留于滤布外侧，形成滤饼。滤饼的厚度通常为 5～35 mm，视料浆性质及操作情况而定。

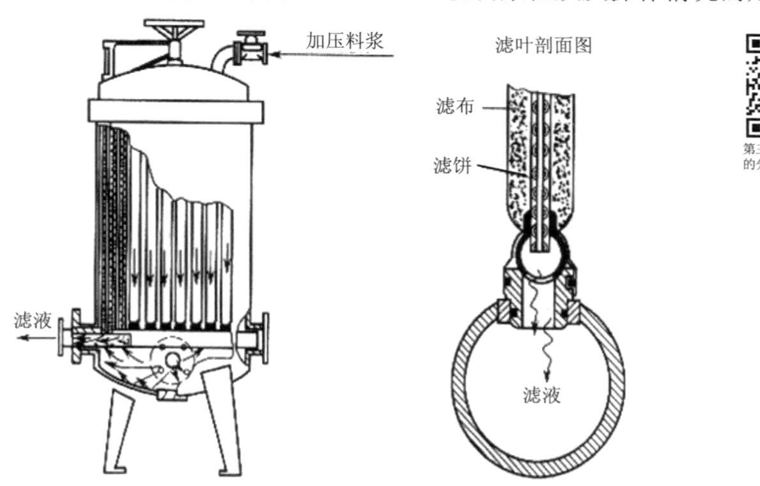


第三章 非均相物系的分离 动画

图 3-25 加压叶滤机

若滤饼需要洗涤，则于过滤完毕后通入洗涤水，洗涤水的路径与滤液相同，这种洗涤方法称为置换洗涤法。洗涤过后打开机壳上盖，拔出滤叶，卸除滤饼。

加压叶滤机也是间歇操作设备，其优点是过滤速率大，洗涤效果好，占地面积小，密闭操作，改善了操作条件；缺点是造价较高，更换滤叶比较麻烦。

5. 袋滤器

袋滤器是利用含尘气体穿过袋状有骨架支撑起来的滤布，以滤除气体中尘粒的设备。袋滤器可除去 1 μm 以下的尘粒，常用作最后一级的除尘设备。

袋滤器的过滤形式有多种，含尘气体可以由滤袋内向外过滤，也可以由外向内过滤。

图 3-26 为脉冲式袋滤器的结构示意图，含尘气体由下部进入袋滤器，气体由外向内穿过支撑于骨

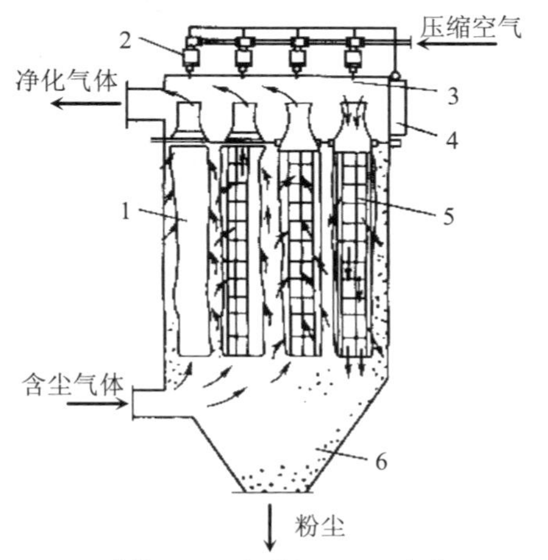


1—滤袋；2—电磁阀；3—喷嘴；
4—自控器；5—骨架；6—灰斗。

图 3-26 脉冲式袋滤器结构示意图

架上的滤袋，洁净气体汇集于上部由出口管排出，尘粒被截留于滤袋外表面。清灰操作时，开启压缩空气反吹系统，使尘粒落入灰斗。

袋滤器具有除尘效率高、适应性强、操作弹性大等优点，但占用空间较大，受滤布耐温、耐腐蚀的限制，不适宜于高温（>300℃）气体，也不适宜带电荷的尘粒和黏结性、吸湿性强的尘粒的捕集。

### （二）离心过滤设备

离心过滤机主要部件是转鼓，与转鼓沉降离心机相似，不同的是离心过滤机转鼓上开有许多小孔，内壁附有过滤介质，在离心力的作用下进行过滤。离心过滤机有间歇操作的三足式过滤离心机和连续操作的刮刀卸料式过滤离心机、活塞往复式卸料过滤离心机等。

#### 1. 三足式过滤离心机

三足式过滤离心机是间歇操作、人工卸料的立式离心机，在工业上采用较早，目前仍是国内应用最广、制造数目最多的一种离心机，图 3-27 是其结构示意图。离心机的主要部件是一篮式转鼓，壁面钻有许多小孔，内壁衬有金属丝网及滤布。整个机座和外罩借 3 根拉杆弹簧悬挂于三足支柱上，以减轻运转时的振动。料液加入转鼓后，滤液穿过转鼓后汇集于机座下部排出，滤渣沉积于转鼓内壁，待一批料液过滤完毕，或转鼓内的滤渣量达到设备允许的最大值时，可停止加料并继续运转一段时间以沥干滤液。必要时，也可于滤饼表面洒清水进行洗涤，然后停车卸料，清洗设备。

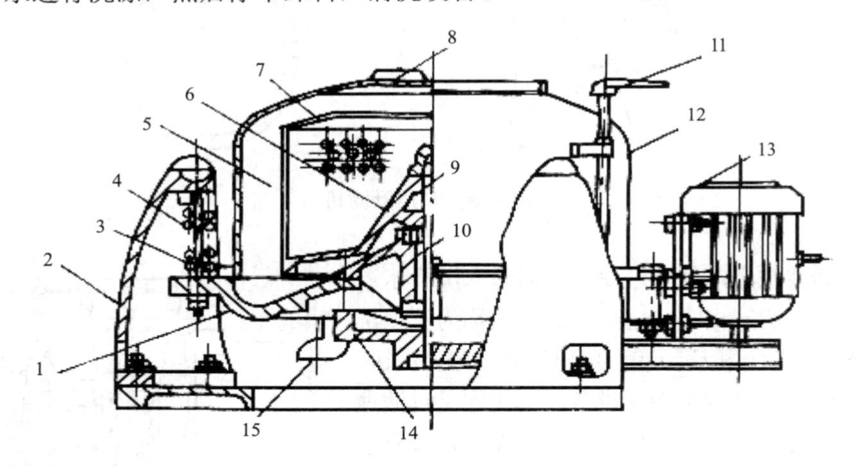


1—底盘；2—支柱；3—缓冲弹簧；4—摆杆；5—鼓壁；6—转鼓底；7—拦液板；8—机盖；9—主轴；10—轴承座；11—制动器手柄；12—外壳；13—电动机；14—制动轮；15—滤液出口。

**图 3-27 三足式过滤离心机结构示意图**

三足式过滤离心机的转鼓直径一般较大，转速不高（<2 000 r/min），过滤面积 0.6～2.7 $m^2$。它与其他形式的离心机相比，具有构造简单、运转周期可灵活掌握等优点，一般用于间歇生产过程中的小批量物料的处理，尤其适用于各种盐类结晶的过滤和脱水，过滤时晶体很少受到破损。它的缺点是卸料劳动条件较差，转动部件位于机座下部，检修不方便。

### 2．刮刀卸料式过滤离心机

图 3-28 为卧式刮刀卸料式过滤离心机的示意图，悬浮液从加料管进入连续运转的卧式转鼓，机内设有耙齿以使沉积的滤渣均布于转鼓壁。待滤饼达到一定厚度时，停止加料，进行洗涤、沥干。然后，液压传动的刮刀逐渐向上移动，将滤饼刮入卸料斗以卸出机外，继而清洗转鼓。整个操作周期均在连续运转中完成，每一步均采用自动控制的液压操作。

刮刀卸料式过滤离心机每一操作周期为 35～90 s，能连续运转，生产能力较大，劳动条件好，适宜于过滤连续生产过程中＞0.1 mm 的颗粒。但对于细、黏颗粒的过滤往往需要较长的操作周期，而且刮刀卸渣也不够彻底，颗粒破碎严重，对于必须保持晶粒完整的物料不宜采用。

### 3．活塞往复式卸料过滤离心机

如图 3-29 所示，这种离心机的加料、过滤、洗涤、沥干、卸料等操作同时在转鼓内的不同部位进行。料液加入旋转的锥形料斗后被洒在近转鼓底部的一小段范围内，形成 25～75 mm 厚的滤渣层。转鼓底部装有与转鼓一起旋转的推料活塞，其直径稍小于转鼓内壁。活塞与料斗一起做往复运动，将滤渣逐步推向加料斗的右边。该处的滤渣经洗涤、沥干后被卸出转鼓外。活塞的冲程约为转鼓全长的 1/10，往复次数约 30 次/min。

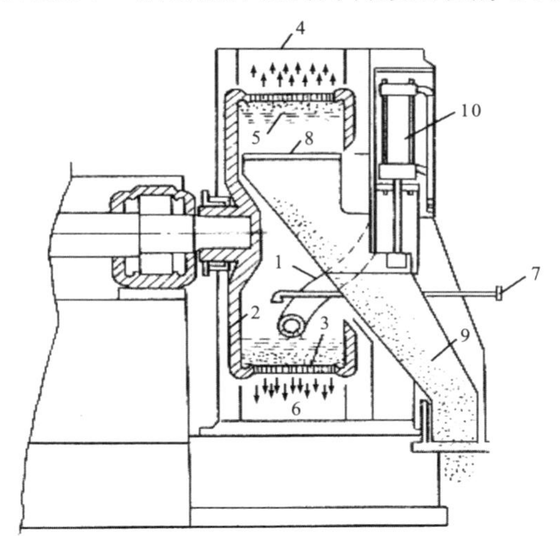


1—进料管；2—转鼓；3—滤网；4—外壳；5—滤饼；6—滤液；7—冲洗管；8—刮刀；9—溜槽；10—液压缸。

图 3-28　卧式刮刀卸料式过滤离心机

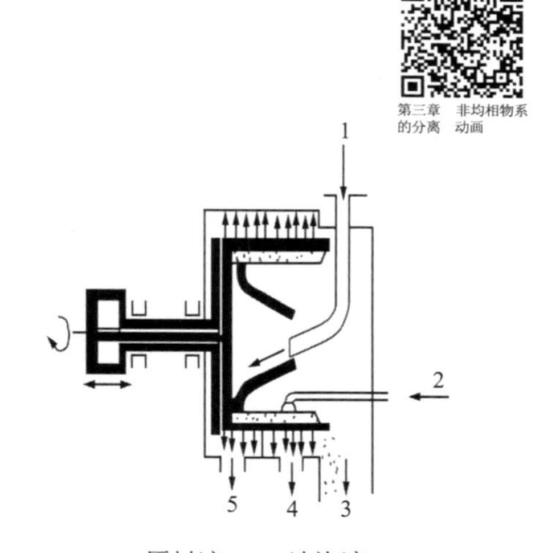


1—原料液；2—洗涤液；3—脱液固体；4—洗出液；5—滤液。

图 3-29　活塞往复式卸料过滤离心机

活塞往复式卸料离心机每小时可处理 0.3～25 t 的固体，对过滤含固量小于 10%、粒径大于 0.15 mm 的悬浮液比较合适，在卸料时晶体也较少受到破损。

另外，膜过滤作为一种精密分离技术，近年来发展很快，已应用于许多行业。膜过滤是利用膜孔隙的选择透过性进行两相分离的技术。以膜两侧的流体压差为推动力，使溶剂、无机离子、小分子等透过膜，而截留微粒及大分子（详见第八章）。

# 第四节　静电分离

静电分离是利用两相带电性的差异，借助于电场的作用，使其得以分离，如电除尘、电除雾等。

## 一、气体的电除尘原理

气体的电除尘是利用高压直流静电场的电离作用使通过电场的含尘气体中的尘粒带电，带电尘粒被带相反电荷的电极板吸附，将尘粒从气体中分离出来使气体得以净制的方法。

## 二、电除尘设备

用于气体电除尘的设备称为静电除尘器，大多数电厂废气采用静电除尘器消除粉尘后排放。卧式板式静电除尘器应用较广，图 3-30 为其外观，图 3-31 为其组成结构示意图，它由本体和供电源两部分组成。本体包括除尘器外壳、灰斗、放电极、集尘极、气流分布装置、振打清灰装置、绝缘子及保温箱等。集尘极带正电，带负电的放电极悬在集尘极中间，并充有约 70 kV 的电压，这种布置在集尘极和放电极之间产生了电场。当烟气通过静电除尘器时，粉尘碰撞来自放电极的负离子，并带负电。这些带负电的粉尘在电场的作用下接近带正电的集尘极，并附着在上面。集尘板定期振打清灰，粉尘就落入灰斗。

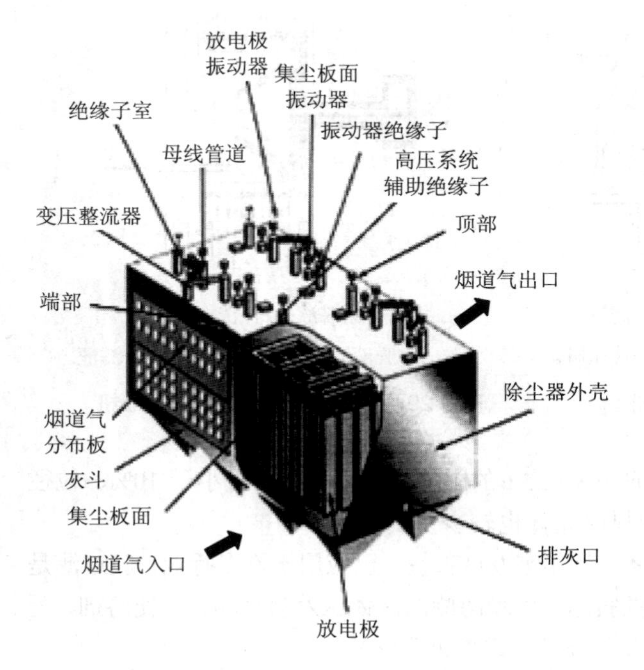


图 3-30　卧式板式静电除尘器的外观

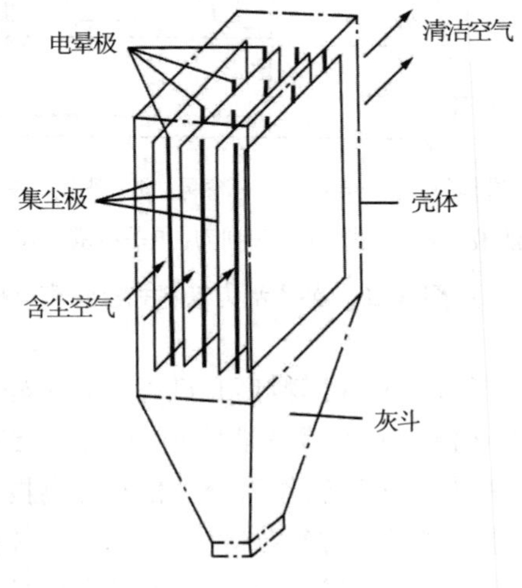


图 3-31　卧式板式静电除尘器组成结构示意图

静电除尘器能有效地捕集直径为 0.1 μm 甚至更小的尘粒或雾滴，分离效率可高达 99.99%。气流在通过静电除尘器时阻力较小，气体处理量可以很大。缺点是设备费和操作费较高，安装、维护、管理要求严格。

## 第五节　湿洗分离

重力沉降和离心沉降主要用于固体浓度较高的含尘气体的分离，而对分离效率要求较高的净制工艺或对含尘浓度较低且含微细尘粒气体的净制，需用其他的气体净制方法及设备。气体净制分为干法净制、湿法净制和电除尘器。本节重点介绍气体的湿法净制，即湿洗分离。

### 一、湿洗分离原理

气体的湿法净制是使含尘气体与水接触使其中尘粒被水黏附除去的净制方法。气体湿法净制的设备类型有多种，其基本原理都是在设备内产生气-固-水三相高度湍动，以提高气-固-水的接触，使尘粒被水黏附。故湿法净制不适用于固体尘粒为有用物料的回收工艺。

### 二、湿洗分离设备

#### （一）文丘里洗涤器

文丘里洗涤器由收缩管、喉管、扩散管三部分组成。扩散管后面接旋风分离器（图 3-32）。工作时用可调锥调整气体流速，使含尘气体以 50～100 m/s 的气速通过喉管，洗涤水由喉管周边均匀分布的小孔吸入洗涤器时被高速气流喷成很细的液滴，使尘粒附聚于水滴中而提高了沉降粒子的粒径，随后在旋风分离器中与气体分离。

文丘里洗涤器结构简单，没有活动件，结实耐用，操作方便，洗涤水用量约为气体体积流量的 1/1 000，可除去 0.1 μm 以上的尘粒，除尘效率可达 95%～99%，但压力降较大，一般为 2 000～5 000 Pa。

#### （二）泡沫塔

泡沫塔结构如图 3-33 所示，筛板上有一定高度的液体，当含尘气流以高速由下而上通过筛孔进入液层时，形成大量强烈扰动的泡沫以扩大气液接触面，使气体中的尘粒被泡沫层吸附，由于气液两相的接触面积很大，因而除尘效率较高，若气体中所含的尘粒直径大于 5 μm，分离效率可达 99%。泡沫塔除可用于除尘外，也可用于蒸馏等。

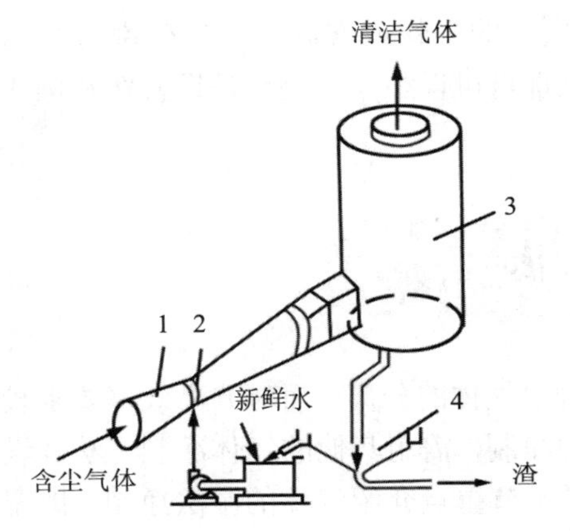


1—洗涤管；2—有孔的喉管；
3—旋风分离器；4—沉降槽。

**图 3-32 文丘里除尘器**

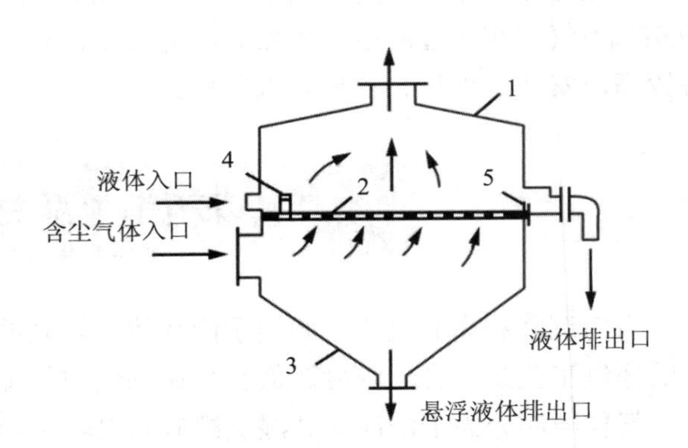


1—外壳；2—筛板；3—锥形底；
4—进液室；5—液流挡板。

**图 3-33 泡沫塔**

（三）湍球塔

湍球塔是利用流动床原理制作的湿式除尘器，目前在湿式除尘设备中，其除尘脱硫效率最高，而压降相对较低又有自清理功能。除尘效率比较高的设备还有袋式除尘器、电除尘器、湿式除尘器，但前两种无法解决二氧化硫污染的问题，而湿式除尘器兼有除尘及吸收的作用。

图 3-34 是湍球塔结构示意图，湍球塔主要由塔体、喷水管、支撑筛板、轻质小球、挡网、除沫器等部分组成，工作时洗涤水自塔上部喷水管洒下，含尘气体自下部进风管送入塔内，当达到一定风速时，使筛板上面的小球剧烈翻腾形成水-气-小球三相湍动以增大气-液两相接触和碰撞的机会，使尘粒被水吸附而与气体分离。为防止快速上升的气流中夹带雾沫，塔上部装有除沫装置。湍球塔气流速度快，气液分布比较均匀，生产能力大，流动填料增加气液接触表面，且流动床本身存在阻力小、喷淋量低的特点，与其他类似的处理设备相比表现出无可比拟的优势。

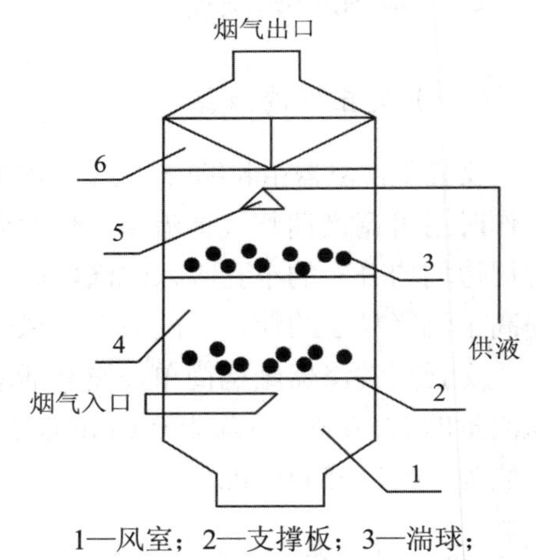


1—风室；2—支撑板；3—湍球；
4—床体；5—喷头；6—除沫器。

**图 3-34 湍球塔结构**

## 复习思考题

### 一、选择题

1. 在混合物中，各处物料性质不均匀，且具有明显相界面存在的混合物称为（　）。
   A. 均相混合物　　B. 非均相混合物　　C. 分散相

2. 在外力的作用下，利用分散相和连续相之间密度的差异，使之发生相对运动而实现分离的操作称为（ ）。

A. 过滤分离　　B. 沉降分离　　C. 静电分离

3. 利用被分离的两相对多孔介质穿透性的差异，在某种推动力的作用下，使非均相混合物得以分离的操作称为（ ）。

A. 过滤分离　　B. 沉降分离　　C. 静电分离

4. 降尘室所处理的混合物是（ ）。

A. 悬浮液　　B. 含尘气体　　C. 乳浊液

5. 助滤剂的作用是（ ）。

A. 帮助介质拦截固体颗粒　　B. 形成疏松饼层

C. 降低滤液的黏度，减少阻力

6. 下列不属于气体净制设备的是（ ）。

A. 袋滤器　　B. 静电除尘器　　C. 离心机

7. 下列哪种说法是错误的（ ）。

A. 降尘室是分离气-固混合物的设备

B. 三足离心机是分离气-固混合物的设备

C. 沉降槽是分离固-液混合物的设备

8. 离心机的分离因数越大，则分离能力（ ）。

A.越大　　B.越小　　C.相同

9. 工业上通常将待分离的悬浮液称为（ ）。

A.滤液　　B.滤浆　　C.过滤介质

10. 利用沉淀分离废水中悬浮物的必备条件是（ ）。

A.悬浮物颗粒大　　B.悬浮物不易溶于水　　C.悬浮物与水的相对密度不同

## 二、填空题

1. 沉降操作是指在某种力场中利用分散相和连续相之间的________差异，使之发生相对运动而实现分离的操作过程。

2. 沉降过程有____________沉降和____________沉降两种方式。

3. 降尘室通常只适用于分离粒度__________的粗颗粒，一般作为预除尘使用。

4. 非均相混合物的分离常用的机械分离方法为______和________。

5. 过滤操作是分离________________________________的单元操作。

6. 非均相混合物的分离方法有____________________________________等。

7. 工业上常用的过滤介质主要有__________、______、______和________。

8. 转筒真空过滤机，转速越大，生产能力就越______，每转一周所获得的滤液量就越_________，形成的滤饼厚度越________，过滤阻力越_________。

9. 通常，____________混合物的离心沉降在旋风分离器中进行，________混合物的离心沉降一般可在旋液分离器或沉降离心机中进行。

10. 沉降槽是分离__________________________混合物的设备。

## 三、简答题

1. 影响沉降速度的因素有哪些？在介质一定的条件下，如何提高分离效率？

2. 沉降分离设备所必须满足的基本条件是什么？温度变化对颗粒在气体中的沉降和在液体中的沉降各有什么影响？

3. 如何提高离心分离设备的分离能力？

4. 说明旋风分离器的原理，并指出要分出细颗粒时应考虑的因素。

5. 现有两个降尘室，其底面积相等而高度相差一倍，若处理含尘情况相同，流量相等的气体，问哪一个降尘室的生产能力大。

## 四、计算题

1. 试计算直径为 30 μm 的球形石英颗粒（其密度为 2 650 kg/m$^3$），在 20℃水中和 20℃常压空气中的自由沉降速度。

[答案：$u_t$=8.02 × 10$^{-4}$ m/s；$u_t$=7.18 × 10$^{-2}$ m/s]

2. 直径为 10 μm 的石英颗粒随 20℃的水做旋转运动，在旋转半径 $R$ = 0.05 m 处的切向速度为 12 m/s，求该处的离心沉降速度和离心分离因数。

[答案：$u_r$=0.026 2 m/s；$K_c$=294]

3. 用一降尘室处理含尘气体，假设尘粒作滞流沉降。下列情况下，降尘室的最大生产能力如何变化？（1）要完全分离的最小粒径由 60 μm 降至 30 μm；（2）空气温度由 10℃升至 200℃；（3）增加水平隔板数目，使沉降面积由 10 m$^2$ 增至 30 m$^2$。

[答案：（1）$\frac{V_s'}{V_s}=\frac{1}{4}$；（2）$\frac{V_s'}{V_s}=0.677$（3）$\frac{V_s'}{V_s}=3.0$]

4. 已知含尘气体中尘粒的密度为 2 300 kg/m$^3$。气体流量为 1 000 m$^3$/h、黏度为 3.6×10$^{-5}$ Pa • s、密度为 0.674 kg/m$^3$，若用如图 3-9 所示的标准型旋风分离器进行除尘，分离器圆筒直径为 400 mm，试估算其临界粒径及气体压强降。

[答案：$d_c$=8μm；$\Delta p$=520 Pa]

# 第四章　传热

## 学习目标

【知识目标】

1. 掌握传热基本方式、工业上换热的方法及傅立叶定律;
2. 掌握传热速率、平均温度差及总传热系数的计算;
3. 掌握列管式换热设备的分类、结构和选型;
4. 了解对流传热原理、影响因素、牛顿冷却定律及强化传热过程的途径;
5. 了解列管式换热器操作和维护的一般知识。

【技能目标】

1. 会确定工业生产中物料换热的工艺方案;
2. 会进行换热设备的操作与维护;
3. 会分析判断和处理换热设备出现的异常故障。

【思政目标】

1. 培养脚踏实地、积极进取、甘于奉献、服务社会的职业道德;
2. 培养立足一线、专业素质过硬、动手能力较强的技能型人才。

## 生产案例

以印染厂污泥干化综合处理流程为例，如图 4-1 所示，介绍传热及传热设备在工业生产中的应用。含水率为 75%～90%的印染污泥经污泥干燥机干燥后，得到含水率 40%以下的干污泥进行资源化综合利用。污泥干燥机和喷淋式冷却吸收塔就是典型的传热设备。另外，工业生产中的蒸发、精馏、吸收、萃取等单元操作都与传热过程有关，特别是在煤化工生产中，有近 40%的设备是换热设备。所以，传热是重要的单元操作过程之一，热能的合理利用对降低产品成本具有重要意义。

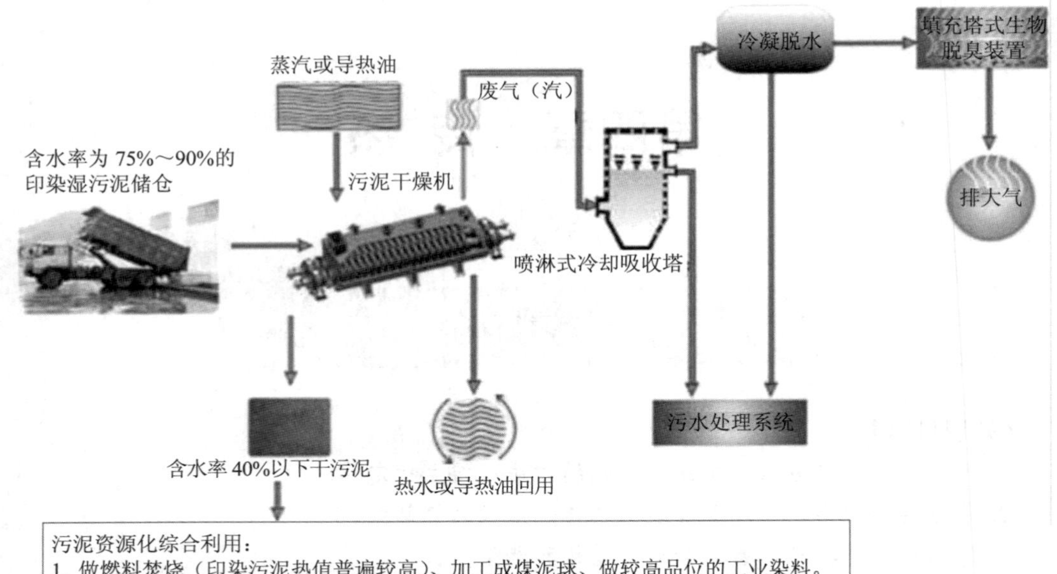


图 4-1 印染厂污泥干化综合处理流程

## 第一节 概 述

传热即热量传递，只要有温度差存在，热量就能自发地从高温处传到低温处，这种传热过程的推动力是温度差。在自然界、工农业生产和人们的日常生活中，传热过程无处不在。

### 一、传热在环境工程中的应用

热量传递在环境工程领域有如下的应用。

① 废热能和废冷量的回收再利用。热量与冷量都是能量，在能源短缺的今天，有效回收利用废热能和废冷量以节约能源是非常重要的，同样属于环境工程研究的范畴之一。如利用锅炉排出的烟道气的废热预热所要加热的物料，利用液体汽化释放的冷量来制冰块。废热能和废冷量的回收再利用同许多生产过程中的热量传递一样，需要效率高的传热设备。

② 保持废物处理过程所需的温度。环境工程中的废物治理方法很多，如物理法、化学法、微生物法、膜分离法等，有些方法对温度要求较严格，需要对所处理的废物进行加热或冷却，这就涉及热量传递过程。如微生物法处理有机废水，通常温度控制在 25～37℃，在寒冷的冬季，需要对废水加热才能进行生化处理；用蒸馏、蒸发结晶回收化工废物料均涉及热量传递。

③ 保温以减少热能损失。在工业生产和日常生活中，一些高温或低温设备和管路需要保温，以减少热量和冷量的损失，需要选择合适的保温材料和保温层厚度。从节约能源角度出发，设备和管路的保温也属于环境保护的范畴。

## 二、传热的基本方式

根据传热机理的不同，热量传递分为以下 3 种方式。

### （一）热传导

热传导又称导热。当物体内部存在温度差，热量会从温度高的一端传递到温度低的一端。从宏观上看，在热量传递过程中，导热体各部分未发生相对位移，从微观上看，导热体内部的分子、原子、自由电子等微观粒子的热运动使热量发生传递。热传导在固体、液体、气体中均可进行，但是它们的微观导热方式并不相同。金属固体中，主要靠自由电子的运动进行导热。在导热性能不是很好的固体和大部分的液体中，主要靠物体内部晶格上的分子或者原子振动进行导热。气体则是靠分子不规则运动造成分子间的相互碰撞进行导热。

### （二）热对流

热对流也称对流传热，是靠流体内部质点相对位移进行的热量传递。由于引起流体内部质点移动的作用力不同，对流传热有两种方式。

① 自然对流传热。这种传热方式是靠冷热流体的密度差不同，使流体内部质点发生移动。当流体下部的温度高于上部的温度时，冷流体的密度大于热流体的密度，冷流体向下运动，热流体向上运动，两流体在对流运动过程中进行热量传递。

② 强制对流传热。这种传热方式是靠外界的泵、搅拌或风机做功，迫使流体内部的质点位移，流体质点在移动过程中进行热量传递。强制对流的质点移动速度快，传热速率大，所以在实际生产和日常生活中，强制对流传热应用非常广泛。

### （三）热辐射

热辐射又称辐射传热。辐射传热是将热能转换成电磁波能向外辐射传递，当物体吸收电磁波后，将电磁能转换成热能。这种传热方式不需要传媒（介质），可以在真空中进行。辐射传热的一大特点是不仅有能量的传递，还有能量形式的转换。

自然界中所有热力学温度在 0 K（−273℃）以上的物体都在不断地向外发射电磁辐射能，同时又在不断地吸收电磁辐射能，且两种能量交替转换。由于高温物体发射的电磁辐射能多，吸收的电磁辐射能少，所以通过辐射可以将热量传递出去。

在传热过程中，上述 3 种传热方式往往同时存在，或两种方式共存，这样的传热过程称为复合传热。例如，热交换器的传热是对流传热和热传导联合作用的结果，同时还存在着热辐射。

## 三、换热器的热交换方式

### （一）直接接触式换热

直接接触式换热是在两种流体直接接触的过程中，热流体将热量传递给冷流体。图 4-2 所示是直接接触式气体冷却塔，是一种热能回收装置，在混合并流冷凝器中，某种水溶液和废热蒸气

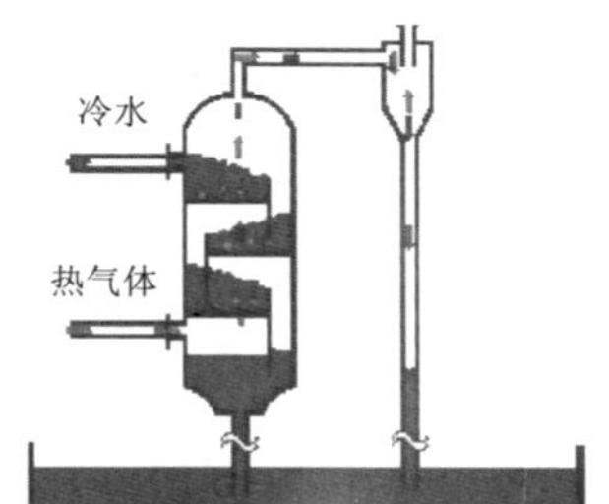

图 4-2　直接接触式气体冷却塔

直接接触，蒸气将冷凝热传递给水溶液，将水溶液加热，蒸气自身被冷凝成水与该溶液混合。

（二）蓄热式换热

蓄热式换热是先将某种蓄热器（热容量比较大的容器）加热，然后通入冷流体（或放入冷物体），蓄热器再将热量传给冷流体。图 4-3 所示是交替切换逆流式蓄热换热器，该换热器有两个蓄热体，冷热流体交替通过两蓄热体，从而达到连续操作的目的。

（三）间壁式换热

间壁式换热是用导热性能好的金属固体壁将冷、热两流体隔开，热流体把热量传递给金属壁，金属壁再把热量传递给冷流体，其热量传递过程如图 4-4 所示。工业上常用这种方法加热或冷却流体，如套管式换热器、列管式换热器、板式换热器等。

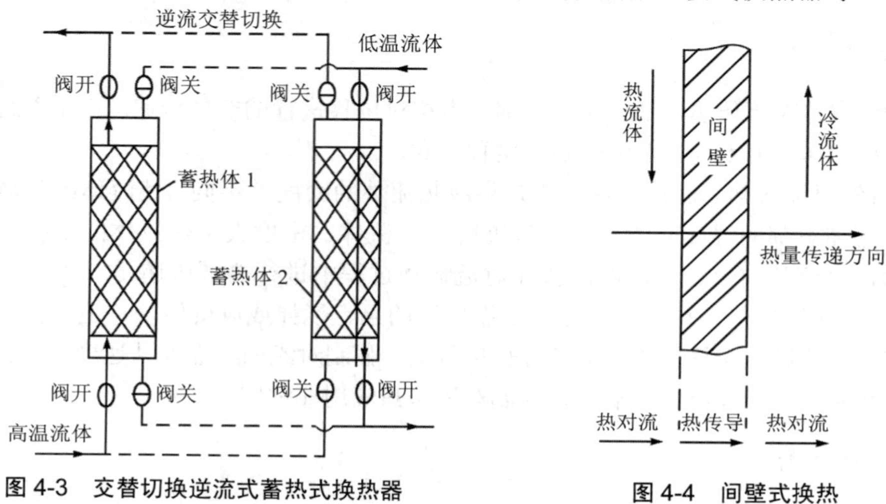


图 4-3 交替切换逆流式蓄热式换热器

图 4-4 间壁式换热

上述 3 种热交换方式均有承载热量的物质，称为热载体，如水、油、耐火材料等。选择热载体的原则为：热载体温度易控制，性能稳定，热容量大，毒性小，不易燃易爆，对设备无腐蚀性，价廉。表 4-1 列出了常用热载体的适用温度范围。

表 4-1 常用热载体的温度范围

单位：℃

| 加热载热体 | | | | | 冷却载热体 | | | |
|---|---|---|---|---|---|---|---|---|
| 烟道气 | 热水 | 饱和蒸气 | 矿物油 | 溶盐 | 水 | 空气 | 盐水 | 蒸发氨气 |
| 200～1 000 | 40～100 | 100～180 | 180～250 | 150～600 | 0～80 | 0～35 | −15～0 | −30～−15 |

## 四、传热的基本概念

（一）传热速率和热通量

### 1. 传热速率

传热过程中，热量传递的快慢程度用热流量或热通量来表示。单位时间内通过传热面传递的热量称为热流量，也称传热速率，单位为 J/s 或 W。

**2．热通量**

单位时间内，通过单位传热面所传递的热量称为热通量，也称热流密度，单位为 $W/m^2$。传热速率 $Q$ 和热通量 $q$ 的关系如下：

$$q = \frac{Q}{A} \tag{4-1}$$

式中：$Q$ —— 传热速率，J/s 或 W；

$A$ —— 传热面积，$m^2$；

$q$ —— 热通量，$W/m^2$。

#### （二）稳态传热和非稳态传热

温度差是自发传热的必要条件，所以传热系统中，空间各点温度不同，随着传热过程的进行，各点的温度可能随时间的变化而变化。如果传热系统中各点温度不随时间而变化，这一传热过程称为稳态（定态）传热。稳态传热时各点的热流量不随时间变化而变化，连续生产过程中的传热多为稳态传热。

如果传热系统中各点温度随时间而变化，则称为非稳态（非定态）传热过程。本章讨论的是一维定态传热过程。

## 第二节 热传导

### 一、傅立叶定律及导热系数

让·巴普蒂斯·约瑟夫·傅立叶(Jean Baptiste Joseph Fourier，1768—1830)，法国著名数学家、物理学家。傅立叶生于法国中部欧塞尔一个裁缝家庭，9 岁时沦为孤儿，就读于地方军校，1795 年任巴黎综合工科大学助教，1798 年随拿破仑军队远征埃及，受到拿破仑器重，回国后被任命为格伦诺布尔省省长。

傅立叶早在 1807 年就写成关于热传导的基本论文《热的传播》，推导出著名的热传导方程，提出在导热现象中，单位时间内通过给定截面的热量，正比例于垂直于该界面方向上的温度变化率和截面面积，而热量传递的方向则与温度升高的方向相反，这一规律称为傅立叶定律。

#### （一）傅立叶定律

傅立叶定律为热传导的基本定律，该定律的内涵是通过等温面的导热速率与温度梯度和传热面积成正比。对于一维稳定传热系统，傅立叶定律的数学表达式为

$$dQ = -\lambda dA\frac{dt}{dx} \tag{4-2}$$

式中：$Q$—— 导热速率，W 或 J/s；

$\lambda$—— 导热系数，W/（m·℃）或 W/（m·K）；

$A$—— 传热面积，$m^2$。

式（4-2）中的负号表示热量传递方向和温度梯度方向相反。

传热系统中，温度相同的点构成的面称为等温面。两相邻等温面间的温度差（$\Delta t$）与其垂直距离（$\Delta x$）之比的极限值称为温度梯度，其数学表达式为

$$\lim_{\Delta x \to 0}\frac{\Delta t}{\Delta x} = \frac{dt}{dx} \tag{4-3}$$

温度梯度是向量，正向指向温度增加的方向，通常在公式中不注明。

### （二）导热系数

由傅立叶定律数学式可得到如下关系：

$$\lambda = \frac{dQ}{dA\frac{dt}{dx}} = \frac{dq}{\frac{dt}{dx}} \tag{4-4}$$

由式（4-4）可知，导热系数 $\lambda$ 的物理意义是在数值上等于单位温度梯度下的热通量，这是表征物质导热能力的一个物性参数，$\lambda$越大，导热速率越快。导热系数的大小与物质的组成、结构、温度和压强有关。表 4-2 给出了不同状态下物质导热系数的大致范围。表 4-3 给出了常用材料的导热系数。

表 4-2 不同状态下物质导热系数的范围 单位：W/（m·℃）

| 物质种类 | 气体 | 液体 | 金属固体 | 不良导热固体 | 绝热材料 |
|---|---|---|---|---|---|
| $\lambda$ | 0.006～0.6 | 0.07～0.7 | 15～420 | 0.2～0.3 | ＜0.25 |

表 4-3 常用材料的导热系数

| 材料 | 温度/℃ | 导热系数$\lambda$/[W/（m·℃）] | 材料 | 温度/℃ | 导热系数$\lambda$/[W/（m·℃）] | 材料 | 温度/℃ | 导热系数$\lambda$/[W/（m·℃）] |
|---|---|---|---|---|---|---|---|---|
| 铝 | 300 | 230 | 熟铁 | 18 | 61 | 玻璃 | 30 | 1.09 |
| 镉 | 18 | 94 | 铸铁 | 53 | 48 | 云母 | 50 | 0.43 |
| 铜 | 100 | 377 | 石棉 | 0 | 0.16 | 硬橡皮 | 0 | 0.15 |
| 铅 | 100 | 33 | 石棉 | 100 | 0.19 | 氢 | 0 | 0.17 |
| 50%醋酸 | 20 | 0.35 | 石棉 | 200 | 0.21 | 二氧化碳 | 0 | 0.015 |
| 丙酮 | 30 | 0.17 | 高铝砖 | 430 | 3.1 | 空气 | 0 | 0.024 |
| 苯 | 30 | 0.16 | 建筑砖 | 20 | 0.69 | 空气 | 100 | 0.031 |

#### 1．固体的导热系数

金属是良好的导热体。纯金属的导热系数一般随温度的升高而降低，随纯度的增加而

增大。纯金属的导热系数大于金属合金的导热系数；固体非金属的导热系数随温度的升高而增大，密度越大导热系数也就越大。

大多数固体的导热系数与温度的关系为

$$\lambda = \lambda_0(1+\alpha t) \tag{4-5}$$

式中：$\lambda$ —— 固体在 $t$℃时的导热系数；W/（m·℃）或 W/（m·K）；

$\lambda_0$ —— 固体在 0℃时的导热系数；W/（m·℃）或 W/（m·K）；

$\alpha$ —— 温度系数，1/℃或 1/K，大多数金属材料的$\alpha$为负值，而大多数非金属材料的$\alpha$为正值。

### 2. 液体的导热系数

非金属液体以水的导热系数最大。除水和甘油外，绝大多数液体的导热系数随温度的升高而略有减小。纯液体的导热系数通常比其溶液的导热系数大。

### 3. 气体的导热系数

气体的导热系数比液体的小，约为液体导热系数的 1/10。气体的导热系数随温度的升高而增大，随压强的变化较小，在相当大的压力范围内，压力对导热系数无明显影响，可以忽略不计。

特别提示：金属的导热系数最大，非金属固体次之，液体的较小，而气体的最小。气体的导热系数很小，对导热不利，但有利于绝热、保温。

## 二、傅立叶定律在导热中的应用

### （一）平壁稳定热传导

### 1. 单层平壁稳定热传导过程

单层平壁导热如图 4-5 所示。假设导热系数为常数，对于稳态的一维平壁热传导，由傅立叶定律推导得

$$Q = \lambda \frac{A}{b}(t_1 - t_2) = \frac{\Delta t}{\dfrac{b}{\lambda A}} = \frac{\Delta t}{R} \tag{4-6}$$

把上式改写成下面的形式：

$$q = \frac{Q}{A} = \frac{t_1 - t_2}{\dfrac{b}{\lambda}} = \frac{\Delta t}{R'} \tag{4-6a}$$

式中：$b$ —— 平壁的厚度，m；

$R$ —— 导热热阻，℃/m 或 K/m；

$R'$ —— 单位传热面积上的导热热阻，$m^2$·℃/W 或 $m^2$·K/W；

$\Delta t$ —— 导热推动力（温度差），℃或 K。

在进行导热速率公式推导之前，假设$\lambda$为常量，而实际上$\lambda$是随温度而变化的。由于平壁内各等温面的温度不相同，其导热系数也随之而异。在工程计算中，通常采用平均导热系数进行计算。

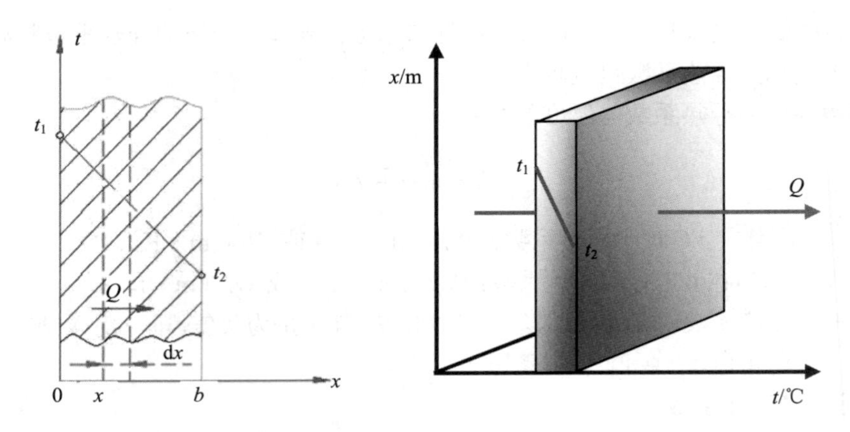


图 4-5 单层平壁导热

【例 4-1】某平壁面厚度为 0.35 m，一侧壁面温度为 1 100℃，另一侧壁面温度为 400℃，平壁面材料的导热系数与温度的关系为 $\lambda = 0.815(1 + 0.000\,93\,t)$，式中 $t$ 的单位为℃，$\lambda$的单位为 W/（m • ℃）。试求导热热通量及平壁面内的温度分布。

解：平壁面的导热系数按两壁面的平均温度计算：

$$t_{\mathrm{m}} = \frac{1}{2}(t_1 + t_2) = \frac{1}{2} \times (1\,100 + 400) = 750 \text{（℃）}$$

则平均导热系数为

$$\lambda_{\mathrm{m}} = 0.815 \times (1 + 0.000\,93 \times 750) = 1.383 \text{[W/（m • ℃）]}$$

导热热通量可按下式计算

$$q = \frac{\lambda_{\mathrm{m}}}{b}(t_1 - t_2) = \frac{1.383}{0.35} \times (1\,100 - 400) = 2\,766 \text{（W/m}^2\text{）}$$

设以 $x$ 表示沿壁厚方向的距离，在 $x$ 处壁面的温度为 $t$，则导热热通量为

$$q = \frac{\lambda_{\mathrm{m}}}{x}(t_2 - t)$$

由上式可得

$$t = t_2 - \frac{qx}{\lambda_{\mathrm{m}}} = 1\,100 - \frac{2\,766}{1.383}x = 1\,100 - 2\,000x$$

### 2．多层平壁稳定热传导

导热体的材质不同，其温度分布也不相同。现以 3 层壁为例来讨论多层平壁面的热传导情况，各层平壁面的温度分布如图 4-6 所示。假设各层壁面完全贴合，也就是说，相邻两层壁面温度相同，且 $t_1 > t_2 > t_3 > t_4$。在稳态导热过程中，通过各层的导热速率应相等，即 $Q=Q_1=Q_2=Q_3$，由傅立叶定律得

$$Q = \frac{t_1 - t_2}{b_1/(\lambda_1 A)} = \frac{t_2 - t_3}{b_2/(\lambda_2 A)} = \frac{t_3 - t_4}{b_3/(\lambda_3 A)} \tag{4-7}$$

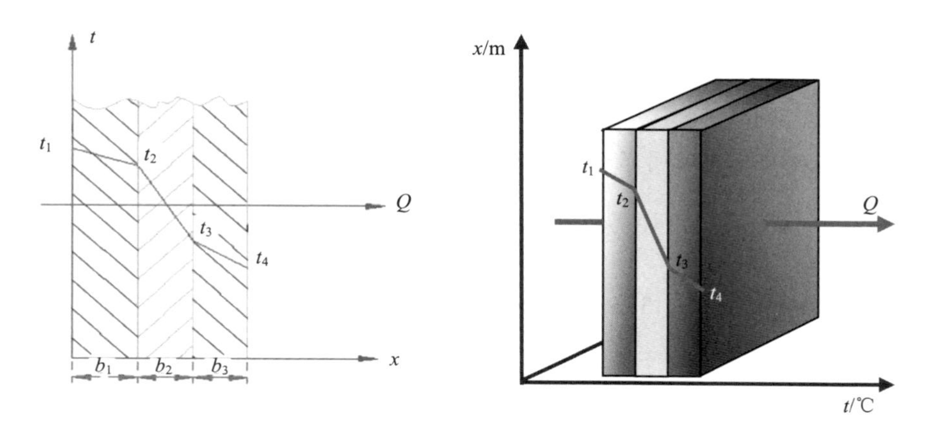


图 4-6 3 层平壁导热

在实际应用中，$t_1$ 和 $t_4$ 易测量，则由式（4-7）得

$$\begin{cases} t_1 - t_2 = Q\dfrac{b_1}{\lambda_1 A} \\ t_2 - t_3 = Q\dfrac{b_2}{\lambda_2 A} \\ t_3 - t_4 = Q\dfrac{b_3}{\lambda_3 A} \end{cases} \tag{4-8}$$

由式（4-8）相加整理得

$$Q = \frac{t_1 - t_4}{\dfrac{b_1}{\lambda_1 A} + \dfrac{b_2}{\lambda_2 A} + \dfrac{b_3}{\lambda_3 A}} \tag{4-9}$$

对于 $n$ 层平壁面，其传热速率表达式为

$$Q = \frac{t_1 - t_{n+1}}{\sum\limits_{i=1}^{n} \dfrac{b_i}{\lambda_i A}} = \frac{t_1 - t_{n+1}}{\sum R} \tag{4-10}$$

$$q = \frac{Q}{A} = \frac{t_1 - t_{n+1}}{\sum\limits_{i=1}^{n} \dfrac{b_i}{\lambda_i}} = \frac{t_1 - t_{n+1}}{\sum R'} \tag{4-11}$$

**【例 4-2】**有一燃烧平面壁炉，炉壁由 3 种材料构成。最内层为耐火砖，其厚度为 0.15 m，导热系数为 1.05 W/(m·℃)；中间层为保温砖，其厚度为 0.3 m，导热系数为 0.15 W/(m·℃)；最外层为普通砖，其厚度为 0.25 m，导热系数为 0.7 W/(m·℃)。现测得炉内壁温度为 1 000℃，耐火砖和保温砖间界面温度为 945℃，试求：(1) 单位面积的热损失，W/m$^2$；(2) 保温砖和普通砖间界面温度，℃；(3) 普通砖外侧面的温度，℃。

解：(1) 对定态热传导过程，$q = q_1 = q_2 = q_3$。根据已知条件，热损失应由耐火砖层的热传导速率方程求得，即

$$q = q_1 = \frac{\lambda_1}{b_1}(t_1 - t_2) = \frac{1.05}{0.15} \times (1\,000 - 945) = 385\ (\mathrm{W/m^2})$$

（2）设保温砖与普通砖间界面温度为 $t_3$，$t_3$ 由保温砖层热传导速率方程求解，即

$$q = q_2 = \frac{\lambda_2}{b_2}(t_2 - t_3)$$

即
$$385 = \frac{0.15}{0.3} \times (945 - t_3)$$

解得
$$t_3 = 175\ (℃)$$

（3）设普通砖外侧面温度为 $t_4$，$t_4$ 可由三层平壁的热传导速率方程求解，即

$$q = \frac{t_1 - t_4}{\dfrac{b_1}{\lambda_1} + \dfrac{b_2}{\lambda_2} + \dfrac{b_3}{\lambda_3}}$$

即
$$385 = \frac{1\,000 - t_4}{\dfrac{0.15}{1.05} + \dfrac{0.3}{0.15} + \dfrac{0.25}{0.7}} = \frac{1\,000 - t_4}{0.143 + 2.0 + 0.357}$$

解得
$$t_4 = 37.5\ (℃)$$

$t_4$ 也可由普通砖层热传导速率方程求得，两者结果应是一致的。

（二）圆筒壁稳定热传导

**1．单层圆筒壁稳定热传导**

在实际生产中，经常用到圆形管道，圆管道壁内的传热属于圆筒壁面的热传导。圆筒壁面的导热与平壁面导热不同之处是：沿传热方向，平壁面传热面积是一定的，而圆筒壁面的传热不是一个定值，它因半径的不同而不同。

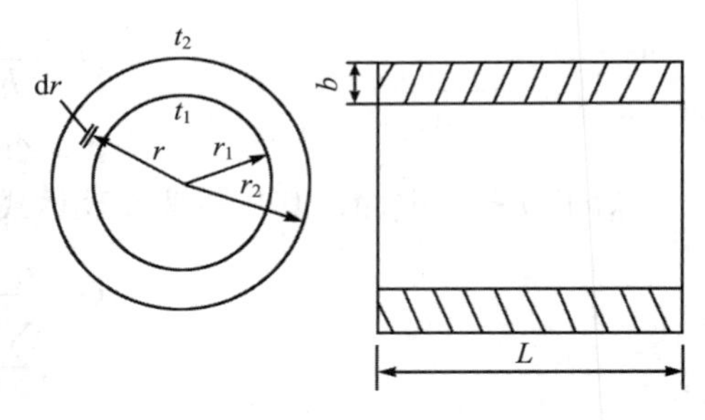


图 4-7　单层圆筒壁导热计算

如图 4-7 所示，假设圆筒壁很长，轴向散热可忽略不计，$t_1 > t_2$。在沿半径方向取厚度为 d$r$ 的薄壁，将薄壁圆筒展开，可近似看成是平壁面，由傅立叶公式得

$$Q = -\lambda A \frac{\mathrm{d}t}{\mathrm{d}r} = -\lambda(2\pi rL)\frac{\mathrm{d}t}{\mathrm{d}r} \tag{4-12}$$

对式（4-12）分离变量积分得

$$Q\int_{r_1}^{r_2} \frac{\mathrm{d}r}{r} = -\lambda(2\pi L)\int_{t_1}^{t_2} \mathrm{d}t$$

$$Q(\ln r_2 - \ln r_1) = -2\pi L\lambda(t_2 - t_1) \tag{4-13}$$

将式（4-13）整理得

$$Q=\frac{t_1-t_2}{\dfrac{r_2-r_1}{2\pi r_m L\lambda}}=\frac{2\pi L(t_1-t_2)}{\dfrac{1}{\lambda}\ln\dfrac{r_2}{r_1}} \tag{4-14}$$

式中：$r_m$ —— 对数平均半径，$r_m=\dfrac{r_2-r_1}{\ln\dfrac{r_2}{r_1}}$；

$A_m$ —— 对数平均面积，$A_m=\dfrac{A_2-A_1}{\ln\dfrac{A_2}{A_1}}$。

因圆筒壁内各层的导热面积不相等，所以通过各层的热通量不等，但各层的导热速率相等。

**2. 多层圆筒壁稳定热传导**

如图 4-8 所示，根据多层平壁导热速率计算的机理，多层圆筒壁的导热速率应等于总推动力（温度差）与总阻力之比，其数学表达式可写为

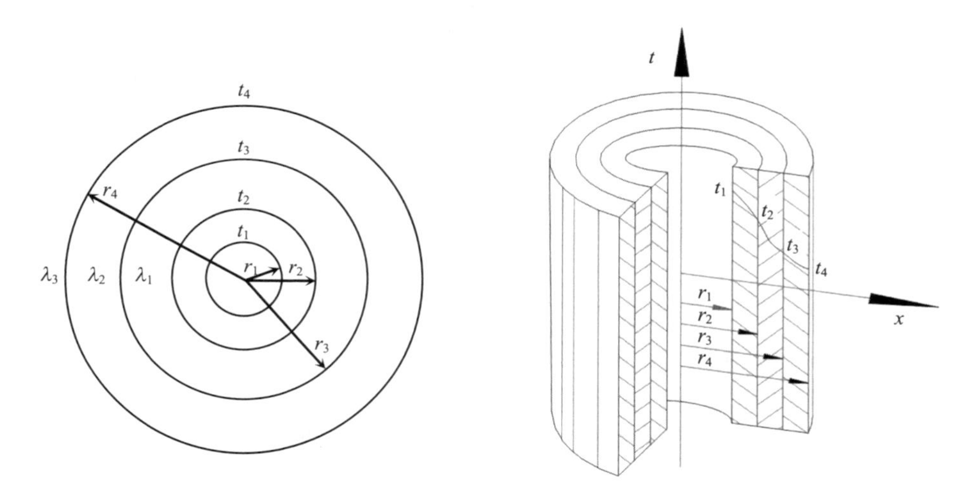


图 4-8 多层圆筒壁导热计算

$$Q=\frac{\text{推动力之和}}{\text{阻力之和}}=\frac{\sum\Delta t}{\sum\Delta R}$$

$$=\frac{t_1-t_4}{\dfrac{1}{2\pi L\lambda_1}\ln\dfrac{r_2}{r_1}+\dfrac{1}{2\pi L\lambda_2}\ln\dfrac{r_3}{r_2}+\dfrac{1}{2\pi L\lambda_3}\ln\dfrac{r_4}{r_3}}=\frac{t_1-t_4}{\sum\limits_{i=1}^{4}\dfrac{b_i}{\lambda_i A_{mi}}}$$

由此可以得到 $n$ 层圆筒壁导热速率通式

$$Q=\frac{t_1-t_{n+1}}{\sum\limits_{i=1}^{n}\dfrac{b_i}{\lambda_i A_{mi}}} \tag{4-15}$$

**【例 4-3】** 在直径为 $\phi140\times5$ mm 的蒸气管道外包扎保温层，保温层厚度为 0.07 m，

导热系数为 0.15 W/（m·℃）。若蒸气管道内壁面温度为 180℃，保温层外表面温度为 40℃，试求每米管长的热损失及蒸气管道和保温层间的界面温度。管壁材料导热系数为 45 W/（m·℃）。

解：由管内至管外，$r_1=\frac{1}{2}\times 0.13=0.065$（m），$r_2$=0.07（m），$r_3$=0.07+0.07=0.14（m）

两层圆筒壁的热传导速率方程为

$$\frac{Q}{L}=\frac{2\pi(t_1-t_3)}{\frac{1}{\lambda_1}\ln\frac{r_2}{r_1}+\frac{1}{\lambda_2}\ln\frac{r_3}{r_2}}$$

则：

$$\frac{Q}{L}=\frac{2\pi\times(180-40)}{\frac{1}{45}\ln\frac{0.07}{0.065}+\frac{1}{0.15}\ln\frac{0.14}{0.07}}=190.2\ (\text{W/m})$$

设蒸气管道和保温层间界面温度为 $t_2$，单层圆筒壁热传导速率方程为

$$\frac{Q}{L}=\frac{2\pi\times(t_1-t_2)}{\frac{1}{\lambda_1}\ln\frac{r_2}{r_1}}=\frac{2\pi(180-t_2)}{\frac{1}{45}\ln\frac{0.07}{0.065}}=190.2$$

解得 $t_2=179.95$（℃）

## 第三节 对流传热

在许多工程中，常借助导热性能好的金属壁面来实现冷、热流体的热量交换过程。其传热过程是热流体在流动过程中将热量传递给金属壁面的一侧，金属固体通过导热方式将热量传递到金属壁面的另一侧，然后金属壁面再将热量传递给冷流体。换热器固体壁面两侧均有流体流过，且进行着热量传递。这种流体流过固体壁面，且有热量传递的传热方式称为对流传热，如图 4-9 所示。

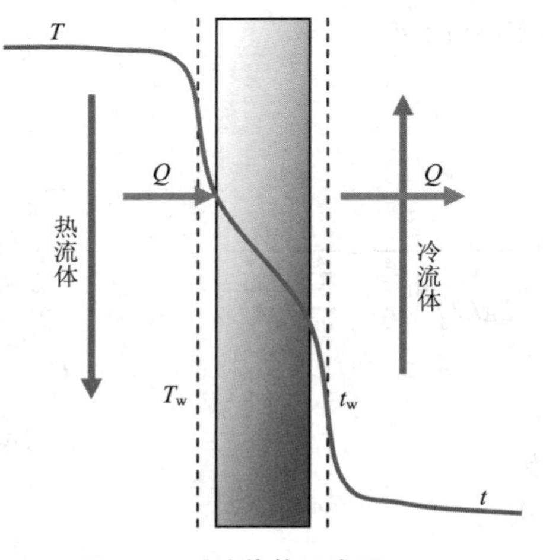


图 4-9 对流传热示意图

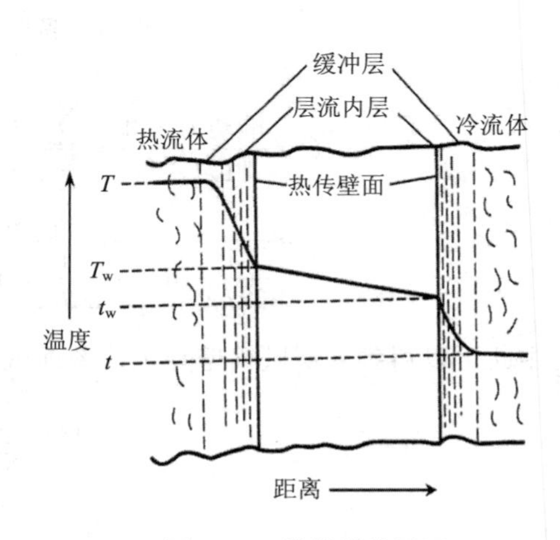


图 4-10 流体热边界层

## 一、对流传热速率方程

自然界中传递过程的普遍关系为

$$过程传递速率=\frac{过程推动力}{过程阻力}$$

由导热速率计算公式可知，传热过程的推动力是温度差，过程阻力是传热面积和传热系数乘积的倒数。由于在对流传热过程中，流体是流动的，沿其流动方向，流体和固体壁温度不断变化，所以用微元传热面积来计算传热速率，如图 4-9 所示，可得如下关系：

$$dQ=\frac{\Delta t}{R}=\frac{\Delta t}{\dfrac{1}{\alpha \cdot dA}}=\alpha \cdot dA \cdot \Delta t \tag{4-16}$$

式中：$dQ$ —— 对流传热速率，W；

$\alpha$ —— 对流传热系数，W/（$m^2 \cdot ℃$）；

$\Delta t$ —— 传热推动力，℃，（热流体 $\Delta t=T-T_w$；冷流体 $\Delta t=t_w-t$）；

$t_w$ —— 低温流体侧的壁面温度，℃；

$T_w$ ——高温流体测的壁面温度，℃；

$t$ —— 低温流体的温度，℃；

$T$ ——高温流体的温度，℃；

$dA$ —— 微元面积，$m^2$。

式（4-16）称为对流传热速率方程。影响$\alpha$ 的因素很多，$\alpha$ 与流体的流动形态、导热性能、黏度、密度等均有关。

## 二、对流传热系数及影响因素

### （一）对流传热温度分布与热边界层

如图 4-10 所示，强制对流传热是借外力作用，使流体形成湍流，流体各质点在无规则的运动的过程中很快将高温质点的热量传递给低温质点，因此湍流区的温度基本趋于一致。由于流体的黏性作用，越靠近固体壁附近的流速越慢，在靠近管壁处有一层滞流边界层，在滞流边界层内，流体呈层流流动，相邻层间的流体质点没有相对移动，因此，在垂直于流体流动方向上没发生强制对流传热，只存在热传导。因流体导热系数通常较小，即热阻大，所以滞流层中的温度梯度很大。在湍流区和滞流区之间有一个小的过渡区，也称为缓冲区，该区内既有热传导，又有强制对流传热，二者作用差不多，所以过渡区内也存在一定的温度梯度。

由上述分析可知，对流传热的热阻主要集中在滞流层内，将此滞流薄层定义为对流传热的热边界层，用 $x$ 表示。热边界层以外区域的温度趋于一致，可认为湍流区内的温度梯度为 0。

### （二）对流传热系数

对流传热过程中，热边界层传热方式为导热，由傅立叶定律得

$$dQ = -\lambda dA\left(\frac{dt}{dx}\right)_W \tag{4-17}$$

式中：$\lambda$—— 流体导热系数，W/（m·℃）或 W/（m·K）；

$\left(\frac{dt}{dx}\right)_W$ —— 热边界层内流体的温度梯度，℃/m 或 K/m。

由于讨论的传热过程为定态传热，热边界层的导热速率应等于对流传热速率。由式（4-16）和式（4-17）得

$$\alpha = -\frac{\lambda}{\Delta t}\left(\frac{dt}{dx}\right)_W \tag{4-18}$$

当传热量一定时，流体与固体壁面的温度差$\Delta t$与对流传热系数$\alpha$成反比；流体的导热系数$\lambda$（反映流体导热性能的物理量）与对流传热系数$\alpha$成正比；热边界层的温度梯度 $dt/dx$ 越大，$\alpha$越大。增大热边界层温度梯度的方法是减小热边界层厚度，改变流体的流动状态是减小热边界层厚度的有效方法。因此，对流传热系数$\alpha$不是物性参数，它是受多种因素影响的一个物理量。

### （三）对流传热系数的影响因素

#### 1．流体的种类和相变化情况

流体的种类不同，其对流传热系数不同，流体有相变化时出现气泡，对内部流体产生扰动作用，导致对流传热系数比无相变时更大。

#### 2．流体的物性

流体的导热系数、比热容、黏度、密度等物性对$\alpha$的影响较大，其中$\mu$增大，$\alpha$减小；$\rho$、$\lambda$、$c_p$增大，$\alpha$增大。

#### 3．流体的流动状态

滞流时，流体在热流方向上无附加的脉动，其传热形式主要是流体滞流内层的导热，故$\alpha$值较小。湍流时，$Re$ 增大，滞流内层的厚度减小，$\alpha$增大。

#### 4．流体流动的原因

因形成流体流动的原因不同，对流传热分为自然对流和强制对流。自然对流是由于流体内部存在的温度差引起密度差，使流体内部质点产生移动和混合，由于流速较小，$\alpha$值不大。强制对流是在机械搅拌的外力作用下引起的流体流动，流速较大，$\alpha$较大。故强制对流传热系数大于自然对流传热系数。

#### 5．传热面的形状、位置和大小

传热管、板、管束等不同的传热面形状，管子的排列方式（水平或垂直放置），管径、管长或管板的高度等都会影响流体在换热壁面的流动状况，因此影响$\alpha$值。对于一种类型的传热面常用一个对$\alpha$有决定性影响的特征尺寸 $L$ 来表示其大小。

## 三、对流传热系数经验关联式

由于$\alpha$的影响因素非常多，目前从理论上还不能导出$\alpha$的计算式，只能找出影响$\alpha$的若干因素，通过因次分析与传热实验相结合的方法，找出各种准数之间的关系，建立$\alpha$的经验公式。表 4-4 中列出了几种常用的准数。

表 4-4 几种常用的准数

| 准数名称 | 符号 | 准数式 | 意义 |
|---|---|---|---|
| 努塞尔特准数（给热准数） | $Nu$ | $\frac{al}{\lambda}$ | 表示对流传热系数的准数 |
| 雷诺数（流型准数） | $Re$ | $\frac{lu\rho}{\mu}$ | 确定流动状态的准数 |
| 普朗特准数（物性准数） | $Pr$ | $\frac{c_p\mu}{\lambda}$ | 表示物性影响的准数 |
| 格拉晓夫准数（升力准数） | $Gr$ | $\frac{\beta g\Delta t l^3\rho^2}{\mu^2}$ | 表示自然对流影响的准数 |

强制对流
$$Nu = f(Re, Pr) \tag{4-19}$$
自然对流
$$Nu = \varphi(Pr, Gr) \tag{4-20}$$

特别提示：使用准数关联式时应注意以下问题：

① 应用范围：关联式中 $Re$、$Pr$、$Gr$ 的数值范围。

② 特征尺寸：$Nu$、$Re$、$Gr$ 等准数中 $l$ 如何选取。

③ 定性温度：各准数中流体的物性应按什么温度确定。

### （一）流体在圆形直管内无相变强制对流

适用于气体或低黏度（小于 2 倍常温水的黏度）液体在圆形直管内无相变强制湍流的准数关联式：

$$Nu = 0.023Re^{0.8}Pr^n \tag{4-21}$$

或
$$\alpha = 0.023\frac{\lambda}{d_{内}}\left(\frac{d_{内}u\rho}{\mu}\right)^{0.8}\left(\frac{\mu c_p}{\lambda}\right)^n \tag{4-21a}$$

当流体被加热时，式中 $n = 0.4$；当流体被冷却时，式中 $n = 0.3$。

应用范围：$Re＞10^4$，$0.7＜Pr＜120$，管长与管径之比 $L/d_{内}\geqslant 60$，若 $L/d_{内}＜60$，则需进行修正，可将式（4-21a）求得的$\alpha$值乘以大于 1 的短管修正系数$\varphi$，即

$$\varphi = \left[1 + (d_{内}/L)^{0.7}\right] \tag{4-22}$$

**【例 4-4】** 在 200 kPa、20℃下，流量为 60 $m^3/h$ 空气进入套管换热器的内管，并被加热到 80℃，内管直径为$\phi$50×3.5，长度为 3 m。试求管壁对空气的对流传热系数。

解：定性温度$=\frac{20+80}{2}=50$ ℃，查附录十得 50℃下空气的物理性质如下：

$\mu = 1.96\times10^{-5}$ Pa·s，$\lambda = 2.83\times10^{-2}$ W/（m·℃），$Pr$=0.698

空气在进口处的速度为

$$u = \frac{V}{\frac{\pi}{4}d_i^2} = \frac{4\times60}{3\,600\times\pi\times0.05^2} = 8.49\ （m/s）$$

空气进口处的密度为

$$\rho = 1.293 \times \frac{273}{273+20} \times \frac{200}{101.3} = 2.379 \ (\mathrm{kg/m^3})$$

空气的质量流速为

$$G = u\rho = 8.49 \times 2.379 = 20.2 \ [\mathrm{kg/(m^2 \cdot s)}]$$

所以 $$Re = \frac{dG}{\mu} = \frac{0.05 \times 20.2}{1.96 \times 10^{-5}} = 51\,530 \ （湍流）$$

又因 $\dfrac{L}{d_i} = \dfrac{3}{0.05} = 60$

故 $Re$ 和 $Pr$ 值均在式（4-21a）的应用范围内，可用式（4-21a）计算$\alpha$。且气体被加热，取 $n$=0.4，则

$$\alpha = 0.023 \frac{\lambda}{d_{内}} Re^{0.8} Pr^{n} = 0.023 \times \frac{2.83 \times 10^2}{0.05} \times 51\,530^{0.8} \times 0.698^{0.4} = 66.3$$

计算结果表明，一般气体的对流传热系数都比较低。

（二）流体有相变时的对流传热

**1．蒸气冷凝**

当饱和蒸气与低于饱和温度的壁面相接触时，蒸气放出潜热并在壁面上冷凝成液体。

（1）蒸气冷凝方式

① 膜状冷凝。若冷凝液能润湿壁面，则在壁面上形成一层完整的液膜。如图 4-11 所示。

② 滴状冷凝。如图 4-12 所示，若冷凝液不能润湿壁面，由于表面张力的作用，冷凝液在壁面上形成许多液滴，并沿壁面落下。滴状冷凝时，大部分壁面直接暴露在蒸气中，由于没有液膜阻碍热流，因此滴状冷凝的传热系数$\alpha$大于膜状冷凝的传热系数$\alpha$，但在生产中滴状冷凝是不稳定的，冷凝器的设计常按膜状冷凝来考虑。

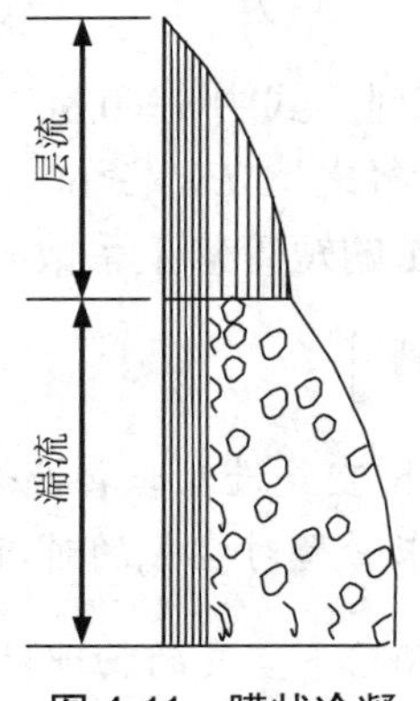


**图 4-11　膜状冷凝**

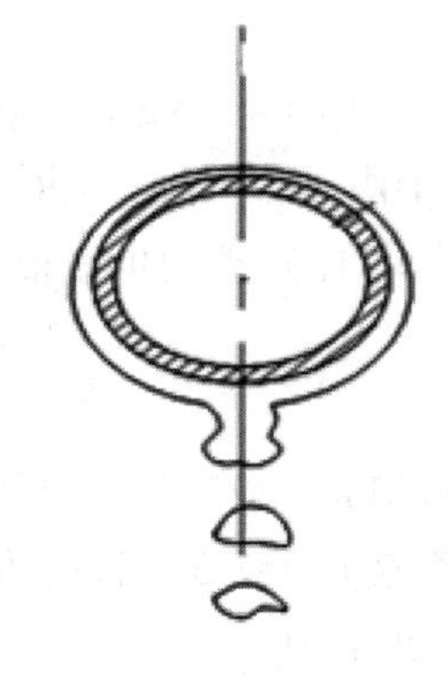

**图 4-12　滴状冷凝**

（2）影响冷凝传热的因素

影响冷凝传热的因素很多，主要有以下几点：

① 液膜两侧温度差的影响。液膜呈滞流流动时，$\Delta t$ 增大，液膜厚度增大，$\alpha$ 减小。

② 流体物性的影响。液体的密度、黏度、导热系数、汽化热等都影响$\alpha$值。液体的密

度$\rho$增加、黏度$\mu$减小、对流传热系数$\alpha$增大；导热系数$\lambda$增大、汽化热$\gamma$增大、对流传热系数$\alpha$增大。所有物质中，水蒸气的冷凝传热系数最大，一般为10 000 W/（$m^2$·℃）左右。

③ 蒸气流速和流向的影响。蒸气运动时会与液膜间产生摩擦力，若蒸气和液膜同向流动，则摩擦力使液膜加速，厚度变薄，使$\alpha$增大；若两者逆向流动，则$\alpha$减小。若摩擦作用力超过液膜重力，液膜会被蒸气吹离壁面。此时，随蒸气流速的增加，$\alpha$急剧增大。

④ 蒸气中不凝性气体含量的影响。蒸气冷凝时，不凝性气体在液膜表面形成气膜，冷凝蒸气到达液膜表面冷凝前先要通过气膜，增加了一层附加热阻。由于气体$\lambda$很小，使$\alpha$急剧下降。故，必须考虑不凝性气体的排除。

⑤ 冷凝壁面的影响。水平放置的管束，冷凝液从上部各排管子流下，使下部管排液膜变厚，则$\alpha$变小。垂直方向上管排数越多，$\alpha$下降得也越多。为增大$\alpha$值，可将管束由直列改为错列或减小垂直方向上管排的数目。

**2．液体沸腾**

液体与高温壁面接触被加热汽化并产生气泡的过程称为沸腾。

（1）液体沸腾的方法

工业上液体沸腾的方法可分为两种：大容积沸腾是将加热壁面浸没在液体中，液体在壁面处受热沸腾；管内沸腾是液体在管内流动时受热沸腾。

（2）液体沸腾曲线

以常压下水在容器内沸腾传热为例，讨论$\Delta t$对$\alpha$的影响，水的沸腾曲线如图4-13所示。

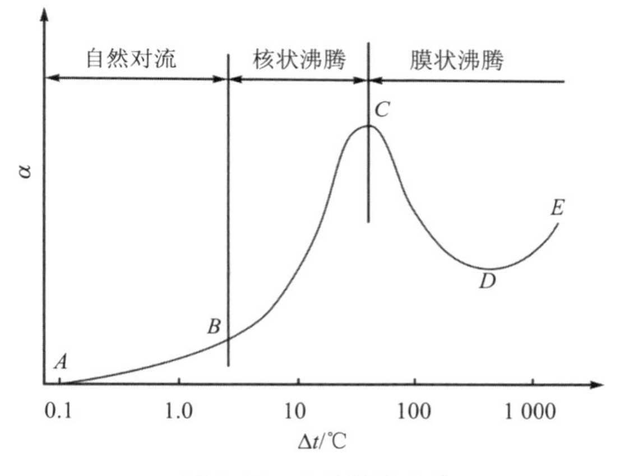


**图4-13　水的沸腾曲线**

*AB*段：$\Delta t\leqslant 5$℃时，加热表面上的液体轻微受热，使液体内部产生自然对流，没有气泡从液体中逸出，仅在液体表面上发生蒸发，$\alpha$较低。此阶段称为自然对流区。

*BC*段：$\Delta t=5\sim25$℃，在加热表面的局部位置开始产生气泡，该局部位置称为汽化核心。气泡的产生、脱离和上升使液体受到强烈扰动，因此$\alpha$急剧增大。此阶段称核状沸腾。

*CD*段：$\Delta t\geqslant 25$℃，加热面上气泡增多，气泡产生的速度大于它脱离表面的速度，表面形成一层蒸气膜，由于蒸气的导热系数低，气膜的附加热阻使$\alpha$急剧下降。此阶段称为不稳定的膜状沸腾。

*DE*段：$\Delta t\geqslant 25$℃时，气膜稳定，由于加热面温度$t_w$高，热辐射影响较大，$\alpha$增大。此时为稳定膜状沸腾。

从核状沸腾到膜状沸腾的转折点*C*称为临界点。*C*点的$\Delta t_c$、$\alpha_c$分别称为临界温度差和临界沸腾传热系数。工业生产中总是设法使沸腾装置控制在核状沸腾下工作。因为此阶段$\alpha$大，$t_w$小。

（3）影响沸腾传热的因素。

① 流体的物性。流体的导热系数$\lambda$、密度$\rho$、黏度$\mu$和表面张力$\sigma$等对沸腾传热有重要影响。$\alpha$随$\lambda$、$\rho$增加而增大；随$\mu$、$\sigma$增加而减小。

② 温度差 $\Delta t$。温度差 $t_w-t_s$ 是控制沸腾传热的重要因素，应尽量控制在核状沸腾阶段进行操作。

③ 操作压强。提高沸腾压强，相当于提高液体的饱和温度，使液体的表面张力和黏度均有所减小，有利于气泡的形成和脱离，强化了沸腾传热。在相同温度差下，操作压强升高，$\alpha$ 增大。

④ 加热表面的状况。加热面越粗糙，气泡核心越多，越有利于沸腾传热。一般新的、清洁的、粗糙的加热面的$\alpha$ 较大。当表面被油脂玷污后，$\alpha$ 急剧下降。

此外，加热面的布置情况，对沸腾传热也有明显的影响。例如，在水平管束外沸腾时，其上升气泡会覆盖上方管的一部分加热面，导致$\alpha$ 下降。

微课 间壁换热过程计算

# 第四节　传热过程计算

## 一、总传热速率方程

### （一）传热速率方程

传热速率方程是描述传热速率与传热面积及冷、热两流体的温度差的方程。且 $Q$ 与传热面积及冷、热两流体温度差的乘积成正比，即

$$Q \propto A\Delta t_m \tag{4-23}$$

在式（4-23）中引入正比例系数 $K$，即传热速率方程式为

$$Q = KA\Delta t_m \tag{4-24}$$

或：

$$Q = \frac{\Delta t_m}{\dfrac{1}{KA}} \tag{4-24a}$$

式中：$A$ —— 传热面积，$m^2$；

$K$ —— 传热系数，W/（$m^2$ • K）或 W/（$m^2$ • ℃）；

$\Delta t_m$ —— 冷、热流体的平均温度差，℃或 K。

### （二）传热热阻 $R$

$$R = \frac{1}{K} \tag{4-25}$$

提高换热器传热速率的途径是提高传热推动力和降低传热阻力。

## 二、热量衡算

在间壁传热过程中，若没有热量损失，热流体放出的热量应等于冷流体吸收的热量。由于流体在热交换过程中的状态不同，传热速率的计算也不同，现介绍几种常用的计算方法。

### （一）恒温传热时的传热速率计算

间壁两侧流体在相变温度下的对流传热属恒温传热，如饱和蒸气与沸腾液体间的传热就

属于恒温传热。此时冷、热流体在流动过程中温度均不发生变化，即 $T-t$ 为定值，则

$$Q = K(T-t)A = K\Delta t A \tag{4-26}$$

（二）变温传热时的传热速率计算

许多情况是冷、热流体在热交换过程中温度不断变化，具体有以下几种情况。

① 间壁传热中，两种流体均无相变时的热量衡算。

$$Q = W_h c_{ph}(T_1-T_2) = W_c c_{pc}(t_2-t_1) \tag{4-27}$$

式中：$W$—— 流体流量，kg/s；

$c_{ph}$—— 热流体的定压比热容，kJ/（kg・℃）；

$c_{pc}$—— 汽流体的定压比热容，kJ/（kg・℃）；

$T_1$、$T_2$—— 热流体的进口和出口温度，℃；

$t_1$、$t_2$—— 冷流体的进口和出口温度，℃。

② 间壁传热中，一种流体有相变，流体温度不变。若换热器中一侧流体有相变化，即一侧是饱和蒸气且冷凝液在饱和蒸气温度下离开换热器，则

$$Q = W_h\gamma = W_c c_{pc}(t_2 - t_1) \tag{4-28}$$

式中：$\gamma$—— 饱和蒸气的冷凝热，kJ/kg。

③ 间壁传热中，一种流体有相变，且流体温度发生变化。若换热器中流体有相变化且冷凝液离开换热器的温度低于饱和蒸气温度，则

$$Q = W_h[\gamma + c_{ph}(T_1-T_2)] = W_c c_{pc}(t_2-t_1) \tag{4-29}$$

## 三、平均温度差计算

由于换热器中流体的物性是变化的，故传热温度差和传热系数一般也会发生变化，在工程计算中通常用平均传热温度差代替。间壁两侧流体平均温度差的计算方法与换热器中两流体的相互流动方向有关，而两流体的温度变化情况，可分为恒温传热和变温传热。

（一）恒温传热时的平均温度差

换热器间壁两侧流体均有相变化时，例如在蒸发器中，间壁的一侧，液体保持在恒定的沸腾温度 $t$ 下蒸发；间壁的另一侧，加热用的饱和蒸气在一定的冷凝温度 $T$ 下进行冷凝，属恒温传热，此时传热温度差 $T-t$ 不变，即

$$\Delta t_m = T - t \tag{4-30}$$

流体的流动方向对$\Delta t_m$无影响。

（二）变温传热时的平均温度差

变温传热时，两流体相互流动的方向不同，则对温度差的影响不同，分述如下。

**1．逆流和并流时的平均温度差**

在换热器中，冷、热两流体平行而同向流动，称为并流；两者平行而反向流动，称为逆流，如图 4-14 所示。

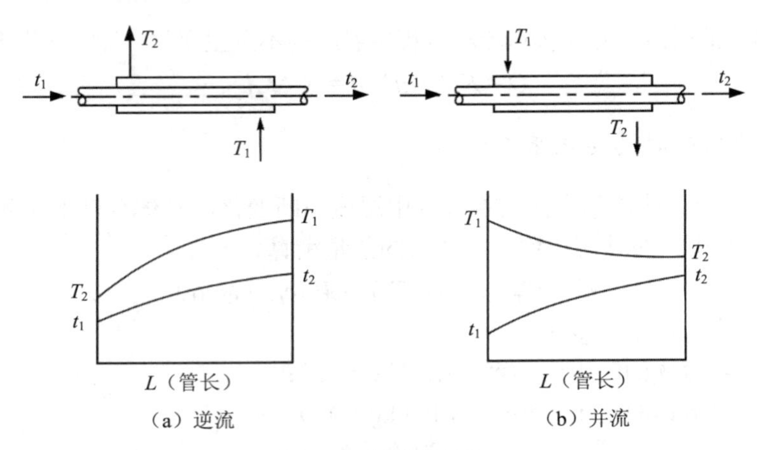


**图 4-14　逆流和并流**

并流和逆流时的平均温度差经推导得

$$\Delta t_{\mathrm{m}}=\frac{\Delta t_1-\Delta t_2}{\ln\dfrac{\Delta t_1}{\Delta t_2}} \tag{4-31}$$

特别提示：若 $\Delta t_1/\Delta t_2<2$ 时，仍可用算术平均值计算，即 $\Delta t_{\mathrm{m}}=\dfrac{\Delta t_1+\Delta t_2}{2}$，其误差＜4%。对于同样的进出口条件，$\Delta t_{\mathrm{m}_{逆}}>\Delta t_{\mathrm{m}_{并}}$，并可以节省传热面积及加热剂或冷却剂的用量，工业上一般采用逆流操作。而对于一侧有变化，另一侧恒温，则 $\Delta t_{\mathrm{m}_{逆}}=\Delta t_{\mathrm{m}_{并}}$。

### 2．错流和折流时的平均温度差

在大多数的列管换热器中，两流体并非简单地逆流或并流。因为传热的好坏，除考虑温度差的大小外，还要考虑影响传热系数的多种因素以及换热器的结构是否紧凑合理等，所以，实际上两流体的流向是比较复杂的折流或相互垂直的错流。如图 4-15 所示，（a）图中两流体的流向互相垂直，称为错流；（b）图中一种流体只沿一个方向流动，而另一种流体反复折流，称为简单折流。若两股流体均作折流，或既有折流又有错流，则称为复杂折流。

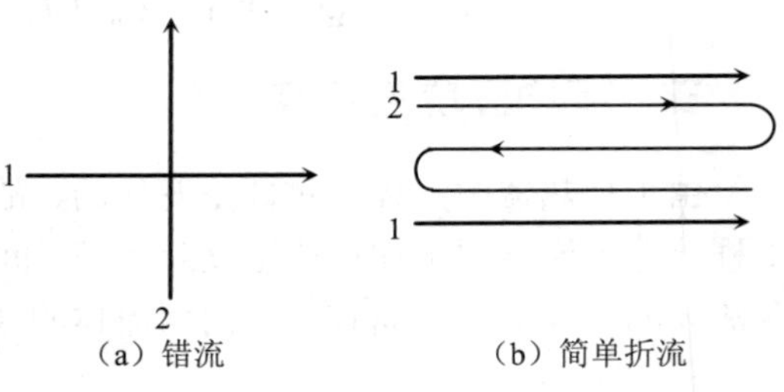


**图 4-15　错流和折流**

错流或折流时的平均温度差是先按逆流计算对数平均温度差 $\Delta t_{\mathrm{m}_{逆}}$，再乘以温度差修正系数 $\varphi_{\Delta t}$，即

$$\Delta t_{\mathrm{m}}=\varphi_{\Delta t}\Delta t_{\mathrm{m}_{逆}} \tag{4-32}$$

各种流动情况下的温度差修正系数 $\varphi_{\Delta t}$、$R$ 和 $P$ 可根据换热器的型式由图 4-16 查取。

$$R=\frac{T_1-T_2}{t_2-t_1}=\frac{热流体的温降}{冷流体的温升}$$

$$P=\frac{t_2-t_1}{T_1-t_1}=\frac{冷流体的温升}{两流体的最初温差}$$

$\varphi_{\Delta t}$值可根据换热器的型式，由图 4-16 查取。采用折流和其他复杂流动的目的是提高传热系数，其代价是使平均温度差相应减小。综合利弊，在设计时最好使$\varphi_{\Delta t}>0.9$，至少不应低于 0.8，否则经济上不合理。

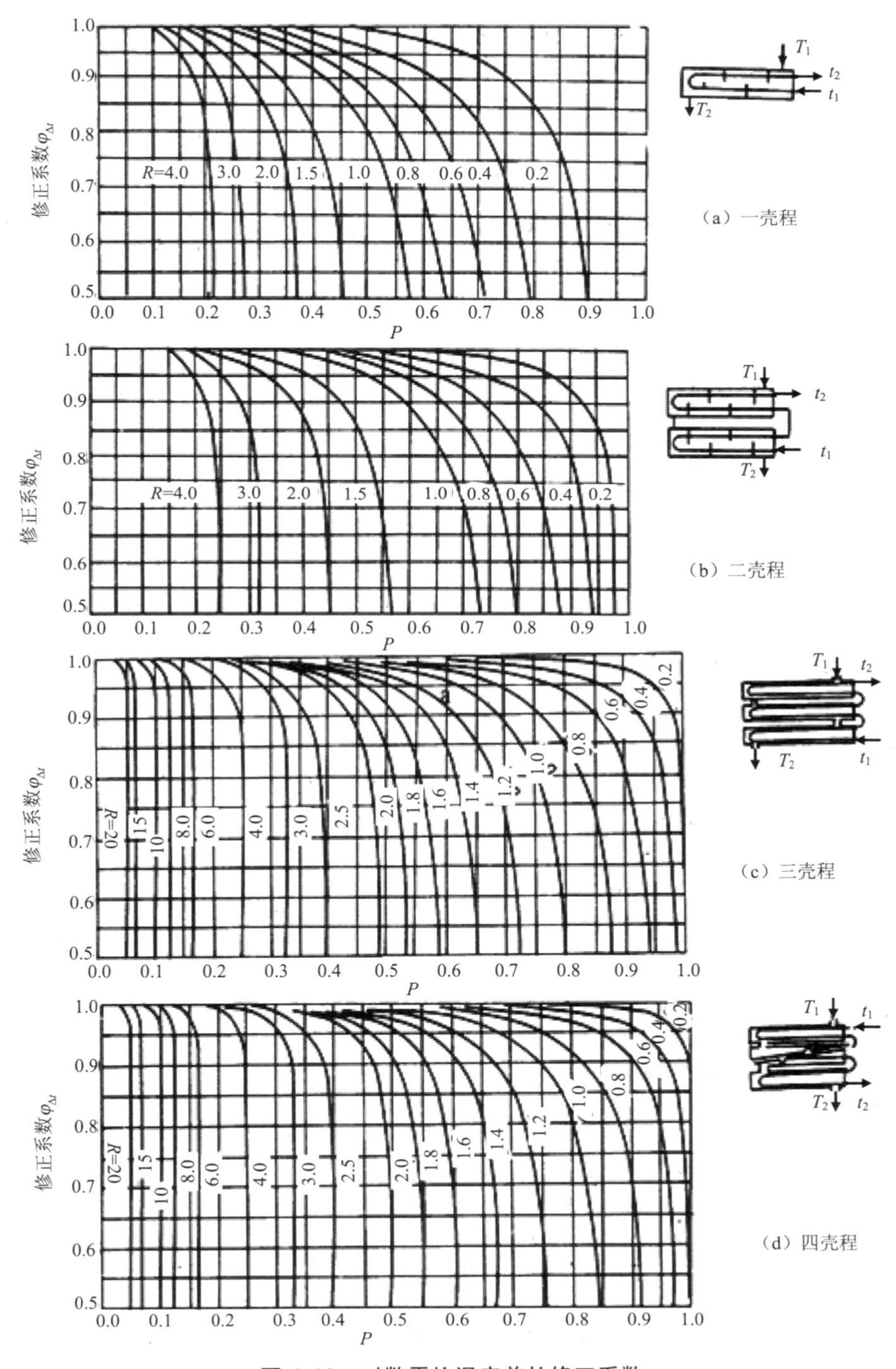


图 4-16 对数平均温度差的修正系数

【例 4-5】将 0.417 kg/s、353 K 的硝基苯通过换热器用冷却水冷却到 313 K。冷却水初温为 303 K，终温不超过 308 K。已知水的比热容为 4.187 kJ/（kg・℃），试求换热器的热负荷及冷却水用量。

解：由附录十五查得硝基苯$T_{\rm m}=\dfrac{T_1+T_2}{2}=\dfrac{353+313}{2}=333$ K 时的比热容为 1.6 kJ/（kg・℃），

则热负荷为：$Q=W_{\rm h}c_{\rm ph}(T_1-T_2)=0.417\times1.6\times(353-313)=26.7$（kW）

冷却水用量为：$W_{\rm c}=\dfrac{Q}{c_{pc}(t_2-t_1)}=\dfrac{26\,700}{4.187\times1\,000\times(308-303)}=1.275$（kg/s）

【例 4-6】在列管式换热器中，热流体由 180℃冷却至 140℃，冷流体由 60℃加热到 120 ℃，试计算并流操作的$\Delta t_{\rm m并}$和逆流操作的$\Delta t_{\rm m逆}$。

解

并流操作

$$\begin{array}{c}180℃\rightarrow140℃\\ \underline{60℃\rightarrow120℃}\\ 120℃\quad 20℃\end{array}$$

$$\Delta t_{\rm m}=\frac{\Delta t_1-\Delta t_2}{\ln\dfrac{\Delta t_1}{\Delta t_2}}=\frac{120-20}{\ln\dfrac{120}{20}}=\frac{100}{4.09}=24.4\ (℃)$$

逆流操作：

$$\begin{array}{c}180℃\rightarrow140℃\\ \underline{120℃\leftarrow60℃}\\ 60℃\quad 80℃\end{array}$$

所以

$$\Delta t_{\rm m}=\frac{80-60}{\ln\dfrac{80}{60}}=\frac{20}{0.288}=69.5\ (℃)$$

由【例 4-6】可知，逆流操作平均温差大于并流操作平均温度差，采用逆流操作可节省传热面积，从而可以节省加热剂或冷却剂的用量。但是在某些生产工艺有特殊要求时，如要求冷流体被加热时不能超过某一温度，或热流体被冷却时不能低于某一温度，则宜采用并流操作。

## 四、传热系数的计算

### （一）传热面为单层平壁

$$R=R_1+R_{导}+R_2=\frac{1}{K}=\frac{1}{\alpha_1}+\frac{b}{\lambda}+\frac{1}{\alpha_2}$$

则

$$K=\frac{1}{\dfrac{1}{\alpha_1}+\dfrac{b}{\lambda}+\dfrac{1}{\alpha_2}}\tag{4-33}$$

① 若为多层平壁。式（4-33）分母中的$\dfrac{b}{\lambda}$一项可以写为$\sum\limits_{i=1}^{n}\dfrac{b}{\lambda}=\dfrac{b_1}{\lambda_1}+\dfrac{b_2}{\lambda_2}+\cdots+\dfrac{b_n}{\lambda_n}$。

则式（4-33）还可写成

$$K = \frac{1}{\frac{1}{\alpha_1} + \sum_{i=1}^{n} \frac{b_i}{\lambda_i} + \frac{1}{\alpha_2}} \tag{4-33a}$$

② 若固体壁面为金属材料，金属的导热系数较大，而壁厚又薄，$\sum_{i=1}^{n} \frac{b_i}{\lambda_i}$ 一项与 $\frac{1}{\alpha_1}$ 和 $\frac{1}{\alpha_2}$ 相比可略去不计，则式（4-33）还可写成

$$K = \frac{1}{\frac{1}{\alpha_1} + \frac{1}{\alpha_2}} = \frac{\alpha_1 \alpha_2}{\alpha_1 + \alpha_2} \tag{4-33b}$$

特别提示：当两个$\alpha$值相差悬殊时，则 $K$ 值与小的$\alpha$值很接近，如果$\alpha_1 \gg \alpha_2$，则 $K \approx \alpha_2$；$\alpha_1 \ll \alpha_2$，则 $K \approx \alpha_1$。

### （二）传热面为圆筒壁

当传热面为圆筒壁时，两侧的传热面积不相等。若以 $A_0$ 表示换热管的外表面积，$A_i$ 表示换热管的内表面积，$A_m$ 表示换热管的平均面积，则

$$K_0 = \frac{1}{\frac{A_0}{\alpha_1 A_i} + \frac{b A_0}{\lambda A_m} + \frac{1}{\alpha_2}} \tag{4-34}$$

式中，$K_0$ 为以外表面积为基准的传热系数，$A_0 = \pi d_0 L$。

同理可得

$$K_i = \frac{1}{\frac{1}{\alpha_1} + \frac{b A_i}{\lambda A_m} + \frac{A_i}{\alpha_2 A_0}} \tag{4-34a}$$

式中，$K_i$ 为以内表面积为基准的传热系数，$A_i = \pi d_i L$。同理还可得

$$K_m = \frac{1}{\frac{A_m}{\alpha_1 A_i} + \frac{b}{\lambda} + \frac{A_m}{\alpha_2 A_0}} \tag{4-34b}$$

式中，$K_m$ 为以平均面积为基准的传热系数，$A_m = \pi d_m L$。

特别提示：对于传热面为圆管壁的换热器，其传热系数必须注明是以哪个传热面为基准。在换热器系列化标准中传热面积均指换热管的外表面积 $A_0$，一般在管壁较薄时，即 $d_0/d_i < 2$ 可取近似值：$A_i \approx A_m \approx A_0$，则可以简化为平壁计算式。

表 4-5 中列出了列管式换热器中不同流体在不同情况下的传热系数的大致范围，必要时可从表中直接选取 $K$ 值。

表 4-5 列管式换热器 $K$ 值的大致范围 单位：W/（$m^2$·K）

| 热流体 | 冷流体 | 传热系数 $K$ | 热流体 | 冷流体 | 传热系数 $K$ |
|---|---|---|---|---|---|
| 水 | 水 | 850～1700 | 低沸点烃类蒸气冷凝（常压） | 水 | 455～1140 |
| 轻油 | 水 | 340～910 | 高沸点烃类蒸气冷凝（常压） | 水 | 60～170 |
| 气体 | 水 | 60～280 | 水蒸气冷凝 | 水沸腾 | 2000～4250 |
| 水蒸气冷凝 | 水 | 1420～4250 | 水蒸气冷凝 | 轻油沸腾 | 455～1020 |
| 水蒸气冷凝 | 气体 | 30～300 | 水蒸气冷凝 | 重油沸腾 | 140～425 |

#### （三）污垢热阻

换热器使用一段时间后，传热壁面往往积存一层污垢，对传热形成了附加热阻，称为污垢热阻。污垢热阻的大小与流体的性质、流速、温度、设备结构及运行时间等因素有关。对于一定的流体，增加流速可以减少污垢在壁面的沉积，降低污垢热阻。由于污垢层的厚度及其导热系数难以准确测定，通常只能根据污垢热阻的经验值进行计算。污垢热阻的经验值可查阅有关手册。

若换热器内外均存在污垢热阻，分别用 $R_i$ 和 $R_0$ 表示，则单层平壁传热系数计算式可写为

$$K = \frac{1}{\dfrac{1}{\alpha_1} + R_i + \dfrac{b}{\lambda} + R_0 + \dfrac{1}{\alpha_2}} \tag{4-35}$$

为了减少冷热流体壁面两侧的污垢热阻，换热器应定期清洗。

## 五、强化传热途径

由总传热速率方程 $Q = KA\Delta t_m$ 可知，增大 $\Delta t_m$、$K$ 及 $A$ 均可提高传热速率 $Q$，其中增大传热系数 $K$ 是强化传热最有效的途径。

#### （一）尽可能增大传热平均温度差$\Delta t_m$

增大传热平均温度差，可提高换热器的传热速率。具体措施如下：① 当两侧流体变温传热时，尽量采用逆流操作。② 提高加热剂的温度（如采用蒸气加热可提高蒸气的压力）；降低冷却剂的进口温度。

#### （二）尽可能增大总传热面积

增大总传热面积，可提高换热器的传热速率。具体措施如下：① 直接接触传热可采用增大两流体接触面积的方法，提高传热速率。② 改进换热器的结构，采用高效新型换热器。

#### （三）尽可能增大传热系数 $K$

增大传热系数，可提高换热器传热速率，以式（4-35）为例，提高传热系数 $K$ 的具体措施如下：① 提高流体的对流传热系数$\alpha$。若$\lambda$很大，而 $b$ 很小，污垢热阻可忽略时，由前面讨论可知，$K$ 值与小的$\alpha$值很接近，因此设法提高$\alpha$较小的那一侧流体的$\alpha$，可提高传热系数。② 抑制污垢的生成或及时除垢。增加流速，改变流向，增大流体的湍动程度，以减少污垢的沉积；控制冷却水的出口温度，加强水质处理，尽量采用软化水；加入阻垢

剂，减缓和防止 $R_{污}$的形成；若污垢形成，应及时清洗设备。

**【例 4-7】**热空气在冷却管管外流过，$\alpha_2$=90 W/（m$^2$ • ℃），冷却水在管内流过，$\alpha_1$=1 000 W/（m$^2$ • ℃）。冷却管外径 $d_0$=16 mm，壁厚 $b$=1.5 mm，管壁的$\lambda$=40 W/（m • ℃）。试求：（1）总传热系数 $K_0$；（2）管外对流传热系数$\alpha_2$增加一倍，总传热系数有何变化？（3）管内对流传热系数$\alpha_1$增加一倍，总传热系数有何变化？

解：（1）由式（4-34）可知

$$K_0=\frac{1}{\dfrac{A_0}{\alpha_1 A_i}+\dfrac{bA_0}{\lambda A_m}+\dfrac{1}{\alpha_2}}=\frac{1}{\dfrac{1}{1\,000}\times\dfrac{16}{13}+\dfrac{0.0015}{40}\times\dfrac{16}{14.5}+\dfrac{1}{90}}$$

$$=\frac{1}{0.001\,23+0.000\,04+0.011\,11}=80.8\ [\text{W/（m}^2\cdot℃\text{）}]$$

可见管壁热阻很小，通常可以忽略不计。

（2）$\alpha_2$增加一倍　$K_0=\dfrac{1}{0.001\,23+\dfrac{1}{2\times 90}}=147.4\ [\text{W/(m}^2\cdot℃)]$

传热系数增加了 82.4%。

（3）$\alpha_1$增加一倍　$K_0=\dfrac{1}{\dfrac{1}{2\times 1\,000}\times\dfrac{16}{13}+0.011\,11}=85.3\ [\text{W/(m}^2\cdot℃)]$

传热系数只增加了 6%，说明要提高 $K$，应提高较小的$\alpha_2$。

**【例4-8】**在某传热面积 $A_0$ 为 15 m$^2$ 的管壳式换热器中，壳程通入饱和水蒸气以加热管内的空气。150℃的饱和水蒸气冷凝为同温度下的水排出。空气流量为 2.8 kg/s，其进口温度为 30℃，比热容可取为 1 kJ/（kg • ℃），空气对流传热系数为 87 W/（m$^2$ • ℃），换热器热损失可忽略，试计算空气的出口温度。

解：本题为一侧恒温传热，且$\alpha_{蒸气}\gg\alpha_{空气}$，故 $K\approx\alpha_{空气}$。空气的出口温度可联合空气的热量衡算与总传热速率方程由$\Delta t_m$中解得，即

$$Q=KA\Delta t_m=W_c c_{pc}(t_2-t_1)$$

其中　$K\approx\alpha_{空气}$=87 W/（m$^2$ • ℃）

$$\Delta t_m=\frac{(T-t_1)-(T-t_2)}{\ln\dfrac{T-t_1}{T-t_2}}=\frac{t_2-30}{\ln\dfrac{150-30}{150-t_2}}$$

则

$$87\times 15\times\frac{t_2-30}{\ln\dfrac{120}{150-t_2}}=2.8\times 1\,000\times(t_2-30)$$

$$\frac{120}{150-t_2}=e^{0.466}=1.594$$

解得　$t_2=74.7$（℃）

# 第五节 换热器

换热器是许多工业生产中重要的传热设备，换热器的类型很多，特点不一，可根据生产要求选择。前已述及三种热交换方式，即直接接触式、蓄热式和间壁式，其中间壁式换热器应用最为普遍。间壁式换热器按换热器的用途分为加热器、预热器、过热器、蒸发器、再沸器、冷却器和冷凝器；按换热器传热面形状和结构分为管式换热器、板式换热器和特殊形式换热器。具体分类如下：

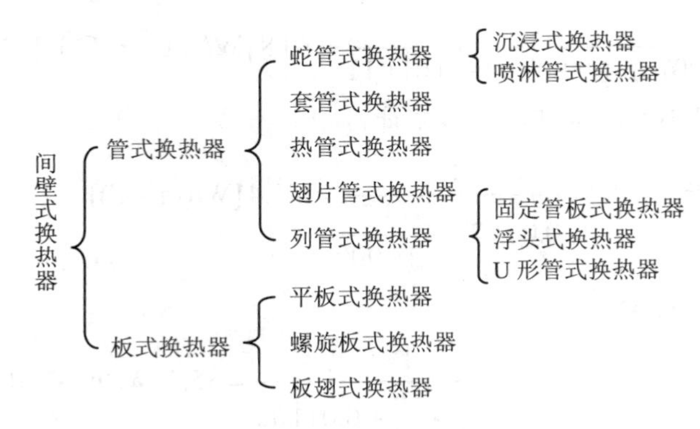


## 一、管式换热器

### （一）蛇管式换热器

换热管是用金属管弯制成蛇的形状，所以称蛇管，蛇管式换热器有两种形式：沉浸式蛇管换热器和喷淋管式换热器。

#### 1. 沉浸式蛇管换热器

沉浸式蛇管换热器如图 4-17 所示，蛇管安装在容器中液面以下，容器中流动的液体与蛇管中的流体进行热量交换。其优点是结构简单，适用于管内流体为高压或腐蚀性流体；缺点是蛇管外的对流传热系数$\alpha$较小，为了提高管外流体的对流传热系数，常在容器中安装搅拌器，以增大管外液体的湍流程度。

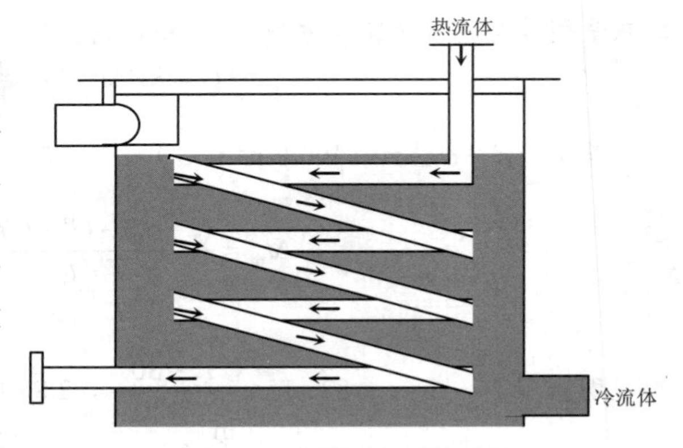

图 4-17 沉浸式蛇管换热器

#### 2. 喷淋管式换热器

喷淋管式换热器如图 4-18 所示。喷淋管式换热器冷却用水进入排管上方的水槽，经水槽的齿形上沿均匀分布，向下依次流经各层管子表面，最后收集于水池中。管内热流体下进上出，与冷却水做逆流流动，进行热量交换。喷淋管式换热器用于管内高压流体的冷却。

喷淋管式换热器一般安装在室外，冷却水被加热时会有部分汽化，带走一部分汽化热，提高传热速率。其结构简单，管外清洗容易，但占用空间较大。

### （二）套管式换热器

套管式换热器是由两种不同直径的直管套在一起，制成若干根同心套管。相邻两个外管用接管串联，相邻内管用 U 形弯头串联，如图 4-19 所示。一种流体在内管中流动，另一种流体在内管与外管之间的环隙中流动。为提高传热速率，常将内管外表面或外管内表面加工成槽或翅翼，使环隙内的流体呈湍流状态，其传热系数较大。

套管式换热器结构简单，能耐高压。根据传热的需要，可以增减串联的套管数目。其缺点是单位传热面的金属消耗量较大。当流体压力较高、流量不大时，采用套管式换热器较为合适。

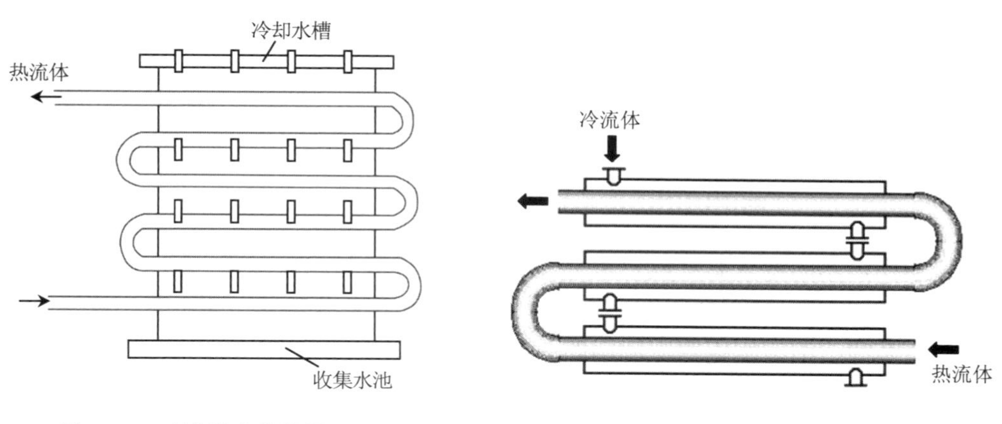


图 4-18　喷淋管式换热器　　图 4-19　套管式换热器

### （三）热管式换热器

热管式换热器是在长方形壳体中安装许多热管，壳体中间有隔板，使高温气体与低温气体隔开。在金属热管外表面装有翅片，以增加传热面积，其箱式结构如图 4-20 所示。

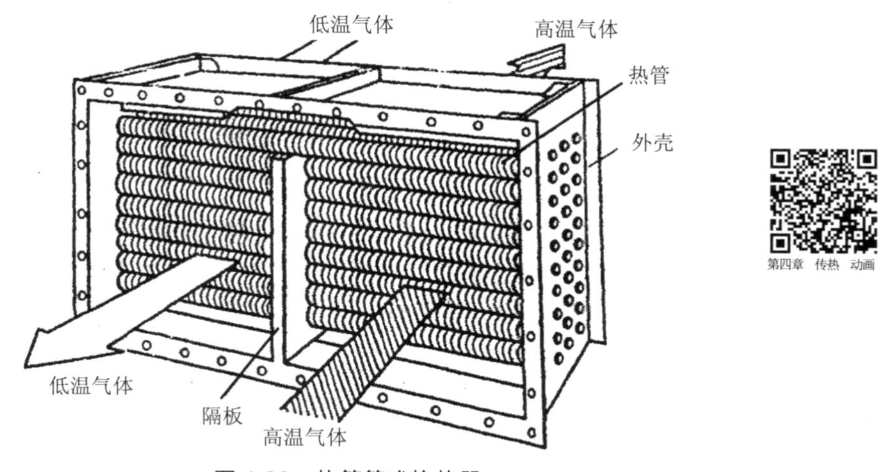


图 4-20　热管箱式换热器

第四章 传热 动画

热管式换热器的工作原理如图 4-21 所示。在一根金属管内表面覆盖一层有毛细孔结构的吸液网，抽去管内空气，装入一定量载热液体（工作液体），载热液体渗透到吸液网中。热管的一端为蒸发端，另一端为冷凝端。载热液体在蒸发端从高温气体得到热量汽化为蒸气，蒸气在压力差的作用下流向冷凝端，向低温气体放出热量而冷凝为液体。此冷凝液在吸液网的毛细管作用下流回蒸发端，再次受热汽化，如此反复循环，不断将热量从蒸发端传到冷凝端。

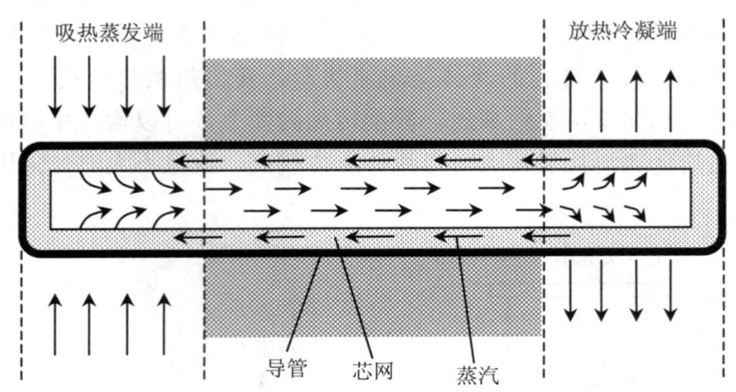


图 4-21 热管式换热器工作原理

热管式换热器的特点有：载热液体工作过程是沸腾与冷凝过程，传热系数很大；热管外壁的翅片增大了热管与高、低温气体间的传热面积；载热体可用液氮、液氨、甲醇、水及液态金属钾、钠、水银等，应用的温度范围为 200～2 000℃；该装置传热量大，结构简单。

第四章 传热 动画

（四）列管式换热器

列管式换热器又称管壳式换热器，其结构简单、坚固耐用、操作弹性较大，在工业生产中被广泛使用，尤其在高压、高温和大型装置中使用更为普遍。根据其结构不同，列管式换热器主要有以下几种类型。

**1. 固定管板式换热器**

这种换热器主要由壳体、管束、管板（又称花板）、封头和折流挡板等部件组成。管束两端用胀接法或焊接法固定在管板上。单壳程、单管程列管式换热器结构如图 4-22 所示。

壳体内的管板一方面起支撑管束的作用，另一方面可增大壳程流体的湍动程度，以提高壳程流体的对流传热系数。常用管板结构有圆缺形（或称弓形）和圆盘形两种，流体在管板中的流动形式如图 4-23 所示。

为提高管程的流体流速，可采用多管程，即在两端封头内安装隔板，使管子分成若干组，流体依次通过每组管子，往返多次。管程数增多，可提高管内流速和对流传热系数，但流体的机械能损失相应增大，结构复杂，故管程数不宜太多，以 2 程、4 程、6 程较为常见。

换热器因管内、管外的流体温度不同，壳体和管束的温度不同，其热膨胀程度也不同。两者温度相差较大（50℃以上）时可引起很大的内应力，使设备变形，管子弯曲，甚至从管板上松脱。因此，必须采取消除或减小热应力的措施，称为热补偿。对固定管板式换热器，当温差稍大而壳体内压力又不太高时，可在壳体上安装热补偿圈，以减小热应力。当温差较大时，通常采用浮头式或 U 形管式换热器。

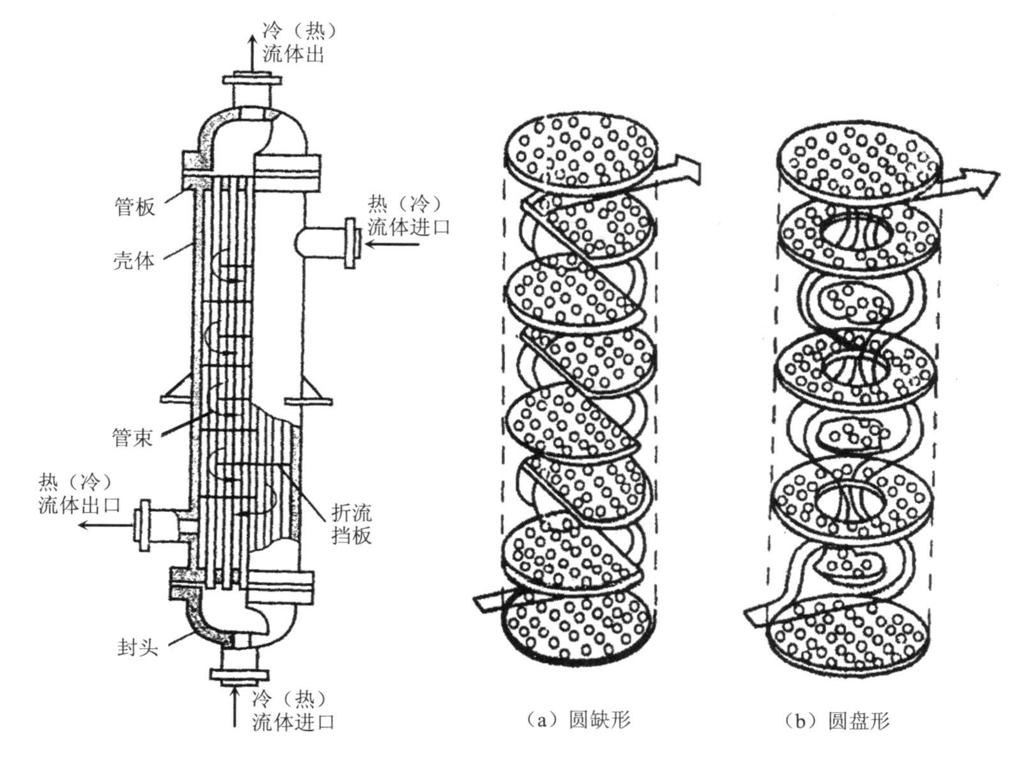


图 4-22　列管式换热器　　图 4-23　流体在管板中流动

## 2. 浮头式换热器

浮头式换热器有一端管板不与壳体相连，可沿轴向自由伸缩，如图 4-24 所示。这种结构不仅可完全消除热应力，而且在清洗和检修时，整个管束可以从壳体中抽出，维修方便。虽然其结构较复杂，造价较高，应用仍然较普遍。

第四章 传热 动画

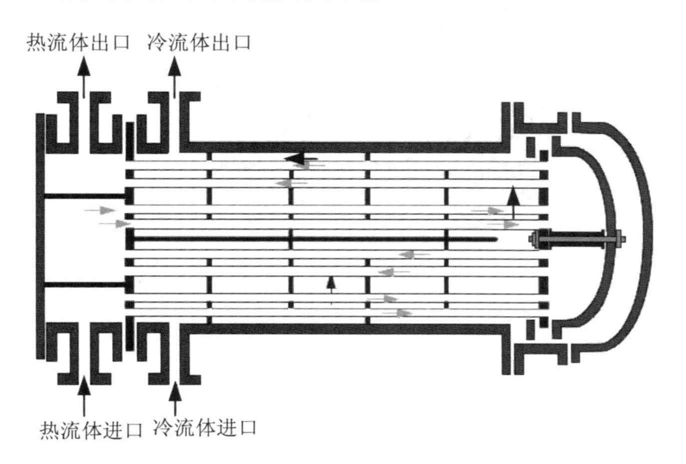


图 4-24　浮头式换热器

### 3. U形管式换热器

U形管式换热器结构如图4-25所示。每根管子都弯成U形，两端固定在同一块管板上，因此，每根管子皆可自由伸缩，从而解决热补偿问题。这种结构较简单，质量轻，适用于高温高压条件。其缺点是U形管内部不易清洗，因管子U形端应有一定的弯曲半径，使安装U形端的管板排列管子较少。

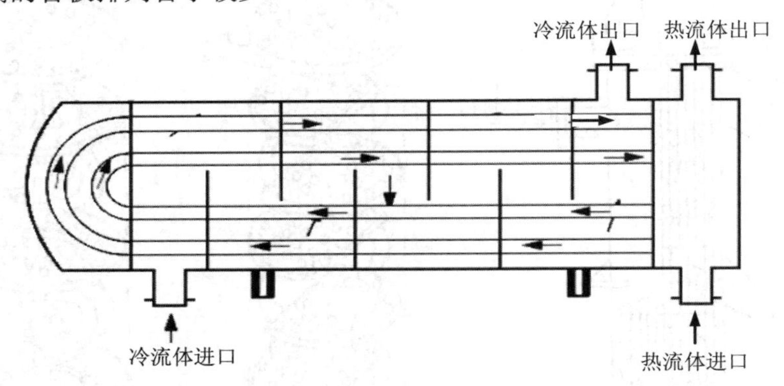


图4-25 U形管式换热器

## 二、板式换热器

### （一）螺旋板式换热器

螺旋板式换热器是由两张平行且保持一定间距的钢板卷制而成，其外形结构呈螺旋状，如图4-26所示。在螺旋的中心处，焊有一块隔板，分成互不相通的两个流道，冷、热流体分别在两流道中逆流流动，钢板是间壁。螺旋板的两侧端焊有盖板，盖板中心处设有两流体的进口或出口。

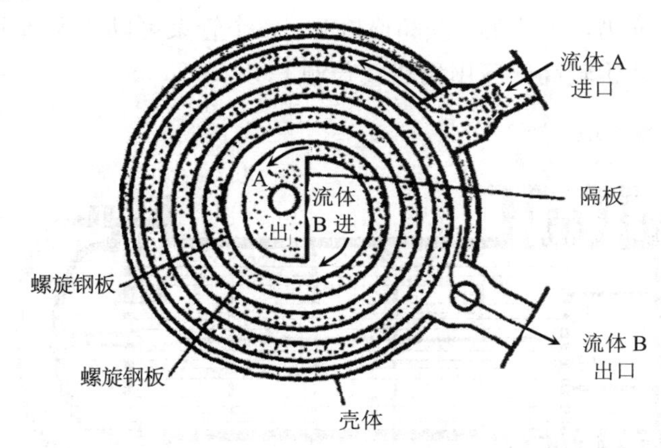


图4-26 螺旋板式换热器

螺旋钢板上焊有翅翼，以增大流体的湍动程度，加之螺旋板间流体流动产生的离心力作用，减小了流体的热边界层厚度，增大了流体的对流传热系数，所以，螺旋板式换热器的传热性能较好。正是由于这种结构，使流体阻力增大，输送传热介质消耗的动能也随之增加。

螺旋板式换热器的优点是结构紧凑，单位体积的传热面积较大，传热性能较好。但操作压力不能超过 2 MPa，温度不能太高，一般在 350℃以下。

### （二）平板式换热器

平板式换热器是由一组平行排列的长方形薄金属板构成，并用夹紧装置组装在支架上，其结构紧凑，如图 4-27 所示。两相邻板的边缘用垫片（橡胶或压缩石棉等）密封，板片四角有圆孔，在换热板叠合后形成流体通道。冷、热流体在板片的两侧流过，进行热量传递。可将传热板加工成多种形状的波纹，如图 4-28 所示，这样既可增加薄板的刚性和传热面积，也可提高流体的湍动程度（在 *Re*=200 时就可达到湍流）和流体在流道内分布的均匀性。

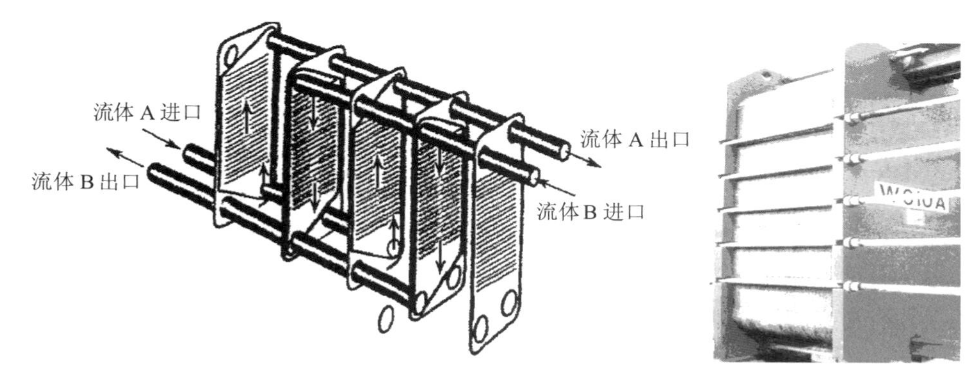


图 4-27 板式换热器

图 4-28 平板波纹形式

平板式换热器的主要优点是：总传热系数大，如热水与冷水之间传热的总传热系数 $K$ 值可达到 1 500～5 000 W/（$m^2$·℃），为列管式换热器的 1.5～2 倍；结构紧凑，单位体积提供的传热面积可达 250～1 000 $m^2$，约为列管式换热器的 6 倍；操作灵活，通过调节板片数来增减传热面积；安装、检修及清洗方便。

其主要缺点是：允许的操作压力较低，最高不超过 2 MPa；操作温度受板间的密封材料限制，若采用合成橡胶垫，流体温度不能超过 130℃，若采用压缩石棉垫，流体温度不能超过 250℃；处理量不大，因板间距小，流道截面积较小，流速亦不能过大。

### （三）板翅式换热器

板翅式换热器是由若干个板翅单元体和焊到单元体板束上的进、出口的集流箱组成，一组波纹状翅片装在两块平板之间，平板两侧用密封条密封构成单元体，如图 4-29 所示。

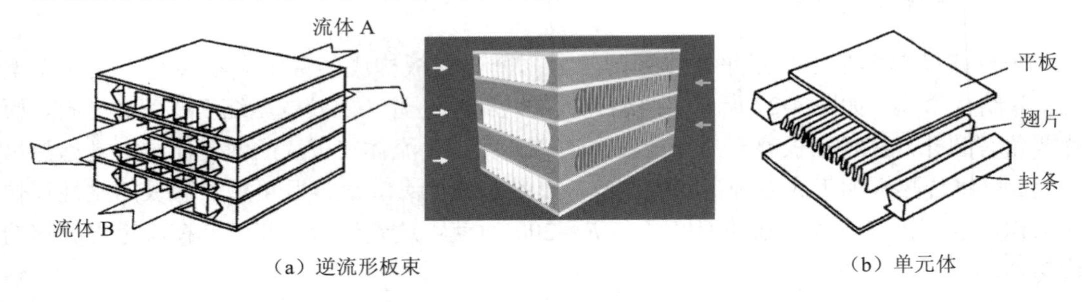


（a）逆流形板束　　（b）单元体

**图 4-29　板翅式换热器**

板翅式换热器的主要优点是：单位体积的传热面积大，通常能达到 2 500 $m^2/m^3$，最高可达 4 300 $m^2/m^3$，约为列管式换热器的 29 倍；传热效率高，板翅单元体中的平板和翅片均为传热面，同时翅片能增大流体的湍动程度，强化传热效果；轻巧牢固，板翅单元体通常是用质量轻的铝合金制造，在相同传热面下，其质量约为列管式换热器的 1/10，另外，翅片是两平板的有力支撑，强度较高，承受压力可达 5 MPa。其主要缺点是：流道较小，易堵塞，清洗困难，故要求物料的清洁度高；构造较复杂，内漏后很难修复。

## 三、列管式换热器选用原则

列管式换热器是工业上应用非常广泛的换热器。由于被加热流体和载热体不同及工艺条件千差万别，列管式换热器结构有数种，所以有必要关注换热器选用时应注意的原则。

### （一）载热介质的选择

在工业生产中，因工艺要求，需对某种流体加热或冷却，这种加热或冷却过程往往需要另一种载热介质来完成。载热介质有多种，应根据被加热或冷却流体的温度要求来选择合适的载热介质。载热介质的选择可参考下列几个原则：① 允许的温度范围应能满足加热或冷却过程的工艺要求；② 温度应容易调节；③ 腐蚀性应很小，且不易结垢；④ 在热交换过程的温度范围内，化学性质应稳定，不是易燃、易爆物质；⑤ 容易获得且价格低廉；⑥ 传热性能好。

工业上常用的载热体及应用温度范围见表 4-1。

### （二）流体流速的选择

增大流体在壳程或管程中的流速，既可以提高对流传热系数，也能减少结垢量。但流速增大，流体阻力也随之增大，所以在实际应用中应选择适宜的流速。表 4-6 列出了列管式换热器内常用的流速范围，供选择时参考。

表 4-6 列管式换热器内常用的流速范围 单位：m/s

| 液体种类 | 流速范围 | |
|---|---|---|
| | 管程 | 壳程 |
| 低黏度液体 | 0.5～3 | 0.2～1.5 |
| 易结垢液体 | ＞1 | ＞0.5 |
| 气体 | 5～30 | 2～15 |

### （三）流体通道的选择

① 不清洁或易结垢的流体应选择容易清洗的流道。直管管束，宜走管程；U 形管管束，宜走壳程。

② 腐蚀性流体宜走管程，以免壳体和管束同时被腐蚀。

③ 压力高的流体宜走管程，以避免制造较厚的壳体。

④ 两流体温差较大时，对于固定管板式换热器，宜将对流传热系数大的流体走壳程，以减小管壁与壳体的温差，减小热应力。

⑤ 为增大对流传热系数，需要提高流速的流体宜走管程，因管程流通截面积一般比壳程的小，也可通过增加管程数来提高流速。

⑥ 蒸气冷凝宜在壳程，以利于排出冷凝液。

⑦ 需要冷却的流体宜选壳程，热量可散失到环境中，以减少冷却剂用量。但温度很高的流体，其热能可以利用，宜选管程，以减少热损失。

⑧ 黏度大或流量较小的流体宜走壳程，壳程中有折流挡板，在挡板的作用下流体易形成湍流（$Re$ 约在 100 时即可形成湍流）。

在应用以上选用原则时，若选择的各点间出现矛盾，应关注主要点，舍弃次要点。

### （四）系列标准换热器的选用步骤

首先从生产任务中获得冷、热流体的流量，进、出口温度，操作压力，冷、热流体的物化特性（如腐蚀性、悬浮物含量等），然后根据选用原则确定相关物理量，进行选型计算。

选用计算内容和步骤：① 查出流体的物性参数，计算传热速率和某一流体进口或出口温度。② 计算传热过程的推动力，即对数平均温度差，先按单壳程多管程计算，如果温度修正系数$\varphi_{\Delta t}<0.8$，应选多壳程数。③ 依据经验（或相关资料中的数据）选取总传热系数，估算传热面积。④ 依据选用原则确定两流体的流道（管程或壳程），选择管程流体流速。⑤ 依据流速和流量计算流通截面积，估算单管程的管子根数，由管子根数和估算的传热面积估算管子长度；再由系列标准选择相应型号的换热器。⑥ 查阅手册或相关资料，找出符合应用条件的对流传热系数关联式，分别计算管程和壳程的对流传热系数，依据资料确定两流体的污垢热阻，然后求出总传热系数，并与前面估算时选取的总传热系数进行比较，如果相差较大，应重新估算。⑦ 用计算出的总传热系数和平均温度差计算传热面积，并与选定的换热器传热面积进行比较，选定的换热器传热面积应比计算值大 10%～25%。

由于开始做选型计算时，总传热系数 $K$ 未知，凭经验选定，所以在选定换热器后，应对所选 $K$ 值进行验证，因此选择、验证过程可能要重复多次。

## 复习思考题

### 一、选择题

1. 为了节省载热体用量，宜采用（　）。

A. 逆流　B. 并流　C. 错流

2. 提高对流传热膜系数最有效的方法是（　）。

A. 增大管径　B. 提高流速　C. 增大黏度

3. 在下列过程中对流传热膜系数最大的是（　）。

A. 蒸气冷凝　B. 水的加热　C. 空气冷却

4. 列管式换热器传热面积主要是（　）。

A. 管束表面积　B. 外壳表面积　C. 管板表面积

5. 工业上采用多程列管换热器可直接提高（　）。

A. 传热面积　B. 传热温差　C. 传热系数

6. 空气、水、金属固体的导热系数分别为$\lambda_1$、$\lambda_2$、$\lambda_3$，其大小顺序为（　）。

A. $\lambda_1 > \lambda_2 > \lambda_3$　B. $\lambda_1 < \lambda_2 < \lambda_3$　C. $\lambda_2 > \lambda_3 > \lambda_1$

7. 影响传热速率最主要因素是（　）。

A. 推动力　B. 壁面厚度　C. 传热面积

8. 冬天在室内用火炉进行取暖时，其热量传递方式为（　）。

A. 导热和对流　B. 导热和辐射　C. 导热、对流、辐射，但对流、辐射为主

9. 换热器中任一截面上的对流传热速率=系数×推动力，其中推动力是指（　）。

A. 两流体温度差 $T-t$　B. 冷流体进、出口温度差 $t_2-t_1$

C. 液体温度和管壁温度差 $T-T_w$ 或 $t_w-t$

10. 在通常操作条件下的同类换热器中，设空气的对流传热系数为$\alpha_1$，水的对流传热系数为$\alpha_2$，蒸气冷凝的传热系数为$\alpha_3$，则（　）。

A.$\alpha_1 > \alpha_2 > \alpha_3$　B.$\alpha_2 > \alpha_3 > \alpha_1$　C.$\alpha_3 > \alpha_2 > \alpha_1$

11. 双层平壁稳定热传导，壁厚相同，各层的导热系数分别为$\lambda_1$和$\lambda_2$，其对应的温度差为$\delta t_1$和$\delta t_2$，若$\delta t_1 > \delta t_2$，则$\lambda_1$和$\lambda_2$的关系为（　）。

A.$\lambda_1 < \lambda_2$　B.$\lambda_1 > \lambda_2$　C.$\lambda_1 = \lambda_2$

12. 工业生产中，沸腾传热操作应设法保持在（　）。

A. 自然对流区　B. 泡核沸腾区　C. 膜状沸腾区

13. 采用翅片管换热器是为了（　）。

A. 提高传热推动力　B. 减少结垢　C. 增大传热面积，传热系数

14. 当间壁两侧对流传热膜系数相差很大时，传热系数 $K$ 接近于（　）。

A. 较大一侧$\alpha$　B. 较小一侧$\alpha$　C. 两侧平均值$\alpha$

15. 间壁式换热的冷、热两种流体，当进、出口温度一定时，在同样传热量时，传热推动力（　）。

A. 逆流大于并流　B. 并流大于逆流　C. 逆流与并流相等

## 二、填空题

1. 工业上常用的换热方法有__________、________和__________。

2. 传热过程的推动力为______________________________________。

3. 热负荷计算的方法有三种：_________、__________和__________。

4. 在传热过程中放出热量的流体叫_______，吸收热量的流体叫_______。

5. 写出两种带有热补偿方式的列管式换热器的名称___________、______。

6. 一单程列管换热器，列管管径为$\phi 38\times 3$ mm，管长为4 m，管数为127根，该换热器管程流通面积为_____$m^2$，以外表面积计的传热面积为_________$m^2$。

7. 一根未保温的蒸气管道暴露在大气中以________方式进行热量的损失。

8. 列管换热器隔板应安装在_________内，其作用为________________。

9. 强化传热的方法为__________、__________和__________，其中最有效的途径是__________。

10. 总传热速率方程式为___________；对流传热方程为_____________。

11. 传热的基本方式_________、___________和_____________。

12. 换热器内冷热两股流体的流向常采用逆流操作的原因_______和_______。

13. 一厚度相等的双层平板，平壁面积为$A$，内、中、外三个壁面温度分别为$t_1>t_2>t_3$，且$t_1-t_2>t_2-t_3$，导热系数分别为$\lambda_1$、$\lambda_2$；厚度为$\delta_1=\delta_2$。则$\lambda_1$和$\lambda_2$关系为___________。

14. 在工业生产中，液体沸腾包括_______、_________和________三个阶段；一般应控制在_________阶段。

15. 常见的板式换热器有_____________________________________。

## 三、简答题

1. 传热的基本方式有哪些？工业上换热的方法有几种，各有何特点？

2. 传热的推动力是什么？什么叫稳定传热、非稳定传热？

3. 简述对流传热机理。对流传热系数的影响因素有哪些？

4. 试分析强化传热的途径。

5. 为了提高换热器的传热系数，可以采用哪些措施？

6. 常用的加热剂和冷却剂有哪些？各有何特点和使用场合？

7. 工业上常用的换热器类型有哪些？各有何特点？

## 四、计算题

1. 普通砖平壁厚度为460 mm，一侧壁面温度为200℃，另一侧壁面温度为30℃，已知砖的平均导热系数为0.93 W/（m·℃），试求：（1）通过平壁的热传导通量，W/$m^2$；（2）平壁内距离高温侧300 mm处的温度，℃。

[答案：（1）$q$=343.7 W/$m^2$；（2）$t$=89.1℃]

2. 设计一燃烧炉，拟用三层砖，即耐火砖、绝热砖和普通砖。耐火砖和普通砖的厚度为0.5 m和0.25 m。三种砖的导热系数分别为1.02 W/（m·℃）、0.14 W/（m·℃）和0.92W/（m·℃），已知耐火砖内侧为1 000℃，普通砖外壁温度为35℃。试问绝热砖厚度至少为多少才能保证绝热砖温度不超过 940℃、普通砖内壁不超过 138℃。

[答案：$b_2$=0.25 m]

3. 某燃烧炉的平壁由耐火砖、绝热砖和普通砖三种砌成，它们的导热系数分别为 1.2 W/（m·℃）、0.16 W/（m·℃）和 0.92 W/（m·℃），耐火砖和绝热砖厚度都是 0.5 m，普通砖厚度为 0.25 m。已知炉内壁温为 1 000℃，外壁温度为 55℃，设各层砖间接触良好，求每平方米炉壁的散热速率。

[答案：$Q/S$=247.81 W/m$^2$]

4. $\phi$50×5 mm 的不锈钢管，热导率$\lambda_1$ = 16 W/（m·K），外面包裹厚度为 30 mm，热导率$\lambda_2$ = 0.2 W/（m·K）的石棉保温层。若钢管的内表面温度为 623 K，保温层外表面温度为 373 K，试求每米管长的热损失及钢管外表面的温度。

[答案：$\dfrac{Q}{L}=397$ W，$t_2$=622 K]

5. 在套管换热器中，用冷水将硝基苯从 85℃冷却到 35℃，硝基苯流量为 2 000 kg/h。平均温度下硝基苯比热容为 1.61 kJ/（kg·℃）。冷却水进、出口温度分别为 20℃和 30℃，试求冷却水用量。假设换热器热损失可忽略。

[答案：$W_c$=3 850 kg/h]

6. 在一套管换热器中，热流体由 300℃降到 200℃，冷流体由 30℃升到 150 ℃，试分别计算并流和逆流操作时的对数平均温度差。

[答案：$\Delta t_{m_1}=130.5$ ℃，$\Delta t_{m_2}=159.8$ ℃]

7. 有一列管换热器，热水走管内，冷水在管外，逆流操作。经测定热水的流量为 200 kg/h，热水进、出口温度分别为 323 K、313 K，冷水的进、出口温度分别为 283 K、296 K，换热器的传热面积为 1.85 m$^2$。试求该操作条件下的传热系数 $K$ 值。

[答案：$K$=440 W/（m$^2$·℃）]

8. 在某内管为$\phi$180×10 mm 的套管式换热器中，管程内的热水流量为 3 000 kg/h，进、出口温度分别为 90℃和 60℃。壳程内冷却水的进口温度、出口温度分别为 20℃和 50℃，总传热系数为 2 000 W/（m$^2$·℃）。试求：（1）冷却水用量；（2）逆流流动时的平均温度差及管子的长度。

[答案：（1）$W_c$=3 000 kg/h；（2）$\Delta t_m$=40℃，$L$=2.32 m]

9. 在某内管为$\phi$25×2.5 的套管式换热器中，用水冷却苯，冷却水在管程流动，入口温度为 290 K，对流传热系数为 850 W/（m$^2$·℃）。壳程中流量为 1.25 kg/s 的苯与冷却水逆流换热，苯的进、出口温度分别为 350 K、300 K，苯的对流传热系数为 1 700 W/（m$^2$·℃）。已知管壁的热导率为 45 W/（m$^2$·℃），苯的比热容 $c_p$=1.9 kJ/（kg·℃），密度$\rho$ = 880 kg/m$^3$。忽略污垢热阻。试求：在水温不超过 320 K 的最少冷却水用量下，所需总管长为多少（以外表面积计）？

[答案：$L$=176.3 m]

# 第五章　蒸 馏

## 学习目标

【知识目标】

1. 掌握精馏原理、双组分理想体系的气液相平衡关系及理论板的概念。
2. 掌握全塔物料衡算、操作线方程、回流比的选择及理论塔板数的计算。
3. 掌握回流比和进料状态的变化对精馏操作的影响。
4. 了解精馏塔的结构组成、操作性能及日常维护。

【技能目标】

1. 会进行精馏塔工艺参数的简单计算。
2. 会分析精馏操作的影响因素变化时对产品质量和产量的影响。
3. 会进行精馏塔的开停车操作及连续精馏系统中常见故障的分析和处理。

【思政目标】

1. 培养行业的认同感、企业的归属感、个人的尊严感与荣誉感；
2. 培养工作行为规范、懂法守法、责任心强、敢于担当的技能型人才；
3. 培养诚实守信、严谨负责、精益求精的职业道德。

### 生产案例

以焦炉煤气为原料采用ICI低中压法合成甲醇的工艺中，其流程的后半部分就是粗甲醇的精制工艺，即采用精馏的方法将粗甲醇精制为精甲醇，如图5-1所示。将合成送来的粗甲醇由粗甲醇槽经预精馏塔、加压精馏塔和常压精馏塔，经过多次汽化和冷凝脱除粗甲醇中的二甲醚等轻组分以及水、乙醇等重组分。高纯度精甲醇经中间罐区送到甲醇罐区，同时副产杂醇、废水送到生化处理工段。

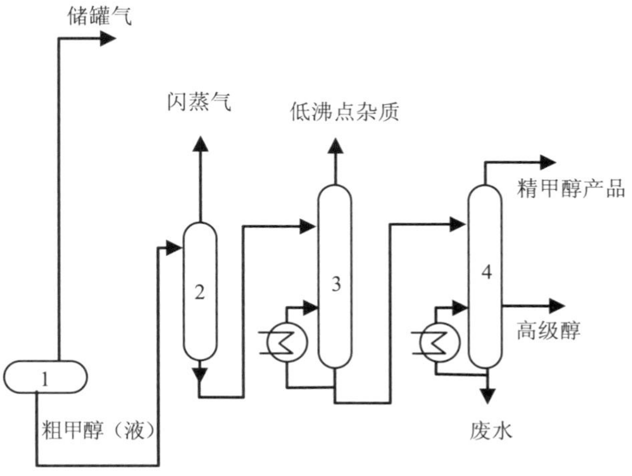

1—粗甲醇槽；2—预精馏塔；3—加压精馏塔；4—常压精馏塔。

图5-1　粗甲醇的精制

再如，将原油分离成汽油、柴油和煤油等不同的油品；石油裂解气分离成纯度较高的乙烯、丙烯和丁二烯；将粗苯分离成苯、甲苯和二甲苯等。精馏操作是化工生产中最重要的单元操作之一。

# 第一节 概述

## 一、蒸馏分离的依据和目的

在化工、石油等生产中，为了满足生产需要及产品纯度的要求，经常要处理由若干组分组成的均相混合物，将它们分离成为较纯净或几乎纯态的物质或组分。分离混合物的方法很多，蒸馏是分离均相液体混合物的典型单元操作之一。蒸馏分离的原理是将液体混合物部分汽化或部分冷凝，利用其中各组分挥发度不同的特性以实现分离的目的。虽然各种液体均具有挥发成蒸气的能力，但各种液体的挥发性各不相同，即在一定外压下，混合物中各组分的沸点不同。例如苯-甲苯溶液，当压力为 101.33 kPa 时，苯的沸点为 80.1℃，而甲苯的沸点为 110.6℃。沸点较低的组分（如苯）容易挥发，故称其为易挥发组分 A（或称轻组分）；沸点较高的组分（如甲苯）难以挥发，常称其为难挥发组分 B（或称重组分）。若将该液体混合物加热，使其部分汽化，在产生的蒸气中苯的含量 $y_A$ 大于混合液中苯的含量 $x_A$，这是因为苯的沸点低、容易挥发。反之，将混合蒸气冷却使之部分冷凝，所得冷凝液中甲苯的含量 $x_B$ 较蒸气中甲苯的含量 $y_B$ 高。

上述两种情况所得到的气、液组成均满足式

$$\frac{y_A}{y_B} > \frac{x_A}{x_B} \tag{5-1}$$

当然，这种分离是不完全的，通常与所要求的纯度相差甚远。部分汽化及部分冷凝只能使混合物得到一定程度的分离，它们均是依据混合物中各组分挥发性的差异而达到分离的目的。如果反复利用上述原理，最终可以将混合物分成所需纯度的产品。

## 二、蒸馏操作的分类

蒸馏操作的分类方法很多，常见的分类方法有如下几种。

### （一）按蒸馏方式分类

按蒸馏方式可分为简单蒸馏、平衡蒸馏、精馏、特殊精馏。对于较易分离的物系或对分离要求不高时，可采用简单蒸馏或平衡蒸馏；较难分离的可采用精馏；很难分离或用普通精馏不能分离的物系则需采用特殊精馏。

### （二）按操作压力分类

按操作压力可分为常压精馏、减压精馏（或真空精馏）、加压精馏。减压精馏用于沸点较高且又是热敏性物系的分离；加压精馏用于在常压下不能进行分离或达不到分离要求的情况。一般多采用常压精馏。

### （三）按操作方式分类

按操作方式可分为间歇精馏、连续精馏。间歇精馏多用于小批量生产或某些特殊要求的场合。工业生产中以连续精馏最为常见。

（四）按物系的组分数目分类

按物系的组分数目可分为双组分精馏、多组分精馏。工业生产中以多组分精馏最为常见。因双组分精馏计算较为简单，故常以双组分溶液的精馏原理为计算基础，然后引申用于多组分精馏的计算。本章中将讨论常压下双组分连续精馏。

## 第二节 双组分溶液的气-液相平衡

蒸馏是气、液两相间的传质过程。因此常用组分在两相中的浓度（组成）偏离平衡的程度来衡量传质推动力的大小。传质过程是以两相达到相平衡为极限的，由此可见，气-液相平衡关系是分析蒸馏原理和进行设备计算的理论基础，故在讨论蒸馏过程前，首先讨论一下气-液相平衡关系。

### 一、溶液的饱和蒸气压与拉乌尔定律

（一）溶液的饱和蒸气压

在密闭条件中，在一定温度下，与固体或液体处于相平衡的蒸气所具有的压强称为饱和蒸气压。

饱和蒸气压是液体的一种属性，它是温度的函数，不同的物质有不同的蒸气压，同一种物质，随着温度的升高，液体的饱和蒸气压急剧增大。液体的饱和蒸气压与温度的关系可通过安托万方程表示，即

$$\lg p = A - \frac{B}{t + C} \tag{5-2}$$

式中：$p$ —— 液体的饱和蒸气压，Pa；

$t$ —— 温度，℃；

$A$、$B$、$C$ —— 与物质有关的常数，可由相关手册查得。

在一定温度下，当蒸气的压力等于该温度下液体的饱和蒸气压时，蒸气与液体处于平衡，气、液两相的组成不变。若蒸气的压力大于饱和蒸气压（此时的蒸气称为过饱和蒸气）时，将有蒸气凝结成液体，直到蒸气的压力降到饱和蒸气压达到新的平衡为止。若蒸气的压力小于饱和蒸气压（此时的蒸气称为不饱和蒸气）时，将有液体蒸发成蒸气。在液体量足够的情况下，蒸气的压力将增至饱和蒸气压达到新的平衡，这时还剩余部分液体；在液体量不足的情况下，全部液体均蒸发，仍然得不到饱和蒸气。

同样，在一定外压下，随着温度的升高，液体开始蒸发，当有液体剩余时，液体上方的蒸气压力为此温度下的饱和蒸气压，且等于外界压力；若液体完全蒸发，此时的蒸气压不等于此温度下的饱和蒸气压，这时的蒸气称为过热蒸气。降低温度时，蒸气将会液化，直至完全变为液体或固体。

### （二）拉乌尔定律

在由A、B组成的混合液中，如果A-A、B-B、A-B分子间的作用力都相等，此混合液就称为理想溶液；反之，就是非理想溶液。1880年，法国学者拉乌尔根据实验提出：在一定温度下，当气、液两相达到平衡时，理想溶液中某组分的饱和蒸气压等于该组分在纯态时的饱和蒸气压与该组分在溶液中的摩尔分数的乘积，即

$$p_A = p_A^\circ x_A \tag{5-3}$$

$$p_B = p_B^\circ x_B = p_B^\circ (1 - x_A) \tag{5-4}$$

式中：$p_A$、$p_B$——溶液上方A、B组分的平衡分压，Pa；

$p_A^\circ$、$p_B^\circ$——同温度下纯组分A、B的饱和蒸气压，Pa；

$x_A$、$x_B$——溶液中组分A、B的摩尔分数。

对于理想物系，气相服从道尔顿定律，即溶液上方的总压等于各组分分压之和。对双组分物系，即

$$p = p_A + p_B \tag{5-5}$$

式中：$p$——气相的总压，Pa；

$p_A$、$p_B$——A、B组分的气相分压，Pa。

将式（5-3）、式（5-4）代入式（5-5），得

$$p = p_A^\circ x_A + p_B^\circ (1 - x_A) \tag{5-6}$$

在一定总压下，对于某指定的温度 $t$，可根据式（5-2）计算饱和蒸气压 $p_A^\circ$、$p_B^\circ$，再通过式（5-6）可算出液相组成 $x_A$：

$$x_A = \frac{p - p_B^\circ}{p_A^\circ - p_B^\circ} \tag{5-7}$$

式（5-7）称为泡点方程式，该方程描述平衡物系的温度与液相组成的关系。

在一定压力下，液体混合物开始沸腾产生气泡的温度，称为该液体在该压力下的泡点。泡点也就是混合蒸气全部冷凝成液体的温度。

又由分压定律知，气相组成可用分压表示：

$$y_A = \frac{p_A}{p} = \frac{p_A^\circ x_A}{p}, \quad y_B = \frac{p_B}{p} = \frac{p_B^\circ x_B}{p}$$

将式（5-7）代入，得

$$y_A = \frac{p_A^\circ}{p} \times \frac{p - p_B^\circ}{p_A^\circ - p_B^\circ} \tag{5-8}$$

式（5-8）称为露点方程式，该方程描述平衡物系的温度与气相组成的关系。

在一定压力下，某混合蒸气开始冷凝出现液滴时的温度，称为该蒸气在该压力下的露点。露点也就是该组成的液体完全汽化时的温度。

式（5-7）和式（5-8）中的 $x_A$ 和 $y_A$，在用于二元溶液有关计算中，下标A一般指的是易挥发组分，使用时常省略。

严格地说，理想溶液实际上不存在。但是，对于那些由性质极相似、分子结构极相似的组分所组成的溶液，例如苯-甲苯、甲醇-乙醇、烃类同系物等都可视为理想溶液。对于非理想溶液如乙醇-水的气液平衡关系可用修正的拉乌尔定律表示。

**【例 5-1】** 苯（A）与甲苯（B）的饱和蒸气压和温度的关系数据如附表 1 所示。试利用拉乌尔定律计算苯-甲苯混合液在总压 $p$=101.33 kPa 下的气、液相平衡数据。该溶液可视为理想溶液。

**【例 5-1】附表 1　苯-甲苯在某些温度下的饱和蒸气压**

| 温度/℃ | 80.1 | 85 | 90 | 95 | 100 | 105 | 110.6 |
|---|---|---|---|---|---|---|---|
| $p_A^\circ$ /kPa | 101.33 | 116.9 | 135.5 | 155.7 | 179.2 | 204.2 | 240.0 |
| $p_B^\circ$ /kPa | 40.0 | 46.0 | 54.0 | 63.3 | 74.3 | 86.0 | 101.33 |

解：由附表 1 可查得某温度下纯组分苯与甲苯的饱和蒸气压 $p_A^\circ$ 与 $p_B^\circ$，由于总压 $p$ 为定值，即 $p$=101.33 kPa，则应用式（5-7）求液相组成 $x$，再应用式（5-8）求平衡的气相组成 $y$，即可得到一组 $t$-$x$-$y$ 的数据。

例如对 $t$=100℃，计算过程如下：

$$x = \frac{p - p_B^\circ}{p_A^\circ - p_B^\circ} = \frac{101.33 - 74.3}{179.2 - 74.3} = 0.258$$

$$y = \frac{p_A^\circ}{p}x = \frac{179.2}{101.33} \times 0.258 = 0.456$$

对附表 1 中其他数据按照上述方法计算其他温度下的气、液两相组成，计算结果列于附表 2 中。

**【例 5-1】附表 2　苯-甲苯物系在总压 101.33 kPa 下的 $t$-$x$-$y$ 数据**

| $t$/℃ | 80.1 | 85 | 90 | 95 | 100 | 105 | 110.6 |
|---|---|---|---|---|---|---|---|
| $x$ | 1.000 | 0.780 | 0.581 | 0.412 | 0.258 | 0.130 | 0 |
| $y$ | 1.000 | 0.900 | 0.777 | 0.633 | 0.456 | 0.262 | 0 |

## 二、相律

相律是研究相平衡的基本规律，1875 年由吉布斯推导出来，又称吉布斯相律。相律表示了平衡物系中的自由度数、相数及独立组分数间的关系，即

$$F = C - \phi + 2 \tag{5-9}$$

式中：$F$—— 自由度数；

$C$—— 独立组分数；

$\phi$—— 相数。

式中的数字 2 是假定外界只有温度和压强这两个条件可以影响物系的平衡状态。

对双组分的气、液相平衡物系，其中组分数为 2，相数为 2，可以变化的参数有 4 个，即温度 $t$、压强 $p$、一组分在液相和气相中的组成 $x$ 和 $y$（另一组分的组成不独立），根据

相律可知，自由度数 $F=2-2+2=2$。因此，对于双组分气、液相平衡物系中的 $t$、$P$、$x$ 和 $y$ 4 个变量中，任意确定其中的两个变量，此物系的状态也就确定了。假若固定某个变量（如外压），则仅有一个独立变量，而其他变量都是它的函数。$t$、$x$（或 $y$）两变量中，若再确定一个，另一个即可确定。因此双组分气、液相平衡关系可以用一定压强下的 $t$-$x$ 或 $x$-$y$ 的函数关系或相图来表示。

## 三、双组分理想溶液的气-液平衡相图

气、液相平衡关系用相图来表示比较直观、清晰，而且影响蒸馏的因素可在相图上直接反映出来。因此相图广泛应用于双组分蒸馏的分析和计算。蒸馏中常用的相图为恒压下的温度-组成图和气、液相组成图。

### （一）$t$-$x$-$y$ 图

第五章 蒸馏动画（1）

$t$-$x$-$y$ 图即温度-组成图。蒸馏操作通常在一定的压力下进行，溶液的平衡温度随组成的改变而改变。图 5-2 为在总压 101.33 kPa 下，苯-甲苯混合液的平衡温度-组成图。该图纵坐标为温度，横坐标为液相（或气相）的组成。

图 5-2 中有两条曲线，曲线① 为 $t$-$x$ 曲线，表示平衡温度 $t$ 与液相组成 $x$ 之间的关系，称为泡点线或饱和液体线。曲线② 为 $t$-$y$ 曲线，表示平衡温度 $t$ 与气相组成 $y$ 之间的关系，称为露点线或饱和蒸气线。

这两条曲线将图形分成 3 个区域：曲线① 以下的区域，表示溶液尚未沸腾，称为液相区；曲线② 以上的区域，表示溶液全部汽化成蒸气，称为过热蒸气区；两曲线之间的区域，表示气、液两相同时存在，称为气、液共存区。

若将组成为 $x_F$、温度为 $t_2$（图中 $O$ 点表示）的混合液加热至 $t_1$，即 $A$ 点时，溶液开始沸腾，产生第一个气泡，相应的温度 $t_1$ 称为泡点温度，对应的气相组成为 $y_1$。当继续加热至 $P$ 点时，此混合液必分成互成平衡的气、液两相，气相组成为 $y_2$，液相组成为 $x_2$。由图可见，气、液两相的温度虽然相同，但气相组成大于液相组成。

若将组成为 $x_F$（图中 $Q$ 点表示）的过热蒸气冷却至温度 $t_0$（图中 $D$ 点）时，开始冷凝，产生第一滴液体，组成为 $x_1$，相应的温度称为露点温度 $t_0$。继续冷却至 $P$ 点，与加热时相同，产生互成平衡的气、液两相，再冷却至 $A$ 点，则全部冷凝成组成为 $x_F$ 的液体。

对于理想溶液，$t$-$x$-$y$ 图可通过式（5-7）和式（5-8）绘出。

### （二）$x$-$y$ 图

$x$-$y$ 图表示在一定外压下，气、液相平衡时的液相组成 $x$ 与气相组成 $y$ 之间的关系图，如图 5-3 所示，图中以液相组成 $x$ 为横坐标，以气相组成 $y$ 为纵坐标。曲线上任意点 $A$ 表示组成为 $x_1$ 的液相与组成为 $y_1$ 的气相互成平衡，且表示点 $A$ 有一确定的状态。该曲线又称相平衡曲线。图中还作出了对角线 $y=x$，供查图时参考用。

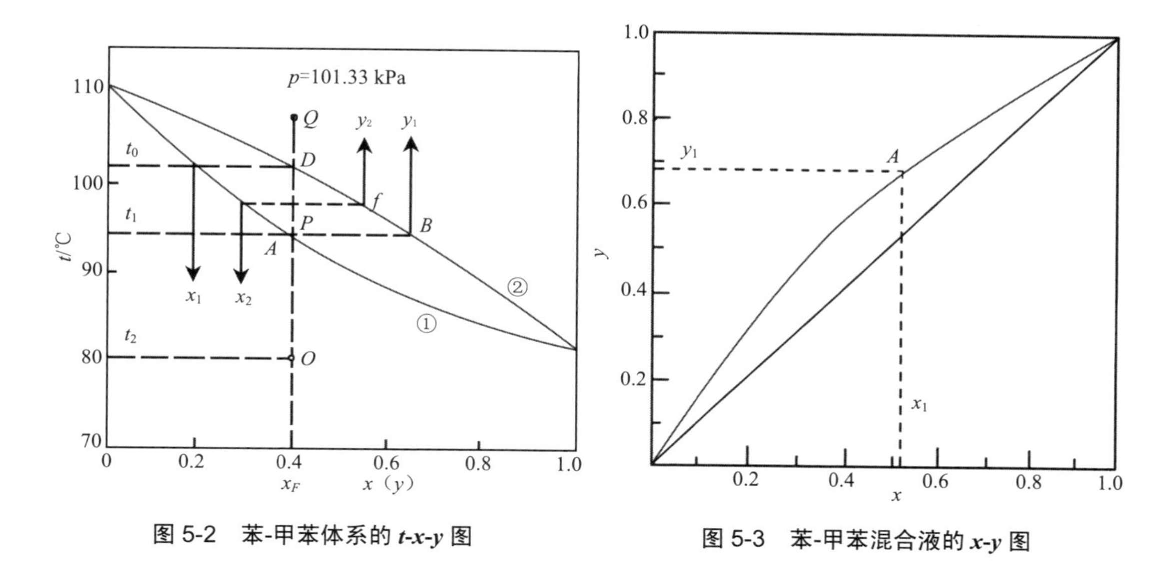


图 5-2 苯-甲苯体系的 *t-x-y* 图　　　　图 5-3 苯-甲苯混合液的 *x-y* 图

需要注意的是，*x-y* 曲线上各点所对应的温度不同。对于理想溶液，由于平衡时气相组成 $y$ 恒大于液相组成 $x$，故平衡曲线在对角线上方。如图 5-2 所示，相平衡曲线偏离对角线越远，表示该溶液越易分离。

*x-y* 图可以通过查找相对应的 $x$ 和 $y$ 数据标绘而成，也可通过相应的 *t-x-y* 图求出。对于理想溶液，也可通过式（5-7）和式（5-8）绘出。

## 四、双组分非理想溶液的气-液平衡相图

非理想溶液即与拉乌尔定律有偏差的溶液，可分为两大类，即对拉乌尔定律具有正偏差的溶液和对拉乌尔定律具有负偏差的溶液。

### （一）具有正偏差的非理想溶液

具有正偏差的溶液中，相异分子间的吸引力比相同分子间的吸引力小，异分子间的排斥倾向起主导作用，分子易汽化，因此溶液上方各组分的蒸气分压也比理想情况时大。当异分子间的排斥倾向大到一定程度时，会出现最高蒸气压和相应的最低恒沸点。例如，乙醇-水溶液是具有正偏差的非理想溶液，$p$=101.33 kPa 时，乙醇-水溶液的相平衡曲线如图 5-4 所示。图中相平衡曲线与对角线相交于点 $M$，$x_M$=0.894，此时 $t_M$=78.15℃，此点称为恒沸点。由于该点处温度 $t_M$ 既低于水的沸点（100℃），又低于乙醇的沸点（78.3℃），所以该恒沸点为最低恒沸点。恒沸点处气、液两相组成相等。因此，用普通精馏的方法分离乙醇-水溶液最多只能得到接近于恒沸组成的产品，这就是工业酒精浓度为 95%的原因。要得到无水酒精，需要用特殊精馏的方法。

### （二）具有负偏差的非理想溶液

具有负偏差的溶液中，相异分子间的吸引力较相同分子间的吸引力大，分子不易汽化，故溶液上方各组分的蒸气分压比理想情况时小。与具有正偏差的溶液情况相反，当异分子间的吸引倾向大到一定程度时，会出现最低蒸气压和相应的最高恒沸点。如硝酸-水溶液是

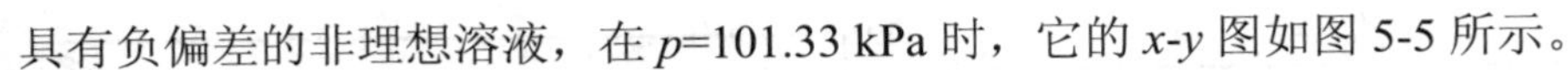

具有负偏差的非理想溶液，在 $p$=101.33 kPa 时，它的 $x$-$y$ 图如图 5-5 所示。

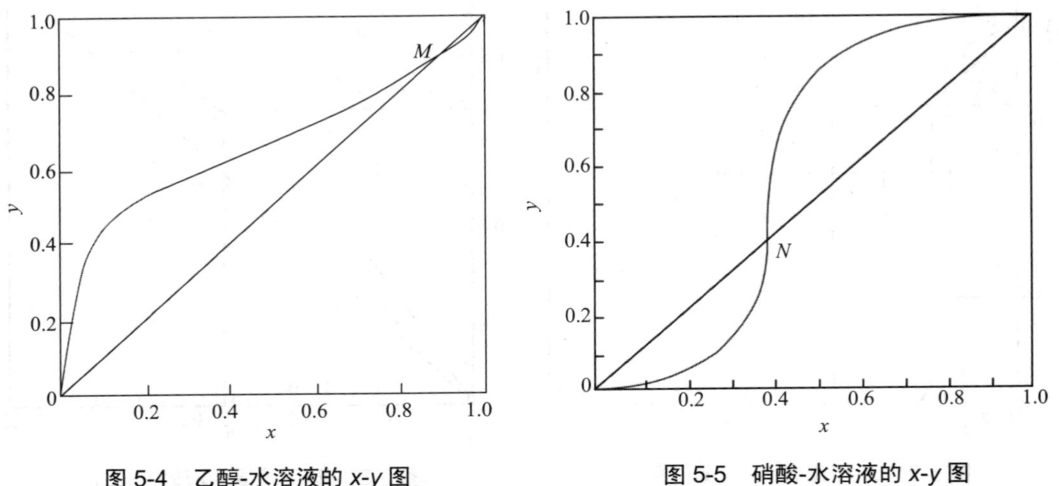


图 5-4　乙醇-水溶液的 $x$-$y$ 图　　　　图 5-5　硝酸-水溶液的 $x$-$y$ 图

由图 5-5 可见，恒沸点组成 $x_N$=0.383，最高恒沸点 $t_N$=121.9℃，高于水的沸点（100℃）和硝酸的沸点（86℃）。不能用普通精馏方法分离具有最高恒沸点的恒沸物中的两个组分。

## 五、挥发度和相对挥发度

### （一）挥发度

为了表示物质挥发的难易程度，引入了挥发度的概念。纯物质的挥发度可用该物质在一定温度下的饱和蒸气压来表示。显然，液体的饱和蒸气压越大，越容易挥发；蒸气压越小，就越难以挥发。对于混合液，各组分的蒸气压因组分间的相互影响要比纯态时低。定义气相中某组分的平衡分压与平衡时该组分液相中的摩尔分数之比为挥发度，以符号 $\upsilon$ 表示。

$$\upsilon_A = \frac{p_A}{x_A} \tag{5-10}$$

$$\upsilon_B = \frac{p_B}{x_B} \tag{5-10a}$$

式中：$p_A$、$p_B$ —— 气、液相平衡时，A、B 组分在气相中的分压，Pa；

$x_A$、$x_B$ —— 气、液相平衡时，A、B 组分在液相中的摩尔分数；

$\upsilon_A$、$\upsilon_B$ —— A、B 组分的挥发度。

对于理想溶液，因符合拉乌尔定律，则有

$$\upsilon_A = p_A^{\circ} \qquad\qquad \upsilon_B = p_B^{\circ} \tag{5-11}$$

由此可见，理想溶液各组分的挥发度随温度的变化而变化，其大小与饱和蒸气压数据相同。

### （二）相对挥发度

纯组分的饱和蒸气压 $p^{\circ}$ 只能反映纯组分液体挥发性的大小。某组分与其他组分组成溶液后，其挥发性将受其他组分的影响。在蒸馏分离中起决定作用的是两组分挥发的难易程度，对二元溶液，习惯上将溶液中易挥发组分的挥发度对难挥发组分的挥发度之比，称为相对挥发度，以符号$\alpha$表示：

$$\alpha=\frac{\upsilon_A}{\upsilon_B} \tag{5-12}$$

代入式（5-10）、式（5-10a）得

$$\alpha=\frac{p_A x_B}{p_B x_A} \tag{5-12a}$$

当操作压力不高时，气相服从道尔顿定律，气相中分压之比等于摩尔分数之比，故上式可改写为

$$\alpha=\frac{py_A/x_A}{py_B/x_B}=\frac{y_A x_B}{y_B x_A} \tag{5-12b}$$

对于双组分体系，$y_B=1-y_A$，$x_B=1-x_A$，代入式（5-12b），并略去下标，得

$$y=\frac{\alpha x}{1+(\alpha-1)x} \tag{5-13}$$

此式表示平衡的气、液两相组成间的关系，称为相平衡方程。如果已知相对挥发度$\alpha$值，便可求得气、液两相平衡时易挥发组分浓度$x$-$y$的对应关系。

对理想溶液，将拉乌尔定律代入$\alpha$的定义式（5-12）可得

$$\alpha=\frac{\upsilon_A}{\upsilon_B}=\frac{p_A/x_A}{p_B/x_B}=\frac{p_A^\circ}{p_B^\circ} \tag{5-14}$$

即理想溶液的$\alpha$值仅依赖于各纯组分的性质，数值上等于同温度下两纯组分的饱和蒸气压之比。纯组分的饱和蒸气压$p_A^\circ$、$p_B^\circ$均为温度$t$的函数，且随温度的升高而增加，而温度对$\alpha$的影响很小，因而可在操作温度范围内取一平均相对挥发度$\alpha_m$，并将其视为常数，这样，利用相平衡方程就可方便地算出$y$-$x$的平衡关系。换句话说，相平衡方程仅适用于$\alpha_m$为常数的理想溶液。

平均相对挥发度$\alpha_m$的计算方法有多种，一般用算术平均值，即

$$\alpha_m=\frac{1}{n}(\alpha_1+\cdots+\alpha_n) \tag{5-15}$$

在精馏塔的计算中，当塔内压力和温度变化不大时，可用塔顶、进料和塔底相对挥发度的几何平均值计算全塔的平均相对挥发度，即

$$\alpha_m=\sqrt[3]{\alpha_{顶}\cdot\alpha_{进}\cdot\alpha_{底}} \tag{5-16}$$

式中：$\alpha_{顶}$——塔顶的相对挥发度；

$\alpha_{进}$——塔顶的相对挥发度；

$\alpha_{底}$——塔底的相对挥发度。

特别提示：根据相对挥发度$\alpha$的大小可以判断采用蒸馏方法分离某混合物的难易程度。

当$\alpha$=1时，由式（5-13）可知，$y=x$，即气相组成和液相组成相等，此时不能用普通精馏的方法分离液体混合物；

当$\alpha>1$时，$\upsilon_A>\upsilon_B$，A组分较B组分易挥发，且$\alpha$值越大，气相组成$y$与液相组成$x$相差越大，混合液就越容易分离；

当$0<\alpha<1$时，$\upsilon_A<\upsilon_B$，说明B组分比A组分易挥发，混合液也可以分离。

但一般情况下，相对挥发度用易挥发组分的挥发度与难挥发组分的挥发度之比来表示，$0<\alpha<1$的情况很少见。因此，$\alpha$的大小可作为用蒸馏分离某物系的难易程度的判定依据之一。

**【例5-2】**利用附表1所列数据，采用相对挥发度计算苯-甲苯体系的$t$-$x$-$y$数据，并与附表2中已算出的$y$值作比较。

解：由于苯-甲苯体系可视为理想溶液，根据式（5-14）和【例5-1】附表1中的饱和蒸气压数据，可算得各温度下的$\alpha$值，如附表1所示。

**【例5-2】附表1　苯-甲苯在某些温度下的$\alpha$值**

| 温度/℃ | 80.1 | 85 | 90 | 95 | 100 | 105 | 110.6 |
|---|---|---|---|---|---|---|---|
| $\alpha$ | 2.600 | 2.540 | 2.510 | 2.460 | 2.410 | 2.370 | 2.350 |
| $x$ | 1.000 | 0.780 | 0.581 | 0.412 | 0.258 | 0.130 | 0 |

可见，随着温度的增高，$\alpha$略有减小，但变化不大。

利用式（5-13），从$x$计算$y$值，需要$\alpha$的平均值，在本题条件下，表5-3中两端温度下的$\alpha$数据应除外（因对应的是纯组分，其$y$值已定），且$\alpha$的变化不大，利用式（5-16）取温度为85℃和105℃下的$\alpha$平均值，即

$$\alpha_m=\frac{2.54+2.37}{2}=2.46$$

将平均相对挥发度代入式（5-13）中，即

$$y=\frac{\alpha x}{1+(\alpha-1)x}=\frac{2.46x}{1+1.46x}$$

按附表1中的各$x$值，由上式即可算出气相平衡组成$y$，计算结果列于附表2中。

比较【例5-1】附表2和本例题附表2，可以看出两种方法求得的$y$-$x$数据基本一致。对两组分溶液，利用平均相对挥发度表示气、液相平衡关系比较简单。

**【例5-2】附表2　利用$\alpha_m$计算的$y$（2）值与【例5-1】附表2中$y$（1）值比较**

| 温度/℃ | 80.1 | 85 | 90 | 95 | 100 | 105 | 110.6 |
|---|---|---|---|---|---|---|---|
| $y$（1） | 1.000 | 0.900 | 0.777 | 0.633 | 0.456 | 0.262 | 0 |
| $y$（2） | 1.000 | 0.897 | 0.773 | 0.633 | 0.461 | 0.269 | 0 |

## 第三节 精馏的原理与流程

### 一、精馏的原理

前面已讲过，蒸馏按操作方式可分为简单蒸馏、平衡蒸馏和精馏等。前两者是仅进行一次部分汽化和部分冷凝的过程，故只能部分地分离液体混合物，而精馏则是把液体混合物进行多次部分汽化，同时又把产生的蒸气多次部分冷凝，使混合物的分离达到所要求的组成。如含乙醇不到 10° 的醪液经一次简单蒸馏可得到 50° 的烧酒，再蒸一次可到 65°，依次重复蒸馏，乙醇含量还可继续提高。同样也可用多次平衡蒸馏来逐次分离以提高纯度。理论上多次部分汽化在液相中可获得高纯度的难挥发组分，多次部分冷凝在气相中可获得高纯度的易挥发组分，但因产生大量中间组分而使产品量极少，且设备庞大。如要进行多次蒸馏，需要耗费大量的能源用于加热及冷却，设备操作也很烦琐、复杂，很不经济。而采用精馏操作，汽化热和冷凝热相互补偿，无须外界加热和冷却。

工业生产中的精馏过程是在精馏塔中将部分汽化过程和部分冷凝过程巧妙而有机结合而实现操作的。

如图 5-6 所示，设总压为 101.33 kPa，苯-甲苯混合液的温度为 $t_1$，组成为 $x_1$，其状况以 $A$ 点表示，若将此混合液自 $A$ 点加热到温度为 $t_3$ 的 $E$ 点，由于 $E$ 点处于两相区，这时混合液将部分汽化，分成互相平衡的气、液两相，气相浓度为 $y_2$，液相浓度为 $x_2$（$x_2<x_1$）。气、液两相分开后，再将浓度为 $x_2$ 的饱和液体单独加热到温度为 $t_4$ 的 $F$ 点，这时又出现新的平衡，得液相的组成 $x_3$（$x_3<x_2$）及与之平衡的气相 $y_3$，以此类推，最终可得易挥发组分苯含量很低的液相，即可获得近于纯净的甲苯。

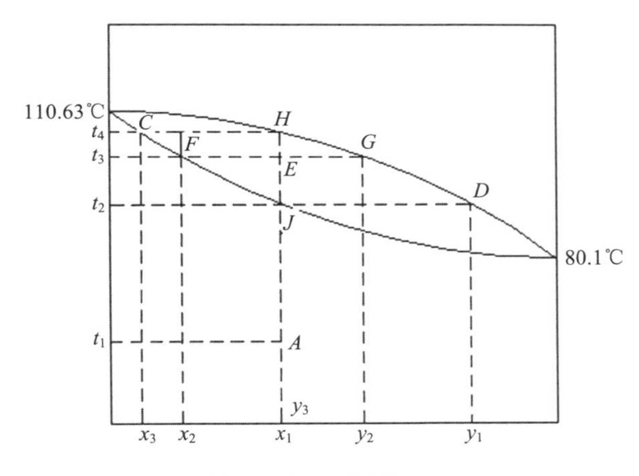


图 5-6 苯-甲苯精馏原理

将上述气相 $y_2$ 冷凝至 $t_2$，也可以分成互为平衡的气、液两相，如图中 $D$ 点和 $J$ 点得到气相的浓度为 $y_1$，$y_1>y_2$，以此类推，最后可得到近于纯净的苯。

如果将上述多次部分汽化、多次部分冷凝分别在若干个加热釜和若干个冷凝器内进行，如图 5-7 所示，则蒸馏装置将非常庞大，能量消耗也会非常大。每一釜溶液部分汽化需消耗加热水蒸气，而每一釜部分冷凝需消耗冷却水。

不难看出，图 5-7 所示的流程在工业上是不可能采用的。如果将图 5-7 所示的流程变为图 5-8 所示的流程，最上一级装置中，气、液两相经过分离后，气相可以作为产品排出，液相返回至下一级，这部分液体称为回流液（或称冷液回流）；最下一级装置中，气、液两相分离后，液相作为产品排出，气相则返回进入上一级，这部分上升蒸气称为气相回流

(或称热气回流)。当上一级产生的冷液回流与下一级的热气回流进行混合时，由于液相温度低于气相温度，因此高温蒸气将加热低温的液体，使液体部分汽化，蒸气自身被部分冷凝，起到了传热和传质的双重作用。同时，中间既无产品生成，又不需设置加热器和冷凝器。

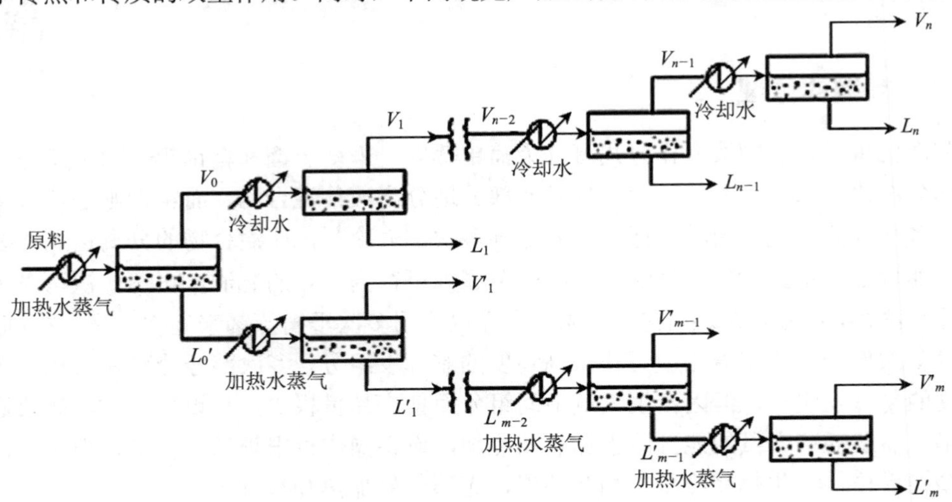


图 5-7　多次部分冷凝和部分汽化

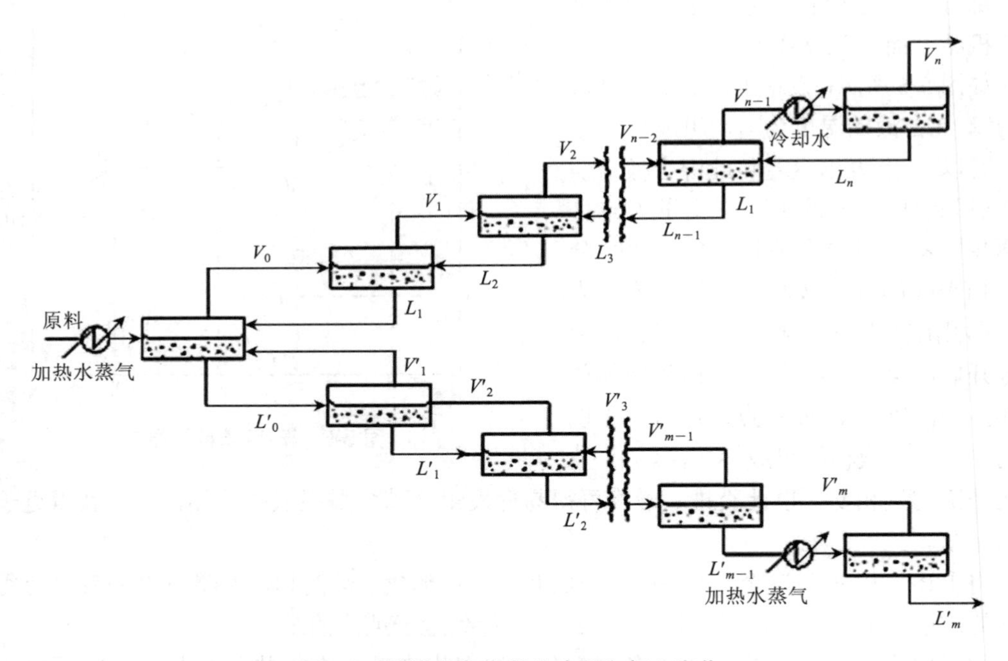


图 5-8　改进的多次部分冷凝和部分汽化

由以上分析可见，将每一级的液相产品返回到下一级，气相产品上升至上一级，不仅可以提高产品的收率，而且是过程进行必不可少的条件。对于任何一级，如果没有冷液回流和热气回流，在无中间冷凝器和加热器的情况下，不可能实现液体的部分汽化和气体的部分冷凝过程，也就不会对混合物进行再分离。因此，两相回流是保证精馏过程连续稳定操作的必要条件之一。

## 二、精馏装置流程

### （一）精馏装置流程

图 5-9 为常用的连续精馏装置流程示意图，包括精馏塔、冷凝器、再沸器等。用于精馏的塔设备有两种，即板式塔和填料塔，本章以板式塔为例介绍精馏装置流程。

连续精馏操作中，原料液从塔的中部通过加料管连续送入精馏塔内，同时从塔顶和塔底连续得到产品（馏出液、釜残液），所以是一种定态操作过程。

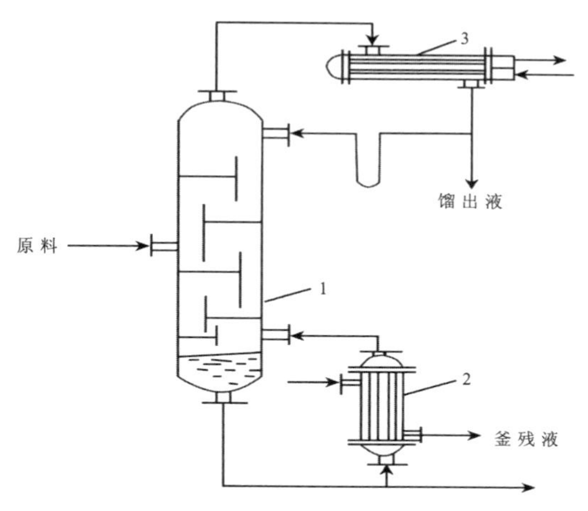


1—精馏塔；2—再沸器；3—冷凝器。

**图 5-9 连续精馏装置流程**

### （二）精馏装置的作用

通常将原料液进入管处的那层板称为加料板，精馏塔以加料板为界分为两段，加料板以上的塔段称为精馏段，加料板以下的塔段称为提馏段。

**1．精馏段的作用**

精馏段设置有若干块塔板，目的是从下到上逐板增加上升气相中易挥发组分的浓度。

**2．提馏段的作用**

提馏段也设置有若干块塔板，作用是从上到下逐板提高下降的液相中难挥发组分的浓度。

**3．塔板的作用**

塔板是供气、液两相进行传质和传热的场所。塔板上设置有许多小孔，从下一层板上升的气流与从上一层板下降的液流接触的过程中，由于存在温度差和浓度差，气相进行部分冷凝，使其中部分难挥发组分转入液相，而气相冷凝时放出的热量传给液相，使液相部分汽化，其中易挥发组分转入气相。总之，离开塔板上升的气相中易挥发组分的浓度得到了提高，下降的液相中难挥发组分的浓度比进入该板时更高。每一块塔板上气、液两相都进行双向传质，因此，只要有足够的塔板数，就可以将混合液分离成两个较纯净的组分。

**4．再沸器的作用**

再沸器多数为一间壁换热器，通常以饱和水蒸气为热源加热釜内溶液。溶液受热后部分汽化，气相进入塔内，使塔内有一定流量的上升蒸气流，液相作为釜残液排出。

**5．冷凝器的作用**

冷凝器为一间壁换热器，使进入冷凝器的塔顶蒸气被全部或部分冷凝，部分冷凝液送回塔顶，使塔内有一定量的回流液，其余作为液相产品（馏出液）排出。

微课 连续精馏过程的计算

# 第四节 双组分连续精馏塔的计算

## 一、理论板的概念和恒摩尔流假设

### （一）理论板的概念

第五章 蒸馏动画（1）

如图 5-10 所示，对任意层塔板 $n$ 而言，无论进入该板的气相组成 $y_{n-1}$ 和液相组成 $x_{n-1}$ 如何，如果在该板上气、液两相进行了充分混合并发生传质和传热，都会使离开该板的液相组成 $x_n$ 与气相组成 $y_n$ 符合气、液相平衡关系，且板上的液相无浓度差和温度差，则该板称为理论板。

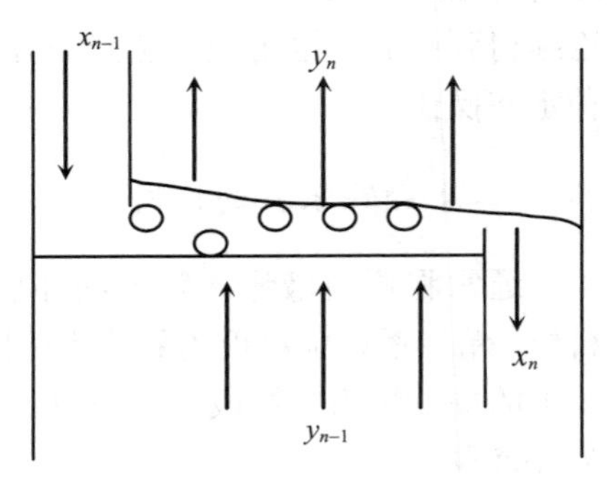

图 5-10 板式塔内塔板的操作情况

实际上，在塔板上气、液进行传质的过程十分复杂，影响因素很多，况且气、液两相在塔板上的接触面积和接触时间是有限的，因此在任何形式的塔板上，气、液两相都难以到达平衡状态，也就是说理论板是不存在的。理论板仅用做衡量实际塔板分离效率的一个标准，它是一种人为理想化的塔板。通常在精馏塔的设计计算中，首先求得理论塔板数，然后用实际塔板效率予以校正，即可求得实际塔板数。引入理论板的概念，主要是简化精馏过程的分析和计算。

### （二）恒摩尔流假设

影响精馏操作的因素很多，既涉及传质过程又涉及传热过程，也与各组分的物性、组成、操作条件、塔板结构等有关，而且相互影响。为了简化计算，通常假定塔内的气、液两相为恒摩尔流动。

恒摩尔流动应具备的假定条件包括各组分的摩尔汽化潜热相等；气、液两相接触时因温度不同而交换的显热不计；精馏塔设备的热损失不计。此条件下各层塔板上虽有物质交换，但气相和液相通过塔板前后的摩尔流量并不变化。

**1. 恒摩尔气流**

在精馏操作中，在没有进料和出料的塔段内，每层塔板（塔板序号为 1，2，3，…，$n$）上升的蒸气摩尔流量相等。

在精馏段，每层板上的上升蒸气摩尔流量都相等，即

$$V_1 = V_2 = V_3 = \cdots = V_n = V$$

同理，在提馏段，每层板上的上升蒸气摩尔流量都相等，即

$$V_1' = V_2' = V_3' = \cdots = V_n' = V'$$

式中：$V$—— 精馏段内上升的蒸气摩尔流量，kmol/h；

$V'$—— 提馏段内上升的蒸气摩尔流量，kmol/h。

但两段上升的蒸气摩尔流量并不一定相等，与进料量和进料热状况有关。

**2．恒摩尔液流**

精馏操作中，在没有进料和出料的塔段内，每层塔板（塔板序号为 1，2，3，…，$n$）下降的液体摩尔流量相等。

在精馏段，每层板流下的液体摩尔流量都相等，即

$$L_1 = L_2 = L_3 = \cdots = L_n = L$$

在提馏段，每层板流下的液体摩尔流量都相等，即

$$L_1' = L_2' = L_3' = \cdots = L_n' = L'$$

式中：$L$ —— 精馏段内下降的液体摩尔流量，kmol/h；

$L'$ —— 提馏段内下降的液体摩尔流量，kmol/h。

但两段下降的液体摩尔流量并不一定相等，与进料量和进料热状况有关。

精馏操作时，恒摩尔流虽是一种假设，但与实际情况出入不大，因此，可将精馏塔内的气、液两相视为恒摩尔流动。

## 二、全塔物料衡算及操作线方程

### （一）全塔物料衡算

应用全塔物料衡算，可以求出精馏塔塔顶、塔底的产量与进料量及各组成之间的关系。

对图 5-11 所示的连续精馏装置流程作物料衡算，并以单位时间为基准，则总物料衡算式为

$$F = D + W \tag{5-17}$$

易挥发组分的物料衡算式为

$$Fx_F = Dx_D + Wx_W \tag{5-18}$$

式中：$F$ —— 原料液流量，kmol/h；

$D$ —— 塔顶产品（馏出液）流量，kmol/h；

$W$ —— 塔底产品（釜残液）流量，kmol/h；

$x_F$ —— 原料液中易挥发组分的摩尔分数；

$x_D$ —— 塔顶产品中易挥发组分的摩尔分数；

$x_W$ —— 塔底产品中易挥发组分的摩尔分数。

应该指出，在精馏计算中，分离要求除用产品的摩尔分数表示外，还可以用采出率或回收率等不同的形式表示。

馏出液的采出率

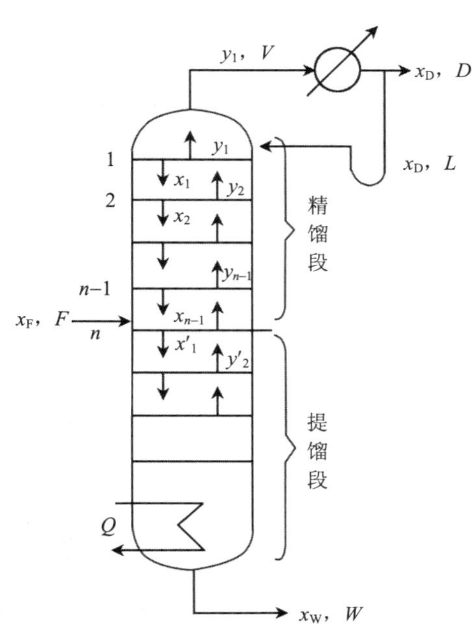


图 5-11 精馏塔的物料衡算

$$\frac{D}{F}=\frac{x_{\mathrm{F}}-x_{\mathrm{W}}}{x_{\mathrm{D}}-x_{\mathrm{W}}} \tag{5-19}$$

釜残液的采出率

$$\frac{W}{F}=\frac{x_{\mathrm{D}}-x_{\mathrm{F}}}{x_{\mathrm{D}}-x_{\mathrm{W}}} \tag{5-20}$$

塔顶易挥发组分的回收率

$$\eta_{\mathrm{D}}=\frac{Dx_{\mathrm{D}}}{Fx_{\mathrm{F}}}\times 100\% \tag{5-21}$$

塔釜难挥发组分的回收率

$$\eta_{\mathrm{W}}=\frac{W\left(1-x_{\mathrm{W}}\right)}{F\left(1-x_{\mathrm{F}}\right)}\times 100\% \tag{5-22}$$

特别提示：若 $F$、$D$、$W$ 表示质量流量，单位为 kg/h，相应的 $x_{\mathrm{F}}$、$x_{\mathrm{D}}$、$x_{\mathrm{W}}$ 则表示质量分数，上述各式均成立。

通常给出 $F$、$x_{\mathrm{F}}$、$x_{\mathrm{D}}$、$x_{\mathrm{W}}$，求解塔顶产品流量 $D$、塔底产品流量 $W$。当然，若某些情况下求解的不是 $D$ 和 $W$，而是其他两个量，也可利用式（5-17）和式（5-18）求解。

**【例 5-3】**在连续精馏塔内分离二硫化碳-四氯化碳混合液。原料液处理量为 5 000 kg/h，原料液中二硫化碳含量为 0.35（质量分数，下同），若要求釜液中二硫化碳含量不大于 0.06，二硫化碳的回收率为 90%。试求塔顶产品量及组成，分别以摩尔流量和摩尔分数表示。

解：二硫化碳的摩尔质量为 76 kg/kmol，四氯化碳的摩尔质量为 154 kg/kmol。

原料液摩尔组成 $x_{\mathrm{F}}=\dfrac{0.35/76}{0.35/76+0.65/154}=0.52$

釜液摩尔组成 $x_{\mathrm{W}}=\dfrac{0.06/76}{0.06/76+0.94/154}=0.114$

原料液的平均摩尔质量：$M_{\mathrm{m}}=0.52\times 76+0.48\times 154=113.44$ （kg/kmol）

原料液摩尔流量：$F=5\,000/113.44=44.08$（kmol/h）

由全塔物料衡算 $F=D+W$ 可得

$$D=F-W=44.08-W$$

由塔顶易挥发组分的回收率 $\eta_{\mathrm{D}}=\dfrac{Dx_{\mathrm{D}}}{Fx_{\mathrm{F}}}\times 100\%$ 知

$$Dx_{\mathrm{D}}=\eta_{\mathrm{D}}\times Fx_{\mathrm{F}}=0.9\times 44.08\times 0.52=20.63$$

代入有关数据得

$$0.114W=(1-\eta_{\mathrm{D}})Fx_{\mathrm{F}}=(1-0.9)\times 44.08\times 0.52=2.292$$

$$W=20.1\text{（kmol/h）}$$

$$D=44.08-20.1=23.98\text{（kmol/h）}$$

$$x_{\mathrm{D}}=20.63/D=20.63/23.98=0.86$$

## （二）操作线方程

### 1. 精馏段操作线方程

在恒摩尔流假定成立的情况下，对图 5-12 所示虚线范围（包括精馏段第 $n$+1 板和冷凝器在内）作物料衡算，以单位时间的摩尔流量为基准，即

总物料衡算

$$V = L + D \tag{5-23}$$

易挥发组分物料衡算

$$Vy_{n+1} = Lx_n + Dx_D \tag{5-23a}$$

式中：$V$、$L$——分别表示精馏段内每块塔板上升蒸气的摩尔流量和下降液体的摩尔流量，kmol/h；

$y_{n+1}$——精馏段中任意第 $n$+1 层板上升的蒸气组成，摩尔分数；

$x_n$——精馏段中任意第 $n$ 层板下降的液体组成，摩尔分数。

将式（5-23）代入式（5-23a），并整理得

$$y_{n+1} = \frac{L}{L+D}x_n + \frac{D}{L+D}x_D \tag{5-24}$$

将上式等号右边各项的分子和分母同时除以 $D$，则

$$y_{n+1} = \frac{L/D}{L/D+1}x_n + \frac{1}{L/D+1}x_D \tag{5-25}$$

令 $L/D=R$，$R$ 称为回流比，并代入上式得

$$y_{n+1} = \frac{R}{R+1}x_n + \frac{x_D}{R+1} \tag{5-25a}$$

式（5-25）和式（5-25a）均称为精馏段操作线方程。该方程的物理意义是指在一定的操作条件下，精馏段内自任意第 $n$ 层塔板下降的液相组成 $x_n$ 与其相邻的下一层第 $n$+1 层塔板上升的蒸气组成 $y_{n+1}$ 之间的关系。

在连续精馏操作中，根据恒摩尔流的假设，$L$ 为定值，且由于 $D$、$x_D$ 均为定值，故 $R$ 也是常量，所以该方程为直线方程，其斜率为 $R/(R+1)$，截距为 $x_D/(R+1)$，在 $y$-$x$ 直角坐标图中为一条直线。

### 2. 提馏段操作线方程

在恒摩尔流假定成立的情况下，对图 5-13 所示虚线范围（包括自提馏段第 $m$ 块板以下塔段和塔釜再沸器内）作物料衡算，即

总物料衡算

$$L' = V' + W \tag{5-26}$$

易挥发组分物料衡算

$$L'x'_m = V'y'_{m+1} + Wx_W \tag{5-26a}$$

式中：$V'$、$L'$——分别表示提馏段内每块塔板上升蒸气的摩尔流量和下降液体的摩尔流量，kmol/h；

$x'_m$——提馏段中任意第 $m$ 层板下降的液体组成，摩尔分数；

$y'_{m+1}$——提馏段中任意第 $m$+1 层板上升的蒸气组成，摩尔分数。

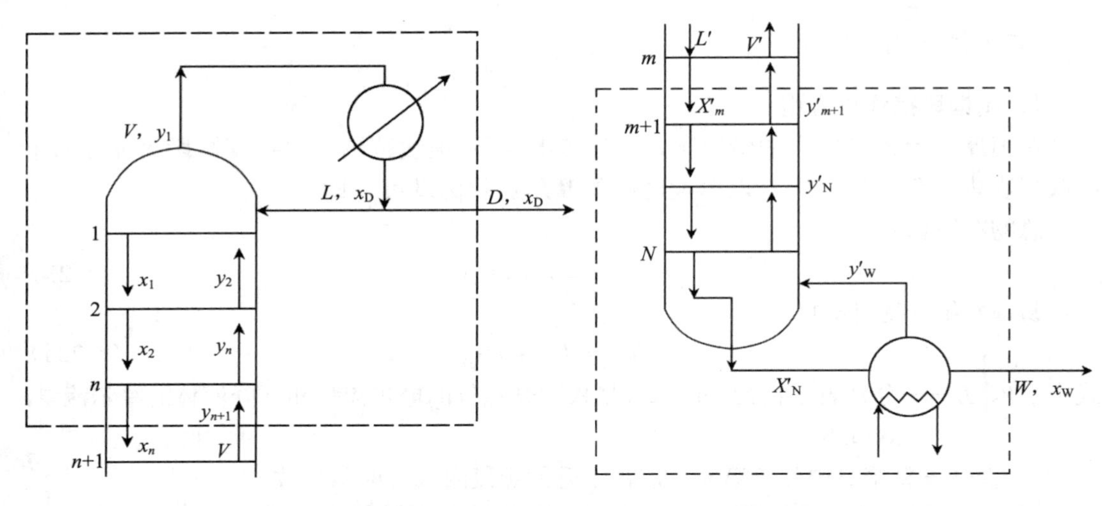


图 5-12 精馏段操作线方程的推导　　图 5-13 提馏段操作线方程的推导

将式（5-26）代入式（5-26a）并整理得

$$y'_{m+1}=\frac{L'}{L'-W}x'_m-\frac{Wx_W}{L'-W} \tag{5-27}$$

根据总物料衡算，式（5-27）可简化为

$$y'_{m+1}=\frac{L'}{V'}x'_m-\frac{Wx_W}{V'} \tag{5-27a}$$

式（5-27）和式（5-27a）为提馏段操作线方程。该方程的物理意义是指在一定的操作条件下，提馏段内自任意第 $m$ 块板下降的液相组成 $x'_m$ 与其相邻的下一层第 $m$+1 层塔板上升的蒸气组成 $y'_{m+1}$ 之间的关系。

在连续精馏操作中，根据恒摩尔流的假设，$L'$为定值，且由于 $W$、$x_W$ 均为定值，所以该方程也为直线方程，其斜率为 $L'/(L'-W)$，截距为 $-W'x_W/(L'-W)$，在 $y$-$x$ 直角坐标图中为一条直线。

应该指出的是，提馏段内液体摩尔流量 $L'$不仅与 $L$ 的大小有关，还受进料量及进料热状况的影响。

**【例 5-4】**在某双组分连续精馏塔中，精馏段内第 3 层理论板下降的液相组成 $x_3$ 为 0.70（易挥发组分摩尔分数，下同），进入该板的气相组成 $y_4$ 为 0.80，塔内的气、液摩尔流量比 $V/L$ 为 2，物系的相对挥发度为 2.4，试求回流比 $R$ 以及从该板上升的气相组成 $y_3$ 和进入该板的液相组成 $x_2$。

解：（1）回流比 $R$

由回流比的定义知：$L/D=R$，其中 $D=V-L$，则

$$R=\frac{L}{V-L}=\frac{1}{\frac{V}{L}-1}=\frac{1}{2-1}=1$$

（2）气相组成 $y_3$

离开第 3 层理论板的气、液相组成符合平衡关系，即

$$y_3 = \frac{\alpha x_3}{1+(\alpha-1)x_3} = \frac{2.4\times0.7}{1+(2.4-1)\times0.7} = 0.85$$

（3）液相组成 $x_2$

$$y_4 = \frac{R}{R+1}x_3 + \frac{x_D}{R+1}$$

$$0.8 = \frac{1}{1+1}\times0.7 + \frac{x_D}{1+1}，解得 x_D = 0.9$$

又据

$$y_3 = \frac{R}{R+1}x_2 + \frac{x_D}{R+1}$$

$$0.85 = \frac{1}{1+1}x_2 + \frac{0.9}{1+1}，解得 x_2 = 0.8$$

（三）进料热状况及 $q$ 线方程

**1. 进料热状况**

在实际生产中，进入精馏塔内的原料可能有 5 种不同状况：① 低于泡点温度的冷液体；② 泡点温度下的饱和液体；③ 温度介于泡点温度和露点温度之间的气、液混合物；④ 露点温度下的饱和蒸气；⑤ 高于露点温度的过热蒸气。

由于原料的进料状况不同，导致精馏塔内两段上升蒸气和下降液体量均会发生变化。图 5-14 显示了在不同进料热状况下，由进料板上升的蒸气量和下降的液体量的变化情况。

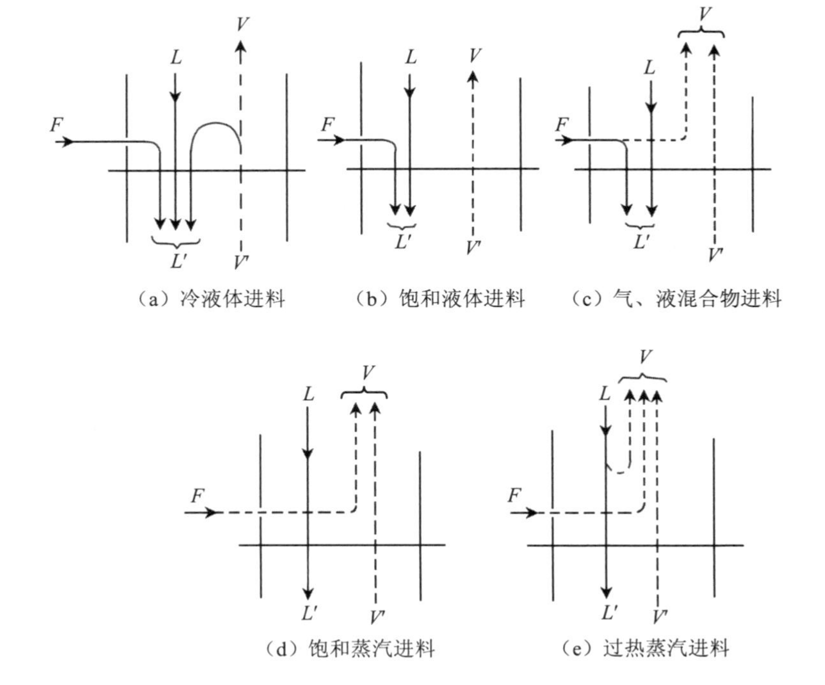


图 5-14 进料状况对进料板上、下各股物流的影响

现对图 5-14（c）气、液混合物进料情况做一分析，令进料中液相所占分率为 $q$，则气相所占分率为 $1-q$。进料的液相分率与进料状况的关系，可通过物料衡算和热量衡算确定。对图 5-15 所示虚线范围的进料板分别作物料衡算和热量衡算，以单位时间的摩尔流量为基准，即：

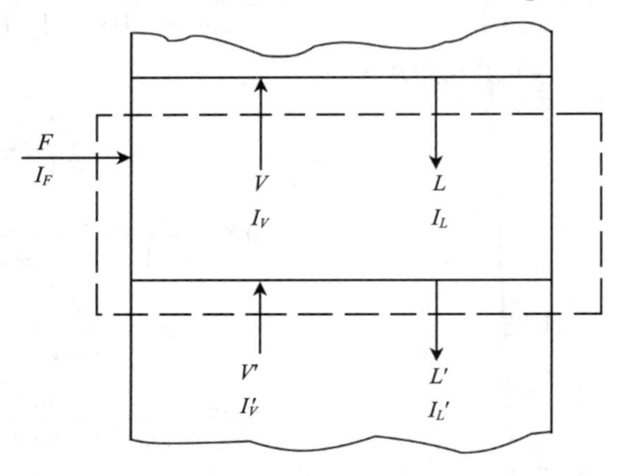

图 5-15　进料板上的物料衡算和焓衡算

物料衡算

$$F + V' + L = V + L' \tag{5-28}$$

热量衡算

$$FI_F + V'I'_V + LI_L = VI_V + L'I'_L \tag{5-29}$$

式中：$I_F$ —— 原料液的焓，kJ/kmol；

$I_V$、$I'_V$ —— 进料板上、下处饱和蒸气的焓，kJ/kmol；

$I_L$、$I'_L$ —— 进料板上、下处饱和液体的焓，kJ/kmol。

由于进料板上、下处的温度及气、液相组成都比较接近，故可假设

$$I_V = I'_V,\quad I_L = I'_L \tag{5-30}$$

将式（5-30）代入式（5-29）整理得

$$(V - V')I_V = FI_F - (L' - L)I_L$$

将式（5-28）代入上式整理得

$$\frac{I_V - I_F}{I_V - I_L} = \frac{L' - L}{F} \tag{5-31}$$

令

$$q = \frac{I_V - I_F}{I_V - I_L} \approx \frac{\text{每摩尔原料变为饱和蒸汽所需热量}}{\text{原料液的摩尔汽化潜热}} \tag{5-32}$$

$q$ 为进料热状况参数，其物理意义为以 1 kmol/h 进料为基准时，所引起的提馏段中的液体流量 $L'$ 与精馏段中液体流量 $L$ 不同，其差值为（$L'-L$），则 $q$ 表示为 $q = \dfrac{L' - L}{F}$。

对于饱和液体、气液混合物及饱和蒸气 3 种进料而言，$q$ 值等于进料中的液相分率。泡点进料 $q$=1、露点进料 $q$=0；在实际计算过程中，$q$ 可以通过下式计算

$$q = 1 + \frac{c_p(t_s - t_F)}{r_m} \tag{5-32a}$$

式中：$t_s$ ——进料泡点温度，℃；

$c_p$ ——进料的平均比热，kJ/(kmol·℃)；

$r_m$ ——进料的平均汽化热潜，kJ/kmol 。

各种进料热状况都可用式（5-32a）计算 $q$ 值。因此可得出精馏塔内两段的气、液相流量与进料量及进料热状况参数之间的基本关系为

$$L' = L + qF \tag{5-33}$$

$$V' = V - (1-q)F \tag{5-34}$$

对于低于泡点温度的冷液体进料，因 $I_F < I_L$，故 $q > 1$。为将原料液加热到板上温度，自提馏段塔板上升的蒸气有一部分将被冷凝下来放出潜热，则 $L' > L + F$，$V' > V$。

对于温度介于泡点温度和露点温度的气、液相混合物进料，$I_F > I_L$，显然 $0 < q < 1$。原料液中液体进入提馏段，蒸气部分进入精馏段，则 $L' < L + F$，$V' < V$。

对于泡点温度下的饱和液体进料，因 $I_F = I_L$，故 $q$=1。原料液的温度和进料板的温度接近，则 $L' = L + F$，$V' = V$。

对于露点温度下的饱和蒸气进料，因 $I_F = I_V$，故 $q$=0。进入塔内的饱和蒸气与提馏段上升的气流汇合进入精馏段，则 $L' = L$，$V' = V - F$。

对于高于露点温度的过热蒸气进料，因 $I_F > I_V$，故 $q < 0$。为将原料液的温度降至进料板的温度，必然会将来自精馏段的部分液体汽化，重新回到精馏段，则 $L' < L$，$V' < V - F$。

**2. $q$ 线方程**

$q$ 线方程又称进料方程，是精馏段操作线和提馏段操作线交点的轨迹方程。因在交点处两操作线方程中的变量相同，因此精馏段操作线方程和提馏段操作线方程在分别用式（5-23a）和式（5-26a）表示时，可略去方程式中变量上、下标，即：

精馏段操作线方程 $\quad Vy = Lx + Dx_D$

提馏段操作线方程 $\quad V'y = L'x - Wx_W$

结合式（5-33）和式（5-34）及式（5-18），整理得

$$(q-1)Fy = qFx - Fx_F$$

即

$$y = \frac{q}{q-1}x - \frac{x_F}{q-1} \tag{5-35}$$

式（5-35）称为 $q$ 线方程。在连续稳定操作条件下，$q$ 为定值，该式亦为直线方程，其斜率为 $q/(q-1)$，截距为 $-x_F/(q-1)$。在 $y$-$x$ 图上为一条直线且与两操作线相交于一点。

此线在 $y$-$x$ 图上的做法：$q$ 线方程与对角线方程联立解得交点 $e$（$x_F$，$x_F$），过点 $e$ 作斜率为 $q/(q-1)$ 的直线 $ef$，即为 $q$ 线。$q$ 线与精馏段操作线 $ab$ 相交于点 $d$，连接 $c$、$d$ 两点即得到提馏段操作线，如图 5-16 所示。

**3. 操作线的绘制**

精馏段操作线可以根据式（5-25a）来确定，当 $R$、$D$ 及 $x_D$ 为定值时，该直线可通过一定点和直线斜率绘出，也可通过一定点和坐标轴上的截距绘出。

定点的确定：当 $x_n = x_D$ 时，解出 $y_{n+1} = x_D$，即点 $a$（$x_D$，$x_D$），图 5-16 所示的精馏段操作线 $ab$ 为通过一定点及精馏段操作线斜率所绘，是精馏段操作线常用的绘制方法。

提馏段操作线根据式（5-27）或式（5-27a）来确定。结合式（5-33）和式（5-34），提馏段操作线方程可转化为

$$y'_{m+1} = \frac{L+qF}{L+qF-W}x'_m - \frac{Wx_W}{L+qF-W} \tag{5-36}$$

当 $L$、$F$、$W$、$x_W$、$q$ 为已知时，该直线也可通过一定点和直线斜率绘出，亦可通过定

点和坐标轴上的截距绘出，或通过 $q$ 线绘出。

定点的确定：当 $x'_m = x_W$ 时，解出 $y'_{m+1} = x_W$，即点 $c$（$x_W$，$x_W$）。

如图 5-16 所示的提馏段操作线 $cd$ 为通过一定点及通过 $q$ 线所绘，是常用的绘制方法。

进料热状况不同，$q$ 值便不同，$q$ 线的位置也不同，故 $q$ 线和精馏段操作线的交点随之而变，从而提馏段操作线的位置也相应变动。

当进料组成、回流比和分离要求一定时，5 种不同进料状况对 $q$ 线及操作线的影响如图 5-17 所示。

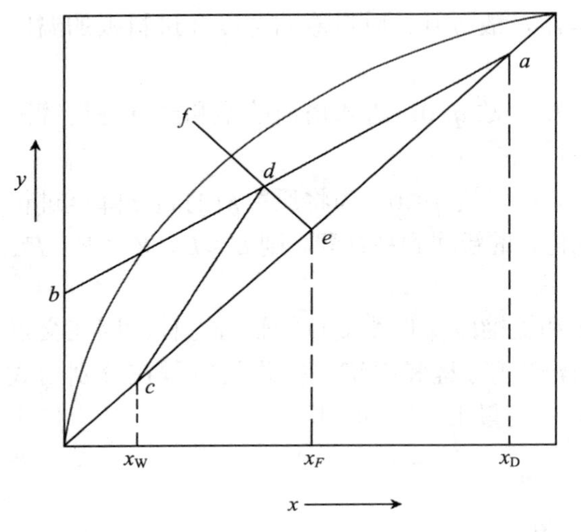

图 5-16 操作线与 $q$ 线

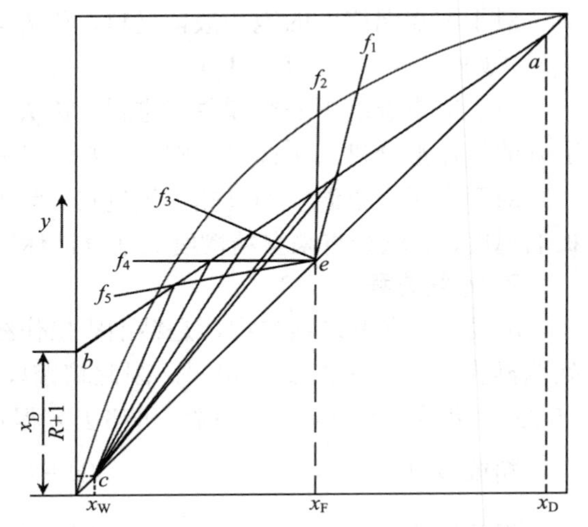

图 5-17 进料热状况对操作线的影响

不同进料热状况对 $q$ 线的影响情况列于表 5-1 中。

**表 5-1 进料热状况对 $q$ 线的影响**

| 进料热状况 | $q$ 值 | $q$ 线的斜率 $q/(q-1)$ | $q$ 线的位置 |
|---|---|---|---|
| 冷液体 | ＞1 | + | $ef_1$（↗） |
| 饱和液体 | 1 | ∞ | $ef_2$（↑） |
| 气、液混合物 | 0＜$q$＜1 | − | $ef_3$（↖） |
| 饱和蒸气 | 0 | 0 | $ef_4$（←） |
| 过热蒸气 | ＜0 | + | $ef_5$（↙） |

**【例 5-5】**一常压操作的精馏塔，分离进料组成为 0.44（苯的摩尔分数）的苯-甲苯混合液，求在下述进料状况下的 $q$ 值及 $q$ 线斜率。（1）气、液摩尔流量各占一半；（2）20℃的冷液体；（3）180℃的过热蒸气。

已知在 $p$=101.33 kPa 的条件下，苯的汽化潜热为 390 kJ/kg，甲苯的汽化潜热为 360 kJ/kg。在涉及的温度范围内，苯和甲苯液体的比热容为 1.84 kJ/(kg · ℃)，其蒸气的比热容为 1.25 kJ/(kg · ℃)。

解：（1）根据 $q$ 为进料液相分率的定义，可知 $q$=0.5

或 $$q=\frac{I_V-I_F}{I_V-I_L}=\frac{I_V-\left(I_V+I_L\right)/2}{I_V-I_L}=\frac{1}{2}=0.5$$

$q$ 线斜率为

$$q/(q-1)=0.5/(0.5-1)=-1$$

（2）由图 5-2 查得进料为 $x_F$=0.44 时的泡点温度为 93℃，露点温度为 100.5℃。

苯的摩尔质量为 78 kg/mol，甲苯的摩尔质量为 92 kg/mol，原料液的平均摩尔质量为

$$M_m=0.44\times78+0.56\times92=85.84\text{（kg / kmol）}$$

$$I_L-I_F=1.84\times85.84\times(93-20)=11\,530\text{（kJ / kmol）}$$

$$I_V-I_L=0.44\times390\times78+0.56\times360\times92=31\,932\text{（kJ / kmol）}$$

故 $$q=\frac{I_V-I_F}{I_V-I_L}=\frac{\left(I_V-I_L\right)+\left(I_L-I_F\right)}{I_V-I_L}=1+\frac{I_L-I_F}{I_V-I_L}=1+\frac{11530}{31932}=1.36$$

$q$ 线的斜率为

$$q/(q-1)=1.36/(1.36-1)=3.78$$

（3）将进料的过热蒸气转化为饱和蒸气需移走的热量为

$$I_F-I_V=1.25\times85.84\times(180-100.5)=8\,530\text{（kJ / kmol）}$$

因此 $$q=\frac{I_V-I_F}{I_V-I_L}=\frac{-8\,530}{31932}=-0.267$$

$q$ 线斜率为

$$q/(q-1)=-0.267/(-0.267-1)=0.21$$

## 三、理论板数的确定

对双组分连续精馏塔，理论板数的计算需要交替地利用相平衡方程和操作线方程，常采用逐板计算法和图解法。

（一）逐板计算法

计算中常假设：① 塔顶采用全凝器；② 回流液在泡点状态下回流入塔；③ 再沸器采用间接蒸气加热。

如图 5-18 所示，因塔顶采用全凝器，即 $y_1=x_D$。

由于离开每层理论板气、液组成互成平衡，因此 $x_1$ 可利用气-液相平衡方程求得，即

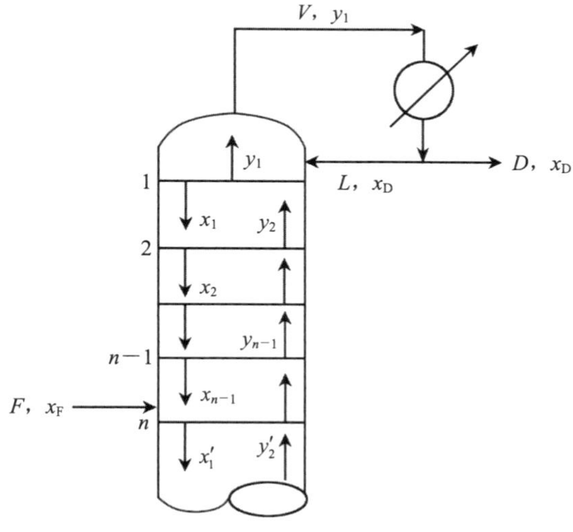


图 5-18 逐板计算法

$$x_1=\frac{y_1}{\alpha-(\alpha-1)y_1}$$

从第 2 层塔板上升蒸气组成 $y_2$ 与 $x_1$ 符合精馏段操作线关系，即

$$y_2=\frac{R}{R+1}x_1+\frac{x_D}{R+1}$$

同理，与 $y_2$ 成平衡的 $x_2$ 由相平衡方程求取，而 $y_3$ 与 $x_2$ 符合精馏段操作线关系。如此交替使用相平衡方程和精馏段操作线方程重复计算，直至计算到 $x_n \leqslant x_F$（仅指饱和液体进料情况）时，表示第 $n$ 层理论板是进料板（属于提馏段的塔板），此后，可改用提馏段操作线方程和相平衡方程，求提馏段理论板数，直至计算到 $x'_m \leqslant x_W$ 为止。

在计算过程中使用了 $n$ 次相平衡方程即为求得的理论板数 $n$（包括再沸器在内）。

应注意的问题：① 精馏段所需理论板数为 $n-1$ 块，提馏段所需的理论板数为 $m-1$ 块（不包括再沸器），精馏塔所需的理论板数为 $n+m-2$ 块（不包括再沸器）。② 若为其他进料热状况，应计算到 $x_n \leqslant x_q$（$x_q$ 为两操作线交点下的液相组成）。

利用逐板计算法求所需理论板数较准确，但计算过程烦琐，特别是理论板数较多时更为突出。若采用计算机计算，既方便快捷，又可提高精确度。

**【例 5-6】** 某苯与甲苯混合物中含苯的摩尔分数为 0.4，流量为 100 kmol/h，拟采用精馏操作，在常压下加以分离，要求塔顶产品苯的摩尔分数为 0.9，苯的回收率不低于 90%，原料预热至泡点加入塔内，塔顶设有全凝器，液体在泡点下进行回流，回流比为 1.875。已知在操作条件下，物系的相对挥发度为 2.47，试采用逐板计算法求理论塔板数。

解：由苯的回收率可求出塔顶产品的流量为

$$D=\frac{\eta_D F x_F}{x_D}=\frac{0.9\times100\times0.4}{0.9}=40\,(\text{kmol/h})$$

由物料衡算式可得塔底产品的流量与组成为

$$W=F-D=100-40=60\,(\text{kmol/h})$$

$$x_W=\frac{Fx_F-Dx_D}{W}=\frac{100\times0.4-40\times0.9}{60}=0.066\,7$$

相平衡方程式

$$y=\frac{\alpha x}{1+(\alpha-1)x}$$

$$x=\frac{y}{\alpha-(\alpha-1)y}=\frac{y}{2.47-1.47y}$$

精馏段操作线方程

$$y=\frac{R}{R+1}x+\frac{x_D}{R+1}=\frac{1.875}{1.875+1}x+\frac{0.9}{1.875+1}=0.652x+0.313$$

提馏段操作线方程

对于泡点进料，$q$=1，则 $L'=L+F=RD+F$，$V'=V=(R+1)D$

$$y' = \frac{L'}{V'}x - \frac{Wx_W}{V'} = \frac{RD+F}{(R+1)D}x - \frac{Wx_W}{(R+1)D}$$

$$= \frac{1.875\times 40+100}{(1.875+1)\times 40}x - \frac{60\times 0.066\,7}{(1.875+1)\times 40}$$

$$= 1.522x - 0.035\,9$$

第一块板上升的蒸气组成 $y_1$ 为

$$y_1 = x_D = 0.9$$

第一块板下降的液体组成 $x_1$ 为

$$x_1 = \frac{0.9}{2.47 - 1.47\times 0.9} = 0.785$$

第二块上升的蒸气组成 $y_2$ 由精馏段操作线方程求出

$$y_2 = 0.652\times 0.785 + 0.313 = 0.825$$

交替使用相平衡方程和精馏段操作线方程可得:

$x_2 = 0.656$　　$y_3 = 0.74$　　$x_3 = 0.536$　　$y_4 = 0.648$

$x_4 = 0.427$　　$y_5 = 0.58$　　$x_5 = 0.359$

因 $x_5 < 0.4$，所以原料从第 5 块板加入。下面计算要改用提馏段操作线方程代替精馏段操作线方程，即

$y_6 = 1.522\times 0.359 - 0.0359 = 0.51$　　$x_6 = 0.296$

$y_7 = 0.415$　　$x_7 = 0.186$

$y_8 = 0.247$　　$x_8 = 0.117$

$y_9 = 0.142$　　$x_9 = 0.062\,9 < 0.066\,7$

因 $x_9 < x_W$，故总理论板数为 10 块（包括再沸器），其中精馏段为 4 块，加料板为第 5 块。

（二）图解法

第五章 蒸馏
动画（1）

图解法求理论板数的基本原理与逐板计算法基本相同，只不过由作图过程代替计算过程，由于作图误差，其准确性比逐板计算法稍差，但由于图解法求理论板数过程简单，故在双组分精馏塔的计算中运用较多。

图解法的计算过程在 $x$-$y$ 图上进行，基本步骤可参照图 5-19，归纳如下：① 在 $x$-$y$ 坐标图上作出相平衡曲线和对角线。② 在 $x$ 轴上定出 $x=x_D$、$x=x_F$、$x=x_W$ 的点，从 3 点分别作垂线交对角线于点 $a$、$e$、$c$。③ 在 $y$ 轴上定出 $y_b=x_D/(R+1)$ 的点 $b$，连 $a$、$b$ 作精馏段操作线，或通过精馏段操作线的斜率 $R/(R+1)$ 绘精馏段操作线。④ 由进料热状况求出斜率 $q/(q-1)$，通过点 $e$ 作 $q$ 线 $ef$。⑤ 将 $ab$ 和 $ef$ 的交点 $d$ 与 $e$ 相连得提馏段操作线 $cd$。⑥ 从 $a$

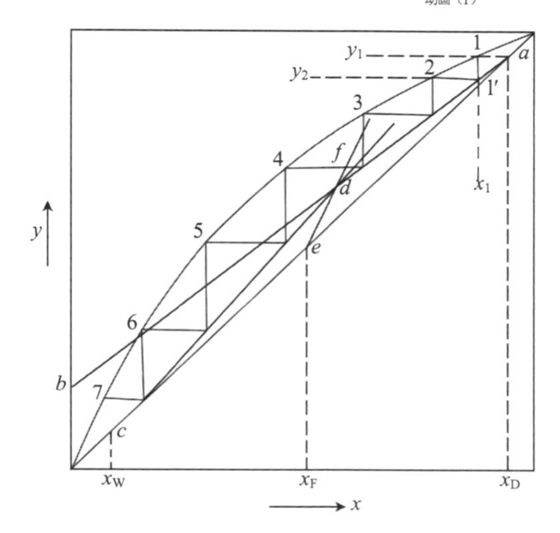

图 5-19　图解法求理论板数

点开始，在精馏段操作线与平衡线之间作直角梯级，当梯级跨过两操作线交点 $d$ 点时，则改在提馏段操作线与平衡线之间作直角梯级，直至梯级的垂线达到或跨过 $c$ 点为止。数梯级的数目，可以分别得出精馏段和提馏段的理论板数，同时也确定了加料板的位置。

需注意，跨过两操作线交点 $d$ 的梯级为适宜的进料位置。此时对一定的分离任务而言，如此作图所需理论板数为最少。在图 5-19 中，梯级总数为 7，第 4 级跨过 $d$ 点，即第 4 级为加料板，故精馏段理论板数为 3；因再沸器相当于一层理论板，故提馏段理论板数为 3。该过程共需 7 层理论板（包括再沸器）。

**【例 5-7】** 用一常压操作的连续精馏塔，分离含苯为 0.44（摩尔分数，以下同）的苯-甲苯混合液，要求塔顶产品含苯 0.975 以上，塔底产品含苯 0.023 5 以下。操作回流比为 3.5。试用图解法求以下两种进料情况时的理论板数及加料板位置:（1）原料液为 20℃的冷液体。（2）液相分率为 1/3 的气、液混合物。

已知: 操作条件下苯的汽化潜热为 390 kJ/kg，甲苯的汽化潜热为 360 kJ/kg。苯-甲苯混合液的气、液相平衡数据及 $t$-$x$-$y$ 图见表 5-2 和图 5-2。

解:（1）温度为 20℃的冷液体进料

① 利用平衡数据，在直角坐标图上绘相平衡曲线及对角线，如本例附图 1 所示。在图上定出点 $a$（$x_D$，$x_D$）、点 $e$（$x_F$，$x_F$）和点 $c$（$x_W$，$x_W$）3 点。

② 精馏段操作线截距为 $x_D/(R+1)=0.975/(3.5+1)=0.217$，在 $y$ 轴上定出点 $b$。连接 $ab$，即得到精馏段操作线。

③ 根据【例 5-5】可知，$q$=1.36，$q$ 线斜率为 3.78。再从点 $e$ 作斜率为 3.78 的直线，即得 $q$ 线。$q$ 线与精馏段操作线交于点 $d$。

④ 连接 $cd$，即为提馏段操作线。

⑤ 自点 $a$ 开始在操作线和平衡线之间绘制直角梯级，图解得理论板数为 11（包括再沸器），自塔顶往下数第 5 层为加料板，如本例附图 1 所示。

（2）气、液混合物进料

①、② 与（1）的①、② 项相同，两项的结果如本例附图 2 所示。

③ 由 $q$ 值定义知，$q$=1/3，故 $q$ 线斜率为

$$\frac{q}{q-1}=\frac{1/3}{1/3-1}=-0.5$$

过点 $e$ 作斜率为−0.5 的直线，即得 $q$ 线，$q$ 线与精馏段操作线交于点 $d$。

④ 连接 $cd$，即为提馏段操作线。

⑤ 按上法图解得理论板数为 13（包括再沸器），自塔顶往下的第 7 层为加料板，如本例附图 2 所示。

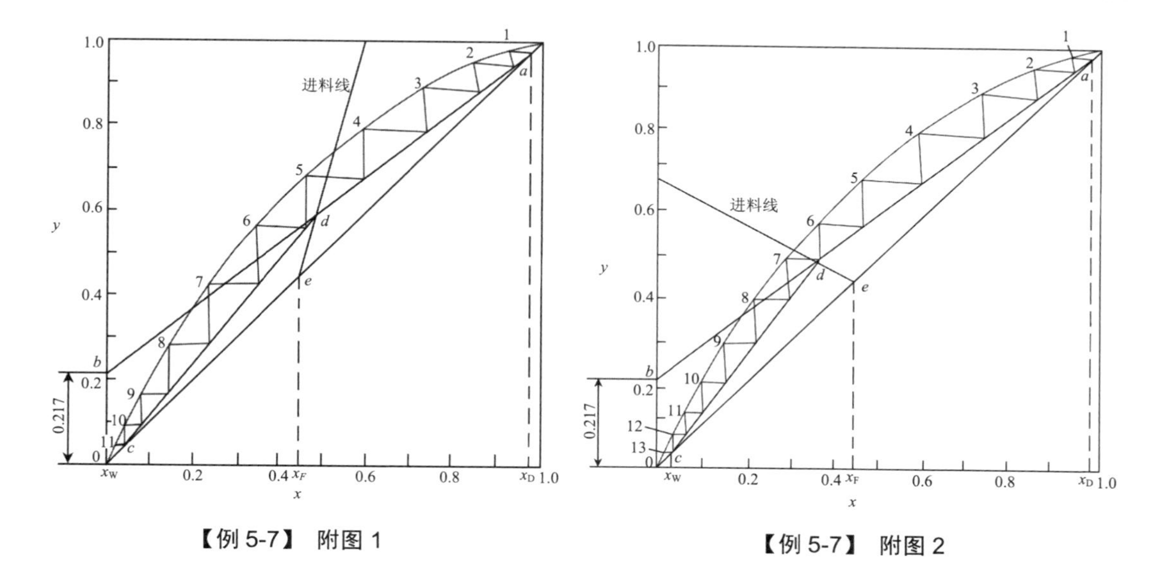


【例 5-7】 附图 1

【例 5-7】 附图 2

由计算结果可知，对一定的分离任务和要求，若进料热状况不同，所需的理论板数和加料板的位置均不相同。冷液体进料较气、液混合进料所需的理论板层数少。这是因为精馏段和提馏段内循环量增大的缘故，使分离程度增高或理论板数减少。

## 四、回流比的影响及选择

在前面的分析和计算中，回流比为给定值。而在实际精馏过程中，回流比是保证精馏过程能连续定态操作的基本条件，因此回流比是精馏过程的重要变量，它的大小直接影响精馏的操作费用和投资费用，对一个产品的质量和产量也有重大影响，而且是一个便于调节的参数。回流比有两个极限值，上限为全回流，下限为最小回流比，实际的回流比介于两极限值之间。

### （一）全回流和最小理论塔板数

精馏塔塔顶上升蒸气经全凝器冷凝后，冷凝液全部回流至塔内，此种回流方式称为全回流。

在全回流操作下，原料量 $F$、塔顶产品 $D$、塔底产品 $W$ 皆为零。

全回流时回流比为：$R=\dfrac{L}{D}=\infty$

精馏段操作线斜率为：$\dfrac{R}{R+1}=1$

在 $y$ 轴上的截距为：$\dfrac{x_D}{R+1}=0$

全回流时的操作线方程式为：$y_{n+1}=x_n$

即精馏段和提馏段操作线与对角线重合，无精馏段和提馏段之分，如图 5-20 所示，显然操作线和平衡线之间的距离最远，说明塔内气、液两相间的传质推动力最大，若完成同样的分离任务，所需的理论板数最少，以 $N_{min}$ 表示。

$N_{\min}$ 的确定可在 $x$-$y$ 图上画直角梯级，根据平衡线与操作线之间的梯级数求得。

计算全回流时的理论板数除可用如前介绍的逐板计算法和图解法外，还可用芬斯克方程计算，即

$$N_{\min}=\frac{\ln\left(\dfrac{x_{\mathrm{D}}}{1-x_{\mathrm{D}}}\right)\left(\dfrac{1-x_{\mathrm{W}}}{x_{\mathrm{W}}}\right)}{\ln\alpha_{\mathrm{m}}}-1 \tag{5-37}$$

式中：$N_{\min}$—— 全回流时的最少理论板数（不包括再沸器）；

$\alpha_{\mathrm{m}}$ —— 全塔平均相对挥发度。

如前所述，全回流时因无生产能力，对正常生产无实际意义，只用于精馏塔的开工阶段或实验研究中。但在精馏操作不正常时，有时会临时改为全回流操作，便于进行问题的分析和过程的调节、控制。

### （二）最小回流比

在精馏塔计算时，对于一定的分离任务，随着回流比的减小，两操作线逐渐向平衡线靠近，达到分离要求所需的理论塔板数亦逐渐增多。当回流比减到某一数值时，两操作线交点 $d$ 恰好落在平衡线上，如图 5-21 所示，这时所需的塔板数为无穷多，如图 5-22 所示，相应的回流比称为最小回流比，以 $R_{\min}$ 表示。在最小回流比条件下操作时，在点 $d$ 前后各板之间（通常在进料板附近）的区域，气、液两相组成基本上没有变化，即无增浓作用，故此区域称为恒浓区（又称挟紧区），$d$ 点称为挟紧点。因此最小回流比是回流比的下限。

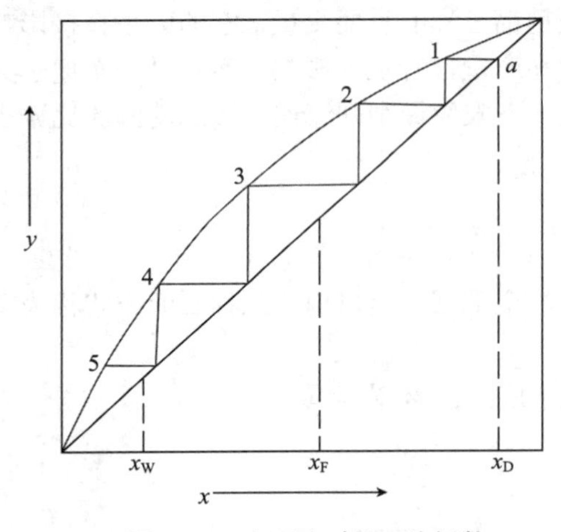


图 5-20　全回流时的理论板数

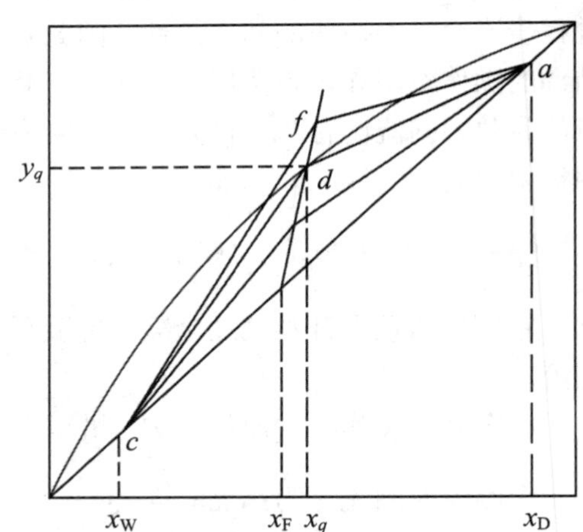


图 5-21　回流比对操作线位置的影响

最小回流比可由进料状况、$x_F$、$x_D$ 及相平衡关系确定，常利用作图法求得。参照图 5-22，当精馏段操作线与 $q$ 线相交于相平衡线上点 $d$ 时，此时精馏段操作线的斜率为

$$\frac{R_{\min}}{R_{\min}+1}=\frac{x_{\mathrm{D}}-y_q}{x_{\mathrm{D}}-x_q} \tag{5-38}$$

整理上式得

$$R_{\min}=\frac{x_D-y_q}{y_q-x_q} \tag{5-38a}$$

式中，$x_q$、$y_q$为 $q$ 线与平衡线交点 $d$ 的坐标，可在图中读得，也可由 $q$ 线方程与相平衡方程联立确定。

特别提示：对于某些特殊的相平衡曲线，如乙醇-水物系，直线 $ad$ 可能已穿过平衡线，这时应从 $a$ 点作平衡曲线的切线来决定 $R_{\min}$，如图 5-22（b）所示。

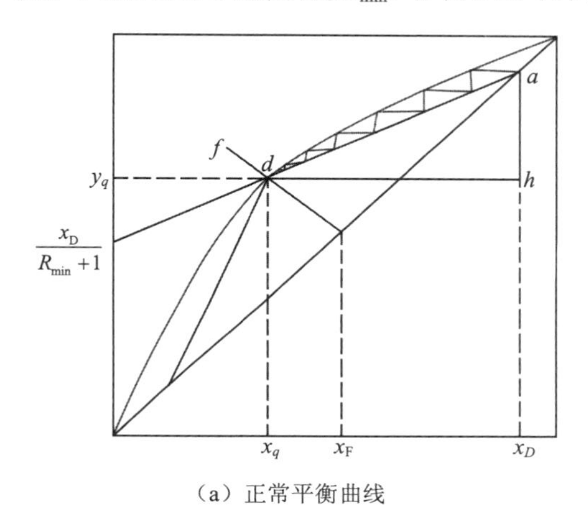

（a）正常平衡曲线

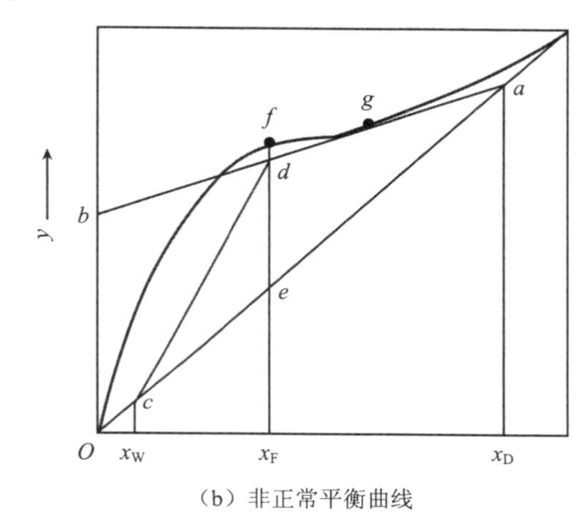

（b）非正常平衡曲线

图 5-22 最小回流比的确定

## （三）适宜回流比的选择

根据上述讨论可知，对于一定的分离任务，全回流时所需的理论塔板数最少，但得不到产品，实际生产不能采用。而在最小回流比下进行操作，所需的理论塔板数又无穷多，生产中亦不可采用。因此，实际的回流比应在全回流和最小回流比之间。适宜回流比是指操作费用和投资费用之和最低时的回流比。

精馏的操作费用包括冷凝器冷却介质和再沸器加热介质的消耗量及动力消耗的费用等，而这两项取决于塔内上升的蒸气量。当回流比增大时，根据 $V=(R+1)D$、$V'=V+(q-1)F$，这些费用将显著增加，操作费和回流比的大致关系如图 5-23 中曲线 2 所示。

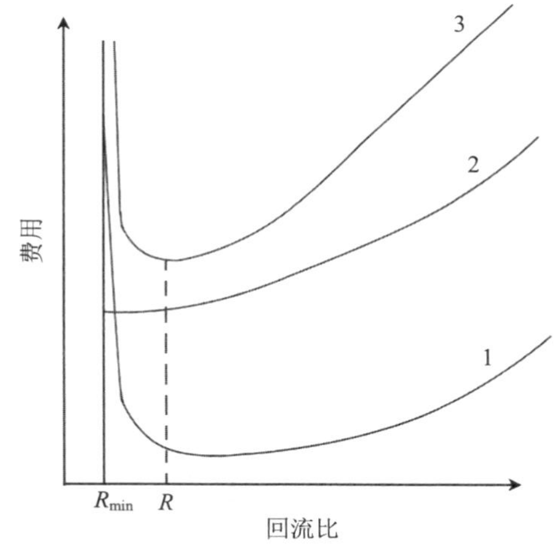

图 5-23 适宜回流比的确定

设备折旧费主要指精馏塔、再沸器、冷凝器等费用。如设备类型和材料已选定，此项费用主要取决于设备尺寸。当 $R=R_{\min}$ 时，塔板数为无穷多，相应的设备费亦为无限大；当 $R$ 稍增大，塔板数即从无限大急剧减少；$R$ 继续增大，塔板数仍可减少，但速度缓慢；再继续增大 $R$，由于塔内上升蒸气量增加，使得塔径、再沸器、冷凝器等的尺寸相应增大，导致设备费有所上升。设备费和回流比的大致关系如图 5-23 中的曲线 1 所示。

总费用（操作费用和设备费用之和）和 $R$ 的大致关系如图 5-23 中的曲线 3 所示。其最低点所对应的回流比为最适宜回流比。

在精馏设计计算中，一般不进行经济核算，操作回流比常采用经验值。根据生产数据统计，适宜回流比的数值范围一般为：$R=(1.1\sim2.0)R_{\min}$。

应指出的是，在精馏操作中，回流比是重要的调控参数，$R$ 的选择与产品质量及生产能力密切相关。

**【例 5-8】**在常压连续精馏塔中分离苯-甲苯混合液。原料液含苯 0.44（摩尔分数，下同），馏出液含苯 0.98，釜残液含甲苯 0.976。操作条件下物系的平均相对挥发度为 2.47。试求饱和液体进料和饱和蒸气进料时的最小回流比。

解：（1）饱和液体进料

$$x_q=x_{\mathrm{F}}=0.44$$

$$y_q=\frac{\alpha x_q}{1+(\alpha-1)x_q}=\frac{2.47\times0.44}{1+(2.47-1)\times0.44}=0.66$$

故
$$R_{\min}=\frac{x_{\mathrm{D}}-y_q}{y_q-x_q}=\frac{0.98-0.66}{0.66-0.44}=1.45$$

（2）饱和蒸气进料

$$y_q=x_{\mathrm{F}}=0.44$$

$$x_q=\frac{y_q}{\alpha-(\alpha-1)y_q}=\frac{0.44}{2.47-(2.47-1)\times0.44}=0.24$$

故
$$R_{\min}=\frac{x_{\mathrm{D}}-y_q}{y_q-x_q}=\frac{0.98-0.44}{0.44-0.24}=2.7$$

由计算结果可知，不同进料热状况下，$R_{\min}$ 值是不同的。

微课 蒸馏设备及其操作

# 第五节 板式塔

## 一、板式塔

板式塔是一种应用极为广泛的气、液传质设备，它的外形为一个呈圆柱形的壳体，内部按一定间距设置若干水平塔板（或称塔盘），水平塔板是板式塔的主要部件。

（一）塔板结构

现以图 5-24 所示筛板塔为例说明板式塔的结构和功能。

塔板上设有溢流堰和降液管。溢流堰的作用是使板上维持一定深度的液层；降液管是板上液体流至下一层塔板的液体通道。

液体从筛板塔上一层板经降液管流到板面，因降液管下沿 A 与第一列筛孔（左起）B 之间有一未开孔区，故在这一小段内的液体基本为清液，内含泡沫不多，因此 AB 区称为安全区。B 与 C 之间为塔板工作区，液层中充满气泡，称为泡沫层，泡沫层的高度常为静液层高度的数倍，液体到达 C 处不再鼓泡，C、D 之间也是未开孔区，气、液在此进行部分分离，因此称为泡沫区，夹带的少量泡沫在 D 处越过溢流堰顶而流入降液管。此时却因溅散而又有一些泡沫生成，液体在其下降的过程中，所含的气体必须分离出而上升到降液管顶部，返回到原来的塔板面以上，否则便有一部分上层板的气体被带到下一层塔板去。

气体从下层板经筛孔进入板面，穿过液层鼓泡而出，离开液面时带出一些小液滴，一部分可能随气流进到上一层板，称为雾（液）沫夹带。严重的雾沫夹带将导致板效率下降。

（二）板式塔传质过程

第五章 蒸馏
动画（1）

如图 5-25 所示，板式塔正常工作时，塔内液体依靠重力作用，由上层塔板的降液管流到下层塔板的受液盘，并在各块板面上形成流动的液层，然后从另一侧的降液管流至下一层塔板。气体则靠压强差推动，由塔底向上依次穿过各塔板上的液层而流向塔顶。在每块塔板上由于设置有溢流堰，使板上保持一定厚度的液层，气体穿过板上液层时，两相接触进行传热和传质。塔内气、液两相的组成沿塔高呈阶梯式变化。

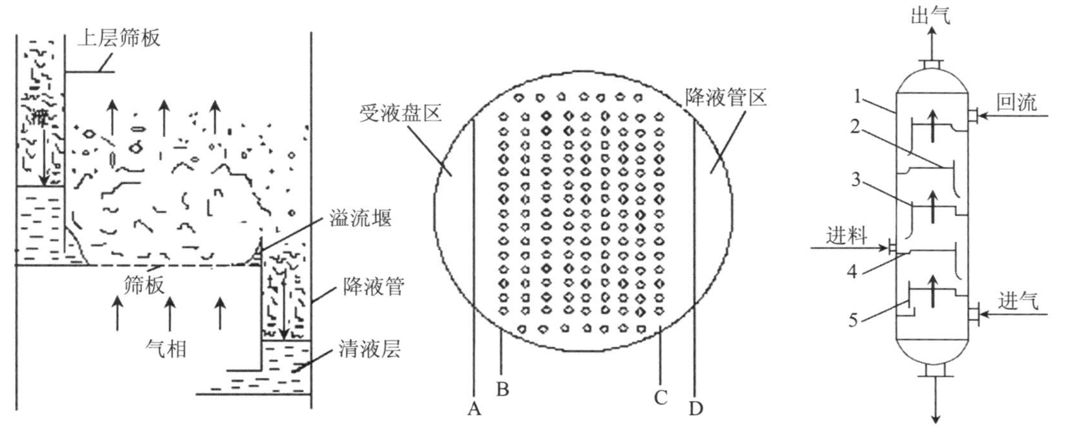


图 5-24　筛板塔的操作状况及工作区

1—塔壳；2—塔板；3—出口溢流堰；4—受液盘；5—降液管。

图 5-25　板式塔结构

为有效地实现气、液两相之间的传质，板式塔应具有以下两方面的功能：① 每块塔板上气、液两相必须保持充分的接触，为传质过程提供足够大而且不断更新的相际接触表面，减小传质阻力；② 气、液两相在塔内应尽可能呈逆流流动，以提供最大的传质推动力。

由此可见，除保证气、液两相在塔板上有充分的接触之外，板式塔的设计意图是，在塔内造成一个对传质过程最有利的理想流动条件，即在总体上使两相呈逆流流动，而在每一块塔板上两相呈均匀的错流接触。

#### （三）气液传质方式

按照塔板上气、液两相的流动方式，可将塔板分为错流塔板与逆流塔板两类。

错流塔板是气体自下而上垂直穿过液层，液体在塔板上横向流过，经降液管流至下层塔板。错流塔板降液管的设置方式及溢流堰高可以控制板上液体流径与液层厚度，以期获得较高的效率。但是降液管占去一部分塔板面积，影响塔的生产能力；而且，流体横过塔板时要克服各种阻力，因而使板上液层出现位差，此位差称为液面落差。液面落差大时，会引起板上气体分布不均，降低塔板分离效率。错流塔板广泛用于蒸馏、吸收等传质操作中。常见的塔板类型有筛孔塔板、浮阀塔板、喷射型塔板及泡罩型塔板等。

逆流塔板亦称穿流板，塔板间没有可供液体流下的降液管，气、液两相同时由板上孔道逆向穿流而过。多孔板、穿流栅孔塔板等都属于逆流塔板。这种塔板结构虽简单，板面利用率也高，但需要较高的气速才能维持板上液层，操作弹性较小，分离效率也低，工业上应用较少。

### 二、常用板式塔

#### （一）泡罩塔

泡罩塔是一种很早就在工业上应用的塔设备，塔板上的主要部件是泡罩，如图 5-26 所示。它有一个钟形的罩，支在塔板上，周边开有长条形或长圆形小孔，或做成齿缝状，与板面保持一定的距离。罩内设有供蒸气通过的升气管，升气管与泡罩之间形成环形通道。操作时，气体沿升气管上升，经升气管与泡罩间的环隙，通过齿缝被分散成许多细小的气泡，气泡穿过液层使之成为泡沫层，以加大两相间的接触面积。液体由上层塔板降液管流到该层塔板的一侧，横过板上的泡罩后，开始分离所夹带的气泡，再越过溢流堰进入另一侧降液管，在管中气、液两相进一步分离，分离出的蒸气返回塔板上方，液体流到下层塔板。

第五章 蒸馏动画（2）

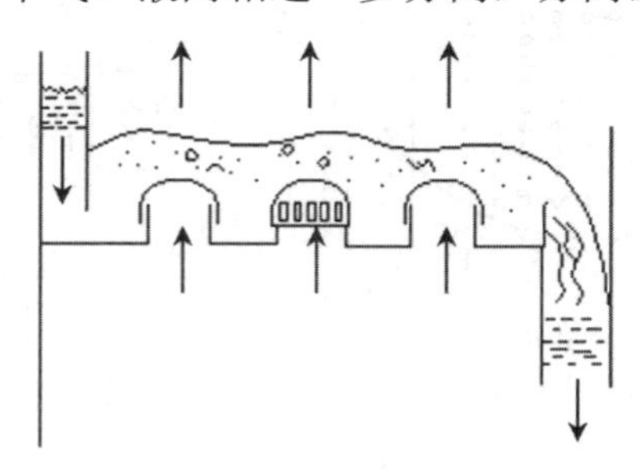

图 5-26 泡罩塔板

泡罩的制造材料有碳钢、不锈钢、合金钢、铜、铝等，特殊情况下亦可用陶瓷以防腐蚀。泡罩的直径通常为 80～150 mm，在板上按正三角形排列，中心距为罩直径的 1.25～1.5 倍。

泡罩塔的优点是不易发生漏液现象，操作弹性较大、塔板不易堵塞，对各种物料的适应性强；缺点是结构复杂，材料耗量大，板上液层厚，塔板压降大，生产能力及板效率较低。泡罩塔已逐渐被筛板塔、浮阀塔所取代，在新建塔设备中已很少采用。

### （二）筛板塔

筛孔塔板简称筛板，其结构如图 5-27 所示。塔板上开有许多均匀的小孔（筛孔），孔径一般为 3～8 mm，以 4～5 mm 最常用。筛孔在塔板上为正三角形排列。塔板上设置溢流堰，使板上能保持一定厚度的液层。液体流程与泡罩塔相同，蒸气通过筛孔将板上液体吹成泡沫层。筛板上没有凸起的气、液接触组件，因此板上液面落差很小，一般可以忽略不计，只有在塔径较大或液体流量较高时才考虑液面落差的影响。

第五章 蒸馏动画（2）

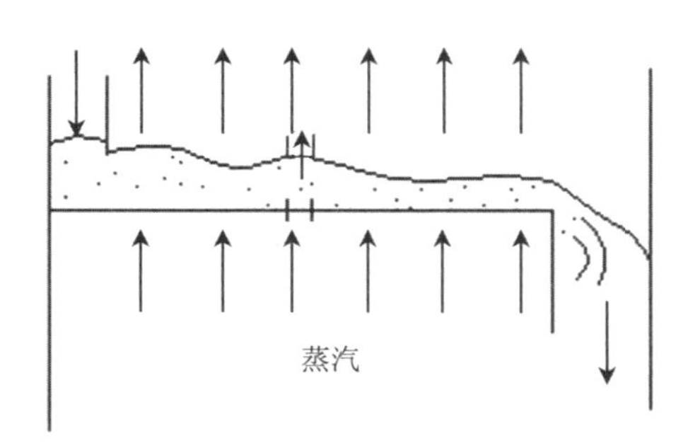

图 5-27 筛板结构

操作时，气体经筛孔分散成小股气流，鼓泡通过液层，气、液两相间密切接触而进行传热和传质。在正常的操作条件下，通过筛孔上升的气流，应能阻止液体经筛孔向下泄漏。

筛板多用不锈钢或合金钢板制成，使用碳钢者较少。

筛板塔的优点是结构简单，金属耗量低，造价低，板上液面落差小，气体压降低，生产能力比泡罩塔高 10%～15%，板效率亦高 10%～15%，而板压力降则低 30%左右。其缺点是操作弹性小，易发生漏液，筛孔易堵塞，不适宜处理易结焦、黏度大的物料。

### （三）浮阀塔

浮阀塔是 20 世纪 50 年代开发的一种较好的塔型。浮阀塔板的结构特点是在塔板上开有若干个阀孔，每个阀孔装有一个可在一定范围内自由活动的阀片，称为浮阀。浮阀形式很多，常用的有如图 5-28 所示的 F1 型浮阀、条型浮阀、方型浮阀等。

阀片下有 3 条带脚钩的阀腿，插入阀孔后将阀腿底脚钩拨转 90°，以限制阀片升起的最大高度，防止阀片被气体吹走。阀片周边冲出几个略向下弯的定距片，当气速很低时，由于定距片的作用，阀片与塔板呈点接触而坐落在阀孔上，仍与板面保持约 2.5 mm 的距离，可防止阀片与板面的黏结。浮阀的标准质量有两种，轻阀约 25 g，重阀 33 g。一般情况下用重阀，只在处理量大并且要求压强很低的系统（如减压塔）中才用轻阀。

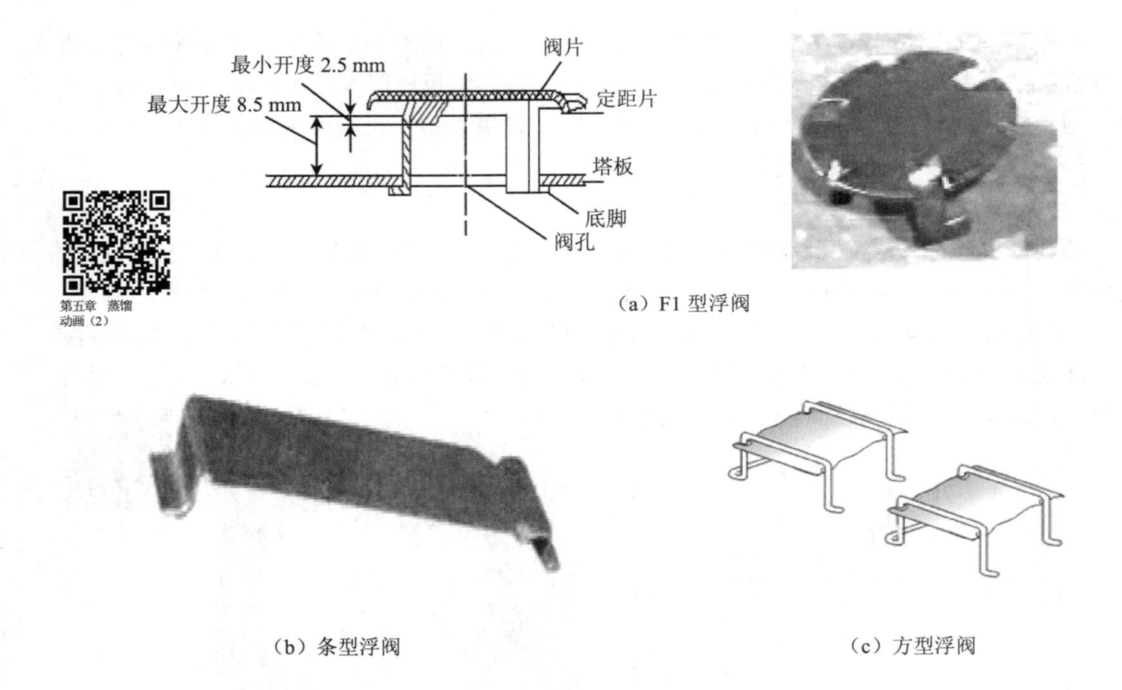


（a）F1 型浮阀

（b）条型浮阀

（c）方型浮阀

图 5-28　浮阀的主要形式

操作时，气、液两相流程和前面介绍的泡罩塔一样，气流经阀孔上升顶开阀片，穿过环形缝隙，再以水平方向吹入液层形成泡沫。浮阀开度随气量而变，在低气量时，开度较小，气体仍能以足够的气速通过缝隙，避免过多的漏液；在高气量时，阀片自动浮起，开度增大，使气速不致过大。因此获得了较广泛的应用。

浮阀塔的优点是生产能力大，比泡罩塔大 20%～40%，与筛板塔相近；操作弹性大，塔板效率高，气体压强降与液体液面落差较小；造价低，为相同生产能力泡罩塔的 60%～80%，为筛板塔的 120%～130%。缺点是对浮阀材料的抗腐蚀性要求高，一般采用不锈钢制造。

## 三、塔板的流体力学状况

### （一）塔板上气、液两相的接触状态

塔板上气、液两相的接触状态是决定两相流体力学、传质和传热规律的重要因素。如图 5-29 所示，当液体流量一定时，随着气速的增加，可以出现四种不同的接触状态。

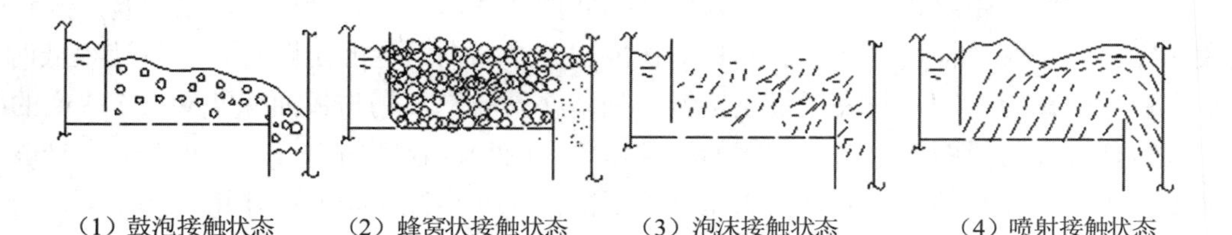

（1）鼓泡接触状态　（2）蜂窝状接触状态　（3）泡沫接触状态　（4）喷射接触状态

图 5-29　塔板上的气、液接触状态

**1．鼓泡接触状态**

当气速较低时，塔板上有明显的清液层，气体以鼓泡形式通过液层，两相在气泡表面进行传质。由于气泡的数量不多，气泡表面的湍动程度也较低，故传质阻力较大，传质效率很低。在鼓泡接触状态，液体为连续相，气体为分散相。

**2．蜂窝状接触状态**

随着气速的增加，气泡的数量不断增加。当气泡的形成速度大于气泡的浮升速度时，气泡在液层中累积。气泡之间相互碰撞，形成各种多面体的大气泡，板上为以气体为主的气、液混合物。由于气泡不易破裂，表面得不到更新，所以此状态不利于传热和传质。在蜂窝状接触状态，液体仍为连续相，气体为分散相。

**3．泡沫接触状态**

当气速继续增加，气泡数量急剧增多，气泡不断发生碰撞和破裂，此时板上液体大部分以液膜的形式存在于气泡之间，形成一些直径较小、扰动十分剧烈的动态泡沫，在板上只能看到较薄的一层液体。由于泡沫接触状态的表面积大，并不断更新，为两相传热与传质提供了良好的条件，是一种较好的接触状态。在泡沫接触状态，液体仍为连续相，气体为分散相。

**4．喷射接触状态**

当气速很大时，由于气体动能很大，把板上的液体破碎成许多大大小小的液滴并抛到塔板上方的空间，当液滴受重力作用回落到塔板上时，又再次被破碎、抛出，从而使液体以不断更新的液滴形态分散在气相中，气、液两相在液滴表面进行传质。此时塔板上的气体为连续相，液体为分散相。由于液滴回到塔板上又被分散，这种液滴的反复形成和聚集，使传质面积大大增加，而且表面不断更新，有利于传质与传热，也是一种较好的接触状态。

特别提示：泡沫接触状态和喷射接触状态均是优良的塔板接触状态。因喷射接触状态的气速高于泡沫接触状态，故喷射接触状态有较大的生产能力，但喷射接触状态液沫夹带较多，若控制不好，会破坏传质过程，所以多数板式塔均控制在泡沫接触状态下工作。

### （二）板式塔的不正常操作现象

**1．漏液**

在正常操作的塔板上，液体自受液区开始横向流过塔板，然后经降液管流下。当气体通过塔孔的速度较小时，塔板上部分液体就会从孔口直接落下，这种现象称为漏液。漏液的发生导致气、液两相在塔板上的接触时间减少，上层板的液体与气相没有进行质量和热量交换就落到浓度较低的下层板上，塔板效率下降，严重时会使塔板不能积液而无法正常操作。造成漏液的主要原因是气速过小，或气、流分布不均匀。通常，为保证塔的正常操作，漏液量应控制在液体流量的10%以内。

**2．液泛**

对于一定直径的塔，气、液两相在塔内的流量是有限的，如果其中一相的流量增大到某一数值，导致塔板压降增大，使气、液两相不能顺利地流动，造成塔内气、液积累，当塔板间的气、液相互混合后，塔的正常操作便遭到破坏，这种现象称为液泛，又称淹塔。

当塔内液体流量一定时，上升气体的速度升高到某一值后，液体被气体夹带到上一层塔板上的量剧增，形成大量的泡沫，使塔板上的气液聚集，形成很厚的泡沫层，甚至导致塔板间充满气、液混合物，这种由于液沫夹带量过大引起的液泛称为夹带液泛。

当塔内上升气速一定时液体流量增大至某一值后，降液管的截面不足以使液体及时流下，管内液体必然积累，最终也会导致塔内充满液体，这种由于降液管内充满液体而引起的液泛称为降液管液泛。

液泛的形成除与气液两相的流量有关外，还与流体物性、塔板的结构、塔板间距等参数有关。液泛时的气速称为泛点速，正常操作气速应控制在泛点速之下。

**3．雾（液）沫夹带**

上升气流穿过塔板上的液层时，必然将部分液体分散成微小液滴，气体离开塔板时，部分液滴如果来不及沉降分离，将随气体进入上层塔板，导致塔板的分离效率降低，这种现象称为雾（液）沫夹带。为保证板式塔能正常操作，需将雾沫夹带限制在一定范围，一般允许的雾沫夹带量为 $e_v<0.1$ kg 液/kg 气。

影响雾沫夹带量的因素很多，最主要的是空塔气速和塔板间距。空塔气速减小及塔板间距增大，可使液沫夹带量减小。

### （三）操作参数及塔板的负荷性能图

当物系性质及塔板结构已定时，将维持塔正常运行的操作参数即气、液负荷范围用图的形式表示出来，即为负荷性能图。

负荷性能图由 5 条线组成，分别为液沫夹带线、液泛线、液相负荷上限线、漏液线和液相负荷下限线（图 5-30）。

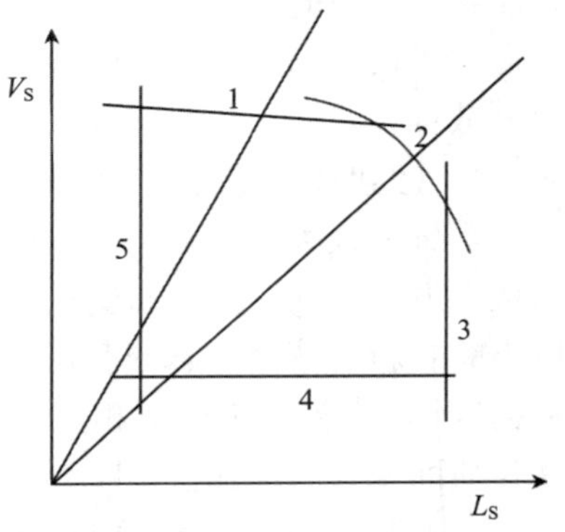


**图 5-30 塔板的负荷性能**

① 线 1 为液沫夹带线，通常以 $e_v=0.1$kg 液/kg 气为依据确定，当气液负荷位于该线上方时，表示液沫夹带过量，精馏段不能正常操作；

② 线 2 为溢流液泛线，可根据溢流液泛的产生条件确定，若气液负荷位于线 2 上方，塔内将出现溢流液泛；

③ 线 3 为液相负荷上限线，可根据 $\dfrac{H_T A_f}{L_{max}}$ 不小于 3～5 s 确定，若液量超过此上限，液体在降液管内停留的时间过短，液流中的气泡夹带现象大量发生，以致出现溢流液泛；

④ 线 4 为漏液线，可根据漏液点气速 $u_{ow}$ 确定，若气液负荷位于线 2 下方，表明操作气速过低，造成的漏液已使塔板效率大幅下降；

⑤ 线 5 为液相负荷下限线，对平直堰，其位置可根据 $k_{ow}=6$ mm 确定，对齿形堰有其他办法确定，当液量小于该下限时，板上液体流动严重不均匀而导致板效率急剧下降。

上述各线所包围的区域为塔板正常操作范围。在此范围内，气液两相流量的变化对板效率影响不大。塔板的设计点和操作点都必须位于上述范围内，方能获得较高的板效率。

需要注意的是，板型不同，负荷性能图中的各极限线也有所不同；即使是同一板型，由于设计不同，线的相对位置也会不同。

上、下限操作极限的气体流量之比称为塔的操作弹性，操作弹性越大，说明该塔的操作范围大，特别适用于生产能力变化较大的生产过程。

## 四、全塔效率与单板效率

### （一）全塔效率（总板效率）

全塔效率可用式（5-39）计算，其也是在设计时最常用的。

$$E_{\mathrm{T}}=\frac{N_{\mathrm{T}}}{N} \tag{5-39}$$

式中：$E_{\mathrm{T}}$—— 全塔效率；

$N_{\mathrm{T}}$—— 理论板数（不包括再沸器）；

$N$—— 实际板数。

全塔效率包含影响传质过程的全部动力学因素，但目前尚不能用纯理论公式计算得到，利用有关工程手册中的关联图可得到一些关联数据。可靠数据只能通过实验测得。

### （二）单板效率

单板效率又称默弗里板效率，指气相或液相经过一层塔板前后的实际组成变化与经过该层塔板前后的理论组成变化的比值，如图 5-31 所示。

按气相组成变化的单板效率为

$$E_{m\mathrm{V}}=\frac{y_n-y_{n+1}}{y_n^*-y_{n+1}} \tag{5-40}$$

按液相组成变化的单板效率为

$$E_{m\mathrm{L}}=\frac{x_{n-1}-x_n}{x_{n-1}-x_n^*} \tag{5-41}$$

式中：$y_{n+1}$、$y_n$—— 进入和离开第 $n$ 块板的气相组成；

$x_{n-1}$、$x_n$—— 进入和离开第 $n$ 块板的液相组成；

$y_n^*$、$x_n^*$—— $n$ 块板上达到气液平衡的气、液相组成。

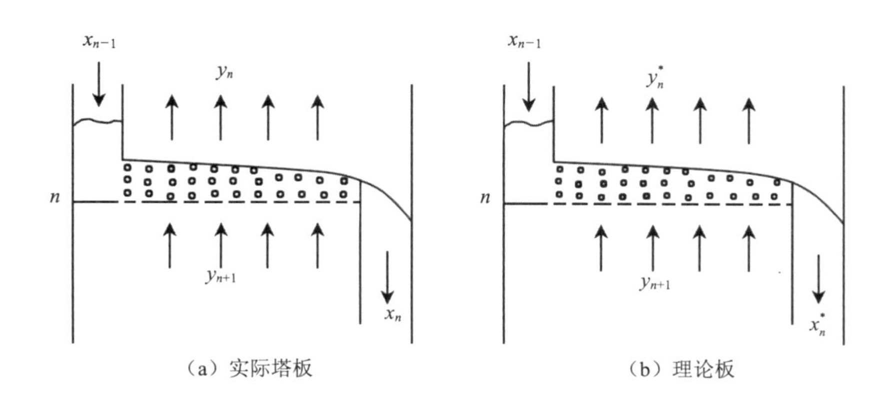


（a）实际塔板　　（b）理论板

图 5-31　单板效率计算

需要指出的是，板式塔各层塔板的效率并不相等，单板效率直接反映了该层塔板的传质效果，而全塔效率反映了整个塔内的平均传质效果。即使塔内单塔板效率相等，全塔效率在数值上也不等于单板效率，这是因为两种板效率的定义基准不同。

#### （三）提高板效率的措施

影响塔板效率的因素很多，其中塔的结构参数如塔径、板间距、堰高、堰长以及降液管尺寸等对板效率皆有影响，必须按某些经验规则恰当地选择。此外，需特别指出的有以下两点。

① 合理选择塔板的开孔率和孔径，使其达到适应于物系性质的气、液接触状态。塔板上存在着两种气、液接触状态，即泡沫接触状态和喷射接触状态。不同的孔速下将出现不同的气、液接触状态，不同的物系适宜于不同的接触状态。若以 $x$ 表示重组分的摩尔分数，当轻组分表面张力小于重组分的物系时，这种物系的 $\frac{d\sigma}{dx}>0$，故称为正系统。同样，当轻组分表面张力大于重组分的物系时，这种物系的 $\frac{d\sigma}{dx}<0$，故称为负系统。一般来说，对于正系统，宜采用泡沫接触状态，而对于负系统，液滴或液膜稳定性差，宜采用喷射接触状态。

② 设置倾斜的进气装置，使全部或部分气流斜向流入液层。斜向进气具有维持一定的液层厚度、消除液面落差、促使气流的均布、液膜夹带量有所下降等优点。

总之，适量采用斜向进气装置，可减少气、液两相在塔板上的非理想流动，提高塔板效率。实现斜向进气的塔板结构有多种形式。例如，舌形塔板、斜孔塔板、网孔塔板等都可使全部气体斜向进入液层；林德筛板则使部分气体斜向进入液层。

### 五、板式塔的选用

板式塔是化工、石油生产中最重要的设备之一，它可使气液或液液两相之间进行紧密接触，达到相际传热和传质的目的。在塔内可完成的单元操作有精馏、吸收、解吸和萃取等。板式塔的类型很多，性能各异，本节仅介绍板式塔选用的一般要求和原则。

#### （一）板式塔选择的一般要求

① 操作稳定，操作弹性大。当气、液负荷在较大范围内变动时，要求塔仍能在较高的传质传热效率下进行操作，并能保证长期操作所必须具有的可靠性。

② 流体流动的阻力小，即流体流经塔设备的压力降小。这将大大节省动力消耗，从而降低操作费用。对于减压精馏操作，过大的压力降会使整个系统无法维持必要的真空度，最终破坏操作。

③ 结构简单，材料耗用量小，制造和安装容易。

④ 耐腐蚀，不易堵塞，操作、调节和检修方便。

⑤ 塔内的流体滞留量小。

实际上，任何形式的塔都难以满足上述所有要求，况且上述要求有些也是互相矛盾的。不同形式的塔各有某些独特的优点，选用时应根据物系的性质和具体要求，抓住主要方面进行选型。

### （二）板式塔选择的原则

塔的合理选择是做好板式塔设计的首要环节。选择时，除考虑不同结构的塔性能不同外，还应考虑物料性质、操作条件以及塔的制造、安装、运转和维修等因素。

**1. 物性因素**

① 物料容易起泡，在板式塔中操作易引起液泛。

② 具有腐蚀性的介质，宜选用结构简单，造价便宜的筛板塔盘、穿流式塔盘或舌形塔盘，以便及时更换。

③ 热敏性的物料须减压操作，降低分离温度，以防过热引起分解或聚合，因此宜选用压力降较小的塔，如筛板塔、浮阀塔。

④ 含有悬浮物的物料，应选择液流通道较大的塔，如泡罩塔、浮阀塔、栅板塔、舌形塔和孔径较大的筛板塔。

**2. 操作条件**

① 较大的液体负荷，宜选用气液并流的塔形（如喷射型塔盘）或选用板上液流阻力较小的塔（如筛板塔和浮阀塔）。

② 塔的生产能力，即板式塔的处理能力，指单位时间内、单位塔截面积上的处理量。生产能力以筛板塔为最大，其次是浮阀塔，再次是泡罩塔。

③ 操作弹性，以浮阀塔为最大，泡罩塔次之，筛板塔最小。

④ 对于真空塔或塔压降要求较低的场合，宜选用筛板塔，其次是浮阀塔。

**3. 其他因素**

① 当被分离物系及分离要求一定时，宜选用筛板塔，其设备造价最低，泡罩塔的价格最高。

② 从塔板效率来考虑，浮阀塔、筛板塔效率相当，泡罩塔效率最低。

## 复习思考题

### 一、选择题

1. 连续精馏塔中，原料入塔位置为（　）。
   A. 塔底部　B. 塔中部　C. 塔顶部
2. 工程上通常将加料板视为（　）。
   A. 精馏段　B. 提馏段　C. 全塔之外
3. 精馏分离中能准确地判断分离液体的难易程度的参数是（　）。
   A. 温度差　B. 浓度差　C. 相对挥发度
4. 下列互溶液体混合物中能用一般蒸馏方法分离较容易的是（　）。
   A. 沸点相差较大的　B. 沸点相近的　C. 相对挥发度为 1 的
5. 空气中氧的体积分数为 0.21，其摩尔分数为（　）。
   A. 0.21　B. 0.79　C. 0.68
6. 在操作压力和组成一定时，互溶液体混合物的泡点温度和露点温度的关系是（　）。
   A. 泡点高于露点　B. 泡点低于露点　C. 泡点等于露点

7. 回流的主要目的是（　）。

A. 降低塔内操作温度　B. 控制塔顶产品的产量　C. 使精馏操作稳定进行

8. 精馏段的作用是（　）。

A. 浓缩气相中的轻组分　B. 浓缩液相中的重组分　C. 轻重组分都浓缩

9. 要提高精馏塔塔顶产品的组成可以采用的方法是（　）。

A. 增大回流比　B. 减小回流比　C. 提高塔顶温度

10. 在塔设备和进料状况一定时，增加回流比，塔顶产品的组成（　）。

A. 减少　B. 不变　C. 提高

11. 在下列塔盘中，结构最简单的是（　）。

A. 泡罩塔　B. 浮阀塔　C. 筛板塔

12. 二元连续精馏计算中，进料热状态 $q$ 的变化将引起 $x$-$y$ 图上变化的线有（　）。

A. 平衡线和对角线　B. 平衡线和 $q$ 线　C. 操作线和 $q$ 线

13. 在精馏设计中，对一定的物系，其 $X_F$、$q$、$X_D$ 和 $X_w$ 不变，若回流比 $R$ 增加，则所需理论板数 $N_T$ 将（　）。

A. 减小　B. 增加　C. 不变

14. 精馏塔操作时，其温度从塔顶到塔底的变化趋势为（　）。

A. 温度逐渐增大　B. 温度逐渐减小　C. 温度不变

15. 引发“液泛”现象的原因是（　）。

A. 板间距过大　B. 严重漏液　C. 气液负荷过大

## 二、填空题

1. 实现精馏操作的必要条件是____________和______________________。

2. 写出用相对挥发度 $\alpha$ 表示的相平衡关系式：__________________________。

3. 精馏设计中，当选料为气液混合物，且气液摩尔比为 2∶3，则进料热状态 $q$ 等于__________。

4. $q$ 线方程的表达式为__________；该表达式的几何意义是_________________。

5. 已知 357.0 K 时苯的饱和蒸气压 $p_A^\circ$ =113.6 kN/m$^2$，甲苯的饱和蒸气压 $p_B^\circ$=44.4 kN/m$^2$，故此温度下的相对挥发度为___________。

6. 回流装置的作用为_____________________和_____________。

7. 在实际生产中，引入塔内的原料为泡点进料时，$q$ =__________。

8. 求理论塔板数必须利用_______________方程和__________________方程。

9. 当混合液中组分的相对挥发度很小或者是恒沸混合物，为了经济合理获得目的产物，就必须采用________蒸馏，它包括__________、_______和______蒸馏。

10. 分离均相液体混合物的方法是采用___________________单元操作，其分离的依据为_____________。

11. 简单蒸馏所得馏出液的组成随时间延长而_____________，连续精馏所得馏出液的组成随时间延长而__________（填“变大”、“变小”或“不变”）。

12. 液化分率为______________________________；当冷液体进料时其液化分率的范围为____________________。

13. 若进料状况发生变化，$q$ 值的大小__________，精馏段操作线在 $x$-$y$ 图上的位置__________，$q$ 线在 $x$-$y$ 图上的位置__________，提馏段在 $x$-$y$ 图上的位置__________（填“变化”或“不变”）。

14. 雾沫夹带和气沫夹带均属于气、液_______现象，其结果均使传质推动力_________（填“增大”或“减小”）。

15. 板式精馏塔的组成为________________________________________。

## 三、简答题

1. 挥发度与相对挥发度有何不同，相对挥发度在精馏计算中有何重要意义？

2. 为什么说理论板是一种假定，理论板的引入在精馏计算中有何重要意义？

3. 精馏塔在一定条件下操作时，试问：将加料口向上移动两层塔板，此时塔顶和塔底产品组成将有何变化？为什么？

4. 在分离任务一定时，进料热状况对所需的理论板数有何影响？在完成同样的分离任务下，进料热状况参数越大（即进料温度越低）所需的理论板数越少，为何工业上还经常将原料液预热接近泡点后进料？

5. 用图解法求理论板数时，为什么一个直角梯级代表一块理论板？

6. 全回流没有出料，它的操作意义是什么？

7. 简述精馏段操作线、提馏段操作线、$q$ 线的做法和图解理论板的步骤。

## 四、计算题

1. 正戊烷（A）和正己烷（B）在 55℃时的饱和蒸气压分别为 185.18 kPa 和 64.44 kPa。试求组成为 0.35 的正戊烷和 0.65 的正己烷（均为摩尔分数）的混合液在 55℃时各组分的平衡分压、系统总压及平衡蒸气组成（假设正戊烷-正己烷溶液为理想溶液）。

[答案：$p_A = 64.81\ \text{kPa}$；$p_B = 41.89\ \text{kPa}$；$p = 106.7\ \text{kPa}$；$y_A = 0.61$；$y_B = 0.39$]

2. 苯-甲苯混合物在总压 $p$=26.67 kPa 下的泡点为 45℃，求气相各组分的分压、气液两相的组成和相对挥发度。已知蒸气压数据：$t$=45℃，$p_A^\circ$=31.11 kPa、$p_B^\circ$=9.88 kPa。

[答案：$p_A = 25.111\ \text{kPa}$；$p_B = 1.55\ \text{kPa}$；$x_A = 0.84$；$y_A = 0.94$；$\alpha = 3.01$]

3. 在连续精馏塔中分离苯和甲苯混合液。已知原料液流量为 12 000 kg/h，苯的组成为 0.4（质量分数，下同）。要求馏出液组成为 0.97，釜残液组成为 0.02。试求：（1）馏出液和釜残液的流量；（2）馏出液中易挥发组分的回收率和釜残液中难挥发组分的回收率。

[答案：$D$=61.3 kmol/h，$W$=78.7 kmol/h；$\eta_D$=97%，$\eta_W$=98%]

4. 某二元物系，原料液的组成为 0.42（摩尔分数，下同），连续精馏分离得塔顶产品组成为 0.95。已知塔顶产品中易挥发组分回收率为 92%，求塔底产品浓度。

[答案：0.056 6]

5. 每小时将 15 000 kg 含苯 0.40（质量分数，下同）和甲苯 0.60 的溶液在连续精馏塔中进行分离，要求釜残液中含苯不高于 0.02，塔顶馏出液中苯的回收率为 97.1%。试求馏出液和釜残液的流量及组成，以摩尔流量和摩尔分数表示。

[答案：$D$=80.0 kmol/h，$W$=95.0 kmol/h；$x_D$=0.935，$x_W$=0.0235]

6. 已知某精馏塔操作以饱和液体进料，操作线方程分别如下：

精馏段操作线： $y = 0.7143x + 0.2714$

提馏段操作线： $y = 1.25x - 0.01$

试求该塔操作的回流比、进料组成及塔顶、塔底产品中易挥发组分的摩尔分数。

[答案：$R$=2.5；$x_F$=0.525 3；$x_D$=0.949 9；$x_W$=0.023 6]

7. 某精馏塔用于分离苯-甲苯混合液，泡点进料，进料量为 30 kmol/h，进料中苯的摩尔分数为 0.5，塔顶、塔底产品中苯的摩尔分数分别为 0.95 和 0.10，采用回流比为最小回流比的 1.5 倍，操作条件下可取系统的平均相对挥发度$\alpha$=2.40。求：（1）塔顶、底的产品量；（2）若塔顶设全凝器，各塔板可视为理论板，求离开第 2 块板的蒸气和液体组成。

[答案：（1）$D$=14.1 kmol/h，$W$=15.9 kmol/h；（2）$y_2 = 0.910$，$x_2 = 0.808$]

8. 在一连续精馏塔内分离某理想二元混合物。已知进料量为 100 kmol/h，进料组成为 0.5（易挥发组分的摩尔分数，下同），泡点进料，釜残液组成为 0.05，塔顶采用全凝器，操作条件下物系的平均相对挥发度为 2.303，精馏段操作线方程为 $y = 0.72x + 0.275$。试计算：（1）塔顶易挥发组分的回收率；（2）所需的理论板数。

[答案：（1）94.82%；（2）15]

# 第六章　吸 收

## 学习目标

【知识目标】

1. 掌握吸收气液相平衡、溶解度、吸收机理及传质速率等基本概念；
2. 掌握吸收塔的物料衡算、操作线、吸收剂消耗量及填料层高度的计算；
3. 掌握吸收塔的操作控制因素；
4. 了解吸收流程、吸收设备的结构组成及操作维护。

【技能目标】

1. 会根据给定的吸收任务完成吸收塔的工艺计算；
2. 会识读带控制点的工艺流程图，并会分析吸收塔操作的控制因素；
3. 会分析和处理吸收系统中常见的操作故障。

【思政目标】

1. 培养工程意识、标准意识、质量意识、责任意识和客户至上的服务意识；
2. 培养具有信念坚定、专业素质过硬、国际视野开阔的“环境人”的职业素质；
3. 培养以爱国主义为核心的民族精神。

**民族精神归纳为四个方面：伟大创造精神、伟大奋斗精神、伟大团结精神、伟大梦想精神。**

## 生产案例

现以煤气脱苯为例，介绍吸收与解吸操作。在炼焦及制取城市煤气的生产过程中，焦炉煤气内含有少量的苯、甲苯类低碳氢化合物的蒸气（约 35 g/$m^3$），应分离回收。所用的吸收溶剂为该生产过程的副产物，即煤焦油的精制品，称为洗油。

煤气脱苯的流程如图 6-1 所示，包括吸收和解吸两大部分。含苯煤气在常温下由塔底部进入吸收塔，洗油从塔顶淋入，塔内装有木栅等填充物。在煤气与洗油的接触过程中，煤气中的苯蒸气溶解于洗油，使塔顶离去的煤气苯含量降至允许值（$<2$ g/$m^3$），而溶有较多苯系溶质的洗油称富油，由吸收塔底排出。为取出富油中的苯并使洗油能够再次使用（称溶剂的再生），在另一个称为解吸塔的设备中进行与吸收相反的操作，称为解吸。为此，可先将富油预热至 170℃左右由解吸塔顶喷淋而下，塔底通入过热水蒸气。洗油中的苯在高温下逸出而被水蒸气带走，经冷凝分层将水除去，最终可得苯类液体（粗苯），而脱除溶质的洗油（称贫油）经冷却后可作为吸收剂再次送入吸收塔循环使用。

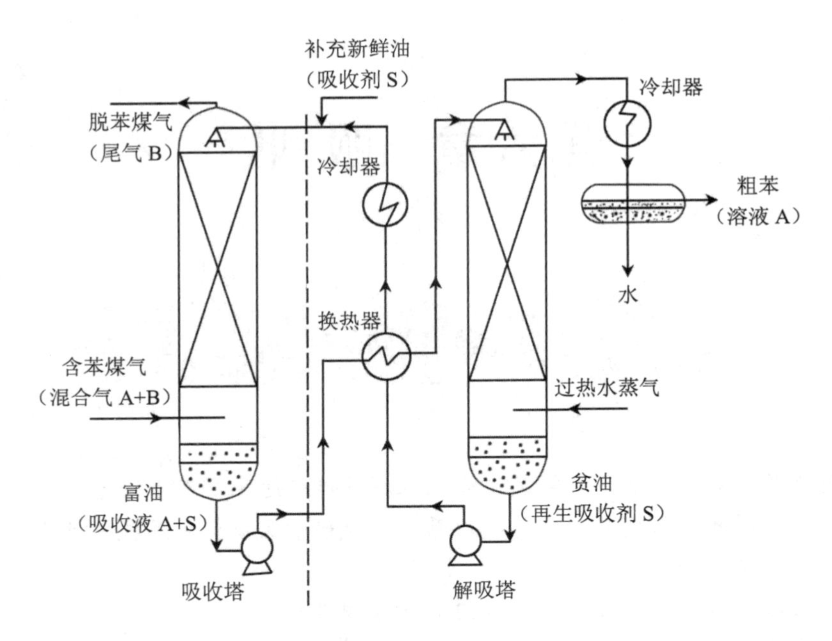


图 6-1 具有吸收剂再生的吸收流程

# 第一节 概 述

吸收操作是依据混合物各组分在某种溶剂（吸收剂）中溶解度的差异，分离气体混合物的方法。一般混合气体中能溶解的组分称为溶质或吸收质，用 A 表示；混合气体中不能溶解的组分称为惰性成分或载体，用 B 表示。吸收操作中所用的溶剂称为吸收剂或溶剂，用 S 表示；吸收操作中所得的溶液称为吸收液，用 A+S 表示；吸收操作中从吸收塔排出的气体称为吸收尾气。

## 一、工业吸收操作的目的及其应用

### （一）工业吸收操作的目的

吸收在工业上主要用于以下两个方面：① 回收有价值的组分或制备某种气体的溶液。例如，用硫酸吸收焦炉气中的氨，用液态烃回收裂解气中的乙烯和丙烯，用洗油吸收焦炉气中的苯、甲苯蒸气，用水分别吸收氯化氢、甲醛气体可制备盐酸、福尔马林溶液等。② 除去有害组分以净化气体或环境。例如，用水或碱液脱除合成氨原料气中的二氧化碳，用氨水吸收磺化反应中的二氧化硫，用碳酸钠吸收甲醇合成原料气中的硫化氢等。

实际的吸收过程往往同时兼有净化和回收的双重目的。

### （二）气体吸收在环境工程中的应用

在环境工程中，大气污染物分为颗粒污染物和气态污染物两大类，可以采用吸收的方法净化气态污染物，控制大气污染。例如，含硫氧化物的尾气、含氮氧化物的尾气、含氟废气、含氯废气治理等。利用吸收法净化气态污染物不仅效率高，而且还可将污染物转化为有用的产品，达到综合利用的目的。例如，用 15%～20%的二乙醇胺吸收石油尾气中的硫化氢可以再制取硫黄，含有氮氧化物、硫氧化物、碳氢化合物、硫氢化合物等气态污染物的废气都可以通过吸收法除去有害成分。下面以吸收法治理二氧化硫为例做简要介绍。

在煤和石油燃烧、石油精制、有色金属冶炼等过程中，排放的废气中含有气态污染物二氧化硫，且排放源多数位于城市或工业比较密集的区域。二氧化硫废气的大量排放，对人体的健康、植物的生长、建筑材料和历史古迹如碑文、石刻等，均产生了严重的危害。出现了酸雨及硫酸型烟雾等严重的环境问题。

工业上脱硫的方法很多，通常按脱硫剂的形态分为干法脱硫和湿法脱硫。采用固体吸收剂或吸附剂来脱除二氧化硫的方法称为干法脱硫。干法脱硫具有脱硫效率高、操作简便、设备简单、维修方便等优点。但干法脱硫中脱硫剂的硫容量（单位质量或体积的脱硫剂所能脱除硫的最大数量）有限，且再生较困难，需定期更换脱硫剂，劳动强度较大。因此，干法脱硫一般用于含硫量较低、净化度要求较高的场合。

以溶液作为脱硫剂吸收二氧化硫的脱硫方法称为湿法脱硫。湿法脱硫具有吸收速度快、生产强度大、脱硫过程连续、溶液易再生、硫黄可回收等特点，适用于二氧化硫含量较高、净化度要求不太高的场合。当气体净化度要求较高时，可在湿法脱硫后串联干法，使脱硫在工艺和经济上更合理。

## 二、吸收操作的分类

### （一）单组分吸收与多组分吸收

按被吸收组分的数目可分为单组分吸收和多组分吸收。制取盐酸、硫酸等为单组分吸收，用洗油吸收焦炉气中的苯、甲苯、二甲苯等组分为多组分吸收。

### （二）等温吸收与非等温吸收

根据吸收剂的温度是否发生显著变化，吸收可分为等温吸收与非等温吸收。在吸收的过程中，如用大量溶剂吸收少量溶质，溶解热或反应热很小，吸收剂的温度变化很小，则视为等温吸收。相反，在吸收过程中溶质溶解时放出的溶解热和反应热很大，使得吸收剂的温度发生显著变化，则此吸收过程称为非等温吸收。如用水吸收三氧化硫制硫酸或用水吸收氯化氢制盐酸等吸收过程均属于非等温吸收。

### （三）物理吸收与化学吸收

根据溶质和吸收剂之间是否发生显著的化学反应，吸收可分为物理吸收和化学吸收。若溶质和吸收剂之间无显著的化学反应，只是溶质在溶剂中进行物理溶解的吸收操作称为物理吸收，如用洗油吸收煤气中的苯。在物理吸收中溶质与溶剂的结合力较弱，解吸比较方便。

若溶质在溶剂中的溶解度不高，利用适当的化学反应，可大幅提高溶剂对溶质气体的吸收能力，此吸收过程则被称为化学吸收过程。例如，$CO_2$ 在水中的溶解度较低，但若以 $K_2CO_3$ 水溶液吸收 $CO_2$ 时，则在液相中发生下列反应：

$$K_2CO_3 + CO_2 + H_2O = 2\ KHCO_3$$

从而使 $K_2CO_3$ 水溶液具有较高的吸收 $CO_2$ 的能力，此种利用化学反应而实现吸收的操作被称为化学吸收。

（四）低浓度吸收与高浓度吸收

被吸收的物质数量多时，称为高浓度吸收，反之称为低浓度吸收。对于低浓度吸收，可认为气、液两相摩尔流率恒定，因溶解而产生的热效应很小，引起的液相温度变化不显著，故低浓度的吸收可视为等温吸收。

本章重点研究低浓度、单组分、等温的物理吸收过程。

### 三、吸收剂的选择原则

吸收操作是气、液两相之间的接触传质过程，吸收操作的成功与否在很大程度上取决于吸收剂的性质，特别是吸收剂与气体混合物之间的相平衡关系。根据物理化学中有关相平衡的知识可知，评价吸收剂优劣的主要依据应包括以下几点。① 吸收剂对吸收质应有较大的溶解度；② 吸收剂应具有较高的选择性；③ 吸收剂的蒸气压要低，以减少吸收和再生过程中溶剂的挥发损失；④ 吸收剂便于再生；⑤ 吸收剂应有较好的化学稳定性，以免使用过程中发生变质；⑥ 吸收剂应有较低的黏度，且在吸收过程中不易产生泡沫，以实现吸收塔内良好的气液接触和塔顶的气液分离。在必要时，可在溶剂中加入少量消泡剂；⑦ 吸收剂应尽可能满足价廉、易得、无毒、不易燃烧等经济和安全条件。

实际上很难找到一种理想的溶剂能够满足所有要求，因此，应对可供选用的溶剂做全面的评价以作出经济合理的选择。常用吸收剂见表 6-1。

表 6-1 常用吸收剂汇总

| 污染物 | 适宜的吸收剂 | 污染物 | 适宜的吸收剂 |
|---|---|---|---|
| 氯化氢 | 水、氢氧化钙 | 氯气 | 氢氧化钠、亚硫酸钠 |
| 氟化氢 | 水、碳酸钠 | 氨 | 水、硫酸、硝酸 |
| 二氧化硫 | 氢氧化钠、亚硫酸铵、氢氧化钙 | 苯酚 | 氢氧化钠 |
| 氢氧化物 | 氢氧化钠、硝酸+亚硫酸钠 | 有机酸 | 氢氧化钠 |
| 硫化氢 | 二乙醇胺、氨水、碳酸钠 | 硫醇 | 次氯酸钠 |

## 第二节 吸收过程的气-液相平衡

吸收过程的实质为溶质在气、液两相间的传递过程，溶质传递的方向与限度都是以相平衡为基础，所以首先掌握吸收过程的气-液相平衡。

### 一、气、液相组成的表示方法

溶质在气相或液相中的浓度有多种表示方法，除了用前面介绍过的质量分数、体积分数、摩尔分数、质量浓度与摩尔浓度外，在吸收计算中，对于双组分物系（A+B），常用

摩尔比 $Y$ 和 $X$ 分别表示气、液两相的组成。

### （一）质量比

质量比是指混合物中某组分 A 的质量与惰性组分 B（不参加传质的组分）的质量之比，即

$$\bar{Y}(\bar{X})=\frac{m_A}{m_B}=\frac{w_A}{1-w_A}=\frac{w}{1-w} \tag{6-1}$$

### （二）摩尔比

摩尔比是指混合物中某组分 A 的摩尔数与惰性组分 B（不参加传质的组分）的摩尔数之比。

#### 1. 气相组成的摩尔比

$$Y=\frac{n_A}{n_B}=\frac{y_A}{1-y_A}=\frac{y}{1-y} \tag{6-2}$$

#### 2. 液相组成的摩尔比

$$X=\frac{n_A}{n_B}=\frac{x_A}{1-x_A}=\frac{x}{1-x} \tag{6-3}$$

**【例 6-1】**氨水中氨的质量分数为 0.25，求氨水中氨的摩尔分数和摩尔比。

解：已知氨水中氨的质量分数为 0.25。氨的摩尔质量为 17 kg/kmol，水的摩尔质量为 18 kg/kmol，液相中氨的摩尔分数为

$$x=\frac{w_A/M_A}{w_A/M_A+w_B/M_B}=\frac{0.25/17}{0.25/17+0.75/18}=0.261$$

液相中氨的摩尔比为

$$X=\frac{x}{1-x}=\frac{0.261}{1-0.261}=0.353$$

## 二、气体在液体中的溶解度及溶解度曲线

### （一）溶解度

在一定温度和压强下，当气体混合物与一定量的液体吸收剂接触时，溶质组分便不断进入液相中，这一过程称为溶解，即吸收。而同时已被溶解的溶质也将不断摆脱液相的束缚重新回到气相，该过程称为解吸。这两个过程互为逆过程并具有各自的速率，当气、液两相经过长时间的接触后，溶质的溶解速率与解吸速率相等时，气、液两相中溶质的浓度就不再因两相间的接触而变化，这种状态称为相际动态平衡，简称相平衡或平衡。平衡状态下气相中的溶质分压称为平衡分压，液相中的溶质浓度称为平衡浓度。

气体在液体中的溶解度是指气体在液体中的平衡浓度，常以单位质量或单位体积溶剂中所含溶质的量来表示。气体的溶解度表明一定条件下吸收过程可能达到的极限程度。

### （二）溶解度曲线

溶解度不仅与气体和液体的性质有关，而且与吸收体系的温度、总压和平衡分压有关。在总压为几个大气压的范围内，它对溶解度的影响可以忽略，而温度的影响则比较显著，若体系的温度已定，则气体的溶解度仅为平衡分压的函数。由此可将溶解度与平衡分压之间的关系用曲线关联起来，所得曲线称为溶解度曲线。$NH_3$、$SO_2$和$O_2$在水中的溶解度曲线如图 6-2～图 6-4 所示。

由图分析可知：① 不同性质的气体在同一温度和分压条件下，如图 6-2 所示，溶解度各不相同。② 气体的溶解度与温度有关，一般来说，随着温度升高，溶解度下降。③ 温度一定时，溶解度随溶质分压升高而增大，如图 6-3 所示。在吸收系统中，增大气相总压，组分的分压会升高，溶解度也随之加大。

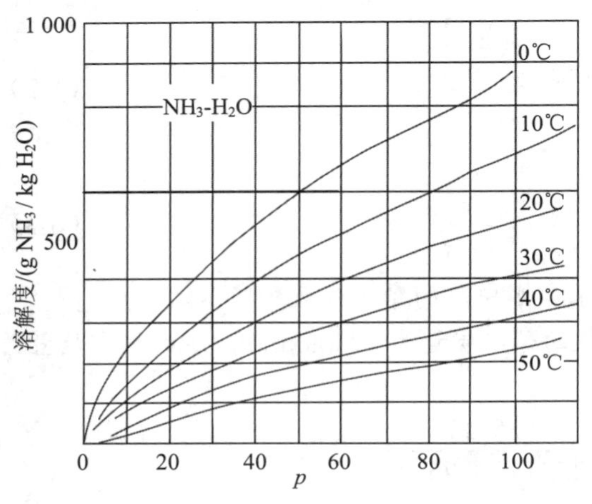


图 6-2　$NH_3$在水中的溶解度曲线

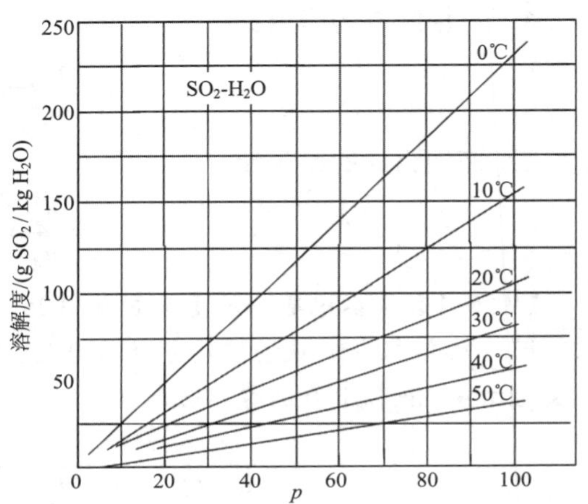


图 6-3　$SO_2$在水中的溶解度曲线

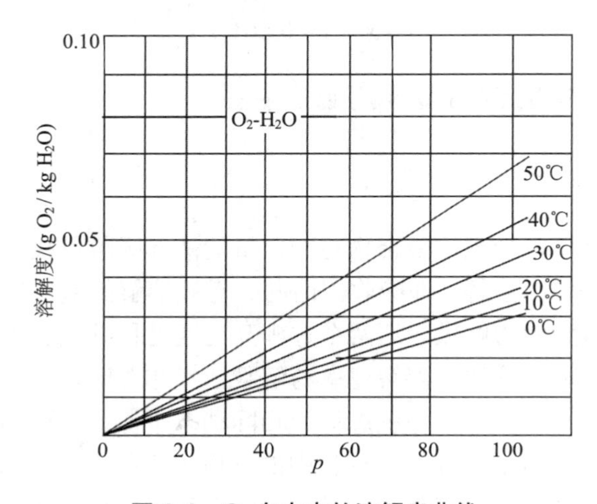


图 6-4　$O_2$在水中的溶解度曲线

## 三、气-液相平衡关系式

### （一）亨利定律

对于大多数吸收过程，溶液中的溶质浓度一般不会太高，因此下面重点讨论稀溶液的气液平衡关系。

亨利定律表明，当总压不高（$<5\times10^5$ Pa）、温度一定时，稀溶液中溶质的溶解度与气相中溶质的平衡分压成正比，其比例系数为亨利系数。即

$$p_A^* = Ex \tag{6-4}$$

式中：$p_A^*$——溶质在气相中的平衡分压，kPa；

$x$ ——平衡状态下，溶质在溶液中的摩尔分数；

$E$ ——亨利系数，kPa。

当气体混合物和溶剂一定时，亨利系数仅随温度而改变，对于大多数物系，温度上升，$E$ 增大，气体溶解度变小。

特别提示：在同一种溶剂中，难溶气体的 $E$ 很大，溶解度很小；易溶气体的 $E$ 则很小，溶解度很大。

$E$ 的数值一般由实验测定，某些常见体系的亨利系数也可从相关手册或资料中查到，表 6-2 中列出了某些气体在水中的亨利系数。

表 6-2　某些气体在水中的亨利系数

| 温度/℃ | 0℃ | 5℃ | 10℃ | 15℃ | 20℃ | 25℃ | 30℃ | 35℃ | 40℃ | 45℃ | 50℃ | 55℃ |
|---|---|---|---|---|---|---|---|---|---|---|---|---|
| $E/10^6$ kPa | | | | | | | | | | | | |
| $H_2$ | 5.87 | 6.16 | 6.44 | 6.70 | 6.92 | 7.16 | 7.39 | 7.52 | 7.61 | 7.70 | 7.75 | 7.75 |
| $O_2$ | 2.58 | 2.95 | 3.31 | 3.69 | 4.06 | 4.44 | 4.81 | 5.41 | 5.42 | 5.70 | 5.96 | 6.37 |
| CO | 3.57 | 4.01 | 4.48 | 4.95 | 5.43 | 5.88 | 6.28 | 6.68 | 7.05 | 7.39 | 7.71 | 8.32 |
| 空气 | 4.38 | 4.94 | 5.56 | 6.15 | 6.73 | 7.3 | 7.81 | 8.34 | 8.82 | 9.23 | 9.59 | 10.2 |
| NO | 1.71 | 1.96 | 2.21 | 2.45 | 2.67 | 2.91 | 3.14 | 3.35 | 3.57 | 3.77 | 3.95 | 4.24 |
| $N_2$ | 5.35 | 6.05 | 6.77 | 7.48 | 8.15 | 8.76 | 9.36 | 9.98 | 10.5 | 11.0 | 11.4 | 12.2 |
| $C_2H_6$ | 1.28 | 1.57 | 1.92 | 2.90 | 2.66 | 3.06 | 3.47 | 3.88 | 4.29 | 4.69 | 5.07 | 5.72 |
| $E/10^5$ kPa | | | | | | | | | | | | |
| $CO_2$ | 0.738 | 0.888 | 1.05 | 1.24 | 1.44 | 1.66 | 1.88 | 2.12 | 2.36 | 2.60 | 2.87 | 3.46 |
| $H_2S$ | 0.272 | 0.319 | 0.372 | 0.418 | 0.489 | 0.552 | 0.617 | 0.686 | 0.755 | 0.825 | 0.689 | 1.04 |
| $Cl_2$ | 0.272 | 0.334 | 0.339 | 0.461 | 0.537 | 0.604 | 0.669 | 0.740 | 0.800 | 0.860 | 0.900 | 0.970 |
| $N_2O$ | | 1.19 | 1.43 | 1.68 | 2.01 | 2.28 | 2.62 | 3.06 | | | | |
| $C_2H_2$ | 0.730 | 0.850 | 0.970 | 1.09 | 1.23 | 1.35 | 1.48 | | | | | |
| $C_2H_4$ | 5.59 | 6.62 | 7.78 | 9.07 | 10.3 | 11.6 | 12.9 | | | | | |
| $E/10^4$ kPa | | | | | | | | | | | | |
| $SO_2$ | 0.167 | 0.203 | 0.245 | 0.294 | 0.355 | 0.413 | 0.485 | 0.567 | 0.661 | 0.763 | 0.871 | 1.11 |

### （二）亨利定律的其他表达式

**1．用摩尔分数表示**

若溶质在气相与液相中的组成分别用摩尔分数 $y$ 及 $x$ 表示时，亨利定律又可以写成如下形式，即

$$y^* = mx \tag{6-5}$$

式中：$y^*$ —— 与液相成平衡的气相中溶质的摩尔分数，量纲一；

$m$ —— 相平衡常数，量纲一。

相平衡常数 $m$ 随温度、压力和物系而变化，$m$ 数值通过实验测定，$m$ 值越小，表明该气体的溶解度越大，越有利于吸收操作。对一定的物系，$m$ 值是温度和压力的函数。

相平衡常数 $m$ 与亨利系数 $E$ 的关系可表示为

$$m = \frac{E}{p} \tag{6-6}$$

**2．用物质的量浓度表示**

若用物质的量浓度 $c$ 表示溶质在液相中的组成，亨利定律可写成如下形式，即

$$p_A^* = \frac{c}{H} \tag{6-7}$$

式中：$c$ —— 液相中溶质的物质的量浓度，即单位体积溶液中溶质的量，kmol/m$^3$；

$H$ —— 溶解度系数，kmol/(m$^3$ · kPa)。

溶解度系数 $H$ 也是温度、溶质和溶剂的函数，但 $H$ 随温度的升高而降低，易溶气体 $H$ 较大，难溶气体 $H$ 较小。

溶解度系数 $H$ 与亨利系数 $E$ 的关系为

$$\frac{1}{H} \approx \frac{EM_s}{\rho_s} \tag{6-8}$$

式中：$M_s$ —— 吸收剂的摩尔质量，kg/kmol；

$\rho_s$ —— 吸收剂的密度，kg/m$^3$。

**3．用摩尔比表示**

若将式（6-2b）和式（6-3b）代入式（6-5），整理得亨利定律的另一种表达形式，即

$$Y^* = \frac{mX}{1+(1-m)X} \tag{6-9}$$

对于溶质浓度很低的稀溶液，式（6-9）可简化为

$$Y^* = mX \tag{6-10}$$

### （三）吸收平衡线

吸收平衡线表示吸收过程中气-液相平衡关系的图线，在吸收过程中通常用 $X$-$Y$ 图表示，将式（6-9）的关系绘在 $X$-$Y$ 图上，为通过原点的一条曲线；对于稀溶液，式（6-10）所示的吸收平衡线是通过原点的一条直线，如图 6-5 所示。

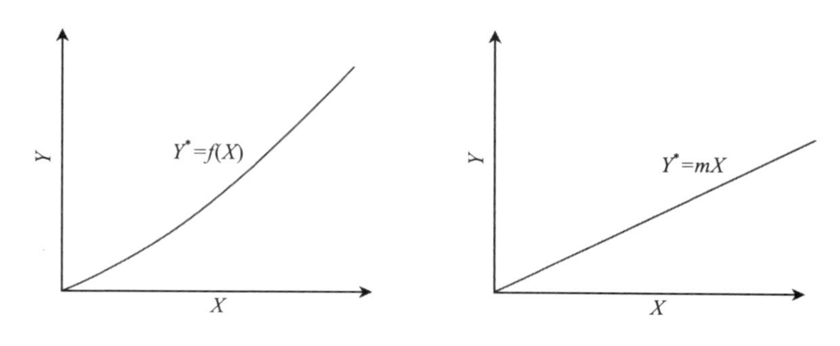


图 6-5 吸收平衡线

（四）溶解度的影响因素

1. 吸收剂性质

吸收剂的类型对溶质的溶解度有很大影响。不同气体在同一种液体中的溶解度有很大差异。比如氨在水中溶解度很大，属于易溶气体；而氧在水中的溶解度却很小，属于难溶气体；二氧化硫在水中的溶解度居中。

2. 温度

对于一定的物系，$E$ 随系统温度的变化而变化。通常，温度升高时，$E$ 和 $m$ 都增大，即气体的溶解度随温度升高而减小，不利于吸收操作。

3. 总压强

试验结果表明，当总压不太高（低于 500 kPa）时，气体混合物可以看作是理想气体，总压变化并不会影响气相分压与溶解度的关系，也就是说 $E$ 不变。但是，当用摩尔分数和摩尔比表示气、液两相组成时，压强变化相平衡常数 $m$ 也变化。一般情况下，在一定温度条件下，随着压强增大，$m$ 减小，也就是说，随着总压强增加，相同温度条件下，气体在液体中的溶解度增大。

特别提示：采用溶解度大、选择性好的吸收剂，提高操作压强，降低操作温度，对吸收操作有利。但是总压不是很高，只有几十万帕时，可以不考虑总压对溶解度的影响。

**【例 6-2】**用水来吸收 $CO_2$ 含量为 30%（摩尔分率）的某混合气体。吸收温度为 30℃，总压为 $1.013\times10^5$ Pa 时，试求 $CO_2$ 在水中的最大浓度（用摩尔分数表示）。

解：$CO_2$ 的平衡分压为

$$p_A = py = 101.3\times10^3\times0.3 = 30.39\text{（kPa）}$$

根据亨利定律，液相中 $CO_2$ 浓度为

$$x^* = \frac{p_A}{E}$$

由表 6-2 查得，30℃时 $CO_2$ 在水中的亨利系数为 $1.88\times10^5$ kPa，则

$$x^* = \frac{30.39}{188\,000} = 1.62\times10^{-4}$$

**【例 6-3】**向盛有一定量水的鼓泡吸收器中通入纯的 $CO_2$ 气体，经充分接触后，测得水中的 $CO_2$ 平衡浓度为 $2.875\times10^{-2}$ kmol/m³，鼓泡器内总压为 101.3 kPa，水温为 30℃，溶液密度为 1 000 kg/m³。试求亨利系数 $E$、溶解度系数 $H$ 及相平衡常数 $m$。

解：查得 30℃水的 $p_s=4.2$ kPa

$$p_A^*=p-p_s=101.3-4.2=97.1\,(\text{kPa})$$

稀溶液 $c\approx\dfrac{\rho}{M_s}=\dfrac{1\,000}{18}=55.56\,(\text{kmol/m}^3)$

$$x=\frac{c_A}{c}=\frac{2.875\times10^{-2}}{55.56}=5.17\times10^{-4}$$

$$E=\frac{p_A^*}{x}=\frac{97.1}{5.17\times10^{-4}}=1.876\times10^5\,(\text{kPa})$$

$$H=\frac{c_A}{p_A^*}=\frac{2.875\times10^{-2}}{97.1}=2.96\times10^{-4}\,[\text{kmol/(kPa}\cdot\text{m}^3)]$$

$$m=\frac{E}{p}=\frac{1.876\times10^5}{101.3}=1\,852$$

**【例 6-4】**在压力为 101.3 kPa 的吸收器内用水吸收混合气中的氨，设混合气中氨的浓度为 0.02（摩尔分数），试求所得氨水的最大物质的浓度。已知操作温度 20℃下的相平衡关系为 $p_A^*=2\,000x$。

解：混合气中氨的分压为

$$p_A=py=0.02\times101.33=2.03\,(\text{kPa})$$

与混合气体中氨相平衡的液相浓度为

$$x^*=\frac{p_A}{2\,000}=\frac{2.03}{2\,000}=1.02\times10^{-3}$$

$$c_A^*=x^*c=1.02\times10^{-3}\times\frac{1\,000}{18}=0.056\,4\,(\text{kmol/m}^3)$$

（五）相平衡关系在吸收过程中的应用

**1．判别过程进行的方向和限度**

气体吸收是物质自气相到液相的转移过程，属于传质过程。混合气体中某一组分能否进入溶剂，是由气体中该组分的分压 $p_A$ 和与液相平衡的该组分的平衡分压 $p_A^*$ 来决定的，如图 6-6 所示。

特别提示：

当 $p_A>p_A^*$ 时，这个组分可自气相转移到液相，此过程称为吸收过程。转移的结果是溶液里溶质的浓度增高，其平衡分压 $p_A^*$ 也随着增高。

当 $p_A=p_A^*$时，宏观传质过程就停止，这时气、液两相达到相平衡。

当 $p_A^*>p_A$ 时，则溶质便要从溶液中释放出来，即从液相转移到气相，这个过程称为解吸过程。

因此，根据两相的平衡关系就可判断传质过程的方向与极限。

**2．确定吸收过程的推动力**

在吸收过程中，通常以实际含量与平衡含量的偏离程度来表示吸收的推动力。显然，当 $p_A>p_A^*$ 或 $Y>Y^*$ 时，状态点处于平衡线的上方，它是吸收过程进行的必要条件，如图 6-6 所示。状态点距平衡线的距离越远，气液接触的实际状态偏离平衡状态的程度越大，其吸收过程中的推动力$\Delta p=p_A-p_A^*$或$\Delta Y=Y-Y^*$就越大，吸收速率也就越大。在其他条件相同的情况下，吸收越容易进行；反之，吸收越难进行。

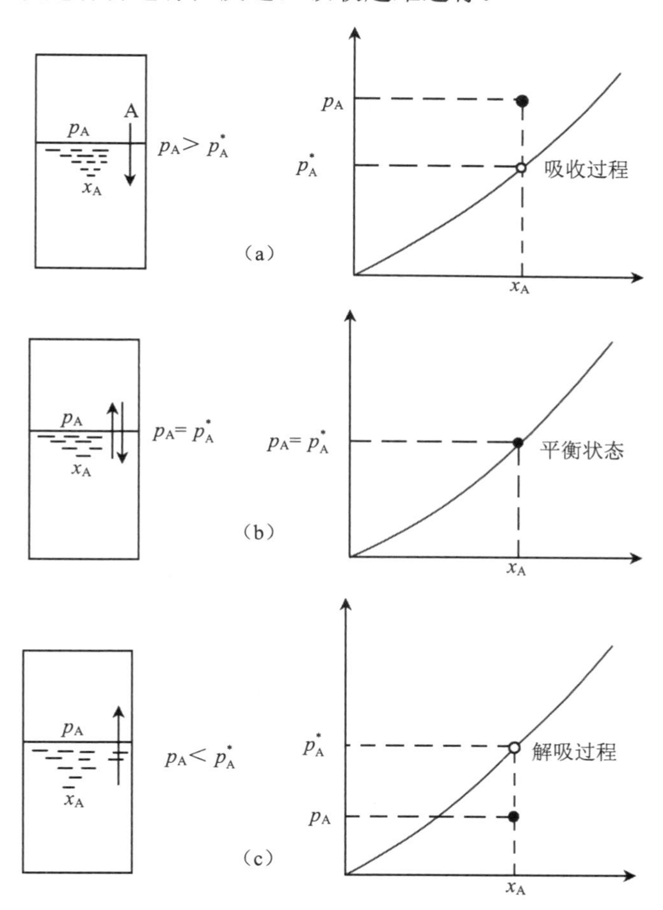


图 6-6　传质过程的方向和限度

**【例 6-5】**在操作条件为 25℃、101.3 kPa 时，用 $CO_2$ 含量为 0.000 1（摩尔分数）的水溶液与含 $CO_2$ 10%（体积分数）的 $CO_2$ 和空气混合气在一容器充分接触，试求：（1）判断 $CO_2$ 的传质方向，且用气相摩尔分数表示过程的推动力；（2）设压力增加到 506.5 kPa，$CO_2$ 的传质方向如何，并用液相分数表示过程的推动力。

解：（1）查得 25℃、101.3 kPa 下 $CO_2$ 和水系统的 $E$=1.66 MPa

$$m = \frac{E}{p} = \frac{166}{0.1013} = 1\,639$$

$$y^* = mx = 1\,639 \times 0.000\,1 = 0.164$$

由于$y = 0.10$，$y < y^*$

所以，$CO_2$的传质方向由液相向气相传递，此过程为解吸过程，其推动力为：

$$\Delta y = y^* - y = 0.164 - 0.10 = 0.064$$

（2）压力增加到 506.5 kPa 时，$m' = \frac{E}{p'} = \frac{166}{0.506\,5} = 327.7$

$$x^* = \frac{y}{m'} = \frac{0.10}{327.7} = 3.05 \times 10^{-4}$$

由于$x = 1 \times 10^{-4}$，$x^* > x$

所以$CO_2$的传质方向由气相向液相传递，此过程为吸收过程。

吸收过程的推动力为$\Delta x = x^* - x = 3.05 \times 10^{-4} - 1 \times 10^{-4} = 2.05 \times 10^{-4}$

由上述计算结果可以看出，当压力不太高时，提高操作压力，相平衡常数显著提高，溶质在液相中的溶解度增加，故有利于吸收。

**【例 6-6】** 用清水逆流吸收混合气中的氨，进入常压吸收塔的气体含氨 6%（体积分数），吸收后气体出口中含氨 0.4%（体积分数），溶液出口浓度为 0.012（摩尔比），操作条件下相平衡关系为$Y^* = 2.52X$。试用气相摩尔比表示塔顶和塔底处吸收的推动力。

解：

$$Y_1 = \frac{y_1}{1 - y_1} = \frac{0.06}{1 - 0.06} = 0.064$$

$$Y_1^* = 2.52X_1 = 2.52 \times 0.012 = 0.030\,24$$

$$Y_2 = \frac{y_2}{1 - y_2} = \frac{0.004}{1 - 0.004} = 0.004\,02 \qquad Y_2^* = 2.52X_2 = 2.52 \times 0 = 0$$

塔顶吸收推动力为$\Delta Y_2 = Y_2 - Y_2^* = 0.004\,02 - 0 = 0.004\,02$

塔底吸收推动力为$\Delta Y_1 = Y_1 - Y_1^* = 0.064 - 0.030\,24 = 0.034$

# 第三节　传质机理与吸收速率方程

## 一、传质机理

### （一）传质的基本方式

吸收过程涉及两相间的物质传递，即溶质由气相传递到液相的过程。无论是气相内传质还是液相内传质，物质传递的方式包括两种基本方式：分子扩散和对流扩散。

1．分子扩散

当流体内部某一组分存在浓度差时，因微观的分子热运动使组分从浓度高处传递到浓度低处，这种现象称为分子扩散。分子扩散发生在静止或层流流体里。将一勺砂糖投于一杯水中，片刻后整杯水都会变甜，这就是分子扩散的结果。

2．对流扩散

工业生产中常见的是物质在湍流流体中的对流传质现象。与对流传热类似，对流传质通常指流体与某一界面（例如气体吸收过程中的气液两相界面）之间的传质。当流体流动或搅拌时，由于流体质点的宏观运动（湍流或涡流），使组分从浓度高处向浓度低处移动，这种现象称为涡流扩散或湍流扩散。而在湍流流体中，对流扩散则是分子扩散和涡流扩散共同作用的结果。

### （二）吸收过程与双膜理论

吸收过程即传质过程，它包括3个步骤：溶质由气相主体传递到两相界面，即气相内的物质传递；溶质在相界面上的溶解，由气相转入液相，即界面上发生的溶解过程；溶质自界面被传递至液相主体，即液相内的物质传递。

通常，第二步（即界面上发生的溶解过程）很容易进行，其阻力很小，故认为相界面上的溶解推动力亦很小，小至可认为其推动力为零，则相界面上气、液组成满足相平衡关系，这样总过程的速率将由两个单相即第一步气相传质和第三步液相内的传质速率来决定。

描述两相之间传质过程的理论很多，许多学者对吸收机理提出了不同的简化模型，诸如双膜理论、溶质渗透理论、表面更新理论等，其中双膜理论一直占有很重要的地位。它不仅适用于物理吸收，也适用于伴有化学反应的化学吸收过程。双膜理论示意图见图6-7。

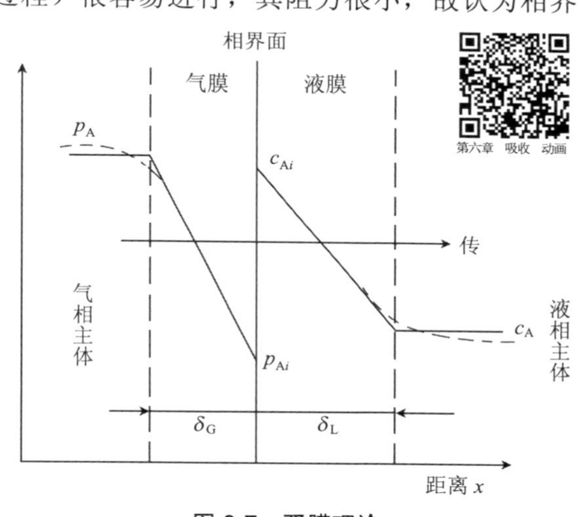


图6-7 双膜理论

双膜理论的基本论点如下：

① 相互接触的气液两流体间存在着稳定的相界面，在界面上，气液两相浓度互呈平衡态，即 $p_{Ai}$ 与 $c_{Ai}$ 符合平衡关系。

② 在相界面附近两侧分别存在一层稳定的滞留膜层称为气膜和液膜。气膜和液膜集中了吸收的全部阻力。

③ 在两相主体中吸收质的浓度均匀一致，因而不存在传质阻力，仅在薄膜中发生浓度变化；吸收质以对流扩散的方式通过气相主体，又以分子扩散的方式克服气膜阻力，通过气膜到达相界面，相界面上吸收质在液相中的浓度 $c_{Ai}$ 与 $p_{Ai}$ 平衡，吸收质又以分子扩散的方式克服液膜阻力，通过液膜，又以对流扩散的方式从液膜扩散到液相主体，完成整个吸收过程。

通过上述分析可以看出，传质的推动力来自吸收质组分的分压差和在溶液中该组分的浓度差，而传质阻力主要集中在气膜和液膜内。

## 二、吸收速率方程

吸收速率指单位时间内单位相际传质面积上吸收的溶质的量，用 $N_A$ 表示，单位为 kmol/(m$^2$·s)。表明吸收速率与吸收推动力之间关系的数学表达式称为吸收传质速率方程。

由于吸收系数及其相应的推动力的表达方式多种多样，因此出现了多种形式的吸收速率方程式。

### （一）相内吸收速率方程

#### 1．液相膜内传质速率方程

$$N_A = k_x(x_i - x) = \frac{x_i - x}{\dfrac{1}{k_x}} \tag{6-11}$$

$$N_A = k_L(c_i - c) = \frac{c_i - c}{\dfrac{1}{k_L}} \tag{6-12}$$

$$N_A = k_X(X_i - X) = \frac{X_i - X}{\dfrac{1}{k_X}} \tag{6-13}$$

式中：$N_A$ —— 吸收速率，kmol/(m$^2$·s)；

$k_x$ —— 以液相摩尔分率差（$x_i$–$x$）表示推动力的液相传质系数，kmol/(m$^2$·s)；

$k_L$ —— 以液相摩尔浓度差（$c_i$–$c$）表示推动力的液相传质系数，m/s；

$k_X$ —— 以液相摩尔比差（$X_i$–$X$）表示推动力的液相传质系数，kmol/(m$^2$·s)。

液相传质系数之间的关系　　$k_x = ck_L$　　（6-14）

当吸收后所得溶液为稀溶液时 $k_X = ck_L$　　（6-15）

#### 2．气膜内吸收速率方程

$$N_A = k_y(y - y_i) = \frac{y - y_i}{\dfrac{1}{k_y}} \tag{6-16}$$

$$N_A = k_G(p - p_i) = \frac{p - p_i}{\dfrac{1}{k_G}} \tag{6-17}$$

$$N_A = k_Y(Y - Y_i) = \frac{Y - Y_i}{\dfrac{1}{k_Y}} \tag{6-18}$$

式中：$k_y$ —— 以摩尔分数差（$y$–$y_i$）表示推动力的液相传质系数，kmol/(m$^2$·s)；

$k_G$ —— 以分压差（$p$–$p_i$）表示推动力的气相传质系数，kmol/(m$^2$·s·kPa)；

$k_Y$ —— 以摩尔比之差（$Y$–$Y_i$）表示推动力的气相传质系数，kmol/(m$^2$·s)。

气相传质系数之间的关系　　$k_y=pk_G$　　(6-19)

同理得出低浓度气体吸收时　　$k_Y=pk_G$　　(6-20)

(二) 相际传质速率方程

**1. 以气相组成表示的总传质速率方程**

此时总传质速率方程称为气相总传质速率方程，具体如下：

$$N_A = K_y(y - y^*) \tag{6-21}$$

$$N_A = K_G(p - p^*) \tag{6-22}$$

$$N_A = K_Y(Y - Y^*) \tag{6-23}$$

式中：$K_y$——以气相摩尔分数差（$y-y^*$）表示推动力的气相总传质系数，kmol/(m² • s);

$K_G$——以气相分压差（$p-p^*$）表示推动力的气相总传质系数，kmol/(m² • s • kPa);

$K_Y$——以气相摩尔比之差（$Y-Y^*$）表示推动力的气相总传质系数，kmol/(m² • s)。

**2. 以液相组成表示的总传质速率方程**

此时总传质速率方程称为液相总传质速率方程，具体如下：

$$N_A = K_x(x^* - x) \tag{6-24}$$

$$N_A = K_L(c^* - c) \tag{6-25}$$

$$N_A = K_X(X^* - X) \tag{6-26}$$

式中：$K_x$ —— 以液相摩尔分数差$(x^* - x)$表示推动力的液相传质系数，kmol/(m² • s);

$K_L$ —— 以液相摩尔浓度差$(c^* - c)$表示推动力的液相传质系数，m/s;

$K_X$ —— 以液相摩尔比差$(X^* - X)$表示推动力的液相传质系数，kmol/(m² • s)。

特别提示：由于传质速率方程式形式多种多样，使用时应该注意以下几点。

① 传质系数与传质推动力表示方式必须对应。如总传质系数与总传质推动力形式对应，膜内传质系数要与膜内传质推动力的表达形式相对应。

② 掌握各传质系数的单位与所对应的传质推动力的表达形式。能够根据已知条件的单位判断出推动力的表达形式类型。

③ 注意不同传质系数之间的换算关系。$K_Y$与$K_X$尽管数值大小接近，但并不相等，因为它们所对应的传质推动力不同。

## 三、传质系数之间的关系

(一) 总传质系数与传质分系数之间的关系

若吸收系统服从亨利定律或平衡关系在计算范围为直线，总传质系数与单相传质系数之间存在如下关系：

$$\frac{1}{K_L}=\frac{1}{k_L}+\frac{H}{k_G} \tag{6-27}$$

$$\frac{1}{K_x}=\frac{1}{k_x}+\frac{1}{mk_y} \tag{6-28}$$

$$\frac{1}{K_X}=\frac{1}{k_X}+\frac{1}{mk_Y} \tag{6-29}$$

$$\frac{1}{K_G}=\frac{1}{Hk_L}+\frac{1}{k_G} \tag{6-30}$$

$$\frac{1}{K_y}=\frac{m}{k_x}+\frac{1}{k_y} \tag{6-31}$$

$$\frac{1}{K_Y}=\frac{m}{k_X}+\frac{1}{k_Y} \tag{6-32}$$

从以上总传质系数与单相传质系数之间的关系可以看出，总传质阻力等于两项传质阻力之和，这与两流体间壁换热时总传热热阻等于对流传热各项热阻之和相类似，但要注意总传热阻力和两项传质阻力必须与推动力相对应。

### （二）总传质系数间的关系

式（6-27）除以 $H$，得

$$\frac{1}{HK_L}=\frac{1}{Hk_L}+\frac{1}{k_G}$$

与式（6-30）比较得

$$K_G=HK_L \tag{6-33}$$

同理利用相平衡关系式可推导出：

$$mK_y=K_x \tag{6-34}$$

$$mK_Y=K_X \tag{6-35}$$

$$pK_G=K_y \tag{6-36}$$

$$pK_G=K_Y \tag{6-37}$$

$$cK_L=K_x \tag{6-38}$$

$$cK_L=K_X \tag{6-39}$$

## 四、吸收过程中的控制

这里以式（6-29）和式（6-31）为例进一步讨论吸收过程中传质阻力和传质速率的控制因素。

### （一）气膜控制

对于溶解度较大的易溶气体，即相平衡常数 $m$ 很小时，式（6-31）可简化为 $K_Y \approx k_Y$，传质阻力主要集中在气膜内，说明此吸收过程由气相阻力控制，称为气膜控制，如用水吸收氯化氢、氨气等过程。对于气膜控制的吸收过程，若要提高其传质速率，在选择设备形式和操作条件时，应特别注意增大气相的湍动程度以减少气膜的阻力。

### （二）液膜控制

对于溶解度较小的难溶气体，即相平衡常数 $m$ 很大时，式（6-29）可简化为 $K_X \approx k_X$，传质阻力主要集中在液膜中，说明此吸收过程由液相阻力控制，称为液膜控制。如用水吸收二氧化碳、氧气、氢气、氯气等过程。对于液膜控制的吸收过程，若要提高其传质速率，在选择设备形式和操作条件时，应特别注意增大液相的湍动程度，以减少液膜的阻力。

### （三）双膜控制

对于中等溶解度的气体吸收过程，气膜和液膜阻力都要同时考虑，吸收过程受气膜和液膜的双膜控制。如用水吸收二氧化硫及丙酮蒸气，气膜阻力和液膜阻力各占一定比例，此时应同时增大气相和液相的湍动程度，以减小气膜阻力和液膜阻力，传质速率才会有明显提高，我们称这种情况为“双膜控制”。

特别提示：$m<1$ 时，可以认为是易溶气体；$m>100$ 时，可以认为是难溶气体；$1 \leqslant m \leqslant 100$ 时，可以认为是中等溶解度气体。

表 6-3 列出了常见吸收过程的控制因素。

**表 6-3　常见吸收过程控制因素举例**

| 气膜控制 | 液膜控制 | 双膜控制 |
|---|---|---|
| $H_2O$ 吸收 $NH_3$ | $H_2O$ 或弱碱吸收 $CO_2$ | $H_2O$ 吸收 $SO_2$ |
| $H_2O$ 吸收 HCl | $H_2O$ 吸收 $CO_2$ | $H_2O$ 吸收丙酮 |
| 碱液或氨水吸收 $SO_2$ | $H_2O$ 吸收 $O_2$ | 浓硫酸吸收 $NO_2$ |
| 浓硫酸吸收 $SO_2$ | $H_2O$ 吸收 $H_2$ | |
| 弱碱吸收 $H_2S$ | | |

## 五、提高吸收速率的途径

吸收速率是计算吸收设备的重要参数，吸收速率高，吸收设备单位时间内吸收的量也随之提高，根据前面的分析，可以采取以下措施来提高吸收效果：① 提高气、液两相相对运动速度，降低气膜、液膜的厚度以减小阻力；② 选用对吸收质溶解度大的溶液作吸收剂；③ 适当提高供液量，降低液相主体中溶质浓度以增大吸收推动力；④ 增大气液相接触面积。

**【例 6-7】** 某传质过程的总压为 300 kPa，吸收过程传质系数分别为 $k_y$ 为 1.07 kmol/(m$^2$·h)、$k_x$ 为 22 kmol/(m$^2$·h)，气-液相平衡关系符合亨利定律，亨利系数 $E$ 为 $10.67 \times 10^3$ kPa，试求：（1）吸收过程传质总系数 $K_Y$ 和 $K_X$；（2）液相中的传质阻力为气相的多少倍。

解：（1）$E = 10.67 \times 10^3$ kPa，$p = 300$ kPa，

所以
$$m = \frac{E}{p} = \frac{10.67 \times 10^3}{300} = 35.57$$

$$\frac{1}{K_Y} = \frac{1}{k_y} + \frac{m}{k_x} = \frac{1}{1.07} + \frac{35.57}{22}$$

所以 $K_Y = 0.3919\ \text{kmol/(m}^2 \cdot \text{h)}$

$$\frac{1}{K_X} = \frac{1}{mk_y} + \frac{1}{k_x} = \frac{1}{35.57 \times 1.07} + \frac{1}{22}$$

所以 $K_X = 13.94\ \text{kmol/(m}^2 \cdot \text{h)}$

（2）$\dfrac{m/k_x}{1/k_y}=\dfrac{1/k_x}{1/mk_y}=\dfrac{\dfrac{1}{22}}{\dfrac{1}{35.57\times1.07}}=1.73$

**【例 6-8】**已知某低浓度气体溶质被吸收时，平衡关系服从亨利定律，气膜吸收系数 $k_G=2.74\times10^{-7}\ \text{kmol/(m}^2\cdot\text{s}\cdot\text{kPa)}$，液膜吸收系数 $k_L=6.94\times10^{-5}\ \text{m/s}$，溶解度系数 $H=1.5\ \text{kmol/(m}^3\cdot\text{kPa)}$。试求气相吸收总系数 $K_G$，并分析该吸收过程的控制因素。

解：因系统符合亨利定律，故

$$\frac{1}{K_G}=\frac{1}{Hk_L}+\frac{1}{k_G}=\frac{1}{1.5\times6.94\times10^{-5}}+\frac{1}{2.74\times10^{-7}}$$

由计算过程可知，气膜阻力

$$\frac{1}{k_G}=\frac{1}{2.74\times10^{-7}}=3.66\times10^{6}(\text{m}^2\cdot\text{s}\cdot\text{kPa})/\text{kmol}$$

同理，液膜阻力为

$$\frac{1}{Hk_L}=\frac{1}{1.5\times6.94\times10^{-5}}=9.6\times10^{3}(\text{m}^2\cdot\text{s}\cdot\text{kPa})/\text{kmol}$$

液膜阻力远小于气膜阻力，所以该吸收过程为气膜控制。

# 第四节　吸收塔的计算

吸收塔的计算主要是通过物料衡算及操作线方程确定吸收剂用量和塔设备的主要尺寸。

吸收操作既可以采用板式塔又可以采用填料塔。通常吸收操作选用连续接触的填料塔。在填料塔内气液两相可作逆流流动也可作并流流动，在两相进出口浓度一定的情况下，逆流的平衡推动力大于并流。同时，逆流时下降至塔底的液体与进塔的气体相接触，有利于提高出塔的液体浓度，而且可减小吸收剂用量；上升至塔顶的气体与进塔的新鲜吸收剂接触，有利于降低出塔气体的浓度，可提高溶质的吸收率。图 6-8 所示的吸收操作就是逆流操作的填料塔。

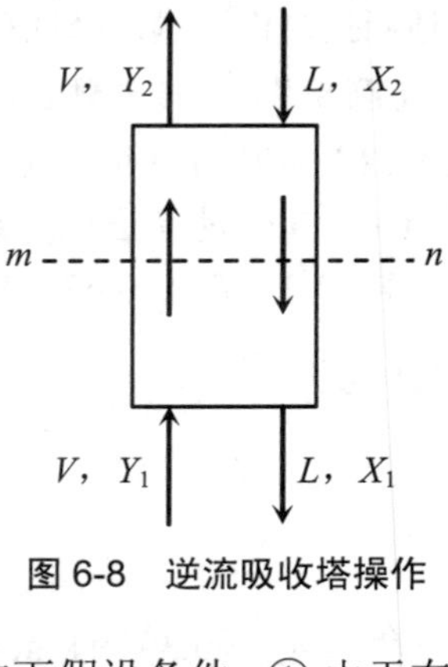

$V，Y_2$　　$L，X_2$

$m$ - - - - - - $n$

$V，Y_1$　　$L，X_1$

图 6-8　逆流吸收塔操作

## 一、全塔物料衡算和操作线方程

为简化低浓度气体的吸收计算，吸收塔进行物料衡算限于如下假设条件：① 由于在许多工业吸收过程中，进塔混合气体中的溶质浓度不高，所以吸收为低浓度等温物理吸收，总吸收系数为常数；② 惰性组分 B 在吸收剂中完全不溶解，吸收剂在操作条件下完全不挥发，惰性气体和吸收剂在整个吸收塔中均为常量。

### （一）全塔物料衡算

进入吸收塔的气体混合物中含有溶质 A 和不被吸收的惰性组分 B，而液体中含有吸收剂 S 和微量的溶质 A。在吸收过程中，气相中的溶质不断转移到液相中，使气体混合物中 A 的量不断减少，而在溶液中 A 的量不断增多。但气相中惰性气体 B 和液相中吸收剂 S 的量始终是不变的。因此，在进行物料衡算时，以不变的惰性气体流量 $V$ 和吸收剂 $L$ 的流量作为计算基准，并用摩尔比表示气液相的组成最为方便。

如图 6-8 所示，$VY_1$ 是单位时间内从塔底进气中 A 的摩尔流量；$VY_2$ 是单位时间内从塔顶出气中 A 的摩尔流量；$VY_1-VY_2$ 是单位时间内气相中 A 减少的量。同理，$LX_1$ 是单位时间从塔底出塔的吸收液中 A 的摩尔流量；$LX_2$ 是单位时间从塔顶进塔的吸收液中 A 的摩尔流量；$LX_1-LX_2$ 是单位时间内液相中 A 所增加的量。

根据物料守恒，即气体混合物经过吸收塔后，气相中溶质 A 的减少量应等于液相中溶质 A 的增加量，即

$$VY_1 + LX_2 = VY_2 + LX_1 \tag{6-40}$$

或

$$V(Y_1 - Y_2) = L(X_1 - X_2) \tag{6-40a}$$

式中：$V$—— 惰性气体的摩尔流量，kmol B/h；

$L$——吸收剂的摩尔流量，kmol S/h；

$Y$——塔内任一截面 m-n 处气相中溶质的摩尔比，kmol A/kmol B；

$X$——塔内任一截面 m-n 处液相中溶质的摩尔比，kmol A/kmol S；

$Y_1$、$Y_2$——分别为进塔和出塔气相中溶质的摩尔比，kmol A/kmol B；

$X_1$、$X_2$——分别为进塔和出塔液相中溶质的摩尔比，kmol A/kmol S。

在式（6-40）和式（6-41）中，出塔气体的组成 $Y_2$ 一般由进塔气体的组成 $Y_1$ 和溶质的回收率来决定，即

$$Y_2 = Y_1(1-\eta) \tag{6-41}$$

或

$$\eta = \frac{Y_1 - Y_2}{Y_1} \tag{6-41a}$$

式中：$\eta$—— 被吸收的溶质的回收率或吸收率，$\eta<1$，量纲一。

$\eta$表示气体混合物的分离程度。$Y_2$ 越小，$\eta$越接近于 1，所以分离要求也就越高。

### （二）操作线方程

吸收塔内气、液组成沿塔高的变化受物料衡算式的约束，为求得逆流吸收塔任一截面上相互接触的气、液组成之间的关系，可在塔底与塔中任一截面 $m$-$n$ 间作溶质 A 的物料衡算，得操作线方程为

$$V(Y_1 - Y) = L(X_1 - X) \tag{6-42}$$

或

$$Y = \frac{L}{V}X + (Y_1 - \frac{L}{V}X_1) \tag{6-42a}$$

同理，在塔顶与塔中任一截面 $m$-$n$ 间作溶质 A 的物料衡算，得操作线方程为

$$V(Y - Y_2) = L(X - X_2) \tag{6-43}$$

或

$$Y = \frac{L}{V}X + (Y_2 - \frac{L}{V}X_2) \tag{6-43a}$$

式（6-42a）和式（6-43a）均称为逆流吸收操作的操作线方程，且两式可结合式（6-40a）

互为转化，故式（6-42a）和式（6-43a）是等效的。在稳定吸收的条件下，$L$、$V$、$X_1$、$Y_1$均为定值，由操作线方程可知，逆流吸收的操作线是一条通过（$X_1$，$Y_1$）和（$X_2$，$Y_2$）两点且斜率为$L/V$的直线，即图6-9所示的$TB$线。

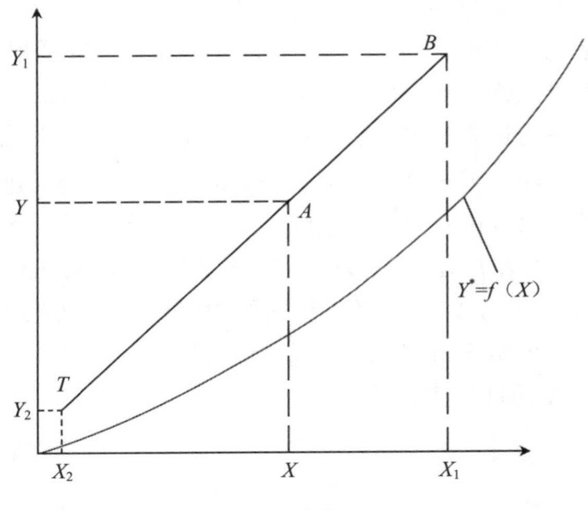


图6-9　吸收操作线

吸收操作线方程表明了塔内任意截面上的气液相组成$Y$与$X$之间的关系，给定任意一个液相组成$X$（$X_1>X>X_2$）值，均可利用操作线方程计算出与之在相同高度进行接触传质的气相组成。同理，给定任意一个气相摩尔比$Y$（$Y_1>Y>Y_2$）值，均可利用操作线方程，计算出与之在相同高度能进行接触传质的液相组成。故操作线方程具有如下特点：① 操作线是由物料衡算得出的，与系统的相平衡关系、操作条件以及塔的结构均无关；② 吸收过程的操作线总是位于平衡线的上方，解吸则与之相反；③ 吸收过程的操作线是一条直线段，由气、液进出口浓度确定；④ 操作线与平衡线之间的垂直或水平距离均可表示气液传质推动力的大小。

## 二、吸收剂的用量控制

微课　吸收剂消耗量计算

在吸收塔计算中，通常所处理的气体流量、气体初始和最终组成及吸收剂的初始组成取决于吸收任务。如果吸收液的浓度也已经规定，则可以通过物料衡算求出吸收剂用量，否则，必须综合考虑吸收剂对吸收过程的影响，合理选择吸收剂的用量。

例如，在图6-9中，$T$点（$X_2$，$Y_2$）的纵坐标为出塔气体摩尔比$Y_2$，如果溶质是有害气体，一般直接规定$Y_2$的值为定值，这既是烟气治理的目标，也是环境法规定的排污标准。如果吸收的目的是回收有用物质，则以回收率的形式给出，即$Y_2=Y_1(1-\eta)$。无论上述哪种情况，$Y_2$均为定值。$X_2$是吸收剂进塔浓度，$X_2$的大小取决于吸收剂再生塔的再生能力，也是固定的数值，而不是吸收塔设计人员可以随意确定的。因此，$T$点固定不动。

$B$点（$X_1$，$Y_1$）的纵坐标$Y_1$是处理混合气体中溶质$A$的含量，是污染源产生污染物的浓度，是吸收塔的生产任务，不可更改，为定值。而$X_1$则是塔底吸收液的浓度即摩尔比，它随着吸收剂量的改变而改变，故操作线的点$B$沿着直线$Y=Y_1$左右滑动，向左滑动操作线斜率增加，向右滑动操作线斜率减小，操作线的斜率$L/V$的变化取决于吸收剂用量$L$的大小。

### （一）液气比

图6-9所示操作线$TB$的斜率$L/V$称为液气比，它是吸收剂与惰性气体摩尔流量之比，反映了单位气体处理量的吸收剂消耗量的大小。当气体处理量一定时，液气比$L/V$取决于吸收剂用量的大小。液气比是吸收操作的重要影响因素之一，直接影响吸收的分离效果、设备尺寸的大小和操作费用的高低，是吸收操作设计时的一个重要参数。

（二）最小液气比

如图 6-10（a）所示，由于 $X_2$、$Y_2$ 是给定的，所以操作线的端点 $T$ 固定，另一端点 $B$ 则可在 $Y=Y_1$ 的直线上左右移动。若增大吸收剂用量，操作线向远离平衡线的方向偏移，由 $TB$ 变至 $TB'$，吸收推动力增大，传质速率增加，在单位时间内吸收等量溶质时设备尺寸可以减小，但溶液浓度变稀，溶剂再生所需设备费和操作费增大。若减小吸收剂用量则情况相反，当吸收剂用量减小到使操作线由 $TB$ 变至 $TB^*$ 时，传质的推动力为零，所需的相际接触面积为无穷，此时吸收剂用量为最小，用 $L_{min}$ 表示。

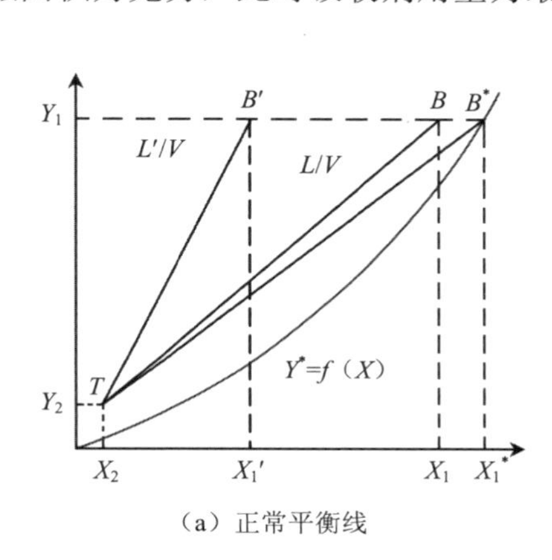


（a）正常平衡线

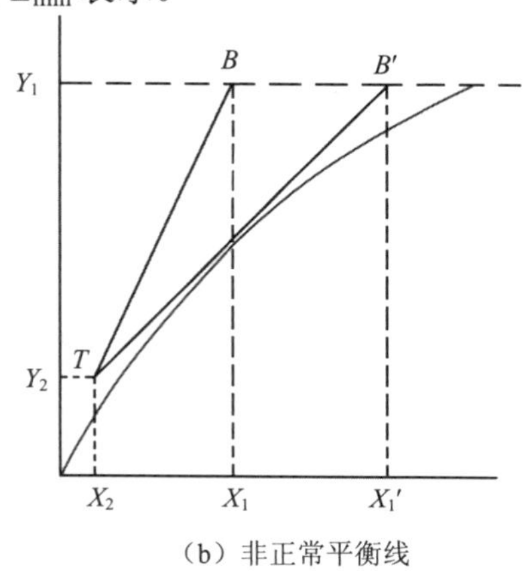


（b）非正常平衡线

**图 6-10 吸收塔的最小液气比**

最小液气比可由图解法求得，若吸收平衡曲线符合亨利定律［图 6-10（a）］的一般情况，则可由图定出 $Y=Y_1$ 与平衡线的交点 $B^*$ 所对应的横坐标 $X_1^*$ 的值，由下式计算出最小的液气比

$$\left(\frac{L}{V}\right)_{min}=\frac{Y_1-Y_2}{X_1^*-X_2}=\frac{Y_1-Y_2}{\dfrac{Y_1}{m}-X_2} \tag{6-44}$$

则

$$L_{min}=\frac{V(Y_1-Y_2)}{X_1^*-X_2}=\frac{V(Y_1-Y_2)}{\dfrac{Y_1}{m}-X_2} \tag{6-45}$$

式中：$L_{min}$ —— 吸收剂最小用量，kmol/h；

$X_1^*$ —— 操作线与平衡线相交时液相的浓度，kmol A/kmol S。

$X_1^*$ 也可按 $X_1^*=Y_1/m$ 求出，或直接读 $B^*$ 点的横坐标。

如果吸收平衡曲线的形状使操作线与平衡线相切，见图 6-10（b），此时最小液气比的计算式仍用式（6-44）求出，只是式中 $X_1^*$ 的数值只能读 $B'$ 的横坐标，不能用 $Y^*=mX$ 求得。

（三）吸收剂用量控制

吸收剂用量的选择是一个安全的优化问题，当 $V$ 值一定时，吸收剂用量减少，液气比减少，操作线靠近平衡线，吸收过程的推动力减小，传质速率降低，在完成同样生产任务的情况下，吸收塔必须增高，设备费用增多；吸收剂用量增大，操作线远离平衡线，吸收过程的推动力增大，传质速率增大，在完成同样生产任务的情况下，设备尺寸可以减小。但吸收剂的用量并不是越大越好，因为吸收剂用量越大，其输送等操作费用也越大。而且，造成塔底吸收液浓度降低，将会增加回收过程的处理量。

在工业生产中，对实际吸收操作的吸收剂用量或液气比的选择、调节和控制主要从以下几方面考虑：① 为了完成指定的分离任务，液气比应大于最小液气比，但不应过高；② 为了确保填料层的充分润湿，喷淋密度（单位时间、单位塔截面上所接受的吸收剂的量）不能太小；③ 当操作条件发生变化时，为达到预期的吸收目的，应及时调整液气比；④ 适宜的液气比应根据经济衡算来确定，使设备的折旧费用及操作费用之和最小（图 6-11），即控制一个适宜的液气比。

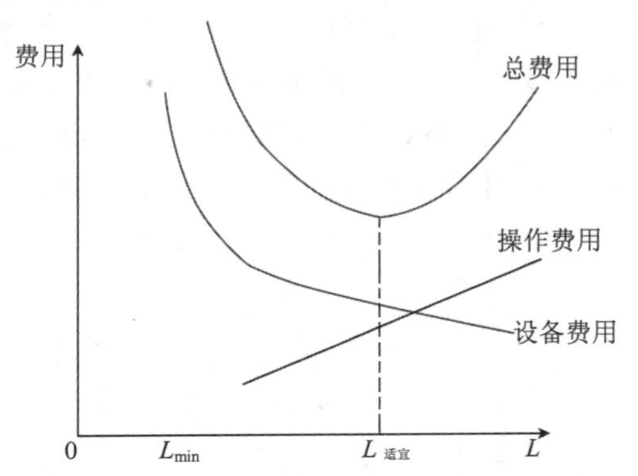


图 6-11 适宜吸收剂用量的确定

根据生产实践经验，通常，实际吸收操作的适宜液气比取最小液气比的 1.1～2.0 倍，即

$$\frac{L}{V}=(1.1\sim2.0)\left(\frac{L}{V}\right)_{min} \tag{6-46}$$

**【例 6-9】** 在逆流吸收塔中，用洗油吸收焦炉气中的芳烃。吸收塔压强为 105 kPa，温度为 300 K，焦炉气流量为 1 000 $m^3$/h，其中所含芳烃组成为 0.02（摩尔分数，下同），吸收率为 95%，进塔洗油中所含芳烃组成为 0.005。若取吸收剂用量为最小用量的 1.5 倍，操作条件下气液平衡关系为 $Y^*=0.125X$。试求进入塔顶的洗油摩尔流量及出塔吸收液组成。

解：先求进入吸收塔的惰性气体摩尔流量

$$V=\frac{1\,000}{22.4}\times\frac{273}{300}\times\frac{105}{101.3}\times(1-0.02)=41.27\text{（kmol/h）}$$

进塔气体中芳烃的摩尔比 $Y_1=\dfrac{y_1}{1-y_1}=\dfrac{0.02}{1-0.02}=0.020\,4$

出塔气体中芳烃的摩尔比 $Y_2=Y_1(1-\eta)=0.020\,4\times(1-0.95)=0.001\,02$

进塔洗油中芳烃摩尔比 $X_2=\dfrac{x_2}{1-x_2}=\dfrac{0.005}{1-0.005}=0.005\,03$

$$L_{min}=V\frac{Y_1-Y_2}{\dfrac{Y_1}{m}-X_2}=41.27\times\frac{0.020\,4-0.001\,02}{\dfrac{0.020\,4}{0.125}-0.005\,03}=5.06\text{（kmol/h）}$$

所以 $L=1.5L_{min}=1.5\times5.06=7.59$（kmol/h）

$L$ 为每小时进塔纯溶剂用量。由于入塔洗油中含有少量芳烃，则每小时进塔的洗油量为：

$$L'=L(1+X_2)=7.59\times(1+0.005\,03)=7.63\text{（kmol/h）}$$

$$X_1=X_2+\frac{V(Y_1-Y_2)}{L}=0.005\,03+\frac{41.27\times(0.020\,4-0.001\,02)}{7.59}=0.11$$

【例 6-10】在一填料吸收塔内，用清水逆流吸收混合气体中的有害组分 A，已知进塔混合气体中组分 A 的浓度为 0.04（摩尔分数，下同），出塔尾气中 A 的浓度为 0.005，出塔水溶液中组分 A 的浓度为 0.012，操作条件下气液平衡关系为 $Y^*=2.5X$。试求操作液气比是最小液气比的多少倍？

解：

$$Y_1=\frac{y_1}{1-y_1}=\frac{0.04}{1-0.04}=0.0417$$

$$Y_2=\frac{y_2}{1-y_2}=\frac{0.005}{1-0.005}=0.005$$

$$X_1=\frac{x_1}{1-x_1}=\frac{0.012}{1-0.012}=0.0121$$

$$\left(\frac{L}{V}\right)_{\min}=\frac{Y_1-Y_2}{X_1^*-X_2}=\frac{Y_1-Y_2}{\dfrac{Y_1}{m}}=m\left(1-\frac{Y_2}{Y_1}\right)=2.5\times\left(1-\frac{0.005}{0.0417}\right)=2.2$$

$$\frac{L}{V}=\frac{Y_1-Y_2}{X_1-X_2}=\frac{0.0417-0.005}{0.0121-0}=3.03$$

$$\frac{L}{V}\Big/\left(\frac{L}{V}\right)_{\min}=\frac{3.03}{2.2}=1.38$$

## 三、填料塔直径的计算

填料塔直径可根据圆形管道内的流量与流速关系式计算，即

$$V_s=\frac{\pi}{4}D^2u \tag{6-47}$$

故

$$D=\sqrt{\frac{4V_s}{\pi u}} \tag{6-48}$$

式中：$D$——吸收塔的直径，m；

$V_s$——操作条件下混合气体的体积流量，$m^3/s$；

$u$——空塔气速，即按空塔截面计算的混合气体的线速度，m/s，其值为 0.2～1.5 m/s，适宜的数值由实验或经验式求得。

通常先查阅《化学工程手册》确定液泛气速 $u_f$，然后根据填料类型确定安全系数。一般散装填料，空塔气速按下式取值，即

$$u=(0.5\sim0.85)u_f \tag{6-49}$$

对于规整填料，空塔气速按下式取值，即

$$u=(0.6\sim0.95)u_f \tag{6-50}$$

液泛气速 $u_f$ 的选择主要考虑两个因素：一是物系的发泡情况，易起泡沫的物系，液泛气速 $u_f$ 取下限，反之取上限；二是吸收塔的操作压力，加压时液泛气速 $u_f$ 取上限，反之取下限。

特别提示：

① 设计塔径时，通常取全塔中气量最大值，即以进塔气量为计算依据；

② 按式（6-48）计算出的塔径，还应根据国家压力容器公称直径的标准进行圆整。

## 四、填料层高度的计算

为了达到指定的分离要求，吸收塔必须提供足够的气、液两相接触面积。因此，填料塔内的填料装填量或一定直径的塔内填料层的高度将直接影响吸收的效果。

### （一）填料层高度的基本计算式

前已述及，填料塔是一个连续接触式设备，气、液两相的组成均沿填料层高度而变化，故塔内各横截面积上的吸收速率并不相同，因此需采用微积分的方法计算填料层高度。

如图 6-12 所示，分析填料层内某一微元 d$Z$ 内的溶质吸收过程，厚度为 d$Z$ 微元的填料层的传质面积为

$$\mathrm{d}A = a\Omega \mathrm{d}Z \qquad (6\text{-}51)$$

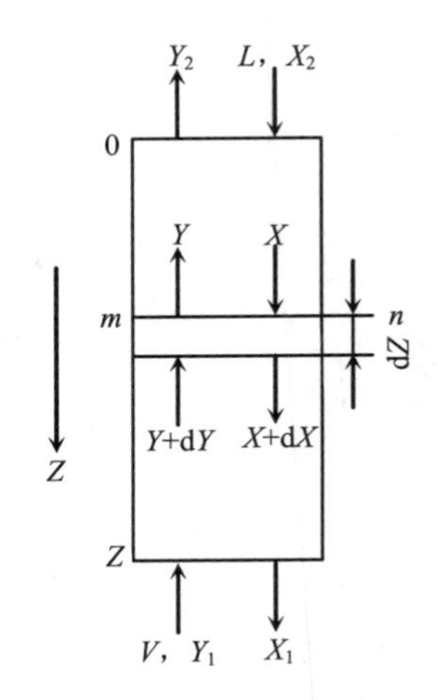


图 6-12 填料层高度计算

定态吸收时，由物料衡算可知，气相中溶质减少的量等于液相中溶质增加的量，即单位时间由气相转移到液相溶质 A 的量可用下式表达，即

$$\mathrm{d}G_{\mathrm{A}} = V\mathrm{d}Y = L\mathrm{d}X \qquad (6\text{-}52)$$

$$\mathrm{d}G_{\mathrm{A}} = N_{\mathrm{A}}\mathrm{d}A = N_{\mathrm{A}}a\Omega\mathrm{d}Z \qquad (6\text{-}53)$$

式中：$\mathrm{d}G_{\mathrm{A}}$ —— 微元填料层中单位时间内由气相转移到液相中溶质的量，kmol/h；

$\mathrm{d}A$ —— 微元填料层所提供的传质面积，$\mathrm{m}^2$；

$\Omega$ —— 塔的截面积，$\mathrm{m}^2$；

$a$ —— 单位体积的填料层所提供的有效传质比表面积，$\mathrm{m}^2/\mathrm{m}^3$。

将吸收速率方程 $N_{\mathrm{A}} = K_{\mathrm{Y}}(Y - Y^*)$ 和式 $N_{\mathrm{A}} = K_{\mathrm{X}}(X^* - X)$ 分别代入式（6-53）得

$$\mathrm{d}G_{\mathrm{A}} = K_{\mathrm{Y}}(Y - Y^*)a\Omega\mathrm{d}Z \qquad (6\text{-}54)$$

$$\mathrm{d}G_{\mathrm{A}} = K_{\mathrm{X}}(X^* - X)a\Omega\mathrm{d}Z \qquad (6\text{-}55)$$

将式（6-52）与式（6-54）和式（6-55）分别联立得

$$\mathrm{d}Z = \frac{V}{K_{\mathrm{Y}}a\Omega}\cdot\frac{\mathrm{d}Y}{Y - Y^*} \qquad (6\text{-}56)$$

$$\mathrm{d}Z = \frac{L}{K_{\mathrm{X}}a\Omega}\cdot\frac{\mathrm{d}X}{X^* - X} \qquad (6\text{-}57)$$

有效吸收面积 $a$ 的数值总小于填料的比表面积，而且与填料的类型、形状、尺寸、填充情况有关，还随流体物性、流动状况而变化。其数值不易直接测定，通常将它与传质系数的乘积作为一个物理量，称为体积传质系数。如 $K_{\mathrm{Y}}a$ 为气相总体积传质系数，单位为 kmol/(m$^3$·s)；$K_{\mathrm{X}}a$ 为液相总体积传质系数，单位为 kmol/(m$^3$·s)。

体积传质系数的物理意义：在单位推动力下，单位时间、单位体积填料层内吸收的溶质量。

当吸收塔定态操作时，$V$、$L$、$\Omega$、$a$ 皆不随时间而变化，也不随截面位置而变化。对于低浓度吸收，在全塔范围内气液相的物性变化都较小，通常体积传质系数在全塔范围内为常数或用平均值代替。

将式（6-56）和式（6-57）分别积分得

$$Z=\int_{Y_2}^{Y_1}\frac{V\mathrm{d}Y}{K_{\mathrm{Y}}a\Omega(Y-Y^*)}=\frac{V}{K_{\mathrm{Y}}a\Omega}\int_{Y_2}^{Y_1}\frac{\mathrm{d}Y}{Y-Y^*} \tag{6-58}$$

$$Z=\int_{X_2}^{X_1}\frac{L\mathrm{d}X}{K_{\mathrm{X}}a\Omega(X^*-X)}=\frac{L}{K_{\mathrm{X}}a\Omega}\int_{X_2}^{X_1}\frac{\mathrm{d}X}{X^*-X} \tag{6-59}$$

则式（6-58）和式（6-59）为定态吸收填料层高度基本计算公式。

### （二）传质单元高度法

令

$$H_{\mathrm{OG}}=\frac{V}{K_{\mathrm{Y}}a\Omega} \tag{6-60}$$

$$N_{\mathrm{OG}}=\int_{Y_2}^{Y_1}\frac{\mathrm{d}V}{Y-Y^*} \tag{6-61}$$

$$H_{\mathrm{OL}}=\frac{L}{K_{X}a\Omega} \tag{6-62}$$

$$N_{\mathrm{OL}}=\int_{X_2}^{X_1}\frac{\mathrm{d}X}{X^*-X} \tag{6-63}$$

式（6-58）和式（6-59）可表示为

$$Z=N_{\mathrm{OG}}\bullet H_{\mathrm{OG}} \tag{6-64}$$

$$Z=N_{\mathrm{OL}}\bullet H_{\mathrm{OL}} \tag{6-65}$$

式中：$H_{\mathrm{OG}}$、$H_{\mathrm{OL}}$ —— 气相和液相的总传质单元高度，m；

$N_{\mathrm{OG}}$、$N_{\mathrm{OL}}$ —— 气相和液相的总传质单元数，量纲一；

由积分中值定理得

$$N_{\mathrm{OG}}=\int_{Y_2}^{Y_1}\frac{\mathrm{d}V}{Y-Y^*}=\frac{Y_1-Y_2}{(Y-Y^*)_{\mathrm{m}}} \tag{6-66}$$

$$N_{\mathrm{OL}}=\int_{x_2}^{x_1}\frac{\mathrm{d}L}{X^*-X}=\frac{X_1-X_2}{(X^*-X)_{\mathrm{m}}} \tag{6-67}$$

总传质单元高度 $H_{\mathrm{OG}}$ 或 $H_{\mathrm{OL}}$ 的物理意义是为完成一个传质单元分离效果所需的填料层高度，其数值反映了吸收设备传质效能的高低。$H_{\mathrm{OG}}$ 或 $H_{\mathrm{OL}}$ 愈小，吸收设备传质效能愈高，完成一定分离任务所需填料层高度愈小。$H_{\mathrm{OG}}$ 或 $H_{\mathrm{OL}}$ 与物系性质、操作条件及传质设备结构参数有关。为减少填料层高度，应减少传质阻力，降低传质单元高度。常用的吸收设备传质单元高度为 0.15～1.5 m，具体数值需由实验测定。

总传质单元数 $N_{\mathrm{OG}}$ 或 $N_{\mathrm{OL}}$ 的物理意义，是为满足一定的分离要求所需要的传质单元的数目，其值可反映吸收传质的难易程度。吸收的推动力越小，分离的难度越大，传质单元数 $N_{\mathrm{OG}}$ 或 $N_{\mathrm{OL}}$ 就越大。反之，吸收的推动力越大，分离的难度越小，传质单元数 $N_{\mathrm{OG}}$ 或 $N_{\mathrm{OL}}$ 就越小。所以，当吸收要求一定时，为减小传质单元数 $N_{\mathrm{OG}}$ 或 $N_{\mathrm{OL}}$ 的值，应设法增大吸收推动力。

### （三）传质单元数的计算

求填料层高度的关键问题就是如何求总传质单元数，即 $N_{OG}$ 或 $N_{OL}$，而传质单元数的计算方法很多，下面主要介绍对数平均推动力法和吸收因数法。

#### 1．对数平均推动力法

在考察的浓度范围内，若吸收物系的气液相平衡关系可用直线 $Y = mX + b$ 来表示，则传质单元数 $N_{OG}$ 或 $N_{OL}$ 可用对数平均推动力法计算，即

$$N_{OG} = \int_{Y_2}^{Y_1} \frac{dV}{Y - Y^*} = \frac{Y_1 - Y_2}{\Delta Y_m} \tag{6-68}$$

$$N_{OL} = \int_{X_2}^{X_1} \frac{dX}{X^* - X} = \frac{X_1 - X_2}{\Delta X_m} \tag{6-69}$$

而相应的对数平均推动力为

$$\Delta Y_m = \frac{\Delta Y_1 - \Delta Y_2}{\ln \dfrac{\Delta Y_1}{\Delta Y_2}} \tag{6-70}$$

$$\Delta X_m = \frac{\Delta X_1 - \Delta X_2}{\ln \dfrac{\Delta X_1}{\Delta X_2}} \tag{6-71}$$

式中：$\Delta Y_m$ —— 气相对数平均推动力，量纲一；

$\Delta X_m$ —— 液相对数平均推动力，量纲一。

当 $\frac{1}{2} < \frac{\Delta Y_1}{\Delta Y_2} < 2$ 或 $\frac{1}{2} < \frac{\Delta X_1}{\Delta X_2} < 2$ 时，相应的对数平均推动力 $\Delta Y_m$ 或 $\Delta X_m$ 也可近似用算术平均推动力来代替，产生的误差小于4%，这是工程允许的。

式（6-70）和式（6-71）中，$\Delta Y_1$、$\Delta Y_2$、$\Delta X_1$、$\Delta X_2$ 分别为 $\Delta Y_1 = Y_1 - Y_1^*$、$\Delta Y_2 = Y_2 - Y_2^*$、$\Delta X_1 = X_1^* - X_1$、$\Delta X_2 = X_2^* - X_2$。

$$N_{OG} = \frac{Y_1 - Y_2}{\Delta Y_m} = \frac{Y_1 - Y_2}{\dfrac{\Delta Y_1 - \Delta Y_2}{\ln \dfrac{\Delta Y_1}{\Delta Y_2}}} = \frac{Y_1 - Y_2}{\dfrac{(Y_1 - Y_1^*) - (Y_2 - Y_2^*)}{\ln \dfrac{Y_1 - Y_1^*}{Y_2 - Y_2^*}}} \tag{6-72}$$

$$N_{OL} = \frac{X_1 - X_2}{\Delta X_m} = \frac{X_1 - X_2}{\dfrac{\Delta X_1 - \Delta X_2}{\ln \dfrac{\Delta X_1}{\Delta X_2}}} = \frac{X_1^* - X_1}{\dfrac{(X_1^* - X_1) - (X_2^* - X_2)}{\ln \dfrac{X_1^* - X_1}{X_2^* - X_2}}} \tag{6-73}$$

#### 2．吸收因数法

若气液平衡关系在吸收过程中服从亨利定律，则利用平衡线 $Y^* = mX$ 及操作关系就可对传质单元数的定义式（6-61）求出分析解。

$$N_{OG} = \frac{1}{1-S} \ln\left[(1-S)\frac{Y_1 - mX_2}{Y_2 - mX_2} + S\right] \tag{6-74}$$

式中：$S$—— 解吸因数或脱吸因数，$S=\dfrac{mV}{L}$。

由式（6-74）可以看出，$N_{OG}$ 的数值与解吸因数 $S$ 及 $\dfrac{Y_1-mX_2}{Y_2-mX_2}$ 有关。为方便计算，以 $S$ 为参数、$\dfrac{Y_1-mX_2}{Y_2-mX_2}$ 为横坐标、$N_{OG}$ 为纵坐标，在半对数坐标上标绘式（6-74）的函数关系，得到如图 6-13 所示的曲线，此图可方便地查出 $N_{OG}$ 值。但当 $\dfrac{Y_1-mX_2}{Y_2-mX_2}<20$ 或 $S>0.75$ 时，读数误差较大。

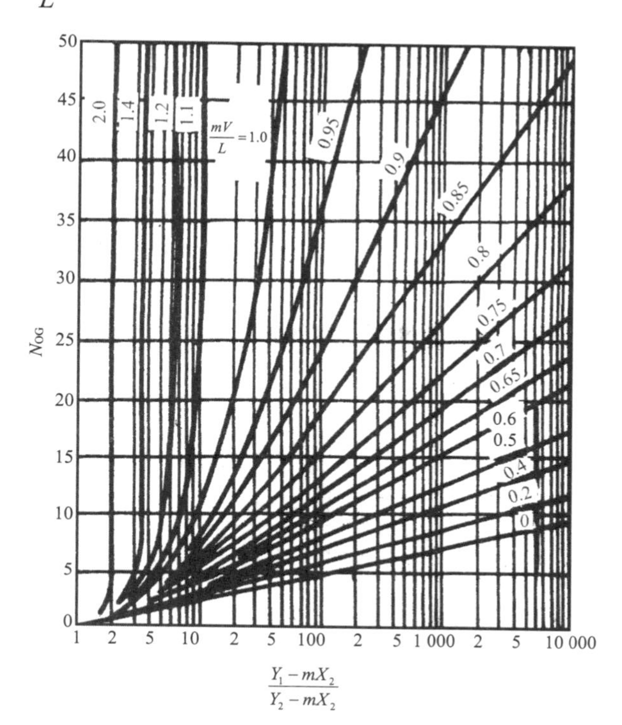


图 6-13 $N_{OG}$ 与 $\dfrac{Y_1-mX_2}{Y_2-mX_2}$ 的关系

解吸因数 $S$ 表示吸收推动力的大小，其值为平衡线斜率与吸收操作线斜率的比值。而 $\dfrac{Y_1-mX_2}{Y_2-mX_2}$ 值却反映了溶质吸收率的高低，当 $\dfrac{Y_1-mX_2}{Y_2-mX_2}$ 一定时，若减小液气比，即 $S$ 增大，吸收操作线越靠近平衡线，则吸收过程的推动力越小，$N_{OG}$ 增大。当气、液进出口浓度一定时，若提高溶质的回收率，即 $Y_2$ 减小，$\dfrac{Y_1-mX_2}{Y_2-mX_2}$ 增大，则对应于一定 $S$ 的 $N_{OG}$ 就愈大，所需填料层高度愈高。

当物系及气、液相进口浓度一定时，塔的吸收效率愈高，即 $Y_2$ 愈小，$\dfrac{Y_1-mX_2}{Y_2-mX_2}$ 愈大。

在吸收操作过程中，由于填料层高度已经确定，且总传质单元高度一般也变化不大，故总传质单元数也基本不变。因此，欲提高溶质的回收率，通常需要增大吸收液气比，即减小解吸因数 $S$，故工业操作的 $S$ 一般小于 1，取 0.7～0.8 较合理。

与 $N_{OG}$ 一样，液相总传质单元数 $N_{OL}$ 也可采用类似的解析法计算，即

$$N_{OL}=\frac{1}{1-\dfrac{1}{S}}\ln\left[\left(1-\frac{1}{S}\right)\frac{Y_1-mX_2}{Y_1-mX_1}+\frac{1}{S}\right] \qquad (6\text{-}75)$$

**【例 6-11】** 在一塔径为 0.8 m 的填料塔内，用清水逆流吸收空气中的氨，要求氨的吸收率为 99.5%。已知空气和氨的混合气质量流量为 1 400 kg/h，气体总压为 101.3 kPa，其中氨的分压为 1.333 kPa。若实际吸收剂用量为最小用量的 1.4 倍，操作温度为 293 K，气液相平衡关系为 $Y^*=0.75X$，气相总体积吸收系数为 0.088 kmol/(m$^3$ • s)。（1）试求每小时吸收剂水

的用量；（2）用平均推动力法计算所需填料层的高度。

解：（1）吸收剂水的用量

先计算混合气体的组成：

$$y_1=\frac{1.333}{101.3}=0.013\,2$$

$$Y_1=\frac{y_1}{1-y_1}=\frac{0.013\,2}{1-0.013\,2}=0.013\,4$$

$$Y_2=Y_1(1-\eta)=0.013\,4\times(1-0.995)=0.000\,066\,9$$

$$X_2=0$$

因混合气中氨含量很少，故$\overline{M}\approx 29$ kg/kmol

$$V=\frac{1\,400}{29}\times(1-0.013\,2)=47.7\text{（kmol/h）}$$

$$\Omega=0.785\times0.8^2=0.5\text{（m}^2\text{）}$$

$$L_{\min}=V\frac{Y_1-Y_2}{X_1^*-X_2}=47.7\times\frac{(0.013\,4-0.000\,066\,9)}{\dfrac{0.013\,4}{0.75}-0}=35.6\text{（kmol/h）}$$

实际吸收剂用量

$$L=1.4L_{\min}=1.4\times35.6=49.84\text{（kmol/h）}$$

吸收剂出塔浓度 $X_1$：

$$X_1=X_2+\frac{V}{L}(Y_1-Y_2)=0+\frac{47.7}{49.8}\times(0.013\,4-0.000\,066\,9)=0.012\,8$$

（2）填料层高度

$$Y_1^*=0.75X_1=0.75\times0.012\,8=0.009\,53$$

$$Y_2^*=0$$

$$\Delta Y_1=Y_1-Y_1^*=0.013\,4-0.009\,53=0.003\,87$$

$$\Delta Y_2=Y_2-Y_2^*=0.000\,066\,9-0=0.000\,066\,9$$

$$\Delta Y_{\mathrm{m}}=\frac{\Delta Y_1-\Delta Y_2}{\ln\dfrac{\Delta Y_1}{\Delta Y_2}}=\frac{0.003\,87-0.000\,066\,9}{\ln\dfrac{0.003\,87}{0.000\,066\,9}}=0.000\,936$$

传质单元数 $$N_{\mathrm{OG}}=\frac{Y_1-Y_2}{\Delta Y_{\mathrm{m}}}=\frac{0.013\,4-0.000\,066\,9}{0.000\,936}=14.24$$

传质单元高度 $$H_{\mathrm{OG}}=\frac{V}{K_{\mathrm{Y}}a\Omega}=\frac{47.7/3\,600}{0.088\times0.5}=0.30\text{（m）}$$

填料层高度 $$Z=N_{\mathrm{OG}}\cdot H_{\mathrm{OG}}=14.24\times0.30=4.27\text{（m）}$$

**【例 6-12】**用清水逆流吸收混合气体中的$CO_2$，已知混合气体的流量为 300 m$^3$/h，进塔气体中 $CO_2$ 含量为 0.06（摩尔分数），操作液气比为最小液气比的 1.6 倍，传质单元高度为

0.8 m。操作条件下物系的平衡关系为 $Y^*=1\,200X$。要求 $CO_2$ 吸收率为 95%，试求：（1）吸收液组成及吸收剂流量；（2）操作线方程；（3）填料层高度。

解：（1）由题可知惰性气体流量：

$$V=\frac{300}{22.4}(1-0.06)=12.59\text{（kmol/h）}$$

$$Y_1=\frac{y_1}{1-y_1}=\frac{0.06}{1-0.06}=0.064$$

$$X_2=0$$

$$Y_2=Y_1(1-\eta)$$

最小液气比

$$\left(\frac{L}{V}\right)_{\min}=\frac{Y_1-Y_2}{X_1^*-X_2}=\frac{Y_1-Y_2}{Y_2/m}=m\eta$$

操作液气比

$$\frac{L}{V}=1.6\left(\frac{L}{V}\right)_{\min}=1.6\,m\eta=1.6\times0.95\times1\,200=1\,824$$

吸收剂流量

$$L=\left(\frac{L}{V}\right)\times V=1\,824\times12.59=22\,963\text{（kmol/h）}$$

吸收液组成

$$X_1=X_2+\frac{V}{L}(Y_1-Y_2)=X_2+\frac{V}{L}Y_1\eta=0.064\times0.95/1\,824=3.33\times10^{-5}$$

（2）操作线方程

$$Y=\frac{L}{V}X+\left(Y_1-\frac{L}{V}X_1\right)=1\,824X+(0.064-1\,824\times3.33\times10^{-5})$$

整理得 $Y=1\,824X+3.26\times10^{-3}$

（3）脱吸因数 $S=\dfrac{mV}{L}=\dfrac{1\,200}{1\,824}=0.658$

$$N_{OG}=\frac{1}{1-S}\ln\left[(1-S)\frac{Y_1-mX_2}{Y_2-mX_2}+S\right]$$

$$=\frac{1}{1-0.658}\times\ln\left[(1-0.658)\times\frac{1}{1-0.95}+0.658\right]=5.89$$

所以 $Z=N_{OG}\cdot H_{OG}=5.89\times0.8=4.71\text{（m）}$

## 五、影响吸收操作的主要因素

在正常的化工生产中，吸收塔的结构形式、尺寸、吸收质的浓度范围、吸收剂的性质等都已确定，此时影响吸收操作的主要因素有以下几个方面。

（一）气流速度

气体吸收是一个气、液两相间的扩散传质过程，气流速度的大小直接影响这个传质过程。气流速度小，气体湍动不充分，吸收传质系数小，不利于吸收；反之，气流速度大，有利于吸收，同时也提高了吸收塔的生产能力。但是气流速度过大时，又会造成雾沫夹带甚至液泛，使气液接触效率下降，不利于吸收。因此对每一个塔都应选择一个适宜的气流速度。

（二）喷淋密度

单位时间内单位塔截面积上所接受的液体喷淋量称为喷淋密度，其大小直接影响气体吸收效果的好坏。在填料塔中，若喷淋密度过小，有可能导致填料表面不能被完全湿润，从而使传质面积下降，甚至达不到预期的分离目标；若喷淋密度过大，则流体阻力增加，甚至还会引起液泛。因此，适宜的喷淋密度应该能保证填料的充分润湿和良好的气液接触状态。

（三）温度

降低温度可增大气体在液体中的溶解度，对气体吸收有利，因此，对于放热量大的吸收过程，应采取冷却措施。但温度太低时，除了消耗大量冷介质外，还会增大吸收剂的黏度，使流体在塔内的流动状况变差，输送能耗增加。若液体太冷，有的甚至会有某些成分结晶析出，则将影响吸收操作的顺利进行。因此应综合考虑各方面因素，选择一个最适宜的温度。

（四）操作压力

增加吸收系统的压力，即增大吸收质的分压，提高吸收推动力，有利于吸收。但过高地增大系统压力，又会使动力消耗增大，对设备强度的要求提高，使设备投资和经常性生产费用加大，因此一般能在常压下进行的吸收操作不必在高压下进行。但对一些在吸收后需要加压的系统，可以在较高压力下进行吸收，既有利于吸收，又有利于增加吸收塔的生产能力。如合成氨生产中的二氧化碳洗涤塔就是这种情况。

（五）吸收剂的纯度

降低入塔吸收剂中溶质的浓度，可以增加吸收的推动力。因此，对于溶剂再循环的吸收操作来说，吸收液在解吸塔中的解吸越完全越好。

## 六、吸收塔的操作与调节

（一）吸收塔的操作

在工业过程中，强化吸收过程，提高吸收速率主要从提高吸收过程的推动力、降低吸收过程的阻力两方面考虑。具体措施包括以下几个方面。

**1．采用逆流吸收操作**

在气、液两相进口组成相等及操作条件相同的情况下，逆流操作可获得较高的吸收液浓度及较大的吸收推动力。

**2. 提高吸收剂的流量**

一般混合气入口的气体流量、气体入塔浓度一定，如果提高吸收剂的用量，则吸收的操作线上扬，吸收推动力提高，气体出口浓度下降，因而提高了吸收速率。但吸收剂流量过大会造成操作费用提高，因此吸收剂用量应适当。

**3. 降低吸收剂入口温度**

当吸收过程其他条件不变时，吸收剂温度降低，相平衡常数将增加，吸收的操作线远离平衡线，吸收推动力增加，从而使吸收速率加快。

**4. 降低吸收剂入口溶质的浓度**

当吸收剂入口浓度降低时，液相入口处吸收的推动力增加，从而使全塔的吸收推动力增加。

**5. 选择适宜的气体流速**

经常检查出口气体的雾沫夹带情况，气速太小（低于载点气速），对传质不利。若太大，达到液泛气速，液体被气体大量带出，操作不稳定，同时大量的雾沫夹带造成吸收塔的分离效率降低及吸收剂的损失。

**6. 选择吸收速率较高的塔设备**

根据处理物料的性质来选择吸收速率较高的塔设备，如果选用填料塔，在装填填料时应尽可能使填料分布比较均匀，否则液体通过时会出现沟流和壁流现象，使有效传质面积减少，塔的分离效率降低。填料塔使用一段时间后，应对填料进行清洗，以避免填料被液体黏结和堵塞。

**7. 控制塔内的操作温度**

低温有利于吸收，温度过高时必须移走热量或进行冷却，以维持吸收塔在低温下操作。

**8. 提高流体流动的湍动程度**

流体的湍动程度越剧烈，气膜和液膜厚度越薄，传质阻力越小。通常分为两种情况：① 若气相传质阻力大，提高气相的湍动程度，如加大气体的流速，可有效降低吸收阻力；② 若液相传质阻力大，提高液相的湍动程度，如加大液体的流速，可有效降低吸收阻力。只有掌握了吸收过程的控制步骤，降低控制步骤的传质阻力，才能有效降低总阻力。

### （二）吸收塔的调节

在 $X$-$Y$ 图上，操作线与平衡线的相对位置决定了过程推动力的大小，直接影响吸收过程进行的好坏。因此，影响操作线、平衡线位置的因素均为影响吸收过程的因素。然而，在实际工业生产中，吸收塔的气体入口条件往往是由前一工序决定的，不能随意改变。因此，吸收塔在操作时的调节手段只能是改变吸收剂的入口条件。吸收剂的入口条件包括流量、温度、组成这三大要素。适当增大吸收剂用量，有利于改善两相的接触状况，并提高塔内的平均吸收推动力；降低吸收剂温度，气体溶解度增大，平衡常数减小，平衡线下移，平均推动力增大；降低吸收剂入口的溶质浓度，液相入口处推动力增大，全塔平均推动力亦随之增大。

**【例 6-13】**一正在操作的逆流吸收塔，进口气体中含溶质浓度为 0.05（摩尔分数，下同），吸收剂进口浓度为 0.001，实际液气比为 4，操作条件下平衡关系为 $Y^* = 2.0X$，此时出口气相中含溶质为 0.005。若实际液气比下降为 2.5，其他条件不变，计算时忽略传质单元高度的变化，试求此时出塔气体浓度及出塔液体浓度各为多少？

解：
$$Y_1=\frac{y_1}{1-y_1}=\frac{0.05}{1-0.05}=0.052\,6$$
$$Y_2=\frac{y_2}{1-y_2}=\frac{0.005}{1-0.005}=0.005$$
$$X_2=\frac{x_1}{1-x_1}=\frac{0.001}{1-0.001}=0.001$$

因为 $V(Y_1-Y_2)=L(X_1-X_2)$

所以 $\dfrac{L}{V}=\dfrac{Y_1-Y_2}{X_1-X_2}=4$

所以 $X_1=0.012\,25$

$$S=\frac{mV}{L}=\frac{2}{4}=\frac{1}{2}$$

$$N_{\mathrm{OG}}=\frac{1}{1-S}\ln\left[(1-S)\frac{Y_1-mX_2}{Y_2-mX_2}+S\right]$$
$$=\frac{1}{1-0.5}\times\ln\left[(1-0.5)\times\frac{0.052\,6-2\times0.001}{0.005-2\times0.001}+0.5\right]=4.28$$

实际液气比下降为 2.5 时，$S'=\dfrac{mV}{L}=\dfrac{2}{2.5}=0.8$

传质单元数为 $N'_{\mathrm{OG}}=\dfrac{1}{1-S'}\ln\left[(1-S')\dfrac{Y_1-mX_2}{Y'_2-mX_2}+S'\right]$

根据题意知 $N_{\mathrm{OG}}=N'_{\mathrm{OG}}$

即
$$\frac{1}{1-S}\ln\left[(1-S)\frac{Y_1-mX_2}{Y_2-mX_2}+S\right]=\frac{1}{1-S'}\ln\left[(1-S')\frac{Y_1-mX_2}{Y'_2-mX_2}+S'\right]$$

$$4.28=\frac{1}{1-0.8}\times\ln\left[(1-0.8)\times\frac{0.052\,6-2\times0.001}{Y'_2-2\times0.001}+0.8\right]$$

所以 $Y_2'=0.008\,2$

又因为 $V(Y_1-Y_2')=L(X_1'-X_2)$

所以 $X'_1=\dfrac{V}{L}(Y_1-Y'_2)+X_2=\dfrac{1}{2.5}(0.052\,6-0.008\,2)+0.001=0.017\,72$

# 第五节 解吸及其他类型的吸收

## 一、解吸操作及计算

### （一）解吸操作

解吸又称脱吸，即使溶质从液相溢出到气相的过程。在工业生产中，解吸过程有两个目的：① 获得较纯的气体溶质；② 使溶剂得以再生，以便返回吸收塔循环使用，从经济上看更合理。

在工业生产中，按逆流方式操作的解吸过程类似于逆流吸收。吸收液从解吸塔的塔顶喷淋而下，惰性气体（空气、水蒸气或其他气体）从底部通入自下而上流动。气、液两相在逆流接触的过程中，溶质将不断地由液相转移到气相并混入惰性气体中从塔顶送出，经解吸后的溶液从塔底引出。若溶质为不凝性气体或溶质冷凝液不溶于水，则可通过蒸气冷凝的方法获得纯度较高的溶质组分。

如图 6-1 所示，用水蒸气解吸溶解了苯与甲苯的洗油溶液，便可把苯与甲苯从冷凝液中分离出来。

工业上常用的解吸方法有以下几种。

① 加热解吸：加热使溶液升温或增大溶液中溶质的平衡分压，减小溶质的溶解度，则必有部分溶质从液相中释放出来，从而有利于溶质与溶剂的分离。如采用“热力脱氧”法处理锅炉用水，就是通过加热使溶解氧从水中逸出。

② 减压解吸：若将原来处于较高压力的溶液进行减压，则因总压降低，气相中溶质的分压也相应降低，而使溶质从吸收液中释放出来。溶质被解吸的程度取决于解吸的最终压力和温度。

③ 汽提解吸：也称载气解吸法，其过程为吸收液从解吸塔顶喷淋而下，载气从解吸塔底靠压差自下而上与吸收液逆流接触，载气中不含溶质或含溶质量极少，因此溶质从液相向气相转移，最后气体溶质从塔顶排出。载气解吸是在解吸塔中引入与吸收液不平衡的气相。作为汽提载气的气体一般有空气、氮气、二氧化碳、水蒸气等，根据工艺要求及分离过程的特点可选用不同的载气。由于入塔惰性气体中溶质的分压 $p=0$，有利于解吸过程的进行。

④ 蒸馏：溶质溶于溶剂中，所得的溶液可通过精馏的方法将溶质与溶剂分开，达到既回收溶质又得到新鲜的吸收剂循环使用的目的。

### （二）解吸塔的计算

解吸塔的计算方法原则上与吸收相似，其差别在于：① 逆流解吸时塔顶的气、液组成（$X_1$，$Y_1$）最浓，而塔底的气、液组成（$X_2$，$Y_2$）最稀，如图 6-14（a）所示；② 解吸过程的操作线与吸收操作线相同，所不同的是该操作线在平衡线的下方，如图 6-14（b）所示，所以其推动力的表达式正好与吸收相反，$\Delta Y = Y^* - Y$，$\Delta X = X - X^*$。

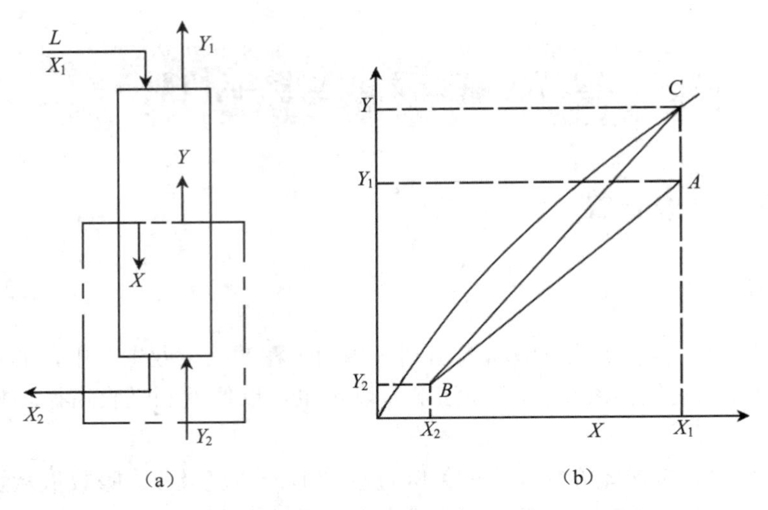


图 6-14 解吸操作线及最小气液比

设计计算时，当吸收液与载气在解吸塔中逆流接触时，吸收液进出口液体组成 $X_1$、$X_2$ 及载气进塔组成 $Y_2$ 通常由工艺确定，多数情况下是 $Y_2=0$，而出口气体浓度 $Y_1$ 则根据适宜的气液比来计算。

当平衡线为正常曲线时，载气所用惰性气体量 $V$ 减少时，解吸操作线斜率增大，操作线 $A$ 点向平衡线靠近，$Y_1$ 增大，但 $Y_1$ 增大的极限为与 $X_1$ 平衡，则到达 $C$ 点，此时解吸操作线的斜率 $\dfrac{L}{V}$ 最大，即气液比最小，以 $\left(\dfrac{V}{L}\right)_{\min}$ 表示。

最小气液比可用下式计算，即

$$\left(\frac{V}{L}\right)_{\min}=\frac{X_1-X_2}{Y_1^*-Y_2} \tag{6-76}$$

当解吸平衡线为非正常曲线的下凹线时，由塔底点 $A'$ 作平衡线的切线，如图 6-15 所示，$A'B'$ 的极限位置为操作线与平衡线相切，此时所对应的最小气液比为

$$\left(\frac{V}{L}\right)_{\min}=\frac{X_1-X_2}{Y_1-Y_2} \tag{6-77}$$

根据实际生产经验，实际操作气液比通常为最小气液比的 1.1～2.0 倍，即

$$V=L(1.1\sim2.0)\left(\frac{V}{L}\right)_{\min} \tag{6-78}$$

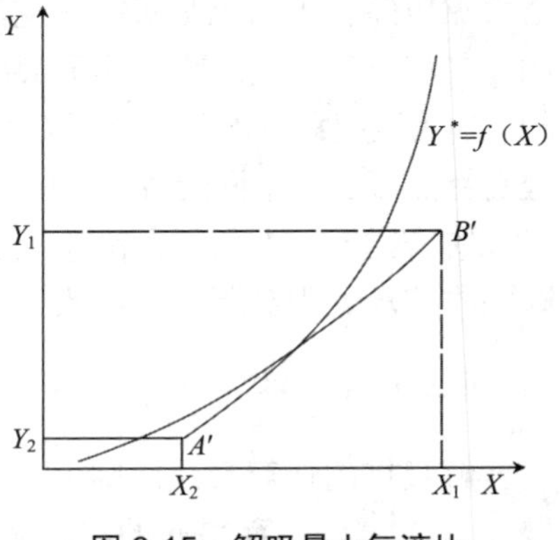

图 6-15 解吸最小气液比

解吸塔的填料层高度计算式与吸收塔的基本相同，但习惯用液相的浓度差来表示吸收推动力，即

$$Z=N_{\mathrm{OL}}\cdot H_{\mathrm{OL}}=\frac{L}{K_{\mathrm{X}}a\Omega}\int_{X_2}^{X_1}\frac{\mathrm{d}X}{X-X^*} \tag{6-79}$$

传质单元数的计算方法与吸收过程的相同，当平衡关系服从亨利定律时，$N_{OL}$ 为

$$N_{OL}=\frac{1}{1-A}\ln\left[(1-A)\frac{X_1-Y_2/m}{X_2-Y_2/m}+A\right] \tag{6-80}$$

式中：$A$ —— 操作线斜率与平衡线斜率之比，称为吸收因数，量纲一。

$$A=\frac{L}{mV} \tag{6-81}$$

**【例 6-14】**在某吸收-解吸联合流程中，吸收塔内用洗油逆流吸收煤气中含苯蒸气。入塔气体中苯的浓度为 0.03（摩尔分数，下同），吸收操作条件下，平衡关系为 $Y^*=0.125X$，吸收操作液气比为 0.244 4，进塔洗油中苯的浓度为 0.007，出塔煤气中苯的浓度降至 0.001 5，气相总传质单元高度为 0.6 m。从吸收塔排出的液体升温后在解吸塔内用过热蒸气逆流解吸，解吸塔内操作气液比为 0.4，解吸条件下的相平衡关系为 $Y^*=3.16X$，气相总传质单元高度为 1.3 m。试求：（1）吸收塔填料层高度；（2）解吸塔填料层高度。

解：（1）吸收塔填料层高度计算

已知 $Y_1=\frac{y_1}{1-y_1}=\frac{0.03}{1-0.03}=0.031$

$$Y_2=\frac{y_2}{1-y_2}=\frac{0.0015}{1-0.0015}=0.0015$$

$$S=\frac{mV}{L}=\frac{0.125}{0.2444}=0.5115$$

$$N_{OG}=\frac{1}{1-S}\ln\left[(1-S)\frac{Y_1-mX_2}{Y_2-mX_2}+S\right]$$
$$=\frac{1}{1-0.5115}\times\ln\left[(1-0.5115)\times\frac{0.031-0.125\times0.007}{0.0015-0.125\times0.007}+0.5115\right]=6.51$$

吸收塔填料层高度为 $Z=N_{OG}\cdot H_{OG}=6.51\times0.60=3.90$（m）

（2）吸收塔中吸收液浓度

$$X_1=X_2+\frac{V}{L}(Y_1-Y_2)=0.007+\frac{1}{0.2444}\times(0.031-0.0015)=0.1277$$

解吸塔中溶液进口浓度 $X_1=0.1277$

溶液出口浓度 $X_2=0.007$

$$Y_2=0$$

$$A=\frac{L}{Vm}=\frac{1}{0.4\times3.16}=0.791$$

$$\frac{X_1-Y_2/m}{X_2-Y_2/m}=\frac{0.1277-0}{0.007-0}=18.24$$

$$N_{OL}=\frac{1}{1-A}\ln\left[(1-A)\frac{X_1-Y_2/m}{X_2-Y_2/m}+A\right]$$

$$=\frac{1}{1-0.791}\times\ln[(1-0.791)\times18.24+0.791]=7.30$$

因为 $S=\frac{1}{A}=\frac{1}{0.791}$

所以 $H_{OL}=SH_{OG}=\frac{1.3}{0.791}=1.643\text{（m）}$

解吸塔塔高为：$Z=N_{OL}\cdot H_{OL}=7.30\times1.643=11.99\text{（m）}$

**【例 6-15】**含烃摩尔比为 0.025 5 的溶剂油用水蒸气在一塔截面积为 1 m$^2$的填料塔内逆流解吸，已知溶剂油流量为 10 kmol/h，操作气液比为最小气液比的 1.35 倍，要求解吸后溶剂油中烃的含量减少至摩尔比为 0.000 5。已知该操作条件下，系统的平衡关系为 $Y^*=33X$，液相总体积传质系数 $K_Xa$=30 kmol/(m$^3$ • h)。假设溶剂油不挥发，蒸气在塔内不冷凝，塔内维持恒温。试求解吸所需水蒸气量为多少。

解：$X_2=0.0005$，$X_1=0.0255$，$Y_2=0$，$m=33$，

$$Y_1^*=mX_1=33\times0.0255=0.8415$$

$$\left(\frac{V}{L}\right)_{min}=\frac{X_1-X_2}{Y_1^*-Y_2}=\frac{0.0255-0.0005}{0.8415-0}=0.0297$$

$$\frac{V}{L}=1.35\left(\frac{V}{L}\right)_{min}=1.35\times0.0297=0.04$$

蒸气用量 $V=L\times1.35\left(\frac{V}{L}\right)_{min}=10\times0.04=0.4\text{（kmol/h）}$

## 二、其他类型的吸收

### （一）化学吸收

#### 1. 化学吸收过程分析

多数工业吸收过程都伴有化学反应，但只有化学反应较为显著的吸收过程才称为化学吸收。对于化学吸收，溶质从气相主体到气液界面的传质机理与物理吸收完全相同，其复杂之处在于液相内的传质。溶质由界面向液相主体扩散的过程中，将与吸收剂或液相中的其他活泼组分发生化学反应，因此溶液中溶质的组成沿扩散途径的变化情况不仅与其自身的扩散速率有关，而且与液相中活泼组分的反向扩散速率、化学反应速率以及反应产物的扩散速率等因素有关。

如用硫酸吸收氨气、用碱液吸收二氧化碳等均属于化学吸收。在化学吸收过程中，一方面，由于反应消耗了液相中的溶质，导致液相中溶质的浓度下降，相应的平衡分压亦有

所下降，从而增大了吸收过程的传质推动力；另一方面，由于溶质在液膜扩散的中途即被反应所消耗，故吸收阻力有所减小，吸收系数有所增大。因此，化学吸收速率一般要大于相应的物理吸收速率。

目前，化学吸收速率的计算尚无一般性方法，设计时多采用实测数据。若化学吸收的反应速率较快，且反应不可逆，则气、液相界面处的溶质分压近似为零，即吸收阻力主要集中于气膜，此时吸收速率可参照气膜控制的物理吸收速率计算。若化学反应的速率较慢，则反应主要在液相主体中进行，此时与物理吸收过程相比，气膜和液膜内的吸收阻力均未发生明显变化，只是总的吸收推动力要稍大于物理吸收过程。所以，发生化学反应总会使吸收速率得到不同程度的提高。

**2. 化学吸收过程的特点**

工业吸收操作多数是化学吸收，这是因为：① 溶质与吸收剂的化学反应提高了吸收的选择性；② 吸收中的化学反应增大了吸收的推动力，提高了吸收速率，从而减小了设备的体积；③ 化学反应增加了溶质在液相的溶解度，减少了吸收剂的用量；④ 化学反应降低了溶质在气相中的平衡分压，可较彻底地除去气相中很少量的有害气体。

图 6-16 所示的流程就是合成氨原料气（含 $CO_2$ 30%左右）的净化过程，在原料气精制过程中需要除去 $CO_2$，而得到的 $CO_2$ 气体又是制取尿素、碳酸氢铵和干冰的原料，为此，采用乙醇胺法的吸收与解吸联合流程。将合成氨原料气从底部引入吸收塔，塔顶喷乙醇胺液体，乙醇胺吸收了 $CO_2$ 后从塔底排出，从塔顶排出的气体中 $CO_2$ 含量可降到 0.2%～0.5%。将吸收塔底排出的含 $CO_2$ 的乙醇胺溶液用泵送至加热器，加热（130℃左右）后从解吸塔顶喷淋下来，塔底通入水蒸气，$CO_2$ 在高温、低压（约 300 kPa）下自溶液中解吸。从解吸塔顶排出的气体经冷却、冷凝后得到可用的 $CO_2$。解吸塔底排出的溶液经冷却降温（约 50℃）、加压（约 1 800 kPa）后仍作为吸收剂，返回吸收塔循环使用，溶质气体则用于制取尿素。

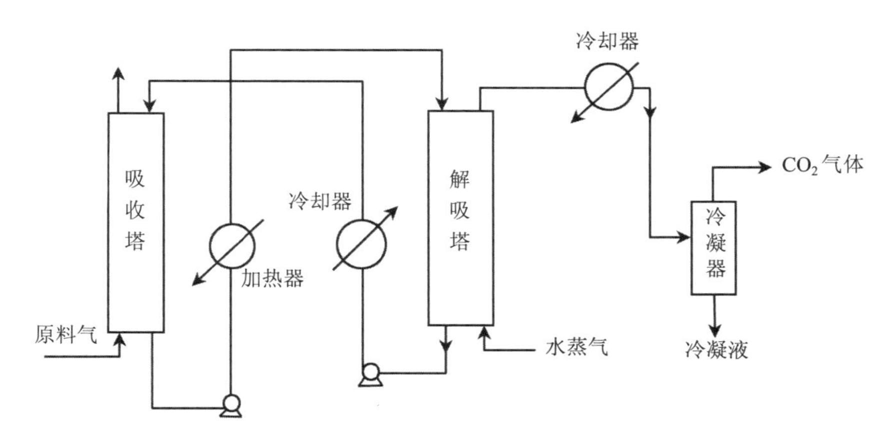


**图 6-16 合成氨原料气中 $CO_2$ 吸收与解吸流程**

### （二）高含量气体吸收

当进塔混合气体中吸收质含量高于10%时，工程上常称为高含量气体吸收。由于吸收质的含量较高，在吸收过程中吸收质从气相向液相的转移量较大，因此，高含量气体吸收具有自己的特点。

**1．气、液两相的摩尔流量沿塔高有较大的变化**

吸收过程中由于传质过程的进行，塔内不同截面处混合气的摩尔流量和吸收剂的摩尔流量是不相同的，它们沿塔高有显著变化，不能再视为常数。但惰性气的摩尔流量沿塔高基本不变，若不考虑吸收剂的挥发性，纯吸收剂的摩尔流量亦为常数。

**2．吸收过程有显著的热效应**

由于被吸收的溶质较多，产生的溶解热也较多。若吸收过程的液气比较小或者是吸收塔的散热效果不好，将会使吸收液温度明显升高，此时的吸收为非等温吸收。但若溶质的溶解热不大、吸收的液气比较大或吸收塔的散热效果较好，此时气体吸收仍可视为等温吸收。

**3．吸收系数不是常数**

由于受气速的影响，吸收系数从塔底至塔顶是逐渐减小的。但当塔内不同截面气、液相摩尔流量的变化不超过10时，吸收系数可取塔顶与塔底吸收系数的平均值并视其为常数进行有关计算。

### （三）多组分吸收

多组分吸收过程中，由于其他组分的存在，使得吸收质在气、液两相中的平衡关系发生了变化，所以多组分吸收的计算较单组分吸收过程复杂。但对于喷淋量很大的低含量气体吸收，可以忽略吸收质间的相互干扰，其平衡关系仍可认为服从亨利定律，因而可分别对各吸收质组分进行单独计算。不同吸收质组分的相平衡常数不相同，在进、出吸收设备的气体中各组分的含量也不相同，因此，每一吸收质组分都有平衡线和操作线。

关键组分是指在吸收操作中必须首先保证其吸收率达到预定指标的组分。如处理石油裂解气中的油吸收塔，其主要目的是回收裂解气中的乙烯，乙烯即为此过程的关键组分，生产上一般要求乙烯的回收率必须达到98%～99%。因此，此过程虽属多组分吸收，但在计算时，则可视为用油吸收混合气中乙烯的单组分吸收过程。

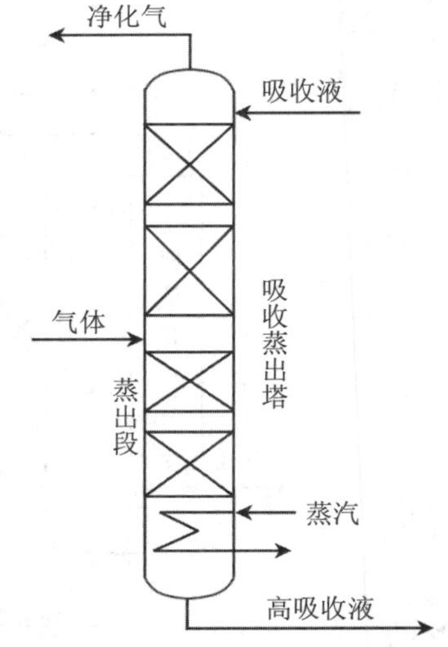

**图6-17 吸收蒸出流程**

在多组分吸收过程中，为了提高吸收液中溶质的含量，可以采用吸收蒸出流程。图6-17为用油吸收分离裂解气的蒸出流程。该塔的上部是吸收段，下部是蒸出段，裂解气由塔的中部进入，用 $C_4$ 馏分作吸收液，吸收裂解气中的 $C_1$～$C_3$ 馏分，吸收液通过下塔段蒸出甲烷、氢等气体，使塔釜得到纯度较高的 $C_2$～$C_3$ 馏分。

# 第六节 吸收设备

微课 吸收设备及操作

吸收设备是完成吸收操作的设备，其主要作用是为气-液两相提供充分的接触面积，使两相间的传质与传热过程能够充分有效地进行，并能使接触之后的气、液两相及时分开，互不夹带。所以，吸收设备性能的好坏直接影响产品质量、生产能力、吸收率及消耗定额等。

## 一、吸收设备的类型

目前，工业生产中使用的吸收设备种类很多，主要有板式吸收塔、填料吸收塔、湍球塔、喷洒吸收塔、喷射式吸收器和文丘里吸收器等。而每种类型的吸收设备都有各自的长处和不足之处，一个高效的吸收设备应该满足以下要求：① 能提供足够大的气、液两相接触面积和一定的接触时间；② 气、液间的扰动强烈，吸收阻力小，吸收效率高；③ 气流压力损失小；④ 结构简单，操作维修方便，造价低，具有一定的抗腐蚀和防堵塞能力。

常见吸收设备的结构及特点见表 6-4。本节重点介绍填料吸收塔。

**表 6-4 主要吸收设备的结构及特点**

| 类型 | 设备结构 | 特点 |
| --- | --- | --- |
| 喷射式吸收器 | 气体<br>混合气体 | 喷射式吸收器操作时吸收剂靠泵的动力送到喉头处，由喷嘴喷成细雾或极细的液滴，在喉管处由于吸收剂流速的急剧变化，使部分静压能转化为动能，在气体进口处形成真空，从而使气体吸入。其特点为：<br>① 吸收剂喷成雾状后与气相接触，增加了两相接触面积，吸收速率高，处理能力大；<br>② 吸收剂利用压力流过喉管雾化而吸气，因此不需要加设送风机，效率较高；<br>③ 吸收剂用量较大，但循环使用时可以节省吸收剂用量并提高吸收液中吸收质的浓度 |
| 文丘里吸收器 | 吸收剂<br>进气<br>气液排出 | 文丘里吸收器有多种形式，左图为液体喷射式文丘里吸收器，其特点为：<br>① 液体吸收剂借高压由喷嘴喷出，分散成液滴与抽吸过来的气体接触，气液接触效果良好；<br>② 可省去气体送风机，但液体吸收剂用量大、耗能大，仅适用于气量较小的情况，气量大时，需将几个文丘里管并联使用 |

| 类型 | 设备结构 | 特点 |
|---|---|---|
| 喷洒吸收塔 | 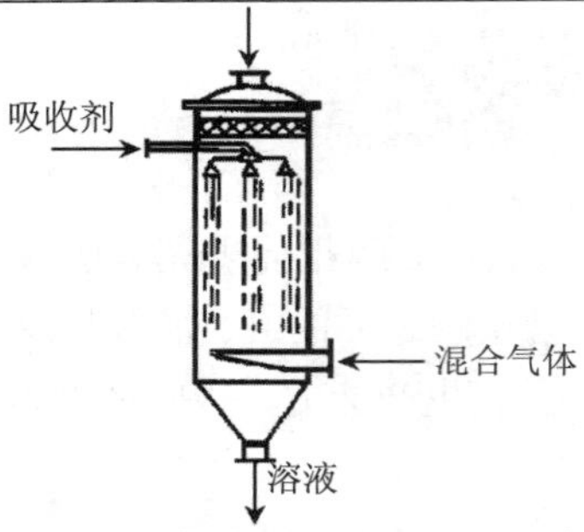 吸收剂<br>混合气体<br>溶液 | 喷洒吸收塔有空心式喷洒和机械式喷洒两种，左图为空心式喷洒吸收塔。当塔体较高时，常将喷嘴或喷洒器分层布置，也可采用旋风式喷洒塔，其特点为：<br>① 结构简单、造价低、气体压降小，净化效率不高；<br>② 可兼作气体冷却、除尘设备；<br>③ 喷嘴易堵塞，不适于用污浊液体作吸收剂；<br>④ 气液接触面积与喷淋密度成正比，喷淋液可循环使用 |
| 板式吸收塔 | 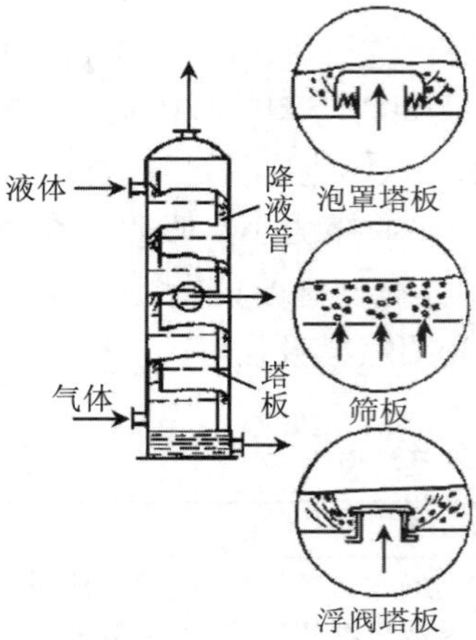 液体<br>降液管<br>泡罩塔板<br>气体<br>塔板<br>筛板<br>浮阀塔板 | 常见的板式塔有泡罩塔、筛板塔和浮阀塔。<br>泡罩塔的特点为：<br>① 气液接触良好，吸收速率大；<br>② 操作稳定性好，气液流量可以在较大范围内变动；<br>③ 结构较复杂，制造加工较困难，造价高；<br>④ 压降大。<br>筛板塔的特点为：<br>① 塔板上开 3～6mm 的筛孔，结构简单，造价低；<br>② 处理能力高。<br>浮阀塔的特点为：<br>① 结构比泡罩塔简单，处理能力高；<br>② 操作稳定性良好<br>第六章 吸收 动画 |
| 填料吸收塔 | 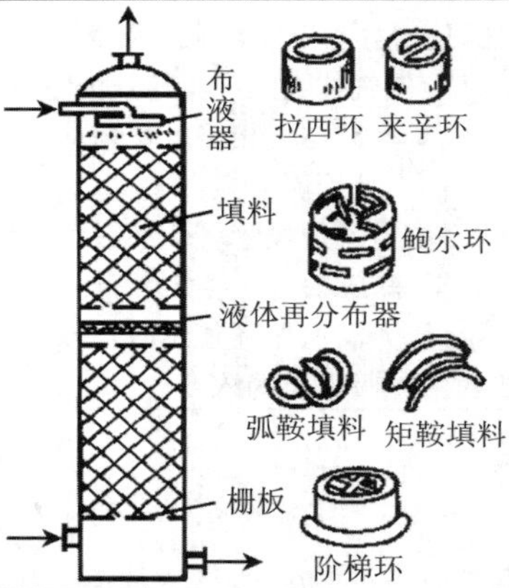 布液器<br>拉西环 来辛环<br>填料<br>鲍尔环<br>液体再分布器<br>弧鞍填料 矩鞍填料<br>栅板<br>阶梯环 | 在填料吸收塔内，气体和液体的运动常采用逆流操作，很少采用并流操作，其特点为：<br>① 结构简单，填料可以用金属材料和陶瓷、塑料等耐腐蚀材料制造；<br>② 气液接触面积大，效果良好；<br>③ 压降小，操作稳定性较好，空塔气速一般为 0.3～1.0 m/s；<br>④ 要有足够的液体喷淋量以保证填料表面被液体湿润，一般液体的喷淋密度不小于 10 $m^3/(m^2 \cdot h)$；<br>⑤ 不适于含尘量大的气体的吸收，堵塞后不易清扫 |
| 湍球吸收塔 | 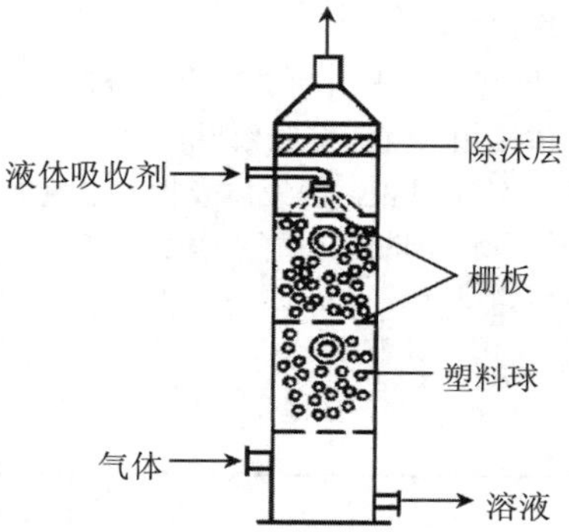 除沫层<br>液体吸收剂<br>栅板<br>塑料球<br>气体<br>溶液 | 湍球塔是填料吸收塔的一种特殊情况，它以一定数量的轻质小球作为气-液两相接触的媒体，气、液、固三相接触，增大了吸收推动力，提高了吸收效率，其特点为：<br>① 在栅板上放置空心塑料球，塑料球在气流吹动下湍动；<br>② 由于球的湍动，使球表面上的液面不断更新，其气液接触良好，吸收效率高，塔形小而生产能力大，空塔气速达 2.5～5 m/s；<br>③ 不易堵塞，可用于处理含尘的气体及生成沉淀的气体吸收过程，也可用于气体的湿法除尘 |

## 二、填料吸收塔

填料吸收塔是一种非常重要的气液传质设备，在化工生产中有着广泛的应用。填料吸收塔结构比较简单，如图 6-18 所示，主要由塔体、填料、填料支承架和液体分布装置组成。塔体内装有一定高度的填料层，填料层的下面为支承板，上面为填料压板及液体分布装置。必要时需要将填料层分段，在段与段之间设置液体再分布装置。操作时，液体经过顶部液体分布装置分散后，沿填料表面流下，气、液两相主要在填料的润湿表面上接触。气体自塔底向上与液体做逆向流动，气、液两相的传质通过填料表面上的液层与气相间的界面进行。

1—底座圈；2—裙座；3—塔底；4—蒸气进口管；5—支承栅；6—填料压栅；7—液体分布器；8—支承架；9—填料；10—液体收集器；11—排放孔；12—接再沸器循环管。

**图 6-18 填料吸收塔的结构**

填料吸收塔属于连续接触式的气液传质设备，气、液两相组成沿塔高呈连续变化，在正常操作状态下，气相为连续相，液相为分散相。

填料吸收塔的优点是生产能力高、分离效率高、阻力小、操作弹性大、结构简单、易用耐腐蚀材料制作、造价低。

### （一）填料的类型及特性

填料吸收塔操作性能的好坏关键在于填料。填料的种类很多，大致可以分为实体填料与网体填料两大类。实体填料包括环形填料（如拉西环、鲍尔环和阶梯环）、鞍形填料（如弧鞍填料、矩鞍填料）、栅板填料和波纹填料等。网体填料主要是由金属丝网制成的各种填料，如鞍形网、多孔网、波纹网等，各种常用填料及新型填料如图 6-19 所示。

**1. 实体填料**

拉西环是开发最早、应用最广泛的环形填料，常用的拉西环为外径与高相等的圆筒，拉西环的主要优点是结构简单、制造方便、造价低廉；缺点是气液接触面小，液体的沟流及塔壁效应较严重，气体阻力大，操作弹性范围窄等。对拉西环加以改进后，开发了鲍尔环、阶梯环、共轭环等填料，这些填料在增大传质表面、提高传质通量、降低传质阻力等方面都有所改善。

鞍形（弧鞍和矩鞍）填料，是一种像马鞍形的敞开填料，在塔内不易形成大量的局部不均匀区域，孔隙率大，气流阻力小，是一种性能较好的工业填料。鞍环填料综合了鞍形填料液体再分布性能较好和环形填料通量较大的优点，是目前性能最优良的散装填料。

波纹填料由许多层高度相同但长短不等的波纹薄板组成，波纹薄板搭配排列成圆饼状，各饼竖直叠放于塔内，波纹与水平方向成 45°倾角，相邻两饼反向叠靠，组成 90°交错。这种填料属于整砌结构，流体阻力小，通量大，分离效率高，但不适合有沉淀物、易结焦和黏度大的物料，且装卸、清洗较困难，造价也高。

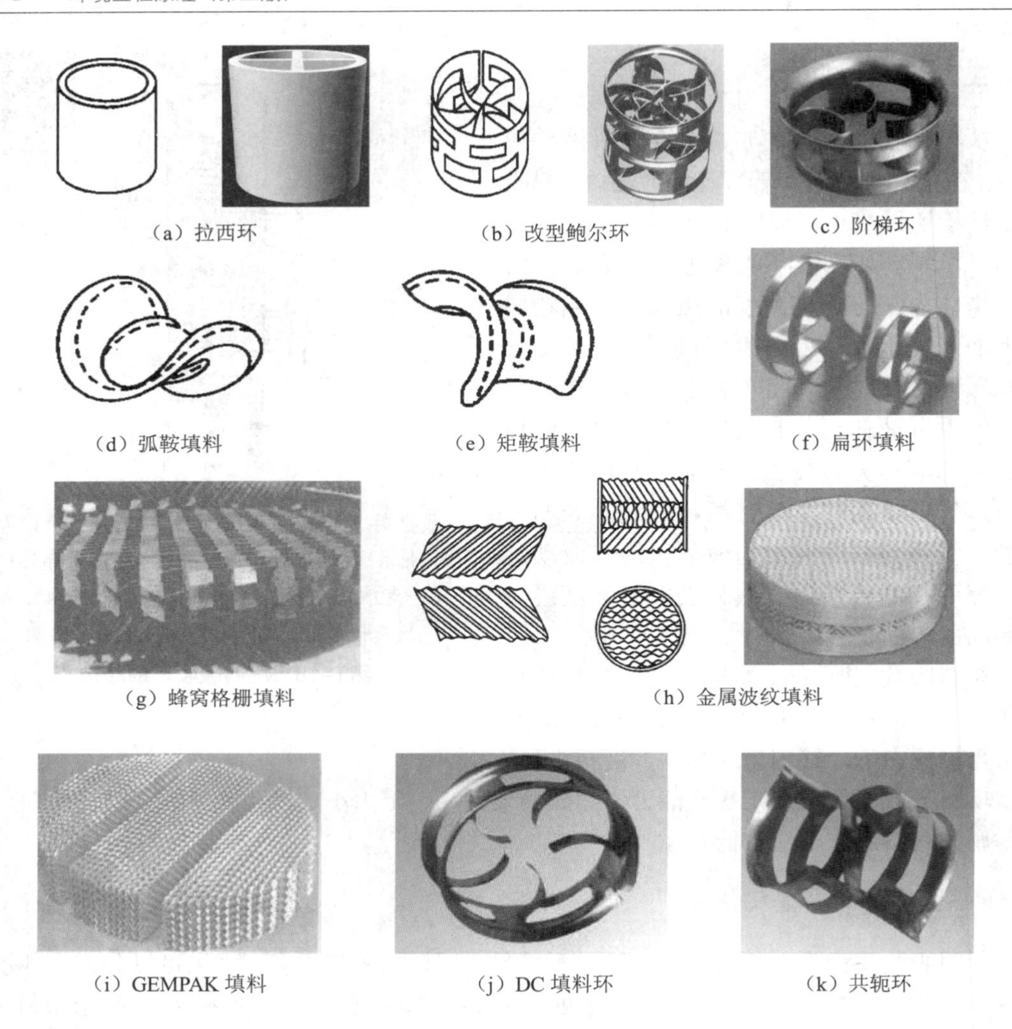
（a）拉西环　（b）改型鲍尔环　（c）阶梯环
（d）弧鞍填料　（e）矩鞍填料　（f）扁环填料
（g）蜂窝格栅填料　（h）金属波纹填料
（i）GEMPAK 填料　（j）DC 填料环　（k）共轭环

图 6-19　各种常用填料及新型填料

**2. 网体填料**

网体填料是用金属丝网制造的填料，如θ网环、鞍形网、波纹网、三角线圈等。这种填料的特点是网质轻，填料尺寸小，比表面积和孔隙率都大，液体分布能力强。因此，网体填料的气流阻力小，传质效率高。

### （二）填料的选择

填料的选择包括确定填料的种类、规格及材质等。选用时应从分离要求、通量要求、场地条件、物料性质及设备投资、操作费用等方面综合考虑，使所选填料既能满足生产工艺的要求，又要使设备投资和操作费用最低，具有经济合理性。

**1. 填料选择的安全原则**

填料是填料塔的核心构件，它提供了气、液两相接触传质的相界面，是决定填料塔性能的主要因素。为了使填料塔高效率地操作，可按以下原则选择填料。

① 有较大的比表面积。单位体积填料层所具有的表面积称为比表面积，用$\alpha$表示，

单位为 $m^2/m^3$。在吸收塔中，填料的表面只有被流动的液相所润湿才可能构成有效的传质面积。填料的比表面积越大，所提供的气液传质面积越大，对吸收越有利。因此应选择比表面积大的填料，此外还要求填料有良好的润湿性能及有利于液体均匀分布的形状。

② 有较高的孔隙率。单位体积填料具有的孔隙体积称为孔隙率，用$\varepsilon$表示，单位为 $m^3/m^3$。当填料的孔隙率较高时，气流阻力小，气体通过能力大，气、液两相接触的机会多，对吸收有利。同时，填料层质量轻，对支承板要求低，也是有利的。

③ 具有适宜的填料尺寸和堆积密度。单位体积填料的质量为填料的堆积密度。单位体积内堆积填料的数目与填料的尺寸大小有关。对同一种填料而言，填料尺寸小，堆积的填料数目多，比表面积大，孔隙率小，则气体流动阻力大；反之填料尺寸过大，在靠近塔壁处，由于填料与塔壁之间的孔隙大，易造成气体短路通过或液体沿壁下流，使气液两相沿塔截面分布不均匀，为此，填料的尺寸不应大于塔径的 1/10～1/8。

④ 有足够的机械强度。为使填料在堆砌过程及操作中不被压碎，要求填料具有足够的机械强度。

⑤ 对于液体和气体均须具有化学稳定性。

总之，选择填料要符合填料的安全性能。在相同的操作条件下，填料的比表面积越大，气液分布越均匀，表面的润湿性能越优良，则传质效率越高；填料的孔隙率越大，结构越开敞，则流量越大，压降亦越低。

需注意的是，一座填料塔可以选用同种类型同一规格的填料，也可选用同种类型不同规格的填料，有的塔段可选用规整填料，而有的塔段可选用散装填料。设计时应灵活掌握，根据技术和经济统一的原则来选择填料的规格。

**2. 填料材质的选择**

填料的材质分为陶瓷填料、金属填料和塑料填料三大类。

① 陶瓷填料：具有很好的耐腐蚀性及耐热性，价格便宜，表面润湿性能好，质脆、易碎是其最大缺点。在气体吸收、气体洗涤、液体萃取等过程中应用较为普遍。常见的陶瓷散装填料如图 6-20 所示。

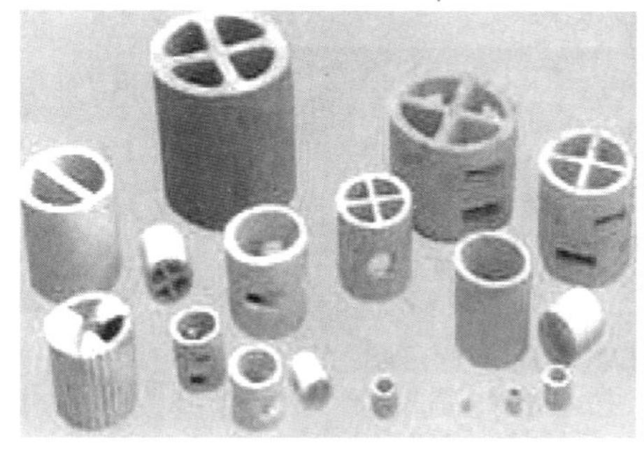

图 6-20 陶瓷散装填料

② 金属填料：可用多种金属材质制成，如图 6-21 所示。选择时主要考虑腐蚀问题。碳钢填料造价低，且具有良好的表面润湿性能，对于无腐蚀或低腐蚀性物系应优先考虑使用；不锈钢填料虽然耐腐蚀性强，但表面润湿性能较差、造价较高，在某些特殊场合，如极低喷淋密度下的减压精馏过程，需对其表面进行处理，才能取得良好的使用效果；钛材、

特种合金钢等材质制成的填料造价很高，一般只在某些腐蚀性极强的物系下使用。一般来说，金属填料可制成薄壁结构，它的通量大、气体阻力小，且具有很高的抗冲击性能，能在高温、高压、高冲击强度下使用，应用范围最为广泛。

图 6-21　金属散装填料

③ 塑料填料：材质主要包括聚丙烯、聚乙烯及聚氯乙烯（PVC）等，国内一般多采用聚丙烯，如图 6-22 所示。塑料填料的耐腐蚀性能较好，可耐一般的无机酸、碱和有机溶剂的腐蚀，且耐温性良好，可长期在 100℃以下使用。塑料填料质轻、价廉，具有良好的韧性，耐冲击、不易碎，可以制成薄壁结构。它的通量大、压降低，多用于吸收、解吸、萃取、除尘等装置中。塑料填料的缺点是表面润湿性能差，但可通过适当的表面处理来改善。

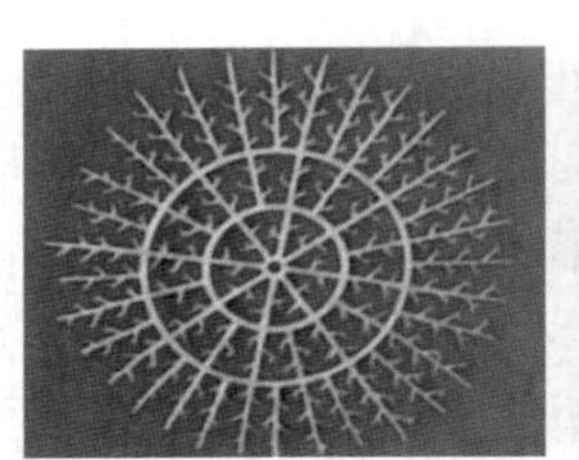

（a）聚丙烯半软性填料

（b）聚丙烯鲍尔环

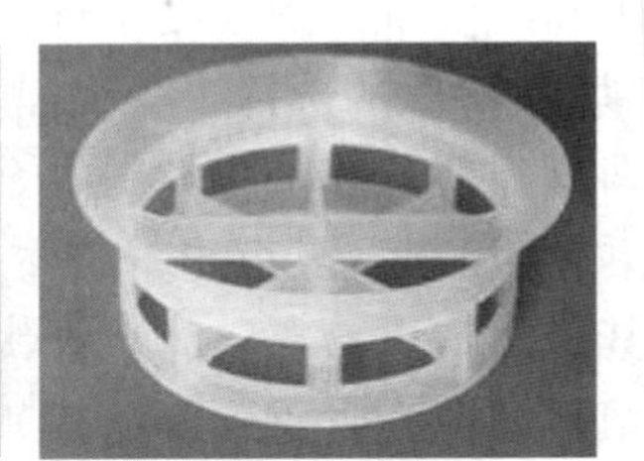

（c）聚丙烯阶梯环

（d）聚丙烯花环

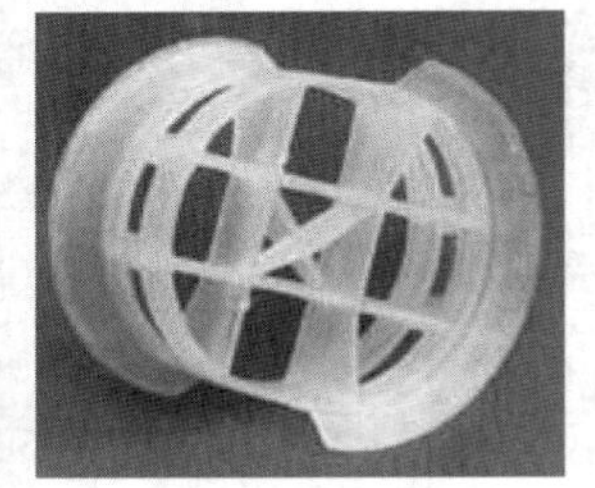

（e）聚丙烯共轭环

图 6-22　塑料散装填料

### （三）填料吸收塔的流体力学特性

填料吸收塔传质性能的好坏、负荷的大小及操作的稳定性在很大程度上取决于流体通过填料的流体力学性能。填料吸收塔的流体力学性能通常用填料层的持液量、填料层压降、液泛及气-液两相流体的分布等参数描述。

**1. 填料层的持液量**

填料层的持液量是指单位体积填料所持有的液体体积，以 $m^3$ 液体/$m^3$ 填料表示。持液量小则阻力小，但要使操作平稳，一定的持液量还是必要的，它是填料塔流体力学性能的重要参数之一。

填料的总持液量包括静持液量和动持液量。静持液量是指在充分润湿的填料层中，气、液两相不进料，且填料层中不再有液体流下时填料层所持有的液体量。动持液量是指填料塔停止气-液两相进料后，经足够长时间排出的液体量。

持液量与填料类型、规格、液体性质、气液负荷等有关。持液量太大，气体流通截面积减少，气体通过填料层的压降增加，则生产能力下降；持液量太小，操作不稳定。一般认为持液量以能提供较大的气液传质面积且操作稳定为宜。

**2. 气体通过填料层的压降**

图 6-23 为双对数坐标系内不同液体喷淋量下，单位填料层高度的压降与空塔气速的定性关系。

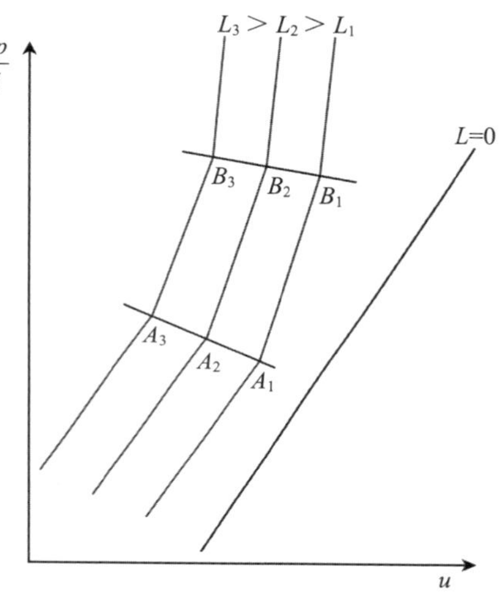


**图 6-23 填料塔压降与空塔气速的关系**

空塔气速是气体体积流量与塔截面积之比，用 $u$ 表示，单位为 m/s。图中最右边的直线为无液体喷淋时的干填料，即喷淋密度 $L_0$=0 时的情形，其余 3 条线为不同的液体喷淋量喷淋到填料表面时的情形，并且从左至右喷淋密度递减，即 $L_3>L_2>L_1$。由于填料层内的部分空隙被液体占据，使气体流动的通道截面减小，同一气速下，喷淋密度越大，压降也越大。对于不同的液体喷淋密度，各线所在位置虽不相同但走向是一致的，每条线上各有两个转折点，即图中 $A_1$、$A_2$、$A_3$ 点称为“载点”，$B_1$、$B_2$、$B_3$ 点称为“泛点”。这两个转折点将曲线分成 3 个区域。

① 恒持液量区。此区域位于“载点”以下，当液体喷淋量一定时，气速较小，压降与气速的关系线与干填料层时的压降与气速关系线几乎平行，斜率仍为 1.8～2。此时，气、液两相几乎没有互相干扰，填料表面的持液量不随气速变化而变化。

② 载液区。此区域位于 $A_i$ 与 $B_i$ 点之间。在喷淋量一定，当气速增加到某一数值 $A_1$ 点时，上升气流与下降液体间的摩擦力开始阻碍液体顺畅下流，致使填料层中的持液量开始随气速的增大而增加，此种现象称为拦液现象。开始发生拦液现象时的空塔气速称为载点气速。此时，压降随气速变化关系线的斜率大于 2。试验表明，当操作处在载液区时，流体湍动加剧，传质效果提高。

③ 液泛区。此区域位于 $B_i$ 点以上，当气速继续增大到这一点后，填料层内持液量增加至充满整个填料层的空隙，使液体由分散相变为连续相，气相则由连续相变为分散相，气体以鼓泡的形式通过液体，气体的压强降骤然增大，而液体很难下流，塔内液体迅速积累而达到泛滥，即发生了液泛。此时压降与气速近似成垂直关系，出现第二个转折点，该点称为泛点。泛点是填料塔操作的上限，泛点对应的气速为泛点气速。

### 3. 泛点气速

在液泛情况下，含有气泡的液体几乎充满填料层空隙，使气体通过时的阻力剧增，流体出现脉动现象。顶端填料往往在液体的腾涌中翻上摔下被打碎，操作平衡基本遭破坏。作为填料塔，液泛时的气速也是最大的极限气速，并由其确定适宜的操作气速。

一般认为，要使塔的操作正常及压强降不致过大，气流速度必须低于液泛气速，故经验认为实际操作气速应取泛点气速的50%～80%。

泛点气速受到多种因素的影响，如填料性质、气液负荷、液体物性等。人们根据大量的实验数据得到了一些关联图和经验关联式，以此获得泛点气速，然后根据泛点气速确定操作气速，作为设计填料吸收塔塔径的依据。

## （四）填料吸收塔的附属设备

### 1. 填料支承板

对于填料吸收塔，无论是使用散装填料还是规整填料，都要设置填料支承装置，其作用是支撑塔内的填料及操作中填料所含的液体。填料支承板不仅要有足够的机械强度，而且通道面积不能小于填料层的自由截面积，否则会增大气体的流动阻力，降低塔的处理能力。

常用的填料支承装置有栅板式、升气管式、驼峰形式等，如图6-24所示。栅板型支承板是常用的支承装置，结构简单，如图6-24（a）、（b）所示。具有升气管式的支承装置，如图 6-24（d）所示，优点是机械强度大，通道截面积大，气体从升气管的管壁小孔或齿缝中流出，而液体则由板上的筛孔流下。

填料支撑装置的选择，主要依据为塔径、填料种类及型号、塔体及填料的材质、气液流速等。

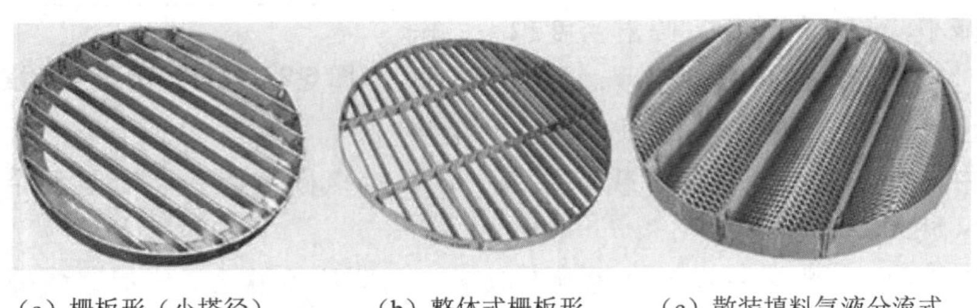

（a）栅板形（小塔径）　（b）整体式栅板形　（c）散装填料气液分流式

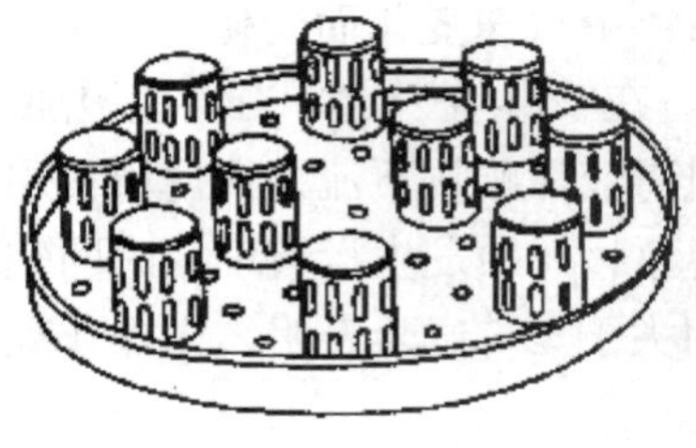

（d）升气管式

（e）驼峰形式

图6-24　填料支撑板的形式

### 2. 液体分布器

由于填料吸收塔的气液接触是在润湿的填料表面上进行的，所以液体在填料吸收塔内的分布情况直接影响填料表面的利用率。如果液体分布不均匀，填料表面不能充分润湿，塔内填料层的气液接触面积就降低，致使塔的效率下降。因此，要求填料层上方的液体分布器能为填料层提供良好的初始分布，即提供足够多的均匀喷淋点，且各喷淋点的喷淋液体量相等。一般要求每 30～60 cm$^2$ 塔截面上有一个喷淋点，大直径塔的喷淋密度可以小些。另外，液体分布装置应不易堵塞，以免产生过细的雾滴，被上升气体带走。

液体分布器的种类很多，常见的液体分布装置有多孔管式分布器、莲蓬头式分布器、盘式分布器及槽式分布器，如图 6-25 所示。其中莲蓬头式分布器和盘式分布器一般用于塔径小于 0.6 m 的小塔中，而多孔管式液体分布器用于直径大于 0.8 m 的较大塔中。

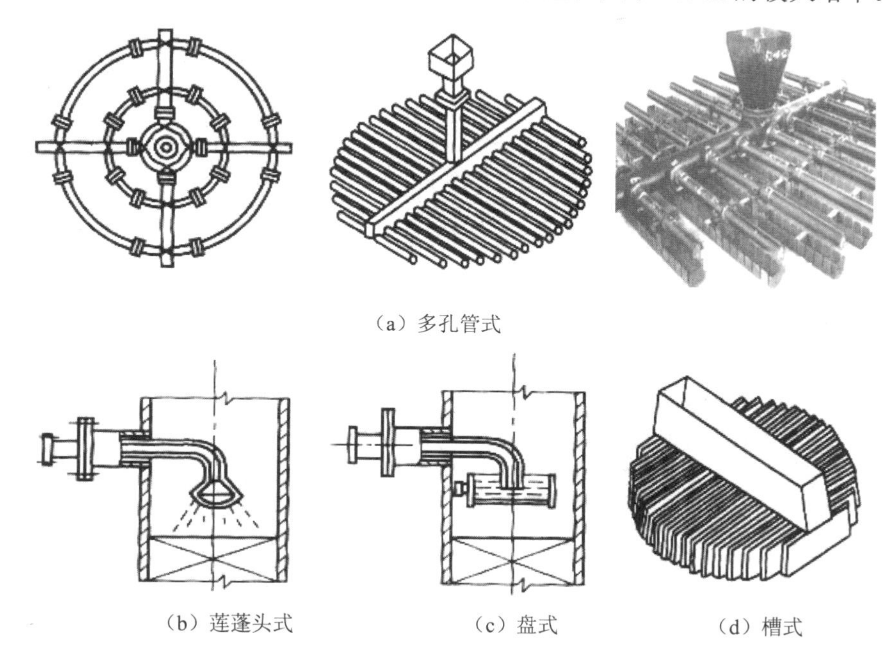

（a）多孔管式

（b）莲蓬头式　（c）盘式　（d）槽式

图 6-25　液体分布装置

### 3. 液体再分布器

填料吸收塔操作时，由于塔壁面处填料密度小，液体阻力小，因此液体沿填料层向下流动的过程中有逐渐离开中心向塔壁集中的趋势。这样，沿填料层向下距离愈远，填料层中心的润湿程度就愈差，形成了所谓“干锥体”的不正常现象，减小了气、液相的有效接触面积。当填料层较高时，克服“干锥体”现象的措施是沿填料层高度每隔一定距离装设一个液体再分布器，将沿塔壁流下的液体导向填料层中心。常用的液体再分布器有截锥式、斜板式及槽式，如图 6-26 所示。

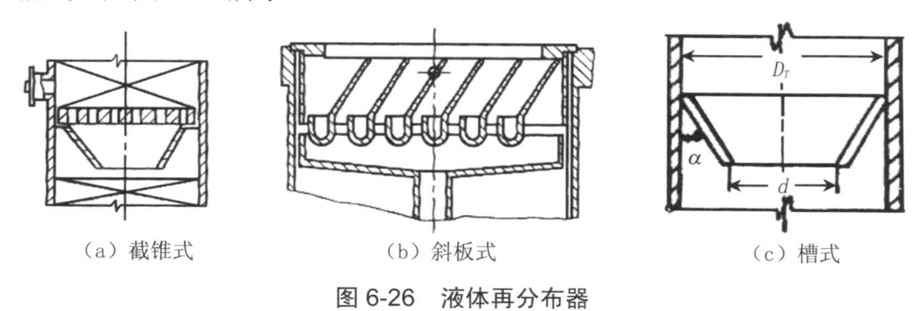


（a）截锥式　（b）斜板式　（c）槽式

图 6-26　液体再分布器

### 4．气体进口装置

填料吸收塔的气体进口装置应能防止淋下的液体进入进气管，同时又能使气体分布均匀。如图 6-27 所示，对于直径 500 mm 以下的小塔，可使进气管伸到塔的中心，管端切成 45° 向下的斜口。对于大塔可采用喇叭形扩大口或多孔盘管式分布器。进气口应向下开，使气流折转向上。

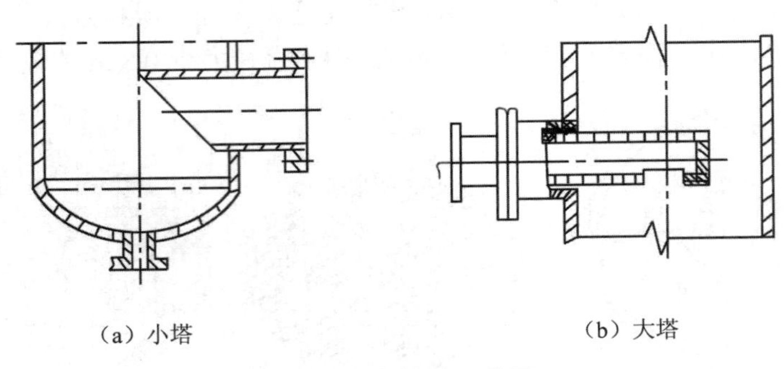

（a）小塔　　（b）大塔

图 6-27　气体进口装置

### 5．液体出口装置

液体的出口装置应保证形成塔内气体的液封，并能防止液体夹带气体，以免有价值气体流失，且应保证流体的通畅排出。常压操作的吸收塔，排出液体的装置可采用如图 6-28（a）所示的液封装置。若塔内外压差较大，可采用如图 6-28（b）所示的倒 U 形管密封装置。

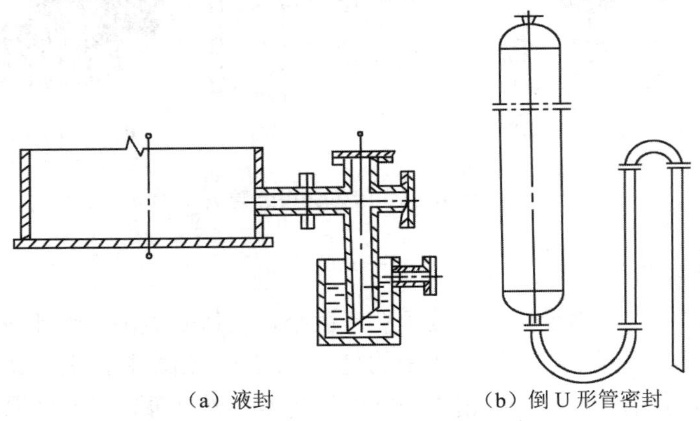

（a）液封　　（b）倒 U 形管密封

图 6-28　液体出口装置

### 6．气体出口装置

气体出口装置既要保证气体流动通畅，又应能除去被夹带的液体雾滴。若经吸收处理后的气体为下一工序的原料，或吸收剂价高、毒性较大时，要求塔顶排出的气体应尽量少夹带吸收剂雾沫，因此，需在塔顶安装除雾器。常用的除雾器有折板除雾器、填料除雾器及丝网除雾器，如图 6-29 所示。

折板除雾器是最简单有效的除雾器，除雾板由 50 mm×50 mm×3 mm 的角钢组成，板间横向距离为 25 mm。除雾板阻力为 5～10 $mmH_2O$，能除去最小雾滴直径为 5 μm。丝网除雾器效率高，可除去直径大于 5 μm 的液滴。

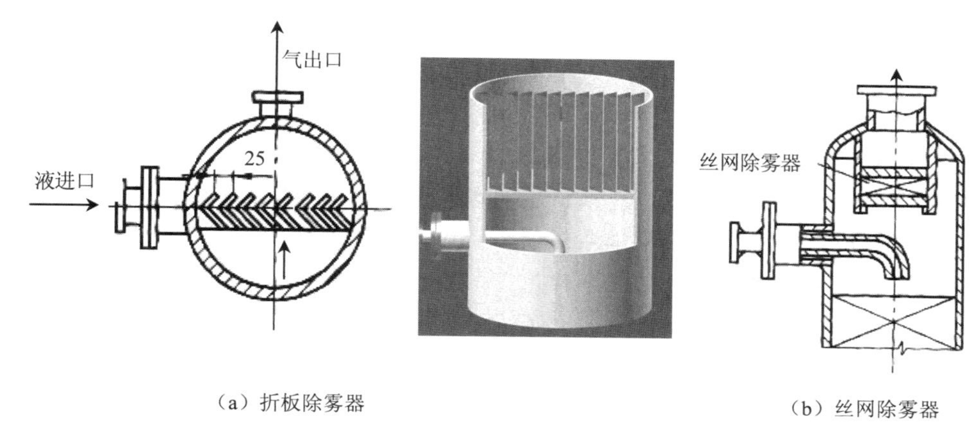

（a）折板除雾器
（b）丝网除雾器

图 6-29 除雾器

通过以上分析，填料吸收塔有很多优点，如结构简单、没有复杂部件；适应性强，填料可根据净化要求增减高度；气流阻力小，能耗低，气液接触效果好等。因此填料吸收塔是目前应用最广泛的吸收设备。填料吸收塔的缺点是当烟气中含尘浓度较高时，填料易堵塞，清理时填料损耗较大。

## 复习思考题

### 一、选择题

1. 吸收操作的依据是（ ）。
   A. 挥发度差异　B. 溶解度差异　C. 温度差异
2. 吸收操作中具有吸收能力的物质是（ ）。
   A. 吸收质　B. 吸收剂　C. 吸收液
3. 吸收剂应选择（ ）。
   A. 选择性高的　B. 选择性差的　C. 高黏度的
4. 属于传质的单元操作是（ ）。
   A. 吸收　B. 传热　C. 沉降
5. 已知 $SO_2$ 水溶液在两种温度 $t_1$、$t_2$ 下的亨利系数分别为 $E_1$=0. 003 5 atm、$E_2$=0.011atm，则（ ）。
   A. $t_1 < t_2$　B. $t_1 > t_2$　C. $t_2 = t_1$
6. 气体物质的溶解度一般随温度升高而（ ）。
   A. 增加　B. 减小　C. 不变
7. 用水吸收下列气体时，属于液膜控制的是（ ）。
   A. 氯化氢　B. 氨　C. 氯气
8. 相平衡常数的值越大，表明气体的溶解度（ ）。
   A. 越大　B. 越小　C. 适中
9. 吸收塔的操作线是直线，主要原因是（ ）。
   A. 物理吸收　B. 化学吸收　C. 低浓度物理吸收

10. 吸收操作分离的是（　）。

A. 均相气体混合物　B. 均相液体混合物　C. 非均相液体混合物

11. 亨利定律适用于（　）。

A. 溶解度大的溶液　B. 理想溶液　C. 稀溶液

12. 为了防止出现沟流和壁流现象，通常在填料吸收塔内装设（　）。

A. 除沫器　B. 液体再分布器　C. 液体分布器

13. 混合气体中被液相吸收的组分称为（　）。

A. 吸收剂　B. 吸收质　C. 吸收液

14. 亨利定律亨利系数 $E$ 越大，气体被吸收的程度越（　）。

A. 难　B. 易　C. 无关

15. 单位体积填料所具有的表面积，为填料的（　）。

A. 比表面积　B. 孔隙率　C. 有效比表面积

## 二、填空题

1. 吸收操作是用________以除去其中一种或多种组分的操作。

2. 工业生产中吸收操作应用于____________________方面。

3. 吸收操作是将可溶性组分从_____相转移至______相的______过程。

4. 在吸收操作中，气体混合物中不被吸收的组分称为__________；被吸收的组分称为________。

5. 氨水的浓度（质量分数）为25%，则氨水的比质量分数为________。

6. 依据双膜理论，在吸收过程中，吸收质从气相主体以______的方式到达气膜边界，又以_____方式通过气膜到达气液界面，在相界面上_____吸收质不受任何_____从气相进入液相，在液相中以_____方式穿过液膜到液膜边界，最后以______方式转移到液相主体。

7. 在填料吸收塔中，填料的堆放方式有两种：_______和_______。

8. 减少吸收剂用量，将使出口溶液的浓度______，吸收推动力相应地______，吸收变得困难。为达到同样的吸收效果，吸收塔高必须____，以增加两相的接触时间。

9. 在一逆流吸收塔中，若吸收剂入塔浓度下降，其他操作条件不变，此时该塔的吸收率______，塔顶气体出口浓度________。

10. 工业中常用的解吸方法为______、______、______和______。

## 三、简答题

1. 吸收法分离气体混合物的依据是什么？选择吸收剂的原则是什么？

2. 何谓平衡分压和溶解度？对于一定的物系，气体溶解度与哪些因素有关？

3. 化学吸收与物理吸收的本质区别是什么？化学吸收有何特点？

4. 双膜理论的要点是什么？何谓气膜控制和液膜控制？

5. 用水吸收混合气体中的 $CO_2$ 属于什么控制过程？提高其吸收速率的有效措施是什么？

6. 什么是最小液气比？简述液气比的大小对吸收操作的影响。

7. 填料的作用是什么？对填料有哪些基本要求？

8. 吸收塔内为什么有时要装有液体再分布器？

## 四、计算题

1. 总压为 100 kPa、温度为 25℃的空气与水长时间接触，空气中氮气的体积百分率为 0.79，则水中氮气的浓度为多少？分别用摩尔浓度和摩尔分数表示。

[答案：$5.01\times10^{-4}$ kmol/m$^3$；$9.01\times10^{-5}$]

2. 空气和 $CO_2$ 的混合气体中含 $CO_2$ 20%（体积分数），试用摩尔比表示 $CO_2$ 的组成。

[答案：0.25]

3. 空气和氨的混合气总压为 101.3 kPa，其中含氨的体积分数为 5%，试求以摩尔比和质量比表示的混合气组成。

[答案：$5.26\times10^{-2}$；$3.08\times10^{-2}$]

4. 在 20℃和 101.3 kPa 条件下，若混合气中氨的体积分数为 9.2%，在 1 kg 水中最多可溶解 $NH_3$ 32.9 g。试求在该操作条件下 $NH_3$ 溶解于水中的亨利系数 $E$ 和相平衡常数 $m$。

[答案：277 kPa；2.73]

5. 含 $NH_3$ 3%（体积分数）的混合气体，在填料吸收塔中吸收，试求氨溶液的最大浓度。已知塔内绝压为 202.6 kPa，操作条件下的气液平衡关系为 $p^*=267x$。

[答案：0.022 8]

6. 某吸收塔每小时从混合气中吸收 200 kg $SO_2$，已知该塔的实际用水量比最小用水量大 65%，试计算每小时实际用水量是多少立方米？进塔气体中含 $SO_2$ 18%（质量分数），其余是惰性组分，分子量取为 28。在操作温度 293 K 和压力为 101.3 kPa 条件下 $SO_2$ 的平衡关系用直线方程式表示：$Y^*=26.7X$。

[答案：25.8 m$^3$/h]

7. 在 293 K 和 101.3 kPa 条件下用清水分离氨和空气的混合气体。混合气中氨的分压是 13.3 kPa，经吸收后氨的分压下降到 0.006 8 kPa。混合气的流量是 1 020 kg/h，操作条件下的平衡关系为 $Y^*=0.755X$。试计算吸收剂最小用量；如果适宜吸收剂用量是最小用量的 1.5 倍，试求吸收剂的实际用量。

[答案：24.4 kmol/h；36.6 kmol/h]

8. 在常压填料吸收塔中，以清水吸收焦炉气中的氨气。标准状况下，焦炉气中氨的浓度为 0.01 kg/m$^3$，流量为 5 000 m$^3$/h。要求回收率不低于 99%，吸收剂用量为最小用量的 1.5 倍。混合气体进塔的温度为 30℃，塔径为 1.4 m，操作条件下的平衡关系为 $Y^*=1.2X$，气相体积吸收总系数 $K_Ya$ =200 kmol/（m$^3$ • h）。试求该塔填料层高度。

[答案：7.5 m]

9. 以清水在填料吸收塔内逆流吸收空气和 $SO_2$ 混合气中的 $SO_2$，总压为 1 atm，温度为 20℃，填料层高为 4 m。混合气流量为 1.68 kg/（m$^2$ • s），其中含 $SO_2$ 0.05（摩尔分率），要求回收率为 90%，塔底流出液体浓度为 $1.0\times10^{-3}$。试求：（1）总体积传质系数 $K_Ya$；（2）若要求回收率提高至 95%，操作条件不变，要求的填料层高度为多少？

[答案：（1）0.068 kmol/（m$^2$ • s）；（2）6.04 m]

# 第七章　干 燥

## 学习目标

【知识目标】

1. 掌握湿空气的性质、湿度图及其应用；
2. 掌握干燥过程的物料衡算、热量衡算、干燥速率及干燥时间的计算；
3. 了解干燥操作的分类、湿物料中水分的存在形态及常用干燥器的结构与应用。

【技能目标】

1. 会分析热空气温度、湿度和流速对干燥速率的影响；
2. 会测定干燥曲线、干燥速率曲线；
3. 会利用湿焓图求湿空气的性质。

【思政目标】

1. 树立“厚基础，强能力，高标准，严要求”的学习理念；
2. 培养创新创造、向上向前、勇于变革、永不僵化、永不停滞的精神动力；
3. 培养怀揣个人梦想，为实现中华民族伟大复兴的中国梦而不懈奋斗的精神。

***中国梦与大学生成长、成才息息相关，实现中国梦是广大青少年成长、成才的必由之路，中国梦为大学生成长、成才确立理想信念、提供精神动力、指明奋斗方向。***

## 生产案例

以工业过程中碳酸氢铵的干燥为例，由图 7-1 可见，从碳化塔引出的碳酸氢铵通过离心过滤机将液体和固体分离，固体碳酸氢铵通过气流干燥器将水分进一步除去，干燥后的气固混合物由旋风分离器和袋滤器进行分离，最终得到产品。

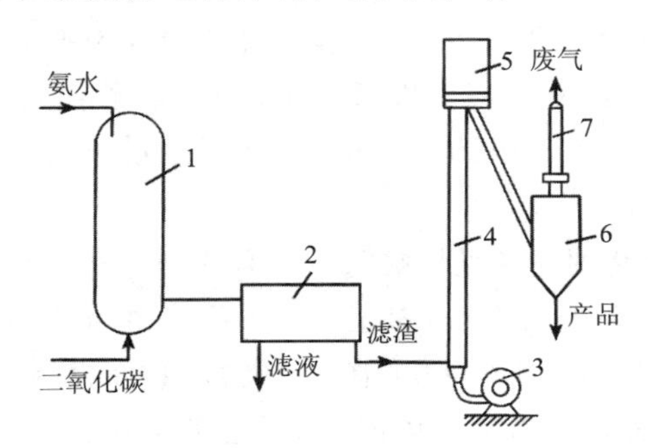


1—碳化塔；2—离心机；3—风机；4—气流干燥器；5—缓冲器；6—旋风分离器；7—袋滤器。

图 7-1　碳酸氢铵的生产流程

# 第一节 概 述

## 一、固体物料的去湿方法

化工生产中的固体原料、产品或半成品为便于进一步的加工、运输、储存和使用，常常需要将其中所含的湿分（水或有机溶剂）去除至规定指标，这种操作简称为去湿。去湿的方法可分为以下三类。

### （一）机械去湿

当物料含水较多时，可利用固体与湿分之间的密度差，借助重力、离心力或压力等外力的作用，使固体与液体（湿分）产生相对运动，从而达到固液分离的目的。过滤、压榨、沉降、离心分离等都是常用的机械去湿方法。

机械去湿法的特点是设备简单、能耗较低，但去湿后物料的湿含量较大，往往达不到规定的标准。因此该法常用于湿含量较大的湿物料的初步去湿或溶剂不需要完全除尽的场合。

### （二）化学去湿

化学去湿法是利用吸湿性很强的物料即干燥剂或吸附剂（如生石灰、浓硫酸、无水氯化钙、硅胶等），当干燥剂与湿物料并存时，使物料中的水分相继经气相而转入干燥剂内，以达到去湿的目的。

化学去湿法的特点是去湿后物料的湿含量一般能达到规定的标准，但干燥剂或吸附剂再生比较困难，操作费用较高，故该法一般适用于含湿量较大的小批量物料的去湿。

### （三）热能去湿

热能去湿法即干燥法，是向湿物料供热以汽化其中的水分，借助抽吸或气流将蒸气移走而达到去湿的目的。

一般情况下，热能操作费用比机械法高，比化学法低。因此为使去湿过程更为经济有效，常采用机械法与热能法相组合的联合操作。即先采用机械法去除物料中的大部分水分，然后再用热能法达标。

## 二、干燥操作及分类

在非均相物系分离中已讨论了液-固分离方法，即离心分离、重力分离和过滤分离，这些方法只能从物料中去除大部分液相，得到的固体物料液体含量仍较高，不便于储存、运输，甚至达不到后序工段的工艺要求，需要进一步去除固体中的液相。加热干燥是去除固体中液相的常用方法。

干燥是利用热能将固-液两相物系中的液相汽化，并将蒸发的液相蒸气排出物系的非均相分离，例如将湿物料烘干、牛奶制成奶粉等。干燥过程的种类很多，但可按一定的方式进行分类。

### （一）按操作压力分类

按操作压力的不同，干燥可分为常压干燥和真空干燥两种。真空干燥具有操作温度低、干燥速度快、热效率高等优点，适用于热敏性、易氧化以及要求最终含水量极低的物料的干燥。

### （二）按操作方式分类

按操作方式的不同，干燥可分为连续式和间歇式两种。连续式具有生产能力高、热效率高、产品质量均匀、劳动条件好等优点，缺点是适应性较差。间歇式具有投资少、操作控制方便、适应性强等优点，缺点是生产能力低、干燥时间长、产品质量不均匀、劳动条件差等。

### （三）按传热方式分类

按热能传给湿物料的方式不同，干燥可分为传导干燥、对流干燥、辐射干燥和介电干燥4种。

#### 1. 传导干燥

热量通过金属壁面以热传导方式传递给湿物料，湿物料中的湿分吸收热量后气化，产生的蒸气被抽走。该法的热效率较高，可达70%～89%，但物料与金属壁面接触处常因过热而焦化，造成变质。

#### 2. 对流干燥

载热体（热空气、烟道气等）将热量以对流传热方式传递给与其直接接触的湿物料，物料中的湿分吸收热量后气化为蒸气并扩散至载热体中被带走。在对流干燥过程中，热空气既起着载热体的作用，又起着载湿体的作用。但干燥后干燥介质带走大量的热量，故热效率较低，一般仅为30%～50%。

#### 3. 辐射干燥

当辐射器发射的电磁波传播至湿物料表面时，有部分被反射和透过，部分被湿物料吸收并转化为热能而使湿分气化，产生的蒸气被抽走。

辐射器发射的电磁波通常为红外线。在辐射干燥过程中，电磁波将能量直接传递给湿物料，因而不需要干燥介质，从而可避免空气带走大量的热量，故热效率较高。此外，辐射干燥还具有干燥速度快、产品均匀洁净、设备紧凑、使用灵活等特点，常用于表面积较大而厚度较薄的物料的干燥。

#### 4. 介电干燥

介电干燥又称为高频干燥。将被干燥物料置于高频电场内，在高频电场的交变作用下，物料内部的极性分子运动振幅将增大，其振动能量使物料发热，从而使湿分汽化而达到干燥的目的。通常将电场频率低于300 MHz的介电加热称为高频加热，在300 MHz～300 GHz的介电加热称为超高频加热，又称为微波加热。由于设备投资大，能耗高，故在大规模工业化生产中应用较少。目前，介电加热常用于科研和日常生活中，如家用微波炉等。

一般情况下，物料内部的湿含量比表面的湿含量高，而水的介电常数比固体的介电常数大，因此，采用介电干燥时，物料内部的吸热量较多，从而使物料内部的温度高于其表面温度。此时，传热与传质的方向一致，干燥速度较快。

传导、对流、辐射 3 种干燥方法存在一个共同点，即热量均由湿物料表面向内部传递，湿分均由湿物料内部向表面传递，传热与传质的方向正好相反。由于物料的表面温度较高，故物料表面的湿分首先气化，并在物料表面形成蒸气层，使传热和传质阻力增大，所以干燥时间较长。

上述 4 种干燥方法中，以对流干燥的应用最为广泛。对流干燥是用热的气体（未达到该温度下某种液体的饱和蒸气压）流过被干燥物料的表面，使物料中的液体吸收热量而汽化成蒸气随干燥介质——气流带走，从而使湿物料转变成干物料。

在实际生产中，最常用的干燥介质是空气。只要被干燥的湿物料不与空气中的 $O_2$ 和 $N_2$ 起化学反应，用热空气干燥后的物料能满足产品质量要求，通常选用热空气作为干燥介质。下面以空气为干燥介质来讨论干燥过程。

## 三、对流干燥流程

本章主要讨论以空气为干燥介质、湿分为水的对流干燥过程。如图 7-2 所示，空气经风机送入预热器，加热到一定温度后送入干燥器与湿物料直接接触，进行传质、传热，最后废气自干燥器另一端排出。干燥若为连续过程，物料被连续地加入与排出，物料与气流接触可以是并流、逆流或其他方式。干燥若为间歇过程，湿物料则被成批放入干燥器内，达到一定的要求后再取出。

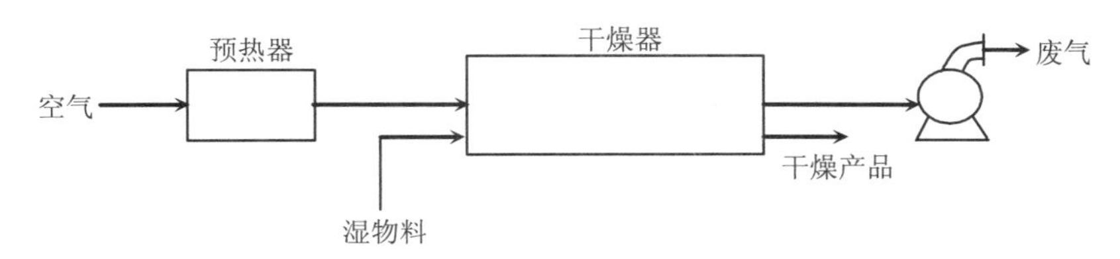


图 7-2　对流干燥流程

## 四、对流干燥过程

### （一）传热、传质过程

在对流干燥过程中，经预热的高温热空气与低温湿物料接触时，热空气传热给固体物料，若气流的水汽分压低于固体表面水的分压时，水分汽化并进入气相，湿物料内部的水分以液态或水汽的形式扩散至表面，再汽化进入气相，被空气带走。所以，干燥是传热与传质同时进行的过程，但传递方向相反，如图 7-2 和图 7-3 所示。

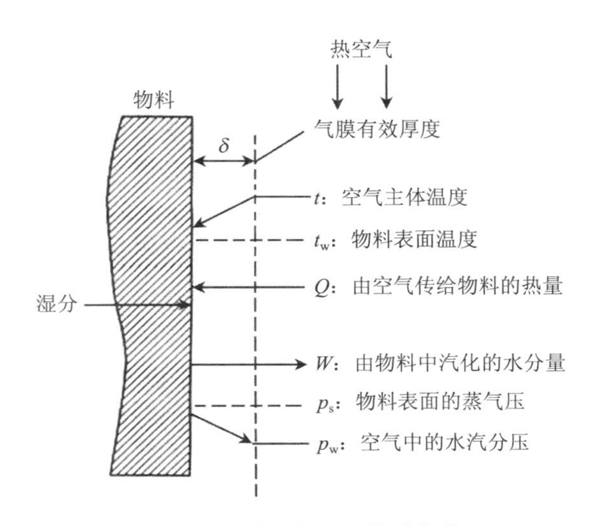


图 7-3　对流干燥过程热质传递

（二）干燥过程进行的必要条件

① 湿物料表面水汽压力大于干燥介质水汽分压，压差越大，干燥过程进行得越迅速。

② 干燥介质将汽化的水汽及时带走，以保持一定的汽化水分的推动力。

干燥过程所需空气用量、热量消耗及干燥时间的确定均与湿空气的性质有关，为此，需了解湿空气的物理性质及相互关系。

# 第二节　湿空气的性质及湿度图

## 一、湿空气的性质

湿空气的状态参数除总压 $p$、温度 $t$ 之外，与干燥过程有关的主要是水分在空气中的含量。根据不同的测量原理，同时考虑计算方便，水蒸气在空气中的含量有不同的定义和不同的表示方法。

### （一）湿度 $H$

湿度是一定量的湿空气中，水蒸气的质量与干空气的质量之比，即

$$H=\frac{M_w n_w}{M_g n_g}=\frac{18p_w}{29(p-p_w)}=0.622\frac{p_w}{p-p_w} \tag{7-1}$$

式中：$H$—— 空气湿度，kg（水汽）/kg（绝干空气）；

$M_w$—— 水蒸气的摩尔质量，kg/kmol；

$M_g$—— 绝干空气的摩尔质量，kg/kmol；

$n_w$—— 水蒸气的物质的量，kmol；

$n_g$—— 干空气的物质的量，kmol；

$p_w$—— 水蒸气的分压，kPa；

$p$ —— 湿空气总压，kPa。

### （二）相对湿度 $\varphi$

相对湿度是在压力一定的情况下，空气中水蒸气的分压 $p_w$ 与该温度下水的饱和蒸气压 $p_s$ 比值的百分数，其数学表达式为

$$\varphi=\frac{p_w}{p_s}\times 100\% \tag{7-2}$$

式中：$p_s$—— 湿空气温度下水的饱和蒸气压，kPa。

由式（7-1）和式（7-2）可得到 $H$ 与 $\varphi$ 的关系为

$$H=0.622\frac{\varphi p_s}{p-\varphi p_s} \tag{7-3}$$

则

$$\varphi=\frac{pH}{(0.622+H)p_s} \tag{7-4}$$

### （三）湿空气的比体积 $v_H$

1 kg 绝干空气和其所含的 $H$ kg 水汽所具有的总体积，用 $v_H$ 表示，单位为 $m^3$（湿汽）/kg（干汽）。常压下，温度为 $t$、湿度为 $H$ 的湿空气的比体积为 $v_g$ 与 $v_w$ 之和，即

1 kg 绝干空气的分体积 $$v_g=\frac{1}{29}\times 22.4\times\frac{t+273}{273}$$

$H$ kg 水蒸气的分体积 $$v_w=\frac{H}{18}\times 22.4\times\frac{t+273}{273}$$

二者总体积： $$v_H=\left(\frac{1}{29}+\frac{H}{18}\right)\times 22.4\times\frac{t+273}{273} \tag{7-5}$$

式中：$v_H$ —— 湿空气的比体积，$m^3$/kg；

$t$ —— 湿空气的温度，℃。

若以 1 kg 绝干空气为基准，则湿空气所具有的体积为 $v_H$，质量为（$1+H$）kg，故湿空气的密度为

$$\rho_H=\frac{1+H}{v_H} \tag{7-6}$$

式中：$\rho_H$ —— 湿空气的密度，kg/$m^3$。

### （四）湿空气比热容 $C_H$

常压下，将 1 kg 绝干空气及其所带有的 $H$ kg 水汽每升高 1℃时所需的热量，称为湿空气的比热容，以 $C_H$ 表示，单位为 kJ/（kg · ℃），即

$$C_H=1\times C_g\times 1+H\times C_w\times 1\approx 1.01+1.88H \tag{7-7}$$

式中：$C_H$ —— 湿空气的比热容，kJ/（kg 绝干空气 · ℃）；

$C_g$ —— 绝干空气的比热容，可取 1.01 kJ/（kg · ℃）；

$C_w$ —— 水汽的比热容，可取 1.88 kJ/（kg · ℃）。

由式（7-7）可知，湿空气比热容仅随湿度 $H$ 变化。

### （五）湿空气的焓 $I$

含有 1 kg 绝干空气的湿空气所具有的焓，称为湿空气的焓，以 $I$ 表示，单位为 kJ/kg（绝干空气），即

$$I=I_g+HI_w \tag{7-8}$$

式中：$I$ —— 湿空气的焓，kJ/kg 绝干空气；

$I_g$ —— 绝干空气的焓，kJ/kg 绝干空气；

$I_w$ —— 水汽的焓，kJ/kg 绝干空气。

在干燥计算中，常规定绝干空气及液态水以 0℃时的焓值为基准，则温度为 $t$ 的绝干空气的焓为：

$$I_g = C_g t = 1.01t \tag{7-9}$$

$$I_w = r_0 + C_w t = 2\,491 + 1.88t \tag{7-10}$$

式中：$r_0$——0℃时水的汽化潜热，其值为 2 491 kJ/kg。

将式（7-9）和式（7-10）代入式（7-8）得

$$I = (1.01 + 1.88H)t + 2\,491H \tag{7-11}$$

可见，湿空气所具有的焓可分为两部分：一部分是湿空气所具有的显热；另一部分是湿空气所具有的潜热。在干燥过程中，只能利用湿空气所具有的显热，而潜热是不能利用的。

（六）干球温度 $t$ 和湿球温度 $t_w$

干球温度是大气环境的真实温度，即普通温度计的读数。

湿球温度是在普通温度计的感温部位包上纱布，纱布下端浸入水中，使之始终保持湿润，即成为湿球温度计，如图 7-4 所示。湿球温度计在空气中达到稳定时的温度称为湿球温度，以 $t_w$ 表示，单位为℃或 K。

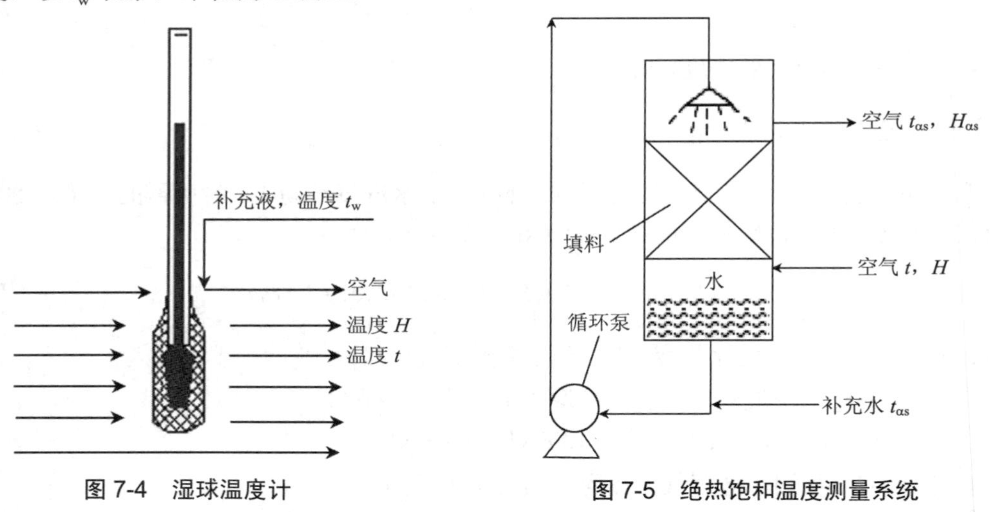


图 7-4　湿球温度计　　图 7-5　绝热饱和温度测量系统

需注意的是，湿球温度并非湿空气的真实温度，而是当湿纱布中的水与湿空气达到动态平衡时纱布中水的温度。湿球温度取决于湿空气的干球温度和湿度，是表示湿空气性质的重要参数之一。对于饱和空气，湿球温度与干球温度相等；对不饱和空气，湿球温度小于干球温度。

（七）绝热饱和温度 $t_{as}$

在绝热条件下，使湿空气增湿冷却并达到饱和时的温度，以 $t_{as}$ 表示，单位为℃或 K。

绝热饱和温度可在图 7-5 所示的绝热饱和冷却塔中测得。将一定量的湿空气与大量温度为 $t_{as}$ 的循环水充分接触。由于循环水量较大，而空气的流量是一定的（与湿球温度测量时的情况正好相反），因此水温可视为恒定。冷却塔与外界绝热，故热量传递只在气、液两相间进行。由于水温恒定，因此水分汽化所需的潜热只能来自空气。这样，空气的温度将逐渐下降，同时放出显热。但水汽化后又将这部分热量以潜热（忽略水汽的显热变化）的形式带到空气中，所以空气的温度不断下降，但焓却维持不变，即空气的绝热降压增湿过程为等焓过程。

若两相有足够长的接触时间，最终空气将被水汽所饱和，温度降至循环水温 $t_{\alpha s}$，该过程成为湿空气的绝热饱和冷却过程或等焓过程，达到稳定状态时的温度称为初始湿空气的绝热饱和温度，以 $t_{\alpha s}$ 表示；与之相对应的湿度称为绝热饱和湿度，以 $H_{\alpha s}$ 表示。

绝热饱和温度取决于湿空气的干球温度和湿度，也是湿空气的性质或状态参数之一。研究表明，对于空气-水汽体系，温度为 $t$、湿度为 $H$ 的湿空气，其绝热饱和温度与湿球温度近似相等。在工程计算中，常取 $t_w \approx t_{\alpha s}$。

### （八）露点

在一定的总压下，将不饱和湿空气（$\varphi<100\%$）等湿冷却至饱和状态（$\varphi=100\%$）时的温度，称为该湿空气的露点温度，以 $t_d$ 表示，单位为℃或K。

将不饱和湿空气等湿冷却至饱和状态时，空气的湿度变为饱和湿度，但数值仍等于原湿空气的湿度；而水汽分压变为露点温度下的饱和蒸气压，数值仍等于原湿空气中水汽分压。由式（7-4）得

$$p_{std} = \frac{pH}{(0.622+H)\varphi} = \frac{pH}{0.622+H} \tag{7-12}$$

式中：$p_{std}$ —— 露点温度下水的饱和蒸气压，Pa。

将湿空气的总压和湿度代入式（7-12）可求出 $p_{std}$，再从饱和水蒸气表中查出与 $p_{std}$ 相对应的温度，即为该湿空气的露点温度 $t_d$。将露点温度 $t_d$ 与干球温度 $t$ 进行比较，可确定湿空气所处的状态。

若 $t > t_d$，则湿空气处于不饱和状态，可作为干燥介质使用；若 $t = t_d$，则湿空气处于饱和状态，不能作为干燥介质使用；若 $t < t_d$，则湿空气处于过饱和状态，与湿物料接触时会析出露水。

空气在进入干燥器之前先进行预热可使过程在远离露点下操作，以免湿空气在干燥过程中析出露水，这是湿空气需预热的又一主要原因。

特别提示：由以上的讨论可知，对于湿空气，干球温度 $t$、湿球温度 $t_w$、绝热饱和温度 $t_{\alpha s}$ 及露点温度 $t_d$ 之间的关系为：

不饱和空气 $$t > t_w = t_{\alpha s} > t_d \tag{7-13}$$

饱和空气 $$t = t_w = t_{\alpha s} = t_d \tag{7-14}$$

**【例 7-1】** 常压（101.3 kPa）下，空气的干球温度为 50℃，湿度为 0.014 68 kg（水汽）/kg（绝干空气），试计算：（1）空气的相对湿度 $\varphi$；（2）空气的比体积 $v_H$；（3）空气的比热容 $C_H$；（4）空气的焓 $I$；（5）空气的露点温度 $t_d$。

解：（1）空气的相对湿度 $\varphi$

由附录八查得 $p_s = 12.34\ \text{kPa}$，由式（7-4）得

$$\varphi = \frac{pH}{(0.622+H)p_S} = \frac{101.3 \times 0.014\,68}{(0.622+0.014\,68) \times 12.34} = 18.93\%$$

（2）空气的比体积 $v_H$

由式（7-5）得 $v_H=\left(\frac{1}{29}+\frac{H}{18}\right)\times22.4\times\frac{t+273}{273}=(0.772+1.244\times0.01468)\times\frac{50+273}{273}$

$=0.935$（$m^3$/kg 绝干空气）

（3）空气的比热容 $C_H$

由式（7-7）得 $C_H=1.01+1.88H=1.01+1.88\times0.01468=1.038\,[kJ/(kg\cdot℃)]$

（4）空气的焓 $I$

由式（7-11）得 $I=(1.01+1.88H)t+2\,491H=(1.01+1.88\times0.01468)\times50+2\,491\times0.01468$

$=88.45$（kJ/kg 绝干空气）

（5）空气的露点温度 $t_d$

由式（7-12）得 $p_{std}=\frac{pH}{(0.622+H)\varphi}=\frac{pH}{0.622+H}=\frac{101.3\times0.01468}{0.622+0.01468}=2.336$（kPa）

由附录八查得空气的露点 $t_d$=19.6℃。

**【例 7-2】** 常压下湿空气的温度为 70℃、相对湿度为 10%。试求该湿空气中水汽的分压 $p_w$、湿度 $H$、比体积 $v_H$、比热容 $C_H$ 及焓 $I$。

解：查附录八得 70℃水的饱和蒸气压为 $p_s=31.16$ kPa，则湿空气中水汽的分压 $p_w$ 为

$p_w=0.1p_s=0.1\times31.16=3.116$（kPa）

$H=0.622\frac{p_w}{p-p_w}=0.622\times\frac{3.116}{101.33-3.116}=0.01973$（kg 水汽 / kg 绝干空气）

$v_H=(0.772+1.244H)\times\frac{273+t}{273}=(0.772+1.244\times0.01973)\times\frac{273+70}{273}$

$=1.001$（$m^3$/kg 绝干空气）

$C_H=1.01+1.88H=1.01+1.88\times0.01973=1.047$ [kJ/（kg 绝干空气 · ℃）]

$I=(1.01+1.88H)t+2\,491H=(1.01+1.88\times0.01973)\times70+2\,491\times0.01973$

$=122.4$（kJ/kg 绝干空气）

## 二、湿焓图及其应用

### （一）湿焓图

从上述讨论可知，湿空气各物性参数之间存在一定关系，如湿空气的焓与湿度之间存在一定关系，如果要从一个参数计算出另一个参数，通常用试差法计算，这种计算方式比较麻烦，如果将其关系作成图，由已知参数查未知参数则变得非常容易。图 7-6 是工程上常用的空气湿焓图。

在总压 $p$ 一定时，湿空气的各个参数（$t$、$p_s$、$H$、$\varphi$、$I$、$t_w$ 等）中只有两个参数是独立的，即规定两个互相独立的参数，湿空气的状态即被唯一地确定。工程上为方便起见，将诸参数之间的关系在平面坐标上绘制成湿度图。目前，常用的湿度图有两种，即 $H$-$T$ 图和 $I$-$H$ 图，本教材主要介绍 $I$-$H$ 图。

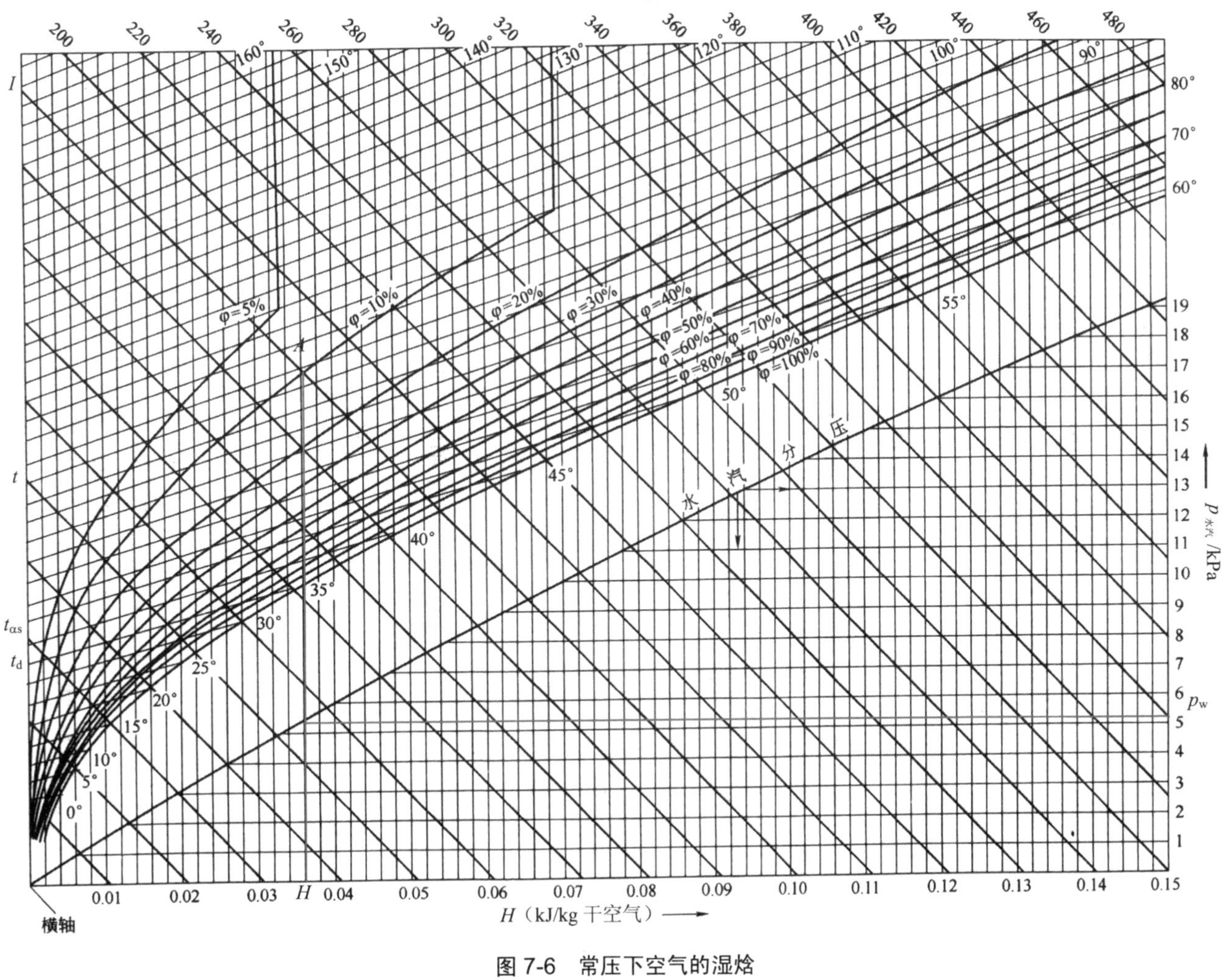


图 7-6　常压下空气的湿焓

*I-H* 图是以总压 $p$ =100 kPa 画出的，$p$ 偏离较大时此图不适用。纵坐标为 $I$（kJ/kg 绝干空气），横坐标为 $H$（kg 水汽/kg 绝干空气），注意两坐标的交角为 135°，而不是 90°，目的是使图中各种曲线群不至于拥挤在一起，从而提高读图的准确度。水平轴（辅助坐标）的作用是将横轴上的湿度值 $H$ 投影到辅助坐标上便于读图，而真正的横坐标 $H$ 在图中并没有完全画出。

*I-H* 图由等湿线群、等焓线群、等温线群、等相对湿度线群和湿空气中水蒸气分压 $p_w$ 线组成。

**1．等 *H* 线（等湿度线）**

等 $H$ 线为一系列平行于纵轴的直线。同一等 $H$ 线上不同点的 $H$ 值相同，但湿空气的状态不同（在一定 $p$ 下必须有两个独立参数才能确定空气的状态）；根据露点 $t_d$ 的定义，$H$ 相同的湿空气具有相等的 $t_d$，因此在同一条等 $H$ 线上湿空气的 $t_d$ 是不变的，换句话说 $H$、$t_d$ 不是彼此独立的参数。

**2．等 *I* 线（等焓线）**

等 $I$ 线为一系列平行于横轴（不是水平辅助轴）的直线。同一等 $I$ 线上不同点的 $I$ 值相同，但湿空气状态不同。前已述及湿空气的绝热增湿过程近似为等 $I$ 过程，因此等 $I$ 线也就是绝热增湿过程线。

**3．等 *t* 线（等温线）**

将式（7-11）$I=(1.01+1.88H)t+2\,491H$ 改写为 $I=1.01t+(1.88t+2\,491)H$，当 $t$ 一定时，*I-H* 为直线。各直线的斜率为 $1.88t+2\,491$，$t$ 升高，斜率增大，因此各等 $t$ 线不是平行的直线。

**4．等 *φ* 线（等相对湿度线）**

$$H=0.622\frac{\varphi p_s}{p-\varphi p_s}$$

$p$ 一定时，当 $\varphi$ 一定，$p_s=f(t)$，假设一个 $t$，求出 $p_s$，可算出一个相应的 $H$，将若干个（$t$，$H$）点连接起来，即为一条等 $\varphi$ 线。

注意，$\varphi=100\%$ 的线称为饱和曲线，线上各点空气为水蒸气所饱和，此线上方为未饱和区（$\varphi<1$），在这个区域的空气可以作为干燥介质。此线下方为过饱和区域，空气中含雾状水滴，不能用于干燥物料。

**5．$p_w$ 线（水蒸气分压线）**

由式（7-4）整理得

$$p_w=p_{std}=\frac{pH}{(0.622+H)\varphi}=\frac{pH}{0.622+H} \tag{7-15}$$

可见，当总压一定时，水蒸气分压 $p_w$ 是湿度 $H$ 的函数。当 $H\ll 0.622$ 时，$p_w$ 与 $H$ 可视为线性关系。在总压为 101.3 kPa 的条件下，根据式（7-15）在湿焓图上标绘出 $p_w$ 与 $H$ 之间的关系曲线，即为水蒸气分压线。为保持图面清晰，将水蒸气分压线标绘于饱和空气线 $\varphi=100\%$ 的下方，其水汽分压 $p_w$ 可从右端的纵轴上读出。

（二）湿焓图的应用

根据已知湿空气的物性参数，不需计算，利用湿焓图可以方便地查到其他物性参数，方便快捷。查图方法如下：

（1）根据空气中任意两个独立参数确定状态点，独立参数可以是湿度 $H$、焓 $I$、温度 $t$、相对湿度 $\varphi$ 中的任意两个参数。例如，若已知 $H$ 和 $t$ 两个参数，在湿焓图中确定湿空气状态点，如图 7-7 所示的 $A$ 点。

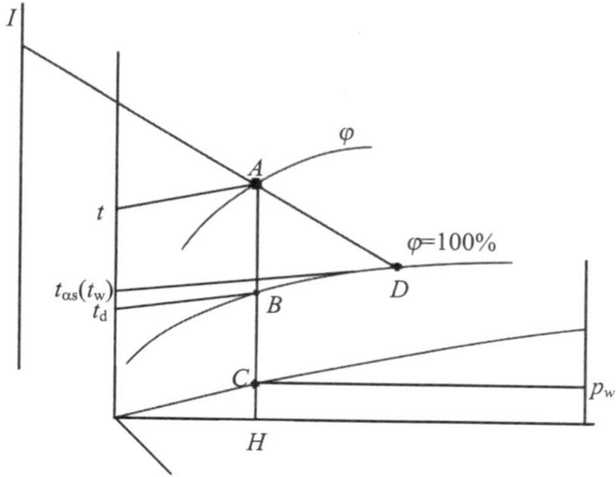


**图 7-7　湿焓图的应用**

（2）以 $A$ 点为基准查空气的其他物性参数：① 求湿空气的焓 $I$，则以 $A$ 点作平行于 $H$ 轴的线（不是水平线），该平行线即为等 $I$ 线，该等焓线所对应的焓值，即为湿空气的焓。② 求空气的相对 $\varphi$，过 $A$ 点的等相对湿度线所对应的值，即为空气的相对湿度。③ 求空气的露点温度 $t_d$，过 $A$ 点的等湿度线与 $\varphi$=100%的等相对湿度线交于 $B$ 点，过 $B$ 点等温线所对应的温度值，即为空气的露点温度。④ 求绝热饱和温度 $t_{\alpha s}$ 或湿球温度 $t_w$ （$t_{\alpha s} \approx t_w$），过 $A$ 点的等焓线与 $\varphi$ =100%的相对湿度线相交于 $D$ 点，过 $D$ 点等温线所对应的温度值，即为空气的绝热饱和温度 $t_{\alpha s}$ 或湿球温度 $t_w$ 。⑤ 求空气中水蒸气分压 $p_w$，过 $A$ 点的等湿线与水蒸气分压线交于 $C$ 点，$C$ 点对应右侧纵坐标的值为空气中水蒸气的分压。

**【例 7-3】** 已知湿空气的总压为 101.325 kPa，相对湿度为 50%，干球温度为 20℃。试用 $I$-$H$ 图做以下计算：（1）求湿空气的其他参数：水汽分压 $p_w$、湿度 $H$、焓 $I$、露点温度 $t_d$、湿球温度 $t_w$；（2）如果将上述含 500 kg/h 绝干空气的湿空气预热至 117℃，求所需的热量 $Q$。

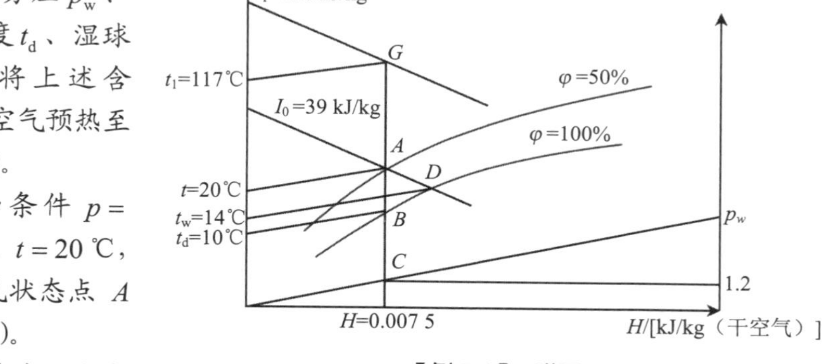


**【例 7-3】 附图**

解：（1）由已知条件 $p = 101.325\ \text{kPa}$、$\varphi = 50\%$、$t = 20\ ℃$，在 $I$-$H$ 图上定出湿空气状态点 $A$（如【例 7-3】附图所示）。

① 由 $A$ 点沿等 $H$ 线向下交水蒸气分压线于 $C$ 点，对应图右端纵坐标上读得 $p_w = 1.2\ \text{kPa}$。

② 由 $A$ 点沿等 $H$ 线向下，与水平轴交点的读数为 $H = 0.0075\ \text{kJ/kg}$ 干空气。

③ 沿 $A$ 点作等 $I$ 线，与纵轴交点的读数为 $I = 39\ \text{kJ/kg}$ 干空气。

④ 由 $A$ 点沿等 $H$ 线与 $\varphi = 100\%$ 饱和线相交于 $B$ 点，由等 $t$ 线读得 $t_d$=10℃。

⑤ 由 $A$ 点沿等 $I$ 线与 $\varphi = 100\%$ 饱和线相交于 $D$ 点，由等 $t$ 线读得 $t_w$=$t_{\alpha s}$=14℃。

（2）因湿空气通过预热器加热时其湿度不变，所以可由 $A$ 点沿等 $H$ 线向上与 $t_1$=117℃线相交于 $G$ 点，读得 $I_1 = 138\ \text{kJ/kg}$ 干空气（湿空气离开预热器的焓值）。

含 1 kg 干空气的湿空气通过预热器吸收的热量

$$Q' = I_1 - I_0 = 138 - 39 = 99 \text{（kJ/kg 干空气）}$$

含 500 kg/h 干空气的湿空气通过预热器所需要的热量

$$Q = 500Q' = 500 \times 99 = 49\,500\text{（kJ/h）} = 13.8\text{（kW）}$$

# 第三节　湿物料的性质

## 一、物料含水量的表示方法

### （一）湿基含水量

在干燥操作中，水分在湿物料中的质量分数为湿基含水量，以$\omega$表示，即

$$\omega = \frac{\text{水分质量}}{\text{湿物料总质量}} \times 100\% \tag{7-16}$$

### （二）干基含水量

干基含水量的定义为以 1 kg 绝干物料为基准时湿物料中水分的含量，以 $X$ 表示，单位为 kg 水/kg 绝干物料，其表达式为

$$X = \frac{\text{湿物料中水分的质量}}{\text{湿物料中绝干物料的质量}} \tag{7-17}$$

### （三）两种含水量的关系

$$\omega = \frac{X}{1+X} \quad \text{或} \quad X = \frac{\omega}{1-\omega} \tag{7-18}$$

## 二、物料中水分的性质

固体物料中所含的水分与固体物料结合的形式不同，对干燥速率影响很大，有时需要改变干燥方式。在干燥中，一般将物料中的水分按其性质或干燥情况予以区分。

### （一）水分与物料的结合方式

根据水分与物料的结合方式，水分可分为以下几种。

（1）附着水分，指湿物料表面机械附着的水分，它的存在方式与液体水相同。因此，在任何温度下，湿物料表面上附着水分的蒸气压 $p_W$ 等于同温度下纯水的饱和蒸气压 $p_V$，即 $p_W = p_V$。

（2）毛细管水分，指湿物料内毛细管中所含的水分。由于物料的毛细管孔道大小不一，孔道在物料表面上开口的大小也各不相同。根据物理化学表面现象知识可知，直径较小的毛细管中的水分，由于凹表面曲率的影响，其平衡蒸气压 $p_e^*$ 低于同温度下纯水的饱和蒸气压 $p_V$，即 $p_e^* < p_V$，而且水的蒸气压将随着干燥过程的进行而下降，因为此时已逐渐减少的水分仍存留于更小的毛细管中，这类物料称为吸水性物料。

（3）溶胀水分，指物料细胞壁或纤维皮壁内的水分，是物料组成的一部分。其蒸气压低于同温度下纯水的饱和蒸气压，即 $p_e^* < p_V$。

（4）化学结合水分，如结晶水等，靠化学结合力与物料结合在一起，因此其蒸气压低于同温度下纯水的饱和蒸气压，即 $p_e^* < p_V$。这种水分的去除不属于干燥的范围。

### （二）平衡水分与自由水分

#### 1. 平衡水分

在一定的空气状态下（$t$、$H$ 或 $\varphi$ 一定），物料与空气接触时间足够长，使物料含水量不因接触时间的延长而改变，此时物料所含的水分称为该物料在固定空气状态下的平衡水分，简称平衡含水量，在图 7-8 中以 $X^*$ 表示。平衡含水量是湿物料在该固定空气状态下的干燥极限。不同的空气状态，平衡含水量不一样。

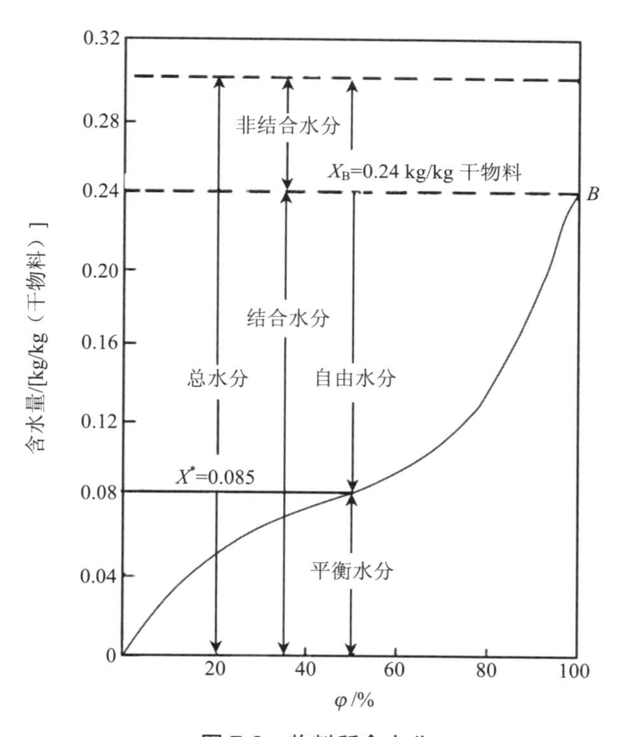


图 7-8 物料所含水分

#### 2. 自由水分

物料中超过平衡水分的那部分水分为自由水分，即能被一定状态的空气干燥去除的水分。总水分=平衡水分+自由水分。

### （三）结合水分与非结合水分

根据物料中水分除去的难易程度可分为结合水分和非结合水分。总水分=结合水分+非结合水分。

**1．结合水分**

结合水分是存在于物料细胞壁内及细毛细管内的水分，这部分水分与水的结合力较强，所产生的蒸气压低于同温度下水的饱和蒸气压，因此，在干燥过程中不宜被汽化除去。

**2．非结合水分**

非结合水分是指物料中吸附的水分及存在于粗毛细管中的水分，这部分水分与水的结合力较弱，所产生的蒸气压等于同温度下水的饱和蒸气压，因此，在干燥过程中宜被汽化除去。

# 第四节　干燥过程的计算

## 一、物料衡算

在对流连续干燥过程中，物料不会在干燥系统中累积，根据质量守恒定律，进入干燥系统物质的质量应等于流出该干燥系统物质的质量，即

$$LH_1 + GX_1 = LH_2 + GX_2 \tag{7-19}$$

下标“1”表示进口，“2”表示出口，式（7-19）可变换为

$$L = \frac{G(X_1 - X_2)}{H_2 - H_1} = \frac{W}{H_2 - H_1} \tag{7-19a}$$

式中：$L$—— 干空气的质量流量，kg/s；

$G$—— 干基物料的质量流量，kg/s；

$H$—— 湿空气的湿度，kg 水汽/kg 干空气；

$X$—— 干基含水量，kg 水/kg 绝干物料；

$W$——单位时间内从物料中蒸发的水分量，kg/s。

在实际生产过程中，含水量通常以湿基含水量$\omega$表示，物料衡算时注意将湿基含水量换算为干基含水量。

## 二、热量衡算

如图 7-9 所示，在对流连续干燥系统中，外界向干燥系统提供的热量总和应等于新鲜空气的温度从 $t_0$ 上升到 $t_2$ 吸收的热量、干燥器物料温度从 $t'_1$ 上升至 $t'_2$ 吸收的热量、干燥过程水汽化吸收的热量及系统热损失之和，即

$$Q_{总} = Q_P + Q_D = L(I_2 - I_0) + G_2(I'_2 - I'_1) + W(2\,490 + 1.88t_2 - 4.187t'_1) + Q_L \tag{7-20}$$

式中：$Q_{总}$—— 外界需向干燥系统提供的总热量，kW；

$Q_P$ —— 干燥器向干燥系统提供的热量，kW；

$Q_D$ —— 预热器向干燥系统提供的热量，kW；

$Q_L$ —— 干燥系统的热损失，kW；

$G_2$ —— 干燥器出口物料的质量流量，kg/s；

$I_1'$ —— 干燥后的物料在进口温度 $t_1'$ 下的焓，kJ/kg；

$I_2'$ —— 干燥后的物料在出口温度 $t_2'$ 下的焓，kJ/kg。

因为

$$I=(1.01+1.88H)t+2\,490H$$

$$I_2'-I_1'=c_{\mathrm{Hm}}(t_2'-t_1')$$

$$W=L(H_2-H_1)=L(H_2-H_0)$$

分别代入式（7-20）整理得

$$Q_{总}=L(1.01+1.88H_0)(t_2-t_0)+W(1.88t_2+2\,490-4.187t_1')+G_2c_{\mathrm{Hm}}(t_2'-t_1')+Q_L \quad (7\text{-}21)$$

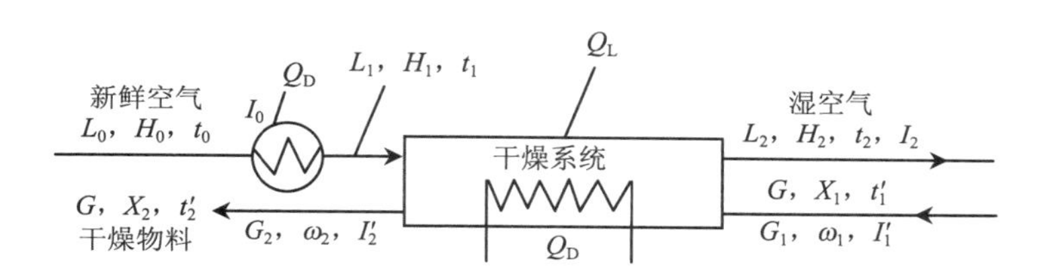


**图 7-9　干燥系统热量衡算**

若忽略新鲜空气中水蒸气在干燥系统中吸收的热量（正值）、被蒸发水分带入干燥系统的焓（负值）和干燥器出口物料中的水分从 $t_1'$ 升至 $t_2'$ 所吸收的热量（正值），则式（7-21）可改写为

$$Q_{总}=1.01L(t_2-t_0)+W(1.88t_2+2\,490)+Gc_m(t_2'-t_1')+Q_L \quad (7\text{-}22)$$

式中：$c_m$ —— 干基物料的比热容，kJ/（kg 绝干物料 • ℃）。

用式（7-22）计算出干燥系统所需的总热量，误差很小，能满足要求。

## 三、干燥器的热效率

通常将干燥系统的热效率定义为水分蒸发消耗的热量占总消耗热量的百分率，其计算式为

$$\eta=\frac{蒸发水分所需的热量}{向干燥系统输入的总热量}\times 100\%$$

即

$$\eta\approx\frac{W(2\,490+1.88t_2)}{Q_{总}}\times 100\% \quad (7\text{-}23)$$

**【例 7-4】**在常压干燥器中，用新鲜空气干燥某种湿物料。已知条件为：温度 $t_0=15$ ℃、焓 $I_0=33.5$ kJ/kg 干空气的新鲜空气，在预热器中加热到 $t_1=90$ ℃后送入干燥器，空气离开干燥器时的温度为 50℃。预热器的热损失可以忽略，干燥器的热损失为 11 520 kJ/h，没有向

干燥器补充热量。每小时处理 280 kg 湿物料，湿物料进干燥器时温度$t_1'=15$ ℃、干基含水率 $X_1=0.15$，离开干燥器时物料温度 $t_2'=40$ ℃、$X_2=0.01$。干基物料比热容 $C_m=1.16$ kJ/(kg・℃)。试求：（1）干燥产品质量流量；（2）水分蒸发量；（3）新鲜空气消耗量；（4）干燥器的热效率。

解：干基物料的质量流量为

$$G=\frac{G_1}{1+X_1}=\frac{280}{1+0.15}=243.5\text{（kg/h）}$$

新鲜空气焓与空气湿度的关系为

$$I_0=(1.01+1.88H_0)t_0+2\,490H_0=33.5\text{（kJ/kg 干空气）}$$

将$t_0=15$ ℃代入该式解得

$$H_0=0.007\,29\text{（kg/kg 干空气）}$$

（1）干燥产品质量流量 $G_2=G(1+X_2)=243.5\times(1+0.01)=245.9$（kg/h）

（2）水分蒸发量 $W=G(X_1-X_2)=243.5\times(0.15-0.01)=34.1$（kg/h）

（3）新鲜空气消耗量 $L_w=L(1+H_0)$

$$L=\frac{W}{H_2-H_0}=\frac{34.1}{H_2-0.007\,29} \tag{1}$$

对干燥器进行热量衡量（$Q_D=0$）：$L(I_1-I_2)=G(I_2'-I_1')+Q_L$

因为 $I_1=(1.01+1.88\times0.007\,29)\times90+2\,490\times0.007\,29=110.3$（kJ/kg 干空气）

$$I_1'=(c_m+4.187X_1)t_1'=(1.16+4.187\times0.015)\times15=26.8\text{（kJ/kg 绝干物料）}$$

$$I_2'=(1.16+4.187\times0.01)\times40=48.1\text{（kJ/kg 绝干物料）}$$

则

$$L(110.3-I_2)=243.5\times(48.1-26.8)+11\,520$$

经整理得

$$L=\frac{16\,707}{110.3-I_2} \tag{2}$$

$$I_2=(1.01+1.88H_2)\times50+2\,490H_2=50.5+2\,584H_2 \tag{3}$$

式（1）、式（2）、式（3）联立解得

$$H_2=0.020\,62\text{（kg/kg 干空气）}$$

故

$$L=\frac{34.1}{0.020\,62-0.007\,29}=2\,558\text{（kg 干空气/h）}$$

$$L_w=L(1+H_0)=2\,558\times(1+0.007\,29)=2\,576\text{（kg 湿空气/h）}$$

（4）干燥器的热效率

$$\eta = \frac{W \times (2\,490 + 1.88t_2)}{Q_P} \times 100\%$$
$$= \frac{34.1 \times (2\,490 + 1.88 \times 50)}{2\,558 \times (110.3 - 33.5)} \times 100\%$$
$$= 44.85\%$$

## 四、干燥速率与干燥速率曲线

### （一）干燥速率

单位时间内，单位干燥面积上汽化的水分量称为干燥速率，其数学表达式为

$$U = \frac{\mathrm{d}W}{S\mathrm{d}\tau} = -\frac{G\mathrm{d}X}{S\mathrm{d}\tau} = -\frac{G}{S} \times \frac{\Delta X}{\Delta \tau} \tag{7-24}$$

式中：$U$ —— 干燥速率，kg 水/（$m^2 \cdot s$）；

$S$ —— 干燥面积，$m^2$；

$\tau$ —— 干燥时间，s。

### （二）干燥实验及干燥实验曲线

干燥实验装置如图 7-10 所示，是在恒定条件下（即空气的温度、湿度、流速及其与物料的接触状态等保持恒定）的大量空气中将少量的湿物料试样悬挂在天平上，定时测量不同时刻湿物料的质量 $G'$，直到物料的质量恒定为止。然后将物料放入电烘箱烘干到质量恒定，即可得到绝干物料的质量 $G$。并求得干基含水量 $X=(G'-G)/G$，则物料的干基含水量 $X$ 与干燥时间 $\tau$ 关系曲线称为物料的干燥实验曲线。如图 7-11 所示。从实验曲线上可以看出，物料的干燥过程分为 $AB$、$BC$ 及 $CDE$ 3 个阶段。

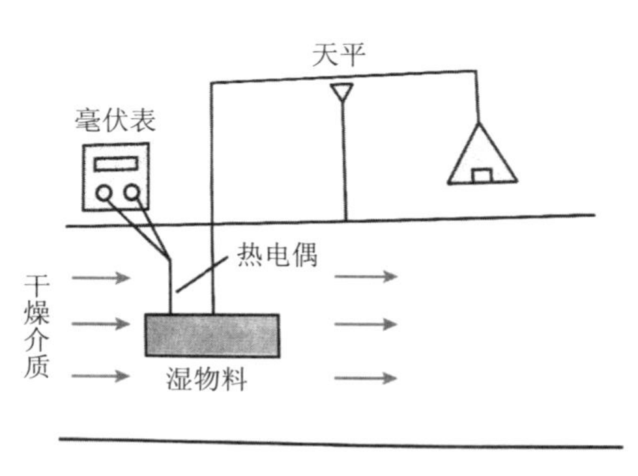


图 7-10 干燥实验装置

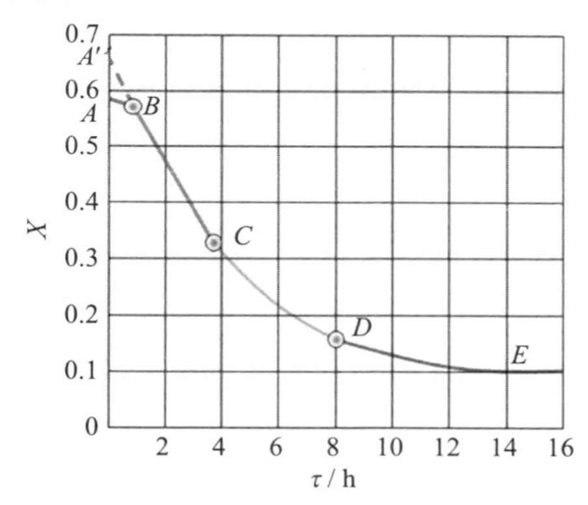


图 7-11 干燥实验曲线

### （三）干燥速率曲线

由实验测得的实验数据计算$\frac{\Delta X}{\Delta \tau}$，然后用式（7-24）计算出不同干燥时刻的干燥速率$U$，绘制物料的干基含水量$X$与不同干燥时刻的干燥速率$U$的关系曲线，得到如图7-12所示的干燥速率曲线。

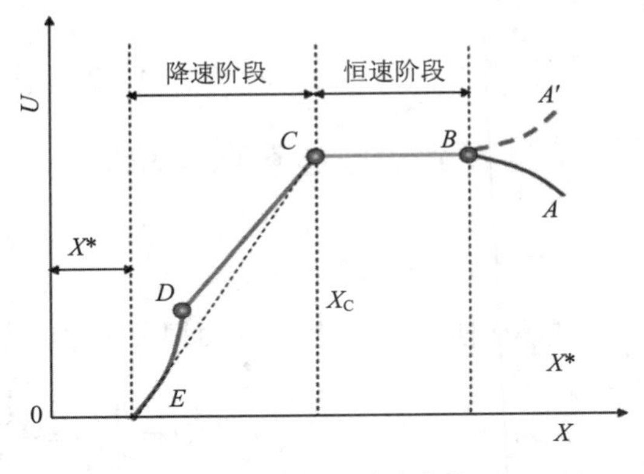


图7-12　干燥速率曲线

**1．恒速干燥阶段 *BC***

图7-12干燥速率曲线分3段，由于干燥过程刚开始，被干燥物料温度较低，外部向系统提供热量的一部分用于物料升高温度，所以$AB$段为物料升温并伴随干燥；当被干燥物料温度上升至一定程度时，外部向系统提供的热量全部用于被干燥物料中水的汽化，在外部向系统提供的热量是恒速时，干燥速率也应恒速，即图中$BC$段为恒速干燥阶段。由于$AB$段所用的时间短，通常划归到恒速干燥阶段。

**2．降速干燥阶段 *CDE***

当物料内部的水分不能很快向表面迁移时，此时转入降速干燥阶段，所以图中$CDE$段为降速干燥阶段。

不同类型物料结构不同，降速阶段速率曲线的形状也不同。但均可以划分为两个阶段，即恒速干燥和降速干燥阶段。在从恒速干燥阶段转到降速干燥阶段时，有一转折点称为临界点，即图7-12中的$C$点，在计算干燥时间时，以临界点为分界线，对恒速干燥时间和降速干燥时间分别进行计算。临界点对应的干燥参数有临界干燥速率$U_C$和临界含水量$X_C$。

临界含水量$X_C$可通过实验求得，也可查有关资料获得。$X_C$值对干燥时间影响较大，$X_C$值大，物料便会较早地转入降速干燥阶段，使相同干燥任务所需的干燥时间加长。

$E$点：$E$点的干燥速率为零，$X^*$即为操作条件下的平衡含水量。

特别提示：干燥曲线或干燥速率曲线是在恒定的空气条件下获得的，对指定的物料，空气的温度、湿度不同，速率曲线的位置也不同。

## 五、干燥时间的计算

前已述及，整个干燥过程可分为恒速干燥和降速干燥两个阶段，干燥时间也应分段计算。计算干燥时间需对干燥速率微分式积分求解。

### （一）恒速干燥时间

在恒速干燥阶段，干燥时间从$0 \rightarrow \tau_1$，物料的含水率从$X_1 \rightarrow X_c$，则对式（7-24）分离变量积分

$$\int_0^{\tau_1} d\tau = -\frac{G}{U_c S}\int_{X_1}^{X_c} dX$$

$$\tau_1 = \frac{G}{SU_c}(X_1 - X_c) \tag{7-25}$$

式中：$U_c$ —— 临界干燥速率，即恒速干燥速率，kg 水/（$m^2$ • s）；

$X_1$ —— 物料初始含水率；

$X_c$ —— 临界含水率。

$U_c$ 可通过实验获得，也可用下式估算：

$$U_c \approx \frac{\alpha}{r_{tw}}(t - t_w) \tag{7-26}$$

式中：$t$ —— 恒定干燥条件下空气的平均温度，℃；

$t_w$ —— 初始状态下空气的湿球温度，℃；

$\alpha$ —— 对流传热系数，W/（$m^2$ • ℃）；

$r_{tw}$ —— 湿球温度下液体的汽化潜热，kJ/kg。

热流体流过湿物料的方式不同，$\alpha$计算式也不同，通常有以下几种计算方式：

（1）空气平行流过静止物料表面

$$\alpha = 0.020\,4(L')^{0.8} \tag{7-27}$$

式中：$L'$ —— 湿空气质量流速，kg/（$m^2$ • h）。

式（7-27）的应用条件是 $L' = 2\,450$～$29\,300$ kg/（$m^2$ • h），$t = 45$～$150$ ℃。

（2）空气垂直流过静止物料表面

$$\alpha = 1.17(L')^{0.37} \tag{7-28}$$

式（7-28）的应用条件是 $L' = 3\,900$～$19\,500$ kg/（$m^2$ • h）。

（3）气体与运动颗粒间的传热

$$\alpha = \frac{\lambda}{d_m}\left[2 + 0.54\left(\frac{d_m u_t}{v}\right)^{0.6}\right] \tag{7-29}$$

式中：$d_m$ —— 颗粒的平均粒径，$m^2$；

$\lambda$ —— 空气的导热系数，W/（m • ℃）；

$u_t$ —— 颗粒沉降速度，m/s；

$v$ —— 空气运动黏度，$m^2$/s。

### （二）降速干燥时间

在降速干燥阶段，干燥时间从$\tau_1 \to \tau_2$，物料的含水率从 $X_c \to X_2$，则对式（7-24）分离变量积分

$$\tau_2 = -\frac{G}{S}\int_{X_c}^{X_2}\frac{dX}{U} \tag{7-30}$$

$U$ 随 $X$ 变化而变化，如果 $U$—$X$ 呈线性关系，直线斜率为

$$k_X = \frac{U}{X - X^*} = \frac{U_c}{X_c - X^*}$$

$$U_c = k_X(X_c - X^*)$$

对式（7-30）积分得

$$\tau_2 = \frac{G}{Sk_X}\ln\frac{X_c - X^*}{X_2 - X^*} = \frac{G}{U_c S}(X_c - X^*)\ln\frac{X_c - X^*}{X_2 - X^*}$$

如果作近似计算，$X^* = 0$，$k_X = \frac{U_c}{X_c}$

则
$$\tau_2 \approx \frac{GU_c}{SX_c}\ln\frac{X_c}{X_2} \tag{7-30a}$$

总干燥时间
$$\tau = \tau_1 + \tau_2 = \frac{G}{SU_c}(X_1 - X_c) + \frac{G}{Sk_X}\ln\frac{X_c - X^*}{X_2 - X^*} \tag{7-31}$$

如果 $U$—$X$ 呈曲线关系，则应用图解积分或辛普森公式求解。

**【例 7-5】**在间歇干燥器中，将 500 kg 湿物料由最初含水量 15%干燥到 0.8%（湿基）。由实验测得干燥条件下降速干燥阶段的干燥速率曲线为直线，物料的临界含水量 0.11（干基），平衡含水量 0.002（干基），等速阶段的干燥速率为 1 kg 水/（$m^2$ • h），每批操作的湿物料提供的干燥表面积为 40 $m^2$，试求干燥时间。

解：将物料的湿基参数转换成干基参数

$$G = 500 \times (1 - 0.15) = 425\text{（kg）}$$

$$X_1 = \frac{0.15}{1 - 0.15} = 0.176\,5$$

$$X_2 = \frac{0.008}{1 - 0.008} = 0.008\,06$$

恒速阶段干燥时间为

$$\tau_1 = \frac{G(X_1 - X_c)}{U_c S} = \frac{425 \times (0.176\,5 - 0.11)}{1 \times 40} = 0.706\,6\text{（h）}$$

降速阶段干燥时间为

$$\tau_2 = \frac{G}{U_c S}(X_c - X^*)\ln\frac{X_c - X^*}{X_2 - X^*}$$
$$= \frac{425}{1 \times 40} \times (0.11 - 0.002) \times \ln\frac{0.11 - 0.002}{0.008\,06 - 0.002} = 3.305\text{（h）}$$

每批干燥所需的总时间为

$$\tau = \tau_1 + \tau_2 = 0.706\,6 + 3.305 = 4.012\text{（h）}$$

## 第五节　干燥设备

### 一、干燥器的基本要求

在工业生产中，由于被干燥物料的形状和性质各不相同，要求干燥产品的含湿率不同，生产规模或生产能力差别也很大，所以，干燥方法和干燥器的形式也有多种。在设计或选择干燥器时应考虑以下几点内容：① 选择的干燥器应能保证被干燥物料的工艺要求，如产品的含湿率、产品的形状等；② 干燥系统的热效率高，以节约能耗；③ 干燥速率快，以缩短干燥时间；④ 干燥系统的流体阻力小，以降低输送干燥介质的能耗；⑤ 操作方便，系统便于维修。

### 二、干燥器的分类

由于干燥介质不同，干燥器的结构也多种多样，实际用于工业生产中的干燥器，通常按以下方法分类：① 按操作压力分类，可分为常压干燥器和真空干燥器。② 按加热方式分类，可分为对流干燥器、导热干燥器、辐射干燥器、介电加热干燥器和冷冻干燥器。③ 按干燥器的结构分类，可分为转筒式干燥器、厢式干燥器、流化床式干燥器、气流输送式干燥器、喷雾式干燥器等。④ 按操作方式分类，可分为间歇式干燥器和连续式干燥器。

### 三、常用对流干燥器简介

#### （一）厢式干燥器

图 7-13 为常压厢式干燥器，又称盘式干燥器。湿物料装在盘架上的浅盘中，盘架用小推车推进厢内。空气进入干燥厢，与废气混合后，经风机增压，少量混合气体由出口排出，其余经加热器预热后沿挡板均匀地进入各物料层，与湿物料表面接触，对物料进行干燥。增湿降温后的废气进入风机再循环。浅盘中的物料干燥一定时间后即达到产品含湿量要求，由器内取出。

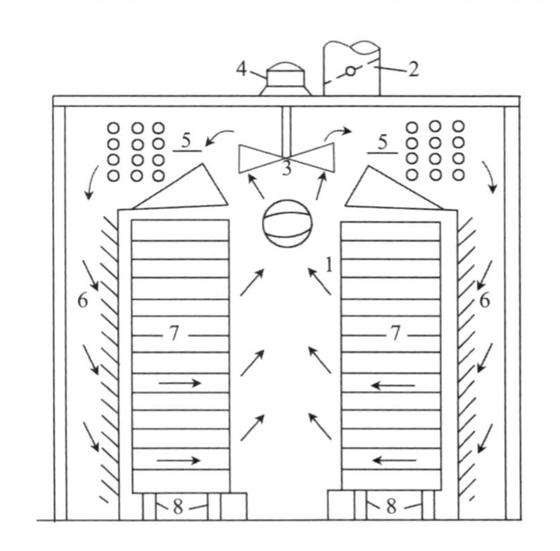


1—空气入口；2—空气出口；3—风机；4—电动机；5—加热器；6—挡板；7—盘架；8—移动轮。

图 7-13　厢式干燥器

厢式干燥器的优点是：构造简单，设备费用低；对物料的适应性较强，可同时干燥几种物料，适合于小批量的粉粒状、片状、膏状、脆性物料等的干燥。其缺点是：间歇操作，装卸料劳动强度大；热空气只与表面物料直接接触，获得的干燥产品含湿率不均匀，且干燥时间较长。对于粒状物料，若改用网式浅盘，热空气可穿过物料层从而增大气固接触面积、减少干燥时间，降低干燥产品的不均匀性。

### （二）转筒干燥器

空气直接加热式转筒干燥器的圆形干燥筒体稍有倾斜，慢速旋转，物料自干燥筒体高端加入，由低端排出；筒体内壁装有若干抄板，筒体旋转时能将物料抄起，然后物料因自重而落下，这样可以将内部湿料抄到表面，以增大物料与热空气的接触面积，提高干燥速率。干燥介质可用热空气、烟道气或其他气体，物料与干燥介质的流向可以是逆流（图 7-14），也可以是并流。

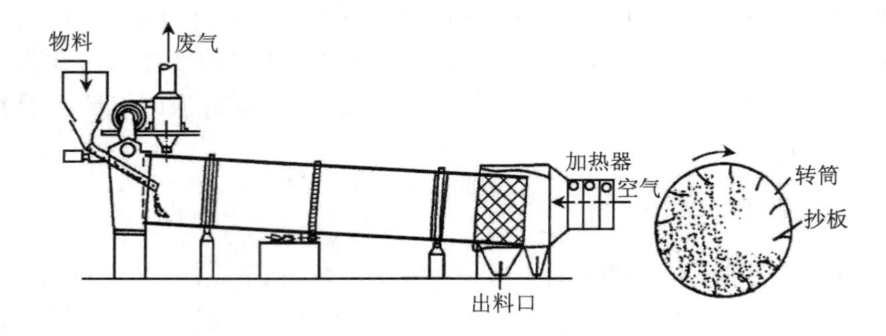


图 7-14 热空气直接加热的逆流操作转筒干燥器

若并流操作，高温气体与刚进入的湿物料接触，物料在水分表面汽化阶段保持湿球温度。当物料接近出口时，物料温度逐渐上升，此时气体温度已下降，物料温度不会升高很多，因此并流干燥适合于热敏性物料。

若逆流操作，刚进入干燥系统的高温、低湿气体与将要排出干燥器的物料接触，可提高降速干燥阶段的速率，降低物料的含水率，因此逆流操作适用于耐高温且在降速干燥阶段难以除去水分的物料。因为排出的物料温度较高，所以热量消耗较大。

气流速度依据物料粒度和密度来确定，以物料不被气流带出为基准。物料在转筒内的停留时间可通过调节转筒的转数来控制，停留时间应根据物料的初始含水率和产品含水率来确定。

转筒干燥器适用于粉粒状、片状及块状物料的连续干燥。其主要优点是：可连续操作，处理量大；与气流干燥器、流化床干燥器相比，对物料含水量、粒度等变动的适应性强；操作稳定可靠。缺点是设备笨重、占地面积大。

### （三）流化床干燥器

流化床干燥器又称沸腾床干燥器。如图 7-15 所示为单层流化床干燥器，图 7-16 所示为卧式多室流化床干燥器。湿物料经进料器进入床层，热空气由下而上通过多孔气体分布板。在一定的气速下，颗粒被气流吹起，呈悬浮状态（大部分颗粒不能被气流带出），气体和固体颗粒充分接触，进行干燥。干燥后的产品由床层侧面出料管溢流排出，气流由顶部排出，经旋风分离器回收其中夹带的物料微粒。

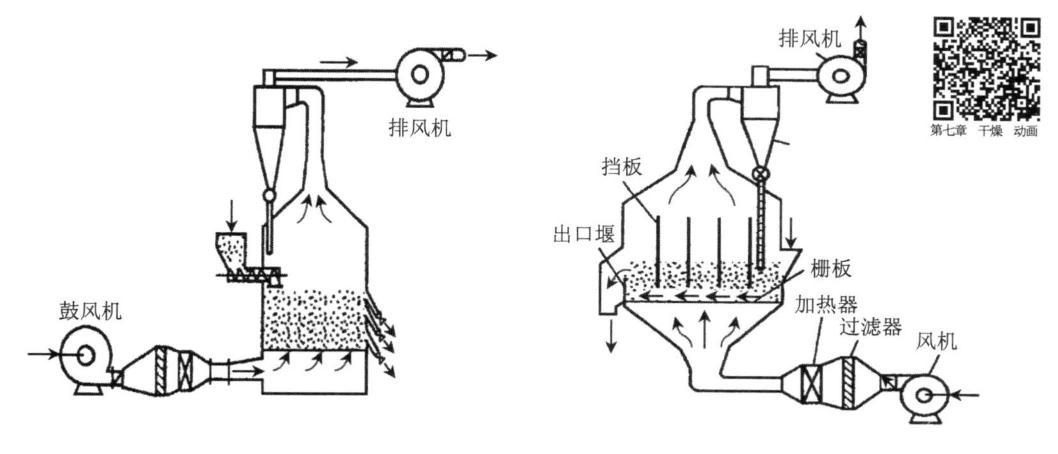


图 7-15 单层流化床干燥器

图 7-16 卧式多室流化床干燥器

在单层流化床中，有的颗粒因短路而在床层中的停留时间很短，未达到干燥要求即排出；有的颗粒因返混，停留时间较长。而多室流化床干燥器中装有多个挡板，在挡板的导向作用下，颗粒逐室流动，以防止未干颗粒排出，提高了物料在干燥器中分布的均匀性。

流化床干燥器的主要优点是：床层温度均匀，传热速度快，处理能力大，能使物料含水量降至很低；物料停留时间范围在几分钟到几小时，操作弹性大；物料依靠进、出口床层高度差自动流向出口，无须输送装置；结构简单，可动部件少，操作稳定。缺点是：对物料的形状和粒度有限制。

### （四）气流输送式干燥器

气流输送式干燥器又称气流干燥器，其结构如图 7-17 所示。直立干燥管直径为 300～500 mm，高为 10～20 m。干燥管下部有笼式破碎机，作用是破碎饼状和块状湿物料，同时剧烈搅拌物料，增大物料与热空气接触面积。当进口湿物料含水量较多、加料有困难时，可送回部分干燥产品粉末与湿料混合，使湿料易破碎。

物料在干燥管中被高速上升的热气流分散，悬浮于气流中，边干燥边随气流流动。当物料到达干燥管顶端时，即达到了规定的干燥产品含水率要求。这种形式的干燥器可除去总含水量的 50%～80%。

气流干燥器的主要优点是：粉粒状物料分散悬浮于热风中，气、固两相间扰动程度大，接触面积也大，所以干燥速度快，从湿物料投入到产品排出，通常只需 1～2 s，气流干燥也可称为“瞬间干燥”；可以干燥饼状和块状物料；干燥均匀；由于热风与物料并流操作，即使热风高达 800℃，产品温度不超过 90℃，适用于热敏性和低熔点物料；干燥器构造简单，占地面积小。其缺点是：因流速大导致流体输送能耗高；物料颗粒有一定磨损，不适用于对晶体有一定要求的物料。

### （五）喷雾干燥器

喷雾干燥器的原理是利用喷雾器将溶液、浆液或悬浮液的物料喷洒成直径为 10～200 μm 的液滴后进行干燥，因分散于热气流中的液滴小，水分被迅速汽化而达到干燥的目的。

图 7-18 是喷雾干燥流程示意图，物料由高压泵送到干燥器顶部，经压力喷嘴喷成雾状液滴，与进入干燥器的热空气充分混合后，向干燥室下部流动。在流动过程中，液滴物料中水分迅速汽化，当流至气、固两相分离室内后，固体物料因重力作用落到分离室底部，空气经旋风分离器和排风机排出，干燥产品由分离室底部排出。喷雾干燥器也可逆流操作，即热空气从干燥室下部沿圆周分布进入。

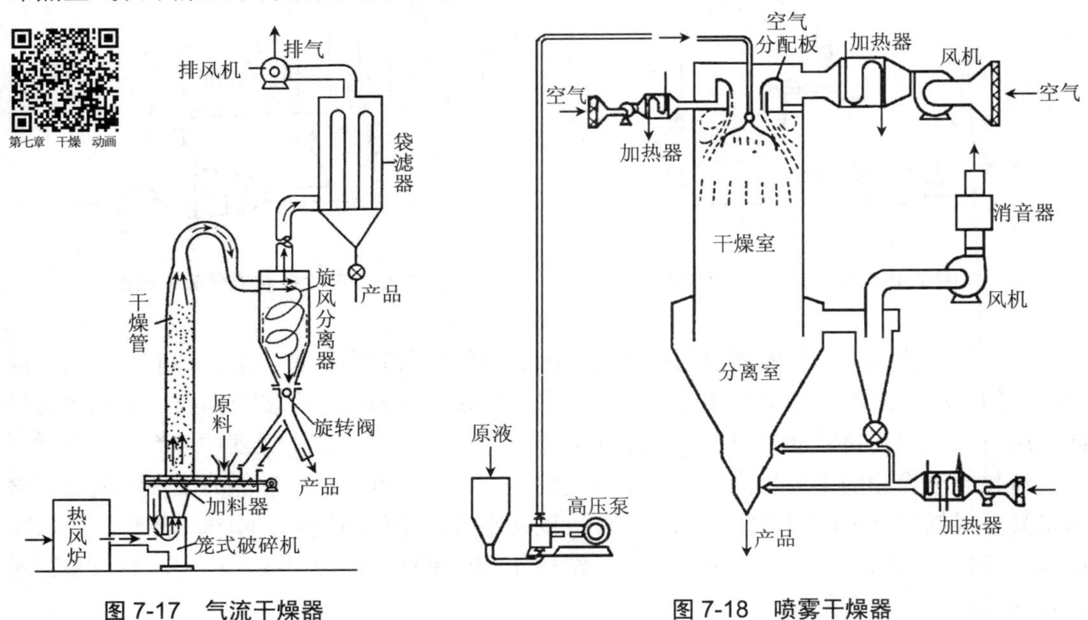


图 7-17 气流干燥器

图 7-18 喷雾干燥器

在喷雾干燥过程中，喷雾器质量的优劣直接影响干燥产品的质量。喷雾器的工作过程是：悬浮液体在压力喷嘴式喷雾器的旋转室中剧烈旋转后，通过锐孔形成膜状，喷射出来成为泡状雾滴，雾滴的中心有空气，干燥后形成中空粉粒产品。例如，用这种喷雾干燥器生产的洗衣粉就是中空粉粒状，溶解性能好。

喷雾干燥器的主要优点是：液滴直径小，气液接触面积大，扰动剧烈，所以干燥速度快，干燥时间短，通常为 20～30 s；在恒速干燥阶段（即液滴水分多的阶段），物料表面温度接近湿球温度（当热风温度为 180℃时，其温度约为 45℃），因此，该干燥器适用于热敏性物料的生产。其缺点是：空气用量大，排气温度高，导致干燥器体积较大，能耗较高。

## 四、非对流式干燥器

### （一）冷冻干燥器

冷冻干燥也称升华干燥，是将湿物料冷冻至冰点以下，然后将其置于高真空中加热，使其中的水分由固态直接升华为气态，再经冷凝除去，从而达到干燥的目的。

如图 7-19 所示，冷冻干燥器内设有若干层导热隔板，隔板内设有冷冻管和加热管，分别对物料进行冷冻和加热。冷凝器内设有若干组螺旋冷凝蛇管，其作用是对升华的水汽进行冷凝。工作时，首先对湿物料进行预冻，预冻温度比共熔点低 10～15℃，保持 1～2 h 以克服溶液的过冷现象。待物料完全冻结后开始抽真空，待物料内的冻结冰全部升华完毕，将板温升高至30℃左右，当物料温度与板温一致时，即达干燥终点。

冷冻干燥可保持物料原有的化学组成和物理性质（如多孔结构、胶体性质等），特别适用于热敏性物料的干燥。对抗生素、生物制剂等药物的干燥，冷冻干燥几乎是无可替代的干燥方法。但冷冻干燥的设备投资较大，干燥时间较长，能量消耗较高。

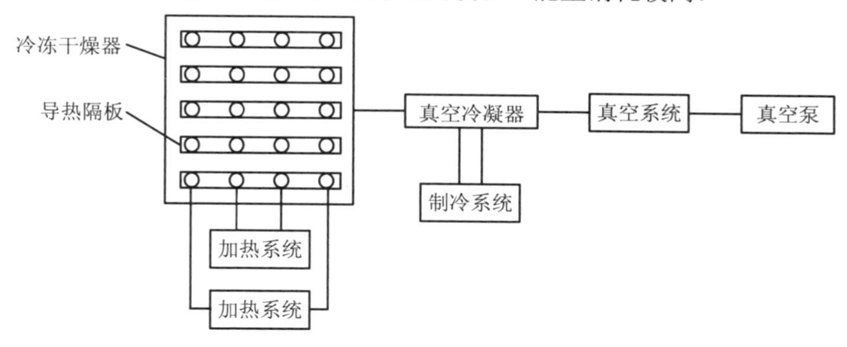


图 7-19　冷冻干燥流程

（二）红外干燥器

红外干燥器是利用红外辐射器发出的红外线被湿物料所吸收，引起分子激烈共振并迅速转变为热能，从而使物料中的水分汽化达到干燥的目的。由于物料对红外辐射的吸收波段大部分位于远红外区域，如水、有机物等在远红外区域具有很宽的吸收带，因此在实际应用中远红外干燥技术最为常用。

如图 7-20 所示的隧道式远红外干燥器是一种连续式红外干燥设备，它主要由远红外发生器、物料传送装置和保温排气罩组成。远红外发生器由煤气燃烧系统和辐射源组成，其中辐射源是以铁铬铝丝制成的煤气燃烧网。当煤气与空气的混合气体在煤气燃烧网上燃烧时，铁铬铝丝网即发出远红外线。工作时，装有物料的浅盘由链条传送带连续输入和输出隧道，物料在通过隧道的过程中不断吸收辐射器发出的远红外线，从而使所含的水分不断被汽化除去。

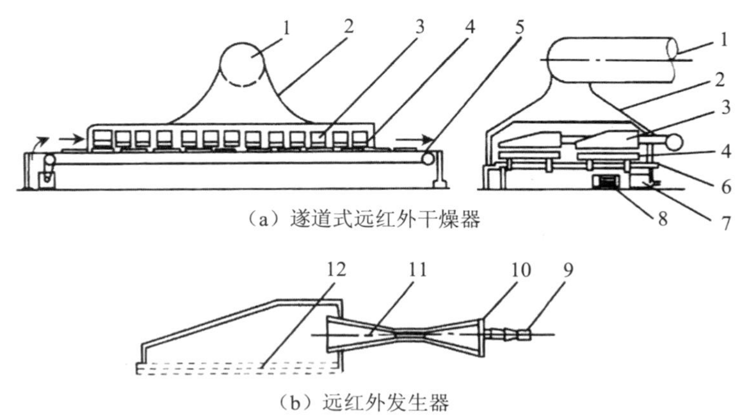


（a）遂道式远红外干燥器

（b）远红外发生器

1—排风管；2—罩壳；3—远红外发生器；4—物料盘；5—传送链；6—隧道；
7—变速箱；8—电动机；9—煤气管；10—调风板；11—喷射器；12—煤气燃烧网。

图 7-20　隧道式远红外干燥器

红外干燥器是一种辐射干燥器，工作时不需要干燥介质，从而可避免废气带走大量的热量，故热效率较高。此外，红外干燥器具有结构简单、造价较低、维修方便、干燥速度快、控温方便迅速、产品均匀清净等优点，但红外干燥器一般仅限于薄层物料的干燥。

（三）微波干燥器

微波干燥器主要由直流电源、微波发生器（微波管）、连接波导、微波加热器（干燥室）和冷却系统组成，如图 7-21 所示。微波发生器的作用是将直流电源提供的高压电转换成微波能量。波导由中空的光亮金属短管组成，其作用是将微波能量传输至微波加热器以对湿物料进行加热干燥。冷却系统用于对微波管的腔体等部分进行冷却，冷却方式可以采用风冷或水冷。

微波炉是最常用的微波干燥器，其工作原理如图 7-22 所示。腔内被干燥物料受到来自各个方向的微波反射，使微波几乎全部用于湿物料的加热。微波干燥器是一种介电加热干燥器，水分汽化所需的热能并不依靠物料本身的热传导，而是依靠微波深入到物料内部，并在物料内部转化为热能，因此微波干燥的速度很快。微波加热是一种内部加热方式，且含水量较多的部位，吸收能量也较多，即具有自动平衡性能，从而可避免常规干燥过程中的表面硬化和内外干燥不均匀现象。微波干燥的热效率较高，并可避免操作环境的高温，劳动条件较好。缺点是设备投资大，能耗高，若安全防护措施欠妥，泄漏的微波会对人体造成伤害。

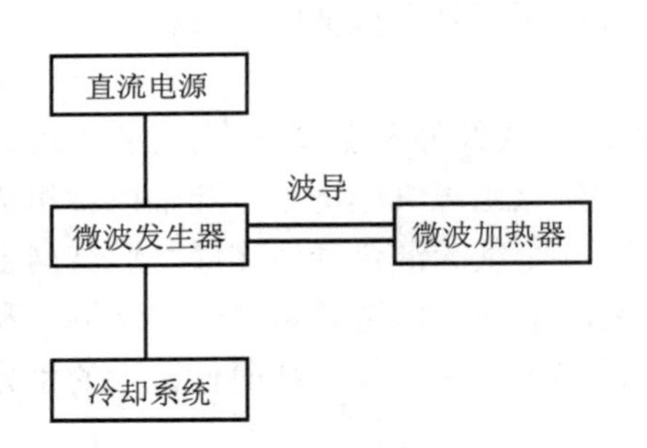


**图 7-21 微波干燥器的组成**

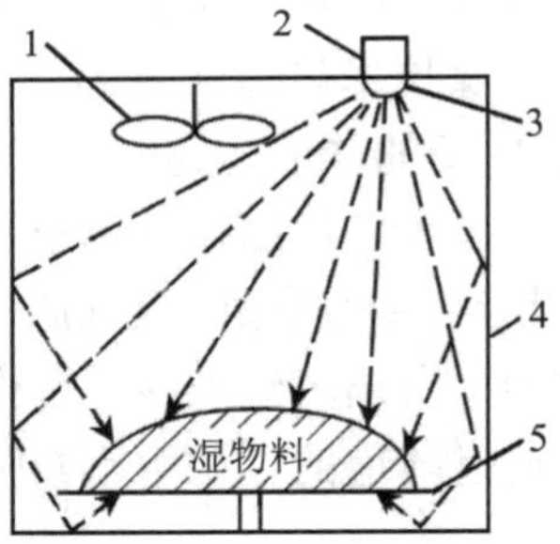

1—排风扇；2—磁控管；3—反射板；4—腔体；5—塑料盘。

**图 7-22 微波炉的工作原理**

## 五、干燥器的选用

干燥器的种类很多，特点各异，实际生产中应根据被干燥物料的性质、干燥要求和生产能力等具体情况选择适宜的干燥器。

在制药化工生产中，许多产品要求无菌、避免高温分解及污染，故制药化工生产中所用的干燥器常用不锈钢材料制造，以保证产品的质量。

对于特定的干燥任务，常可选出几种适用的干燥器，此时应通过经济衡算来确定。干燥过程的操作费用往往较高，因此即使设备费用在某种程度上高一些，也宁可选择操作费用较低的设备。

从操作方式来看，间歇操作的干燥器适用于小批量、多品种、干燥条件变化大、干燥时间长的物料的干燥；而连续操作的干燥器可缩短干燥时间，提高产品质量，适用于品种单一、大批量的物料的干燥。

从物料的角度来看，对于热敏性、易氧化及含水量要求较低的物料，宜选用真空干燥器；对于生物制品等物料，宜选用冷冻干燥器；对于液状或悬浮液状物料，宜选用喷雾干燥器；对于形状有要求的物料，宜选用厢式、隧道式或微波干燥器；对于糊状物料，宜选用厢式干燥器、气流干燥器和沸腾床干燥器；对于颗粒状或块状物料，宜选用气流干燥器、沸腾床干燥器等。

## 复习思考题

### 一、选择题

1. 物料的平衡水分一定是（　）。

A. 非结合水分　　B. 自由水分　　C. 结合水分

2. 已知湿空气的下列哪两个参数，利用 $H$-$I$ 图可以查得其他未知参数（　）。

A. 水汽分压 $p$、湿度 $H$　　B. 露点 $t_d$、湿度 $H$　　C. 湿球温度 $t_w$、干球温度 $t$

3. 干燥过程是（　）。

A. 传热过程　　B. 传质过程　　C. 传热和传质

4. 相对湿度越低，则距饱和程度越（　），则该湿空气吸收水气的能力越（　）。

A. 远　弱　　B. 远　强　　C. 近　弱

5. 不饱和空气的干球温度（　）湿球温度。

A. 低于　　B. 等于　　C. 高于

6. 与干燥速率有关的是（　）。

A. 传热速率　　B. 传质速率　　C. 传热和传质速率

7. 干燥过程得以进行的条件是物料表面所产生的水蒸气压力与干燥介质中水蒸气分压的关系是（　）。

A. 小于　　B. 等于　　C. 大于

8. 物料在干燥过程中容易除去的水分是（　）。

A. 非结合水分　　B. 结合水分　　C. 平衡水分

9. 热能以对流方式由热气体传给与其接触的湿物料，使物料被加热而达到干燥目的的是（　　）。

A. 传导干燥　　B. 对流干燥　　C. 辐射干燥

10. 对于热敏性物料或易氧化物料的干燥，一般采用（　　）。

A. 传导干燥　　B. 真空干燥　　C. 常压干燥

11. 空气的干球温度为 $t$、湿球温度为 $t_w$、露点为 $t_d$，当空气的相对湿度为80%时，$t$、$t_w$、$t_d$ 3者关系为（　）。

A. $t=t_w=t_d$　　B. $t>t_w>t_d$　　C. $t<t_w<t_d$

12. 湿空气通过换热器预热的过程为（　）。

A. 等容过程　　B. 等湿度过程　　C. 等焓过程

## 二、填空题

1. 干燥通常是指________________________。

2. 按照热能传给湿物料的方式，干燥可分为______________、____________、______________和________________。

3. 湿度是__________________________；相对湿度是_______________。

4. 普通温度计在空气中所测得的温度为空气的__________，它是空气的真实温度。

5. 对于不饱和湿空气，干球温度$t$、湿球温度$t_w$和露点温度$t_d$ 3者的大小关系为_____；而对于已达到饱和的湿空气，3者的大小关系为________。

6. 从干燥速率曲线可以看出，干燥过程分成两个阶段________和________。

7. 固体物料（如冰）不经融化而直接变为蒸气的现象称为_______________。

8. 影响干燥速率的因素主要有三个方面：________、________和_________。

9. 常压下对湿度$H$一定的湿空气，当气体温度$t$升高时，其露点$t_d$将__________；而当总压$P$增大时，$t_d$将______________。

10. 在干燥过程中采用湿空气为干燥介质时，要求湿空气的相对湿度越________越好。

## 三、简答题

1. 表示湿空气性质的参数有哪些？如何确定湿空气的状态？

2. 如何区分结合水分和非结合水分？

3. 用一定相对湿度为$\varphi$的热空气干燥湿物料中的水分，能否将湿物料中的水分全部去除，为什么？

4. 干燥过程物料、热量衡算包括哪些内容？

5. 如何确定空气离开干燥器的状态？

6. 简述常用干燥器的类型及结构特点。

## 四、计算题

1. 湿空气（$t_0$=20℃，$H_0$=0.02 kg 水汽/kg 干空气）经预热后送入常压干燥器。试求：（1）将空气预热到 100℃所需热量：（2）将该空气预热到 120℃时的相对湿度值。

[答案：（1）83.8 kJ/kg 干空气；② 3.12%]

2. 湿度为 0.018 kg 水汽/kg 干空气的湿空气在预热器中加热到 128℃后进入常压等焓干燥器中，离开干燥器时空气的温度为 49℃，求离开干燥器时空气的露点温度。

[答案：$t_d$=40℃]

3. 已知湿空气的总压为 101.3 kPa，温度为 30℃，湿度为 0.016 kg 水汽/kg 干空气，试计算：（1）水汽的分压；（2）相对湿度；（3）露点温度；（4）绝热饱和温度；（5）焓；（6）将 100 kg 干空气/h 预热至 100℃时所需的热量；（7）每小时送入预热器的湿空气体积。

[答案：（1）$p_s$=2.55 kPa；（2）$\varphi$= 60%；（3）$t_d$=21.4℃；（4）$t_{\alpha s}$ = 23.67 ℃；（5）$I$=71.07 kJ/kg 干气；（6）$Q$=7 280 kJ/h；（7）$V$=88 m$^3$ 湿气/h]

4. 在总压为 101.3 kPa 时，用干、湿球温度计测得湿空气的干球温度为 20℃，湿球温度为 14℃。试在 $I$-$H$ 图中查取此湿空气的其他性质：（1）湿度 $H$；（2）水汽分压 $p_s$；（3）相对湿度$\varphi$;（4）焓$I$;（5）露点温度$t_d$。

[答案:（1）$H$=0.007 5 kg 水汽/kg 干空气;（2）$p_s$ =1.2 kPa;（3）$\varphi$=50%;（4）$I$=39 kJ/kg 干空气;（5）$t_d$=10℃]

5. 温度$t_0$=20℃、湿度$H_0$=0.01 kg/kg 干空气的常压新鲜空气在预热器中被加热到$t_1$=75℃后，送入干燥器内干燥某种湿物料。测得空气离开干燥器时的温度$t_2$=40℃、湿度$H_2$=0.024 kg 水汽/kg 干空气。新鲜空气的消耗量为 2 000 kg/h。湿物料温度$t_1'$=20℃、含水量$\omega_1$=2.5%，干燥产品的温度$t_2'$=35℃、$\omega_2$=0.5%（均为湿基）。湿物料平均比热容$C_{Hm}$=2.89 kJ/(kg 绝干料・℃)。忽略预热器的热损失，干燥器的热损失为 1.3 kW。操作在恒定条件中进行，试求:（1）每小时从湿物料中汽化出的水的质量;（2）湿物料的质量流量;（3）干燥系统消耗的总热量;（4）干燥系统的热效率。

[答案:（1）$W$=27.72 kg/h;（2）$G_1$=1 377 kg/h;（3）$Q$=48.2 kW;（4）$\eta$=40.9%]

# 第八章 蒸 发

## 学习目标

**【知识目标】**

1. 掌握单效蒸发原理、工艺、特点及工业应用；
2. 掌握蒸发水量、加热蒸气消耗量、传热面积、蒸发的生产能力和强度的计算；
3. 了解常用蒸发器的结构、操作与维护。

**【技能目标】**

1. 会合理地选择蒸发设备和蒸发流程；
2. 会蒸发操作的开停车，并会分析处理操作过程中出现的故障。

**【思政目标】**

1. 培养合格的“环境人”，践行“爱国、敬业、诚信、友爱”的社会主义核心价值观；
2. 培养技术创新意识、环境保护意识、绿色发展意识、节能减排意识。

## 生产案例

糖蜜酒精废水蒸发浓缩工艺是回收废水中的固形物，以达到综合利用的治理目的，其工艺路线如图 8-1 所示。废水在蒸发器中浓缩得浓浆液，然后制成干粉，干粉可用作饲料、肥料、水泥减水剂。废水在蒸发器中以蒸气冷凝水的形式排放，而冷凝水回用于酒精生产，从而实现酒精生产闭路用水系统，成为无废弃物排放的清洁生产工艺。

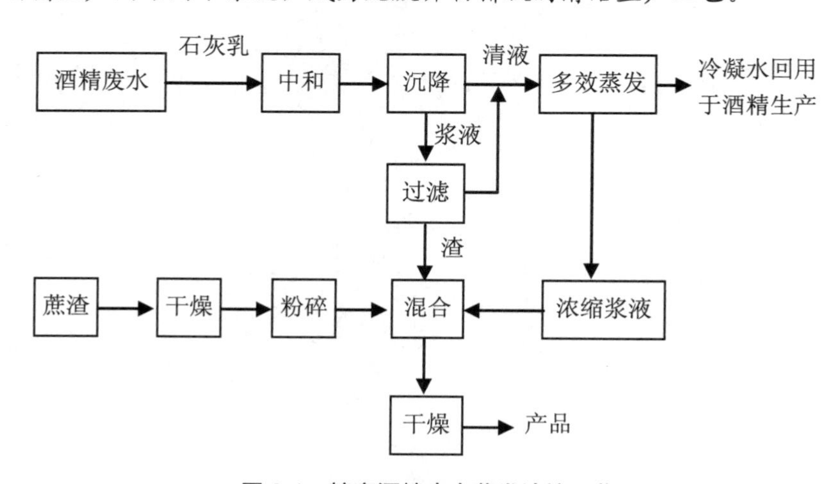


图 8-1 糖蜜酒精废水蒸发浓缩工艺

此工艺中采用了多效蒸发，蒸发器是糖蜜酒精废水浓缩处理的关键设备。蒸发器的选型及设计参数的确定是浓缩处理成败的关键。由于废液中常含有易结垢、易发泡的物质，如钙、镁离子及胶体，结垢会造成能耗增加，应选用外加热式管外沸腾自然循环式蒸发器。这种类型的蒸发器，物料循环速度接近强制循环，在加热管内不沸腾从而不产生气泡，从而不易结垢。

# 第一节 概 述

## 一、蒸发操作的目的及其在工业中的应用

蒸发是通过加热的方式，使含有不挥发性溶质的溶液沸腾汽化并移除溶剂蒸气从而提高溶液浓度的过程。简单地说，蒸发就是浓缩溶液的一种单元操作，其主要目的有以下几个方面。

① 获得浓缩的溶液直接作为化工产品或半成品。例如，工业中用电解法制烧碱，其质量浓度一般在 10%左右，要得到高浓度符合生产工艺要求的浓烧碱，则需通过蒸发操作。又如，食品工业中利用蒸发操作将一些果汁加热，使一部分水分汽化并除去，以得到浓缩的果汁产品。

② 获取固体溶质，脱除溶剂。将溶液增浓至饱和状态，随后加以冷却，析出固体产物，即采用蒸发、结晶的联合操作获得固体溶质。例如，食糖的生产、医药工业中药物的生产都属于此类。

③ 除去杂质，以获得纯净的溶剂。例如海水淡化等。

因此，蒸发操作在化工、医药、食品等工业生产中有着广泛的应用。例如，硝酸铵、烧碱、抗生素、制糖以及海水淡化等生产，常需要将含有不挥发溶质的稀溶液加以浓缩，以便得到高浓度的溶液或析出固体产品。

## 二、蒸发操作的特点

蒸发操作是将溶液加热至沸点，使其中挥发性溶剂与不挥发性溶质分离的过程。蒸发操作进行的条件是供给溶剂汽化所需的热量，并将产生的蒸气及时排除。蒸发器的加热室通常采用间壁式换热器，其两侧为恒温。所以蒸发器也是一种传热器，但是与一般的传热过程相比，蒸发又有不同于一般换热过程的特殊性。

### （一）沸点升高

蒸发的物料是含有不挥发溶质的溶液。由拉乌尔定律可知：在相同温度下，溶液蒸气压比纯溶剂的低，因此，在相同的压力下，溶液的沸点高于纯溶剂的沸点。因此，当加热蒸气温度一定时，蒸发溶液时的传热温差就比蒸发纯溶剂的小，而溶液的浓度越大，这种影响就越显著。

### （二）节约能源

蒸发时气化的溶剂量往往较大，需要消耗大量的加热蒸气。如何充分地利用热量，使单位质量的加热蒸气除去较多的水分，亦即如何提高加热蒸气的经济程度（如采用多效蒸发或者其他的措施），是蒸发操作要考虑的问题。

### （三）物料的工艺特性

蒸发的溶液本身具有某些特性，例如：有些物料在浓缩时可能结垢或者结晶析出，有些热敏性物料在高温下易分解变质（如牛奶），有些则具有较大的黏度或者较强的腐蚀性等。根据物料的这些性质和工艺要求，应选择适宜的蒸发方法和设备。

## 三、蒸发操作分类

① 按操作压力可分为常压、加压和减压（真空）蒸发操作。很显然，热敏性物料（如抗生素溶液、果汁等）应在减压下进行；而高黏度物料就应采用加压高温热源（如导热油、熔盐等）加热进行蒸发。

② 按效数可分为单效蒸发与多效蒸发。若蒸发产生的二次蒸气直接送冷凝器冷凝除去而不再利用的蒸发操作称为单效蒸发；若将产生的二次蒸气通到另一压力较低的蒸发器作为加热蒸气，以提高加热蒸气的利用率，这种将多个蒸发器串联，使加热蒸气在蒸发过程中得到多次利用的蒸发过程称为多效蒸发。

③ 根据操作方式的不同，蒸发操作可以是连续的，也可以是间歇的，工业上大量物料的蒸发通常采用的是连续的、定态的过程。

由于工业上被蒸发的溶液大多为水溶液，故本章仅讨论水溶液的蒸发。但其基本原理和设备对于非水溶液的蒸发，原则上也适用或可作参考。

# 第二节　单效蒸发过程

## 一、单效蒸发流程

图 8-2 为一典型的单效蒸发装置示意图。图中蒸发器由加热室 1 和分离室 2 两部分组成。加热室为列管式换热器，加热蒸气在加热室的管间冷凝，放出的热量通过管壁传给列管内的溶液，使其沸腾并汽化，气液混合物则在分离室中分离，其中液体又流回加热室。分离室分离出的蒸气（又称二次蒸气，以区别于加热蒸气），先经顶部除沫器除去夹带的液滴，再进入混合冷凝器 3 与冷水相混，被直接冷凝后排出。不凝性气体经气液分离器 4 和缓冲罐 5 由真空泵 6 抽出。当加热室内溶液浓缩到规定浓度后排出蒸发器作为产品。

加热蒸气和二次蒸气是不同的。蒸发需要不断地供给热能，工业上采用的热源通常为水蒸气，而蒸发的物料大多是水溶液，蒸发时产生的蒸气也是水蒸气。为了区别，将加热的蒸气称为加热蒸气即生蒸气，而由溶液蒸发出来的蒸气称为二次蒸气。

上述流程采用的是减压蒸发，该流程具有以下优点：① 在加热蒸气相同的情况下，减压蒸发时溶液的沸点低，传热温差可以增大，当传热量一定时，蒸发器的传热面积可以相应地减小；② 可以蒸发不耐高温的溶液；③ 可以用低压蒸气或废气作为加热剂；④ 操作温度低，使损失的热量相应地减小。

但是，应该指出，溶液沸点降低，其黏度会增高，并使总传热系数 $K$ 下降。当然，真空蒸发还要增加真空设备并增加动力消耗。

## 二、单效蒸发的计算

对于单效蒸发，在给定生产任务和确定操作条件以后，通常需要计算水分的蒸发量、加热蒸气消耗量、蒸发器的传热面积等。可通过物料衡算方程、热量衡算方程和传热速率方程解决以上问题。

### （一）水分蒸发量

对于图 8-3 所示的定态蒸发过程，由于溶质是不挥发物质，因此，溶液蒸发前后溶质质量不变，对其做物料衡算可得水分蒸发量 $W$，即

$$Fw_0=(F-W)w_1 \tag{8-1}$$

水分蒸发量是单位时间内从溶液中蒸发出来的水量，即

$$W=F\left(1-\frac{w_0}{w_1}\right) \tag{8-2}$$

式中：$F$—— 原料液的量，kg/h；

$w_0$、$w_1$ —— 原料液和完成液中溶质的质量分数；

$W$—— 水分蒸发量，kg/h。

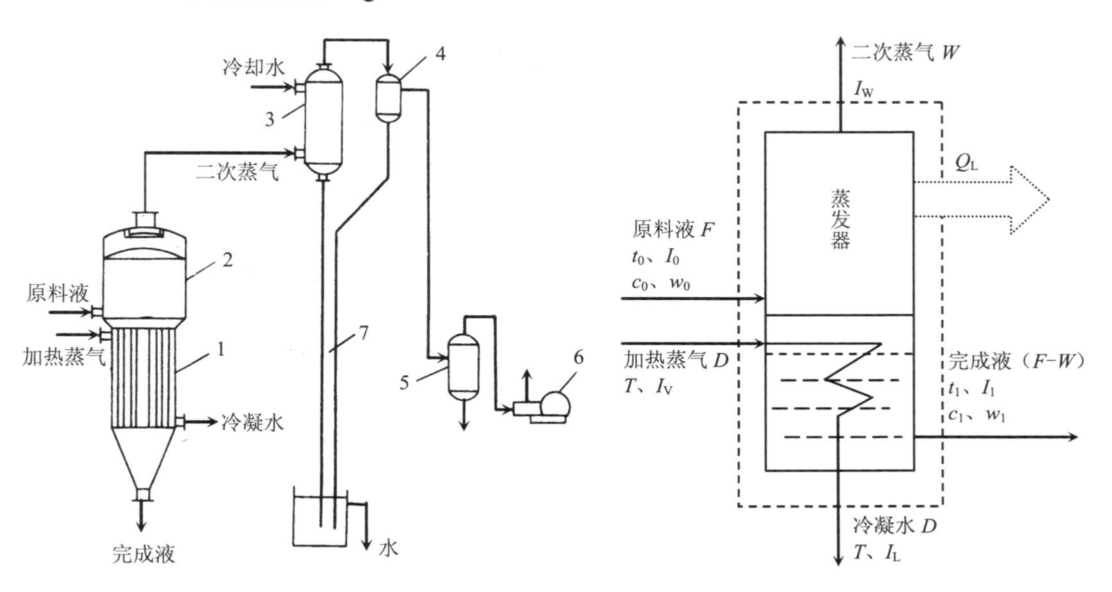


1—加热室；2—分离室；3—混合冷凝器；4—气液分离器；5—缓冲罐；6—真空泵；7—大气腿。

**图 8-2 单效蒸发的流程**

**图 8-3 单效蒸发的物料衡算**

### （二）加热蒸气消耗量

加热蒸气用量可通过热量衡算求得，如图 8-3 所示，若加热蒸气冷凝为同温度下的液体，则对蒸发器做热量衡算得

$$DI_{\mathrm{V}} + FI_0 = WI_{\mathrm{W}} + (F - W)I_1 + DI_{\mathrm{L}} + Q_{\mathrm{L}} \tag{8-3}$$

则

$$D(I_{\mathrm{V}} - I_{\mathrm{L}}) = Dr = WI_{\mathrm{W}} + (F - W)I_1 - FI_0 + Q_{\mathrm{L}} \tag{8-4}$$

所以

$$D = \frac{WI_{\mathrm{W}} + (F - W)I_1 - FI_0 + Q_{\mathrm{L}}}{r} \tag{8-4a}$$

式中：$I_0$、$I_1$ —— 分别为原料液和完成液的焓，kJ/kg；

$I_{\mathrm{V}}$、$I_{\mathrm{L}}$ —— 分别为加热蒸气及其冷凝液的焓，kJ/kg；

$I_{\mathrm{W}}$ —— 二次蒸气的焓，kJ/kg；

$D$ —— 加热蒸气消耗量，kg/h；

$r$ —— 加热蒸气的汽化潜热，kJ/kg；

$Q_{\mathrm{L}}$ —— 蒸发器的热损失，kJ/h。

考虑溶液浓缩热不大，则式（8-4a）可写成

$$D = \frac{Fc_0(t_1 - t_0) + Wr' + Q_{\mathrm{L}}}{r} \tag{8-5}$$

式中：$c_0$ —— 原料液的定压比热容，kJ/（kg • ℃）或 kJ/（kg • K）；

$t_0$、$t_1$ —— 原料液和完成液的温度，℃或 K；

$r'$ —— 二次蒸气的汽化潜热，kJ/kg。

若原料由预热器加热至沸点后进料（沸点进料），即 $t_0=t_1$，忽略热损失，则式（8-5）可写为

$$D = \frac{Wr'}{r} \tag{8-6}$$

或

$$\frac{D}{W} = \frac{r'}{r} \tag{8-6a}$$

式中，$D/W$ 为单位蒸气消耗量，表示加热蒸气的利用程度，也称蒸气的经济性。由于蒸气的汽化潜热随压力变化不大，故 $r=r'$。对单效蒸发而言，$D/W=1$，即蒸发 1 kg 水需要约 1 kg 加热蒸气，实际操作中由于存在热损失等原因，$D/W\approx1$。可见单效蒸发的能耗很大，很不经济。

### （三）蒸发器传热面积

蒸发器的热负荷

$$Q = Dr = KA\Delta t_{\mathrm{m}} \tag{8-7}$$

蒸发器传热面积

$$A = \frac{Q}{K\Delta t_{\mathrm{m}}} \tag{8-8}$$

式中：$A$ —— 蒸发器传热面积，$m^2$；

$Q$ —— 蒸发器的热负荷，W；

$K$ —— 传热系数，W/（$m^2$ • K）或 W/（$m^2$ • ℃）；

$\Delta t_m$ —— 传热平均温度差，K 或℃。

**1．传热平均温度差 $\Delta t_m$ 的确定**

由于蒸发过程的蒸气冷凝和溶液沸腾之间可认为是恒温差传热，即$\Delta t_m=T-t_1$，其中 $T$ 为加热蒸气的温度，若蒸发操作的热源为饱和水蒸气，则 $T$ 可由水蒸气表查得；$t_1$ 为溶液的沸点；蒸发器的热负荷 $Q=Dr$，所以有

$$A=\frac{Q}{K\Delta t_m}=\frac{Dr}{K(T-t_1)} \tag{8-8a}$$

**2．总传热系数 $K$ 的确定**

蒸发器的总传热系数可按下式计算

$$K=\frac{1}{\dfrac{1}{\alpha_i}+R_i+\dfrac{b}{\lambda}+R_0+\dfrac{1}{\alpha_0}} \tag{8-9}$$

**3．影响 $K$ 值的因素**

① 管外蒸气冷凝热阻$\dfrac{1}{\alpha_0}$，一般很小，但须注意及时排除加热室中的不凝性气体，否则，不凝性气体在加热室内不断积累，将使此项热阻明显增加。

② 管壁热阻$\dfrac{b}{\lambda}$，一般可以忽略。

③ 管内壁一侧溶液的垢层热阻 $R_i$，取决于溶液的性质及管内液体的运动状况。降低垢层热阻的方法是定期清理加热管，加快流体的循环速度，或加入微量阻垢剂以延缓垢层的形成；在处理有结晶析出的物料时可加入少量晶种，使结晶尽可能地在溶液的主体中而不是在加热面上析出。

④ 管内沸腾给热热阻$\dfrac{1}{\alpha_0}$，主要取决于沸腾液体的流动情况。

⑤ 影响$\alpha_i$的因素很多，包括溶液的性质、沸腾传热的状况、操作条件和蒸发器的结构等。提高$\alpha_i$的有效办法是增加溶液的循环速度和湍动程度等。

通常总传热系数 $K$ 仍主要靠现场实测确定，设计时也可查表取值估计。

**【例 8-1】**用某单效蒸发器将 2 500 kg/h 的 NaOH 水溶液由 10%浓缩到 25%（均为质量百分数），已知加热蒸气压力为 450 kPa，蒸发室内压力为 101.3 kPa，溶液的沸点为 115℃，比热容为 3.9 kJ/（kg • ℃），热损失为 20 kW。试计算以下两种情况下加热所需蒸气消耗量和单位蒸气消耗量：（1）进料温度为 25℃；（2）沸点进料。

解：（1）进料温度为 25℃时，应用式（8-2）求水分蒸发量 $W$:

$$W=F\left(1-\frac{w_0}{w_1}\right)=2\,500\times\left(1-\frac{0.1}{0.25}\right)=1\,500\text{（kg/h）}$$

加热蒸气消耗量应用式（8-5）计算。查得 450 kPa 和 115℃下饱和蒸气的汽化潜热分别为 2 747.8 kJ/kg 和 2 701.3 kJ/kg。

则进料温度为 25℃时，蒸气消耗量为

$$D=\frac{Fc_0(t_1-t_0)+Wr'+Q_L}{r}$$
$$=\frac{2\,500\times3.9\times(115-25)+1\,500\times2\,701.3+20\times3\,600}{2\,747.8}$$
$$=\frac{8.78\times10^5+4.05\times10^6+7.2\times10^4}{2\,747.8}=1\,820\text{（kg/h）}$$

单位蒸气消耗量为

$$\frac{D}{W}=1.21$$

（2）沸点进料，原料液温度为 115℃时，蒸气消耗量为

$$D=\frac{Fc_0(t_1-t_0)+Wr'+Q_L}{r}=\frac{Wr'+Q_L}{r}$$
$$=\frac{1\,500\times2\,701.3+20\times3\,600}{2\,747.8}=1\,501\text{（kg/h）}$$

单位蒸气消耗量为

$$\frac{D}{W}=1.0$$

由以上计算结果可知，原料液的温度越高，蒸发 1 kg 水所消耗的加热蒸气量越少。

## 三、蒸发器的生产能力与生产强度

### （一）蒸发器的生产能力

蒸发器的生产能力是指单位时间内蒸发的水分量，单位为 kJ/h 或 kJ/s。由于蒸发水分量取决于传热量的大小，因此其生产能力也可表示为

$$Q=KA(T-t_1) \tag{8-10}$$

### （二）蒸发器的生产强度

由式（8-10）可以看出，蒸发器的生产能力仅反映蒸发器生产量的大小，而引入蒸发强度的概念却可以反映蒸发器的优劣。

蒸发器的生产强度简称蒸发强度，指单位时间、单位传热面积上所蒸发的溶剂量，即

$$U=\frac{W}{A} \tag{8-11}$$

式中：$U$—— 蒸发器的生产强度，kg/（$m^2$ • h）。

蒸发强度通常用于评价蒸发器的优劣，对于一定的蒸发任务而言，蒸发强度越大，则所需的传热面积越小，即设备的投资就越低。

若不计热损失和浓缩热，料液又为沸点进料，由式（8-6）、式（8-7）和式（8-11）可得

$$U=\frac{W}{A}=\frac{K\Delta t_{\mathrm{m}}}{r'} \tag{8-11a}$$

由式（8-11a）可知，若蒸发操作的压力一定，则二次蒸气的汽化潜热 $r'$ 也可视为常数。因此，欲提高蒸发器的生产强度，主要途径是提高总传热系数 $K$ 和传热温度差 $\Delta t_{\mathrm{m}}$。

### （三）提高蒸发强度的途径

#### 1．提高传热温度差

提高传热温度差可从提高热源的温度或降低溶液的沸点等角度考虑，工程上通常采用下列措施来实现。

① 真空蒸发。真空蒸发可以降低溶液沸点，增大传热推动力，提高蒸发器的生产强度，同时由于沸点较低，可减少或防止热敏性物料的分解。另外，真空蒸发可降低对加热热源的要求。但是，应该指出的是，溶液沸点降低，其黏度会增高，并使总传热系数 $K$ 下降。而且真空蒸发需要增加真空设备并增加动力消耗。

② 高温热源。提高 $\Delta t_{\mathrm{m}}$ 的另一个措施就是提高加热蒸气的压力，但对蒸发器的设计和操作需提出严格要求。一般加热蒸气压力不超过 0.6～0.8 MPa。对于某些物料，若加压蒸气仍不能满足要求时，则可选用高温导热油、熔盐或改用电加热，以增大传热推动力。

#### 2．提高总传热系数

蒸发器的总传热系数主要取决于溶液的性质、沸腾状况、操作条件以及蒸发器的结构等。因此，合理设计蒸发器以实现良好的溶液循环流动、及时排除加热室中的不凝性气体、定期清洗蒸发器（加热室内管），均是提高和保持蒸发器在高蒸发强度下操作的重要措施。

## 第三节 多效蒸发过程

### 一、多效蒸发的原理

在蒸发生产中，二次蒸气的产生量一般较大，且含有大量潜热，因此应将其回收并加以利用。若将二次蒸气通入另一蒸发器的加热室，只要后者的操作压强和溶液沸点低于原蒸发器中的操作压强和溶液沸点，则通入的二次蒸气仍可起到加热作用，这种操作方式即为多效蒸发。

在多效蒸发中，每一个蒸发器都称为一效，第一个生成二次蒸气的蒸发器称为第一效，利用第一效的二次蒸气来加热的蒸发器称为第二效，依次类推，最后一个蒸发器常称为末效。其中，仅第一效需要从外界引入加热蒸气即生蒸气，此后的各效均是利用前一效的二次蒸气作为热源。

可见，多效蒸发能显著提高蒸发过程的热利用率，提高生蒸气的经济性。因而在工业上被广泛应用，尤其适用于浓缩程度较大的溶液蒸发。

### 二、多效蒸发操作流程

根据加料方式的不同，多效蒸发操作流程可分为三种，即并流、逆流和平流。下面以三效蒸发为例，分别介绍这三种操作流程。

### （一）并流加料蒸发流程

如图 8-4 所示为并流加料三效蒸发流程。这种流程的优点是料液可凭借相邻两效的压强差自动流入后一效，而不需用泵输送。同时，由于前一效的沸点比后一效的高，当物料进入后一效时，会产生自蒸发，可多蒸出一部分水汽。这种流程的操作也较简便，易于稳定。其缺点是传热系数会下降，这是因为后序各效的浓度会逐渐增高，但沸点逐渐降低，导致溶液黏度逐渐增大。

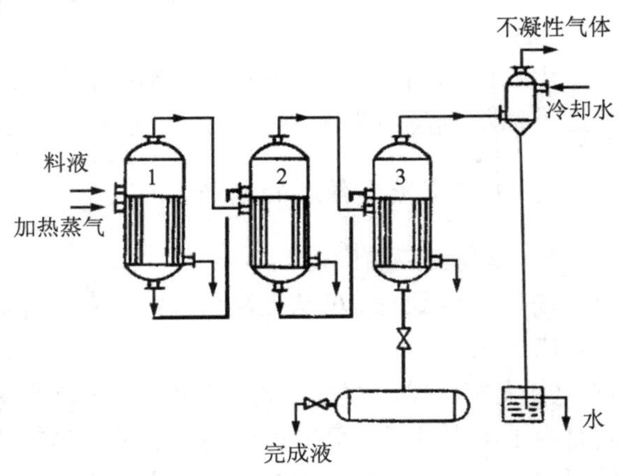


图 8-4　并流加料三效蒸发流程

### （二）逆流加料蒸发流程

如图 8-5 所示为逆流加料三效蒸发流程，该流程中溶液与二次蒸气的流向相反。溶液不能在蒸发器之间自动流动，只能采用泵输送，且各效中必须对流入的溶液再次加热才能使其沸腾。因此，逆流加料蒸发流程一般不适用于热敏性物料的蒸发。

逆流加料蒸发流程的优点是溶液浓度沿流动方向依次升高，相应地，温度也随之升高，故各效浓度和温度对溶液黏度的影响大致抵消，各效的传热条件大致相同，即传热系数大致相同。缺点是料液输送必须用泵。另外，进料也没有自蒸发。一般这种流程只有在溶液黏度随温度变化较大的场合才被采用。

### （三）平流加料蒸发流程

如图 8-6 所示为平流加料三效蒸发流程，其特点是蒸气的走向与并流相同，但原料液和完成液则分别从各效加入和排出。这种流程适用于处理易结晶物料，如食盐水溶液的蒸发等。

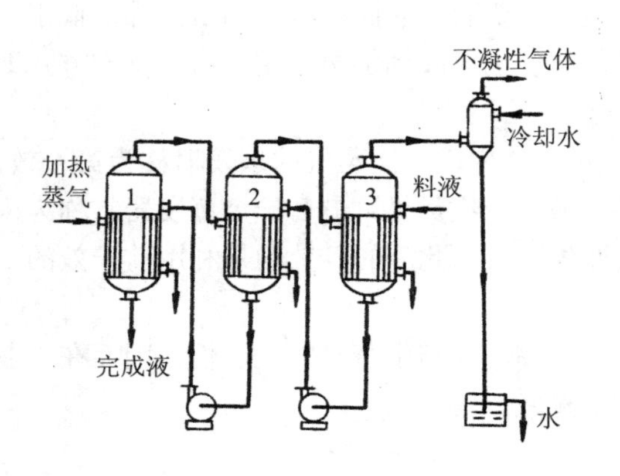


图 8-5　逆流加料三效蒸发流程

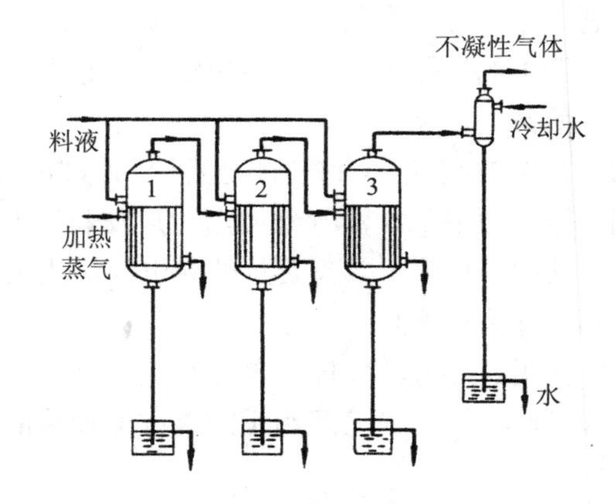


图 8-6　平流加料三效蒸发流程

综上所述，多效蒸发的三种加料流程都有各自的特点，在实际生产中，应根据被蒸发溶液的具体物性及浓缩要求，灵活选择，亦可将几种加料方式组合使用，以便发挥各自的优点。

## 三、多效蒸发的生产能力、生产强度和效数的限制

### （一）多效蒸发的生产能力和生产强度

蒸发器的生产能力是指单位时间内被蒸发的溶剂的质量，即 $W$。如前所述，溶剂的蒸发速率受到传热速率的限制，因此，蒸发器的生产能力也可采用传热速率来衡量。由于多效蒸发中的传热速率一般小于单效蒸发中的传热速率，因此多效蒸发的生产能力一般低于单效蒸发的生产能力，且蒸发器的效数越多生产能力越低。下面以单效、双效和三效蒸发过程为例来说明蒸发器的生产能力。

假设单个蒸发器的传热系数 $K$ 和传热面积 $A$ 均相等，生蒸气的温度和冷凝器中的压力均已给定，即蒸发器的最大可能温度差（$T-t$）为定值。由于溶液的沸点升高、液柱静压强的影响以及二次蒸气的流阻损失，导致每个蒸发器中均存在温度差损失。

一般情况下，单效蒸发、双效蒸发和三效蒸发之间的有效温度差存在下列关系，即

$$(\Delta t_{\mathrm{m}})_{单} > (\Delta t_{\mathrm{m}})_{双} > (\Delta t_{\mathrm{m}})_{三} \tag{8-12}$$

所以

$$Q_{单} = KA(\Delta t_{\mathrm{m}})_{单} > Q_{双} = KA(\Delta t_{\mathrm{m}})_{双} > Q_{三} = KA(\Delta t_{\mathrm{m}})_{三} \tag{8-13}$$

式（8-13）表明，单效蒸发、双效蒸发和三效蒸发的生产能力依次下降。由此可知，随着蒸发器效数的增加，蒸发器的生产能力逐渐下降。

在相同条件下，由于多效蒸发的生产能力小于单效蒸发的生产能力，而传热面积又大于后者，因而多效蒸发的生产强度要低于单效蒸发的生产强度。

### （二）效数的限制

多效蒸发虽可提高生蒸气的经济性，节约操作费用，但需装设更多的蒸发器，从而增加了设备的投资费用。此外，随着效数的增加，一方面，蒸发过程的温度差损失将增大，蒸发器的生产强度将下降，甚至会出现不能维持正常操作的现象；另一方面，随着效数的增加，效数对提高生蒸气经济性的影响程度逐渐下降，因此蒸发器的效数并不是越高越好，即多效蒸发器的效数应加以限制。

对于给定的蒸发任务，最佳蒸发效数一般由经济衡算来确定，其确定原则是使单位生产能力下的设备投资费用和操作费用之和最小。

# 第四节　蒸发过程的节能措施

蒸发是一个能耗较大的单元操作，其能耗高低直接影响着产品的生产成本，通常也把能耗作为评价蒸发设备优劣的另一个重要指标。

加热蒸气的经济性定义为 1 kg 蒸气可蒸发的水的质量，即

$$E=\frac{W}{D} \tag{8-14}$$

式中，$E$—— 加热蒸气的经济性；

$W$—— 水分蒸发量，kg/h；

$D$—— 加热蒸气消耗量，kg/h。

因此，对于蒸发操作，如何节能尤其是如何利用二次蒸气、提高加热蒸气的经济性，历来都是一个十分重要的研究课题。

## 一、采用多效蒸发

从多效蒸发的原理不难看出，由于生产给定的总蒸发水量 $W$ 分配于各个蒸发器中，而只有第一效才使用加热蒸气，与单效蒸发相比，当生蒸气量相同时，多效蒸发可蒸发出更多溶剂。可见，多效蒸发可显著提高蒸发过程的热利用率，提高生蒸气的经济性。

## 二、额外蒸气的引出

若将单效乃至多效蒸发中的二次蒸气引出，用作其他加热设备的热源，同样能大大提高生蒸气的热能利用率，同时还降低了冷凝器的负荷，减少了冷却水量。此种节能方法称为额外蒸气的引出。

但多效蒸发与单效蒸发不同，多效蒸发中的各效均会产生二次蒸气，但其中包含的汽化潜热各不相同，因此额外蒸气的利用效果将与引出蒸气的效数有关。在多效蒸发中，无论蒸气由第几效引出，均需对第一效中的生蒸气进行适当补充，以确保给定蒸发任务的顺利完成。

蒸发是蒸气由高温向低温不断转化的过程。若额外蒸气是从第 $i$ 效引出，则当生蒸气的热量传递至额外蒸气时，已在前 $i$ 效蒸发器中反复利用。因此，在引出蒸气的温度能够满足加热设备需要的前提下，应尽可能从效数较高的蒸发器中引出额外蒸气，从而保证蒸气在引出前已得到充分利用，且此时需补充的生蒸气量也较少。

## 三、热泵蒸发

在蒸发操作中，虽然二次蒸气含有较高的热能，其焓值一般不比加热蒸气低太多，但由于二次蒸气的压力和温度不及加热蒸气，故限制了二次蒸气的用途。为此，工业上常采用热泵蒸发的处理方法。

热泵蒸发是将蒸发器蒸出的二次蒸气用压缩机压缩，提高它的压力，倘若压力又达加热蒸气压力，则可送回入口，循环使用。热泵蒸发的流程如图 8-7 所示。

热泵蒸发可大幅节约生蒸气的用量，操作时仅需在蒸发的启动阶段通入一定量的加热生蒸气，一旦操作达到稳态，就无须再补充生蒸气。故加热蒸气（或生蒸气）只用于启动或补充泄漏、损失等。

因此，对于沸点升高较小的溶液蒸发，即所需传热温度差不大的蒸发过程，采用热泵蒸发的节能方法是较为经济的。反之，若溶液的沸点升高较大，而压缩机的压缩比又不宜太高，即热泵蒸发中二次蒸气的温升有限，则容易引起传热推动力偏小，甚至不能满足操

作要求。

### 四、冷凝水显热与自蒸发的利用

蒸发器加热室排出大量高温冷凝水，这些水理应返回锅炉重新使用，这样既节省能源又节省水源。但应用这种方法时应注意水质监测，避免因蒸发器损坏或阀门泄漏污染锅炉补充水系统。当然，高温冷凝水还可用于其他加热或蒸发料液的预热。

此外，也可将冷凝水减压，使其饱和温度低于现有温度，此时冷凝水会因过热而出现自蒸发，然后将汽化出的蒸气与二次蒸气混合并一起送入后一效的加热室，即用于后一效的蒸发加热，其操作流程如图 8-8 所示。

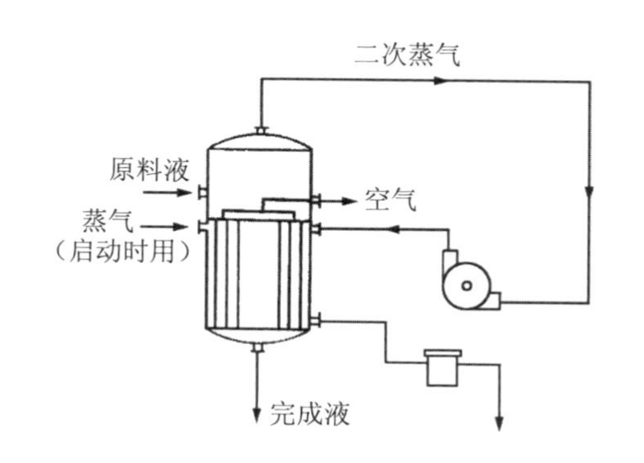


图 8-7 热泵蒸发流程

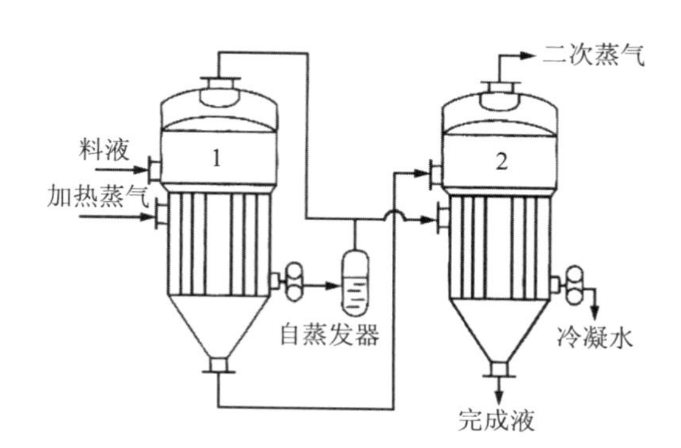


图 8-8 冷凝水自蒸发的利用

## 第五节 蒸发设备

工业生产中使用的蒸发设备实为传热设备，其主体是蒸发器，它是料液受热并形成蒸气的场所。蒸发器有多种结构形式，但均由加热室（器）、流动（或循环）管道以及分离室（器）组成。根据溶液在加热室内的流动情况，蒸发器可分为循环型和单程型两类，其加热方式有直接热源加热和间接热源加热两种，其中以间接热源加热方式最为常用。

### 一、循环型蒸发器

常用的循环型蒸发器主要有以下几种。

#### （一）中央循环管式蒸发器

中央循环管式蒸发器是最常见的蒸发器，其结构如图 8-9 所示，它主要由加热室、蒸发室、中央循环管和除沫器组成。蒸发器的加热器由垂直管束构成，管束中央有一根直径较大的管子，称为中央循环管，其截面积一般为管束总截面积的 40%～100%。当加热蒸气（介质）在管间冷凝放热时，由于加热管束内单位体积溶液的受热面积远大于中央循环管内溶液的受热面积，因此，管束中溶液的相对汽化率就大于中央循环管溶液的汽化率，管束中的气液混合物的密度远小于中央循环管内的气液混合物的密度。这样造成了混合液在管束中上升，而在中央循环管内下降的自然循环流动。混合液的循环速度与密度差和管长有关，密度差越大，加热管越长，循环速度越大。但这类蒸发器受总高限制，通常加热管为 1～2 m，直径为 25～75 mm，管长与管径之比为 20～40。

中央循环管蒸发器的主要优点是结构简单、紧凑，制造方便，操作可靠，投资费用少。因此，中央循环管式蒸发器在工业上的应用较为广泛。缺点是清理和检修麻烦，溶液循环速度较低，一般仅在 0.5 m/s 以下，传热系数小。它适用于黏度适中，结垢不严重，有少量的结晶析出及腐蚀性不大的场合。

### （二）外加热式蒸发器

外加热式蒸发器如图 8-10 所示。其主要特点是把加热器与分离室分开安装，这样不仅易于清洗、更换，同时还有利于降低蒸发器的总高度。这种蒸发器的加热管较长（管长与管径之比为 50～100），且循环管又不被加热，故溶液的循环速度可达 1.5 m/s，它既利于提高传热系数，又利于减轻结垢。

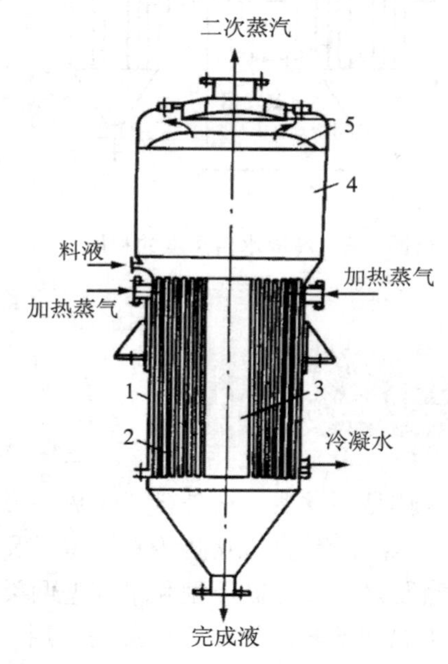


1—外壳；2—加热室；3—中央循环管；4—蒸发室；5—除沫器。

**图 8-9　中央循环管式蒸发器**

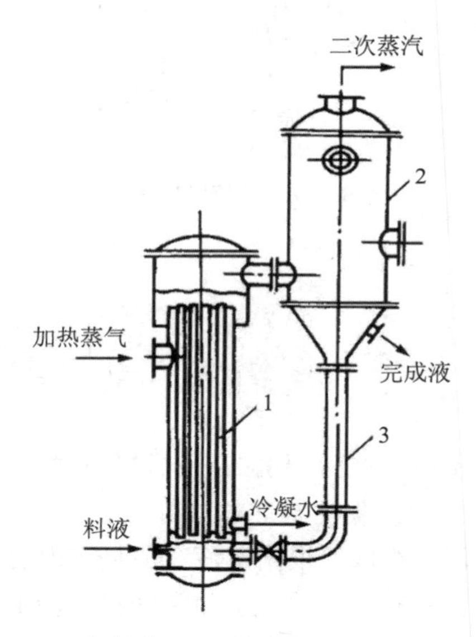


1—加热室；2—蒸发室；3—循环管。

**图 8-10　外加热式蒸发器**

### （三）强制循环蒸发器

上述几种蒸发器均为自然循环型蒸发器，即靠加热管与循环管内溶液的密度差作为推动力引起溶液循环流动，因此循环速度一般较低，尤其在蒸发黏稠溶液（易结垢及有大量结晶析出）时更低。为提高循环速度，可用循环泵进行强制循环，如图 8-11 所示。这种蒸发器的循环速度可达 1.5～5 m/s。其优点是传热系数大，有利于处理黏度较大、易结垢、易结晶的物料。但该蒸发器的动力消耗较大，每平方米传热面积消耗的功率为 0.4～0.8 kW。

### （四）悬筐式蒸发器

悬筐式蒸发器是标准式蒸发器的改进型，其加热室呈筐状，被悬挂在蒸发器壳体的下部，需要时可取出清洗，其结构如图 8-12 所示。在悬筐式蒸发器中，引起溶液循环的推动力与标准式蒸发器相似，都是因密度差引起的。但与后者不同的是，悬筐式蒸发器中并没有装设中央循环管，溶液经过沸腾管上升后，将沿着加热室与蒸发器壳体之间的环形空隙下降。由于环形空隙的截面积为沸腾管总截面积的 1.0～1.5 倍，因此与标准式蒸发器相比，溶液在管内的循环速度较大，可达 1.0～1.5 m/s。此外，由于与蒸发器壳壁接触的是温度较低的溶液，故蒸发器的热损失较低。但悬筐式蒸发器的设备耗材较多，加热管内溶液的滞留量较大。悬筐式蒸发器常用于易结晶或易结垢的溶液蒸发过程。

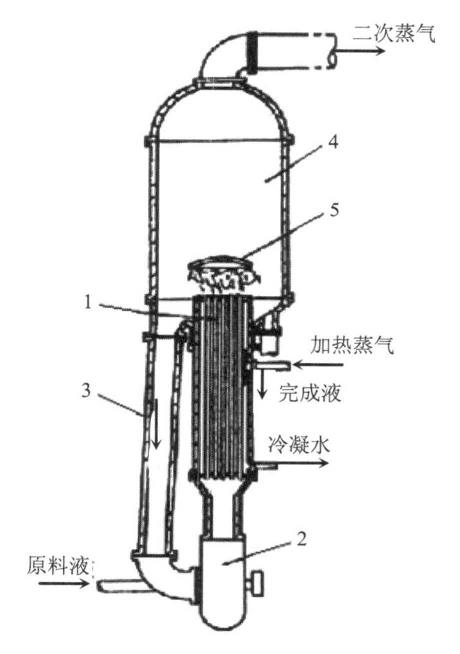


1—加热管；2—循环泵；3—循环管；
4—蒸发室；5—除沫器。

**图 8-11 强制循环型蒸发器**

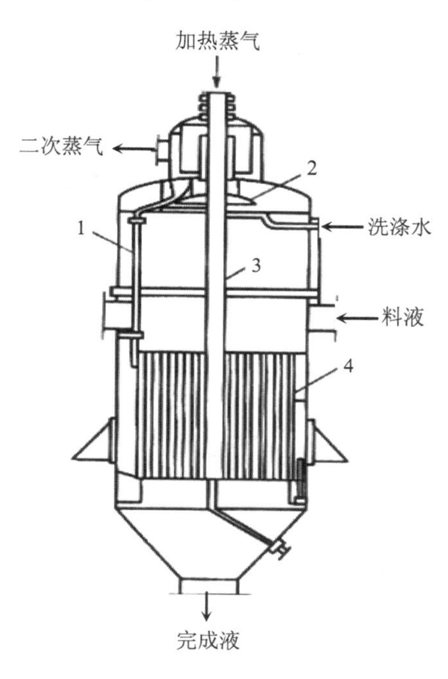


1—液沫回流管；2—除沫器；
3—加热蒸气管；4—加热室。

**图 8-12 悬筐式蒸发器**

## 二、单程型蒸发器

单程型蒸发器也称为非循环型蒸发器。由于循环型蒸发器内溶液的滞留量大，物料在高温下停留时间长，这对处理热敏性物料非常不利。而单程型蒸发器的特点是物料沿加热管壁成膜状流动，一次通过加热器即达浓缩要求，其停留时间仅数秒或十几秒。另外，离开加热器的物料又及时得到冷却，因此，特别适用于热敏性物料的蒸发。但由于溶液一次通过加热器就要达到浓缩要求，因此对设计和操作的要求较高。这类蒸发器加热管上的物料成膜状流动，故又称膜式蒸发器。根据物料在蒸发器内的流动方向和成膜原因的不同，可分为以下几种类型。

### （一）升膜式蒸发器

升膜式蒸发器如图 8-13 所示，它的加热室由一根或数根垂直长管组成。通常加热管径为 25～50 mm，管长与管径之比为 100～150。原料液预热后由蒸发器底部进入加热器管内，加热蒸气在管外冷凝。当原料液受热后沸腾汽化，生成二次蒸气在管内高速上升，带动料液沿管内壁成膜状向上流动，并不断地蒸发汽化，加速流动，气液混合物进入分离器后分离，浓缩后的完成液由分离器底部放出。

升膜式蒸发器需要精心设计与操作，即加热管内的二次蒸气应具有较高速度，并获得较高的传热系数，使料液一次通过加热管即达到预定的浓缩要求。常压操作下，管上端出口处速度以 20～50 m/s 为宜，减压操作时，速度可达 100～160 m/s。

升膜式蒸发器适宜处理蒸发量较大、热敏性、黏度不大及易起沫的溶液，不适于高黏度、有晶体析出和易结垢的溶液。

### （二）降膜式蒸发器

降膜式蒸发器如图 8-14 所示，原料液由蒸发室顶端加入，经分布器分布后，沿管壁成膜状向下流动，气液混合物由加热管底部排出后进入分离室，完成液由分离室底部排出。

设计和操作这种蒸发器的要点是尽量使料液在加热管内壁形成均匀液膜，并且不能让二次蒸气由管上端窜出。

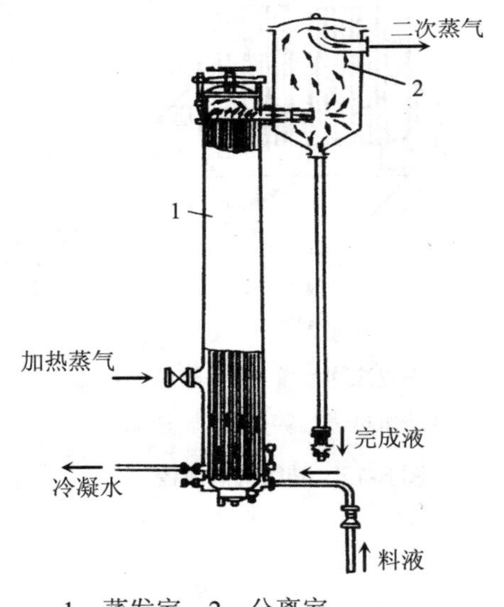


1—蒸发室；2—分离室。

**图 8-13 升膜式蒸发器**

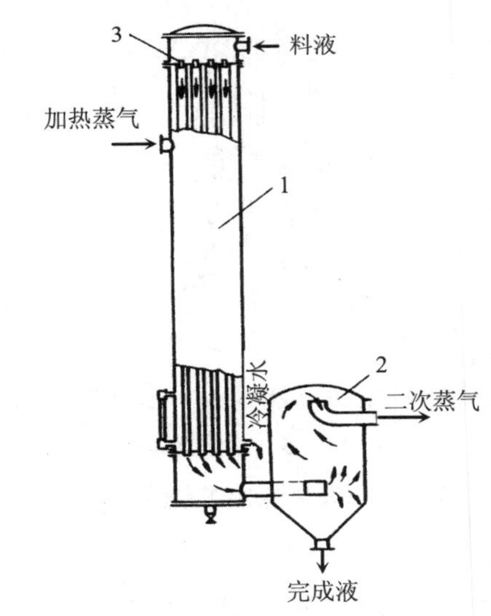


1—蒸发室；2—分离室；3—液体分布器。

**图 8-14 降膜式蒸发器**

降膜式蒸发器可用于蒸发黏度较大（0.05～0.45 Pa・s）、浓度较高的溶液，但不适用于处理易结晶和易结垢的溶液，这是因为这种溶液形成均匀液膜较困难，传热系数也不高。

### （三）刮板式蒸发器

刮板式薄膜蒸发器如图 8-15 所示，它是一种适应性很强的新型蒸发器，对高黏度、热敏性和易结晶、易结垢的物料都适用。它主要由加热夹套和刮板组成，夹套内通加热蒸气，刮板装在可旋转的轴上，刮板和加热夹套内壁保持很小的间隙（通常为 0.5～1.5 mm）。料液经预热后由蒸发器上部沿切线方向加入，在重力和旋转刮板的作用下，分布在内壁形成下旋薄膜，并在下降过程中不断被蒸发浓缩，完成料液由底部排出，二次蒸气由顶部逸出。在某些场合下，这种蒸发器可将溶液蒸干，在底部直接得到固体产品。

这类蒸发器的缺点是结构复杂（制造、安装和维修工作量大）、加热面积不大且动力消耗大。

## 三、蒸发器的附属设备

蒸发器的附属设备主要有冷凝器、除沫器和真空泵。

### （一）冷凝器

由蒸发器排出的二次蒸气，若其潜热不需再利用，则可将其通入冷凝器进行冷却。蒸发生产中的冷凝器通常有两种类型，即间壁式冷凝器和直接混合式冷凝器。若二次蒸气含有有价值的组分或有毒有害的污染物，则应选择间壁式冷凝器来冷凝。反之，对于大多数工业蒸发过程，由于蒸发对象多为水溶液，水蒸气是二次蒸气的主要成分，因此宜采取直接与冷却水相混合的方法冷凝二次蒸气，即选择直接混合式冷凝器进行冷却。图 8-16 为干式逆流高位冷凝器的结构示意图。干式逆流高位冷凝器是直接混合式冷凝器中的一种，其内设有若干块带孔的淋水板，板边缘设有凸起的溢流挡板，称为溢流堰。冷却水由顶部喷洒而下，依次穿过各淋水板，而二次蒸气由下部引入，并自下而上与冷却水呈逆流流动，如此两者可充分地混合与传热，从而使二次蒸气不断冷凝，冷凝水与冷却水一起沿气压管排走，而不凝性气体则经分离室分离出液滴后由真空泵抽出。由于气、液两相经过不同的路径排出，故此种冷凝器称为干式冷凝器。为使水分能够自动下流，冷凝器均设有气压管，其高度一般不低于 10 m，故这种冷凝器又称为高位冷凝器。

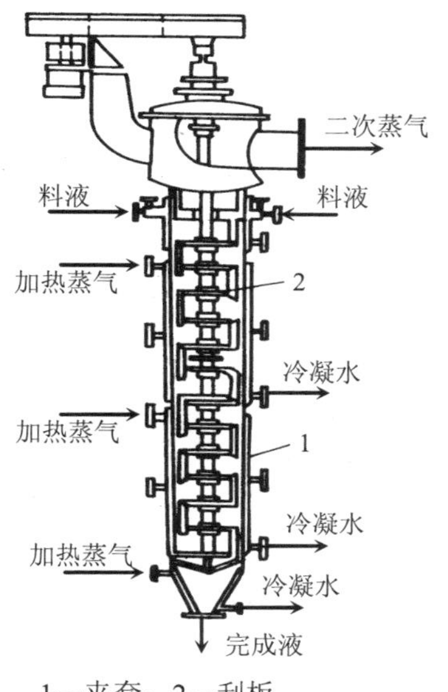


1—夹套；2—刮板。

图 8-15　刮板式薄膜蒸发器

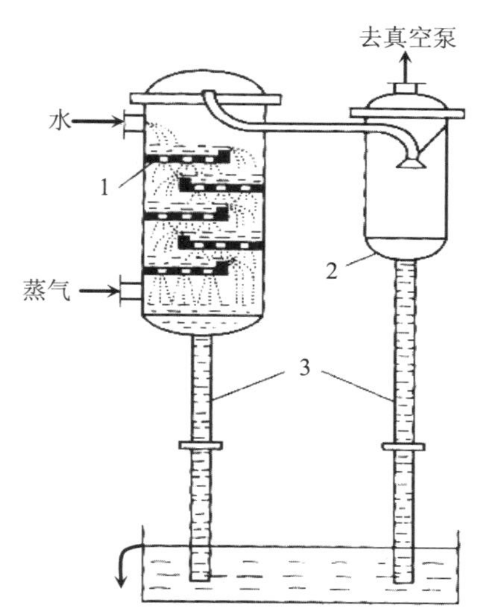


1—淋水板；2—分离室；3—气压管。

图 8-16　干式逆流高位冷凝器

（二）除沫器

蒸发操作时产生的二次蒸气在分离室与液体分离后，仍夹带大量液滴，尤其是处理易产生泡沫的液体，夹带更为严重。为了防止产品损失或冷却水被污染，常在蒸发器内（或外）设除沫器。图 8-17 为几种除沫器的结构示意图。图 8-17 中（a）～（e）直接安装在蒸发器顶部，（f）～（h）安装在蒸发器外部。

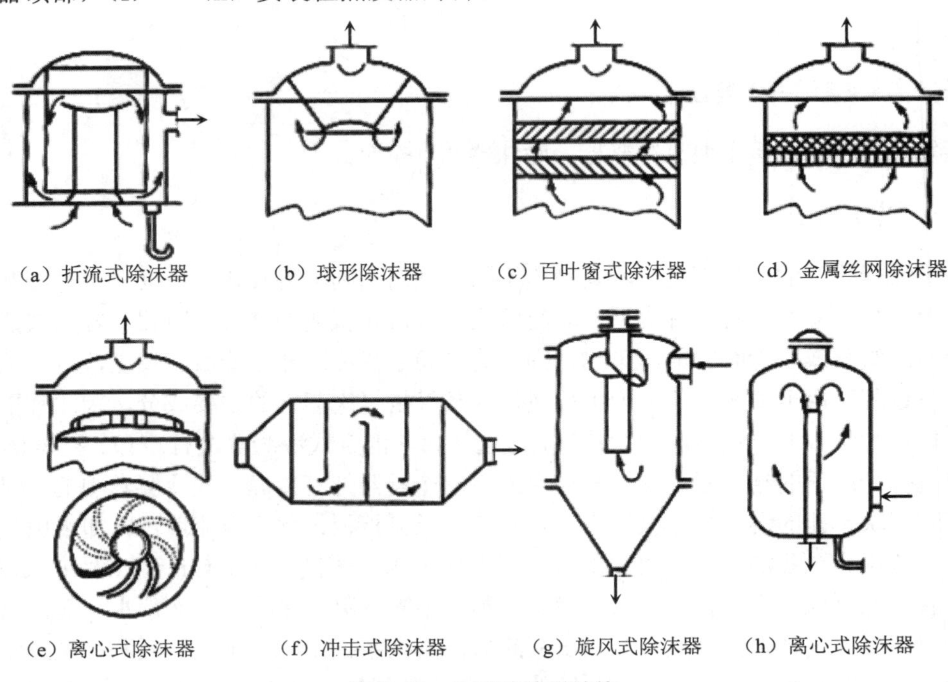


**图 8-17　几种除沫器结构**

（三）真空泵

当蒸发器在负压下操作时，无论采用哪一种冷凝器，均需在冷凝器后安装真空泵。需要指出的是，蒸发器中的负压主要是二次蒸气冷凝所致，而真空装置仅是抽吸蒸发系统泄漏的空气、物料及冷却水中溶解的不凝性气体和冷却水饱和温度下的水蒸气等，冷凝器后必须安装真空泵才能维持蒸发操作的真空度。常用的真空装置有喷射泵、水环式真空泵、往复式或旋转式真空泵等，其结构详见第二章。

## 第六节　蒸发过程安全运行操作

蒸发操作的最终目的是将溶液中大量的水分蒸发出来，使溶液得到浓缩，而要提高蒸发器在单位时间内蒸出的水分量，必须做到以下几点。

## 一、合理选择蒸发器

蒸发器的种类很多，形式各异，每种蒸发器均具有一定的适应性和局限性。因此，蒸发器的选择应考虑蒸发溶液的性质，如料液的黏度、发泡性、腐蚀性、热敏性，以及是否容易结垢、结晶等。

### （一）料液的黏度

蒸发过程中，随着料液的不断浓缩，其黏度也会相应增加。但不同的料液或不同的浓缩要求，黏度的增加量存在很大的差异，因而对蒸发设备的动力及传热应有不同的要求。黏度是蒸发器选型时的一个重要依据，也可以说是首要依据。

### （二）料液的腐蚀性

若被蒸发料液的腐蚀性较强，则应对蒸发器尤其是加热管的材质提出相应的要求。例如，氯碱厂为将电解后所得的10%左右的 NaOH 稀溶液浓缩到42%，溶液的腐蚀性增强，浓缩过程中溶液黏度又不断增加，因此当溶液中 NaOH 的浓度大于40%时，无缝钢管的加热管要改用不锈钢管。溶液浓度在10%～30%时，蒸发可采用自然循环型蒸发器，浓度在30%～40%蒸发时，由于晶体析出和结垢严重且溶液的黏度较大，应采用强制循环型蒸发器，这样可提高传热系数并节约钢材。

### （三）料液的热敏性

具有热敏性的料液不宜进行长时间的高温蒸发，故在蒸发器选型时，应优先选择单程型蒸发器。如热敏性的食品物料蒸发，由于物料所承受的最高温度有一定的限度，因此应尽量降低溶液在蒸发器中的沸点，缩短物料在蒸发器中的滞留时间，宜选用膜式蒸发器。

### （四）料液的发泡性

由于易起泡料液在蒸发过程中会产生大量的泡沫，以致充满整个分离室，使二次蒸气和溶液的流动阻力增大，故需选择强制循环式蒸发器或升膜式蒸发器。

### （五）料液的易结晶性或结垢性

对于易结晶或结垢的料液，应优先选择溶液流速较高的蒸发器，如强制循环式蒸发器等。此外，料液处理量及初始浓度等均是蒸发器选型时应考虑的因素。

## 二、提高蒸气压力

为了提高蒸发器的生产能力，提高加热蒸气的压力和降低冷凝器中二次蒸气压力，有助于提高传热温度差（蒸发器的传热温度差是加热蒸气的饱和温度与溶液沸点温度之差）。因为加热蒸气的压力提高，饱和蒸气的温度也相应提高。冷凝器中的二次蒸气压力降低，蒸发室的压力变低，溶液沸点温度也会降低。由于加热蒸气的压力常受工厂锅炉的限制，所以通常加热蒸气压力控制在 300～500 kPa；冷凝器中二次蒸气的绝对压力控制在 10～20 kPa。如果压力再降低，势必增大真空泵的负荷，增加真空泵的功率消耗，且随着真空度的提高，溶液的黏度增大，使传热系数下降，反而影响蒸发器的传热量。

### 三、提高传热系数 $K$

提高蒸发器蒸发能力的主要途径应是提高传热系数 $K$。通常情况下，管壁热阻很小，可忽略不计。加热蒸气冷凝膜系数一般很大，若蒸气中含有少量不凝性气体，则加热蒸气冷凝膜系数急剧下降。据测试，蒸气中含 1%的不凝性气体，传热总系数下降 60%，所以，在操作中必须密切注意和及时排除不凝性气体。

在蒸发操作中，管内壁出现结垢现象是不可避免的，尤其当处理易结晶和腐蚀性物料时，此时传热总系数 $K$ 变小，使传热量下降。在这些蒸发操作中，一方面应定期停车清洗、除垢；另一方面应改进蒸发器的结构，如把蒸发器的加热管加工光滑，使污垢不易生成，即使生成污垢也易清洗，可以提高溶液循环的速度，从而降低污垢生成的速度。

对于不易结晶、结垢的物料蒸发，影响传热总系数 $K$ 的主要因素是管内溶液沸腾的传热膜系数。在此类蒸发操作中，应提高溶液的循环速度和湍动程度，从而提高蒸发器的蒸发能力。

### 四、提高传热量

提高蒸发器的传热量，必须增加它的传热面积。在操作中，应密切注意蒸发器内液面的高低。如在膜式蒸发器中，液面维持在管长的 1/5～1/4 处才能保证正常的操作。在自然循环式蒸发器中，液面在管长 1/3～1/2 处时溶液循环良好，这时气液混合物从加热管顶端涌出，达到循环的目的。液面过高，加热管下部所受的静压强过大，溶液达不到沸腾。

## 复习思考题

### 一、选择题

1. 在蒸发过程中，蒸发前后质量不变的量是（　）。

A. 溶剂　　B. 溶液　　C. 溶质

2. 采用多效蒸发的目的是（　）。

A. 增加溶液的蒸发水量　　B. 提高设备利用率　　C. 节省加热蒸气消耗量

3. 原料流向与蒸气流向相同的蒸发流程是（　）。

A. 平流流程　　B. 并流流程　　C. 逆流流程

4. 多效蒸发中，各效的压力和沸点是（　）。

A. 逐效升高　　B. 逐效降低　　C. 不变

5. 下面说法正确的是（　）。

A. 减压蒸发操作使蒸发器的传热面积增大

B. 减压蒸发使溶液沸点降低，有利于对热敏性物质的蒸发

C. 多效蒸发的前效为减压蒸发操作

6. 多效蒸发操作中，在处理黏度随浓度的增加而迅速加大的溶液时，不宜采用的加料方式是（　）。

A. 逆流　　B. 顺流　　C. 平流

7. 在蒸发过程中有晶体析出时采用的加料法是（　）。

A. 逆流　B. 顺流　C. 平流

8. 由于实际生产中总存在热损失，单位蒸气消耗量 $D/W$（即每蒸发 1 kg 溶剂所需加热蒸气的消耗量）总是（　）。

A. 小于 1　B. 等于 1　C. 大于 1

9. 中央循环管式（标准式）蒸发器为（　）。

A. 外热式蒸发器　B. 自然循环型蒸发器　C. 强制循环蒸发器

## 二、填空题

1. 蒸发操作方式按二次蒸气的利用情况可以分为＿＿＿＿＿和＿＿＿＿；按操作压力可以分为＿＿＿＿、＿＿＿＿和＿＿＿＿＿＿。

2. 衡量蒸发装置经济性的指标是＿＿＿＿＿＿＿＿。

3. 多效蒸发操作的流程可分为三种，即＿＿＿＿、＿＿＿＿＿和＿＿＿＿＿。

4. 蒸发装置辅助设备主要包括＿＿＿＿＿、＿＿＿＿＿和＿＿＿＿＿＿。

5. 工业生产中应用的蒸发器按溶液在蒸发器中的运动情况，大致可分为＿＿＿＿＿＿和＿＿＿＿＿＿＿两大类。

6. 对蒸发器的维护通常采用＿＿＿＿＿＿方法清除蒸发装置内积存的污垢。

7. 提高蒸发器生产强度的主要途径，应从提高＿＿＿＿＿＿＿＿＿＿着手。

8. 单效蒸发时，可将二次蒸气绝热压缩以提高其温度，然后送回加热室作为加热蒸气重新利用。这种方法常称为＿＿＿＿＿＿＿＿＿＿。

## 三、简答题

1. 什么是单效蒸发和多效蒸发？多效蒸发有什么特点？
2. 试比较各种蒸发流程的优缺点。
3. 蒸发器由哪几个基本部分组成？各部分的作用是什么？
4. 蒸发器选型时应考虑哪些因素？
5. 蒸发操作在化工生产中的应用有哪些？
6. 试比较各种蒸发器的结构特点。
7. 真空蒸发中，大气腿、真空装置的作用分别是什么？
8. 强化蒸发过程的途径有哪些？

## 四、计算题

1. 在单效蒸发中，每小时将 20 000 kg 的 $CaCl_2$ 水溶液从 15%连续浓缩到 25%（均为质量分数），原料液的温度为 75℃。蒸发操作的压力为 50 kPa，溶液的沸点为 87.5℃，加热蒸气绝对压强为 200 kPa，原料液的比热容为 3.56 kJ/（kg · ℃），蒸发器的热损失为蒸发器传热量的 5%。试求：（1）蒸发量；（2）加热蒸气消耗量。

[答案：（1）8 000 kg/h；（2）8 160 kg/h]

2. 用一单效蒸发器将 2 000 kg/h 的 NaOH 水溶液由质量分数为 0.15 浓缩至 0.25。已知加热蒸气压力为 392 kPa（绝压），蒸发室内操作压力为 101.3 kPa，溶液的平均沸点为

113℃。试计算两种进料状况下所需的加热蒸气消耗量和单位蒸气消耗量 $D/W$:（1）进料温度为 20℃;（2）沸点进料。

[答案:（1）1.49;（2）1.07]

3. 一蒸发器每小时将 1 000 kg 的 NaCl 水溶液由质量分数为 0.05 浓缩至 0.30，加热蒸气压力为 118 kPa（绝压），蒸发室内操作压力为 19.6 kPa（绝压），溶液的平均沸点为 75℃。已知进料温度为 30℃，NaCl 的比热为 0.95 kJ/（kg · K），若浓缩热与热损失忽略，试求浓缩液量及加热蒸气消耗量。

[答案: 166.7 kg/h; 868.4 kg/h]

4. 用一单效蒸发器将浓度为 20%的 NaOH 水溶液浓缩至 50%（均为质量分数），料液温度为 35℃，进料流量为 3 000 kg/h，蒸发室操作压力为 19.6 kPa，加热蒸气的绝对压力为 294.2 kPa，溶液的沸点为 100℃，蒸发器总传热系数为 1 200 W/（$m^2$ · ℃），料液的比热容为 3.35 kJ/（kg · ℃），蒸发器的热损失约为总传热量的 5%。试求加热蒸气消耗量和蒸发器的传热面积。

[答案: 2 369 kg/h; 36.2 $m^2$]

5. 传热面积为 52 $m^2$ 的蒸发器，在常压下每小时蒸发 2 500 kg 浓度为 7%（质量分数）的某种水溶液。原料液温度是 368 K，常压下沸点是 376 K。完成液的浓度是 45%（质量分数）。加热蒸气的表压是 $1.96\times10^5$ Pa，热损失是 110 kW。溶液的比热容是 3.8 kJ/（kg · K）。试估算蒸发器的传热系数。

[答案: 930 W/（$m^2$ · K）]

# 第九章　液-液萃取

## 学习目标

【知识目标】

1. 掌握液-液萃取原理、三角形相图、杠杆定律、分配曲线和分配系数；
2. 掌握萃取剂的选择原则、多级及连续接触式萃取流程；
3. 了解萃取操作在工业上的应用、萃取设备的结构、操作与维护。

【技能目标】

1. 会运用三角形相图进行单级萃取操作的有关计算；
2. 会选择萃取剂，并能进行填料萃取塔性能的测定；
3. 会处理萃取操作中出现的一般问题。

【思政目标】

1. 培养立足一线、吃苦耐劳、埋头苦干、不计得失的奉献精神；
2. 培养具有环境保护意识、节能减排意识、绿色生产意识的“环境人”；
3. 培养信念坚定、专业素质过硬、不甘落后、奋勇争先、追求进步的精神状态。

## 生产案例

以焦化厂在其生产过程中产生的蒸氨废液即含酚废水的萃取分离为例介绍萃取操作。由于酚类化合物对一切生物个体都有毒害作用，若进入生物体会引起蛋白质变性和凝固。为了处理含酚废水，常以苯为萃取剂进行萃取分离，主要是利用苯酚在苯中溶解度大于在水中溶解度的特性，使废水中的苯酚转入苯中。如图 9-1 所示，蒸氨废液依次经除油池、沉淀池、套管散热器、萃取塔、碱洗塔等设备脱出酚。

近年来，由于能源短缺，萃取技术以其独特的优势，在难降解有机废水的处理过程中发挥着越来越重要的作用。因此，萃取在绿色工艺的开发过程中的应用将越来越广泛。

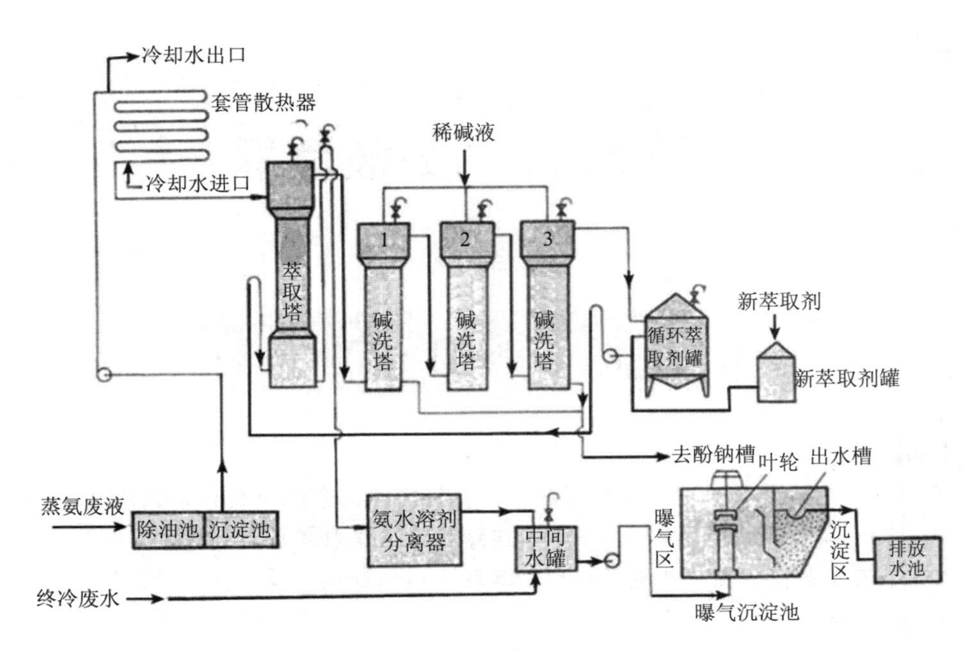


图 9-1 含酚废水的萃取脱酚和生物处理流程

第九章 萃取 动画

## 第一节 概述

利用液体混合物中各组分在某种溶剂中溶解度不同的特性，使混合物中欲分离的组分溶解于该溶剂中，以达到分离液体混合物的目的，这就是液-液萃取，亦称溶剂萃取，简称萃取或抽提。

### 一、液-液萃取过程

萃取操作的基本过程如图 9-2 所示。将一定量溶剂加入被分离的原料液 F 中，所选溶剂称为萃取剂 S，原料液中被分离的组分（溶质）A 在 S 中的溶解能力越大越好，而 S 与原溶剂（或称稀释剂）B 的相互溶解度越小越好。然后加以搅拌使原料液 F 与萃取剂 S 充分混合，溶质 A 通过相界面由原料液向萃取剂中扩散，因此萃取操作也属于两相间的传质过程。搅拌停止后，将混合液注入澄清槽，两液相因密度不同而分层：一层以萃取剂 S 为主，并溶有较多的溶质 A，称为萃取相

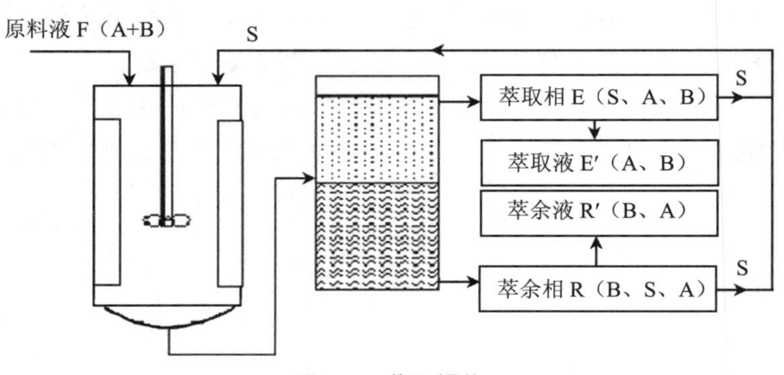


图 9-2 萃取操作

E；另一层以原溶剂（稀释剂）B 为主，且含有未被萃取完全的溶质 A，称为萃余相 R。若萃取剂 S 和原溶剂 B 为部分互溶，则萃取相中还含有少量的 B，萃余相中亦含有少量的 S。

由以上可知，萃取操作并没有得到纯净的组分，而是新的混合液：萃取相 E 和萃余相 R。为了得到产品 A，并回收溶剂以供循环使用，需对这两相分别进行分离。通常采用蒸馏或蒸发的方法，有时也可采用结晶等其他方法。脱除溶剂后的萃取相和萃余相分别称为萃取液 E′和萃余液 R′。

## 二、萃取操作的应用

### （一）技术经济分析

萃取和蒸馏都是分离均相液体混合物的单元操作，但采用萃取操作要比蒸馏操作复杂得多，且大多数情况下没有蒸馏操作经济，有时萃取剂脱除不完全会导致产品成分增加，使萃取操作的应用受到较大限制。通常，用蒸馏操作分离效果较好时，一般不采用萃取操作，但在遇到下列情况时，采用萃取方法比蒸馏操作更为经济合理。

① 原料液中各组分的沸点非常接近，即组分间的相对挥发度接近 1，或在蒸馏时形成恒沸物，若采用蒸馏方法很不经济或不能分离。

② 液相混合物中欲分离的重组分浓度很低，或沸点高，采用蒸馏操作不经济。

③ 原料液中溶质 A 的浓度很稀且为难挥发组分，若采用蒸馏方法须将大量稀释剂汽化，能耗较大，这时可选用萃取操作。首先将 A 富集在萃取相中，然后对萃取相进行蒸馏，使耗热量显著下降。

④ 原料液中需分离的组分是热敏性物质，蒸馏时易于分解、聚合或发生其他变化。

⑤ 提取稀溶液中有价值的组分，或分离极难分离的金属，如稀有元素的提取、钽-铌、钴-镍等的分离。

用萃取法分离液体混合物时，混合液中的溶质既可以是挥发性物质，也可以是非挥发性物质（如无机盐类）。

### （二）萃取在环境工程中的应用

近年来，由于能源短缺，萃取操作在生产上的应用越来越广泛，如多种金属物质的分离、核工业原料的制取，尤其在环境治理方面有着广泛的应用。

随着工业技术的发展和人们环境保护意识的提高，对各种工业废弃物的处理更为重要。鉴于萃取在稀溶液中溶质回收方面具有优势，萃取操作在废水处理方面的应用越来越广泛。溶剂萃取处理废水的另一潜在优势是可以回收有价物料或使物料再循环。随着我国可持续发展战略的实施，工业生产废水尤其是难降解有机废水的处理要求日益严格，萃取技术以其独特的优势，将在难降解有机废水的处理过程中发挥越来越重要的作用。

#### 1. 在废水处理方面的应用

焦化厂、炼油厂、制药厂、石油化工厂、染料厂、农药厂等化工厂在其生产过程中均会产生各类含酚废水。工业含酚废水由于来源广、数量多、危害大，造成了严重的环境污染，有害于人类健康及生物的生长繁殖，并且会影响经济的可持续性发展。为了处理含酚废水，常以苯为萃取剂进行萃取分离，主要是利用苯酚在苯中溶解度大于在水中溶解度的特性，使废水中的苯酚转入苯中。

**2．在废气处理方面的应用**

二噁英是一种危害人体神经系统的多环化合物，一般存在于焚烧飞灰中，在超临界水中二噁英几乎可以 100%分解。

各种有害的挥发性有机化合物如丙酮、甲苯、二甲苯、甲醛等，采用萃取吸收新技术具有选择性好、吸收效率高、损失小、对环境不产生第二次污染、可循环使用等显著特点。

**3．在固体废物处理方面的应用**

采用超临界流体萃取技术，可有效地降解高分子材料，如聚乙烯、聚氯乙烯、聚丙烯、尼龙-66 等，如：将聚乙烯废塑料与超临界水混合，加热到 400℃，在超临界状态下，可以在 3 h 内将聚乙烯废塑料降解成油。

利用萃取技术，选择合适的萃取剂还可以将被污染的土壤中的重金属元素分离出来。

总之，在环保方面，萃取技术的应用具有很大的潜力，可以和汽提及生物降解等方法结合起来解决很多环保问题；还可以处理含有固体颗粒、油污或腐蚀性的物料，不易产生像吸附和膜分离技术常有的堵塞问题；也适用于流量和浓度变化范围很大的情况。随着环保要求的日益提高，萃取的应用将会变得更加广泛。

## 三、两相接触方式

萃取操作按照原料液与萃取剂的接触方式，可分为级式接触萃取和连续接触式萃取两类。

### （一）级式接触萃取

级式接触萃取多采用混合澄清器。根据原料液与萃取剂的接触次数，分为单级接触萃取操作和多级接触萃取操作。

单级接触萃取流程如图 9-2 所示，操作过程可以连续，也可以间歇。间歇操作时，单级萃取操作所得的萃余相中往往还含有部分溶质，为了进一步提取溶质，可采用多级接触萃取操作流程。

多级接触萃取操作，即将多个单级接触萃取设备串联起来，可分为多级错流接触萃取和多级逆流接触萃取。

多级错流接触萃取流程如图 9-3 所示。多级错流接触萃取操作中，原料液从第 1 级加入，每级都加入新鲜溶剂，前一级的萃余相为后一级的原料，从最后一级出来的萃余相中溶质 A 应降到规定的要求。萃余相 R 进入溶剂回收装置，得萃余液 R′。各级所得的萃取相分别排出后汇集在一起，进入溶剂回收设备，得萃取液 E′。这种操作方式的传质推动力较大，只要级数足够多，最终可得到溶质组成很低的萃余相，但溶剂的用量很多。这一流程既可用于间歇操作，也可用于连续操作。

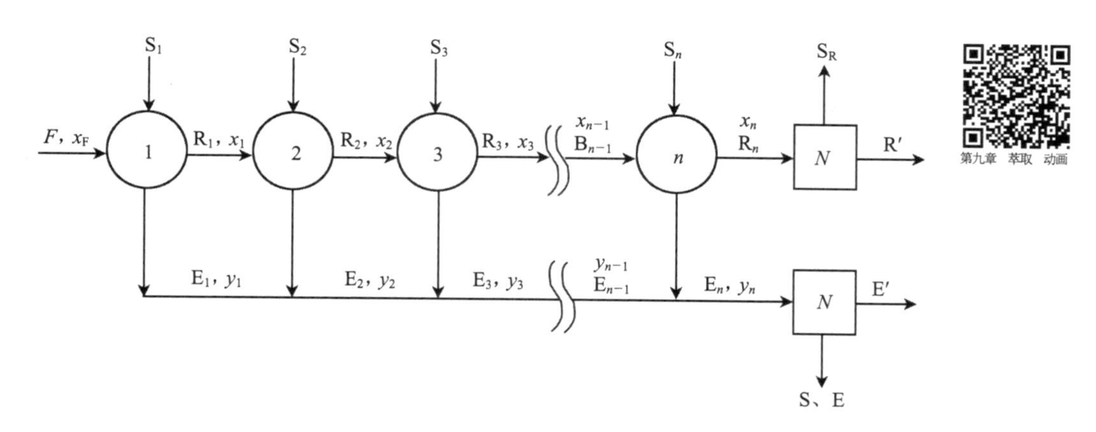


图 9-3　多级错流接触萃取流程

多级逆流接触萃取操作一般是连续的，分离效率高，溶剂用量少，故在工业中得到广泛应用。图 9-4 为多级逆流萃取操作流程示意图。原料液自第 1 级加入，逐次通过第 2、3、…、$n$ 各级，得萃余相 R。萃取剂（或循环溶剂）从第 $n$ 级加入，依次通过第 $n$−1、…、2、1 级，得萃取相 E。萃取剂一般是循环使用的，其中常含有少量的组分 A 和 B，故最终萃余相中可达到的溶质最低组成受溶剂中溶质组成限制，最终萃取相中溶质的最高组成受原料液中溶质组成的制约。

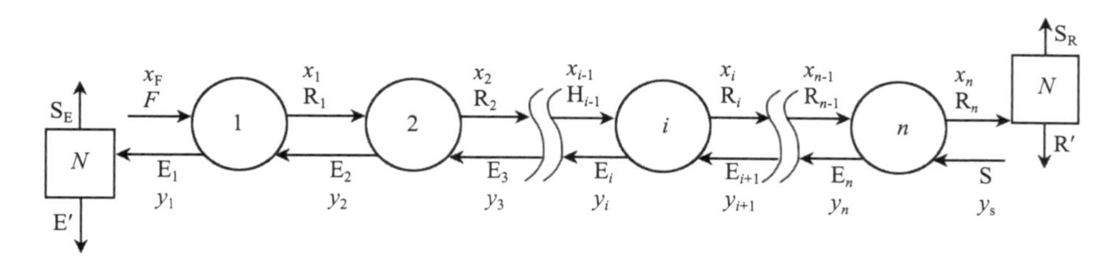


图 9-4　多级逆流接触萃取操作流程

（二）连续接触式萃取

连续接触式的逆流萃取过程通常在塔设备内进行，如图 9-5 所示。原料液与萃取剂中密度较大者（称为重相）自塔顶加入，密度较小者（称为轻相）自塔底加入，选择两液相之一作为分散相，以扩大两相的接触面积。分散的液滴在上浮或沉降过程中与连续相呈逆流接触，液滴在运动过程中不断地破碎、集聚，从而增大两相间的传质系数和相界面积，同时发生传质过程。最后，轻、重两相分离，并分别从塔顶和塔底排出，得萃取相和萃余相。

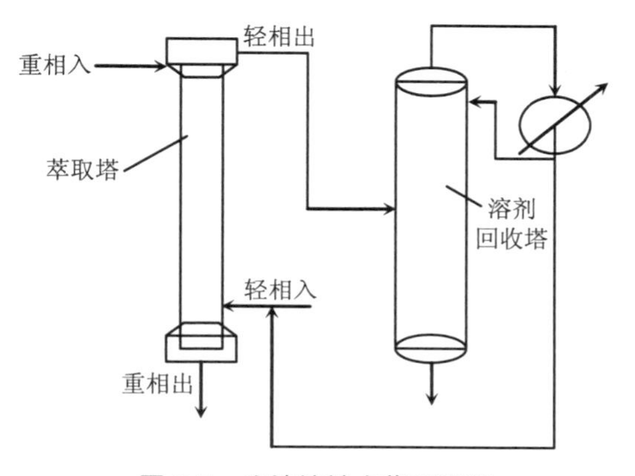


图 9-5　连续接触式萃取流程

# 第二节　液-液萃取基本原理

## 一、三角形相图

萃取与蒸馏、吸收一样，基础是相平衡关系。萃取过程至少要涉及溶质、原溶剂和萃取剂三个组分，在这个三元物系中，若原溶剂和萃取剂是部分互溶，则萃取相和萃余相都是一个三元混合物，因此，要表示萃取相和萃余相之间的平衡关系，通常不采用直角坐标系，而是采用三角形坐标图，如等腰三角形、不等腰三角形、等边三角形等。混合液的组成以在等腰直角三角形坐标图上表示最为方便，因此萃取计算中常采用等腰直角三角形坐标图。在三角形坐标图中常用质量分数表示混合物的组成，有时也采用体积分数或摩尔分数表示，本章中均采用质量分数。

### （一）组成在三角形坐标图中的表示方法

通常，在三角形坐标图中，如图 9-6 所示，*AB* 边上的标度代表 A 的质量分数，*BS* 边上的标度代表 B 的质量分数，*SA* 边上的标度代表 S 的质量分数。三角形坐标图的每个顶点分别代表一个纯组分，即顶点 *A* 表示纯溶质 A，顶点 *B* 表示纯原溶剂（稀释剂）B，顶点 *S* 表示纯萃取剂 S。三角形坐标图三条边上的任一点代表一个二元混合物系，第三组分的组成为零。例如 *AB* 边上的 *E* 点，表示由 A、B 组成的二元混合物系，由图可读得：A 的组成为 0.40，则 B 的组成为 0.60，S 的组成为 0。再如 *BS* 的 *F* 点，表示由 *S*、*B* 组成的二元混合物系，由图可读得：B 的组成为 0.70，S 的组成为 0.30，A 的组成为 0。

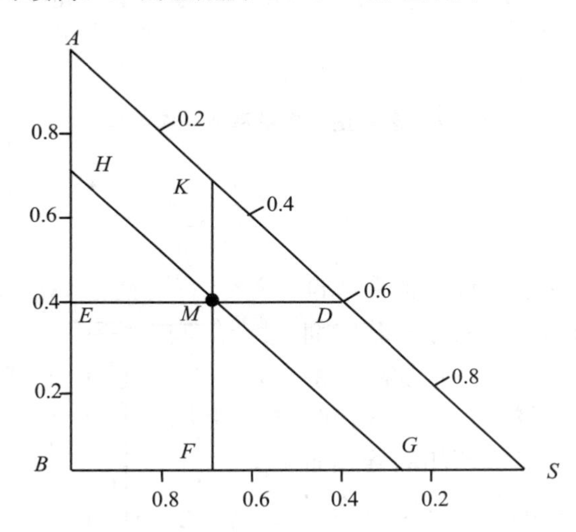


图 9-6　三角形坐标图上组成的表示方法

三角形坐标图内任一点代表一个三元混合物系。例如，*M* 点即表示由 A、B、S 3 个组分组成的混合物系。其组成可按如下方法确定：过物系点 *M* 分别作对边的平行线 *ED*、*HG*、*KF*。与 *AB* 边平行的 *KF* 线上各点 S 组分的组成相等，与 *BS* 边平行的 *ED* 线上各点 A 组分的组成相等，与 $AS$ 边平行的 $HG$ 线上各点 B 组分的组成相等。则由点 $E$、$G$、$K$ 可直接读得 A、B、S 的组成分别为：$x_A$ 为 0.4、$x_B$ 为 0.3、$x_S$ 为 0.3；也可由点 $D$、$H$、$F$ 读得 A、B、S 的组成。在实际应用时，一般首先由两直角边的标度读得 A、S 的组成 $x_A$ 及 $x_S$，再根据归一化条件求得 $x_B$，即：$x_A + x_B + x_S = 1$。

### （二）杠杆定律

杠杆定律又称比例定律，它包括两方面的内容。如图 9-7 所示，将 $M$ kg 的混合物 M 与 $N$ kg 的混合物 N 相混合，即得到总质量为 $O$ kg 的混合物 O。则：

① 代表所得混合物 O 的组成点 $O$ 必在 $MN$ 连线上。

② 混合物 M 和混合物 N 的量和线段 $ON$ 与 $OM$ 成比例：

$$\frac{M}{N}=\frac{\overline{ON}}{\overline{OM}} \tag{9-1}$$

式中：$M$、$N$ —— 混合物 M 和混合物 N 的质量，kg；

$\overline{OM}$、$\overline{ON}$ —— 线段 $OM$ 与 $ON$ 的长度。

反之，混合物 O 若分成 M、N 两部分，同样符合上述规则，即点 $O$、$M$、$N$ 3 点共线，混合物 M、N 的量遵从式（9-1）。

通常在相图中，点 $O$ 称为和点，点 $M$ 和点 $N$ 称为差点。

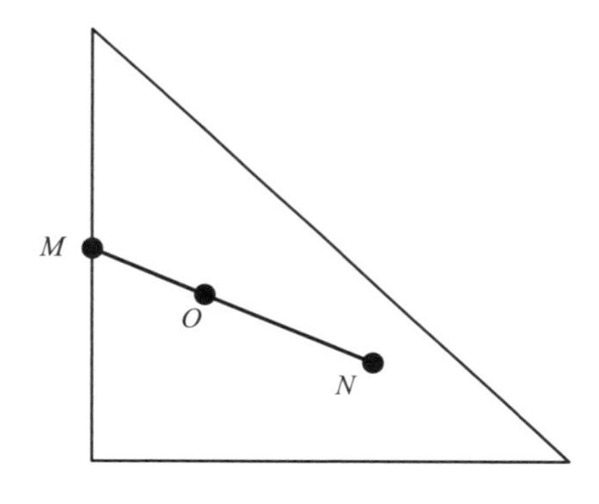


图 9-7　杠杆定律

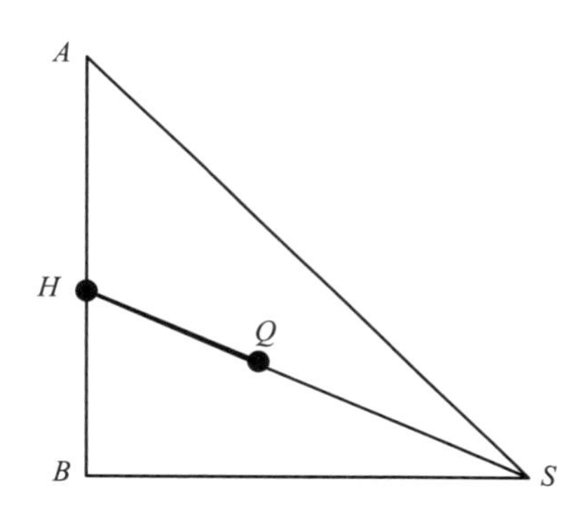


图 9-8　杠杆定律应用示例

杠杆定律是萃取操作中物料衡算的图解表示方法，可举例说明如下：如图 9-8 所示，在一组成为 A、B 的二元溶液（图上点 $H$）中加入萃取剂 S 后，所得的三元混合液的组成点 $Q$ 必落在 $HS$ 连线上，且点 $Q$ 的位置符合杠杆定律，即

$$\frac{H}{S}=\frac{\overline{QS}}{\overline{QH}} \tag{9-2}$$

若改变萃取剂 S 的加入量，点 $Q$ 的位置将按一定的比例移动。增加 S 的量，向点 $S$ 靠近；减少 S 的量，向点 $H$ 靠近。但混合液中 A、B 两组分的比例不变。

### （三）三角形相图中的相平衡关系

如果两溶剂 B、S 部分互溶，在一定温度下的相平衡关系如图 9-9 所示。图中曲线

$R_0R_1R_2R_iR_nKE_nE_iE_2E_1E_0$称为溶解度曲线，该曲线将三角形相图分为两个区域：曲线以内的区域为两相区，显然两相区是萃取操作可能进行的区域；曲线以外的区域为均相区。位于两相区内的混合物可分成两个互相平衡的液相，称为共轭相，连接两共轭液相相点的直线称为连接线，如图 9-9 中的 $R_iE_i$ 线（$i$=0，1，2，…，$n$）。

溶解度曲线可通过实验方法得到：在一定温度下，如果溶质 A 在溶剂 B、S 中都能完全互溶，对于混合物 M（由组分 B、S 组成），逐渐加入 A 所形成的混合物的组成点必沿 $MA$ 移动。每次加入 A 后，要充分混合，平衡后必然得到两个互不相溶的液层，其相点分别为 $R_1$、$E_1$，$R_2$、$E_2$，……。连接各共轭相的 $R$ 相点及 $E$ 相点的曲线即为实验温度下该三元物系的溶解度曲线。当加入 A 的量使连接线非常短（两共轭相组成近似相等）时，可看作一个点，此点称为临界混溶点，又称为分层点，临界混溶点数据一般应由实验测出。

同一物系其连接线的倾斜方向一般是一致的。有少数物系，如吡啶-氯苯-水，当混合液组成变化时，其连接线的斜率会有较大的改变，如图 9-10 所示。

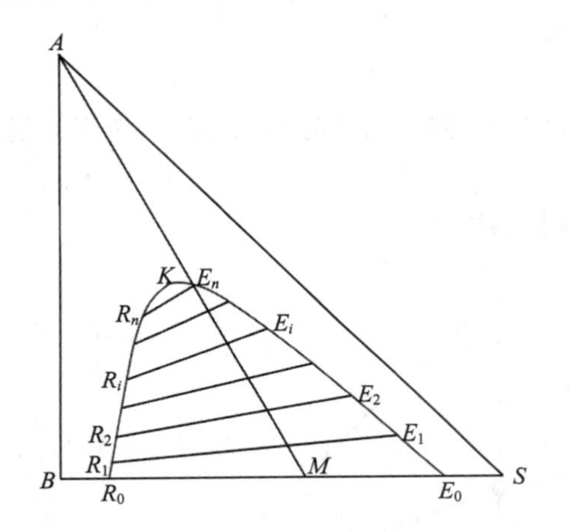


图 9-9　三角形相图中的溶解度曲线和连接线

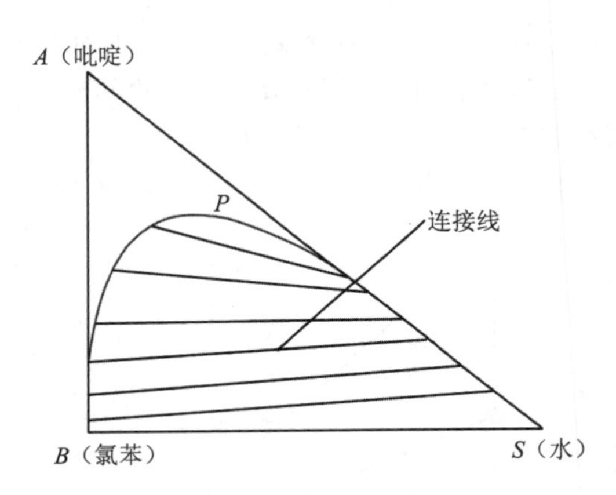


图 9-10　连接线斜率的变化

一定温度下，测定体系的溶解度曲线时，测出的连接线的条数（即共轭相的对数）总是有限的，此时为了得到任何已知平衡液相的共轭相数据，常借助辅助曲线（亦称共轭曲线）。其作法如图 9-11 所示，通过已知点 $R_1$，$R_2$，……，分别作 $BS$ 边的平行线，再通过相应连接线的另一端点 $E_1$，$E_2$，……，分别作 $AB$ 边的平行线，各线分别相交于点 $F$，$G$，……，连接这些交点所得的平滑曲线即为辅助曲线。利用辅助曲线可求任何已知平衡液相的共轭相。如图 9-11 所示，设 $R$ 为已知平衡液相，自点 $R$ 作 $BS$ 边的平行线交辅助曲线于点 $J$，自点 $J$ 作 $AB$ 边的平行线，交溶解度曲线于点 $E$，则点 $E$ 即为 $R$ 的共轭相点。

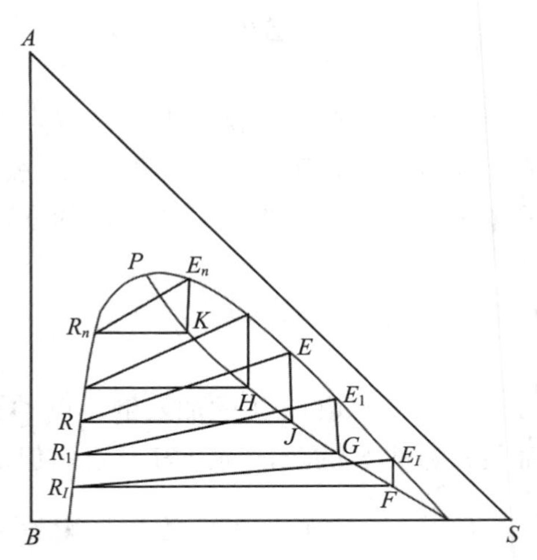


图 9-11　辅助曲线的作法

溶解度曲线上的临界混溶点 $P$，其连接线无限短，即该点所代表的平衡液相无共轭相，所以

辅助曲线终止于点 $P$，辅助曲线外推求出的临界混溶点 $P$ 误差较大。由于连接线通常有一定的斜率，因而临界混溶点一般并不在溶解度曲线的顶点。

一般情况下，辅助曲线不是直线，所以只宜用内插法求取与某一液相成平衡的另一液相，而不能任意外延，否则将会产生较大的误差。

通常，一定温度下的三元物系溶解度曲线、连接线、辅助曲线及临界混溶点的数据均由实验测得，有时也可从手册或有关专著中查得。

### （四）分配系数

一定温度下，某组分在互相平衡的 E 相与 R 相中的组成之比称为该组分的分配系数，以 $k$ 表示，即：

溶质 A

$$k_A = \frac{y_A}{x_A} \tag{9-3}$$

原溶剂 B

$$k_B = \frac{y_B}{x_B} \tag{9-3a}$$

式中：$y_A$、$y_B$ —— 萃取相 E 中组分 A、B 的质量分数；

$x_A$、$x_B$ —— 萃余相 R 中组分 A、B 的质量分数。

分配系数 $k_A$ 表明了溶质在两个平衡液相中的分配关系。显然，$k_A$ 值愈大，萃取分离的效果愈好。

$k_A$ 值与连接线的斜率有关。如 $k_A=1$，则 $y_A=x_A$，连接线与底边 $BS$ 平行，其斜率为 0；如 $k_A>1$，则 $y_A>x_A$，连接线的斜率大于 0；如 $k_A<1$，则 $y_A<x_A$，连接线的斜率小于 0。

同一物系，$k_A$ 值随温度和组成而变。一定温度下，仅当溶质组成范围变化不大时，$k_A$ 值才可视为常数。

## 二、单级萃取过程在三角形相图上的表示

在单级萃取操作中，一般是给定原料液 F 的量及组成，规定萃余相组成 $x_R$，要求计算溶剂用量、萃余相及萃取相的量以及萃取相组成。上述萃取过程可标绘在三角相图上，并利用杠杆定律完成上述计算要求。

首先根据平衡数据在三角形坐标系中作出溶解度曲线和辅助曲线。如图 9-12 所示。根据 $x_F$ 在 $AB$ 边上确定点 $F$，连接 $FS$。萃取剂的加入量应使得总组成点落在两相区中，且点 $M$ 必在 $FS$ 连线上。如果分层后的萃取相和萃余相互成平衡，由 $x_R$ 在溶解度曲线上确定 $R$ 点，过 $R$ 点借助辅助曲线确定 $E$ 点，连接 $RE$ 线与 $FS$ 线交于 $M$ 点。图中 $E'$ 及 $R'$ 点为从 E 相及 R 相中脱除全部溶剂后的萃取液及萃余液组成坐标点。萃取液和萃余液的流量组成可从相应点直接读出。

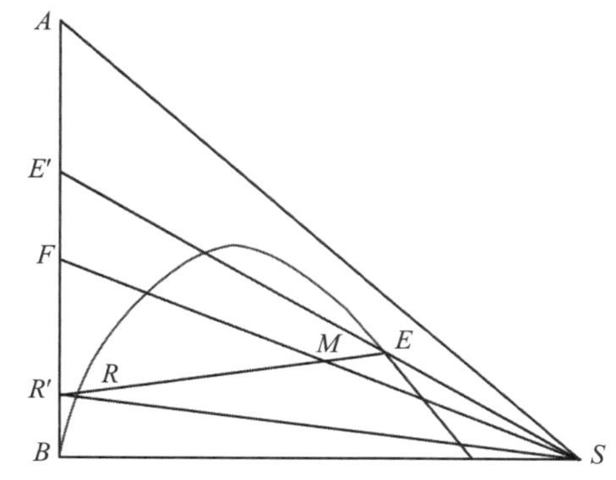


图 9-12　单级萃取在三角形相图上的表达

两相的量和组成可由物料衡算和杠杆定律求出。

总物料衡算

$$F+S=E+R=M \tag{9-4}$$

对溶质A的物料衡算

$$Fx_F+Sy_S=Ey_E+Rx_R=Mx_M \tag{9-5}$$

由杠杆定律求得

$$S=F\times\frac{\overline{MF}}{\overline{MS}} \tag{9-6}$$

$$E=M\times\frac{\overline{MR}}{\overline{ER}} \tag{9-7}$$

$$R=M-E \tag{9-8}$$

联立式（9-6）、式（9-7）、式（9-8）整理得

$$E=M\times\frac{x_M-x_R}{y_E-x_R} \tag{9-9}$$

同理，可得到$E'$及$R'$的量，即

$$E'=F\times\frac{x_F-x'_R}{y'_E-x'_R} \tag{9-10}$$

$$R'=F-E' \tag{9-11}$$

**【例9-1】**在25℃下，以水为萃取剂从醋酸（A）-氯仿（B）混合液中单级提取醋酸。已知原料液中醋酸的质量分数为35%，原料液流量为2 000 kg/h，水的流量为1 600 kg/h。操作温度下物系的平衡数据如附表所示。试求：（1）E相和R相的组成及流量；（2）萃取液和萃余液的组成和流量。

**【例9-1】附表　醋酸-氯仿-水在25℃下的相平衡数据（质量分数）**

| 氯仿（R相） | | 水层（E相） | |
|---|---|---|---|
| 醋酸 | 水 | 氯仿 | 水 |
| 0.00 | 0.99 | 0.00 | 99.60 |
| 6.77 | 1.38 | 25.10 | 73.69 |
| 17.72 | 2.88 | 44.12 | 48.58 |
| 25.72 | 4.15 | 50.18 | 34.71 |
| 27.65 | 5.20 | 50.56 | 31.11 |
| 32.08 | 7.93 | 49.41 | 25.39 |
| 34.16 | 10.03 | 47.84 | 23.28 |
| 42.50 | 16.50 | 42.50 | 16.50 |

解：由题所给平衡数据，在等腰直角三角形坐标图中绘出溶解度曲线和辅助曲线，如本例附图所示。

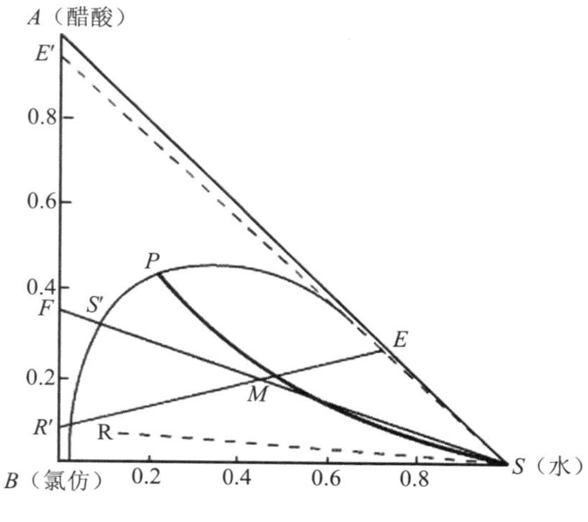


【例 9-1】 附图

（1）E 相和 R 相的组成及流量

根据醋酸在原料液中的质量分数为 35%，在 *AB* 边上确定点 *F*，连接 *FS* 线，以杠杆定律由式（9-6）得

$$\frac{F}{S}=\frac{\overline{MS}}{\overline{MF}}=\frac{2\,000}{1\,600}=\frac{5}{4}$$

在 *FS* 线上确定点 *M*。

因 E 相和 R 相的组成均未给出，故需借助辅助曲线用试差作图来确定过 *M* 点的连接线 *ER*。由图读得两相的组成为

E 相 $y_{\mathrm{A}}=27\%$，$y_{\mathrm{B}}=1.5\%$，$y_{\mathrm{S}}=71.5\%$

R 相 $x_{\mathrm{A}}=7.2\%$，$x_{\mathrm{B}}=91.4\%$，$x_{\mathrm{S}}=1.4\%$

由物料衡算得

$$M=F+S=2\,000+1\,600=3\,600\text{（kg/h）}$$

从图中测量出 $\overline{MR}$ 和 $\overline{ER}$ 的长度分别为 26 mm 和 42 mm，由式（9-5）可求出 E 相的量，即

$$E=M\frac{\overline{MR}}{\overline{ER}}=3\,600\times\frac{26}{42}=2\,228\text{（kg/h）}$$

R 相的量 $R=M-E=3\,600-2\,228=1\,372\text{（kg/h）}$

（2）萃取液和萃余液的组成和流量

连接点 *S*、*E* 并延长 *SE* 与 *AB* 边交于 *E′*，由图读得 $y'_{\mathrm{E}}=92\%$；连接点 *S*、*R* 并延长 *SR* 与 *AB* 边交于 *R′*，由图读得 $x'_{\mathrm{R}}=7.3\%$。

萃取液 *E′* 和萃余液 *R′* 的量由式（9-8）及式（9-9）求得，即

$$E'=F\times\frac{x_{\mathrm{F}}-x'_{\mathrm{R}}}{y'_{\mathrm{E}}-x'_{\mathrm{R}}}=2\,000\times\frac{35-7.3}{92-7.3}=654\text{（kg / h）}$$

$$R'=F-E'=2\,000-654=1\,346\text{（kg/h）}$$

## 三、萃取剂的选择

萃取剂的选择是利用萃取操作分离原料液有效成分的关键因素，同时也要考虑萃取剂是否容易回收及经济是否合理。现将这些要求归纳为以下几个方面。

### （一）选择性系数

萃取剂的选择性是指萃取剂 S 对原料液中两个组分溶解能力的不同，即对溶质 A 是优良溶剂，对原溶剂 B 是不良溶剂。即使萃取相中溶质 A 的浓度 $y_{\mathrm{A}}$ 要比原溶剂 B 的浓度 $y_{\mathrm{B}}$ 大得多，而萃余相中原溶剂 B 的浓度 $x_{\mathrm{B}}$ 比溶质 A 的浓度 $x_{\mathrm{A}}$ 大得多，那么这种萃取剂的选择性较好。

萃取剂的选择性可用选择性系数$\beta$表示，其定义式为

$$\beta = \frac{y_A / y_B}{x_A / x_B} = \frac{y_A}{x_A} \bigg/ \frac{y_B}{x_B} \tag{9-12}$$

将式（9-3）、式（9-3a）代入式（9-12）得

$$\beta = \frac{k_A}{k_B} \tag{9-13}$$

式中：$\beta$—— 选择性系数；

$y$—— 组分在萃取相中的质量分数；

$x$—— 组分在萃余相中的质量分数；

$k$—— 组分的分配系数。

下标 A、B 分别表示组分 A、B。

选择性系数$\beta$颇似蒸馏中的相对挥发度$\alpha$。若$\beta=1$，则由式（9-12）可知萃取相和萃余相在脱除溶剂 S 后将具有相同的组成，并且等于原料液的组成，说明 A、B 两组分不能用此萃取剂分离，换言之，所选择的萃取剂是不适宜的。若$\beta>1$，说明组分 A 在萃取相中的相对含量比萃余相中的高，即组分 A、B 得到了一定程度的分离，显然选择性系数$\beta$越大，组分 A、B 的分离也就越容易，相应的萃取剂的选择性也就越高。萃取剂的选择性越高，对溶质 A 的溶解能力越大。而对于一定的分离任务，选择性高的萃取剂用量更少，可降低回收溶剂的操作费用，并且获得的产品纯度更高。

### （二）影响分层的因素

为使萃取相与萃余相能较快地分层，萃取剂与原溶剂要有较大的密度差。此外，萃取剂与原溶剂之间的界面张力对分层也有重要影响。界面张力太大，两相分散较困难，单位体积内的相界面面积缩小，不利于界面的更新，对传质不利。反之，若界面张力过小，则分散相的液滴很细，不易合并、集聚，严重时会产生乳化现象，因而难以分层。因此，界面张力要适中，其中首要的还是满足易于分层的要求，即通常选择界面张力较大的萃取剂。

### （三）萃取剂回收的难易

萃取相和萃余相中的溶剂，通常以蒸馏的方法进行分离。萃取剂回收的难易程度直接影响萃取操作的经济性。因此，要求萃取剂 S 与原料液组分的相对挥发度较大，不应形成恒沸物；为节约回收所消耗的热量，最好是组成低的组分为易挥发组分。若被萃取的溶质不挥发或挥发度很低，而萃取剂 S 为易挥发组分时，则希望萃取剂 S 具有较低的汽化潜热，以节约热能。

### （四）萃取剂的其他物性

选择萃取剂时还应考虑其他一些因素，诸如：萃取剂应具有较低的黏度，以利于输送及传质，具有化学稳定性和热稳定性，对设备腐蚀性小，无毒，不易燃易爆，来源充分，价格低廉等。

一般来说，很难找到满足上述所有要求的萃取剂，在选用萃取剂时要充分了解其主要限制因素，根据实际情况加以权衡，以满足必须要求。

# 第三节 萃取设备

## 一、萃取设备的主要类型

萃取设备要求在液-液萃取过程中，既能使两相密切接触并伴有较高程度的湍动，以实现两相之间的质量传递，又能较快地完成两相分离。为了满足上述要求，出现了多种结构型式的萃取设备。目前，工业上所采用的萃取设备已超过 30 种，而且还在不断开发新型萃取设备。

萃取设备的分类方法很多，如按两相的接触方式不同可分为逐级接触式和连续接触式；按操作方式不同可分为间歇式和连续式；按构造特点和形状不同可分为组件式和塔式；按设备所相当的萃取级不同可分为单级和多级；按有无外功输入又可分有外能量和无外能量两种。

本节简要介绍一些典型的萃取设备及其操作特性。

### （一）混合-澄清槽

混合-澄清槽是一种目前仍在工业生产中广泛应用的逐级接触式萃取设备。它可单级操作，也可多级组合操作。每一级均包括混合槽和澄清槽两个主要部分。

混合槽中通常安装搅拌装置，有时也可将压缩气体通入室底进行气流式搅拌，目的是使不互溶液体中的一相被分散成液滴而均匀分散到另一相中，以加大相际接触面积并提高传质速率。澄清槽的作用是借密度差将萃取相和萃余相进行有效的分离。

典型的单级混合-澄清槽如图 9-2 所示。操作时，被处理的原料液和萃取剂首先在混合槽中借搅拌浆的作用使两相充分混合，密切接触，进行传质，然后进入澄清器进行澄清分层。为了达到萃取的工艺要求，混合时要有足够的接触时间，以保证分散相液滴尽可能均匀地分散于另一相中；澄清时要有足够的停留时间，以保证两相完成分层分离。有时，对于生产能力小的间歇萃取操作，可将混合槽和澄清槽合并成为一个装置，如图 9-13 所示。

根据生产需要，可以将多个混合-澄清槽串联起来，组成多级逆流或多级错流的流程。图 9-14 所示为水平排列的三级逆流混合-澄清槽萃取装置示意图。

混合-澄清槽的优点是两相接触好，一般级效率为 80%以上；结构简单，设备运转可靠，对物系适应性好，对含有少量悬浮固体的物料也能处理；操作方便，易实现多级连续操作，便于调节级数，能适用于两种液体的流量在较大范围内变化等情况，因此应用比较广泛。其缺点是设备占地面积大；每级内都设搅拌装置，液体在级间流动需要泵输送，动力消耗较大，设备费及操作费较高；每一级均设有澄清槽，所以持液量大，溶剂投资大。

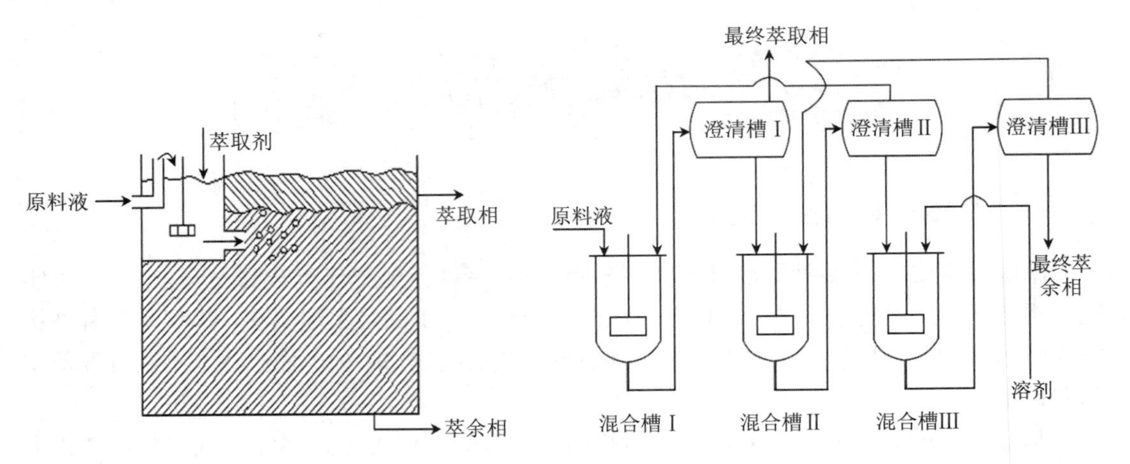


**图 9-13　混合槽与澄清槽组合装置**

**图 9-14　三级逆流混合-澄清槽装置**

### （二）填料萃取塔

填料萃取塔是在塔体内支承板上填充一定高度的填料层。如图 9-15 所示，萃取操作时，重相和轻相分别从塔的上、下部加入，两相在塔内呈逆流流动。连续相充满整个塔，分散相以液滴状通过连续相。为防止液滴在入口处聚结和出现液泛，轻相入口管应在支承器之上 25～50 mm 处。

常用的填料为拉西环、鲍尔环、弧鞍等。选择填料材质时，除考虑料液的腐蚀性外，还应考虑填料只能被连续相润湿而不能被分散相润湿，这样才有利于液滴的形成和稳定。一般陶瓷填料易被水相润湿，塑料和石墨易被大部分有机相润湿，金属材料对水溶液和有机溶液均可能润湿，需通过实验确定。

填料萃取塔结构简单，造价低廉，操作方便，特别适用腐蚀性料液，但不能处理含有固体颗粒的料液，尽管其传质效率较低，在工业上仍有一定应用。

### （三）喷洒塔

喷洒塔又称喷淋塔，是最简单的萃取设备，如图 9-16 所示，塔内无任何内件及液体引入和移出装置。喷洒塔操作时，重相由塔顶进入，从塔底流出；轻相由塔底加入。由于两相存在密度差，使得两相逆向流动。分散装置将其中一相分散成液滴群，在另一连续相中浮升或沉降，进行两相接触，发生传质过程。

喷洒塔的优点是结构简单，投资费用少，易维护。缺点是分散相在塔内只有一次分散，无凝聚和再分散作用，因此提供的理论级数不超过 1～2 级，分散相液滴在运动中一旦合并很难再分散，导致沉降或浮升速度加大，相际接触面积和时间减少，传质效率低。另外，分散相液滴在缓慢的运动中表面更新慢，液滴内部湍流程度低，因此塔内传质效率较低，仅用于水洗、中和或处理含有固体颗粒的料液。

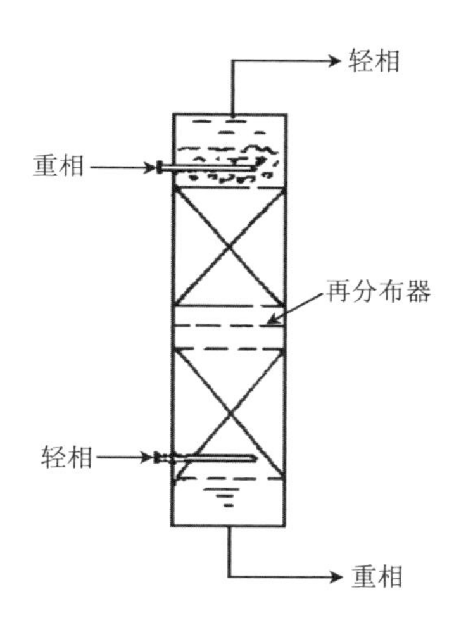

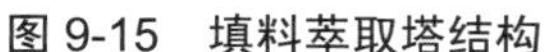

图 9-15 填料萃取塔结构

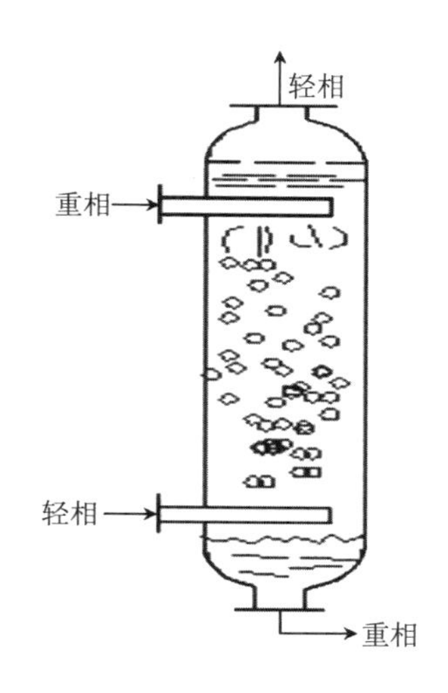


图 9-16 喷洒塔结构

（四）筛板萃取塔

筛板萃取塔是逐级接触式萃取设备，依靠两相的密度差，在重力的作用下，使两相进行分散和逆向流动。塔盘上不设出口堰。筛板塔内，轻、重两相均可作为分散相。若以轻相为分散相，如图 9-17 所示，轻相从塔下部进入。轻相穿过筛板分散成细小的液滴，与塔板上的连续相充分接触，液滴在重相内浮升过程中进行液-液传质。穿过重相层的轻相液滴开始合并凝聚，聚集在上层筛板的下侧，实现轻、重两相的分离，并进行轻相的自身混合。当轻相再一次穿过筛板时，轻相再次分散，液滴表面得到更新。这样分散、凝聚交替进行，直至塔顶澄清、分层、排出。而连续相即重相进入塔内，横向流过塔板，在筛板上与分散相即轻相液滴接触和萃取后，由降液管流至下一层板。这样重复以上过程，直至塔底与轻相分离形成重相层排出。如果重相是分散相，则降液管变成升液管，轻相从筛板下部进入，从升液管进入上一层板，重相在重力作用下分散成细小液滴，在轻相层中沉降，进行传质。穿过轻相层的重相液在下沉过程中合并凝聚，聚集在下层筛板的上侧，在重力作用下再次分散、凝聚。通过多次分散和凝聚实现两相分离，其过程和轻相为分散相时完全类似。

（五）往复筛板萃取塔

往复筛板萃取塔的结构如图 9-18 所示。将若干层筛板按一定间距固定在中心轴上，由塔顶的传动机构驱动而做往复运动。当筛板向上运动时，迫使筛板上侧的液体经筛孔向下喷射；反之，又迫使筛板下侧的液体向上喷射。为防止液体沿筛板与塔壁间的缝隙走短路，应每隔若干块筛板，在塔内壁设置一块环形挡板。

往复筛板萃取塔的效率与塔板的往复频率密切相关。当振幅一定时，在不发生液泛的前提下，效率随频率的增大而提高。

往复筛板萃取塔可较大幅度地增加相际接触面积以及提高液体的湍动程度，传质效率高，生产能力大，在石油化工、食品、制药等工业中应用广泛。

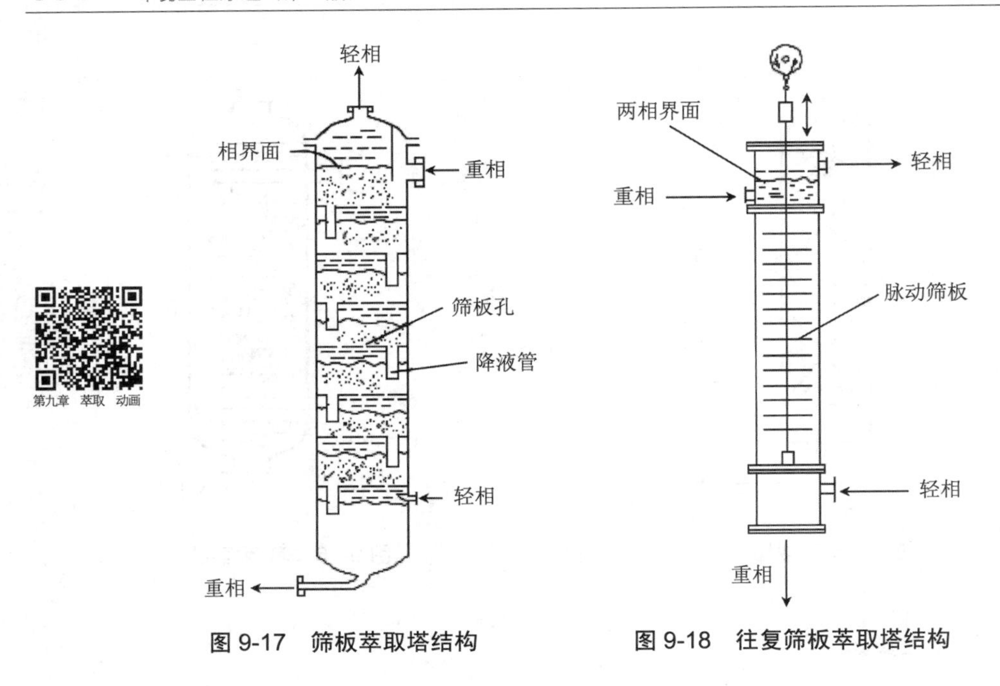


图 9-17 筛板萃取塔结构　　图 9-18 往复筛板萃取塔结构

（六）离心萃取器

离心萃取器是利用离心力使两相快速充分混合并快速分离的萃取装置，目前已经开发出多种类型的离心萃取器，广泛应用于各种生产过程中。图 9-19 所示为转筒式离心萃取器的结构示意图。操作时，重相和轻相由底部的三通管并流进入混合室，在搅拌桨的剧烈搅拌下，两相充分混合进行传质，然后共同进入高速旋转的转筒。在转筒中，混合液在离心力的作用下，重相被甩向转鼓外缘，而轻相则被挤向转鼓的中心，两相分别经轻、重相堰流至相应的收集室，并经各自的排出口排出。

离心萃取器的优点是结构紧凑，效率高，易于控制，运行可靠；缺点是造价及维修费高，能耗大。

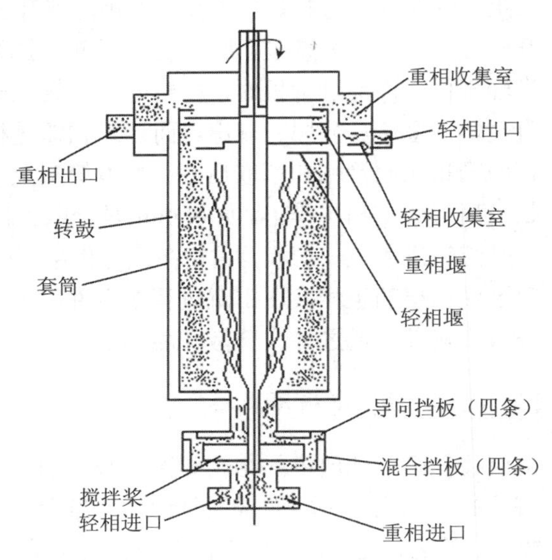


图 9-19 转筒式离心萃取器

## 二、萃取设备的选用

萃取设备的选择原理是：首先满足生产的工艺条件和要求，然后进行经济核算，使成本趋于最低。萃取设备的选择应考虑以下几个方面。

（一）物系的物理性质

对界面张力较小、密度差较大的物系，可选用无外加能量的设备。对密度差小、界面张力小、易乳化的难分层物系，应选用离心萃取器。对有较强腐蚀性的物系，宜选用结构简单的填料吸收塔。对于放射性元素的提取，混合-澄清槽用得较多。若物系中有固体悬浮物，为避免设备堵塞，需定期停工清洗，一般可用混合-澄清槽。另外，往复筛板塔有一定的清洗能力，在某些场合也可考虑选用。

（二）生产能力

生产能力较小时，可选用填料吸收塔、脉冲塔；处理量较大时，可选用筛板塔、混合-澄清槽。

（三）物系的稳定性和液体在设备内的停留时间

对生产要考虑物料的稳定性，要求在萃取设备内停留时间短的物系，如抗生素的生产，用离心萃取器合适。反之，要求有足够的停留时间，宜选用混合-澄清槽。

（四）其他

在选用设备时，还需考虑其他一些因素，如能源供应状况，在缺电的地区应尽可能选用依重力流动的设备；当厂房平面面积受到限制时，宜选用塔式设备，而当厂房高度受到限制时，应选用混合-澄清槽。

## 第四节 超临界流体萃取

### 一、超临界流体萃取的基本原理

超临界萃取是利用超过临界温度、临界压力下的气体作为溶剂以萃取待分离的溶质，然后通过等温变压或等压变温的方法，使萃取物得到分离。

如果某种气体处于临界温度之上，则无论压力增至多高，该气体也不能被液化，称此状态的气体为超临界流体。超临界流体通常兼有液体和气体的性质，既有接近气体的黏度和渗透能力，又有接近液体的密度和溶解能力，这意味着超临界流体作为萃取剂，可以在较快的传质速率和有利的相平衡条件下进行萃取。表 9-1 给出了超临界流体与常温、常压下气体和液体的物性比较。常用的超临界流体有二氧化碳、乙烯、乙烷、丙烯、丙烷和氨等。二氧化碳的临界温度比较接近常温，加之其安全易得、价廉且能分离多种物质，故二氧化碳是最常用的超临界流体。

表 9-1 超临界流体与常温、常压下气体和液体的物性比较

| 流体 | 相对密度 | 黏度/（Pa·s） | 扩散系数/（$m^2/s$） |
|---|---|---|---|
| 气体，15～30℃，常压 | 0.0006～0.002 | （1～3）$\times10^{-5}$ | （1～4）$\times10^{-5}$ |
| 超临界流体 | 0.4～0.9 | （3～9）$\times10^{-5}$ | $2\times10^{-8}$ |
| 液体，15～30℃，常压 | 0.6～1.6 | （0.2～3）$\times10^{-3}$ | （0.2～2）$\times10^{-9}$ |

## 二、超临界萃取的特点

① 超临界流体萃取通常在较低温度下进行。这样可以有效防止热敏性成分的氧化和逸散，特别适合热敏感性强、容易氧化分解的物质的分离提取。

② 超临界流体的密度接近液体，因此超临界流体具有与液体溶剂基本相同的溶解能力。流体的溶解能力与其密度的大小相关，而温度、压力的微小变化都会引起超临界流体密度的大幅度变化，并相应地表现为溶解度的变化。因此，可以利用压力、温度的变化来实现萃取和分离的过程。超临界流体保持了气体所具有的传递特性，具有更高的传质速率，能更快地达到萃取平衡。

③ 超临界萃取过程具有萃取和精馏的双重特性，可以分离一些难分离的物系。

④ 超临界萃取一般选用化学性质稳定、无毒、无腐蚀性、临界温度不太高或不太低的物质（如二氧化碳）作为萃取剂，当超临界流体与萃取成分分离后，完全没有溶剂的残留，有效避免了传统提取方法的溶剂残留问题，因此常用于医药、食品等工业。

⑤ 萃取工艺流程简单。超临界萃取由萃取器和分离器两部分组成，不需要溶剂回收设备，操作方便，可节省劳动力和大量有机溶剂，减小污染，而且操作参数容易控制，有效成分及产品质量稳定可控。

超临界萃取的主要缺点是操作压力高，设备投资较大。另外，超临界流体萃取的研究起步较晚，目前对超临界萃取热力学及传质过程的研究远不如传统的分离技术成熟，有待于进一步研究。

## 三、超临界萃取的工业应用

超临界萃取是具有特殊优势的分离技术，与精馏相比，超临界萃取过程可以大幅降低能耗和投资费用。在石油残渣中油品的回收、咖啡豆中脱除咖啡因、啤酒花中有效成分的提取等工业生产领域，超临界萃取技术已获得成功应用。在此简要介绍几个应用示例。

### （一）利用超临界二氧化碳提取天然产物中的有效成分

例如，从咖啡豆中脱除咖啡因。咖啡因存在于咖啡、茶等天然产物中，医药上用作利尿剂和强心剂。传统的脱除工艺是用二氯乙烷萃取咖啡因，但选择性较差且残存的溶剂不易除尽。利用超临界二氧化碳从咖啡豆中脱除咖啡因可以很好地解决上述问题。二氧化碳是一种理想的萃取剂，对咖啡因具有极好的选择性，经二氧化碳处理后的咖啡豆，咖啡因的含量可以从最初的 0.7%～3%降到 0.02%，而其他芳香成分并不损失，二氧化碳也不会残留于咖啡豆中。

此外，超临界流体还可以从烟草中脱除尼古丁，从植物中提取调味品、种子油、香精和药物等。

### （二）稀水溶液中有机物的分离

由于超临界流体具有较强的溶解能力，工业上可以用它从生产乙醇、醋酸等的发酵液中萃取乙醇、醋酸，比通常采用精馏或蒸发的方法进行浓缩分离能耗要小。同样，也可以利用超临界萃取工艺从废水中提取多种有机物，从而达到节能的目的。

### （三）超临界萃取在生化工程中的应用

由于超临界萃取具有毒性低、温度低、溶解性好等优点，因此特别适合于生化产品的分离提取。利用超临界二氧化碳萃取氨基酸，在生产链霉素时利用超临界二氧化碳萃取去除甲醇等有机溶剂以及从单细胞蛋白游离物中提取脂类等均显示了超临界萃取技术的优势。

### （四）在其他方面的应用

超临界萃取技术还可用来制备液体燃料。以甲苯为萃取剂，在超临界条件下进行萃取，在 SCF 溶剂分子的扩散作用下，促进煤有机质发生深度的热分解，能使 1/3 的有机质转化为液体产物。此外，从煤炭中还可以萃取硫等化工产品。

美国用超临界二氧化碳既作反应剂又作萃取剂制造乙酸，俄罗斯、德国还把 SCFE 法作为油料脱沥青技术。

利用超临界二氧化碳萃取还可以进行活性炭的再生。

超临界萃取是一种正在研究开发的新型萃取分离技术，尽管目前处于工业规模的应用还不是很多，但这一领域的基础研究、应用基础研究和中间规模的试验却异常活跃。随着研究的深入，超临界萃取技术将获得更大的发展和更多的应用。

## 复习思考题

### 一、选择题

1. 进行萃取操作时应使选择性系数（　）。

   A. 大于 1　　B. 等于 1　　C. 小于 1

2. 溶解度曲线随温度不同而变化，一般温度升高，两相区（　）。

   A. 缩小　　B. 增大　　C. 不变

3. 萃取操作应该在（　）内进行。

   A. 单相区　　B. 两相区　　C. 溶解度曲线

4. 萃取后的萃取相与萃余相应易于分层，对此，要求萃取剂与稀释剂之间有较大的（　）。

   A. 温度差　　B. 溶解度差　　C. 密度差

5. 分配系数 $k_A$ 的值越大，表示萃取分离效果（　）。

   A. 越差　　B. 无法判断　　C. 越好

6. 萃取剂的选择性系数 $\beta$ 值越大，说明萃取剂 S 与稀释剂 B 的互溶度（　），（　）萃取分离。

   A. 小　有利于　　B. 大　有利于　　C. 小　不利于

7. 萃取操作所选择的萃取剂 S（或溶剂）应对溶质 A 的溶解度愈（　）愈好，对稀释剂 B 的溶解度则愈（　）愈好。

   A. 大　大　　B. 大　小　　C. 小　大

8. （　）的情况适宜进行萃取操作。

   A. 液相混合物中各组分挥发能力差异大　　B. 混合液蒸馏时形成恒沸物

   C. 原料液中各组分的溶解度的差异小

9. 萃取操作通常选择（　）作为分散相，使其有较大的相际接触面积，强化传质过程。

A. 体积流量较大的一相　　B. 黏度较大的一相

C. 易润湿填料、塔板等内部构件的一相

10. 为了节省能耗，萃取剂应回收使用，因此，要求萃取剂应（　）。

A. 为易挥发组分　　B. 为难挥发组分　　C. 可与其他组分形成恒沸物

## 二、填空题

1. 萃取过程是两液相之间的传质过程，其极限是________。

2. 溶解度曲线将三角形相图分为两个区域，曲线内为________区，曲线外为________区。萃取操作只能在________进行。

3. 在一定温度下，________称为分配系数，$k_A$的值愈________，表示萃取分离效果愈好。

4. 由于萃取剂和稀释剂部分互溶，作为萃取分离，应该使溶质 A 在萃取剂中的溶解度尽可能________，同时使稀释剂在萃取剂中的溶解度尽可能________，这就是萃取剂的________。

5. 萃取设备的类型很多，按照构造特点大体上可分为三类：________、________和________。

6. 提高萃取操作分离效果和经济性的关键因素是________。

7. 萃取是利用原料液中各组分在适当溶剂中________的差异而实现混合液中组分的分离。

8. 超临界流体既具有接近________的黏度和渗透能力，又具有接近________的密度和溶解能力，具有优异的溶剂性质。

9. 目前研究和应用较多的超临界流体是________。

## 三、简答题

1. 萃取操作的分离依据是什么？萃取操作在环境工程中有哪些应用？
2. 如何保证萃取操作的经济性？
3. 试讨论温度、两相密度差对萃取操作的影响。
4. 何谓萃取相、萃余相、萃取液、萃余液？
5. 如何确定三角形相图上各点的组成？杠杆定律在萃取操作中有哪些应用？
6. 何谓分配系数？萃取操作中分配系数的意义是什么？
7. 何谓选择性系数？选择性系数的大小对萃取操作有何影响？
8. 萃取剂应如何选择？
9. 常用的萃取设备有哪些？各自的特点是什么？萃取设备选择的原则是什么？

## 四、计算题

1. 在一单级混合-澄清器中，用三氯乙烷为萃取剂，萃取丙酮（A）-水（B）溶液中的丙酮。已知原料液量为 4 200 kg，其中丙酮的质量分数为 0.4，萃取后所得的萃余相中丙酮的质量分数为 0.2。试求：（1）萃取剂用量；（2）萃取相的量及组成；（3）萃余液的量及组成；（4）在原料液中加入多少三氯乙烷才能使混合液开始分层？丙酮-水-三氯乙烷平衡数据见【例 9-2】附表。

[答案：（1）2 400 kg；（2）$E$=3 600 kg，$y_E$=0.25；（3）$E'$=1 100 kg，$y_E'$=0.95；（4）138 kg]

2. 一定温度下测得的 A、B、S 三元物系的平衡数据如本题附表所示。（1）绘出溶解度曲线和辅助曲线；（2）查出临界混溶点的组成；（3）求当萃余相中 $x_A$=20%时的分配系数 $k_A$ 和选择性系数$\beta$；（4）在 1 000 kg 含 30%A 的原料液中加入多少 S 才能使混合液开始分层？（5）对于第（4）项的原料液，欲得到含 36%A 的萃取相 E，试确定萃余相的组成及混合液的总组成。

**计算题 2 附表　质量分数**

| 编号 | | 1 | 2 | 3 | 4 | 5 | 6 | 7 | 8 | 9 | 10 | 11 | 12 | 13 | 14 |
|---|---|---|---|---|---|---|---|---|---|---|---|---|---|---|---|
| E 相 | $y_A$ | 0 | 7.9 | 15 | 21 | 26.2 | 30 | 33.8 | 36.5 | 39 | 42.5 | 44.5 | 45 | 43 | 41.6 |
| | $y_S$ | 90 | 82 | 74.2 | 67.5 | 61.1 | 55.8 | 50.3 | 45.7 | 41.4 | 33.9 | 27.5 | 21.7 | 16.5 | 15 |
| R 相 | $x_A$ | 0 | 2.5 | 5 | 7.5 | 10 | 12.5 | 15.0 | 17.5 | 20 | 25 | 30 | 35 | 40 | 41.6 |
| | $x_S$ | 5 | 5.05 | 5.1 | 5.2 | 5.4 | 5.6 | 5.9 | 6.2 | 6.6 | 7.5 | 8.9 | 10.5 | 13.5 | 15 |

[答案：（1）略；（2）$x_A$=41.6%，$x_B$=43.4%，$x_S$=15.0%；（3）$k_A$=1.95，$\beta$=7.3；（4）83.3 kg；（5）萃余相的组成：$x_A$=17.0%，$x_B$=77.0%，$x_S$=6.0%；混合液的总组成：$x_A$=23.5%，$x_B$=55.5%，$x_S$=21.0%]

3. 本题附表所示为醋酸-苯-水三元物系在 25℃条件下的相平衡数据，依此数据，在直角坐标图上绘出：（1）溶解度曲线；（2）表中实验序号 2、3、4、7、9 组数据对应的连接线；（3）临界混溶点。

**计算题 3 附表　质量分数**

| 序号 | | 1 | 2 | 3 | 4 | 5 | 6 | 7 | 8 | 9 | 10 | 11 | 12 |
|---|---|---|---|---|---|---|---|---|---|---|---|---|---|
| 苯相 | %A | 0.15 | 1.4 | 3.27 | 13.3 | 15.0 | 19.0 | 22.8 | 31.0 | 35.3 | 37.8 | 44.7 | 52.3 |
| | %B | 99.85 | 98.56 | 96.62 | 86.3 | 84.5 | 79.4 | 76.35 | 67.1 | 62.2 | 59.2 | 50.7 | 40.5 |
| | %S | 0.001 | 0.04 | 0.11 | 0.4 | 0.5 | 0.7 | 0.85 | 1.9 | 2.5 | 3.0 | 4.6 | 7.2 |
| 水相 | %A | 4.56 | 17.7 | 29.0 | 56.9 | 59.2 | 63.9 | 64.8 | 65.8 | 64.5 | 63.4 | 59.3 | 52.3 |
| | %B | 0.04 | 0.20 | 0.40 | 3.3 | 4.0 | 6.5 | 7.7 | 18.1 | 21.1 | 23.4 | 30.0 | 40.5 |
| | %S | 95.4 | 82.1 | 70.6 | 39.8 | 36.8 | 29.6 | 27.5 | 16.1 | 14.4 | 13.2 | 10.7 | 7.2 |

[答案：略]

# 第十章 吸附

## 学习目标

【知识目标】

1. 掌握吸附原理、吸附平衡、吸附速率方程和常用的吸附剂；
2. 了解工业中常见的吸附分离工艺及吸附分离在环境工程中的应用。

【技能目标】

1. 会选用合适的吸附剂和吸附工艺除去有害物质；
2. 会分析处理吸附操作过程中常见的问题。

【思政目标】

1. 培养立足一线、脚踏实地、埋头实干、任劳任怨的奉献精神；
2. 培养法律意识、质量意识、环境意识、责任意识、服务意识；
3. 树立正确的幸福观、得失观、苦乐观、顺逆观、生死观、荣辱观。

### 生产案例

以自来水厂水的净化流程为例介绍吸附的原理及其在工业生产中的应用。如图 10-1 所示，从水库取水依次经过反应沉淀池、过滤池、活性炭吸附池、清水池、配水泵等工序送至用户，其中活性炭吸附池就是利用吸附剂活性炭除去水中不溶性杂质、部分可溶性杂质、颜色、异味等，水得到净化。因此，吸附操作在工业生产和环保等领域均有着广泛的应用。

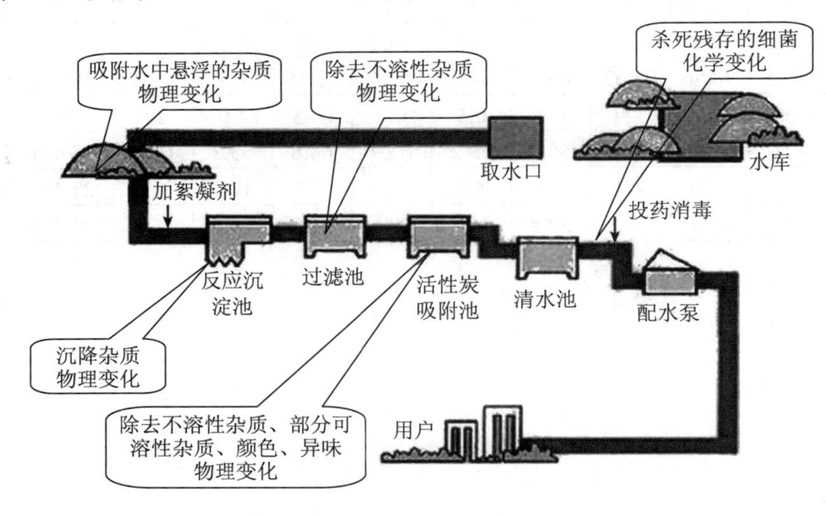


图 10-1 自来水厂水的净化流程

# 第一节 概 述

## 一、吸附分类及其过程

### （一）吸附的分类

根据吸附质和吸附剂之间吸附力的不同，可将吸附操作分为物理吸附与化学吸附两大类。

物理吸附是吸附剂分子与吸附质分子间吸引力作用的结果，这种吸引力称为范德华力，所以物理吸附也称范德华吸附。因物理吸附中分子间结合力较弱，只要外界施加部分能量，吸附质很容易脱离吸附剂，这种现象称为脱附（或脱吸）。例如，固体和气体接触时，若固体表面分子与气体分子间引力大于气体内部分子间的引力，气体就会凝结在固体表面，当吸附过程达到平衡时，吸附在吸附剂上的吸附质的蒸气压应等于其在气相中的分压，这时若提高温度或降低吸附质在气相中的分压，部分气体分子将脱离固体表面回到气相中，即“脱吸”。所以应用物理吸附容易实现气体或液体混合物的分离。

化学吸附是由吸附质与吸附剂分子间化学键作用的结果。化学吸附中两种分子间的结合力比物理吸附大得多，吸附放热量也大，吸附过程往往是不可逆的。化学吸附在化学催化反应中起重要作用，但在分离过程中应用较少，本章主要讨论物理吸附。

要判断一个吸附过程是物理吸附还是化学吸附，可通过下列一些现象进行判断。

① 化学吸附热与化学反应热相近，比物理吸附热大得多。如 $CO_2$ 和 $H_2$ 在进行化学吸附时放出的热量分别约为 83.74 kJ/mol 和 62.8 kJ/mol，而这两种气体的物理吸附热分别约为 25.12 kJ/mol 和 8.374 kJ/mol。

② 化学吸附与化学反应一样，有较高的选择性，物理吸附则没有很高的选择性，它主要取决于气体或液体的物理性质及吸附剂的特性。

③ 温度升高，化学吸附速率加快，而物理吸附速率可能降低。在低温下，有些物理吸附速率也较大。

④ 化学吸附力是化学键结合力，这种吸附总是单分子层或单原子层吸附，而物理吸附则不同，吸附质压力低时，一般是单分子层吸附，但随着吸附质压力的提高，可能转变为多分子层吸附。

### （二）吸附过程

目前工业生产中应用的物理吸附过程主要有如下几种。

**1．变温吸附**

因物理吸附过程大都是放热过程，降低物理吸附过程的操作温度可增加吸附量，因此，物理吸附操作通常在低温下进行。若要将吸附剂再生，提高操作温度则可使吸附质脱离吸附剂。通常用水蒸气直接加热吸附剂使其升温解吸，解吸后的吸附质与水蒸气的混合物经冷凝分离，可回收吸附质。吸附剂经干燥降温后可循环使用。变温吸附过程包括：低温吸附→高温再生→干燥降温→再次吸附。

2. 变压吸附

恒温下，系统压力升高，吸附剂吸附容量增多，反之系统压力下降，其吸附容量相应减少，此时吸附剂解吸再生，得到气体产物，这个过程称为变压吸附。变压吸附过程中不进行热量交换，也称为无热源吸附。根据吸附过程中操作压力的变化情况，变压吸附循环可分为常压吸附、真空解吸，加压吸附、常压解吸，加压吸附、真空解吸等几种情况。对一定的吸附剂而言，操作压力变化范围越大，吸附质脱除得越多，吸附剂再生效果也越好。变压吸附过程可概括为高压吸附→低压解吸→再次吸附。

3. 溶剂置换吸附

吸附通常在常温常压下进行，当吸附接近平衡时，用溶剂将接近饱和的吸附剂中的吸附质冲洗出来，吸附剂同时再生。常用的溶剂有水、有机溶剂等各种极性或非极性液体。

## 二、吸附过程的应用

吸附操作在工业生产和环保等领域均有着广泛的应用。如在工业生产中对产品进行提纯分离、去除气体中的水分；在环保领域中去除废气、废水中有害的有机物和重金属离子，回收废溶剂，水溶液或有机溶液的脱色、脱臭等。

### （一）含油废水、印染废水的深度处理

含油废水和印染废水中常含有苯环、杂环等难以生物降解的有机化合物，经沉淀、气浮、生化处理后的废水中的有害物质难以达标排放，如果将生化处理后的废水进行沉淀、砂滤处理，然后再用活性炭深度处理，废水中的酚含量能从 0.1 mg/L 降至 0.005 mg/L，氰离子从 0.19 mg/L 降到 0.048 mg/L，COD 从 85 mg/L 降至 18 mg/L，处理效果非常好。

### （二）电镀液废水中重金属离子的回收

电镀液废水中常常含有有毒的重金属离子，如果用化学法去除，其沉淀物往往会造成二次污染，若将重金属离子回收再用，既避免了环境污染，又回收了贵重金属，节约成本。

在废水处理工程中，常用离子交换树脂吸附电镀液废水中的重金属离子，然后再用无机酸对树脂进行再生，这种吸附属于化学吸附。

### （三）处理废气中有毒的有机物

工业生产中，常有废气排出，若废气中含有毒的有机物，有时难以用普通的方法处理。若用活性炭进行吸附处理，既能去除气体中的有害物质，有时还能回收有机物质。活性炭吸附气体中有机物的能力很强，如果操作方式使用得当，气体中有机物的浓度能降到很低。

## 三、工业上常用的吸附剂

### （一）吸附剂的基本要求

固体通常都具有一定的吸附能力，但只有具有很高选择性和很大吸附容量的固体才能作为工业吸附剂。优良的吸附剂应满足以下条件：

① 具有较大的平衡吸附量，一般比表面积大的吸附剂吸附能力强；
② 具有良好的吸附选择性；
③ 容易解吸，也就是说平衡吸附量与温度或压力有很大关系；
④ 具有一定的机械强度和耐磨性；
⑤ 化学性能稳定；
⑥ 吸附剂床层压降较低，价格便宜。

### （二）常用的吸附剂

目前工业上常用的吸附剂主要有活性炭、硅胶、活性氧化铝、沸石分子筛、有机树脂等，其外观是各种形状的多孔颗粒。

#### 1. 活性炭

活性炭的微观结构特征是具有非极性表面，非极性表面疏水亲有机物质，故又称为非极性吸附剂。活性炭的特点是吸附容量大、化学稳定性好，解吸容易、热稳定性高，在高温下解吸再生，其晶体结构不发生变化，经多次吸附和解吸操作，仍能保持原有的吸附性能。活性炭吸附剂常用于溶剂回收、脱色，水体的除臭，水的净化，难降解有机废水的处理，有毒有机废气的处理等过程，是当前环境治理中最常用的吸附剂。

通常所有含碳的物料，如木材、果壳、褐煤等都可以加工成黑炭，经活化制成活性炭。活化方法主要有两种，即药品活化和气体活化。药品活化是在原料中加入 $ZnCl_2$、$H_3PO_4$ 等药品，在非活性气体（如水蒸气、CO）中加热、干馏活化，活化通常在 700～1 100℃进行。一般活性炭的活化比表面积为 600～1 700 $m^2/g$，活性炭在水中的活性降低。

#### 2. 硅胶

硅胶吸附剂是一种坚硬、无定形的链状或网状结构硅酸聚合物颗粒，是亲水性吸附剂，即极性吸附剂，具有多孔结构，比表面积可达 350 $m^2/g$ 左右，主要用于气体的干燥脱水、催化剂载体及烃类分离等过程。

#### 3. 活性氧化铝

活性氧化铝吸附剂是一种无定形的多孔结构颗粒，对水具有很强的吸附能力。活性氧化铝吸附剂一般由氧化铝的水合物（以三水合物为主）经加热、脱水后活化制得，其活化温度随氧化铝水合物种类的不同而不同，一般为 250～500℃。其孔径为 2～5 nm，比表面积一般为 200～500 $m^2/g$。活性氧化铝吸附剂颗粒的机械强度较高，主要用于液体和气体的干燥。

#### 4. 沸石分子筛

沸石分子筛吸附剂（合成）的微观特征是具有均匀一致的微观孔径，比微孔直径小的分子才能进入微孔被吸附，比微孔大的分子则不能进入孔内被吸附，因此具有筛分分子的作用，故又称为分子筛。

沸石分子筛是含有金属钠、钾、钙的硅酸盐晶体。通常用硅酸钠（钾）、铝酸钠（钾）与氢氧化钠（钾）水溶液反应制得胶体，再经干燥得到沸石分子筛。

根据原料配比、组成和制造方法不同，可以制成不同孔径（一般为 0.3～0.8 nm）和不同形状（圆形、椭圆形）的分子筛，其比表面积可达 750 $m^2/g$。分子筛是极性吸附剂，对极性分子，尤其对水具有很大的亲和力，其极性随硅/铝比的增加而下降。由于分子筛具有突出的吸附性能，使得它在吸附分离中有着广泛的应用。在工业生产中，分子筛主要用于各种气体和液体的干燥、芳烃或烷烃的分离以及用作催化剂及催化剂载体等。目前从事环境方面的研究者正在探索沸石分子筛在水处理方面的应用。

**5. 有机树脂**

有机树脂吸附剂是由高分子物质（如纤维素、淀粉）经聚合、交联反应制得的。不同类型的吸附剂因其孔径、结构、极性不同，吸附性能也大不相同。

有机树脂吸附剂品种很多，按极性可分为强极性、弱极性、非极性、中性。在工业生产中，常用于水的深度净化处理、维生素的分离、过氧化氢的精制等方面。在环境治理中，树脂吸附剂常用于废水中重金属离子的去除与回收。

## 四、吸附剂的性能

吸附剂的多孔结构和较大比表面积导致其有大的吸附量。所以，吸附剂的基础性能与孔结构和比表面积有关。

### （一）密度

**1. 填充密度$\rho_b$**

填充密度又称堆积密度，指单位填充体积的吸附剂质量。其中，单位填充体积包含吸附剂颗粒间的孔隙体积。

填充密度的测量方法通常是将烘干的吸附剂装入一定体积的容器中，摇实至体积不变，此时吸附剂的质量与其体积之比即为填充密度。

**2. 表观密度$\rho_p$**

表观密度是指单位体积的吸附剂质量。其中，单位体积未包含吸附剂颗粒间的孔隙体积。真空下苯置换法可测量表观密度。

**3. 真实密度$\rho_t$**

真实密度是指扣除吸附剂孔隙体积后的单位体积的吸附剂质量。常用氦、氖及有机溶剂置换法来测定真实密度。

### （二）孔隙率

吸附剂床层的孔隙率$\varepsilon_b$，指堆积的吸附剂颗粒间孔隙体积与堆积体积之比。可用常压下汞置换法测量。

吸附剂颗粒的孔隙率$\varepsilon_p$，指单个吸附剂颗粒内部的孔隙体积与颗粒体积之比。

吸附剂密度与孔隙率的关系为

$$\varepsilon_b = 1 - \frac{\rho_b}{\rho_p} \tag{10-1}$$

$$\varepsilon_p = \frac{(\rho_t - \rho_p)}{\rho_t} \tag{10-2}$$

### （三）比表面积 $a_p$

吸附剂的比表面积是指单位质量的吸附剂所具有的吸附表面积，单位为$m^2/g$。通常采用气相吸附法测定。

吸附剂的比表面积与其孔径大小有关，孔径越小，比表面积越大。孔径的划分通常是：大孔径为 200～10 000 nm，小孔径为 10～200 nm，微孔径为 1～10 nm。

#### （四）吸附剂的容量 $q$

吸附剂的容量是指吸附剂吸满吸附质时，单位质量的吸附剂所吸附的吸附质质量，它反映了吸附剂的吸附能力，是一个重要的性能参数。

常见的吸附剂基本性能可在相关书籍、手册和吸附剂的使用说明书中查到。

## 第二节 吸附平衡与吸附速率

### 一、吸附平衡

在一定温度和压力下，当气体或液体与固体吸附剂有足够的接触时间，吸附剂吸附气体或液体分子的量与从吸附剂中解吸的量相等时，气相或液相中吸附质的浓度不再发生变化，这时吸附达到平衡状态，称为吸附平衡。

吸附平衡量 $q$ 是吸附过程的极限量，单位质量吸附剂的平衡吸附量受到多种因素影响，如吸附剂的化学组成和表面结构，吸附质在流体中的浓度、操作温度、压力等。

#### （一）气相吸附等温线

吸附平衡关系可以用不同的方法表示，通常用等温下单位质量吸附剂的吸附容量 $q$ 与气相中吸附质的分压间的关系来表示，即 $q=f(p)$，表示 $q$ 与 $p$ 之间的关系曲线称为吸附等温线。由于吸附剂和吸附质分子间作用力的不同，形成了不同形状的吸附等温线。图 10-2 所示是 5 种类型的吸附等温线，图中横坐标是相对压力 $\frac{p}{p^{\circ}}$，其中 $p$ 为吸附平衡时吸附质分压，$p^{\circ}$为该温度下吸附质的饱和蒸气压，纵坐标是吸附量 $q$。

图 10-2 中Ⅰ、Ⅱ、Ⅳ型曲线开始一段对吸附量坐标方向凸出，称为优惠吸附等温线，从图中可以看出，当吸附质的分压很低时，吸附剂的吸附量仍保持在较高水平，从而保证痕量吸附质的脱除；而Ⅲ、Ⅴ型曲线开始一段线对吸附量坐标方向下凹，属非优惠吸附等温线。

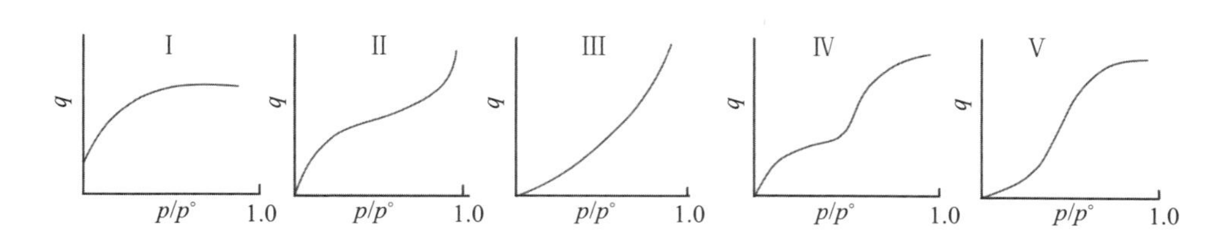


图 10-2 吸附等温线

吸附作用是固体表面力作用的结果，但这种表面力的性质至今未被充分了解。为了说明吸附作用，许多学者提出了多种假设或理论，但只能解释有限的吸附现象，可靠的吸附等温线只能依靠实验测定。

图 10-3 表示活性炭对三种物质在不同温度下的吸附等温线。由图 10-3 可知，对于同一种物质（如丙酮），在同一平衡分压下，平衡吸附量随着温度升高而降低，所以工业生产中常用升温的方法使吸附剂脱附再生。同样，在一定温度下，随着气体压力的升高平衡吸附量增加。这也是工业生产中通过改变压力使吸附剂脱附再生的方法之一。

从图 10-3 中还可以看出，不同的气体（或蒸气）在相同条件下吸附程度差异较大，如在 100℃和相同气体平衡分压下，苯的平衡吸附量比丙酮的平衡吸附量大得多。首先，一般分子量较大而露点温度较高的气体（或蒸气）吸附平衡量较大；其次，化学性质的差异也会影响平衡吸附量。

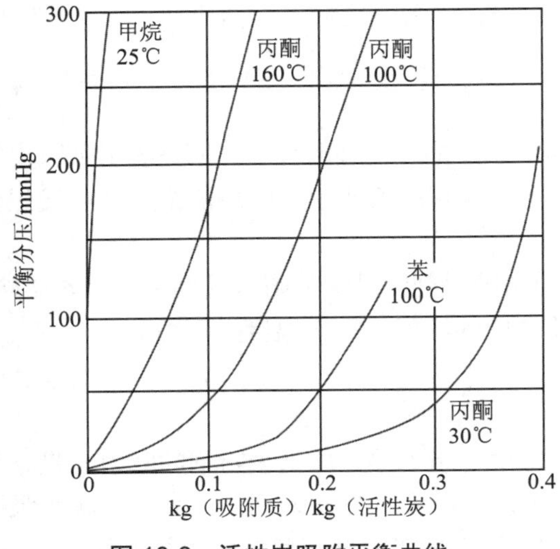


图 10-3 活性炭吸附平衡曲线

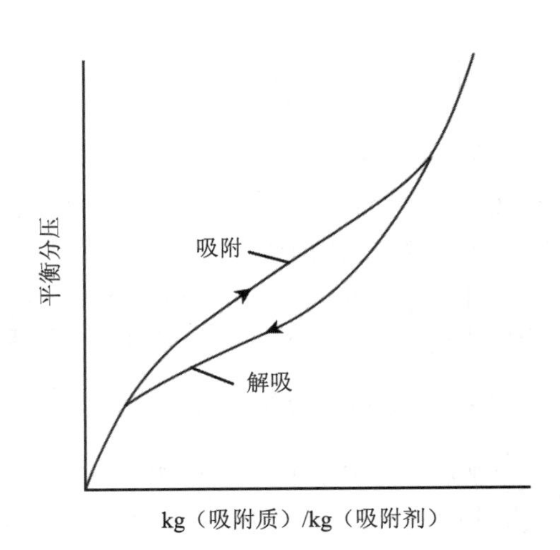


图 10-4 吸附的滞留现象

吸附剂在使用过程中经反复吸附和解吸，其微孔和表面结构会发生变化，其吸附性能也将发生变化，有时会出现吸附得到的吸附等温线与脱附得到的解吸等温线在一定区间内不能重合的现象，如图 10-4 所示，这一现象称为吸附的滞留现象。如果出现滞留现象，则在相同的平衡吸附量下，吸附平衡压力一定高于脱附的平衡压力。

### （二）气相吸附平衡的数学模型

#### 1. 朗格缪尔（Langmuir）方程

朗格缪尔方程是等温单分子吸附模型，其假定条件是：① 吸附剂表面是单分子层吸附；② 被吸附的吸附质分子之间没有相互作用力；③ 吸附剂表面是均匀的。

在上述假设条件下，吸附量 $q$ 与吸附平衡分压 $p$ 的关系为

$$q=\frac{kq_{\mathrm{m}}p}{1+kp} \tag{10-3}$$

式中：$q_{\mathrm{m}}$——吸附剂的饱和吸附量，即吸附剂的吸附位置被吸附质占满时的吸附量，kg 吸附质/kg 吸附剂；

$q$ —— 实际平衡吸附量，kg 吸附质/kg 吸附剂；

$p$ —— 吸附质在气相混合物中的分压，Pa；

$k$ —— 朗格缪尔常数。

式（10-3）还可写成

$$\frac{p}{q}=\frac{p}{q_{\mathrm{m}}}+\frac{1}{kq_{\mathrm{m}}} \tag{10-4}$$

如以$\frac{p}{q}$为纵坐标，$p$为横坐标作图，可得一直线，利用该直线斜率$\frac{1}{q_{\mathrm{m}}}$可以求出形成单分子层的吸附量。朗格缪尔方程仅适用于Ⅰ型等温线，如用活性炭吸附 $N_2$、Ar、$CH_4$ 等气体。

**2. BET（Brunauer、Emmett、Teller）方程**

BET 吸附模型是在朗格缪尔等温吸附模型基础上建立起来的，BET 方程是等温多分子层的吸附模型，其假定条件为：① 吸附剂表面为多分子层吸附；② 被吸附组分之间没有相互作用力，吸附的分子可以累叠，而每层的吸附服从朗格缪尔吸附模型；③ 第一层吸附释放的热量为物理吸附热，第二层以上吸附释放的热量为液化热；④ 总吸附量为各层吸附量的总和。

在上述假设条件下，吸附量 $q$ 与吸附平衡分压 $p$ 的关系为

$$q=\frac{\dfrac{q_{\mathrm{m}}k_{\mathrm{b}}p}{p^{\circ}}}{\left(1-\dfrac{p}{p^{\circ}}\right)\left[1+\left(k_{\mathrm{b}}-1\right)\dfrac{p}{p^{\circ}}\right]} \tag{10-5}$$

式中：$q_{\mathrm{m}}$ —— 第一层单分子层的饱和吸附量，kg 吸附质/kg 吸附剂；

$p^{\circ}$——吸附温度下，气体中吸附质的饱和蒸气压，Pa；

$k_{\mathrm{b}}$ —— 与吸附热有关的常数。

式（10-5）中$\frac{p}{p^{\circ}}$的适用范围为 0.05～0.35，若吸附质的平衡分压远小于其饱和蒸气压，则式（10-5）即为朗格缪尔方程，BET 方程可认为是广泛的朗格缪尔方程。BTE 方程适用于Ⅰ、Ⅱ、Ⅲ型等温线。

描述吸附平衡的吸附等温方程除朗格缪尔方程和 BET 方程外，还有基于不同假设条件下、不同吸附机理的等温吸附方程，如 Freundlich 方程、哈金斯-尤拉方程等。

当吸附剂对混合气体中的两个组分吸附性能相近时，为双组分吸附，此情况下，吸附剂对某一组分的吸附量不仅与温度和该组分的分压有关，还与该组分在双组分混合物中所占的摩尔分数有关。至今还没有合适的数学模型对组分吸附平衡关系进行描述。

### （三）液相吸附平衡

液相吸附的机理比气相吸附复杂得多，这是因为溶剂的种类影响吸附剂对溶质（吸附质）的吸附，因为溶质在不同的溶剂中，其分子大小不同，吸附剂对溶剂也有一定的吸附作用，不同的溶剂，吸附剂对溶剂的吸附量也是不同的，这种吸附必然影响吸附剂对溶质的吸附量。一般来说，吸附剂对溶质的吸附量随温度的升高而降低，溶质浓度越大，其吸

附量越大。

对于稀溶液，在较小温度范围内，吸附等温线可用 Freundlich 经验方程式表示

$$c^* = K\left[V(c_0 - c^*)\right]^{\frac{1}{n}} \tag{10-6}$$

式中：$K$、$n$ —— 液相吸附平衡体系的特性常数；

$V$ —— 单位质量吸附剂处理的溶液体积，$m^3$ 溶液/kg 吸附剂；

$c_0$ —— 溶质（吸附质）在液相中的初始浓度，kg 溶质/$m^3$ 溶液；

$c^*$ —— 溶质（吸附质）在液相中的平衡浓度，kg 溶质/$m^3$ 溶液。

以 $c^*$为纵坐标，$V$（$c_0 - c^*$）为横坐标，在双对数坐标上作图，则式（10-6）在双对数坐标中是斜率为$\frac{1}{n}$，截距为 $K$ 的一条直线，如图 10-5 中 A、B 两条线所示。C 线则表示在高浓度范围时，直线有所偏差。可见，Freundlich 方程应在适宜的浓度范围内应用。

## 二、吸附速率

### （一）吸附机理

如图 10-6 所示，吸附质被吸附剂吸附的过程可分为以下 3 个步骤。

（1）外部扩散：吸附质从流体主体通过对流扩散和分子扩散到达吸附剂颗粒的外表面。质量传递速率主要取决于吸附质在吸附剂表面滞流膜中的分子扩散速率。

（2）内部扩散：吸附质从吸附剂颗粒的外表面通过微孔扩散进入颗粒内表面。

（3）吸附质被吸附剂吸附在颗粒的内、外表面上。扩散过程往往较慢，吸附通常是瞬间完成的，所以，吸附速率由扩散速率控制。若外部扩散速率比内部扩散速率小得多，则吸附速率由外部扩散控制，反之则由内部扩散控制。

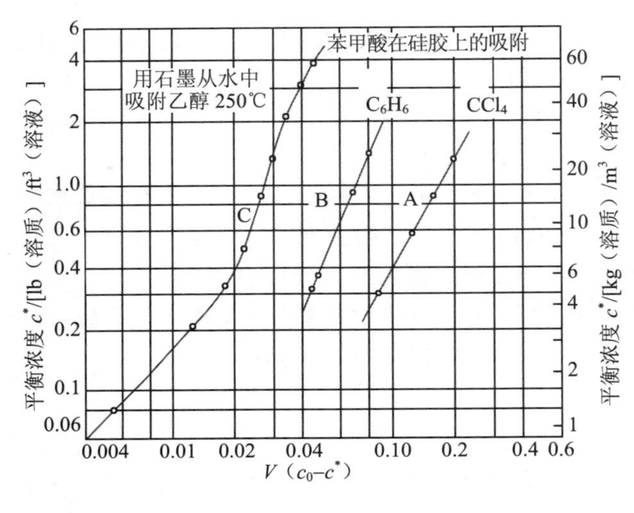


图 10-5 液相吸附等温线

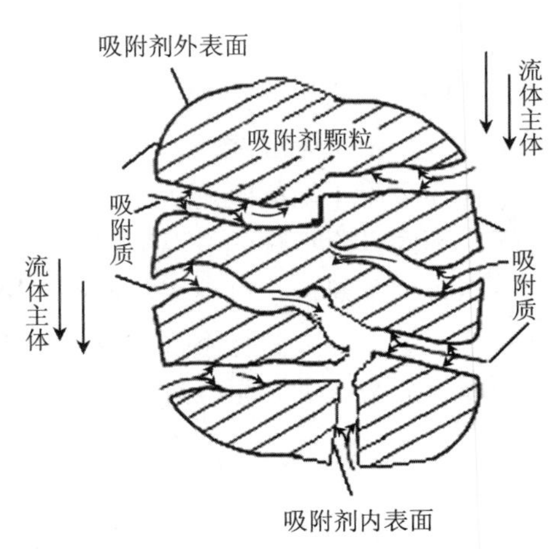


图 10-6 吸附机理

（二）吸附速率方程

当含有吸附质的流体与吸附剂接触时，吸附质将被吸附剂吸附，吸附质在单位时间、单位质量吸附剂上被吸附的量称为吸附速率。吸附速率是吸附过程设计与生产操作的重要参数。吸附速率与吸附剂、吸附质及其混合物的物化性质有关，也与温度、压力、两相接触状况等操作条件有关。

对于一定的吸附系统，在操作条件一定的情况下，吸附速率的变化过程为：吸附过程开始时，吸附质在流体中浓度高，在吸附剂上的浓度低，传质推动力大，所以吸附速率高。随着过程的进行，流体中吸附质浓度逐渐降低，吸附剂上吸附质含量不断增高，传质推动力随之降低，吸附速率慢慢下降。经过足够长的时间，吸附达到动态平衡，净吸附速率为零。

上述吸附过程为非定态过程，吸附速率与吸附剂的类型、吸附剂上已吸附的吸附质浓度、流体中吸附质的浓度等参数有关。

根据上述机理分析，某一瞬间的吸附速率可分别用外扩散、内扩散或总传质速率方程表示。

**1．吸附剂外部扩散传质速率方程**

吸附质从流体主体扩散到吸附剂外表面的传质速率方程为

$$\frac{\partial q}{\partial \tau}=k_o a_o(c-c_s) \tag{10-7}$$

式中：$\frac{\partial q}{\partial \tau}$ —— 单位时间、单位质量吸附剂上吸附的吸附质的量，kg 吸附质/（kg 吸附剂 •s)；

$a_o$ —— 吸附剂外表面的比表面积，$m^2/kg$；

$c$ —— 流体主体中吸附质的浓度，$kg/m^3$；

$c_s$ —— 相界面处流体中吸附质的浓度，$kg/m^3$；

$k_o$ —— 流体主体向吸附剂外表面扩散的传质系数，m/s。

**2．吸附剂内部扩散传质速率方程**

由于吸附剂内部有许多微孔，微孔扩散过程比较复杂，加之吸附质在微孔内吸附和微孔扩散同时存在，所以吸附剂内部扩散过程比外部扩散过程要复杂得多，依据内部扩散机理来建立内部扩散数学模型非常困难，通常把内部扩散过程简化为从颗粒外表面向其内部扩散的传质过程，则内部扩散传质速率方程为

$$\frac{\partial q}{\partial \tau}=k_i a_o(q_s-q) \tag{10-8}$$

式中：$k_i$ —— 吸附剂外表面向吸附剂内部扩散的传质系数，kg/（s • $m^2$)；

$q_s$ —— 吸附剂外表面的吸附质含量，kg/kg；

$q$ —— 吸附剂微孔内吸附质的平均含量，kg/kg；

$k_i$ 与吸附剂的微孔结构、吸附质的物性以及吸附过程持续时间等多种因素有关，$k_i$ 值由实验测定。

**3．总传质速率方程**

吸附瞬间传质过程通常按稳态传质过程处理，则吸附剂外部的传质速率应等于由外部

向内部的传质速率，即

$$\frac{\partial q}{\partial \tau}=k_{\mathrm{o}}a_{\mathrm{o}}(c-c_{\mathrm{s}})=k_{\mathrm{i}}a_{\mathrm{o}}(q_{\mathrm{s}}-q) \tag{10-9}$$

吸附剂外表面吸附质量 $q_s$ 与相界面上流体中吸附质的浓度 $c_s$ 难以测定，可避开相界面浓度，用总传质速率方程来表示，即

$$\frac{\partial q}{\partial \tau}=K_{\mathrm{o}}a_{\mathrm{o}}(c-c^{*})=K_{\mathrm{i}}a_{\mathrm{o}}(q^{*}-q) \tag{10-10}$$

如果在操作的浓度范围内吸附平衡为直线关系，即

$$q=mc \tag{10-11}$$

由式（10-9）～式（10-11）得

$$\frac{1}{K_{\mathrm{o}}}=\frac{1}{k_{\mathrm{o}}}+\frac{1}{mk_{\mathrm{i}}} \tag{10-12}$$

$$\frac{1}{K_{\mathrm{i}}}=\frac{m}{k_{\mathrm{o}}}+\frac{1}{k_{\mathrm{i}}} \tag{10-13}$$

式中：$K_o$ —— 以（$c-c^*$）为传质推动力的总传质系数，m/s；

$K_i$ —— 以（$q^*-q$）为传质推动力的总传质系数，kg/（s·m$^3$）。

式（10-12）和式（10-13）表示总传质阻力为外部扩散阻力与内部扩散阻力之和。若内部扩散速率很大，扩散阻力 $\frac{1}{mk_i}$ 很小，则 $K_o \approx k_o$，吸附速率受外部扩散控制，反之则相反。

## 第三节　吸附分离工艺

吸附分离过程包括吸附过程和解吸过程。由于要处理的流体浓度、性质及要求吸附的程度不同，故吸附操作有多种形式，如接触过滤式吸附操作、固定床吸附操作、流化床吸附操作和移动床吸附操作等。根据操作方式还可分为间歇操作及连续操作。

### 一、固定床吸附

工业上应用最多的吸附设备是固定床吸附装置。固定床吸附装置是吸附剂堆积为固定床，流体流过吸附剂，流体中的吸附质被吸附。装吸附剂的容器一般为圆柱形，放置方式有立式和卧式两种。

图 10-7 所示为卧式圆柱形固定床吸附装置，容器两端通常为球形封头，容器内部支撑吸附剂的部件有支撑栅条和金属网（也可用多孔板替代栅条），若吸附剂颗粒细小，可在金属网上堆放一层粒度较大的砾石再堆放吸附剂。图 10-8 所示为圆柱形立式吸附装置，基本结构与卧式相同。

在连续生产过程中，往往要求吸附过程也要连续工作，因吸附剂在工作一段时间后需要再生，为保证生产过程的连续性，通常吸附流程中安装两台以上的吸附装置，以便脱附时切换使用。图 10-9 是两个吸附装置切换操作流程的示意图，当 A 吸附装置进行吸附时，

阀 1、5 打开，阀 2、6 关闭，含吸附质流体由下方进口流入 A 吸附装置，吸附后的流体从顶部出口排出。与此同时，吸附装置 B 处于脱附再生阶段，阀 3、8 打开，阀 4、7 关闭，再生流体由加热器加热至所需温度，从顶部进入 B 吸附装置，再生流体进入吸附装置的流向与被吸附的流体流向相反，再生流体携带吸附质从 B 吸附装置底部排出。

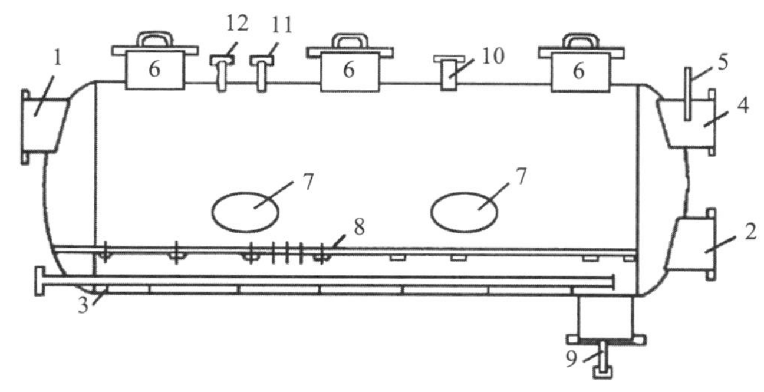


1—含吸附质流体入口；2—吸附后流体出口；3—解吸用热流体分布管；
4—解吸流体排出管；5—温度计插套；6—装吸附剂操作孔；7—吸附剂排出孔；
8—吸附剂支撑网；9—排空口；10—排气管；11—压力计接管；12—安全阀接管。

图 10-7 卧式圆柱形固定床吸附器

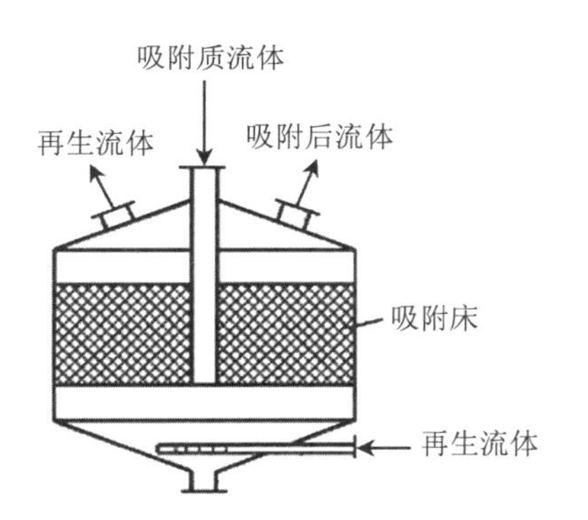


图 10-8 圆柱形立式吸附装置

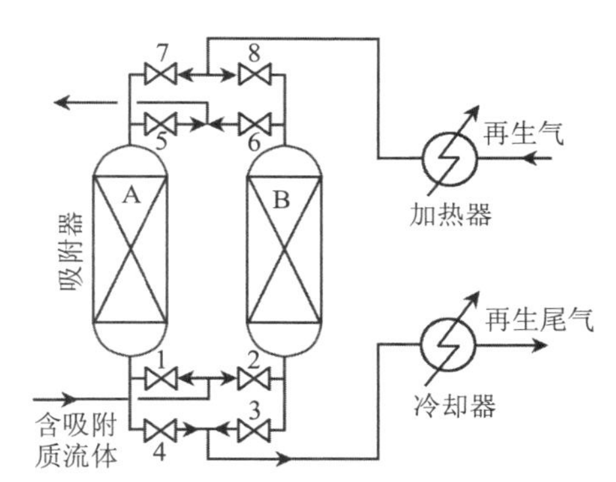


图 10-9 固定床吸附操作流程

固定床吸附装置的优点是：结构简单、造价低；吸附剂磨损小；操作方便灵活；物料的返混小；分离效率高，回收效果好。其缺点是：两个吸附器需不断地周期性切换；备用设备处于非生产状态，单位吸附剂生产能力低；传热性能较差，床层传热不均匀；当吸附剂颗粒较小时，流体通过床层的压降较大。固定床吸附装置广泛用于工业用水的净化、气体中溶剂的回收、气体干燥和溶剂脱水等方面。

## 二、移动床吸附

### （一）移动床吸附操作

移动床吸附操作是指含吸附质的流体在塔内顶部与吸附剂混合，自上而下流动，流体在与吸附剂混合流动过程中完成吸附，达到饱和的吸附剂移动到塔下部，在塔的上部同时补充新鲜的或再生的吸附剂。移动床连续吸附分离的操作又称超吸附。移动床吸附是连续操作，吸附—再生过程在同一塔内完成，设备投资费用较少；在移动床吸附设备中，流体或固体可以连续而均匀地移动，稳定地输入和输出，同时使流体与固体两相接触良好，不致发生局部不均匀的现象；移动床操作方式对吸附剂要求较高，除要求吸附剂的吸附性能良好外，还要求吸附剂具有较高的耐冲击强度和耐磨性。

移动床连续吸附分离应用于糖液脱色、润滑油精制等过程中，特别适用于轻烃类气体混合物的提纯，图 10-10 所示的是从甲烷氢混合气体中提取乙烯的移动床吸附流程。

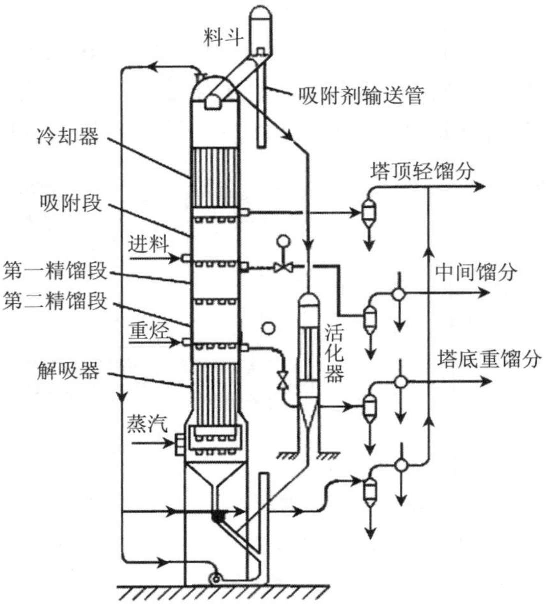

**图 10-10 移动床吸附流程**

吸附剂的流动路径是：从吸附装置底部出来的吸附剂由吸附剂气力输送管送往吸附器顶部的料斗，然后加入吸附塔内，吸附剂从吸附塔顶部以一定的速度向下移动，在向下移动的过程中，依次经历冷却器、吸附段、第一和第二精馏段、解吸器，由吸附器底部排出的吸附剂已经过再生，可循环使用。但是，活性炭在吸附高级烯烃后，由于高级烯烃容易聚合，影响了活性炭的吸附性能，则需将其送往活化器中进一步活化（用 400～500℃蒸气）后再继续使用。

烃类混合气体的提纯分离过程是：气体原料导入吸附段中，与吸附剂（活性炭）逆流接触，吸附剂选择性吸附乙烯和其他重组分，未被吸附的甲烷气和氢气从塔顶排出口引到下一工段，已吸附乙烯和其他重组分的吸附剂继续向下移动，经分配器进入第一、第二精馏段，在此段内与重烃气体逆流接触，由于吸附剂对重烃的吸附能力比乙烯等组分强，已被吸附的乙烯组分被重烃组分从吸附剂中置换出来，再次成为气相，由出口进入下一工段。混合的烃类组分在吸附塔中经反复吸附和置换脱附而被提纯分离，吸附剂中的重组分含量沿吸附塔从上至下不断增大，最后经脱附分离，回流使用。

### （二）模拟移动床的吸附操作

模拟移动床的操作特点是吸附塔内吸附质流体自下而上流动，吸附剂固体自上而下逆流流动；在各段塔节的进（或出）口未全部切断时间内，各段塔节如同固定床，但整个吸附塔在进（或出）口不断切换时，却是连续操作的“移动”床。模拟移动床兼顾固定床和移动床的优点，并保持吸附塔在等温下操作，便于自动控制，其原理如图 10-11（a）所示。

模拟移动床由许多小段塔节组成。每一塔节均有进、出物料口，采用特制的多通道（如 24 通道）的旋转阀控制物料进和出。操作时，微机自动控制，定期（启闭）切换吸附塔的进、出料液和解吸剂的阀门，使各层料液进、出口依次连续变动与 4 个主管道相连，即进料管、抽出液管、抽余液管、解吸剂管。

如图 10-11（b）所示，模拟移动床一般由 4 段组成：吸附段、第一精馏段、解吸段和第二精馏段。

在吸附段内进行的是组分 A 的吸附。混合液从吸附塔的下部向上流动，与吸附剂（已吸附解吸剂 D）逆流接触，组分 A 与解吸剂 D 进行置换吸附（少量组分 B 也进行置换吸附），吸附段出口溶液的主要组分为 B 和 D。将吸附段出口溶液送至精馏柱中进一步分离，得到组分 B 和解吸剂 D。

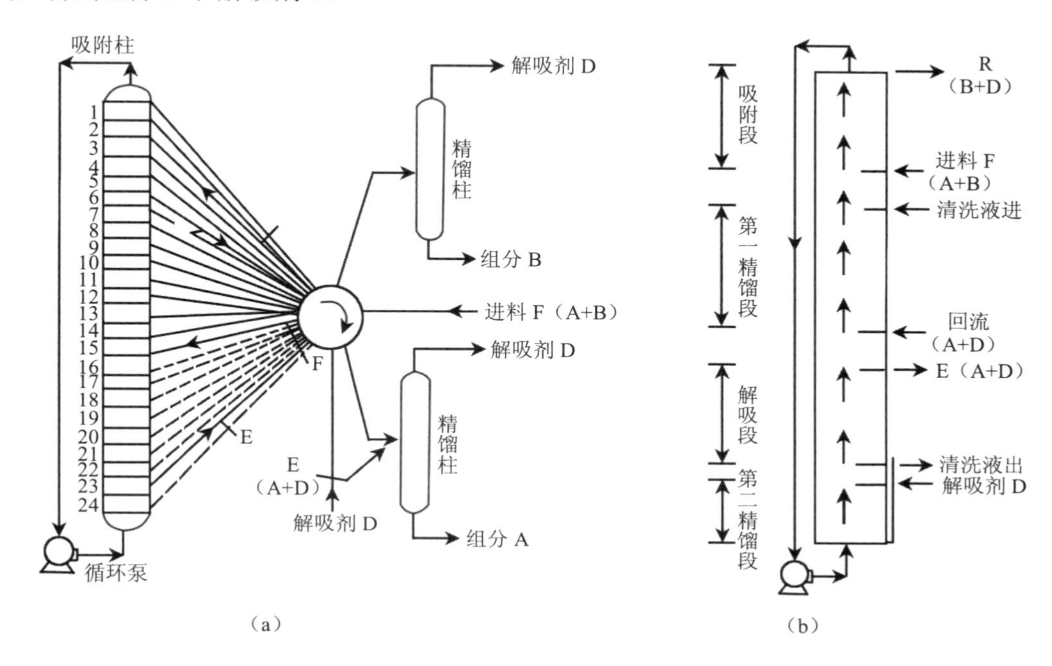


图 10-11 模拟移动床工作原理

在第一精馏段内完成组分 A 的精制和组分 B 的解吸。此段顶部下降的吸附剂再与新鲜物料液接触，再次进行置换吸附。在该段底部，已吸附大量 A 和少量 B 的吸附剂与解吸段上部回流的（A+D）流体逆流接触，由于吸附剂对组分 A 的吸附能力比对组分 B 的强，故吸附剂上少量组分 B 被（A+D）流体中浓度高的组分 A 全部置换，吸附剂上的组分 A 再次被提纯。

在解吸段内将吸附剂上的 A 组分脱附，使吸附剂再生。在该段内，已吸附大量纯净组分 A 的吸附剂与塔底通入的新鲜热解吸剂 D 逆流接触，A 被解吸。获得的（A+D）流体少部分上升至第一精馏段提纯 A 组分，大部分由该段出口送至精馏柱分离，得到产品 A 及解吸剂 D。

第二精馏段回收部分解吸剂 D。为减少解吸剂的用量，将吸附段得到的 B 组分从第二精馏段底部输入，与解吸段流入的只含解吸剂 D 的吸附剂逆流接触，B 组分和 D 组分在吸附剂上部分置换，被解吸出的 D 组分与新鲜解吸剂 D 一起进入吸附段形成连续循环操作。

模拟移动床最早应用于混合二甲苯的分离，后来又用于从煤油馏分中分离正烷烃以及从 $C_8$ 芳烃中分离乙基苯等，可以分离用精馏或萃取等方法难以分离的混合物。

（三）流化-移动床联合吸附操作

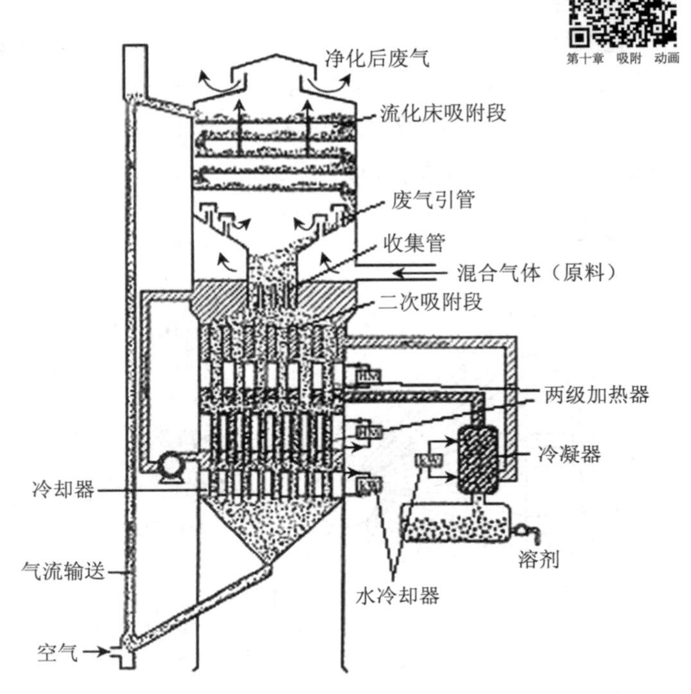


图 10-12 流化-移动床联合吸附分离

流化床吸附操作是含吸附质的流体在塔内自下而上流动，吸附剂颗粒由顶部向下移动，流体的流速控制在一定的范围内，使系统处于流态化状态的吸附操作。这种吸附操作方式优点是生产能力大、吸附效果好；缺点是吸附剂颗粒磨损严重，吸附-再生间歇操作，操作范围窄。

流化-移动床联合吸附操作是利用流化床的优点，克服其缺点。如图 10-12 所示，流化-移动床将吸附、再生集于同一塔中，塔的上部为多层流化床，在此处，原料与流态化的吸附剂充分接触，吸附后的吸附剂进入塔中部带有加热装置的移动床层，升温后进入塔下部的再生段。在再生段中，吸附剂与通入的惰性气体逆流接触得以再生。再生后的吸附剂流入设备底部，利用气流将其输送至塔上部循环吸附。再生后的流体可通过冷却分离，回收吸附质。流化-移动床联合吸附常用于混合气中溶剂的回收、脱除 $CO_2$ 和水蒸气等场合。

该操作具有连续性好、吸附效果好的特点。因吸附在流化床中进行，再生前需加热，所以，此操作存在吸附剂磨损严重、吸附剂易老化变性的问题。

## 三、接触过滤式吸附操作及装置

接触过滤式吸附操作是把含吸附质的液体和吸附剂一起加入带有搅拌装置的吸附槽中，通过搅拌，使吸附剂与液体中的吸附质充分接触而被吸附到吸附剂上，经过一段时间后，吸附剂达到饱和，将含有吸附剂颗粒的液体输送到过滤机中，吸附剂从液体中分离出来，吸附剂中包含吸附质，这时液体中吸附质含量大大减少，从而达到分离提纯的目的。用适当的方法使吸附剂上的吸附质脱附并回收利用，吸附剂可循环使用。

接触过滤式吸附有两种操作方式：一种是使吸附剂与原料溶液只进行一次接触，称为单程吸附；另一种是多段并流或多段逆流吸附，主要用于处理吸附质浓度较高的情况。

因接触式吸附操作用搅拌方式使溶液呈湍流状态，致使颗粒外表面的液膜层变薄，减小了液膜阻力，增大了吸附扩散速率，故该操作适用于液膜扩散控制的传质过程。接触过滤吸附操作所用设备主要有釜式和槽式，设备结构简单，操作容易，广泛用于活性炭脱色、活性炭对废水进行深度处理等方面。

## 第四节 吸附过程的强化与展望

虽然人们很早就对吸附现象进行了研究，但将其广泛应用于工业生产还是近几十年的事，随着对吸附机理的深入研究，吸附已成为化工生产中必不可少的单元操作。目前，吸附操作在环境工程等领域正发挥着越来越大的作用，因此强化吸附过程将成为各个领域十分关心的问题。吸附速率与吸附剂的性能密切相关，吸附操作是否经济、大型和连续化等又与吸附工艺有关，所以强化吸附过程可从开发新型吸附剂、改进吸附剂性能和开发新的吸附工艺等方面入手。

吸附效果的好坏及吸附过程规模化与吸附剂性能的关系非常密切，尽管吸附剂的种类繁多，但实用的吸附剂却很有限，通过改性或接枝的方法可得到各种性能不同的吸附剂，以推动吸附技术的发展。工业上希望开发出吸附容量大、选择性强、再生容易的吸附剂，目前大多数吸附剂吸附容量小，限制了吸附设备的处理能力，使得吸附设备庞大或在吸附过程中需频繁进行吸附和再生操作。近期开发的新型吸附剂很多，下面做简单介绍。

### 1. 活性炭纤维

活性炭纤维是一种新型吸附材料，具有很大的比表面积和丰富的微孔，孔径小且分布均匀，微孔直接暴露在纤维的表面。同时，活性炭纤维有含氧官能团，对有机物蒸气具有很大的吸附容量，且吸附速率和解吸速率比其他吸附剂大得多，用活性炭纤维吸附有机废气已引起世界各国的重视，此技术已在美国、东欧等地迅速推广，北京化工大学开发的活性炭纤维也已成功应用于二氯乙烯的吸附回收。我国近期又开发出活性炭纤维布袋除尘器，在处理有毒气体方面取得了进展。

### 2. 生物吸附剂

生物吸附剂是一种特殊的吸附剂。在吸附过程中，微生物细胞起着主要作用。生物吸附剂的制备是将微生物通过一定的方式固定在载体上。研究发现，细菌、真菌、藻类等微生物能够吸附重金属，国外已有用微生物制成生物吸附剂处理水中重金属的专利，如利用死的芽孢杆菌制成球状生物吸附剂吸附水中的重金属离子。近几年，我国在此方面也有很多研究，如用大型海藻作为吸附剂，对废水中的 $Pb^{2+}$、$Cu^{2+}$、$Cd^{2+}$等重金属离子进行吸附，吸附容量大，吸附速率快，解吸速率也快。

### 3. 其他新型吸附剂

有对价廉易得的农副产品进行处理得到的新型吸附剂，如用一定的引发剂对交联淀粉进行接枝共聚。有研制性能各异的吸附剂，如用棉花为原料，经碱化、老化和磺化等措施制得球形纤维素，再以铈盐为引发剂，将丙烯腈接枝到球形纤维素上，获得羧基纤维素吸附剂，此吸附剂用来吸附沥青烟气效果非常好。

吸附剂的研究方向：一是开发性能良好、选择性强的优质吸附剂；二是研制价格低、利用废物制作的吸附剂。另外，提高吸附和解吸速率的研究也在不断深入，以满足各种需求。

## 复习思考题

### 一、选择题

1. 变压吸附过程可概括为（　）。
   A. 高压吸附　B. 低压解吸　C. 低压解吸→再次吸附
2. 活性炭是（　）。
   A. 非极性吸附剂　B. 极性吸附剂　C. 中性吸附剂
3. 对于分子筛的用途不正确的是（　）。
   A. 筛分分子　B. 干燥气体和液体　C. 分离芳烃或烷烃
4. 硅胶吸附剂是（　）。
   A. 非极性吸附剂　B. 极性吸附剂　C. 中性吸附剂
5. 常用氦、氖及有机溶剂置换法来测定的密度是（　）。
   A. 填充密度　B. 表观密度　C. 真实密度

### 二、填空题

1. 吸附是________________的分离过程。
2. 根据吸附质和吸附剂之间吸附力的不同，可将吸附操作分为________和________两大类。
3. 变温吸附过程包括______、______、______和______四个过程。
4. 根据操作压力的变化情况，变压吸附循环可分为______、______、______三种情况。
5. 目前工业上常用的吸附剂主要有________________。
6. 吸附剂的性能包括______、______、______和______。
7. 吸附质被吸附剂吸附的过程可分为三步：______、______、______。
8. 吸附分离过程包括______和______。
9. 吸附操作主要包括______、______、______和______四种形式。
10. 吸附剂的比表面积是指________________，单位为 $m^2/g$，通常采用________吸附法测定。

### 三、简答题

1. 固体表面吸附力有哪些？常用的吸附剂有哪些？
2. 气、液相传质系数与总传质系数的关系是什么？如何判定吸附过程是受外部扩散（液膜或气膜）控制？
3. 依据吸附结合力来说明为什么不同的吸附剂要用不同的解吸方法再生？
4. 固定床吸附装置有什么特点？它能用于水的深度处理吗？
5. 说明移动床的特点及吸附分离提纯的工作原理？
6. 用于环境保护的新型吸附剂有哪些？生物吸附剂可吸附哪些物质？

# 第十一章　膜分离技术

## 学习目标

【知识目标】

1. 掌握反渗透、超滤等膜分离的基本原理、流程及各种膜分离过程的影响因素;
2. 了解各类膜分离技术的特点、各类膜分离器的结构及应用。

【技能目标】

1. 会选用合适的膜分离技术分析、解决实际生产问题;
2. 会分析、判断和处理膜分离过程中出现的问题。

【思政目标】

1. 增强改革创新的意识，锤炼改革创新的意志，增强改革创新的能力本领;
2. 树立正确的择业观、创业观，具有敢于创业、善于创业的勇气和能力。

**改革创新是推动人类社会发展的第一动力，体现在：理论创新、制度创新、科技创新、文化创新。**

## 生产案例

以超纯水的生产工艺为例介绍膜分离技术的应用，如图 11-1 所示。原水依次经砂过滤器、炭过滤器、软化过滤器、精密过滤器、一级和二级反渗透、EDI 装置，得到超纯水。因此，膜分离技术在纯净水生产、海水淡化、制药和生物工程等工业的应用，高质量地解决了分离、浓缩和纯化的问题，为循环经济、清洁生产提供了技术依托。

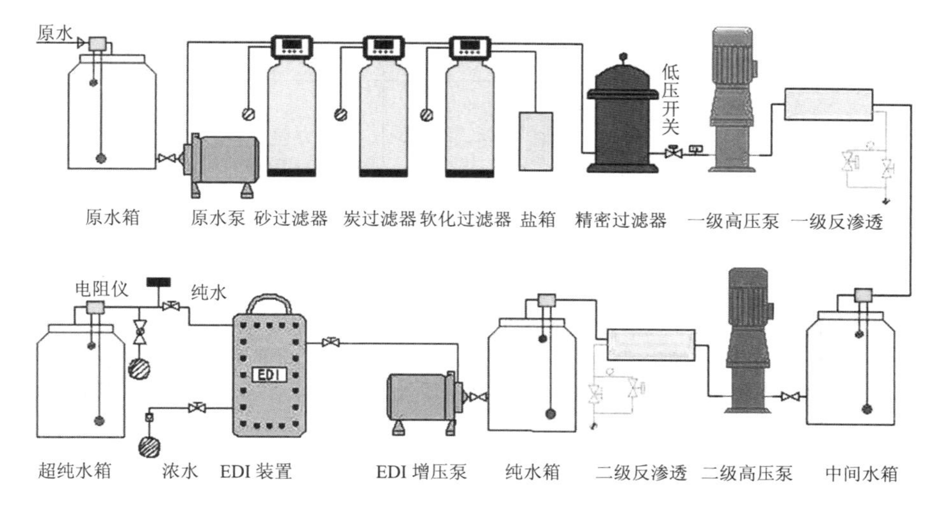


图 11-1　超纯水生产工艺

# 第一节　概　述

分子级过滤技术是近几十年来发展最迅速、应用最广泛的一种高新技术。膜作为分子级分离过滤的介质，当溶液或混合气体与膜接触时，在压力差、温度差或电场作用下，某些物质可以透过膜，而另一些物质则被选择性地拦截，从而使溶液中不同组分或混合气体的不同组分被分离，这种分离是分子级的过滤分离。由于过滤介质是膜，故这种分离技术被称为膜分离技术。

## 一、膜分离过程

膜分离原理如图 11-2 所示。膜分离技术的核心是分离膜，其种类很多，主要包括反渗透膜（0.000 1～0.005 μm）、纳滤膜（0.001～0.005 μm）、超滤膜（0.001～0.1 μm）、微滤膜（0.1～1 μm）、电渗析膜、渗透气化膜、液体膜、气体分离膜、电极膜等。它们对应不同的分离机理和不同的分离设备，有不同的应用对象。

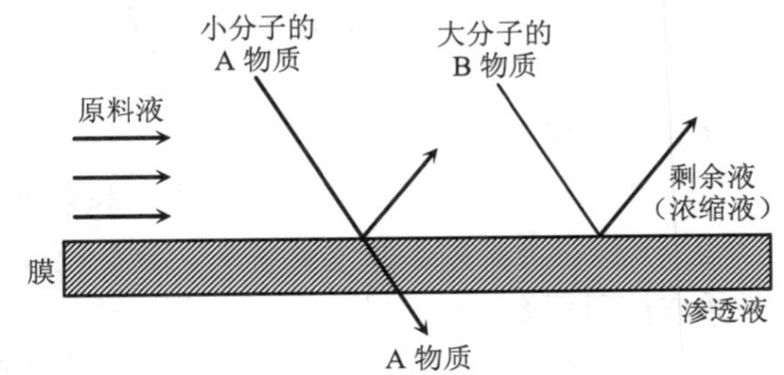


图 11-2　膜分离原理

本章主要介绍反渗透、超滤、微滤、电渗析等几种常见的膜分离过程（表 11-1）。

表 11-1　膜分离过程

| 过程 | 示意图 | 膜类型 | 推动力 | 传递机理 | 透过物 | 截留物 |
|---|---|---|---|---|---|---|
| 微滤 MF | 原料液 滤液 | 多孔膜 | 压力差（<0.1 MPa） | 筛分 | 水、溶剂、溶解物 | 溶液中各种微粒 |
| 超滤 UF | 原料液 浓缩液 滤液 | 非对称膜 | 压力差（0.1～1 MPa） | 筛分 | 溶剂、离子、小分子 | 胶体及各类大分子 |
| 反渗透 RO | 原料液 浓缩液 溶剂 | 非对称膜 复合膜 | 压力差（2～10 MPa） | 溶剂的溶解—扩散 | 水、溶剂 | 悬浮物、溶解物、胶体 |
| 电渗析和离子交换 EDI | 浓电解质 溶剂 阳极 阴极 阴膜 阳膜 原料液 | 离子交换膜 | 电位差 | 离子在电场中的传递 | 离子和电解质 | 非电解质和大分子物质 |

| 过程 | 示意图 | 膜类型 | 推动力 | 传递机理 | 透过物 | 截留物 |
| --- | --- | --- | --- | --- | --- | --- |
| 气体分离 GS | 混合气 → 渗余气；渗透气 | 均质膜<br>复合膜<br>非对称膜 | 压力差<br>（1～15 MPa） | 气体的溶解—扩散 | 易渗透气体 | 难渗透气体或蒸气 |
| 渗透汽化 PVAP | 原料液 → 溶质或溶剂；渗透蒸气 | 均质膜<br>复合膜<br>非对称膜 | 浓度差<br>分压差 | 溶解—扩散 | 易溶解或易挥发组分 | 不易溶解或难挥发组分 |
| 膜蒸馏 MD | 原料液 → 浓缩液；渗透液 | 微孔膜 | 由于温度差而产生的蒸气压差 | 通过膜的扩散 | 高蒸气压的挥发组分 | 非挥发性的小分子和溶剂 |

## 二、膜分离特点

膜分离过程与传统的化工分离方法，如过滤、蒸发、蒸馏、萃取、深冷分离等过程相比较，具有如下特点。

### （一）膜分离过程的能耗比较低

大多数膜分离过程都不发生相变化，避免了潜热很大的相变，因此膜分离过程的能耗比较低。另外，膜分离过程通常在接近室温下进行，被分离物料加热或冷却的能耗很小。

### （二）适合热敏性物质分离

膜分离过程通常在常温下进行，因而特别适合于热敏性物质和生物制品（如果汁、蛋白质、酶、药品等）的分离、分级、浓缩和富集。例如，在抗生素生产中，采用膜分离过程脱水浓缩，可以避免减压蒸馏时因局部过热而使抗生素受热破坏产生有毒物质。在食品工业中，采用膜分离过程替代传统的蒸馏除水，可以使很多产品在加工后仍保持原有的营养和风味。

### （三）分离装置简单，操作方便

膜分离过程的主要推动力一般为压力，因此分离装置简单，占地面积小，操作方便，有利于连续化生产和自动化控制。

### （四）分离系数大，应用范围广

膜分离不仅可以广泛应用于从病毒、细菌到微粒的有机物和无机物的分离，而且还适用于许多特殊溶液体系的分离，如溶液中大分子与无机盐的分离，共沸点物系或近沸点物系的分离等。

### （五）工艺适应性强

膜分离的处理规模根据用户要求可大可小，工艺适应性较强。

### （六）便于回收

在膜分离过程中，分离与浓缩同时进行，便于回收有价值的物质。

### （七）没有二次污染

膜分离过程中不需要从外界加入其他物质，既节省了原材料，又避免了二次污染。

## 三、分离膜性能

分离膜是膜分离过程的核心部件，其性能直接影响着分离效果、操作能耗以及设备的大小。分离膜的性能常用透过速率、截留率、截留分子量等参数表示。

### （一）透过速率（渗透通量）

能够使被分离的混合物有选择地透过是分离膜的最基本条件。表征膜透过性能的参数是透过速率，又叫渗透通量，是指单位时间、单位膜面积透过组分的通过量，以 $J$ 表示，常用单位为 kmol/（$m^2$ • s）。

膜的通量与膜材料的化学特性和分离膜的形态结构有关，且随操作推动力的增加而增大。此参数直接决定分离设备的大小。

### （二）截留率

对于反渗透过程，通常用截留率表示其分离性能。截留率反映膜对溶质的截留程度，对盐溶液又称为脱盐率，以 $R$ 表示，定义为

$$R=\frac{c_F-c_P}{c_F}\times 100\% \qquad (11\text{-}1)$$

式中：$c_F$ —— 原料中溶质的浓度，kg/$m^3$；

$c_P$ —— 渗透物中溶质的浓度，kg/$m^3$。

截留率为 100%表示溶质全部被膜截留，此为理想的半渗透膜；截留率为 0 则表示全部溶质透过膜，无分离作用。通常，截留率在 0～100%。

### （三）截留分子量

在超滤和纳滤中，通常用截留分子量表示其分离性能。截留分子量是指截留率为 90%时所对应的分子量。截留分子量的高低，在一定程度上反映了膜孔径的大小，通常可用一系列不同分子量的标准物质进行测定。

膜的分离性能主要取决于膜材料的化学特性和分离膜的形态结构，同时也与膜分离过程的一些操作条件有关。膜分离性能对分离效果、操作能耗都有决定性的影响。

## 四、膜的分类

膜分离技术的核心是分离膜，目前使用的固体分离膜大多数是高分子聚合物膜，近年来又开发了无机材料分离膜。高聚物膜通常用纤维素类、聚砜类、聚酰胺类、聚酯类、含氟高聚物等材料制成。无机分离膜包括陶瓷膜、玻璃膜、金属膜和分子筛炭膜等。

膜的种类与功能较多，分类方法也较多，但普遍采用的是按膜的形态结构分类，将分离膜分为对称膜和非对称膜两类。

### （一）对称膜

对称膜又称为均质膜，是一种内部结构均匀的薄膜，膜两侧截面的结构及形态完全相同，分致密的无孔膜和对称的多孔膜两种，如图 11-3（a）所示。一般对称膜的厚度为 10～200 μm，传质阻力由膜的总厚度决定，降低膜的厚度可以提高透过速率。

### （二）非对称膜

非对称膜的横断面具有不对称结构，如图 11-3（b）所示。一体化非对称膜是用同种材料制备的，由厚度为 0.1～0.5 μm 的致密皮层和 50～150 μm 的多孔支撑层构成，其支撑层结构具有一定的强度，在较高的压力下也不会引起很大的形变。此外，也可在多孔支撑层上覆盖一层不同材料的致密皮层构成复合膜。显然，复合膜也是一种非对称膜。对于复合膜，可优选不同的膜材料制备致密皮层与多孔支撑层，使每一层独立发挥最大作用。非对称膜的分离主要（或完全）由很薄的皮层决定，传质阻力小，其透过速率较对称膜高得多，因此非对称膜在工业上的应用十分广泛。

## 五、膜组件

将一定面积的膜以某种形式组装在一起的器件，称为膜组件，在其中实现混合物的分离。

### （一）板框式膜组件

板框式膜组件采用平板膜，其结构与板框过滤机类似。图 11-4 所示为板框式膜组件进行海水淡化的装置。在多孔支撑板两侧覆以平板膜，采用密封环和两个端板密封、压紧。海水从上部进入组件后，沿膜表面逐层流动，其中纯水透过膜到达膜的另一侧，经支撑板上的小孔汇集在边缘的导流管后排出，而未透过的浓缩咸水从下部排出。

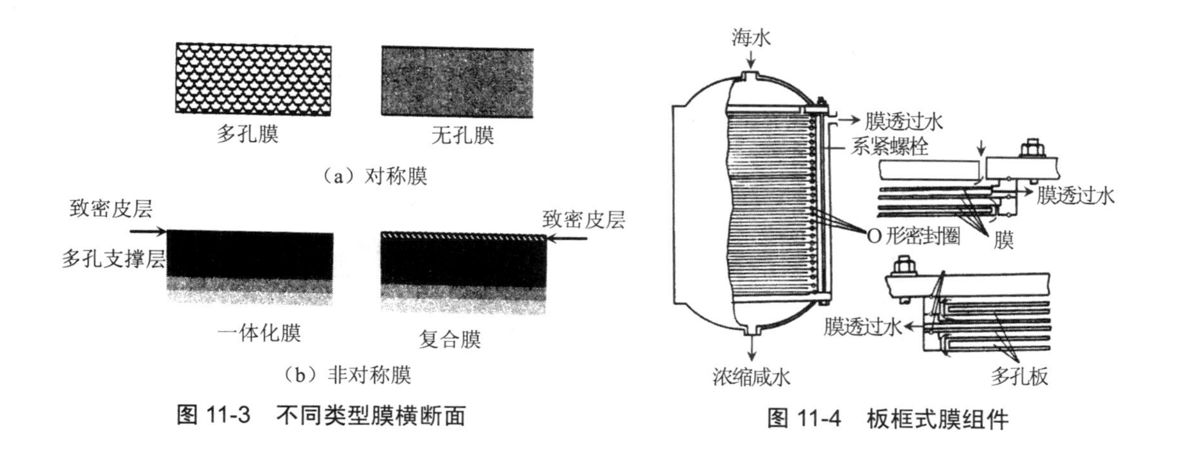


图 11-3 不同类型膜横断面

图 11-4 板框式膜组件

### （二）螺旋卷式膜组件

螺旋卷式膜组件也采用平板膜，其结构与螺旋板式换热器类似，如图 11-5 所示，由中间是多孔支撑板、两侧是膜的“膜袋”装配而成，膜袋的三个边密封，另一边与一根多孔中心管连接。组装时在膜袋上铺一层网状材料（隔网），绕中心管卷成柱状再放入压力容器内。原料进入组件后，在隔网中的流道沿平行于中心管方向流动，而透过物进入膜袋后旋转着沿螺旋方向流动，最后汇集在中心收集管中再排出。螺旋卷式膜组件结构紧凑，装填密度可达 830～1 660 m²/m³。缺点是制作工艺复杂，膜清洗困难。

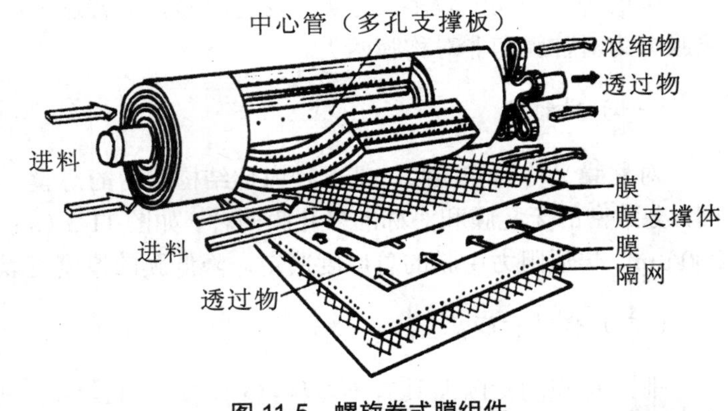


图 11-5　螺旋卷式膜组件

第十一章　膜分离技术　动画

### （三）管式膜组件

管式膜组件是把膜和支撑体均制成管状，使二者组合，或者将膜直接刮制在支撑管的内侧或外侧，将数根膜管（直径 10～20 mm）组装在一起就构成了管式膜组件，与列管式换热器相类似。若膜刮在支撑管内侧，则为内压型，原料在管内流动，如图 11-6 所示；若膜刮在支撑管外侧，则为外压型，原料在管外流动。管式膜组件的结构简单，安装、操作方便，流动状态好，但装填密度较小，为 33～330 m²/m³。

### （四）中空纤维膜

中空纤维膜是将膜材料制成外径为 80～400 μm、内径为 40～100 μm 的空心管。将大量的中空纤维一端封死，另一端用环氧树脂浇注成管板，装在圆筒形压力容器中，就构成了中空纤维膜组件，形如列管式换热器，如图 11-7 所示。大多数膜组件采用外压式，即高压原料在中空纤维膜外侧流过，透过物则进入中空纤维膜内侧。中空纤维膜组件装填密度极大（10 000～30 000 m²/m³），且无须外加支撑材料；但膜易堵塞，清洗不易。

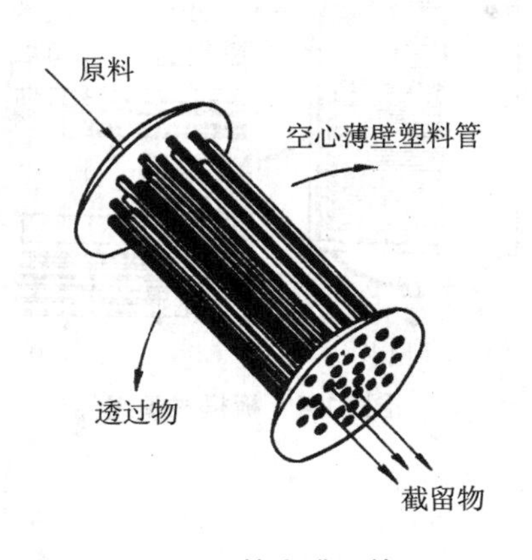


图 11-6　管式膜组件

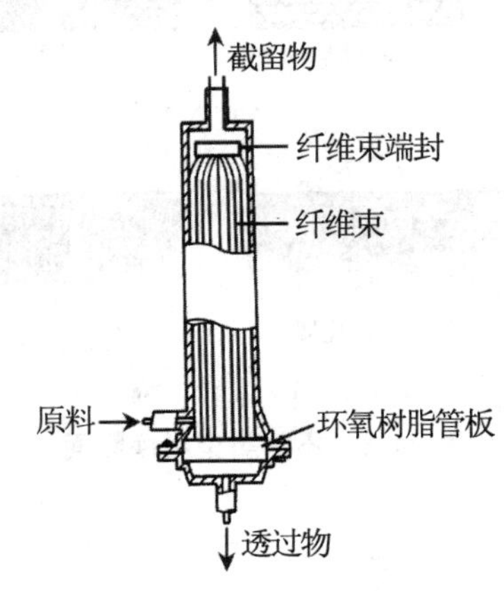


图 11-7　中空纤维膜组件

# 第二节　反渗透

反渗透技术是当今最先进、最节能、有效的分离技术。利用反渗透膜的分离特性，可以有效地去除水中的溶解盐、胶体、有机物、细菌、微生物等杂质。反渗透具有能耗低、无污染、工艺先进、操作维护简便等优点，其应用领域已从早期的海水脱盐和苦咸水淡化发展到化工、食品、制药、造纸等各个工业部门。

## 一、反渗透原理

能够让溶液中的一种或几种组分通过而其他组分不能通过的选择性膜称为半透膜。当把溶剂和溶液（或两种不同浓度的溶液）分别置于半透膜的两侧时，纯溶剂将透过膜而自发地向溶液（或从低浓度溶液向高浓度溶液）一侧流动，这种现象称为渗透。当溶液的液位升高到所产生的压差恰好抵消溶剂向溶液方向流动的趋势，渗透过程达到平衡，此压力差称为该溶液的渗透压，以 $\Delta\pi$ 表示。若在溶液侧施加一个大于渗透压的压差 $\Delta p$ 时，则溶剂将从溶液侧向溶剂侧反向流动，此过程称为反渗透，如图 11-8 所示。由此可利用反渗透过程从溶液中获得纯溶剂。

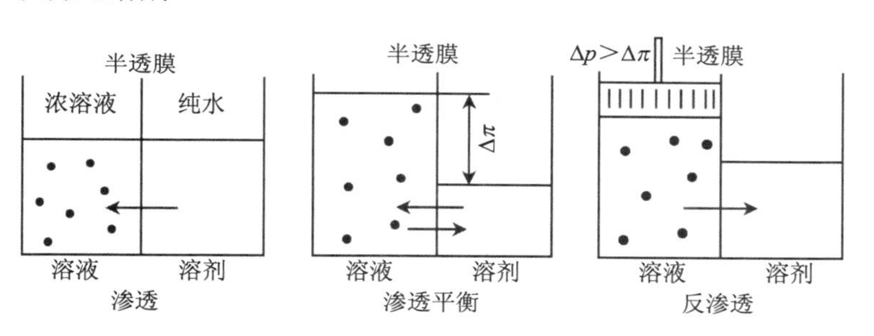


第十一章　膜分离技术　动画

图 11-8　渗透与反渗透

利用反渗透膜的半透性，即只透过水不透过盐的原理，利用外加高压克服水中淡水透过膜后浓缩成盐水的渗透压，将水“挤过”膜。水分成两部分，一部分是含有大量盐类的盐水，另一部分是含有极少量盐类的淡水。反渗透系统是利用高压作用通过反渗透膜分离出水中的无机盐，同时去除有机污染物和细菌，截留水污染物，从而制备纯溶剂的分离系统。

反渗透过程必须满足两个条件：一是选择性高的透过膜；二是操作液压力必须高于溶液的渗透压。在实际反渗透过程中，膜两边的静压差还必须克服透过膜的阻力。

## 二、反渗透工艺过程

在整个反渗透处理系统中，除了反渗透器和高压泵等主体设备外，为了保证膜性能稳定，防止膜表面结垢和水流道堵塞，除设置合适的预处理装置外，还需配置必要的附加设备如 pH 调节、消毒和微孔过滤等，并选择合适的工艺流程。反渗透膜分离工艺设计中常见的流程有如下几种。

（一）一级一段法

一种形式是一级一段连续式工艺，如图 11-9 所示，当料液进入膜组件后，浓缩液和透过液被连续引出，这种方式透过液的回收率不高，工业应用较少。另一种形式是一级一段循环式工艺，如图 11-10 所示，它是将浓溶液一部分返回料液槽，这样，浓溶液的浓度不断提高，因此透过液量大，但质量有所下降。

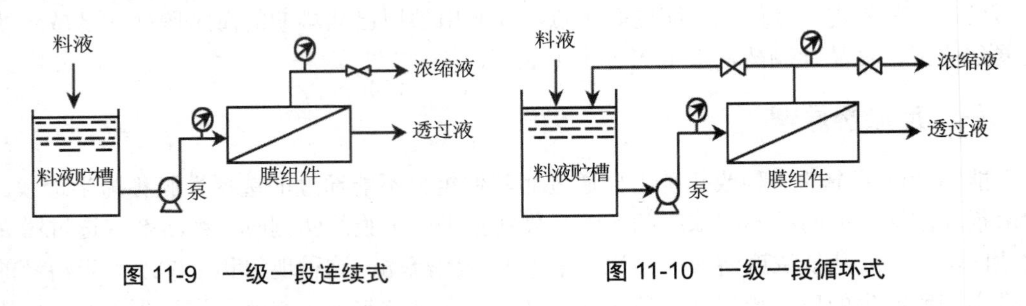


图 11-9　一级一段连续式　　图 11-10　一级一段循环式

（二）一级多段法

当用反渗透作为浓缩过程时，若一次浓缩达不到要求，可以采用如图 11-11 所示的多段法，利用这种方式浓缩液体积可逐渐减少而浓度不断提高，透过液量相应加大。在反渗透应用过程中，最简单的是一级多段连续式流程。

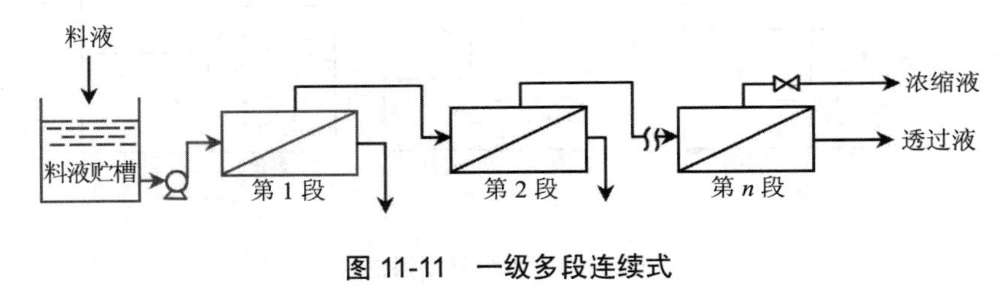


图 11-11　一级多段连续式

（三）两级一段法

当海水除盐率要求把 NaCl 从 35 000 mg/L 降至 500 mg/L 时，要求除盐率高达 98.6%，如一级达不到要求时，可分为两步进行，即第一步先除去 90%的 NaCl，而第二步再从第一步出水中除去 89%的 NaCl，即可达到要求。如果膜的除盐率低，而水的渗透性又较高时，采用两步法比较经济，同时，在低压、低浓度下运行可提高膜的使用寿命。

（四）多级多段式

在此流程中，将第一级浓缩液作为第二级的供料液，而第二级浓缩液再作为下一级的供料液，此时由于各级透过水都向外直接排出，所以随着级数的增加水的回收率逐渐上升，浓缩液体积逐渐减少，浓度逐渐上升。为了保证液体一定的流速，同时控制浓差极化，膜组件数目应逐渐减少。

当然，在选择流程时，需同时考虑装置的整体寿命、设备费、维护管理、技术可靠性等。例如，将高压一级流程改为两级时，就有可能在低压下运行，对膜、装置、密封、水泵等方面均有益处。

## 三、影响反渗透过程的因素

由于膜具有选择透过性，在反渗透过程中，溶剂从高压侧透过膜到低压侧，大部分溶质被截留，溶质在膜表面附近积累，在膜表面和溶液主体之间形成具有浓度梯度的边界层，引起溶质从膜表面通过边界层向溶液主体扩散，这种现象称为浓差极化。

浓差极化可对反渗透过程产生下列不良影响：① 膜表面处溶质浓度升高，使溶液的渗透压升高，当操作压差一定时，反渗透过程的有效推动力下降，导致溶剂的渗透通量下降；② 膜表面处溶质的浓度升高，使溶质通过膜孔的传质推动力增大，溶质的渗透通量升高，截留率降低，这说明浓差极化现象的存在对溶剂渗透通量的增加提出了限制；③ 膜表面处溶质的浓度高于溶解度时，在膜表面上将形成沉淀，会堵塞膜孔并减少溶剂的渗透通量，导致膜分离性能的改变；④ 出现膜污染，膜污染严重时几乎等于在膜表面又形成一层二次薄膜，会导致反渗透膜透过性能的大幅下降，甚至完全消失。

减轻浓差极化的有效途径是提高传质系数，可采取的措施有提高料液流速、增强料液湍动程度、提高操作温度、对膜面进行定期清洗和选用性能好的膜材料等。

## 四、反渗透技术的工业应用

反渗透分离技术除在苦咸水和海水淡化领域应用外，近几年在食品、医药、电子工业、电厂锅炉用水、环保等领域的应用日益增多，在浓缩、分离、净化等方面的潜力也被逐步挖掘。

### （一）苦咸水淡化

苦咸水通常是指含盐量在 1 500～5 000 mg/L 的天然水、地表水和自流井水，其含盐量一般比海水低很多。在世界许多干燥贫瘠、水源匮乏的地区，苦咸水通常是可利用水的主要组成部分。我国海水淡化反渗透技术处于国际领先位置，并早已经普及到生产和生活中。

### （二）超纯水生产

反渗透膜分离技术已被普遍用于电子工业纯水及医药工业无菌纯水等超纯水的制备。采用反渗透膜装置可有效去除水中的小分子有机物、可溶性盐类并控制水的硬度。电子工业的发展对其生产中所用纯水的水质提出了更高的要求。目前，美国电子工业已有 90%以上采用反渗透和离子交换相结合的装置来制备超纯水。据报道，在原水进入离子交换系统以前，先通过反渗透装置进行预处理，可节约成本 20%～50%，其流程如图 11-1 所示。

### （三）工业废水的处理

工业废水是水、化学药品以及能量的混合物，废水的各个组分均可视作污染物，同时也可视作资源，其所含组分常常具有利用价值，因此工业废水的处理在考虑降低排污量的同时，还要考虑资源的重复利用。在工业废水的处理过程中，不但可以回收有价值的物料，如镍、铬及氰化物，而且解决了废水排放的问题。

**1．电镀行业废水**

电镀行业一般都排放含有大量有害重金属离子的废水。由于反渗透膜对高价金属离子具有良好的去除效果，而且重金属的价数越高越容易分离，所以，它不仅可以回收废液中几乎全部的重金属，还可以将回收水再利用。因而，采用反渗透法处理电镀废水是比较经济的，具有广阔的应用前景。

**2．电厂废水**

燃煤电厂从锅炉到涡轮机环路所需的水质要求各不相同，用量最大的是用于冷却循环的中等水质的水。冷却塔排放的水量在电厂中最多，采用反渗透膜法处理冷却塔中的废水，再将处理过的不同水质的水用于循环系统，可大大降低能耗、节约资源。

**3．纸浆及造纸工业**

反渗透装置可以用于处理造纸工业中的大量废水，降低造纸厂排放水的色度、生化需氧量以及其他有害物质浓度，并使部分水得以循环利用。在处理废水的同时，还可以提取有用的物质。

**4．放射性废水的浓缩**

原子能发电站废水的特点是水量大、放射性密度低。反渗透膜分离技术很适合处理这种废水，而且金属盐类是否具有放射性对分离率没有影响。另外，核电站加压水反应堆操作中的蒸气发生器的废水经反渗透装置处理后，其排放量可以减少 10 倍以上。

**5．食品工业用水**

① 奶制品加工。采用反渗透与超滤相结合的办法可对分出奶酪后的乳浆进行加工，将其中所含的溶质进行分离，得到主要含有蛋白质、乳糖以及乳酸的浓缩组分，同时对含盐乳清进行脱盐处理，减少环境污染。Stauffer Chemical 公司采用这种超滤与反渗透相结合的技术，回收乳清蛋白的年处理量已达 27 万 t。

② 果汁和蔬菜汁加工。采用蒸发法浓缩果汁会造成各种挥发性醇、醛和酯的损失，降低浓缩汁质量，采用反渗透膜装置可在常温下对果汁及蔬菜汁进行浓缩加工，可保持原有的营养成分和口味特性。

**6．油水乳液的分离**

在金属加工中，要用油水乳液润滑及冷却工具和工作台。采用超滤与反渗透结合的方法处理废油水乳液时，将超滤的透过水经反渗透作深度处理，这样不仅可使排放水达标，还可以得到浓缩的油相。油相既可以焚烧掉，也可以经进一步精炼制得可以回用的油，不仅减少了环境污染，还提高了材料的利用率。

## 第三节　超滤与微滤

### 一、基本原理

超滤与微滤都是在压力差作用下根据膜孔径的大小进行筛分的分离过程，其基本原理如图 11-12 所示。在一定压力差作用下，当含有高分子溶质 A 和低分子溶质 B 的混合溶液流过膜表面时，溶剂和小于膜孔的低分子溶质（如无机盐类）透过膜，作为透过液被收集起来，而大于膜孔的高分子溶质（如有机胶体等）则被截留，作为浓缩液被回收，从而达到溶液净化、分离和浓缩的目的。通常，能截留分子量为 $500\sim10^6$ 的分子的膜分离过程称为超滤；截留更大分子（通常称为分散粒子）的膜分离过程称为微滤。

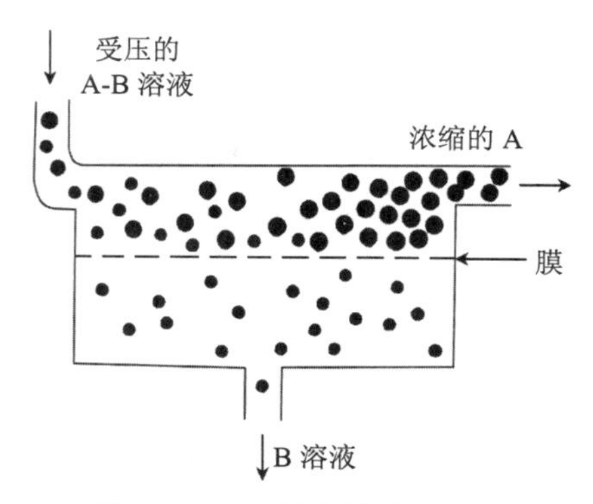


图 11-12　超滤与微滤的原理

（一）超滤膜的分离过程

在超滤中，超滤膜对溶质的分离过程主要有：① 在膜表面及微孔内吸附（一次吸附）；② 在孔内停留而被去除（阻塞）；③ 在膜表面的机械截留（筛分）。超滤膜选择性表面层的主要作用是形成具有一定大小和形状的孔，它的分离机理主要是靠物理筛分作用。原料液中的溶剂和小的溶质粒子从高压料液侧透过膜到低压侧，一般称为滤液，而大分子及微粒组分被膜截留。

（二）微滤膜的分离机理

微滤技术是深层过滤技术的发展，使过滤从一般的深层介质过滤发展到精密的绝对过滤。因此，微滤膜的物理结构和膜的截留机理对分离效果起决定性作用。此外，吸附和电性能等因素对截留也有一定的影响。

微滤膜的截留机理因为结构差异而不同，如图 11-13 所示。通过电镜观察，微滤膜的截留机理大体可分为以下 4 种。① 机械截留作用。微滤膜可截留比膜孔径大或与膜孔径相当的微粒，即筛分作用。② 物理作用或吸附截留作用。膜表面的吸附和电性能对截留起着重要的作用。③ 架桥作用。通过电镜可以观察到，在微滤膜孔的入口处，微粒因架桥作用同样也可以被截留。④ 网络型膜的网络内部截留作用。微粒截留在膜的内部而不是在膜的表面。

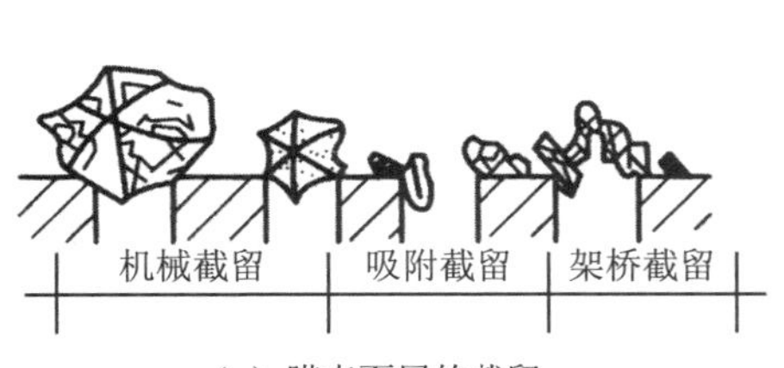


（a）膜表面层的截留

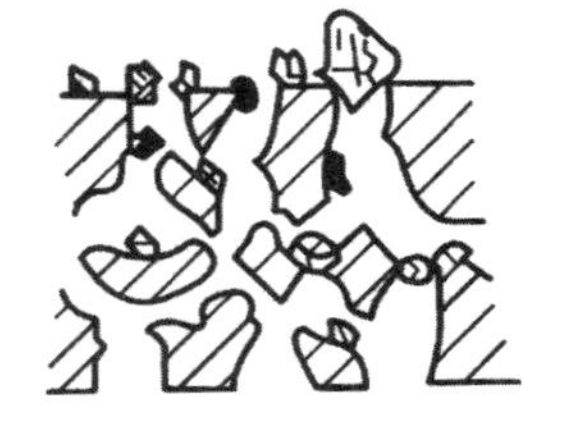

（b）膜孔内部网络内的截留

图 11-13　微滤膜截留机理

由以上截留机理可见，机械作用对微滤膜的截留性能起着重要作用，但微粒等杂质与孔壁间的相互作用也同样不可忽视。

## 二、超滤膜与微滤膜

微滤和超滤中使用的膜都是多孔膜。超滤膜多数为非对称结构，膜孔径范围为 1 nm～0.05 μm，是由极薄的具有一定孔径的表皮层和一层较厚具有海绵状和指孔状结构的多孔层组成，前者起分离作用，后者起支撑作用。微滤膜有对称和非对称两种结构，孔径范围为 0.05～10 μm。图 11-14 是超滤膜与微滤膜的扫描电镜图片。

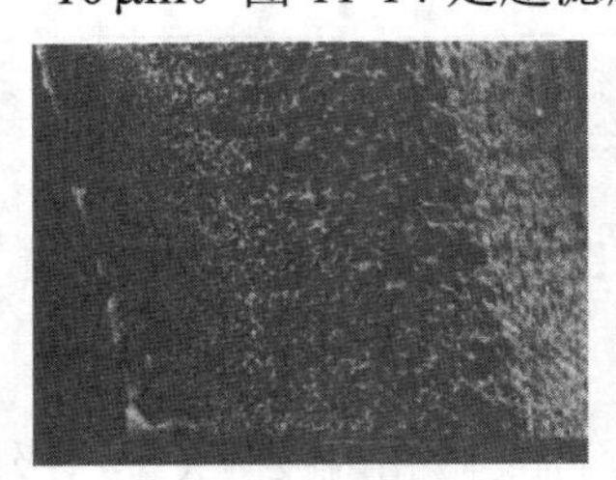

（a）不对称聚合物超滤膜

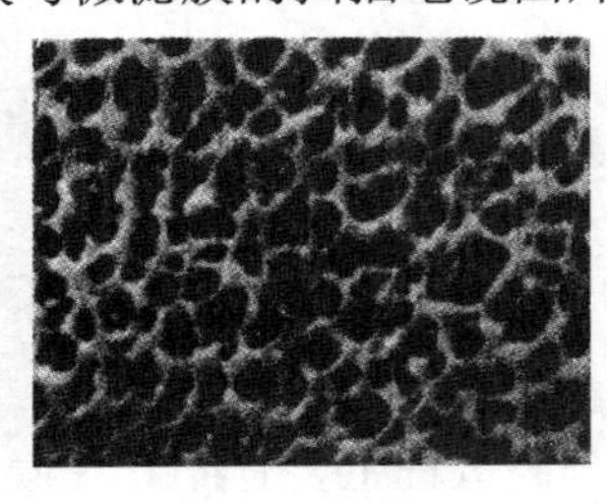

（b）聚合物微滤膜

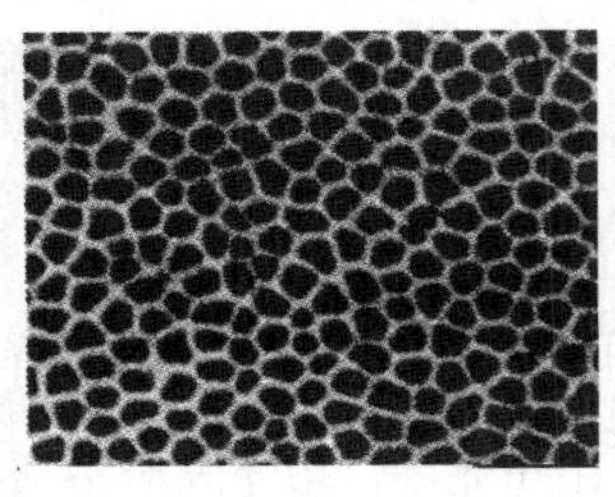

（c）陶瓷微滤膜

图 11-14　超滤膜与微滤膜结构

表征超滤膜性能的主要参数有渗透通量、截留分子量及截留率，而更多的是用截留分子量表征其分离能力。表征微滤膜性能的参数主要是渗透通量、膜孔径和孔隙率，其中膜孔径反映微滤膜的截留能力，可通过电子显微镜扫描法或泡压法、压汞法等方法测定。孔隙率是指单位膜面积上孔面积所占的比例。

## 三、浓差极化与膜污染

### （一）浓差极化

对于压力推动的膜过程，无论是反渗透还是超滤与微滤，在操作中都存在浓差极化现象。在操作过程中，由于膜的选择透过性，被截留组分在膜料液侧表面都会积累形成浓度边界层，其浓度大大高于料液的主体浓度 $c_F$，在膜表面与主体料液之间形成的浓度差作用下，将导致溶质从膜表面向主体的反向扩散，这种现象称为浓差极化，如图 11-15 所示。浓差极化使得膜表面处浓度 $c_i$ 增加，加大了渗透压，在一定压差 $\Delta p$ 下使溶剂的通量下降，同时 $c_i$ 的增加又使溶质的通量提高，使截留率下降。

### （二）膜污染

膜污染是指料液中的某些组分在膜表面或膜孔中沉积导致膜通量下降的现象。组分在膜表面沉积形成的污染层将产生额外的阻力，该阻力可能远大于膜本身的阻力而成为过滤的主要阻力；组分在膜孔中的沉积，将造成膜孔减小甚至堵塞，实际上减小了膜的有效面积。膜污染主要发生在超滤与微滤过程中。

图 11-16 所示的是超滤过程中压力差 $\Delta p$ 与通量 $J$ 之间的关系。对于纯水的超滤，其水通量与压力差成正比；而对于溶液的超滤，由于浓差极化与膜污染的影响，超滤通量随压差的变化关系为一曲线，当压差达到一定值时，再提高压力，只是使边界层阻力增大，却不能增大通量，从而产生一极限通量 $J_\infty$。

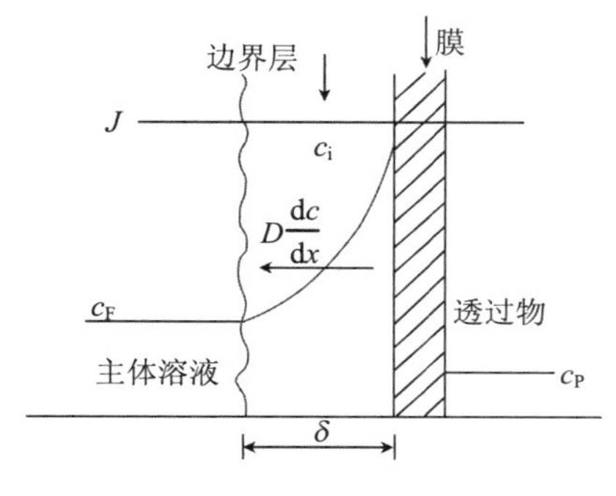

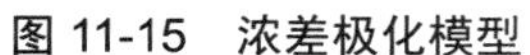

图 11-15 浓差极化模型

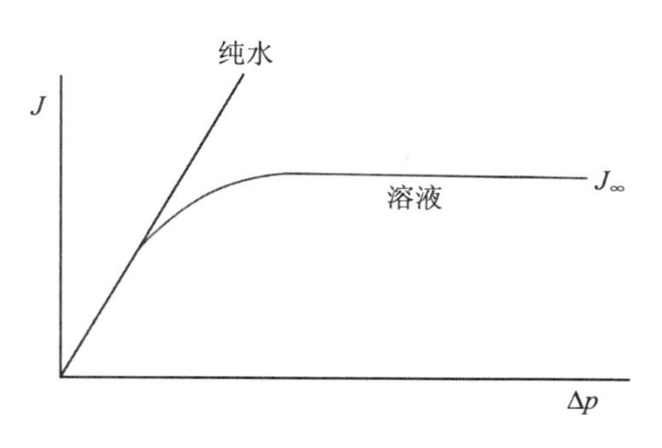


图 11-16 超滤通量与操作压力差的关系

由此可见，浓差极化与膜污染均使膜透过速率下降，属操作过程的不利因素，应设法降低。减轻浓差极化与膜污染的途径主要有：① 对原料液进行预处理，除去料液中的大颗粒；② 增加料液的流速或在组件中加内插件以增加湍动程度，减薄边界层厚度；③ 定期对膜进行反冲和清洗。

## 四、影响渗透通量的因素

### （一）操作压力

压差是超滤过程的推动力，对渗透通量产生决定性的影响。一般情况下，在压差较小的范围内，渗透通量随压差增加较快；当压差较大时，渗透通量随压差的增加逐渐减慢，且当膜表面形成凝胶层时，渗透通量趋于定值而不再随压差变化，此时的渗透通量称为临界渗透通量。实际超滤操作压力应接近临界渗透通量时的压力，若压差过高不仅无益而且有害。

### （二）料液流速

浓差极化是超滤过程不可避免的现象，为了提高渗透通量，必须使极化边界层尽可能小。目前，超滤过程采用错流操作，即料液错流流过膜表面，可清除一部分极化边界层。为了进一步减薄边界层厚度，提高传质系数，可增加料液的流速和湍流程度，这种方法与单纯提高流速相比可节约能量，降低料液对膜的压力。实现料液湍动的方法有主流道内附加带状助漏流器、脉冲流动等。

### （三）温度

料液温度升高，黏度降低，有利于增大流体流速和湍动程度，减轻浓差极化，提高传质系数，提高渗透通量。但温度上升会使料液中某些组分的溶解度降低，增加膜污染，使渗透通量下降，如乳清中的钙盐；有些物质会因温度升高而变性，如蛋白质。因此，大多数超滤应用的温度范围为 30～60℃。牛奶、大豆体系的料液，最高超滤温度不超过 55℃。

### （四）截留液浓度

随着超滤过程的进行，截留液浓度不断增加，极化边界层增厚，容易形成凝胶，会导致渗透通量的降低。因此，不同体系的截留液浓度均需测出最大允许值。例如，颜料和分散染料体系的最大截留液浓度为30%～50%，多糖和低聚糖体系的最大截留液浓度为1%～10%等。

## 五、超滤与微滤的操作流程

### （一）超滤的操作流程

超滤的操作方式可分为重过滤和错流过滤两大类。重过滤是靠料液的液柱压力为推动力，但这类操作浓差极化和膜污染严重，很少采用，而常采用的是错流操作。错流操作工艺流程又可分为间歇式和连续式。它们的特点和适用范围见表11-2。

表 11-2　各类超滤操作流程特点和适用范围

| 操作模式 | | 图示 | 特点 | 适用范围 |
|---|---|---|---|---|
| 重过滤 | 间歇 | 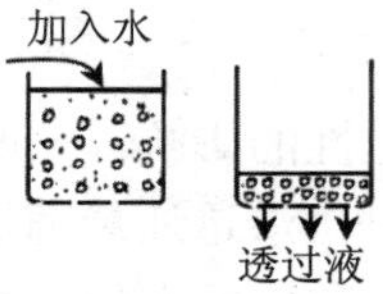 加入水<br>透过液 | 设备简单、小型，能耗低，可克服高浓度料液渗透通量低的缺点，能更好地去除渗透组分。但浓差极化和膜污染严重，尤其是在间歇操作中，要求膜对大分子的截留率较高 | 通常用于蛋白质、酶类大分子的提纯 |
| | 连续 | 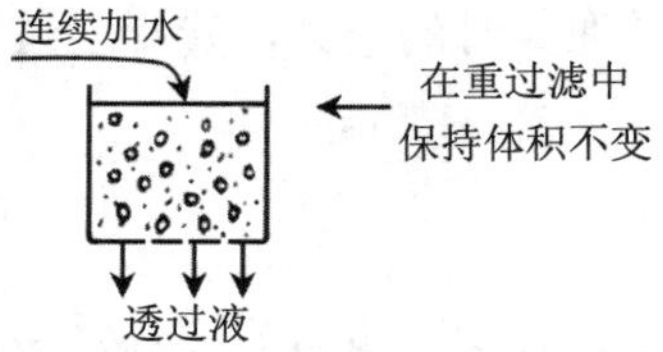 连续加水<br>在重过滤中保持体积不变<br>透过液 | | |
| 间歇错流 | 截留液全循环 | 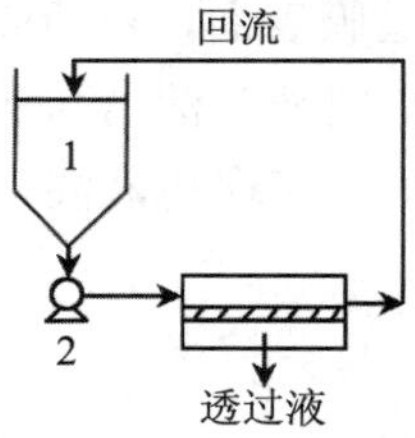 回流<br>1<br>2<br>透过液 | 操作简单，浓缩速度快，所需膜面积小。但全循环时泵的能耗高，采用部分循环可适当降低能耗 | 通常被实验室和小型中试厂采用 |
| | 截留液部分循环 | 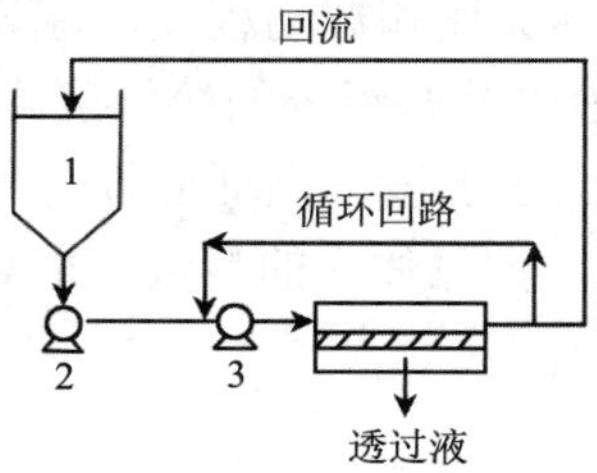 回流<br>1<br>循环回路<br>2　3<br>透过液 | | |

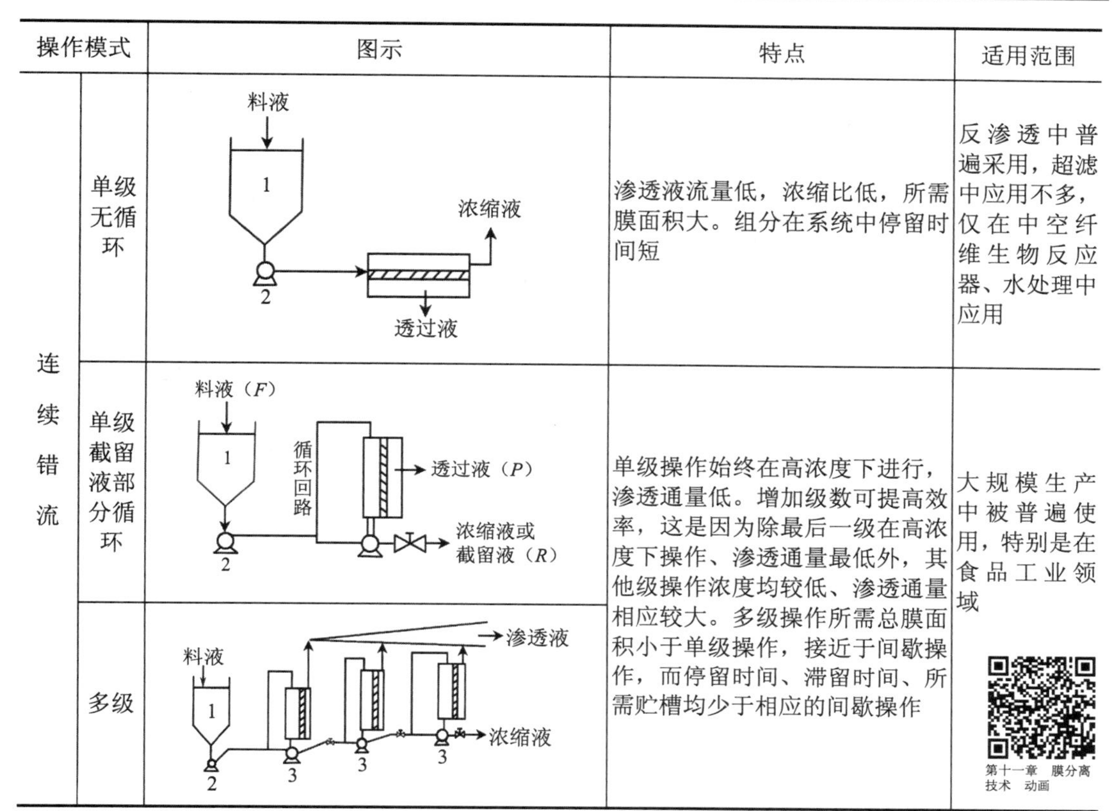


| 操作模式 | | 图示 | 特点 | 适用范围 |
| --- | --- | --- | --- | --- |
| 连续错流 | 单级无循环 | | 渗透液流量低，浓缩比低，所需膜面积大。组分在系统中停留时间短 | 反渗透中普遍采用，超滤中应用不多，仅在中空纤维生物反应器、水处理中应用 |
| | 单级截留液部分循环 | | 单级操作始终在高浓度下进行，渗透通量低。增加级数可提高效率，这是因为除最后一级在高浓度下操作、渗透通量最低外，其他级操作浓度均较低、渗透通量相应较大。多级操作所需总膜面积小于单级操作，接近于间歇操作，而停留时间、滞留时间、所需贮槽均少于相应的间歇操作 | 大规模生产中被普遍使用，特别是在食品工业领域 |
| | 多级 | | | |

注：1—料液槽；2—料液泵；3—循环泵。

**1. 间歇式操作**

间歇式操作适用于小规模生产，超滤工艺中工业污水处理及其溶液的浓缩过程多采用间歇工艺。间歇式操作的主要特点是膜可以保持在一个最佳的浓度范围内运行，在低浓度时，可以得到最佳的渗透通量。

**2. 连续式操作**

连续式操作常用于大规模生产，连续式超滤过程是指料液连续不断加入贮槽和产品的不断产出，可分为单级和多级。单级连续式操作过程的效率较低，一般采用如表 11-2 中所示的多级连续式操作。将几个循环回路串联起来，每一个回路即为一级，每一级都在一个固定的浓度下操作，从第一级到最后一级浓度逐渐增加。最后一级的浓度是最大的，即为浓缩产品。多级操作只是在最后一级进行高浓度操作，渗透通量最低，其他级操作浓度均较低，渗透通量相应也较大，而且多级操作所需的总膜面积较小，适合在大规模生产中使用，特别适用于食品工业领域。

### （二）微滤的操作流程

**1. 无流动操作**

如图 11-17 所示，原料液置于膜的上方，在压力差的推动下，溶剂和小于膜孔径的颗粒透过膜，大于膜孔的颗粒则被膜截留，该压差可通过原料液侧加压或透过液侧抽真空产生。在这种无流动操作中，随着时间的延长，被截留颗粒会在膜表面形成污染层，使过滤阻力增加，随着过程的进行，污染层将不断增厚和压实，过滤阻力将进一步加大，如果操作压力不变，膜渗透流率将降低。因此，无流动操作只能是间歇的，必须周期性地停下来清除膜表面的污染层或更换膜。

2. 错流操作

固含量高于 0.5%的料液通常采用错流操作，这种操作类似于超滤和反渗透，如图 11-18 所示，料液沿切线方向流过膜表面，在压力差作用下，溶剂和小分子溶质透过膜，料液中的颗粒则被膜截留而停留在膜表面形成一层污染层。与无流动操作不同的是，料液流经膜表面时产生的高剪切力可以使沉积在膜表面的颗粒扩散返回主体流，从而被带出微滤组件。由于过滤导致的颗粒在膜表面的沉积速度与流体流经膜表面时由速度梯度产生的剪切力引发的颗粒返回主体流速度达到平衡，可以使该污染层不会无限增厚而保持一个稳定的相对较薄的厚度。因此，一旦污染层达到稳定，膜的渗透通量将在较长的时间内保持在相对高的水平上，当处理量较大时，宜采用错流操作。

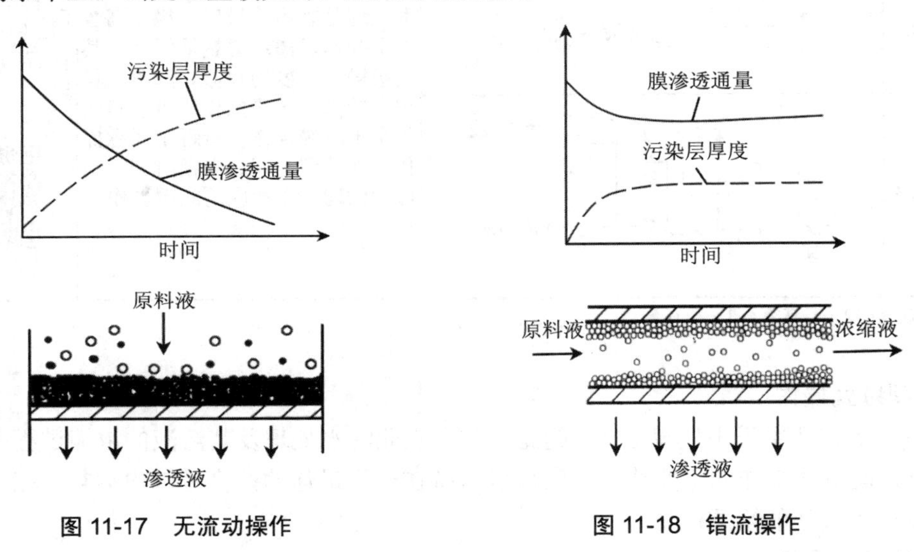


图 11-17 无流动操作　　图 11-18 错流操作

## 六、超滤与微滤的工业应用

### （一）超滤的工业应用

1. 工业废水处理

超滤技术在工业废水处理方面的应用十分广泛，特别是在处理汽车、仪表工业的涂漆废水、金属加工业的漂洗水以及食品工业废水中回收蛋白质、淀粉等方面是十分有效的，而且具有很大的经济效益。国外早已大规模应用于生产实践中。

（1）纺织印染废水处理。

纺织印染废水具有色度高、COD 高和排放量大的特点，尤其是在化纤生产、纺织、印染加工过程中，大量使用表面活性剂、助剂、油剂、浆料、树脂、染料等，使纺织废水的 COD 越来越高。而且由于这些合成物质难以被微生物降解，通常的生化处理无能为力，成为当前纺织废水治理中的一大难题。

超滤膜可有效去除纺织印染废水中的有机分子，回收染料，经回收染料后的染色废水，COD 去除率达 80%左右，色度去除率达 90%以上。

在化纤油剂废水处理方面，一般油浓度为 2～4 g/L 的废水，经超滤可浓缩至油浓度为 40～45 g/L。浓缩后的油剂，可闭路循环，回用于生产，也可降等使用，或作洗毛剂等其他用途。油剂废水经超滤处理后，油剂及 COD 去除率达 80%～90%。因此，只需进一步生化处理即可达标排放，且由于避免了大量污泥的生成，为工厂废水治理带来了极大的便利。

（2）造纸工业废水处理。

在造纸工业中，每生产 1 t 纸浆需 100～400 $m^3$ 水，其中 80%是用来洗净和漂白的。由于造纸原料和工艺的不同，造纸废水的成分差异也较大。因此，造纸废水的处理，至今尚属一大难题。用膜法处理造纸废水，主要是对某些成分进行浓缩并回收，而透过水又重新返回工艺中使用。主要回收的物质是磺化木质素，它可以返回纸浆中被再利用，具有很大的环境效益和经济效益。为了防止废水中胶体粒子、大分子量的木质纤维、悬浮物以及钙盐在膜面的附着析出，产生浓差极化，要求水在膜表面具有较高的流速，一般要在 1 m/s 以上。当膜表面被污染时，可采取间歇降压运行、海绵球冲洗、酶洗涤剂及 EDTA 络合剂清洗等方法去污。

在各种水处理方法中，膜分离法具有更大的吸引力。它与其他方法相比具有分离效率高，分离过程无相变、操作简单、节省能源，可使废水和有价值的物质回用等优点。在造纸工业中，采用超滤技术对废水进行处理，可实现三个目的，即：将制浆废水中的木质素分子量分级、提纯；实现稀亚硫酸盐、稀硫酸盐的浓缩和回收；去除漂白废水中的色度和有机氯。

（3）电泳涂漆废水处理。

在汽车、仪表、家具等行业的电泳涂漆过程中，涂料的胶体带正电荷，以涂件为负极，涂料以电泳方式在涂件表面移动，使电荷中和，形成不溶的均匀涂漆膜。然后在清洗过程中将黏附在涂件上的漆料洗掉，形成电泳涂漆废水。这种清洗液用超滤法处理后，可将涂料回收利用，膜透过液可返回作喷淋水用。为避免清洗水中盐分或其他杂质量升高，滤液必须有一部分得到更新。

（4）含油废水的处理。

含油废水来自钢铁、机械、石油精制、原油采集、运输及油品的使用过程中。含油废水中的油有三种形式：浮油、分散油和乳化油。前两种比较容易处理，经机械分离、凝聚沉淀、活性炭吸附等方法处理后，油分可降至每升几毫克以下。而乳化油含有表面活性剂和有机物，其油分以微米级大小的粒子存在于水中，重力分离和粗粒化法处理起来都比较困难。采用超滤技术，可以使油分浓缩，使水和低分子有机物透过膜，从而实现油水分离。

**2. 食品工业中的应用**

新榨取的果汁中往往含有单宁、果胶、苯酚等化合物而呈现浑浊，传统方法是采用酶、皂土和明胶使其沉淀，然后取其上清液得到澄清的果汁。目前，采用超滤技术来制取澄清果汁，只需先脱除部分果胶，可大大减少酶的用量，省去了皂土和明胶，降低了生产成本。浊度由传统处理方法的 1.5～3.0 NTU 降低到膜法的 0.4～0.6 NTU。同时，还去除了液体中所含的菌体，延长了果汁的保质期。

在酿酒行业，经过硅藻土过滤后的成品酒中仍有少量的杂质，杂质的存在会使酒类失去光泽、浑浊、沉淀，口味变坏，以致酸败。若对常规过滤的发酵液再进行超滤处理，则不仅能完全阻截全部菌类，而且会使蛋白质、糖类、丹宁降到最低量，从而制得色泽清亮透明、泡沫性较好的优质啤酒。由于此法对啤酒进行“冷除菌”，不仅省时省工，而且节能，保存期可达两个月以上。

乳品工业生产过程中会产生大量的乳清，采用超滤技术可将脱脂牛奶浓缩 3～4 倍，浓缩液用于发酵生产奶酪，收益率可提高 20%以上，节约 6%的牛奶。

### （二）微滤的工业应用

微滤是膜过滤中应用最为普遍的一项技术，在 20 世纪 20 年代末得到了快速发展，已在污水处理、饮用水净化、医药、电子、食品等行业得到广泛应用。

#### 1. 电子工业

20 世纪 60 年代以来，随着集成电路的开发，微滤技术一直用来从生产半导体的液体中去除粒子。微滤在电子工业纯水制备中主要有两方面的作用：第一，在反渗透或电渗析前作为保安过滤器，用于去除细小的悬浮物；第二，在阴、阳或混合交换柱后，作为最后一级终端过滤手段，滤除树脂碎片或细菌等杂质。

微孔滤膜作为绝对过滤在电子工业中制备高纯水通常采用的流程是：

① 原水→絮凝沉淀→砂、无烟煤过滤→加氯消毒杀菌→深层过滤→活性炭吸附→阳离子交换→阴离子交换→阳、阴混合床→微孔过滤→产品水。

② 原水→絮凝沉淀→砂、无烟煤过滤→加氯消毒杀菌→预过滤→反渗透（或超滤）→阳、阴混合床→微孔过滤→产品水。

#### 2. 医药卫生

医药行业所用的药剂、溶液、注射用水必须是无菌的，采用微滤技术可经济、方便地去除水中的细菌和悬浮物，制备无菌液体。

微滤的作用主要是分离病毒、细菌、胶体及悬浮微粒，以分离溶液中大于 0.05 μm 的微细粒子为特征，在水的精制、药物中细菌和微粒的去除、生物和微生物的检测、化验以及医学诊断等方面都显示出其独特的功效，因此它的应用范围十分广泛。目前，应用微滤技术生产的药物品种主要有葡萄糖大输液、右旋糖酐注射液、维生素 C、维生素 $B_1$、维生素 $B_2$、维生素 $B_6$、维生素 $B_{12}$ 等注射剂。此外，微滤技术还用于昆虫细胞的获取、大肠杆菌的分离、组织液培养以及多种溶液的灭菌处理。

#### 3. 水处理

使用膜过滤技术进行城市污水和工业废水处理，可生产出不同用途的再生水，如工业冷却水、绿化用水和城市杂用水，是解决水资源匮乏的重要途径。近年来，微滤作为水的深度处理技术得到了快速发展。

#### 4. 海水淡化

由于水资源严重匮乏，许多国家和城市特别是沿海城市开始利用膜技术进行海水淡化，一方面取得了淡水资源，另一方面可对海水进行有效的综合利用。微滤用于海水的深度预处理，去除海水中的悬浮物、颗粒以及大分子有机物，为反渗透提供原料水。

# 复习思考题

## 一、选择题

1. 膜分离过程选择采用终端过滤还是错流过滤，主要根据流体中固形物的（　）来确定。

A. 粒径大小　B. 含量多少　C. 性质

2. 利用半透膜选择性地只能透过溶剂（通常是水）的性能，对溶液施加压力，克服溶剂的渗透压，使溶剂从溶液中分离出来的过程称为（　）。

A. 微滤　B. 反渗透　C. 电渗析

3. 下列常用于海水淡化处理的方法是（　）。

A. 微滤　B. 超滤　C. 电渗析

4. 膜要具有（　），使被分离的混合物中至少有一种组分可以通过膜，而其他的组分则不同程度地受到阻滞。

A. 选择性　B. 透过性　C. 致密性

5. 下列属于荷电膜的是（　）。

A. 超滤膜　B. 反渗透膜　C. 离子交换膜

6. 临床上利用“人工肾”进行的血液透析是利用膜两侧的（　）使小分子溶质通过膜而大分子被截流的过程。

A. 浓度差　B. 电位差　C. 压力差

7. 以下哪种方式可以减轻浓差极化（　）。

A. 降低操作温度　B. 增大操作压力　C. 增强料液的湍动程度

8. 控制膜的水解作用较为有效的方法是（　）。

A. 控制 pH 和进料温度　B. 控制操作压力和温度　C. 控制流速和 pH

9. 控制膜的压密作用较为有效的方法是（　）。

A. 控制 pH 和进料温度　B. 控制操作压力和温度　C. 控制流速和 pH

## 二、填空题

1. 膜分离是以________________为分离介质，通过施加推动力，使原料中的某组分选择性地优先透过，从而达到混合物的分离的目的。其推动力可以为______、______、______、______等。

2. 常用的膜分离技术包括______________________。

3. 膜分离过程有两种过滤方式为__________和____________。

4. 膜分离过程中所使用的膜，依据其膜特性（孔径）不同可分为________、________、________和________。

5. 工业生产中所应用的膜组件主要有______、______、______和______。

6. 反渗透是利用反渗透膜选择性地只透过______，对溶液施加压力克服溶剂的，使溶剂从溶液中透过反渗透膜而分离出来的过程。

7. 膜分离过程中，溶质在膜表面的浓度高于它在料液主体中的浓度，这种现象称为________。

## 三、简答题

1. 什么是膜分离操作？按推动力和传递机理的不同，膜分离过程可分为哪些类型？
2. 根据膜组件的形式不同，膜分离设备可分为哪几种？
3. 什么叫反渗透？其分离机理是什么？
4. 什么叫浓差极化？它对膜分离过程有哪些影响？
5. 简述常见的反渗透工艺流程及其应用。
6. 什么叫超滤？超滤流程有哪几种？有哪些方面的应用？

# 附　录

## 附录一　化工常用法定计量单位及单位换算

### 1. 常用单位

| 基本单位 | | | 具有专门名称的导出单位 | | | | 允许并用的其他单位 | | | |
|---|---|---|---|---|---|---|---|---|---|---|
| 物理量 | 基本单位 | 单位符号 | 物理量 | 单位名称 | 单位符号 | 与基本单位关系式 | 物理量 | 单位名称 | 单位符号 | 与基本单位关系式 |
| 长度 | 米 | m | 力 | 牛[顿] | N | 1 N=1 kg·m/s$^2$ | 时间 | 分 | min | 1 min=60 s |
| 质量 | 千克（公斤） | kg | 压强、应力 | 帕[斯卡] | Pa | 1 Pa= 1 N/m$^2$ | | 时 | h | 1 h=3 600 s |
| 时间 | 秒 | s | 能、功、热量 | 焦[耳] | J | 1 J = 1 N·m | | 日 | d | 1 d=86 400 s |
| 热力学温度 | 开[尔文] | K | 功率 | 瓦[特] | W | 1 W = 1 J/s | 体积 | 升 | L（l） | 1 L=10$^{-3}$ m$^3$ |
| 物质的量 | 摩[尔] | mol | 摄氏温度 | 摄氏度 | ℃ | 1℃=1 K | 质量 | 吨 | t | 1 t=10$^3$ kg |

### 2. 常用十进倍数单位及分数单位的词头

| 词头符号 | M | k | d | c | m | μ |
|---|---|---|---|---|---|---|
| 词头名称 | 兆 | 千 | 分 | 厘 | 毫 | 微 |
| 表示因素 | 10$^6$ | 10$^3$ | 10$^{-1}$ | 10$^{-2}$ | 10$^{-3}$ | 10$^{-6}$ |

### 3. 单位换算表

（1）质量

| kg | t（吨） | lb（磅） |
|---|---|---|
| 1 | 0.001 | 2.204 62 |
| 1 000 | 1 | 2 204.62 |
| 0.453 6 | 4.536×10$^{-4}$ | 1 |

（2）长度

| m | in（英寸） | ft（英尺） | yd（码） |
|---|---|---|---|
| 1 | 39.370 1 | 3.280 8 | 1.093 61 |
| 0.025 400 | 1 | 0.073 333 | 0.027 78 |
| 0.304 80 | 12 | 1 | 0.333 33 |
| 0.914 4 | 36 | 3 | 1 |

（3）力

| N | kgf（千克力） | lbf（磅力） | dyn（达因） |
|---|---|---|---|
| 1 | 0.102 | 0.224 8 | 1×10$^5$ |
| 9.806 65 | 1 | 2.204 6 | 9.806 65×10$^5$ |
| 4.448 | 0.453 6 | 1 | 4.448×10$^5$ |
| 1×10$^{-5}$ | 1.02×10$^{-6}$ | 2.248×10$^{-6}$ | 1 |

（4）流量

| L/s | $m^3/s$ | gal（美）/min | $ft^3/s$ |
|---|---|---|---|
| 1 | 0.001 | 15.850 | 0.035 31 |
| 0.277 8 | $2.778\times10^{-4}$ | 4.403 | $9.810\times10^{-3}$ |
| 1 000 | 1 | $1.585\ 0\times10^{-4}$ | 35.31 |
| 0.063 09 | $6.309\times10^{-5}$ | 1 | 0.002 228 |
| $7.866\times10^{-3}$ | $7.866\times10^{-6}$ | 0.124 68 | $2.778\times10^{-4}$ |
| 28.32 | 0.028 32 | 448.8 | 1 |

（5）压力

| Pa | bar（巴） | $kgf/cm^2$ | atm | $mmH_2O$ | mmHg | $lb/in^2$ |
|---|---|---|---|---|---|---|
| 1 | $1\times10^{-5}$ | $1.02\times10^{-5}$ | $0.99\times10^{-5}$ | 0.102 | 0.007 5 | $14.5\times10^{-5}$ |
| $1\times10^5$ | 1 | 1.02 | 0.986 9 | 10 197 | 750.1 | 14.5 |
| $98.07\times10^3$ | 0.980 7 | 1 | 0.967 8 | $1\times10^4$ | 735.56 | 14.2 |
| $1.013\ 25\times10^5$ | 1.013 | 1.033 2 | 1 | $1.033\ 2\times10^4$ | 760 | 14.697 |
| 9.807 | $9.807\times10^{-5}$ | 0.000 1 | $0.967\ 8\times10^{-4}$ | 1 | 0.073 6 | $1.423\times10^{-3}$ |
| 133.32 | $1.333\times10^{-3}$ | $0.136\times10^{-2}$ | 0.001 32 | 13.6 | 1 | 0.019 34 |
| 6 894.8 | 0.068 95 | 0.703 | 0.068 | 703 | 51.71 | 1 |

（6）体积

| $m^3$ | L（升） | $ft^3$ | $m^3$ | L（升） | $ft^3$ |
|---|---|---|---|---|---|
| 1 | 1 000 | 35.314 7 | 0.028 32 | 28.316 1 | 1 |
| 0.001 | 1 | 0.035 31 | | | |

（7）动力黏度

| Pa・s | P（泊） | cP（厘泊） | lb/（ft・s） | $kgf\cdot s/m^2$ |
|---|---|---|---|---|
| 1 | 10 | $1\times10^3$ | 0.672 | 0.102 |
| $1\times10^{-1}$ | 1 | $1\times10^2$ | 0.672 0 | 0.010 2 |
| $1\times10^{-3}$ | 0.01 | 1 | $6.720\times10^{-4}$ | $0.102\times10^{-3}$ |
| 1.488 1 | 14.881 | 1 488.1 | 1 | 0.151 9 |
| 9.81 | 98.1 | 9 810 | 6.59 | 1 |

（8）运动黏度

| $m^2/s$ | $cm^2/s$ | $ft^2/s$ |
|---|---|---|
| 1 | $1\times10^4$ | 10.76 |
| $10^{-4}$ | 1 | $1.076\times10^{-3}$ |
| $92.9\times10^{-3}$ | 929 | 1 |

（9）功率

| W | kgf・m/s | 英尺・磅（力）/秒 | 英制马力 | kcal/s | 英热单位/秒 |
|---|---|---|---|---|---|
| 1 | 0.101 97 | 0.737 6 | $1.341\times10^{-3}$ | $0.238\ 9\times10^{-3}$ | $0.948\ 0\times10^{-3}$ |
| 9.806 7 | 1 | 7.233 14 | 0.013 15 | $0.234\ 2\times10^{-2}$ | $0.929\ 3\times10^{-2}$ |
| 1.355 8 | 0.138 25 | 1 | 0.001 818 2 | $0.323\ 8\times10^{-3}$ | $0.128\ 51\times10^{-2}$ |
| 745.69 | 76.037 5 | 550 | 1 | 0.178 03 | 0.706 75 |
| 4 186.8 | 426.85 | 3 087.44 | 5.613 5 | 1 | 3.968 3 |
| 1 055 | 107.58 | 778.168 | 1.414 8 | 0.251 996 | 1 |

# 附录二 某些气体的重要物理性质[①]

| 名称 | 分子式 | 密度（0℃）/ ($kg/m^3$) | 定压比热容/ [kJ/(kg・℃)] | 黏度×$10^5$/ (Pa・s) | 沸点/℃ | 比汽化热/ (kJ/kg) | 临界点 | | 热导率/ [W/(m・℃)] |
|---|---|---|---|---|---|---|---|---|---|
| | | | | | | | 温度/℃ | 压强/kPa | |
| 空气 | — | 1.293 | 1.009 | 1.73 | −195 | 197 | −140.7 | 3 768.4 | 0.024 4 |
| 氧 | $O_2$ | 1.429 | 0.653 | 2.03 | −132.98 | 213 | −118.82 | 5 036.6 | 0.024 0 |
| 氮 | $N_2$ | 1.251 | 0.745 | 1.70 | −195.78 | 199.2 | −147.13 | 3 392.5 | 0.022 8 |
| 氢 | $H_2$ | 0.089 9 | 10.13 | 0.842 | −252.75 | 454.2 | −239.9 | 1 296.6 | 0.163 |
| 氦 | He | 0.178 5 | 3.18 | 1.88 | −268.95 | 19.5 | −267.96 | 228.94 | 0.144 |
| 氩 | Ar | 1.782 0 | 0.322 | 2.09 | −185.87 | 163 | −122.44 | 4 862.4 | 0.017 3 |
| 氯 | $Cl_2$ | 3.217 | 0.355 | 1.29（16℃） | −33.8 | 305 | +144.0 | 7 708.9 | 0.007 2 |
| 氨 | $NH_3$ | 0.711 | 0.67 | 0.918 | −33.4 | 1373 | +132.4 | 11 295 | 0.021 5 |
| 一氧化碳 | CO | 1.250 | 0.754 | 1.66 | −191.48 | 211 | −140.2 | 3 497.9 | 0.022 6 |
| 二氧化碳 | $CO_2$ | 1.976 | 0.653 | 1.37 | −78.2 | 574 | +31.1 | 7 384.8 | 0.013 7 |
| 硫化氢 | $H_2S$ | 1.539 | 0.804 | 1.166 | −60.2 | 548 | +100.4 | 19 136 | 0.013 1 |
| 甲烷 | $CH_4$ | 0.717 | 1.70 | 1.03 | −161.58 | 511 | −82.15 | 4 619.3 | 0.030 0 |
| 乙烷 | $C_2H_6$ | 1.357 | 1.44 | 0.850 | −88.50 | 486 | +32.1 | 4 948.5 | 0.018 0 |
| 丙烷 | $C_3H_8$ | 2.020 | 1.65 | 0.795（18℃） | −42.1 | 427 | +95.6 | 4 355.9 | 0.014 8 |
| 正丁烷 | $C_4H_{10}$ | 2.673 | 1.73 | 0.810 | −0.5 | 386 | +152 | 3 798.8 | 0.013 5 |
| 正戊烷 | $C_5H_{12}$ | — | 1.57 | 0.874 | −36.08 | 151 | +197.1 | 3 342.9 | 0.012 8 |
| 乙烯 | $C_2H_4$ | 1.261 | 1.222 | 0.935 | +103.7 | 481 | +9.7 | 5 135.9 | 0.016 4 |
| 丙烯 | $C_3H_6$ | 1.914 | 1.436 | 0.835（20℃） | −47.7 | 440 | +91.4 | 4 599.0 | — |
| 乙炔 | $C_2H_2$ | 1.171 | 1.352 | 0.935 | −83.66（升华） | 829 | +35.7 | 6 240.0 | 0.018 4 |
| 氯甲烷 | $CH_3Cl$ | 2.303 | 0.582 | 0.989 | −24.1 | 406 | +148 | 6 685.8 | 0.008 5 |
| 苯 | $C_6H_6$ | — | 1.139 | 0.72 | +80.2 | 394 | +288.5 | 4 832.0 | 0.008 8 |
| 二氧化硫 | $SO_2$ | 2.927 | 0.502 | 1.17 | −10.8 | 394 | +157.5 | 7 879.1 | 0.007 7 |
| 二氧化氮 | $NO_2$ | — | 0.615 | — | +21.2 | 712 | +158.2 | 10 130 | 0.040 0 |

① 压力条件为 101.3 kPa。

# 附录三　某些有机液体的相对密度*

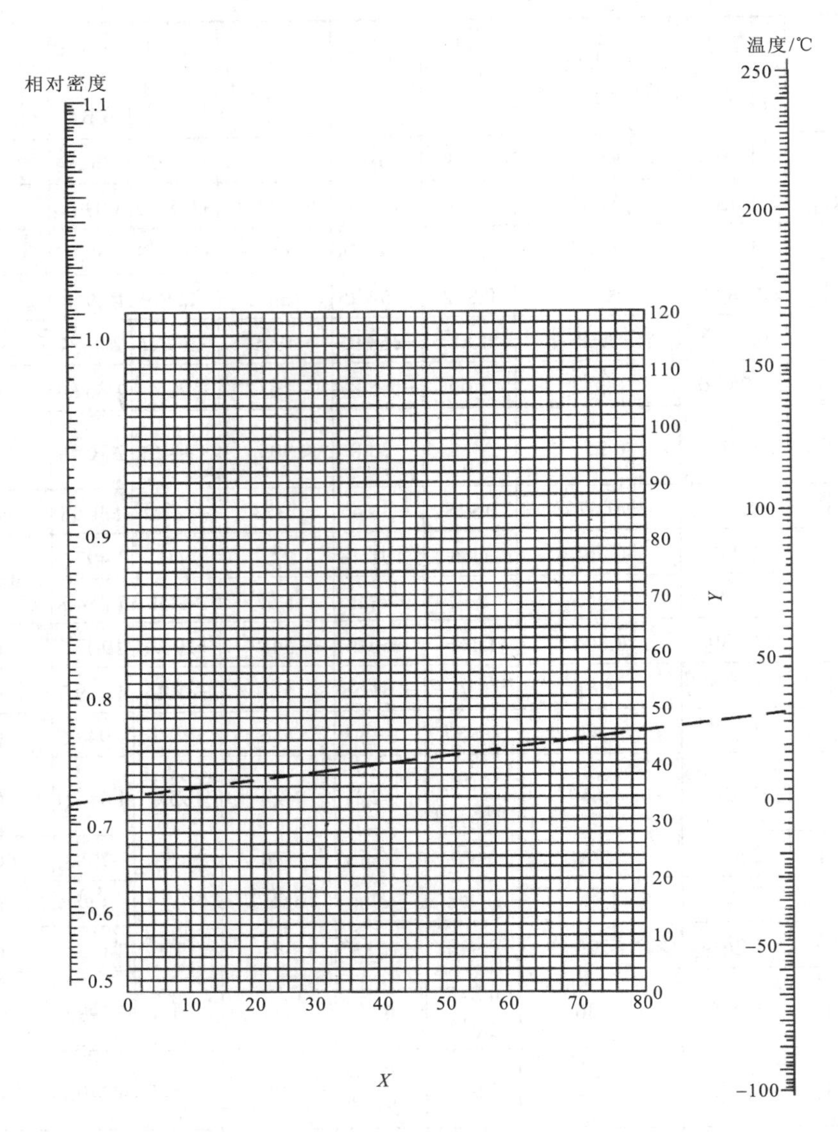


用法举例：求乙丙醚在 30℃时的相对密度。首先由下表查得乙丙醚的坐标 $X$=20.0，$Y$=37.0。然后根据 $X$ 和 $Y$ 的值在共线图上标出相应的点，将该点与图中右方温度标尺上的 30℃点连成一条直线，将该直线延长与左方相对密度标尺相交，由该点读出乙丙醚的相对密度为 0.718。

* 液体密度与 4℃时水的密度之比。

有机液体相对密度共线图的坐标值列表如下。

| 有机液体 | $X$ | $Y$ | 有机液体 | $X$ | $Y$ |
| --- | --- | --- | --- | --- | --- |
| 乙炔 | 20.8 | 10.1 | 甲酸乙酯 | 37.6 | 68.4 |
| 乙烷 | 10.3 | 4.4 | 甲酸丙酯 | 33.8 | 66.7 |
| 乙烯 | 17.0 | 3.5 | 丙烷 | 14.2 | 12.2 |
| 乙醇 | 24.2 | 48.6 | 丙酮 | 26.1 | 47.8 |
| 乙醚 | 22.6 | 35.8 | 丙醇 | 23.8 | 50.8 |
| 乙丙醚 | 20.0 | 37.0 | 丙酸 | 35.0 | 83.5 |
| 乙硫醇 | 32.0 | 55.5 | 丙酸甲酯 | 36.5 | 68.3 |
| 乙硫醚 | 25.7 | 55.3 | 丙酸乙酯 | 32.1 | 63.9 |
| 二乙胺 | 17.8 | 33.5 | 戊烷 | 12.6 | 22.6 |
| 二硫化碳 | 18.6 | 45.4 | 异戊烷 | 13.5 | 22.5 |
| 异丁烷 | 13.7 | 16.5 | 辛烷 | 12.7 | 32.5 |
| 丁酸 | 31.3 | 78.7 | 庚烷 | 12.6 | 29.8 |
| 丁酸甲酯 | 31.5 | 65.5 | 苯 | 32.7 | 63.0 |
| 异丁酸 | 31.5 | 75.9 | 苯酚 | 35.7 | 103.8 |
| 丁酸（异）甲酯 | 33.0 | 64.1 | 苯胺 | 33.5 | 92.5 |
| 十一烷 | 14.4 | 39.2 | 氟苯 | 41.9 | 86.7 |
| 十二烷 | 14.3 | 41.4 | 癸烷 | 16.0 | 38.2 |
| 十三烷 | 15.3 | 42.4 | 氨 | 22.4 | 24.6 |
| 十四烷 | 15.8 | 43.3 | 氯乙烷 | 42.7 | 62.4 |
| 三乙胺 | 17.9 | 37.0 | 氯甲烷 | 52.3 | 62.9 |
| 三氢化磷 | 28.0 | 22.1 | 氯苯 | 41.7 | 105.0 |
| 己烷 | 13.5 | 27.0 | 氰丙烷 | 20.1 | 44.6 |
| 壬烷 | 16.2 | 36.5 | 氰甲烷 | 21.8 | 44.9 |
| 六氢吡啶 | 27.5 | 60.0 | 环己烷 | 19.6 | 44.0 |
| 甲乙醚 | 25.0 | 34.4 | 乙酸 | 40.6 | 93.5 |
| 甲醇 | 25.8 | 49.1 | 乙酸甲酯 | 40.1 | 70.3 |
| 甲硫醇 | 37.3 | 59.6 | 乙酸乙酯 | 35.0 | 65.0 |
| 甲硫醚 | 31.9 | 57.4 | 乙酸丙酯 | 33.0 | 65.5 |
| 甲醚 | 27.2 | 30.1 | 甲苯 | 27.0 | 61.0 |
| 甲酸甲酯 | 46.4 | 74.6 | 异戊醇 | 20.5 | 52.0 |

# 附录四　某些液体的重要物理性质

| 名称 | 分子式 | 密度/(kg/m³)（20℃） | 沸点/℃（101.3 kPa） | 比汽化热/(kJ/kg)（101.3 kPa） | 比热容/[kJ/(kg·℃)]（20℃） | 黏度/(mPa·s)（20℃） | 导热系数/[W/(m·℃)]（20℃） | 体积膨胀系数×$10^4$/℃$^{-1}$（20℃） | 表面张力/(mN/m)（20℃） |
|---|---|---|---|---|---|---|---|---|---|
| 水 | $H_2O$ | 998 | 100 | 2 258 | 4.183 | 1.005 | 0.559 | 1.82 | 72.8 |
| 盐水（25%氯化钠） | — | 1 186（25℃） | 10 | — | 3.39 | 2.3 | 0.57（30℃） | （4.4） | — |
| 盐水（25%氯化钙） | — | 1 228 | 170 | — | 2.89 | 2.5 | 0.57 | （3.4） | — |
| 硫酸 | $H_2SO_4$ | 1 813 | 340（分解） | — | 1.47（98%） | 23 | 0.38 | 5.7 | — |
| 硝酸 | $HNO_3$ | 1 513 | 86 | 481.1 | — | 1.17（10℃） | — | — | — |
| 盐酸（30%） | HCl | 1 149 | — | — | 2.55 | 2（31.5） | 0.42 | — | — |
| 二硫化碳 | $CS_2$ | 1 262 | 46.3 | 352 | 1.005 | 0.38 | 0.16 | 12.1 | 32 |
| 戊烷 | $C_5H_{12}$ | 626 | 36.07 | 357.4 | 2.24（5.6℃） | 0.229 | 0.113 | 15.9 | 16.2 |
| 己烷 | $C_6H_{14}$ | 659 | 68.74 | 335.1 | 2.31（15.6℃） | 0.313 | 0.119 | — | 18.2 |
| 庚烷 | $C_7H_{16}$ | 684 | 98.43 | 316.5 | 2.21（15.6℃） | 0.411 | 0.123 | — | 20.1 |
| 辛烷 | $C_8H_{18}$ | 7.3 | 125.67 | 306.4 | 2.19（15.6℃） | 0.540 | 0.131 | — | 21.8 |
| 三氯甲烷 | $CHCl_3$ | 1 489 | 61.2 | 253.7 | 0.992 | 0.58 | 0.138（30℃） | 12.6 | 28.5（10℃） |
| 四氯化碳 | $CCl_4$ | 1 594 | 76.8 | 195 | 0.850 | 1.0 | 0.12 | — | 26.8 |
| 1,2-二氯乙烷 | $C_2H_4Cl_2$ | 1 253 | 83.6 | 324 | 1.260 | 0.83 | 1.14（50℃） | — | 30.8 |
| 苯 | $C_6H_6$ | 879 | 80.10 | 393.9 | 1.704 | 0.737 | 0.148 | 12.4 | 28.6 |
| 甲苯 | $C_7H_8$ | 867 | 110.63 | 363 | 1.70 | 0.675 | 0.138 | 10.9 | 27.9 |
| 邻二甲苯 | $C_8H_{10}$ | 880 | 144.42 | 347 | 1.74 | 0.811 | 0.142 | — | 30.2 |
| 间二甲苯 | $C_8H_{10}$ | 864 | 139.10 | 343 | 1.70 | 0.611 | 0.167 | 0.1 | 29.0 |
| 对二甲苯 | $C_8H_{10}$ | 861 | 138.35 | 340 | 1.704 | 0.643 | 0.129 | — | 28.0 |
| 苯乙烯 | $C_8H_9$ | 911（15.6℃） | 145.2 | 352 | 1.733 | 0.72 | — | — | — |

| 名称 | 分子式 | 密度/($kg/m^3$)(20℃) | 沸点/℃(101.3 kPa) | 比汽化热/(kJ/kg)(101.3 kPa) | 比热容/[kJ/(kg·℃)](20℃) | 黏度/(mPa·s)(20℃) | 导热系数/[W/(m·℃)](20℃) | 体积膨胀系数×$10^4$/$℃^{-1}$(20℃) | 表面张力/(mN/m)(20℃) |
|---|---|---|---|---|---|---|---|---|---|
| 氯苯 | $C_6H_5Cl$ | 1 106 | 131.8 | 325 | 1.298 | 0.85 | 0.14(30℃) | — | 32 |
| 硝苯基 | $C_6H_5NO_2$ | 1 203 | 210.9 | 396 | 1.47 | 2.1 | 0.15 |  | 41 |
| 苯胺 | $C_6H_5NH_2$ | 1 022 | 184.4 | 448 | 2.07 | 4.3 | 0.17 | 8.5 | 42.9 |
| 酚 | $C_6H_5OH$ | 1 050(50℃) | 181.8(熔点40.9℃) | 511 | — | 3.4 | — | — | — |
| 萘 | $C_{10}H_8$ | 1 145(固体) | 217.9(熔点80.2℃) | 314 | 1.80(100℃) | 0.59(100℃) | — | — | — |
| 甲醇 | $CH_3OH$ | 791 | 64.7 | 1 101 | 2.48 | 0.6 | 0.212 | 12.2 | 22.6 |
| 乙醇 | $C_2H_5OH$ | 789 | 78.3 | 846 | 2.39 | 1.15 | 0.172 | 11.6 | 22.8 |
| 乙醇(95%) | — | 804 | 78.2 | — | — | 1.4 | — | — | — |
| 乙二醇 | $C_2H_4(OH)_2$ | 1 113 | 197.6 | 780 | 2.35 | 23 | — | — | 47.7 |
| 甘油 | $C_3H_5(OH)_3$ | 1 261 | 290(分解) | — | — | 149 | 0.59 | 5.3 | 63 |
| 乙醚 | $(C_2H_5)_2O$ | 714 | 34.6 | 360 | 2.34 | 0.24 | 0.14 | 16.3 | 18 |
| 乙醛 | $CH_3CHO$ | 783(18℃) | 20.2 | 574 | 1.9 | 1.3(18℃) | — | — | 21.2 |
| 糠醛 | $C_5H_4O_2$ | 1 168 | 161.7 | 452 | 1.6 | 1.15(50℃) | — | — | 43.5 |
| 丙酮 | $CH_3COCH_3$ | 792 | 56.2 | 523 | 2.35 | 0.32 | 0.17 | — | 23.7 |
| 甲酸 | HCOOH | 1 220 | 100.7 | 494 | 2.17 | 1.9 | 0.26 | — | 27.8 |
| 醋酸 | $CH_3COOH$ | 1 049 | 118.1 | 406 | 1.99 | 1.3 | 0.17 | 10.7 | 23.9 |
| 醋酸乙酯 | $CH_3COO-C_2H_5$ | 901 | 77.1 | 368 | 1.92 | 0.48 | 0.14(10℃) | — | — |
| 煤油 | — | 780～820 | — | — | — | 3 | 0.15 | 10.0 | — |
| 汽油 | — | 680～800 | — | — | — | 0.7～0.8 | 0.19(30℃) | 12.5 | — |

# 附录五 部分无机盐水溶液的沸点[①]

| 物 质 | 沸点/℃ | | | | | | | | |
|---|---|---|---|---|---|---|---|---|---|
| | 101 | 102 | 103 | 104 | 105 | 107 | 110 | 115 | 120 |
| | 溶液含量（质量分率）/% | | | | | | | | |
| $CaCl_2$ | 5.66 | 10.31 | 14.16 | 17.36 | 20.00 | 24.24 | 29.33 | 35.68 | 40.83 |
| $KOH$ | 4.49 | 8.51 | 11.97 | 14.82 | 17.01 | 20.88 | 25.65 | 31.97 | 36.51 |
| $KCl$ | 8.42 | 14.31 | 18.96 | 23.02 | 26.57 | 32.02 | — | — | — |
| $K_2CO_3$ | 10.31 | 18.37 | 24.24 | 28.57 | 32.24 | 37.69 | 43.97 | 50.86 | 56.04 |
| $KNO_3$ | 13.19 | 23.66 | 32.23 | 39.20 | 45.10 | 54.65 | 65.34 | 79.53 | — |
| $MgCl_2$ | 4.67 | 8.42 | 11.66 | 14.31 | 16.59 | 20.32 | 24.41 | 29.48 | 33.07 |
| $MgSO_4$ | 14.31 | 22.78 | 28.31 | 32.23 | 35.32 | 42.86 | — | — | — |
| $NaOH$ | 4.12 | 7.40 | 10.15 | 12.51 | 14.53 | 18.32 | 23.08 | 26.21 | 33.77 |
| $NaCl$ | 6.19 | 11.03 | 14.67 | 17.69 | 20.32 | 25.09 | — | — | — |
| $NaNO_3$ | 8.26 | 15.61 | 21.87 | 27.53 | 32.43 | 40.47 | 49.87 | 60.94 | 68.94 |
| $Na_2SO_4$ | 15.26 | 24.81 | 30.73 | — | — | — | — | — | — |
| $Na_2CO_3$ | 9.42 | 17.22 | 23.72 | 29.18 | 33.86 | — | — | — | — |
| $CuSO_4$ | 26.95 | 39.98 | 40.83 | 44.47 | — | — | — | — | — |
| $ZnSO_4$ | 20.00 | 31.22 | 37.89 | 42.92 | 46.15 | — | — | — | — |
| $NH_4NO_3$ | 9.09 | 16.66 | 23.08 | 29.08 | 34.21 | 42.53 | 51.92 | 63.24 | 71.26 |
| $NH_4Cl$ | 6.10 | 11.35 | 15.96 | 19.80 | 22.89 | 28.37 | 35.98 | 46.95 | — |
| $(NH_4)_2SO_4$ | 13.34 | 23.41 | 30.65 | 36.71 | 41.79 | 49.73 | — | — | — |

| 物 质 | 沸点/℃ | | | | | | | | | |
|---|---|---|---|---|---|---|---|---|---|---|
| | 125 | 140 | 160 | 180 | 200 | 220 | 240 | 260 | 280 | 300 |
| | 溶液含量（质量分率）/% | | | | | | | | | |
| $CaCl_2$ | 45.80 | 57.89 | 68.94 | 75.86 | — | — | — | — | — | — |
| $KOH$ | 40.23 | 48.05 | 54.89 | 60.41 | 64.91 | 68.73 | 72.46 | 75.76 | 78.95 | 81.63 |
| $KCl$ | — | — | — | — | — | — | — | — | — | — |
| $K_2CO_3$ | 60.40 | — | — | — | — | — | — | — | — | — |
| $KNO_3$ | — | — | — | — | — | — | — | — | — | — |
| $MgCl_2$ | 36.02 | 38.61 | — | — | — | — | — | — | — | — |
| $MgSO_4$ | — | — | — | — | — | — | — | — | — | — |
| $NaOH$ | 37.58 | 48.32 | 60.13 | 69.97 | 77.53 | 84.03 | 88.89 | 93.02 | 95.92 | 98.47 |
| $NaCl$ | — | — | — | — | — | — | — | — | — | — |
| $NaNO_3$ | — | — | — | — | — | — | — | — | — | — |
| $Na_2SO_4$ | — | — | — | — | — | — | — | — | — | — |
| $Na_2CO_3$ | — | — | — | — | — | — | — | — | — | — |
| $CuSO_4$ | — | — | — | — | — | — | — | — | — | — |
| $ZnSO_4$ | — | — | — | — | — | — | — | — | — | — |
| $NH_4NO_3$ | 77.11 | 87.09 | 93.20 | 96.00 | 97.61 | 98.84 | — | — | — | — |
| $NH_4Cl$ | — | — | — | — | — | — | — | — | — | — |
| $(NH_4)_2SO_4$ | — | — | — | — | — | — | — | — | — | — |

①压力条件为 101.3 kPa。

# 附录六 某些固体材料的重要物理性质

A. 固体材料的密度、导热系数和比热容

| 名称 | 密度 | 导热系数 | | 比热容 | |
|---|---|---|---|---|---|
| | kg/m³ | W/(m·K) | kcal/(m·h·℃) | kJ/(kg·K) | kcal/(kgf·℃) |
| （1）金属 | | | | | |
| 钢 | 7 850 | 45.3 | 39 | 0.46 | 0.11 |
| 不锈钢 | 7 900 | 17 | 15 | 0.5 | 0.12 |
| 铸铁 | 7 220 | 62.8 | 54 | 0.5 | 0.12 |
| 铜 | 8 800 | 383.8 | 330 | 0.41 | 0.097 |
| 青铜 | 8 000 | 64 | 55 | 0.38 | 0.091 |
| 黄铜 | 8 600 | 85.5 | 73.5 | 0.38 | 0.09 |
| 铝 | 2 670 | 203.5 | 175 | 0.92 | 0.22 |
| 镍 | 9 000 | 58.2 | 50 | 0.46 | 0.11 |
| 铅 | 11 400 | 34.9 | 30 | 0.13 | 0.031 |
| （2）塑料 | | | | | |
| 酚醛 | 1 250～1 300 | 0.13～0.26 | 0.11～0.22 | 1.3～1.7 | 0.3～0.4 |
| 尿醛 | 1 400～1 500 | 0.3 | 0.26 | 1.3～1.7 | 0.3～0.4 |
| 聚氯乙烯 | 1 380～1 400 | 0.16 | 0.14 | 1.8 | 0.44 |
| 聚苯乙烯 | 1 050～1 070 | 0.08 | 0.07 | 1.3 | 0.32 |
| 低压聚乙烯 | 940 | 0.29 | 0.25 | 2.6 | 0.61 |
| 高压聚乙烯 | 920 | 0.26 | 0.22 | 2.2 | 0.53 |
| 有机玻璃 | 1 180～1 190 | 0.14～0.20 | 0.12～0.17 | — | — |
| （3）建筑材料、绝热材料、耐酸材料及其他 | | | | | |
| 干砂 | 1 500～1 700 | 0.45～0.48 | 0.39～0.50 | 0.8 | 0.19 |
| 黏土 | 1 600～1 800 | 0.47～0.53 | 0.4～0.46 | 0.75（−20～20℃） | 0.18（−20～20℃） |
| 锅炉炉渣 | 700～1 100 | 0.19～0.30 | 0.16～0.26 | — | — |
| 黏土砖 | 1 600～1 900 | 0.47～0.67 | 0.4～0.58 | 0.92 | 0.22 |
| 耐火砖 | 1 840 | 1.05（800～1 100℃） | 0.9（800～1 100℃） | 0.88～1.0 | 0.21～0.24 |
| 绝缘砖（多孔） | 600～1 400 | 0.16～0.37 | 0.14～0.32 | — | — |
| 混凝土 | 2 000～2 400 | 1.3～1.55 | 1.1～1.33 | 0.84 | 0.2 |
| 松木 | 500～600 | 0.07～0.10 | 0.06～0.09 | 2.7（0～100℃） | 0.65（0～100℃） |
| 软土 | 100～300 | 0.041～0.064 | 0.035～0.055 | 0.96 | 0.23 |
| 石棉板 | 770 | 0.11 | 0.1 | 0.816 | 0.195 |
| 石棉水泥板 | 1 600～1 900 | 0.35 | 0.3 | | |
| 玻璃 | 2 500 | 0.74 | 0.64 | 0.67 | 0.16 |
| 耐酸陶瓷制品 | 2 200～2 300 | 0.93～1.0 | 0.8～0.9 | 0.75～0.80 | 0.18～0.19 |
| 耐酸砖和板 | 2 100～2 400 | | | | |
| 耐酸搪瓷 | 2 300～2 700 | 0.99～1.04 | 0.85～0.9 | 0.84～1.26 | 0.2～0.3 |
| 橡胶 | 1 200 | 0.16 | 0.14 | 1.38 | 0.33 |
| 冰 | 900 | 2.3 | 2 | 2.11 | 0.505 |

B. 固体物料的表观密度

| 名称 | 表观密度 | 名称 | 表观密度 | 名称 | 表观密度 |
|---|---|---|---|---|---|
| | kg/m³ | | kg/m³ | | kg/m³ |
| 磷灰石 | 1 850 | 石英 | 1 500 | 食盐 | 1 020 |
| 结晶石膏 | 1 300 | 焦炭 | 500 | 木炭 | 200 |
| 干黏土 | 1 380 | 黄铁矿 | 3 300 | 煤 | 800 |
| 炉灰 | 680 | 块状白垩 | 1 300 | 磷灰石 | 1 600 |
| 干土 | 1 300 | 干砂 | 1 200 | 聚苯乙烯 | 1 020 |
| 石灰石 | 1 800 | 结晶碳酸钠 | 800 | | |

# 附录七　水的重要物理性质

| 温度 $T$/℃ | 饱和蒸气压 $p^{\circ}$/kPa | 密度 $\rho$/(kg/m$^3$) | 比焓 $H$/(kJ/kg) | 比热容 $C_p$/[kJ/(kg·℃)] | 热导率 $\lambda$/[W/(m·℃)] | 黏度 $\mu\times10^5$/(Pa·s) | 体积膨胀系数 $\beta\times10^4$/℃$^{-1}$ | 表面张力 $\sigma\times10^5$/(N/m) | 普朗特数 $Pr$ |
|---|---|---|---|---|---|---|---|---|---|
| 0 | 0.608 | 999.9 | 0 | 4.212 | 55.13 | 179.21 | 0.63 | 75.6 | 13.66 |
| 10 | 1.226 | 999.7 | 42.04 | 4.197 | 57.45 | 130.77 | 0.70 | 74.1 | 9.52 |
| 20 | 2.335 | 998.2 | 83.90 | 4.183 | 59.89 | 100.50 | 1.82 | 72.6 | 7.01 |
| 30 | 4.247 | 995.7 | 125.7 | 4.174 | 61.76 | 80.07 | 3.21 | 71.2 | 5.42 |
| 40 | 7.377 | 992.2 | 167.5 | 4.174 | 63.38 | 65.60 | 3.87 | 69.6 | 4.32 |
| 50 | 12.31 | 988.1 | 209.3 | 4.174 | 64.78 | 54.94 | 4.49 | 67.7 | 3.54 |
| 60 | 19.92 | 983.2 | 251.1 | 4.178 | 65.94 | 46.88 | 5.11 | 66.2 | 2.98 |
| 70 | 31.16 | 977.8 | 293.0 | 4.178 | 66.76 | 40.61 | 5.70 | 64.3 | 2.54 |
| 80 | 47.38 | 971.8 | 334.9 | 4.195 | 67.45 | 35.65 | 6.32 | 62.6 | 2.22 |
| 90 | 70.14 | 965.3 | 377.0 | 4.208 | 67.98 | 31.65 | 6.95 | 60.7 | 1.96 |
| 100 | 101.3 | 958.4 | 419.1 | 4.220 | 68.04 | 28.38 | 7.52 | 58.8 | 1.76 |
| 110 | 143.3 | 951.0 | 461.34 | 4.238 | 68.27 | 25.89 | 8.08 | 56.9 | 1.61 |
| 120 | 198.6 | 943.1 | 503.67 | 4.250 | 68.50 | 23.73 | 8.64 | 54.8 | 1.47 |
| 130 | 270.3 | 934.8 | 546.38 | 4.266 | 68.50 | 21.77 | 9.17 | 52.8 | 1.36 |
| 140 | 361.5 | 926.1 | 589.08 | 4.287 | 68.27 | 20.10 | 9.72 | 50.7 | 1.26 |
| 150 | 476.2 | 917.0 | 632.20 | 4.312 | 68.38 | 18.63 | 10.3 | 48.6 | 1.18 |
| 160 | 618.3 | 907.4 | 675.3 | 4.346 | 68.27 | 17.36 | 10.7 | 46.6 | 1.11 |
| 170 | 792.6 | 897.3 | 719.3 | 4.379 | 67.92 | 16.28 | 11.3 | 45.3 | 1.05 |
| 180 | 1 003.5 | 886.9 | 763.3 | 4.417 | 67.45 | 15.30 | 11.9 | 42.3 | 1.00 |
| 190 | 1 255.6 | 876.0 | 807.6 | 4.460 | 66.99 | 14.42 | 12.6 | 40.8 | 0.96 |
| 200 | 1 554.8 | 863.0 | 852.4 | 4.505 | 66.29 | 13.63 | 13.3 | 38.4 | 0.93 |
| 210 | 1 917.7 | 852.8 | 897.7 | 4.555 | 65.48 | 13.04 | 14.1 | 36.1 | 0.91 |
| 220 | 2 320.9 | 840.3 | 943.7 | 4.614 | 64.55 | 12.46 | 14.8 | 33.8 | 0.89 |
| 230 | 2 798.6 | 827.3 | 990.2 | 4.681 | 63.73 | 11.97 | 15.9 | 31.6 | 0.88 |
| 240 | 3 347.9 | 813.6 | 1 037.5 | 4.756 | 62.80 | 11.47 | 16.8 | 29.1 | 0.87 |
| 250 | 3 977.7 | 799.0 | 1 085.6 | 4.844 | 61.76 | 10.98 | 18.1 | 26.7 | 0.86 |
| 260 | 4 693.8 | 784.0 | 1 135.0 | 4.949 | 60.84 | 10.59 | 19.7 | 24.2 | 0.87 |
| 270 | 5 504.0 | 767.9 | 1 185.3 | 5.070 | 59.96 | 10.20 | 21.6 | 21.9 | 0.88 |
| 280 | 6 417.2 | 750.7 | 1 236.3 | 5.229 | 57.45 | 9.81 | 23.7 | 19.5 | 0.89 |
| 290 | 7 443.3 | 732.3 | 1 289.9 | 5.485 | 55.82 | 9.42 | 26.2 | 17.2 | 0.93 |
| 300 | 8 592.9 | 712.5 | 1 344.8 | 5.736 | 53.96 | 9.12 | 29.2 | 14.7 | 0.97 |

# 附录八 饱和水蒸气表（一）

| 温度 $T$/℃ | 绝对压强 $p$/kPa | 蒸汽密度 $\rho$/(kg/m$^3$) | 比焓 $H$/(kJ/kg) | | 比汽化热/(kJ/kg) |
|---|---|---|---|---|---|
| | | | 液体 | 蒸汽 | |
| 0 | 0.608 2 | 0.004 84 | 0 | 2 491 | 2 491 |
| 5 | 0.873 0 | 0.006 80 | 20.9 | 2 500.8 | 2 480 |
| 10 | 1.226 | 0.009 40 | 41.9 | 2 510.4 | 2 469 |
| 15 | 1.707 | 0.012 83 | 62.8 | 2 520.5 | 2 458 |
| 20 | 2.335 | 0.017 19 | 83.7 | 2 530.1 | 2 446 |
| 25 | 3.168 | 0.023 04 | 104.7 | 2 539.7 | 2 435 |
| 30 | 4.247 | 0.030 36 | 125.6 | 2 549.3 | 2 424 |
| 35 | 5.621 | 0.039 60 | 146.5 | 2 559.0 | 2 412 |
| 40 | 7.377 | 0.051 14 | 167.5 | 2 568.5 | 2 401 |
| 45 | 9.583 7 | 0.065 43 | 188.4 | 2 577.8 | 2 389 |
| 50 | 12.340 | 0.083 0 | 209.3 | 2 587.4 | 2 378 |
| 55 | 15.74 | 0.104 3 | 230.3 | 2 596.7 | 2 366 |
| 60 | 19.92 | 0.130 1 | 251.2 | 2 606.3 | 2 355 |
| 65 | 25.01 | 0.161 1 | 272.1 | 2 615.5 | 2 343 |
| 70 | 31.16 | 0.197 9 | 293.1 | 2 624.3 | 2 331 |
| 75 | 38.55 | 0.241 6 | 314.0 | 2 633.5 | 2 319 |
| 80 | 47.38 | 0.292 9 | 334.9 | 2 642.3 | 2 307 |
| 85 | 57.88 | 0.353 1 | 355.9 | 2 651.1 | 2 295 |
| 90 | 70.14 | 0.422 9 | 376.8 | 2 659.9 | 2 283 |
| 95 | 84.56 | 0.503 9 | 397.8 | 2 668.7 | 2 271 |
| 100 | 101.33 | 0.597 0 | 418.7 | 2 677.0 | 2 258 |
| 105 | 120.85 | 0.703 6 | 440.0 | 2 685.0 | 2 245 |
| 110 | 143.31 | 0.825 4 | 461.0 | 2 693.4 | 2 232 |
| 115 | 169.11 | 0.963 5 | 482.3 | 2 701.3 | 2 219 |
| 120 | 198.64 | 1.119 9 | 503.7 | 2 708.9 | 2 205 |
| 125 | 232.19 | 1.296 | 525.0 | 2 716.4 | 2 191 |
| 130 | 270.25 | 1.494 | 546.4 | 2 723.9 | 2 178 |
| 135 | 313.11 | 1.715 | 567.7 | 2 731.0 | 2 163 |
| 140 | 361.47 | 1.962 | 589.1 | 2 737.7 | 2 149 |
| 145 | 415.72 | 2.238 | 610.9 | 2 744.4 | 2 134 |
| 150 | 476.24 | 2.543 | 632.2 | 2 750.7 | 2 119 |
| 160 | 618.28 | 3.252 | 675.8 | 2 762.9 | 2 087 |
| 170 | 792.59 | 4.113 | 719.3 | 2 773.3 | 2 054 |
| 180 | 1 003.5 | 5.145 | 763.3 | 2 782.5 | 2 019 |
| 190 | 1 255.6 | 6.378 | 807.6 | 2 790.1 | 1 982 |
| 200 | 1 554.8 | 7.840 | 852.0 | 2 795.5 | 1 944 |
| 210 | 1 917.7 | 9.567 | 897.2 | 2 799.3 | 1 902 |
| 220 | 2 320.9 | 11.60 | 942.5 | 2 801.0 | 1 859 |
| 230 | 2 798.6 | 13.98 | 988.5 | 2 800.1 | 1 812 |
| 240 | 3 347.9 | 16.76 | 1 034.6 | 2 796.8 | 1 762 |
| 250 | 3 977.7 | 20.01 | 1 081.4 | 2 790.1 | 1 709 |
| 260 | 4 693.8 | 23.82 | 1 128.8 | 2 780.9 | 1 652 |
| 270 | 5 504.0 | 28.27 | 1 176.9 | 2 768.3 | 1 591 |
| 280 | 6 417.2 | 33.47 | 1 225.5 | 2 752.0 | 1 526 |
| 290 | 7 443.3 | 39.60 | 1 274.5 | 2 732.3 | 1 457 |
| 300 | 8 592.9 | 46.93 | 1 325.5 | 2 708.0 | 1 382 |

注：按温度排列。

# 附录九 饱和水蒸气表（二）

| 绝对压强 $p$/kPa | 温度 $T$/℃ | 蒸汽密度 $\rho$/(kg/m$^3$) | 比焓 $H$/(kJ/kg) | | 比汽化热/(kJ/kg) |
|---|---|---|---|---|---|
| | | | 液体 | 蒸汽 | |
| 1.0 | 6.3 | 0.00773 | 26.5 | 2503.1 | 2477 |
| 1.5 | 12.5 | 0.01133 | 52.3 | 2515.3 | 2463 |
| 2.0 | 17.0 | 0.01486 | 71.2 | 2524.2 | 2453 |
| 2.5 | 20.9 | 0.01836 | 87.3 | 2531.8 | 2444 |
| 3.0 | 23.5 | 0.02179 | 98.4 | 2536.8 | 2438 |
| 3.5 | 26.1 | 0.02523 | 109.3 | 2541.8 | 2433 |
| 4.0 | 28.7 | 0.02867 | 120.2 | 2546.8 | 2427 |
| 4.5 | 30.8 | 0.03205 | 129.0 | 2550.9 | 2422 |
| 5.0 | 32.4 | 0.03537 | 135.7 | 2554.0 | 2416 |
| 6.0 | 35.6 | 0.04200 | 149.1 | 2560.1 | 2411 |
| 7.0 | 38.8 | 0.04864 | 162.4 | 2566.3 | 2404 |
| 8.0 | 41.3 | 0.05514 | 172.7 | 2571.0 | 2398 |
| 9.0 | 43.3 | 0.06156 | 181.2 | 2574.8 | 2394 |
| 10.0 | 45.3 | 0.06798 | 189.6 | 2578.5 | 2389 |
| 15.0 | 53.5 | 0.09956 | 224.0 | 2594.0 | 2370 |
| 20.0 | 60.1 | 0.1307 | 251.5 | 2606.4 | 2355 |
| 30.0 | 66.5 | 0.1909 | 288.8 | 2622.4 | 2334 |
| 40.0 | 75.0 | 0.2498 | 315.9 | 2634.1 | 2312 |
| 50.0 | 81.2 | 0.3080 | 339.8 | 2644.3 | 2304 |
| 60.0 | 85.6 | 0.3651 | 358.2 | 2652.1 | 2394 |
| 70.0 | 89.9 | 0.4223 | 376.6 | 2659.8 | 2283 |
| 80.0 | 93.2 | 0.4781 | 390.1 | 2665.3 | 2275 |
| 90.0 | 96.4 | 0.5338 | 403.5 | 2670.8 | 2267 |
| 100.0 | 99.6 | 0.5896 | 416.9 | 2676.3 | 2259 |
| 120.0 | 104.5 | 0.6987 | 437.5 | 2684.3 | 2247 |
| 140.0 | 109.2 | 0.8076 | 457.7 | 2692.1 | 2234 |
| 160.0 | 113.0 | 0.8298 | 473.9 | 2698.1 | 2224 |
| 180.0 | 116.6 | 1.021 | 489.3 | 2703.7 | 2214 |
| 200.0 | 120.2 | 1.127 | 493.7 | 2709.2 | 2205 |
| 250.0 | 127.2 | 1.390 | 534.4 | 2719.7 | 2185 |

| 绝对压强 $p$/kPa | 温度 $T$/℃ | 蒸汽密度 $\rho$/(kg/m$^3$) | 比焓 $H$/(kJ/kg) | | 比汽化热/(kJ/kg) |
|---|---|---|---|---|---|
| | | | 液体 | 蒸汽 | |
| 300.0 | 133.3 | 1.650 | 560.4 | 2728.5 | 2168 |
| 350.0 | 138.8 | 1.907 | 583.8 | 2736.1 | 2152 |
| 400.0 | 143.4 | 2.162 | 603.6 | 2742.1 | 2138 |
| 450.0 | 147.7 | 2.415 | 622.4 | 2747.8 | 2125 |
| 500.0 | 151.7 | 2.667 | 639.6 | 2752.8 | 2113 |
| 600.0 | 158.7 | 3.169 | 676.2 | 2761.4 | 2091 |
| 700.0 | 164.0 | 3.666 | 696.3 | 2767.8 | 2072 |
| 800.0 | 170.4 | 4.161 | 721.0 | 2773.7 | 2053 |
| 900.0 | 175.1 | 4.652 | 741.8 | 2778.1 | 2036 |
| $1\times10^3$ | 179.9 | 5.143 | 762.7 | 2782.5 | 2020 |
| $1.1\times10^3$ | 180.2 | 5.633 | 780.3 | 2785.5 | 2005 |
| $1.2\times10^3$ | 187.8 | 6.124 | 797.9 | 2788.5 | 1991 |
| $1.3\times10^3$ | 191.5 | 6.614 | 814.2 | 2790.9 | 1977 |
| $1.4\times10^3$ | 194.8 | 7.103 | 829.1 | 2792.4 | 1964 |
| $1.5\times10^3$ | 198.2 | 7.594 | 843.9 | 2794.4 | 1951 |
| $1.6\times10^3$ | 201.3 | 8.081 | 857.8 | 2796.0 | 1938 |
| $1.7\times10^3$ | 204.1 | 8.567 | 870.6 | 2797.1 | 1926 |
| $1.8\times10^3$ | 206.9 | 9.053 | 883.4 | 2798.1 | 1915 |
| $1.9\times10^3$ | 209.8 | 9.539 | 896.2 | 2799.2 | 1903 |
| $2\times10^3$ | 212.2 | 10.03 | 907.3 | 2799.7 | 1892 |
| $3\times10^3$ | 233.7 | 15.01 | 1005.4 | 2798.9 | 1794 |
| $4\times10^3$ | 250.3 | 20.10 | 1082.9 | 2789.8 | 1707 |
| $5\times10^3$ | 263.8 | 25.37 | 1146.9 | 2776.2 | 1629 |
| $6\times10^3$ | 275.4 | 30.85 | 1203.2 | 2759.5 | 1556 |
| $7\times10^3$ | 285.7 | 36.57 | 1253.2 | 2740.8 | 1488 |
| $8\times10^3$ | 294.8 | 42.58 | 1299.2 | 2720.5 | 1404 |
| $9\times10^3$ | 303.2 | 48.89 | 1343.5 | 2699.1 | 1357 |

# 附录十　干空气的热物理性质*

| 温度 $T$/℃ | 密度$\rho$/ (kg/m$^3$) | 比热 $C_p$/ [kJ/(kg・℃)] | 导热系数$\lambda$/ [$10^{-2}$ W/(m・℃)] | 黏度$\mu$/ (μPa・s) | 运动黏度$\gamma$/ ($10^{-6}$ m$^2$/s) | 普朗特数 $Pr$ |
|---|---|---|---|---|---|---|
| −50 | 1.584 | 1.013 | 2.04 | 14.6 | 9.23 | 0.728 |
| −40 | 1.515 | 1.013 | 2.12 | 15.2 | 10.04 | 0.728 |
| −30 | 1.453 | 1.013 | 2.20 | 15.7 | 10.80 | 0.723 |
| −20 | 1.395 | 1.009 | 2.28 | 16.2 | 11.61 | 0.716 |
| −10 | 1.342 | 1.009 | 2.36 | 16.7 | 12.43 | 0.712 |
| 0 | 1.293 | 1.005 | 2.44 | 17.2 | 13.28 | 0.707 |
| 10 | 1.247 | 1.005 | 2.51 | 17.6 | 14.16 | 0.705 |
| 20 | 1.205 | 1.005 | 2.59 | 18.1 | 15.06 | 0.703 |
| 30 | 1.165 | 1.005 | 2.67 | 18.6 | 16.00 | 0.701 |
| 40 | 1.128 | 1.005 | 2.76 | 19.1 | 16.96 | 0.699 |
| 50 | 1.093 | 1.005 | 2.83 | 19.6 | 17.95 | 0.698 |
| 60 | 1.060 | 1.005 | 2.90 | 20.1 | 18.97 | 0.696 |
| 70 | 1.029 | 1.009 | 2.96 | 20.6 | 20.02 | 0.694 |
| 80 | 1.000 | 1.009 | 3.05 | 21.1 | 21.09 | 0.692 |
| 90 | 0.972 | 1.009 | 3.13 | 21.5 | 22.10 | 0.690 |
| 100 | 0.946 | 1.009 | 3.21 | 21.9 | 23.13 | 0.688 |
| 120 | 0.898 | 1.009 | 3.34 | 22.8 | 25.45 | 0.686 |
| 140 | 0.854 | 1.013 | 3.49 | 23.7 | 27.80 | 0.684 |
| 160 | 0.815 | 1.017 | 3.64 | 24.5 | 30.09 | 0.682 |
| 180 | 0.779 | 1.022 | 3.78 | 25.3 | 32.49 | 0.681 |
| 200 | 0.746 | 1.026 | 3.93 | 26.0 | 34.85 | 0.680 |
| 250 | 0.674 | 1.038 | 4.27 | 27.4 | 40.61 | 0.677 |
| 300 | 0.615 | 1.047 | 4.60 | 29.7 | 48.33 | 0.674 |
| 350 | 0.566 | 1.059 | 4.91 | 31.4 | 55.46 | 0.676 |
| 400 | 0.524 | 1.068 | 5.21 | 33.0 | 63.09 | 0.678 |
| 500 | 0.456 | 1.093 | 5.74 | 36.2 | 79.38 | 0.687 |
| 600 | 0.404 | 1.114 | 6.22 | 39.1 | 96.89 | 0.699 |
| 700 | 0.362 | 1.135 | 6.71 | 41.8 | 115.4 | 0.706 |
| 800 | 0.329 | 1.156 | 7.18 | 44.3 | 134.8 | 0.713 |
| 900 | 0.301 | 1.172 | 7.63 | 46.7 | 155.1 | 0.717 |
| 1 000 | 0.277 | 1.185 | 8.07 | 49.0 | 177.1 | 0.719 |
| 1 100 | 0.257 | 1.197 | 8.50 | 51.2 | 199.3 | 0.722 |
| 1 200 | 0.239 | 1.210 | 9.15 | 53.5 | 233.7 | 0.724 |

*压力条件为 101.3 kPa。

# 附录十一 水的黏度

| 温度/℃ | 黏度/(mPa・s) | 温度/℃ | 黏度/(mPa・s) | 温度/℃ | 黏度/(mPa・s) |
|---|---|---|---|---|---|
| 0 | 1.792 1 | 33 | 0.752 3 | 67 | 0.423 3 |
| 1 | 1.731 3 | 34 | 0.737 1 | 68 | 0.417 4 |
| 2 | 1.672 8 | 35 | 0.722 5 | 69 | 0.411 7 |
| 3 | 1.619 1 | 36 | 0.708 5 | 70 | 0.406 1 |
| 4 | 1.567 4 | 37 | 0.694 7 | 71 | 0.400 6 |
| 5 | 1.518 8 | 38 | 0.681 4 | 72 | 0.395 2 |
| 6 | 1.472 8 | 39 | 0.668 5 | 73 | 0.390 0 |
| 7 | 1.428 4 | 40 | 0.656 0 | 74 | 0.384 9 |
| 8 | 1.386 0 | 41 | 0.643 9 | 75 | 0.379 9 |
| 9 | 1.346 2 | 42 | 0.632 1 | 76 | 0.375 0 |
| 10 | 1.307 7 | 43 | 0.620 7 | 77 | 0.370 2 |
| 11 | 1.271 3 | 44 | 0.609 7 | 78 | 0.365 5 |
| 12 | 1.236 3 | 45 | 0.598 8 | 79 | 0.361 0 |
| 13 | 1.202 8 | 46 | 0.588 3 | 80 | 0.356 5 |
| 14 | 1.170 9 | 47 | 0.578 2 | 81 | 0.352 1 |
| 15 | 1.140 4 | 48 | 0.568 3 | 82 | 0.347 8 |
| 16 | 1.111 1 | 49 | 0.558 8 | 83 | 0.343 6 |
| 17 | 1.082 8 | 50 | 0.549 4 | 84 | 0.339 5 |
| 18 | 1.055 9 | 51 | 0.540 4 | 85 | 0.335 5 |
| 19 | 1.029 9 | 52 | 0.531 5 | 86 | 0.331 5 |
| 20 | 1.005 0 | 53 | 0.522 9 | 87 | 0.327 6 |
| 20.2 | 1.000 0 | 54 | 0.514 6 | 88 | 0.323 9 |
| 21 | 0.981 0 | 55 | 0.506 4 | 89 | 0.320 2 |
| 22 | 0.957 9 | 56 | 0.498 5 | 90 | 0.316 5 |
| 23 | 0.935 8 | 57 | 0.490 7 | 91 | 0.313 0 |
| 24 | 0.914 2 | 58 | 0.483 2 | 92 | 0.309 5 |
| 25 | 0.893 7 | 59 | 0.475 9 | 93 | 0.306 0 |
| 26 | 0.873 7 | 60 | 0.468 8 | 94 | 0.302 7 |
| 27 | 0.854 5 | 61 | 0.461 8 | 95 | 0.299 4 |
| 28 | 0.836 0 | 62 | 0.455 0 | 96 | 0.296 2 |
| 29 | 0.818 0 | 63 | 0.448 3 | 97 | 0.293 0 |
| 30 | 0.800 7 | 64 | 0.441 8 | 98 | 0.289 9 |
| 31 | 0.784 0 | 65 | 0.435 5 | 99 | 0.286 8 |
| 32 | 0.767 9 | 66 | 0.429 3 | 100 | 0.283 8 |

# 附录十二　液体黏度共线图

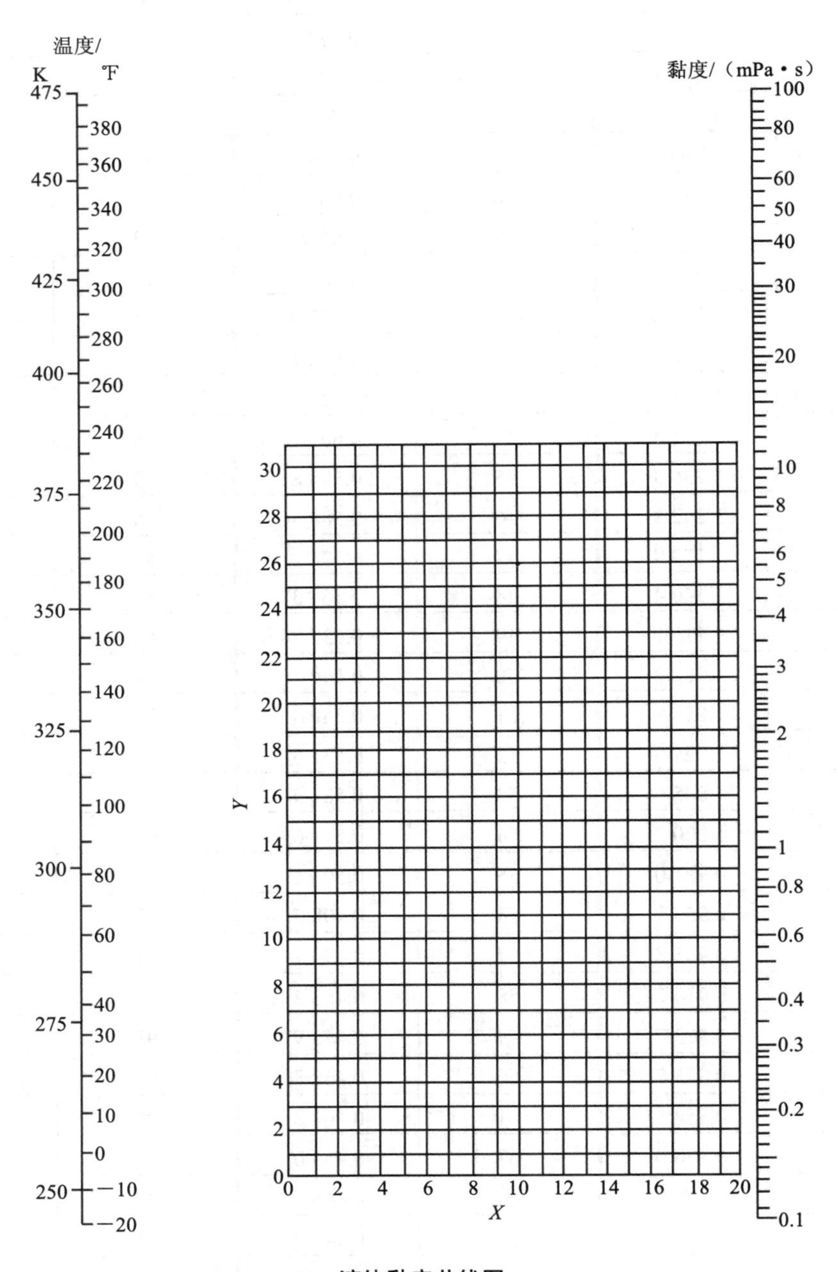


液体黏度共线图

例如，350K 时，醋酸（100%）的黏度作图为 0.65 mPa·s。

液体黏度共线图的坐标值及液体的密度列于下表。

| 序号 | 液体 | $X$ | $Y$ | 密度（293 K）/(kg/m$^3$) | 序号 | 液体 | $X$ | $Y$ | 密度（293 K）/(kg/m$^3$) |
|---|---|---|---|---|---|---|---|---|---|
| 1 | 醋酸（100%） | 12.1 | 14.2 | 1 049 | 25 | 甲酸 | 10.7 | 15.8 | 220 |
| 2 | 醋酸（70%） | 9.5 | 17.0 | 1 069 | 26 | 氟利昂-11（$CCl_3F$） | 14.4 | 9.0 | 1 494（290 K） |
| 3 | 丙酮（100%） | 14.5 | 7.2 | 792 | 27 | 氟利昂-21（$CHCl_2F$） | 15.7 | 7.5 | 1 426（273 K） |
| 4 | 氨（100%） | 12.6 | 2.0 | 817（194 K） | 28 | 甘油（100%） | 2.0 | 30.0 | 1 261 |
| 5 | 氨（26%） | 10.1 | 13.9 | 904 | 29 | 盐酸（37.5%） | 13.0 | 16.6 | 1 157 |
| 6 | 苯 | 12.5 | 10.9 | 880 | 30 | 异丙醇 | 8.2 | 16.0 | 789 |
| 7 | 氯化钠盐水（25%） | 10.2 | 16.6 | 1 186（298 K） | 31 | 煤油 | 10.2 | 16.9 | 780～820 |
| 8 | 溴 | 14.2 | 13.2 | 3 119 | 32 | 水银 | 18.4 | 16.4 | 13 546 |
| 9 | 丁醇 | 8.6 | 17.2 | 810 | 33 | 萘 | 7.8 | 18.1 | 1 145 |
| 10 | 二氧化碳 | 11.6 | 0.3 | 1 101（236 K） | 34 | 硝酸（95%） | 12.8 | 13.8 | 1 493 |
| 11 | 二硫化碳 | 16.1 | 7.5 | 1 263 | 35 | 硝酸（80%） | 10.8 | 17.0 | 1 367 |
| 12 | 四氯化碳 | 12.7 | 13.1 | 1 595 | 36 | 硝基苯 | 10.5 | 16.2 | 1 205（288 K） |
| 13 | 间甲酚 | 2.5 | 20.8 | 1 034 | 37 | 酚 | 6.9 | 20.8 | 1 071（298 K） |
| 14 | 二溴乙烷 | 12.7 | 15.8 | 2 495 | 38 | 钠 | 16.4 | 13.9 | 970 |
| 15 | 二氯乙烷 | 13.2 | 12.2 | 1 258 | 39 | 氢氧化钠（50%） | 3.2 | 26.8 | 1 525 |
| 16 | 二氯甲烷 | 14.6 | 8.9 | 1 336 | 40 | 二氧化硫 | 15.2 | 7.1 | 1 434（273 K） |
| 17 | 乙酸乙酯 | 13.7 | 9.1 | 901 | 41 | 硫酸（110%） | 7.2 | 27.4 | 1 980 |
| 18 | 乙醇（100%） | 10.5 | 13.8 | 789 |  | 硫酸（98%） | 7.0 | 24.8 | 1 836 |
| 19 | 乙醇（95%） | 9.8 | 14.3 | 804 |  | 硫酸（60%） | 10.2 | 21.3 | 1 498 |
| 20 | 乙醇（40%） | 6.5 | 16.6 | 935 | 42 | 甲苯 | 13.7 | 10.4 | 866 |
| 21 | 乙苯 | 13.2 | 11.5 | 867 | 43 | 醋酸乙烯酯 | 14.0 | 8.8 | 932 |
| 22 | 氯乙烷 | 14.8 | 6.0 | 917（279 K） | 44 | 水 | 10.2 | 13.0 | 998.2 |
| 23 | 乙醚 | 14.6 | 5.3 | 708（298 K） | 45 | 对二甲苯 | 13.9 | 10.9 | 861 |
| 24 | 乙二醇 | 6.0 | 23.6 | 1 113 |  |  |  |  |  |

# 附录十三 气体黏度共线图

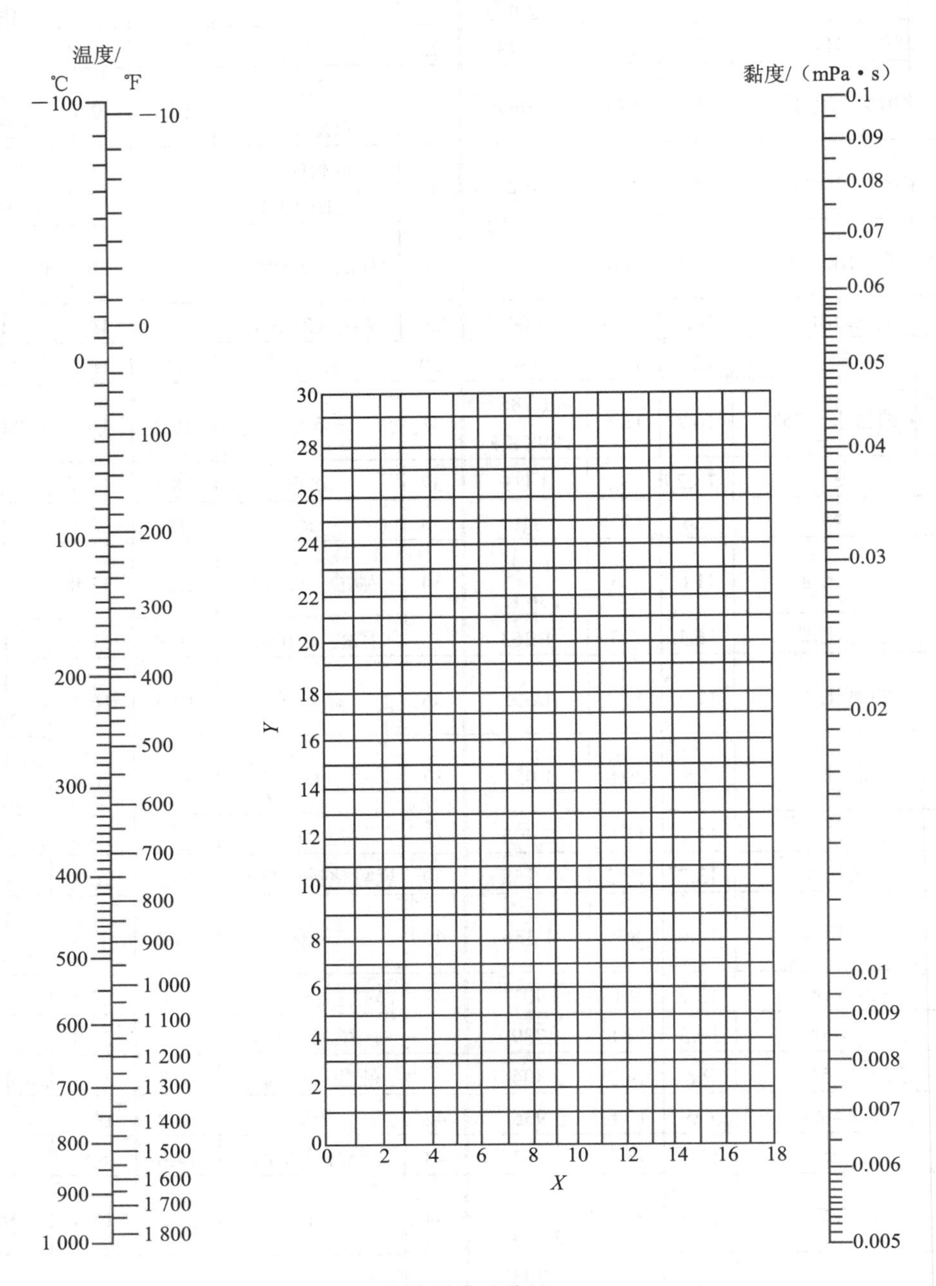


气体黏度共线图

例如，50℃空气的黏度作图为 0.019 mPa·s。

气体黏度共线图坐标值列表如下。

| 序号 | 名称 | *X* | *Y* | 序号 | 名称 | *X* | *Y* |
|---|---|---|---|---|---|---|---|
| 1 | 空气 | 11.0 | 20.0 | 21 | 乙炔 | 9.8 | 14.9 |
| 2 | 氧 | 11.0 | 21.3 | 22 | 丙烷 | 9.7 | 12.9 |
| 3 | 氮 | 10.6 | 20.0 | 23 | 丙烯 | 9.0 | 13.8 |
| 4 | 氢 | 11.2 | 12.4 | 24 | 丁烯 | 9.2 | 13.7 |
| 5 | 3H+1N | 11.2 | 17.2 | 25 | 戊烷 | 7.0 | 12.8 |
| 6 | 水蒸气 | 8.0 | 16.0 | 26 | 己烷 | 8.6 | 11.8 |
| 7 | 二氧化氮 | 9.5 | 18.7 | 27 | 三氯化氮 | 8.9 | 15.7 |
| 8 | 一氧化氮 | 11.0 | 20.0 | 28 | 苯 | 8.5 | 13.2 |
| 9 | 氨 | 8.4 | 16.0 | 29 | 甲苯 | 8.6 | 12.4 |
| 10 | 硫化氢 | 8.6 | 18.0 | 30 | 甲醇 | 8.5 | 15.6 |
| 11 | 二氧化硫 | 9.6 | 17.0 | 31 | 乙醇 | 9.2 | 14.2 |
| 12 | 二硫化氮 | 8.0 | 16.0 | 32 | 丙醇 | 8.4 | 13.4 |
| 13 | 一氧化二氮 | 8.8 | 19.0 | 33 | 醋酸 | 7.7 | 14.3 |
| 14 | 一氧化氮 | 10.9 | 20.5 | 34 | 丙酮 | 8.9 | 13.0 |
| 15 | 氟 | 7.3 | 23.8 | 35 | 乙醚 | 8.9 | 13.0 |
| 16 | 氯 | 9.0 | 18.4 | 36 | 醋酸乙酸 | 8.5 | 13.2 |
| 17 | 氯化氢 | 8.8 | 18.7 | 37 | 氟利昂-11 | 10.6 | 15.1 |
| 18 | 甲烷 | 9.9 | 15.5 | 38 | 氟利昂-12 | 11.1 | 16.0 |
| 19 | 乙烷 | 9.1 | 14.5 | 39 | 氟利昂-21 | 10.8 | 15.3 |
| 20 | 乙烯 | 9.5 | 15.1 | 40 | 氟利昂-22 | 10.1 | 17.0 |

# 附录十四　气体导热系数共线图

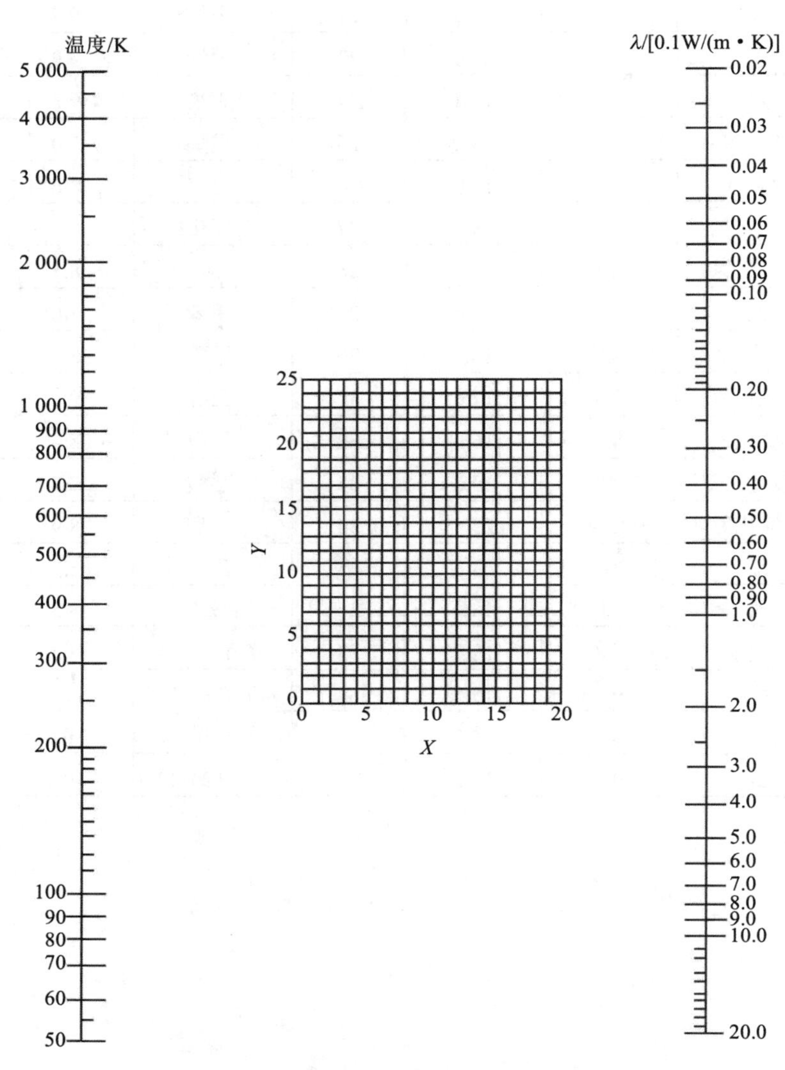


气体导热系数共线图（101.3 kPa）

例如，400K 时乙炔的导热系数，作图为 0.33/[0.1W/(m·K)]。

气体导热系数共线图坐标值（常压下用）列表如下。

| 气体或蒸气 | 温度范围/K | $X$ | $Y$ | 气体或蒸气 | 温度范围/K | $X$ | $Y$ |
|---|---|---|---|---|---|---|---|
| 乙炔 | 200～600 | 7.5 | 13.5 | 氟利昂-11 | 250～400 | 4.7 | 17.0 |
| 空气 | 50～250 | 12.4 | 13.9 | 氦 | 50～500 | 17.0 | 2.5 |
| 空气 | 250～1 000 | 14.7 | 15.0 | 氦 | 500～5 000 | 15.0 | 3.0 |
| 空气 | 1 000～1 500 | 17.1 | 14.5 | 正庚烷 | 250～600 | 4.0 | 14.8 |
| 氨 | 200～900 | 8.5 | 12.6 | 正庚烷 | 600～1 000 | 6.9 | 14.9 |
| 氩 | 50～250 | 12.5 | 16.5 | 正己烷 | 250～1 000 | 3.7 | 14.0 |
| 氩 | 250～5 000 | 15.4 | 18.1 | 氢 | 50～250 | 13.2 | 1.2 |
| 苯 | 250～600 | 2.8 | 14.2 | 氢 | 250～1 000 | 15.7 | 1.3 |
| 三氟化硼 | 250～400 | 12.4 | 16.4 | 氢 | 1 000～2 000 | 13.7 | 2.7 |
| 溴 | 250～350 | 10.1 | 23.6 | 氯化氢 | 200～700 | 12.2 | 18.5 |
| 正丁烷 | 250～500 | 5.6 | 14.1 | 氪 | 100～700 | 13.7 | 21.8 |
| 异丁烷 | 250～500 | 5.7 | 14.0 | 甲烷 | 100～300 | 11.2 | 11.7 |
| 二氧化碳 | 200～700 | 8.7 | 15.5 | 甲烷 | 300～1 000 | 8.5 | 11.0 |
| 二氧化碳 | 700～1 200 | 13.3 | 15.4 | 甲醇 | 300～500 | 5.0 | 14.3 |
| 一氧化碳 | 80～300 | 12.3 | 14.2 | 氯甲烷 | 250～700 | 4.7 | 15.7 |
| 一氧化碳 | 300～1 200 | 15.2 | 15.2 | 氖 | 50～250 | 15.2 | 10.2 |
| 四氯化碳 | 250～500 | 9.4 | 21.0 | 氖 | 250～5 000 | 17.2 | 11.0 |
| 氯 | 200～700 | 10.8 | 20.1 | 氧化氮 | 100～1 000 | 13.2 | 14.8 |
| 氘 | 50～100 | 12.7 | 17.3 | 氮 | 50～250 | 12.5 | 14.0 |
| 丙酮 | 250～500 | 3.7 | 14.8 | 氮 | 250～1 500 | 15.8 | 15.3 |
| 乙烷 | 200～1 000 | 5.4 | 12.6 | 氮 | 1 500～3 000 | 12.5 | 16.5 |
| 乙醇 | 250～350 | 2.0 | 13.0 | 一氧化二氮 | 200～500 | 8.4 | 15.0 |
| 乙醇 | 350～500 | 7.7 | 15.2 | 一氧化二氮 | 500～1 000 | 11.5 | 15.5 |
| 乙醚 | 250～500 | 5.3 | 14.1 | 氧 | 50～300 | 12.2 | 13.8 |
| 乙烯 | 200～450 | 3.9 | 12.3 | 氧 | 300～1 500 | 14.5 | 14.8 |
| 氟 | 80～600 | 12.3 | 13.8 | 戊烷 | 250～500 | 5.0 | 14.1 |
| 氩 | 600～800 | 18.7 | 13.8 | 丙烷 | 200～300 | 2.7 | 12.0 |
| 氟利昂-11 | 250～500 | 7.5 | 19.0 | 丙烷 | 300～500 | 6.3 | 13.7 |
| 氟利昂-12 | 250～500 | 6.8 | 17.5 | 二氧化硫 | 250～900 | 9.2 | 18.5 |
| 氟利昂-13 | 250～500 | 7.5 | 16.5 | 甲苯 | 250～600 | 6.4 | 14.8 |
| 氟利昂-21 | 250～450 | 6.2 | 17.5 | 氟利昂-22 | 250～500 | 6.5 | 18.6 |

# 附录十五　液体比热容共线图

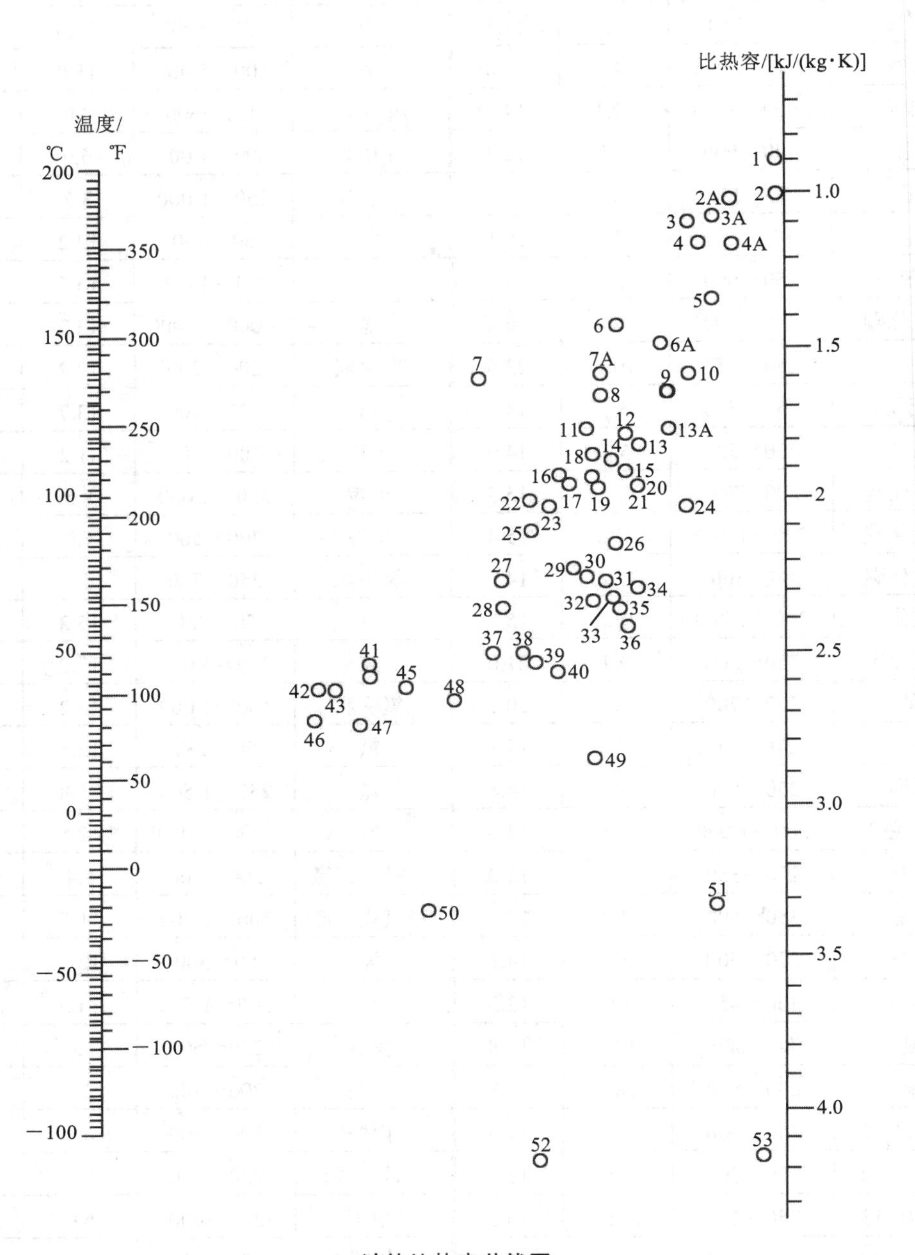


液体比热容共线图

液体比热容共线图中的编号列表如下。

| 编号 | 名称 | 温度范围/℃ | 编号 | 名称 | 温度范围/℃ |
|---|---|---|---|---|---|
| 53 | 水 | 10～200 | 10 | 苯甲基氯 | −30～30 |
| 51 | 盐水 | −40～20 | 25 | 乙苯 | 0～100 |
| 49 | 盐水 | −40～20 | 15 | 联苯 | 80～120 |
| 52 | 氨 | −70～50 | 16 | 联苯醚 | 0～200 |
| 11 | 二氧化硫 | −20～100 | 16 | 联苯-联苯醚 | 0～200 |
| 2 | 二氧化硫 | −100～25 | 14 | 萘 | 90～200 |
| 9 | 硫酸 | 10～45 | 40 | 甲醇 | −40～20 |
| 48 | 盐酸 | 20～100 | 42 | 乙醇 | 30～80 |
| 35 | 己烷 | −80～20 | 46 | 乙醇 | 20～80 |
| 28 | 庚烷 | 0～60 | 50 | 乙醇 | 20～80 |
| 33 | 辛烷 | −50～25 | 45 | 丙醇 | −20～100 |
| 34 | 壬烷 | −50～25 | 47 | 异丙醇 | 20～50 |
| 21 | 癸烷 | −80～25 | 44 | 丁醇 | 0～100 |
| 13A | 氯甲烷 | −80～20 | 43 | 异丁醇 | 0～100 |
| 5 | 二氯甲烷 | −40～50 | 37 | 戊醇 | −50～25 |
| 4 | 三氯甲烷 | 0～50 | 41 | 异戊醇 | 10～100 |
| 22 | 二苯基甲烷 | 30～100 | 39 | 乙二醇 | −40～200 |
| 3 | 四氯化碳 | 10～60 | 38 | 甘油 | −40～20 |
| 13 | 氯乙烷 | −30～40 | 27 | 苯甲基醇 | −20～30 |
| 1 | 溴乙烷 | 5～25 | 36 | 乙醚 | −100～25 |
| 7 | 碘乙烷 | 0～100 | 31 | 异丙醚 | −80～200 |
| 6A | 二氯乙烷 | −30～60 | 32 | 丙酮 | 20～50 |
| 3 | 过氯乙烷 | −30～140 | 29 | 醋酸 | 0～80 |
| 23 | 苯 | 10～80 | 24 | 醋酸乙酯 | −50～25 |
| 23 | 甲苯 | 0～60 | 26 | 醋酸戊酯 | 0～100 |
| 17 | 对二甲苯 | 0～100 | 20 | 吡啶 | −50～25 |
| 18 | 间二甲苯 | 0～100 | 2A | 氟利昂-11 | −20～70 |
| 19 | 邻二甲苯 | 0～100 | 6 | 氟利昂-12 | −40～15 |
| 8 | 氯苯 | 0～100 | 4A | 氟利昂-21 | −20～70 |
| 12 | 硝基苯 | 0～100 | 7A | 氟利昂-22 | −20～60 |
| 30 | 苯胺 | 0～130 | 3A | 氟利昂-113 | −20～70 |

# 附录十六　气体比热容共线图

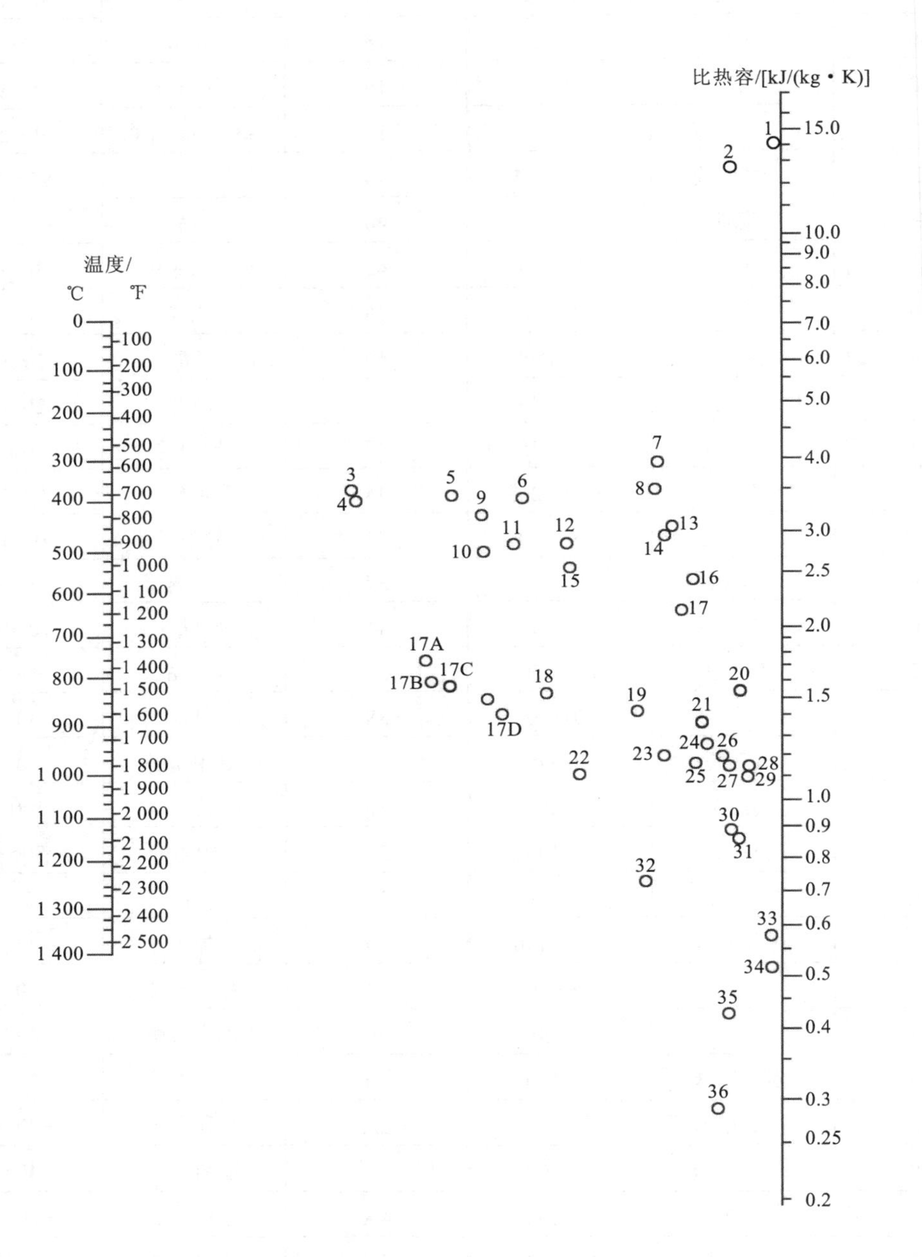


气体比热容共线图（101.3 kPa）

气体比热容共线图的编号列表如下。

| 编号 | 气体 | 温度范围/℃ |
| --- | --- | --- |
| 10 | 乙炔 | 273～473 |
| 15 | 乙炔 | 473～673 |
| 16 | 乙炔 | 673～1 673 |
| 27 | 空气 | 273～1 673 |
| 12 | 氨 | 273～873 |
| 14 | 氨 | 873～1 673 |
| 18 | 二氧化碳 | 273～673 |
| 24 | 二氧化碳 | 673～1 673 |
| 26 | 一氧化碳 | 273～1 673 |
| 32 | 氯 | 273～473 |
| 34 | 氯 | 473～1 673 |
| 3 | 乙烷 | 273～473 |
| 9 | 乙烷 | 473～873 |
| 8 | 乙烷 | 873～1 673 |
| 4 | 乙烯 | 273～473 |
| 11 | 乙烯 | 473～873 |
| 13 | 乙烯 | 873～1 673 |
| 17B | 氟利昂-11 | 273～423 |
| 17C | 氟利昂-21 | 273～424 |
| 17A | 氟利昂-22 | 273～425 |
| 17D | 氟利昂-113 | 273～426 |
| 1 | 氢 | 273～873 |
| 2 | 氢 | 873～1 673 |
| 35 | 溴化氢 | 273～1 673 |
| 30 | 氯化氢 | 273～1 674 |
| 20 | 氟化氢 | 273～1 675 |
| 36 | 碘化氢 | 273～1 676 |
| 19 | 硫化氢 | 273～973 |
| 21 | 硫化氢 | 973～1 673 |
| 5 | 甲烷 | 273～573 |
| 6 | 甲烷 | 573～973 |
| 7 | 甲烷 | 973～1 673 |
| 25 | 一氧化氮 | 273～973 |
| 28 | 一氧化氮 | 973～1 673 |
| 26 | 氮 | 273～1 673 |
| 23 | 氧 | 273～773 |
| 29 | 氧 | 773～1 673 |
| 33 | 硫 | 573～1 673 |
| 22 | 二氧化硫 | 272～673 |
| 31 | 二氧化硫 | 673～1 673 |
| 17 | 水 | 273～1 673 |

# 附录十七　液体汽化热共线图

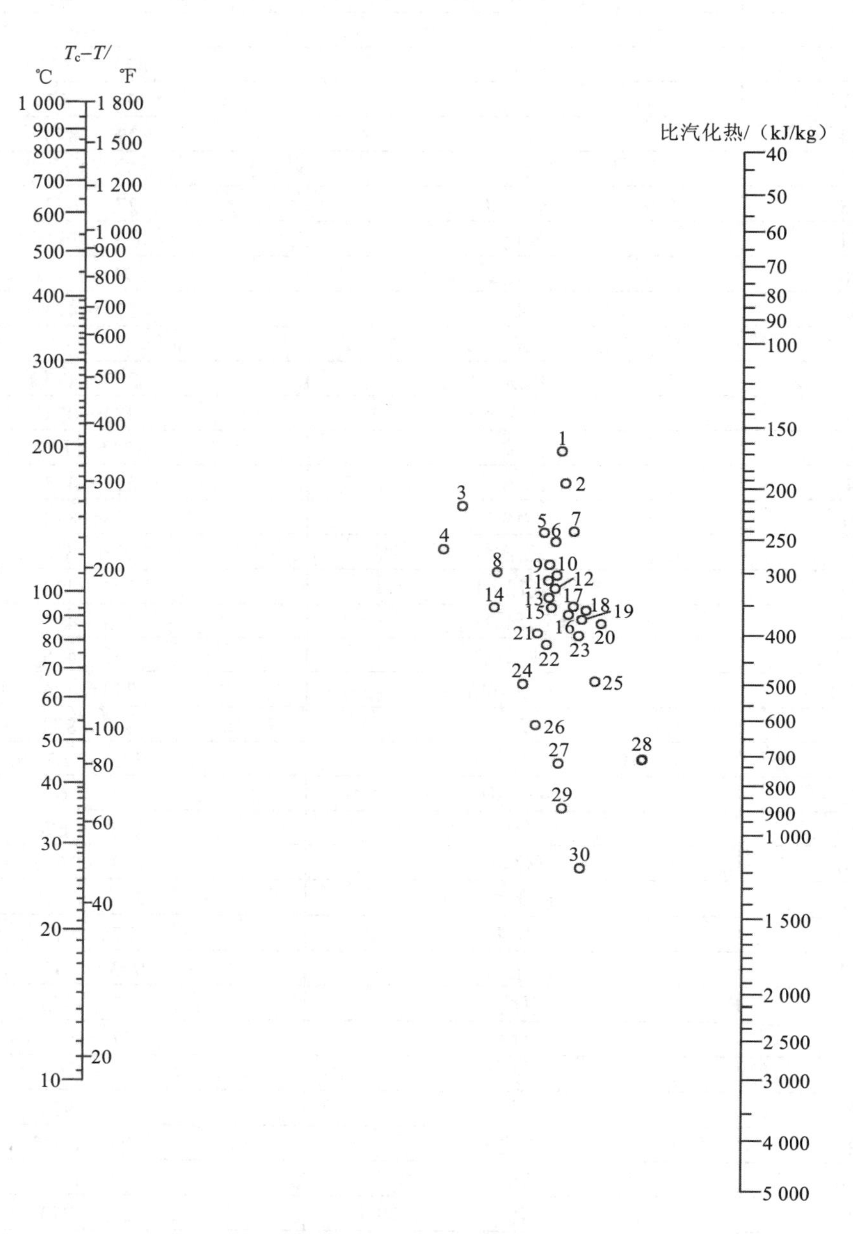


液体汽化热共线图

用法举例：求水在 $T$=100℃时的汽化热，从下表查得水的编号为 30，又查得水的 $T_c$=374 ℃，故得 $T_c-T$=（374−100）=274℃，在液体汽化热共线图的 $T_c-T$ 标尺定出 274℃的点，与图中编号为 30 的圆圈中心点连一条直线，延长到汽化热的标尺上，读出交点数为 2300kJ/kg。

液体汽化热共线图的编号列表如下。

| 编号 | 名称 | $T_c$/℃ | （$T_c-T$）/℃ | 编号 | 名称 | $T_c$/℃ | （$T_c-T$）/℃ |
|---|---|---|---|---|---|---|---|
| 30 | 水 | 374 | 100～500 | 7 | 三氯甲烷 | 263 | 140～275 |
| 29 | 氨 | 133 | 50～200 | 2 | 四氯化碳 | 283 | 30～250 |
| 19 | 一氧化氮 | 26 | 25～150 | 17 | 氯乙烷 | 187 | 100～250 |
| 21 | 二氧化碳 | 31 | 10～100 | 13 | 苯 | 289 | 10～400 |
| 4 | 二硫化碳 | 273 | 140～275 | 3 | 联苯 | 527 | 175～400 |
| 14 | 二氧化硫 | 157 | 90～160 | 27 | 甲醇 | 240 | 40～250 |
| 25 | 乙烷 | 32 | 25～150 | 26 | 乙醇 | 243 | 20～140 |
| 23 | 丙烷 | 96 | 40～200 | 24 | 丙醇 | 264 | 20～200 |
| 16 | 丁烷 | 153 | 90～200 | 13 | 乙醚 | 194 | 10～400 |
| 15 | 异丁烷 | 134 | 80～200 | 22 | 丙酮 | 235 | 120～210 |
| 12 | 戊烷 | 197 | 20～200 | 18 | 醋酸 | 321 | 100～225 |
| 11 | 己烷 | 235 | 50～225 | 2 | 氟利昂 | 198 | 70～250 |
| 10 | 庚烷 | 267 | 20～300 | 2 | 氟利昂 | 111 | 40～200 |
| 9 | 辛烷 | 296 | 30～300 | 5 | 氟利昂 | 178 | 70～225 |
| 20 | 一氯甲烷 | 143 | 70～250 | 6 | 氟利昂 | 96 | 50～170 |
| 8 | 二氯甲烷 | 216 | 150～250 | 1 | 氟利昂 | 214 | 90～250 |

# 附录十八 液体表面张力共线图

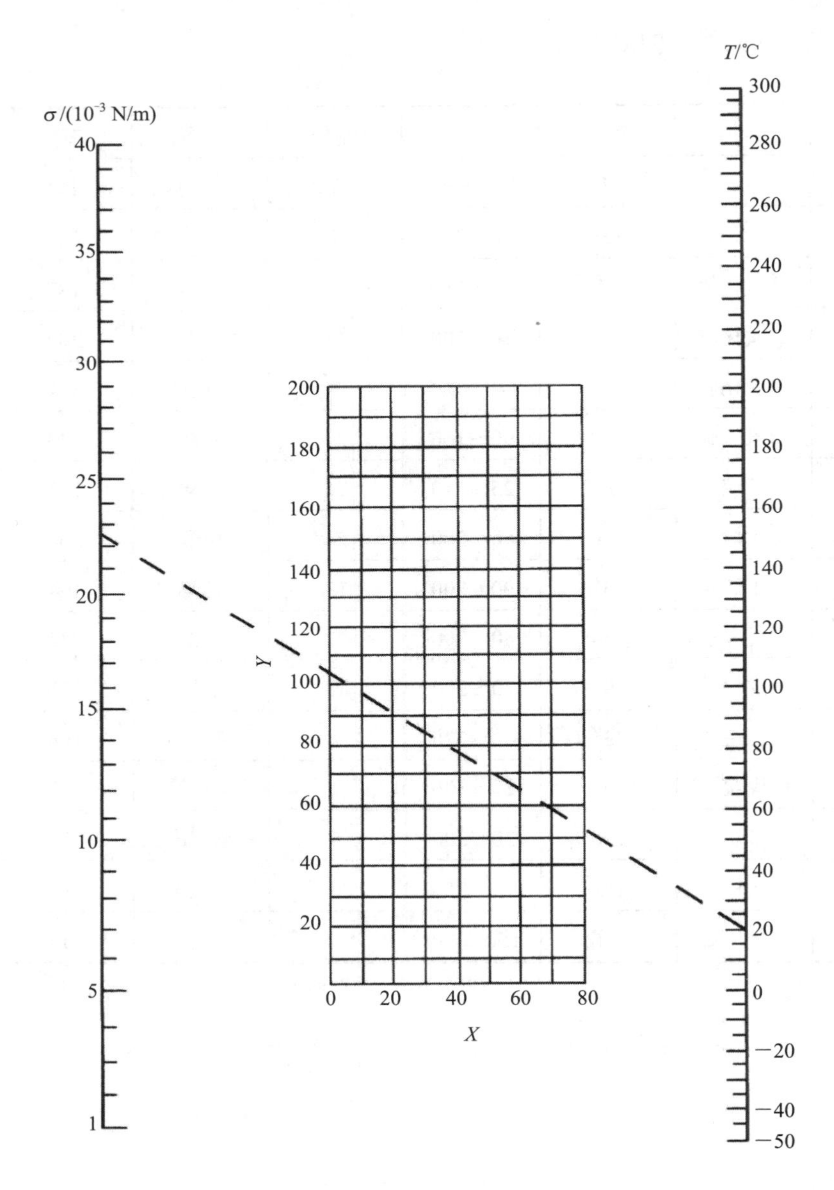


液体表面张力共线图

用法举例：求乙醇在20℃时的表面张力。首先由下表中查得乙醇的坐标 $X$=10、$Y$=97。然后根据 $X$ 和 $Y$ 的值在共线图上标出相应的点，将该点与图中右方温度标尺上20℃的点连成一条直线，将该直线延长与左方表面张力标尺相交，由交点读出20℃乙醇的表面张力为 $22.5\times10^{-3}$N/m。

液体表面张力共线图坐标值列表如下。

| 编号 | 液体名称 | X | Y | 编号 | 液体名称 | X | Y |
|---|---|---|---|---|---|---|---|
| 1 | 环氧乙烯 | 42 | 83 | 52 | 二乙（基）酮 | 20 | 101 |
| 2 | 乙苯 | 22 | 118 | 53 | 异戊醇 | 6 | 106.8 |
| 3 | 乙胺 | 11.2 | 83 | 54 | 四氯化碳 | 26 | 104.5 |
| 4 | 乙硫醇 | 35 | 81 | 55 | 辛烷 | 17.7 | 90 |
| 5 | 乙醇 | 10 | 97 | 56 | 亚硝酰氯 | 38.5 | 93 |
| 6 | 乙醚 | 27.5 | 64 | 57 | 苯 | 30 | 110 |
| 7 | 乙醛 | 33 | 78 | 58 | 苯乙酮 | 18 | 163 |
| 8 | 乙醛肟 | 23.5 | 127 | 59 | 苯乙醚 | 20 | 134.2 |
| 9 | 乙酰胺 | 17 | 192.5 | 60 | 苯二乙胺 | 17 | 142.6 |
| 10 | 乙胺乙酸乙酯 | 21 | 132 | 61 | 苯二甲胺 | 20 | 149 |
| 11 | 二乙醇缩乙醛 | 19 | 88 | 62 | 苯甲醚 | 24.4 | 138.9 |
| 12 | 间二甲苯 | 20.5 | 118 | 63 | 苯甲酸乙酯 | 14.8 | 151 |
| 13 | 对二甲苯 | 19 | 117 | 64 | 苯胺 | 22.9 | 171.8 |
| 14 | 二甲胺 | 16 | 66 | 65 | 苯（基）甲胺 | 25 | 156 |
| 15 | 二甲醚 | 44 | 37 | 66 | 苯酚 | 20 | 168 |
| 16 | 1,2-二氯乙烯 | 32 | 122 | 67 | 苯并吡啶 | 19.5 | 183 |
| 17 | 二硫化碳 | 35.8 | 117.2 | 68 | 氨 | 56.2 | 63.5 |
| 18 | 丁酮 | 23.6 | 97 | 69 | 氧化亚氮 | 62.5 | 0.5 |
| 19 | 丁醇 | 9.6 | 107.5 | 70 | 草酸乙二酯 | 20.5 | 130.8 |
| 20 | 异丁醇 | 5 | 103 | 71 | 氯 | 45.5 | 59.2 |
| 21 | 丁酸 | 14.5 | 115 | 72 | 氯仿 | 32 | 101.3 |
| 22 | 异丁酸 | 14.8 | 107.4 | 73 | 对氯甲苯 | 18.7 | 134 |
| 23 | 丁酸乙酯 | 17.5 | 102 | 74 | 氯甲烷 | 45.8 | 53.2 |
| 24 | 丁（异）酸乙酯 | 20.9 | 93.7 | 75 | 氯苯 | 23.5 | 132.5 |
| 25 | 丁酸甲酯 | 25 | 88 | 76 | 对氯溴苯 | 14 | 162 |
| 26 | 丁（异）酸甲酯 | 24 | 93.8 | 77 | 氯甲苯（吡啶） | 34 | 138.2 |
| 27 | 三乙胺 | 20.1 | 83.9 | 78 | 氰化乙烷（丙腈） | 23 | 108.6 |
| 28 | 三甲胺 | 21 | 57.6 | 79 | 氰化丙烷（丁腈） | 20.3 | 113 |
| 29 | 1,3,5-三甲苯 | 17 | 119.8 | 80 | 氰化甲烷（乙腈） | 33.5 | 111 |
| 30 | 三苯甲烷 | 12.5 | 182.7 | 81 | 氰化苯（苯腈） | 19.5 | 159 |
| 31 | 三氯乙醛 | 30 | 113 | 82 | 氰化氢 | 30.6 | 66 |
| 32 | 三聚乙醛 | 22.3 | 103.8 | 83 | 硫酸二乙酯 | 19.5 | 139.5 |
| 33 | 乙烷 | 22.7 | 72.2 | 84 | 硫酸二甲酯 | 23.5 | 158 |
| 34 | 六氢吡啶 | 24.7 | 120 | 85 | 硝基乙烷 | 25.4 | 126.1 |
| 35 | 甲苯 | 24 | 113 | 86 | 硝基甲烷 | 30 | 139 |
| 36 | 甲胺 | 42 | 58 | 87 | 萘 | 22.5 | 165 |
| 37 | 间甲酚 | 13 | 161.2 | 88 | 溴乙烷 | 31.6 | 90.2 |
| 38 | 对甲酚 | 11.5 | 160.5 | 89 | 溴苯 | 23.5 | 145.5 |
| 39 | 邻甲酚 | 20 | 161 | 90 | 碘乙烷 | 28 | 113.2 |
| 40 | 甲醇 | 17 | 93 | 91 | 茴香脑 | 13 | 158.1 |
| 41 | 甲酸甲酯 | 38.5 | 88 | 92 | 乙酸 | 17.1 | 116.5 |
| 42 | 甲酸乙酯 | 30.5 | 88.8 | 93 | 乙酸甲酯 | 34 | 90 |
| 43 | 甲酸丙酯 | 24 | 97 | 94 | 乙酸乙酯 | 27.5 | 92.4 |
| 44 | 丙胺 | 25.5 | 87.2 | 95 | 乙酸丙酯 | 23 | 97 |
| 45 | 对异丙基甲苯 | 12.8 | 121.2 | 96 | 乙酸异丁酯 | 16 | 97.2 |
| 46 | 丙酮 | 28 | 91 | 97 | 乙酸异戊酯 | 16.4 | 130.1 |
| 47 | 异丙醇 | 12 | 111.5 | 98 | 乙酸酐 | 25 | 129 |
| 48 | 丙醇 | 8.2 | 105.2 | 99 | 噻吩 | 35 | 121 |
| 49 | 丙酸 | 17 | 112 | 100 | 环乙烷 | 42 | 86.7 |
| 50 | 丙酸乙酯 | 22.6 | 97 | 101 | 磷酰氯 | 26 | 125.2 |
| 51 | 丙酸甲酯 | 29 | 95 | | | | |

# 附录十九　管子规格

（1）低压流体输送用焊接钢管规格（GB 3091—93，GB 3092—93）

| 公称直径 | | 外径 | 壁厚/mm | | 公称直径 | | 外径 | 壁厚/mm | |
|---|---|---|---|---|---|---|---|---|---|
| mm | in | mm | 普通管 | 加厚管 | mm | in | mm | 普通管 | 加厚管 |
| 6 | 1/8 | 10.0 | 2.00 | 2.50 | 40 | $1\frac{1}{2}$ | 48.0 | 3.50 | 4.25 |
| 8 | 1/4 | 13.5 | 2.25 | 2.75 | 50 | 2 | 60.0 | 3.50 | 4.50 |
| 10 | 3/8 | 17.0 | 2.25 | 2.75 | 65 | $2\frac{1}{2}$ | 75.5 | 3.75 | 4.50 |
| 15 | 1/2 | 21.3 | 2.75 | 3.25 | 80 | 3 | 88.5 | 4.00 | 4.75 |
| 20 | 3/4 | 26.8 | 2.75 | 3.50 | 100 | 4 | 114.0 | 4.00 | 5.00 |
| 25 | 1 | 33.5 | 3.25 | 4.00 | 125 | 5 | 140.0 | 4.50 | 5.50 |
| 32 | $1\frac{1}{4}$ | 42.3 | 3.25 | 4.00 | 150 | 6 | 165.0 | 4.50 | 5.50 |

注：①本标准适用于输送水、煤气、空气、油和取暖蒸气等一般较低压力的流体；
②表中的公称直径系近似内径的名义尺寸，不表示外径减去两个厚壁所得的内径；
③钢管分镀锌钢管和不镀锌钢管，后者简称黑管。

（2）普通无缝钢管（GB 8163—87）

① 热轧无缝钢管（摘录）。

| 外径/mm | 壁厚/mm | | 外径/mm | 壁厚/mm | | 外径/mm | 壁厚/mm | |
|---|---|---|---|---|---|---|---|---|
| | 从 | 到 | | 从 | 到 | | 从 | 到 |
| 32 | 2.5 | 8 | 76 | 3.0 | 19 | 219 | 6.0 | 50 |
| 38 | 2.5 | 8 | 89 | 3.5 | （24） | 273 | 6.5 | 50 |
| 42 | 2.5 | 10 | 108 | 4.0 | 28 | 325 | 7.5 | 75 |
| 45 | 2.5 | 10 | 114 | 4.0 | 28 | 377 | 9.0 | 75 |
| 50 | 2.5 | 10 | 127 | 4.0 | 30 | 426 | 9.0 | 75 |
| 57 | 3.0 | 13 | 133 | 4.0 | 32 | 450 | 9.0 | 75 |
| 60 | 3.0 | 14 | 140 | 4.5 | 36 | 530 | 9.0 | 75 |
| 63.5 | 3.0 | 14 | 159 | 4.5 | 36 | 630 | 9.0 | （24） |
| 68 | 3.0 | 16 | 169 | 5.0 | （45） | | | |

注：壁厚系列 2.5 mm、3 mm、3.5 mm、4 mm、4.5 mm、5 mm、5.5 mm、6 mm、6.5 mm、7 mm、7.5 mm、8 mm、8.5 mm、9 mm、9.5 mm、10 mm、11 mm、12 mm、13 mm、14 mm、15 mm、16 mm、17 mm、18 mm、19 mm、20 mm 等；括号内尺寸不推荐使用。

② 冷拔无缝钢管。冷拔无缝钢管质量好，可以得到小直径管，其外径可为 6～200 mm，壁厚为 0.25～14 mm，其中较小壁厚及较大壁厚均随外径增大而增加，系列标准可参阅有关手册。

③ 热交换用普通无缝钢管（摘自 GB 9948—88）。

| 外径/mm | 壁厚/mm | 外径/mm | 壁厚/mm |
|---|---|---|---|
| 19 | 2、2.5 | 57 | 4、5、6 |
| 25 | 2、2.5、3 | 89 | 6、8、10、12 |
| 38 | 3、3.5、4 | | |

# 附录二十　离心泵规格（摘录）

（1）IS 型单级单吸离心泵规格

| 泵型号 | 流量/（$m^3$/h） | 扬程/m | 转速/（r/min） | 汽蚀余量/m | 泵效率/% | 功率/kW | |
|---|---|---|---|---|---|---|---|
| | | | | | | 轴功率 | 配带功率 |
| IS50-32-125 | 7.5 | 22 | 2900 | 2.0 | 47 | 0.96 | 2.2 |
| | 12.5 | 20 | 2900 | 2.0 | 60 | 1.13 | 2.2 |
| | 15 | 18.5 | 2900 | 2.0 | 60 | 1.26 | 2.2 |
| | 3.75 | 5 | 1450 | 2.0 | 54 | 0.16 | 0.55 |
| | 6.3 | 5 | 1450 | 2.0 | 54 | 0.16 | 0.55 |
| | 7.5 | 5 | 1450 | 2.0 | 54 | 0.16 | 0.55 |
| IS50-32-160 | 7.5 | 34.5 | 2900 | 2.0 | 44 | 1.59 | 3 |
| | 12.5 | 32 | 2900 | 2.0 | 54 | 2.02 | 3 |
| | 15 | 29.6 | 2900 | 2.0 | 56 | 2.16 | 3 |
| | 3.75 | 8 | 1450 | 2.0 | 48 | 0.28 | 0.55 |
| | 6.3 | 8 | 1450 | 2.0 | 48 | 0.28 | 0.55 |
| | 7.5 | 8 | 1450 | 2.0 | 48 | 0.28 | 0.55 |
| IS50-32-200 | 7.5 | 525 | 2900 | 2.0 | 38 | 2.82 | 5.5 |
| | 12.5 | 50 | 2900 | 2.0 | 48 | 3.54 | 5.5 |
| | 15 | 48 | 2900 | 2.5 | 51 | 3.84 | 5.5 |
| | 3.75 | 13.1 | 1450 | 2.0 | 33 | 0.41 | 0.75 |
| | 6.3 | 12.5 | 1450 | 2.0 | 42 | 0.51 | 0.75 |
| | 7.5 | 12 | 1450 | 2.5 | 44 | 0.56 | 0.75 |
| IS50-32-250 | 7.5 | 82 | 2900 | 2.0 | 28.5 | 5.67 | 11 |
| | 12.5 | 80 | 2900 | 2.0 | 3.54 | 7.16 | 11 |
| | 15 | 78.5 | 2900 | 2.5 | 3.38 | 7.83 | 11 |
| | 3.75 | 20.5 | 1450 | 2.0 | 0.41 | 0.91 | 15 |
| | 6.3 | 20 | 1450 | 2.0 | 0.51 | 1.07 | 15 |
| | 7.5 | 19.5 | 1450 | 2.5 | 0.56 | 1.14 | 15 |
| IS65-50-125 | 15 | 21.8 | 2900 | 2.0 | 58 | 1.54 | 3 |
| | 25 | 20 | 2900 | 2.0 | 69 | 1.97 | 3 |
| | 30 | 18.5 | 2900 | 2.0 | 68 | 2.22 | 3 |
| | 7.5 | 5 | 1450 | 2.0 | 64 | 0.27 | 0.55 |
| | 12.5 | 5 | 1450 | 2.0 | 64 | 0.27 | 0.55 |
| | 15 | 5 | 1450 | 2.0 | 64 | 0.27 | 0.55 |
| IS65-50-160 | 15 | 35 | 2900 | 2.0 | 54 | 2.65 | 5.5 |
| | 25 | 32 | 2900 | 2.0 | 65 | 3.35 | 5.5 |
| | 30 | 30 | 2900 | 2.5 | 66 | 3.71 | 5.5 |
| | 7.5 | 8.8 | 1450 | 2.0 | 50 | 0.36 | 0.75 |
| | 12.5 | 8 | 1450 | 2.0 | 60 | 0.45 | 0.75 |
| | 15 | 7.2 | 1450 | 2.5 | 60 | 0.49 | 0.75 |

| 泵型号 | 流量/（$m^3$/h） | 扬程/m | 转速/（r/min） | 汽蚀余量/m | 泵效率/% | 功率/kW | |
|---|---|---|---|---|---|---|---|
| | | | | | | 轴功率 | 配带功率 |
| IS65-40-200 | 15 | 63 | 2900 | 2.0 | 40 | 4.42 | 7.5 |
| | 25 | 50 | 2900 | 2.0 | 60 | 5.67 | 7.5 |
| | 30 | 47 | 2900 | 2.5 | 61 | 6.29 | 7.5 |
| | 7.5 | 13.2 | 1450 | 2.0 | 43 | 0.63 | 1.1 |
| | 12.5 | 12.5 | 1450 | 2.0 | 66 | 0.77 | 1.1 |
| | 15 | 11.8 | 1450 | 2.5 | 57 | 0.85 | 1.1 |
| IS65-40-250 | 15 | 80 | 2900 | 2.0 | 63 | 10.3 | 15 |
| | 25 | 80 | 2900 | 2.0 | 63 | 10.3 | 15 |
| | 30 | 80 | 2900 | 2.0 | 63 | 10.3 | 15 |
| IS65-40-315 | 15 | 127 | 2900 | 2.5 | 28 | 18.5 | 30 |
| | 25 | 125 | 2900 | 2.5 | 40 | 21.3 | 30 |
| | 30 | 123 | 2900 | 3.0 | 44 | 22.8 | 30 |
| IS80-65-125 | 30 | 22.5 | 2900 | 3.0 | 64 | 2.87 | 5.5 |
| | 50 | 20 | 2900 | 3.0 | 75 | 3.63 | 5.5 |
| | 60 | 18 | 2900 | 3.5 | 74 | 3.93 | 5.5 |
| | 15 | 5.6 | 1450 | 2.5 | 55 | 0.42 | 0.75 |
| | 25 | 5 | 1450 | 2.5 | 71 | 0.48 | 0.75 |
| | 30 | 4.5 | 1450 | 3.0 | 72 | 0.51 | 0.75 |
| IS80-65-160 | 30 | 36 | 2900 | 2.5 | 61 | 4.82 | 7.5 |
| | 50 | 32 | 2900 | 2.5 | 73 | 5.97 | 7.6 |
| | 60 | 29 | 2900 | 3.0 | 72 | 6.59 | 7.5 |
| | 15 | 9 | 1450 | 2.5 | 66 | 0.67 | 1.5 |
| | 25 | 8 | 1450 | 2.5 | 69 | 0.75 | 1.5 |
| | 30 | 7.2 | 1450 | 3.0 | 68 | 0.86 | 1.5 |
| IS80-50-200 | 30 | 53 | 2900 | 2.5 | 55 | 7.87 | 15 |
| | 50 | 50 | 2900 | 2.5 | 69 | 9.87 | 15 |
| | 60 | 47 | 2900 | 3.0 | 71 | 10.8 | 15 |
| | 15 | 13.2 | 1450 | 2.5 | 51 | 1.06 | 2.2 |
| | 25 | 12.5 | 1450 | 2.5 | 65 | 1.31 | 2.2 |
| | 30 | 11.8 | 1450 | 3.0 | 67 | 1.44 | 2.2 |
| IS80-50-160 | 30 | 84 | 2900 | 2.5 | 52 | 13.2 | 22 |
| | 50 | 80 | 2900 | 2.5 | 63 | 17.3 | 22 |
| | 60 | 75 | 2900 | 3.0 | 64 | 19.2 | 22 |
| IS80-50-250 | 30 | 84 | 2900 | 2.5 | 52 | 13.2 | 22 |
| | 50 | 80 | 2900 | 2.5 | 63 | 17.3 | 22 |
| | 60 | 75 | 2900 | 3.0 | 64 | 19.2 | 22 |
| IS80-50-315 | 30 | 128 | 2900 | 2.5 | 41 | 25.5 | 37 |
| | 50 | 125 | 2900 | 2.5 | 54 | 31.5 | 37 |
| | 60 | 123 | 2900 | 3.0 | 57 | 35.3 | 37 |
| IS100-80-125 | 60 | 24 | 2900 | 4.0 | 67 | 5.86 | 11 |
| | 100 | 20 | 2900 | 4.5 | 78 | 7 | 11 |
| | 120 | 16.5 | 2900 | 5.0 | 74 | 7.28 | 11 |

（2）Y 型离心油泵规格

| 型号 | 流量/(m³/h) | 扬程/m | 转速/(r/min) | 功率/kW | | 效率/% | 汽蚀余量/m | 泵壳许用应力/Pa | 结构形式 | 备注 |
|---|---|---|---|---|---|---|---|---|---|---|
| | | | | 轴 | 电机 | | | | | |
| 50Y-60 | 12.5 | 60 | 2 950 | 6.0 | 11 | 35 | 2.3 | 1 570/2 550 | 单级悬臂 | 泵壳许用应力内的分子表示的第Ⅰ类材料相应的许用应力数，分母表示类材料相应的许用应力数 |
| 50Y-60A | 11.2 | 49 | 2 950 | 4.3 | 8 | | | | | |
| 50Y-60B | 9.9 | 38 | 2 950 | 2.4 | 5.5 | | | | | |
| 50Y-60 | 12.5 | 120 | 2 950 | 11.7 | 15 | | | 2 158/3 138 | 两级悬臂 | |
| 50Y-60A | 11.7 | 105 | 2 950 | 9.6 | 15 | | | | | |
| 50Y-60B | 10.8 | 90 | 2 950 | 7.7 | 11 | | | | | |
| 50Y-60C | 9.9 | 75 | 2 950 | 5.9 | 8 | | | | | |
| 65Y-60 | 25 | 60 | 2 950 | 7.5 | 11 | 55 | 2.6 | 1 570/2 550 | 单级悬臂 | |
| 65Y-60A | 22.5 | 49 | 2 950 | 5.5 | 8 | | | | | |
| 65Y-60B | 19.8 | 38 | 2 950 | 3.8 | 5.5 | | | | | |
| 65Y-100 | 25 | 100 | 2 950 | 17.0 | 32 | 40 | | | | |
| 65Y-100A | 23 | 85 | 2 950 | 13.3 | 20 | | | | | |
| 65Y-100B | 21 | 70 | 2 950 | 10.0 | 15 | | | | | |
| 65Y-100 | 25 | 200 | 2 950 | 34.0 | 55 | | | 2 942/3 923 | 两级悬臂 | |
| 65Y-100A | 23.3 | 175 | 2 950 | 27.8 | 40 | | | | | |
| 65Y-100B | 21.6 | 150 | 2 950 | 22.0 | 32 | | | | | |
| 65Y-100C | 19.8 | 125 | 2 950 | 16.8 | 20 | | | | | |
| 80Y-60 | 50 | 60 | 2 950 | 12.8 | 15 | 64 | 3 | 1 570/2 550 | 单级悬臂 | |
| 80Y-60A | 45 | 49 | 2 950 | 9.4 | 11 | | | | | |
| 80Y-60B | 39.5 | 38 | 2 950 | 6.5 | 8 | | | | | |
| 80Y-100 | 50 | 100 | 2 950 | 22.7 | 32 | 60 | | 1 961/2 942 | 单级悬臂 | |
| 80Y-100A | 45 | 85 | 2 950 | 18.0 | 25 | | | | | |
| 80Y-100B | 39.5 | 70 | 2 950 | 12.6 | 20 | | | | | |
| 80Y-100 | 50 | 200 | 2 950 | 45.4 | 75 | | | 2 942/3 923 | 单级悬臂 | |
| 80Y-100A | 46.6 | 175 | 2 950 | 37.0 | 55 | | | | | |
| 80Y-100B | 43.2 | 150 | 2 950 | 29.5 | 40 | | | | 两级悬臂 | |
| 80Y-100C | 39.6 | 125 | 2 950 | 22.7 | 32 | | | | | |

注：与介质接触且受温度影响的零件，根据介质的性质需要采用不同性质的材料，所以分为三种材料，但泵的结构相同。第一类材料不耐腐蚀，操作温度在−20～200℃，第二类材料不耐硫腐蚀，操作温度在−45～400℃，第三类材料耐硫腐蚀，操作温度在−45～200℃。

（3）F 型耐腐蚀离心泵

| 型号 | 流量/(m³/h) | 扬程/m | 转速/(r/min) | 汽蚀余量/m | 泵效率/% | 功率/kW | | 泵口径/mm | |
|---|---|---|---|---|---|---|---|---|---|
| | | | | | | 轴功率 | 配带功率 | 吸入 | 排出 |
| 25F-16 | 3.60 | 16.00 | 2 960 | 4.30 | 30.00 | 0.523 | 0.75 | 25 | 25 |
| 25F-16A | 3.27 | 12.50 | 2 960 | 4.30 | 29.00 | 0.39 | 0.55 | 25 | 25 |
| 25F-25 | 3.60 | 25.00 | 2 960 | 4.30 | 27.00 | 0.91 | 1.50 | 25 | 25 |
| 25F-25A | 3.27 | 20.00 | 2 960 | 4.30 | 26 | 0.69 | 1.10 | 25 | 25 |
| 25F-41 | 3.60 | 41.00 | 2 960 | 4.30 | 20 | 2.01 | 3.00 | 25 | 25 |
| 25F-41A | 3.27 | 33.50 | 2 960 | 4.30 | 19 | 1.57 | 2.20 | 25 | 25 |
| 40F-16 | 7.20 | 15.70 | 2 960 | 4.30 | 49 | 0.63 | 1.10 | 40 | 25 |
| 40F-16A | 6.55 | 12.00 | 2 960 | 4.30 | 47 | 0.46 | 0.75 | 40 | 25 |
| 40F-26 | 7.20 | 25.50 | 2 960 | 4.30 | 44 | 1.14 | 1.50 | 40 | 25 |
| 40F-26A | 6.55 | 20.00 | 2 960 | 4.30 | 42 | 0.87 | 1.10 | 40 | 25 |
| 40F-40 | 7.20 | 39.50 | 2 960 | 4.30 | 35 | 2.21 | 3.00 | 40 | 25 |
| 40F-40A | 6.55 | 32.00 | 2 960 | 4.30 | 34 | 1.68 | 2.20 | 40 | 25 |
| 40F-65 | 7.20 | 65.00 | 2 960 | 4.30 | 24 | 5.92 | 7.50 | 40 | 25 |
| 40F-65A | 6.72 | 56.00 | 2 960 | 4.30 | 24 | 4.28 | 5.50 | 40 | 25 |
| 50F-103 | 14.4 | 103 | 2 900 | 4 | 25 | 16.2 | 18.5 | 50 | 40 |

# 附录二十一　4-72-11 型离心式通风机的规格

| 型号 | 转速/(r/min) | 全风压/ | | 流量/($m^3$/h) | 效率/% | 所需功率/kW |
|---|---|---|---|---|---|---|
| | | $mmH_2O$ | Pa | | | |
| 6C | 2 240 | 248 | 2 432.1 | 15 800 | 91 | 14.1 |
| | 2 000 | 198 | 1 941.8 | 12 950 | 91 | 9.65 |
| | 1 800 | 160 | 1 569.1 | 12 700 | 91 | 7.3 |
| | 1 250 | 77 | 755.1 | 8 800 | 91 | 2.53 |
| | 1 000 | 49 | 480.5 | 7 030 | 91 | 1.39 |
| | 800 | 30 | 294.2 | 5 610 | 91 | 0.73 |
| 8C | 1 800 | 285 | 2 795 | 29 900 | 91 | 30.8 |
| | 1 250 | 137 | 1 343.6 | 20 800 | 91 | 10.3 |
| | 1 000 | 88 | 863.0 | 16 600 | 91 | 5.52 |
| | 630 | 35 | 343.2 | 10 480 | 91 | 1.5 |
| 10C | 1 250 | 227 | 2 226.2 | 41 300 | 94.3 | 32.7 |
| | 1 000 | 145 | 1 422.0 | 32 700 | 94.3 | 16.5 |
| | 800 | 93 | 912.1 | 26 130 | 94.3 | 8.5 |
| | 500 | 36 | 353.1 | 16 390 | 94.3 | 2.34 |
| 6D | 1 450 | 104 | 1 020 | 10 200 | 91 | 4 |
| | 950 | 45 | 441.3 | 6 720 | 91 | 1.32 |
| 8D | 1 450 | 200 | 1 961.4 | 20 130 | 89.5 | 14.2 |
| | 730 | 50 | 490.4 | 10 150 | 89.5 | 2.06 |
| 16B | 900 | 300 | 2 942.1 | 121 000 | 94.3 | 127 |
| 20B | 710 | 290 | 2 844.0 | 186 300 | 94.3 | 190 |

# 附录二十二 换热器系列标准（摘录）

（1）固定管板式（代号 G）

| 公称直径/mm | | 159 | | | 273 | | | | | | | |
|---|---|---|---|---|---|---|---|---|---|---|---|---|
| 公称压强/ | kgf/cm$^2$ | 25 | | | 25 | | | | | | | |
| | kPa | $2.45\times10^3$ | | | $2.45\times10^3$ | | | | | | | |
| 公称面积/m$^2$ | | 1 | 2 | 3 | 4 | | 5 | | 8 | | 18 | 14 |
| 管长/m | | 1.5 | 2.0 | 3.0 | 1.5 | | 2.0 | | 3.0 | | 6.0 | |
| 管子总数 | | 13 | 13 | 13 | 38 | 32 | 38 | 32 | 38 | 32 | 38 | 32 |
| 管程数 | | 1 | 1 | 1 | 1 | 2 | 1 | 2 | 1 | 2 | 1 | 2 |
| 壳程数 | | 1 | 1 | 1 | 1 | | 1 | | 1 | | 1 | |
| 管子尺寸/mm | 碳钢 | $\phi25\times2.5$ | | | $\phi25\times2.5$ | | | | | | | |
| | 不锈钢 | $\phi25\times2$ | | | $\phi25\times2$ | | | | | | | |
| 管子排列方法 | | 正三角形排列 | | | 正三角形排列 | | | | | | | |

| 公称直径/mm | | 400 | | | | | | | | 500 | | | | | |
|---|---|---|---|---|---|---|---|---|---|---|---|---|---|---|---|
| 公称压强/ | kgf/cm$^2$ | 10、16、25 | | | | | | | | 10、16、25 | | | | | |
| | kPa | $0.981\times10^3$、$1.57\times10^3$、$2.45\times10^3$ | | | | | | | | $0.981\times10^3$、$1.57\times10^3$、$2.45\times10^3$ | | | | | |
| 公称面积/m$^2$ | | 10 | 12 | 15 | 16 | 24 | 26 | 48 | 52 | 35 | 40 | 40 | 70 | 80 | 80 |
| 管长/m | | 1.5 | | 2.0 | | 3.0 | | 6.0 | | 3.0 | | | 6.0 | | |
| 管子总数 | | 102 | 113 | 102 | 113 | 102 | 113 | 102 | 113 | 152 | 172 | 177 | 152 | 172 | 177 |
| 管程数 | | 2 | 1 | 2 | 1 | 2 | 1 | 2 | 1 | 4 | 2 | 1 | 4 | 2 | 1 |
| 壳程数 | | 1 | | 1 | | 1 | | 1 | | 1 | | | 1 | | |
| 管子尺寸/mm | 碳钢 | $\phi25\times2.5$ | | | | | | | | $\phi25\times2.5$ | | | | | |
| | 不锈钢 | $\phi25\times2$ | | | | | | | | $\phi25\times2$ | | | | | |
| 管子排列方法 | | 正三角形排列 | | | | | | | | 正三角形排列 | | | | | |

| 公称直径/mm | | 600 | | | | 800 | | | | | | | |
|---|---|---|---|---|---|---|---|---|---|---|---|---|---|
| 公称压强/ | kgf/cm$^2$ | 6、16、25 | | | | 6、10、16、25 | | | | | | | |
| | kPa | $0.588\times10^3$、$1.57\times10^3$、$2.45\times10^3$ | | | | $0.588\times10^3$、$0.981\times10^3$、$1.57\times10^3$、$2.45\times10^3$ | | | | | | | |
| 公称面积/m$^2$ | | 55 | 60 | 120 | 125 | 100 | 110 | 200 | | 210 | 220 | 230 | |
| 管长/m | | 3.0 | | 6.0 | | 3.0 | | | | 6.0 | | | |
| 管子总数 | | 258 | 269 | 258 | 269 | 444 | 456 | 488 | 501 | 444 | 456 | 488 | 501 |
| 管程数 | | 2 | 1 | 2 | 1 | 4 | 2 | 1 | | 4 | 2 | 1 | |
| 壳程数 | | 1 | | 1 | | 1 | | | | 1 | | | |
| 管子尺寸/mm | 碳钢 | $\phi25\times2.5$ | | | | | | | | $\phi25\times2.5$ | | | |
| | 不锈钢 | $\phi25\times2$ | | | | | | | | $\phi25\times2$ | | | |
| 管子排列方法 | | 正三角形排列 | | | | | | | | | | | |

注：以 kPa 表示的公称压强是以原系列标准中的 kgf/cm$^2$ 换算而来。

（2）浮头式（代号 F）

① $F_A$ 系列。

| 公称直径/mm | | 325 | 400 | 500 | 600 | 700 | 800 |
|---|---|---|---|---|---|---|---|
| 公称压强/ | $kgf/cm^2$ | 40 | 40 | 16、25、40 | 16、25、40 | 16、25、40 | 25 |
| | kPa | $3.92\times10^{3}$ | $3.92\times10^{3}$ | $1.57\times10^{3}$<br>$2.45\times10^{3}$<br>$3.92\times10^{3}$ | $1.57\times10^{3}$<br>$2.45\times10^{3}$<br>$3.92\times10^{3}$ | $1.57\times10^{3}$<br>$2.45\times10^{3}$<br>$3.92\times10^{3}$ | $2.45\times10^{3}$ |
| 公称面积/$m^2$ | | 10 | 25 | 80 | 130 | 185 | 245 |
| 管长/m | | 3 | 3 | 6 | 6 | 6 | 6 |
| 管子尺寸/mm | | $\phi19\times2$ | $\phi19\times2$ | $\phi19\times2$ | $\phi19\times2$ | $\phi19\times2$ | $\phi19\times2$ |
| 管子总数 | | 76 | 138 | 228（224） | 372（368） | 528（528） | 700（696） |
| 管程数 | | 2 | 2 | 2（4） | 2（4） | 2（4） | 2（4） |
| 管子排列方法 | | 正三角形排列 | | | | | |

注：1. 括号内的数据为四管程的数据。

2. 以 kPa 表示的公称压强是以原系列标准中的 $kgf/cm^2$ 换算而来。

② $F_B$ 系列。

| 公称直径/mm | | 325 | 400 | 500 | 600 | 700 | 800 |
|---|---|---|---|---|---|---|---|
| 公称压强/ | $kgf/cm^2$ | 40 | 40 | 16、25、40 | 16、25、40 | 16、25、40 | 10、16、25 |
| | kPa | $3.92\times10^{3}$ | $3.92\times10^{3}$ | $1.57\times10^{3}$<br>$2.45\times10^{3}$<br>$3.92\times10^{3}$ | $1.57\times10^{3}$<br>$2.45\times10^{3}$<br>$3.92\times10^{3}$ | $1.57\times10^{3}$<br>$2.45\times10^{3}$<br>$3.92\times10^{3}$ | $0.981\times10^{3}$<br>$1.57\times10^{3}$<br>$2.45\times10^{3}$ |
| 公称面积/$m^2$ | | 10 | 15 | 65 | 95 | 135 | 180 |
| 管长/m | | 3 | 3 | 6 | 6 | 6 | 6 |
| 管子尺寸/mm | | $\phi25\times2.5$ | $\phi25\times2.5$ | $\phi25\times2.5$ | $\phi25\times2.5$ | $\phi25\times2.5$ | $\phi25\times2.5$ |
| 管子总数 | | 36 | 72 | 124（120） | 208（192） | 292（292） | 388（382） |
| 管程数 | | 2 | 2 | 2（4） | 2（4） | 2（4） | 2（4） |
| 管子排列方法 | | 正三角形排列，管子中心距为 25 mm | | | | | |

| 公称直径/mm | | 900 | 1 100 |
|---|---|---|---|
| 公称压强/ | ($kgf/cm^2$) | 10、16、25 | 10、16 |
| | kPa | $0.981\times10^{3}$、$1.57\times10^{3}$、$2.45\times10^{3}$ | $0.981\times10^{3}$、$1.57\times10^{3}$ |
| 公称面积/$m^2$ | | 225 | 365 |
| 管长/m | | 6 | 6 |
| 管子尺寸/mm | | $\phi25\times2.5$ | $\phi25\times2.5$ |
| 管子总数 | | 512 | （748） |
| 管程数 | | 2 | 4 |
| 管子排列方法 | | 正方形斜转 45° 排列，管子中心距为 32 mm | |

注：1. 括号内的数据为四管程的数据。

2. 以 kPa 表示的公称压强是以原系列标准中的 $kgf/cm^2$ 换算而来。

# 参考文献


[1] 胡洪营. 环境工程原理. 2 版. 北京：高等教育出版社，2011.

[2] 姚玉英. 化工原理（上、下册）. 2 版（修订版）. 天津：天津科学技术出版社，2009.

[3] 张柏钦，王文选. 环境工程原理. 北京：化学工业出版社，2008.

[4] 李永峰，陈红. 现代环境工程原理. 北京：机械工业出版社，2012.

[5] 李居参，周波，乔子荣. 化工单元操作使用技术. 北京：高等教育出版社，2008.

[6] 杨祖荣. 化工原理. 北京：高等教育出版社，2008.

[7] 郭宗新. 化工原理. 北京：高等教育出版社，2008.

[8] 蒋丽芬. 化工原理. 北京：高等教育出版社，2007.

[9] 高庭耀，顾国维. 水污染控制工程（下）. 2 版. 北京：高等教育出版社，2003.

[10] 丛德滋，丛梅，方图南. 化工原理详解与应用. 北京：化学工业出版社，2002.

[11] 刘水祺. 分离过程. 北京：化学工业出版社，2002.

[12] 王燕飞. 水污染控制技术. 北京：化学工业出版社，2001.

[13] 王志魁. 化工原理. 北京：化学工业出版社，2017.

[14] 周长丽. 化工单元操作. 北京：化学工业出版社，2015.